Motor
buch
Verlag

Motor
buch
Verlag

Einbandgestaltung: Anita Ament

Abbildungen: Volkswagen, Motor-Presse Stuttgart, Bosch, Dunlop, Michelin, Hella, R. Althaus.

Alle Angaben und Ratschläge in diesem Ratgeber wurden nach bestem Wissen und Gewissen erteilt. Eine Haftung der Autoren oder des Verlages und seiner Beauftragten für Personen-, Sach- und Vermögensschäden ist jedoch ausgeschlossen.
Dieser Band entspricht dem Kenntnisstand zum Zeitpunkt der Drucklegung. Abweichungen durch Weiterentwicklung der beschriebenen Fahrzeuge, geänderte Anweisungen des Fahrzeugherstellers bzw. neue gesetzliche Bestimmungen sind möglich.

ISBN 978-3-613-02371-0

Sie finden uns im Internet unter:
www.motorbuch-verlag.de

Auflage Nr. 101 40 05

Grafische Gestaltung: Andreas Pflaum
Herstellung: Fortura Althaus&Partner, 10317 Berlin
Druck: CPI Druckdienstleistungen GmbH,
Ferdinand-Jühlke-Straße 7, 99095 Erfurt
Printed in Germany

Rainer Althaus

VW
TRANSPORTER T5
Multivan

Benzinmotoren

Vierzylinder 2,0 Liter	85 kW/115 PS	ab 03/03
Sechszylinder 3,2 Liter	173 kW/235 PS	ab 03/03

Dieselmotoren

Vierzylinder 1,9 Liter TDI PDE	63 kW/86 PS	ab 03/03
Vierzylinder 1,9 Liter TDI PDE	77 kW/105 PS	ab 03/03
Fünfzylinder 2,5 Liter TDI PDE	96 kW/130 PS	ab 01/03
Fünfzylinder 2,5 Liter TDI PDE	128 kW/174 PS	ab 01/03

Inhaltsverzeichnis

Ein Ratgeber stellt sich vor

»Jetzt helfe ich mir selbst« ist ein Ratgeber rund ums Auto. Er zeigt, wie die Technik funktioniert und wie Sie Ihr Fahrzeug optimal pflegen und warten. Sie werden sehen: Do it yourself macht Spaß und spart Geld. Und mit dem richtigen Know-how schrumpft manche Panne zur Bagatelle, weil oft einige Handgriffe genügen, ein Auto wieder flott zu machen.

Ein Ratgeber mit System

Jedes Kapitel dieses Ratgebers gliedert sich stets in die Abschnitte Theorie, Wartung, Störungsbeistand und Reparatur.

Theorie. Hier informieren Sie sich über Technik und Funktionen. Neben ausführlichen Beschreibungen finden Sie in diesem Abschnitt ein **Techniklexikon** mit Hintergrundwissen zu speziellen Problemen.

Wartung. Eine detaillierte Anleitung führt Step by Step durch alle Arbeiten. Arbeitssymbole verdeutlichen Zeitaufwand, Schwierigkeitsgrad sowie Gefahren für Sicherheit und Umwelt. Illustrationen veranschaulichen Arbeitsabläufe und Probleme.

Reparatur. Beginnt in der Regel mit dem **Störungsbeistand**, der Störungen, Ursachen und Abhilfen auflistet. Die Arbeitsschritte werden nach dem gleichen Muster dargestellt wie die Wartungsarbeiten. **Praxistipps** helfen Ihnen bei der Umsetzung und bei Problemen. Wollen Sie zum Beispiel mit einer Wartung beginnen, schlagen Sie das Inhaltsverzeichnis des entsprechenden Kapitels auf: Die Seitenangaben bei den Wartungspunkten führen Sie direkt zur Beschreibung der Arbeitsschritte. Den gleichen Weg beschreiten Sie bei den Reparaturen.

Technik-Themen und Störungsbeistände erschließen Sie über die Inhaltsübersicht und das Stichwortverzeichnis.

Wartung

Reparatur

Eine Übersicht der Wartungen und Reparaturen finden Sie auf der ersten Seite jedes Kapitels. Die Seitenangaben führen Sie direkt zu den Arbeitsschritten.

Wartung und Inspektion

Sie finden den Wartungsplan von »Jetzt helfe ich mir selbst« auf den hinteren Buchseiten. Er basiert auf

Die Bauteile des Motors

Motorblock. Hier sind die beweglichen Teile gelagert. Er besteht bei vielen Motoren aus Grauguss. Der Motorblock trägt auch Aggregate wie Lichtmaschine, Anlasser und Zündanlage.

Zylinderkopf. Schließt den Zylinder nach oben ab. Er enthält Kanäle für Frisch- und Abgas, Ventilsitze, Lager und Führungen für Teile der Ventilsteuerung, Zündkerzengewinde, Wasserkanäle und Brennraum.

Technik auf den Punkt gebracht: Knappe und präzise Infos über Begriffe, Funktionen und Zusammenhänge.

Arbeitsschritte   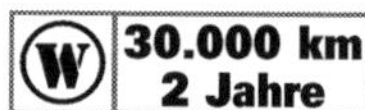

1 Ansauggeräuschdämpfer abbauen. Beim Diesel: Luftansaugleitung abbauen. Bei allen Motoren: elektrische Steckverbindungen lösen.

2 Sechs Schrauben der Zylinderkopfhaube lösen und Haube vorsichtig abnehmen. Sitzt der Deckel fest, lösen Sie ihn durch Schläge mit Handballen oder Hammerstiel.

3 Für die Messung von Ein- und Auslassventil eines Zylinders müssen beide Ventile entlastet sein. Dazu den Motor durchdrehen, bis an der Nockenwelle die Spitzen beider Nocken von Zylinder 1 (in Fahrtrichtung rechts) symmetrisch nach links und rechts oben zeigen (OT-Markierung beachten). Diese Position entspricht dem Oberen Totpunkt.

Die Arbeitsschritte führen Sie Step by Step durch Ihre Wartungen und Reparaturen. Hier steht, wo Sie den Hebel ansetzen und worauf Sie dabei achten müssen.

Kühlsystem

Störungs-beistand

Störung	Ursache	Abhilfe
A Temperatur-Anzeigenadel steht im roten Bereich.	**1** Keilrippenriemen zu schwach gespannt oder gerissen.	Riemenspannung kontrollieren oder Riemen ersetzen.
	2 Zu wenig Flüssigkeit im Kühlsystem.	Auffüllen, notfalls aus der Scheibenwaschanlage.
	3 Kabel zur Temperaturanzeige hat Masseschluss.	Kabel am Temperaturgeber abziehen, Zeiger muss zurückgehen, sonst Masseschluss; Kabelverlauf kontrollieren.

Der ideale Pannenhelfer: Der »Störungsbeistand« hilft Ihnen, Fehlern und Defekten an Ihrem Fahrzeug systematisch auf den Grund zu gehen. Außerdem finden Sie hier Tipps, wie Sie mit einer Störung fertig werden.

Praxistipp

Kompressions-druckluft strömt aus

Wenn Kompressionsdruckluft an einer der folgenden Stellen ausströmt, hat dies meist diese Ursachen:

- Ansaugkrümmer oder Luftfiltergehäuse: defektes Einlassventil.
- Geöffneter Kühler oder Kühlmittel-Ausgleichsbehälter: defekte Zylinderkopfdichtung.

Praxistipps für Schrauber: Hier steht, wie Sie schnell und effektiv Fehler feststellen und Probleme lösen.

dem Wartungsplan, den Volkswagen an seine Vertragswerkstätten ausgibt. Außerdem enthält er einige Wartungsarbeiten an Baugruppen, die der Prüfer von TÜV oder DEKRA bei einer Hauptuntersuchung in Augenschein nimmt.

Kein Do it yourself bei Garantie

Wenn Sie einen neuen Wagen fahren: Halten Sie die Wartungsintervalle des Herstellers unbedingt ein. Vor allem: Verzichten Sie aufs Do it yourself. Die VW AG erfüllt nämlich selbst berechtigte Garantieansprüche nur dann, wenn die Wartungsarbeiten an Ihrem Wagen rechtzeitig von einer Vertragswerkstatt erledigt wurden. Das gilt übrigens auch, wenn Sie einen Transporter mit einem Austauschmotor fahren.

Ratgeberservice: Checklisten

Auf der vorderen und hinteren Umschlaginnenseite dieses Ratgebers finden Sie eine Reihe von Checklisten, die Ihnen helfen, Ihr Fahrzeug für Alltag, Winter und TÜV/DEKRA fit zu machen. Hier steht, welche Arbeiten Sie durchführen sollten und auf welchen Seiten Sie die Arbeitsanleitungen dazu finden. Die benötigte Liste kopieren und alle Arbeiten Punkt für Punkt abhaken.

Die Arbeitssymbole

Der Umweltbaum soll Sie für den Umweltschutz sensibilisieren. Er taucht immer dann auf, wenn eine Arbeit oder die dabei anfallenden Abfälle für die Umwelt problematisch sind.

Die Zahl der Schraubenschlüssel signalisiert den Schwierigkeitsgrad. 1 Schlüssel = leichte Arbeit; 2 Schlüssel = anspruchsvolle Arbeit; 3 Schlüssel = schwierige Arbeit.

Die (Sand)Uhr signalisiert den Zeitaufwand für den Hobby-Schrauber. Die kalkulierte Zeit berücksichtigt Ihre fehlende Routine und die Möglichkeit, dass Sie nicht optimal ausgerüstet sind.

Das Ausrufezeichen steht für Arbeiten, die die Betriebssicherheit Ihres Fahrzeugs betreffen. Wenn Sie nicht absolut kompetent sind: Hände weg! Das ist ein Fall für die Werkstatt.

Die Prüfplakette klassifiziert eine Vorsorgearbeit für die Hauptuntersuchung. Sie sparen Geld und Zeit, wenn Sie die markierten Wartungs- und Prüfarbeiten vor Ihrem Termin bei TÜV oder DEKRA durchführen.

Die Wartungsplakette bezeichnet alle Wartungsarbeiten für Ihren Transporter, die auch die Werkstatt beim Kleinen und Großen Kundendienst durchführt. Sämtliche Punkte entsprechen dem offiziellen Wartungsplan des Herstellers.

DER VW TRANSPORTER T5

Der neue Multivan repräsentiert die Version »Großraumlimousine« des Transporters T5. Als Konsequenz aus Marktuntersuchungen wird er in drei Ausstattungslinien angeboten, die jeder Käufer über eine umfangreiche Liste seinen individuellen Wünschen entsprechend gestalten kann. Eine oder zwei Schiebetüren, sechs oder sieben Sitzplätze, Tisch am Rand oder in der Mitte und Teppichboden sind einige der augenfälligsten Merkmale.

Variabilität und Vielfalt:

Modellpflege und Identifizierung:

Der Volkswagen-Transporter, 1950 erstmals auf dem Markt erschienen, gilt seitdem als eines der Symbole des deutschen »Wirtschaftswunders«. Zunächst mit der Technik des VW Käfer (Typ 1), dann eigenständig als Typ 2 galt der »Packesel der Nation« als unverwüstlich und absolut zuverlässig. Er mobilisierte Handwerk, Handel und Gewerbe.

Transporter, Shuttle, Multivan

53 Jahre nach diesem Debüt ist der Transporter technisch etwas völlig Anderes. Seinen Ruf, stabil, verlässlich und vielfältig einsetzbar zu sein, hat er jedoch voll und ganz bewahrt. Im Vergleich zum Vorgänger T4 ist er jetzt noch wirtschaftlicher geworden. Die Kosten des neuen Transporters sind sowohl in der Anschaffung als auch im Unterhalt gesunken. Bei dem fast unveränderten Grundpreis für wesentlich umfangreichere Ausstattung und niedrigere Typklassen fällt

dem Transporterkunden der Einstieg leichter denn je. Der erfolgreiche VW-Transporter ist in seiner fünften Generation kaum noch mit seinem Urvater zu vergleichen. Facettenreich präsentiert sich der T5 als starker Charakter, der unter den leichten Nutzfahrzeugen seinesgleichen sucht.

Die Sparte Volkswagen Nutzfahrzeuge hat auf die schon während der letzten Jahre stark gewachsene Vielfalt nochmals aufgesattelt: Erstmals wird das Multitalent mit drei Dachhöhen angeboten. Ebenfalls neu: Die Ausstattungsversion Shuttle. Sie übernimmt mit hochwertigen Innenverkleidungen die Aufgaben des Caravelle und lässt sich ganz individuell zusammenstellen.

In der Version Multivan bedient das Fahrzeug den Trend zur luxuriösen Großraumlimousine, der sich innerhalb Europas immer deutlicher abzeichnet. Die Neukunden dafür kommen zunehmend aus dem Segment der Kombi-Fahrer und entscheiden sich für einen Van, der bei vergleichbarer Verkehrsfläche deutlich mehr Variabilität und Nutzen bietet.

Varianten mit kurzem Radstand und flachem Dach: *Der Kastenwagen (oben) und der Kombi (unten).*

Bequem und komfortabel für den Personentransport: *Der kurze Shuttle mit flachem Dach (oben) und als Nutzfahrzeug für spezielle Zwecke (unten).*

Allen Aufgaben gewachsen

Elegant und kraftvoll wirken die Linien des neuen Transporters. Selbstbewusst und markant zeigt er sich in gewachsenen Dimensionen: 4,89 Meter lang sowie 1,90 Meter breit und 1,96 Meter hoch. Diese Außenmaße gewährleisten durch die steilen Karosseriewände auch mehr Raum im Inneren. Solche Volumina sind in der leichten Transporterklasse einmalig.

Auf Wunsch ist ein Radstand von 3,40 Meter möglich, die Fahrzeuglänge wächst dann auf 5,29 Meter. Die beiden Hochdächer messen 2.165 oder 2.465 Millimeter. Mit dieser Variationsvielfalt stellt der geschlossene Transporter fünf unterschiedliche Frachträume zur Verfügung.

Ebenso vielseitig sind die Fahrgestelle der Pritschen oder Sonderaufbauten. Wichtigste Unterscheidung sind Single- oder Doppelkabine. Neben der flachen Pritsche sind Kühlkofferaufbau, Abschleppwagen und andere Ausführungen möglich. Mit diesen werkseitigen Spezialausstattungen wird der neue Transporter nahezu allen Aufgaben gerecht, die das Berufsleben an ein modernes Nutzfahrzeug stellt.

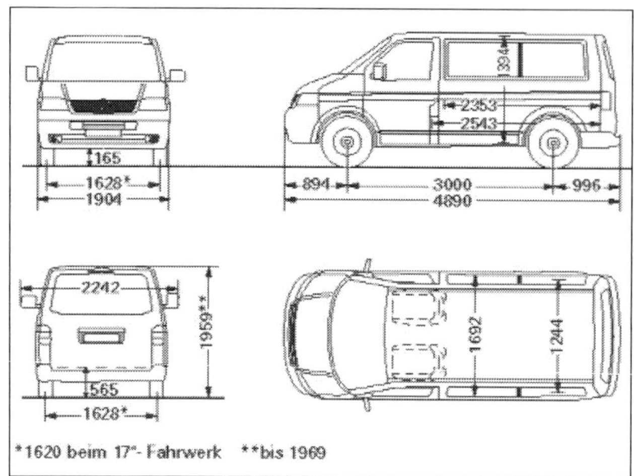

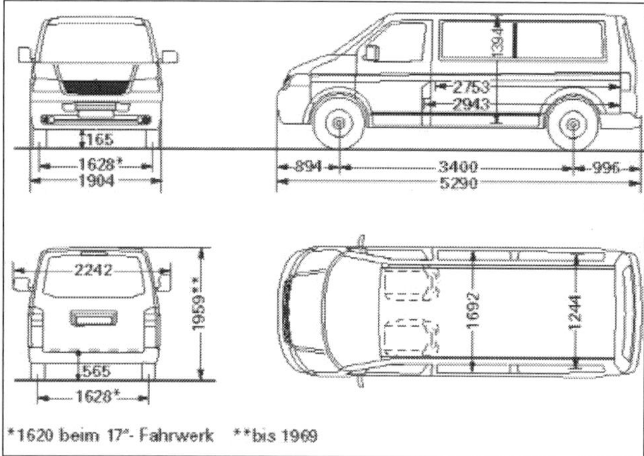

Maße von Shuttle und Kombi: *Oben mit kurzem, darunter mit langem Radstand.*

Der vielseitige Multivan

Das Raumkonzept des Multivan verbindet in idealer Weise Variabilität, Funktionalität und Komfort. Hochwertiges Büromobil, Familien- oder Freizeitfahrzeug: Durch ein paar Handgriffe und das umfangreiche Sonderausstattungs-Programm wird allen Wünschen entsprochen. Der Schlüssel für die enorme Variabilität liegt in einem neuen Schienensystem im Fahrzeugboden. Einzelsitze, Liegesitzbank und Tisch können so an beliebiger Stelle im Fond fixiert werden.

Die Großraumlimousine wird in drei Versionen mit diversen Sonderausstattungen angeboten:

Basismodell: Sechssitzer mit Schiebetür rechts, ABS, ASR, EDS, manueller Klimaanlage, Zentralverriegelung, Airbags, Liegesitzbank und Seitentisch.

Comfortline: Zweite Schiebetür (kann auf Wunsch auch entfallen), sieben Sitzplätze, mittiger Tisch und Teppichboden.

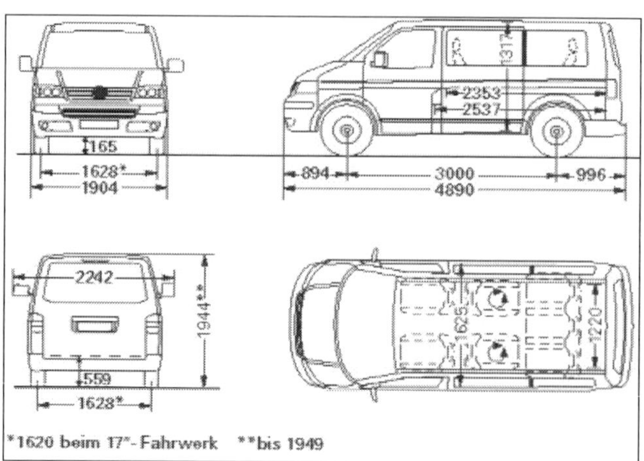

Die Abmessungen des Multivan...

...und sein repräsentatives Erscheinungsbild.

Highline: Siebensitziges Topmodell. Lederbezüge, Climatronic, Tempomat, Regensensor für den Scheibenwischer und zwei elektrisch betriebene Schiebetüren.

Starke Motoren - auch für den California

Bei Transporter und Multivan der neuen Generation stehen sechs Motoren zur Wahl, zwei Benziner und vier Diesel. Der Vierzylinder-Ottomotor bietet die Basismotorisierung, der Sechszylinder ist der Top-Motor der gesamten Palette. Der kleine Benziner hat eine Leistung von 115 PS, der starke V6 stellt 235 PS zur Verfügung.

Bei den vier Dieselaggregaten markiert ein 1,9-Liter-Vierzylinder mit 86 PS den Einstieg, seine stärkere Variante bietet 105 PS. Eindrucksvolle Leistungsdaten hat der neue 130 oder 174 PS starke Fünfzylinder Pumpe-Düse-TDI, ein sehr kurzer Leichtbau-Motor. Der Antrieb erfolgt mittels Fünf- oder Sechsgang-Schaltgetriebe sowie Sechsgang-Tiptronic (Multivan) über die Vorderachse. Damit rollt weltweit erstmals ein Fahrzeug mit Sechsgang-Automatikgetriebe.

Die Dieselmotoren, mit Ausnahme des 63 kW-Triebwerks, kommen übrigens auch im Freizeitmobil Cali-

fornia zum Einsatz. Unter diesem Namen werden bereits seit 1988 kompakte Reise- und Freizeitmobile von Volkswagen verkauft. Inzwischen geht der ausgebaute VW Bus in die dritte Generation.
Beim neuen California bestehen Möbel und Aufstelldach aus Aluminium, die Möbel haben Wellenkern. Das Dach wird elektrohydraulisch per Menübefehl geöffnet. Das Hochbett ist mit 2.000 x 1.200 mm Liegefläche länger und breiter als beim Vorgängerfahrzeug. Der größere Scherenmechanismus des Aufstelldachs ermöglicht mehr Höhe über die ganze Fahrzeuglänge.

Höheres Aufstelldach:: *Die beliebte Version »California«.*

Sicheres Fahrwerk und Allradantrieb

McPherson-Federbeine vorn und das ausgereifte Prinzip der Schräglenker-Achse mit getrennten Federn und Stoßdämpfern hinten geben dem neuen T5/Multivan die Fahreigenschaften eines Pkw. Ausreichend dimensionierte Stabilisatoren reduzieren spürbar den Rollwinkel.
Neu ist der entkoppelte Fahrschemel an der Vorderachse. Er trägt den Motor, hält die Querlenker, dient als zweite Crashebene und erhöht im Falle einer Kollision den Partnerschutz. In Zusammenarbeit mit den großen Silentblöcken an der Hinterachse sorgt diese Fahrwerks- und Aggregate-Aufhängung für eine deutliche Reduzierung der Motor- und Abrollgeräusche im Fahrzeuginneren. Optional gewährleisten ESP und ein Bremsassistent ab 96 kW/130 PS Motorleistung ein zusätzliches Plus an Sicherheit.
Der Multivan wird auch mit Allradantrieb angeboten. Anders als bei seinem Vorgänger kommt nicht mehr die Visco-, sondern eine Haldex-Kupplung zum Einsatz. Die Allradversion heißt daher auch nicht mehr »Syncro«, sondern trägt nun den konzerneigenen Namen »4Motion«.

Großzügiges Ablagenkonzept

Zahlreiche Ablagemöglichkeiten erhöhen die Funktionalität im Fahrerhaus. Eine Zettelklemme mittig auf dem Armaturenbrett sichert die Arbeitspapiere, im verschließbaren Handschuhfach lassen sich weitere Unterlagen verstauen. Im Beifahrerfußraum steht ein breites Gepäcknetz für Stadtplan oder Straßenkarte zur Verfügung. Diverse Getränkehalter rund um die Kommandozentrale sowie große Fächer in den Türverkleidungen sichern zuverlässig Flaschen, Ordner und den Snack für unterwegs.
Einzelsitze im Cockpit und die Joystick-Schaltung (Bild unten) lassen viel Bewegungsraum für Fahrer und Beifahrer. Bei Bedarf ist ein Durchstieg in den Frachtraum gewährleistet. Diese cleveren und praktischen Lösungen für Bedienerfreundlichkeit und Sicherheitsausstattung trugen dem neuen Transporter bereits Ehrungen wie den Preis »Van of the Year« ein.

Heizung und Klima nach Wahl

Die Klimatisierung ist nach dem Baukastenprinzip ausgelegt und baut auf dem Wärmetauscher auf. Ein

Kleine Freiheiten: *Die Joystick-Schaltung spart merklich Platz im Fußraum.*

zweites Heizgerät ist im Kombi mit Sitzen und im Shuttle Serie und für Transporter mit Lade- und Fahrgastraum möglich. Für die nächste Ausstattungsstufe ist eine manuell geregelte Klimaanlage für alle Karosserievarianten bestellbar.

Da die im Wirkungsgrad optimierten Pumpe-Düse-Motoren im Winter nicht genügend Wärme für den Innenraum liefern, kommt beim Multivan, beim Shuttle und beim Kombi mit Sitzen serienmäßig sowie beim Kasten optional ein kraftstoffbetriebener Zuheizer zum Einsatz. Dieser stellt dem Heizkreislauf des Fahrzeugs immer genau die Wärmemenge zur Verfügung, die zusätzlich benötigt wird.

Für den Transport von frostempfindlicher Ware bei längeren Standzeiten bietet sich die aufpreispflichtige Standheizung an, die auch im Falle einer Laderaumtrennwand den Fahrerraum wärmt. Neben einem elektrischen Dachlüfter oder einem Kompressor für den Einsatz als Frischdienstfahrzeug steht die für den Kastenwagen erhältliche zusätzliche Laderaumbelüftung zur Wahl.

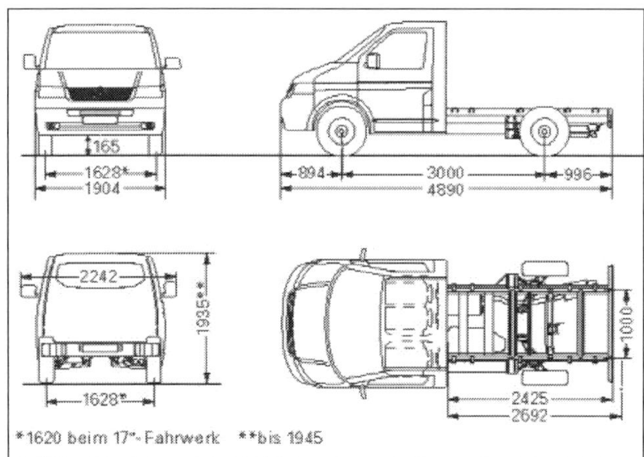

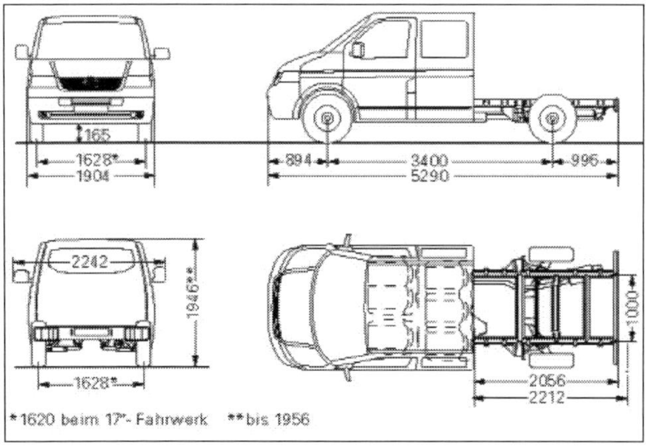

Die Abmessungen der Fahrgestelle mit kurzem (oben) und langem (unten) Radstand.

Van of the Year 2004

Die Jury des renommiertesten europäischen Nutzfahrzeug-Wettbewerbs krönte den neuen VW Transporter am 16. Oktober 2003 auf der Messe RAI in Amsterdam zum besten Nutzfahrzeug. Mit sensationellen 115 von

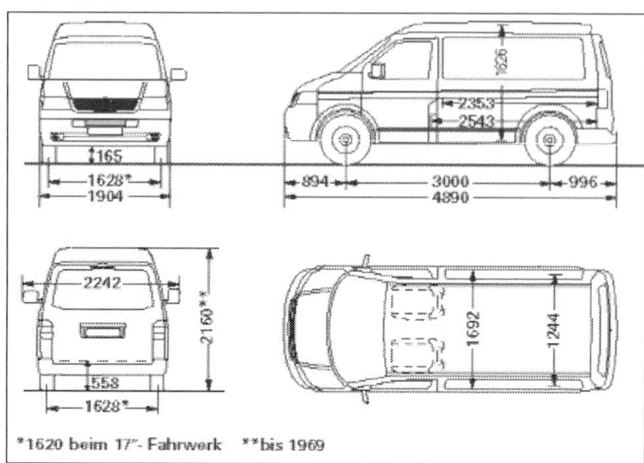

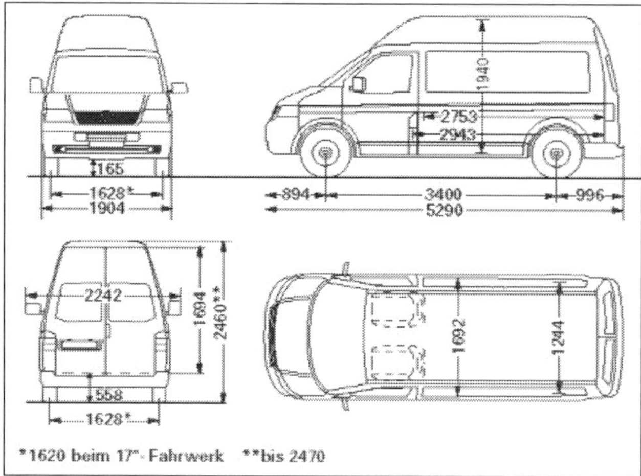

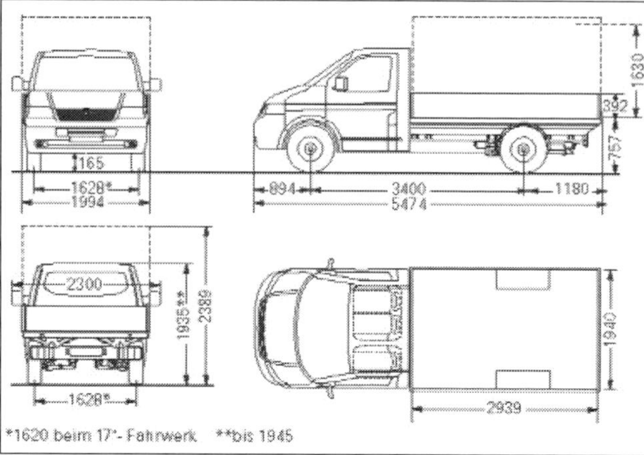

Von oben: Kurzer Kasten mittelhoch, langer Kasten/Kombi hoch und Pritschenwagen mit langem Radstand.

126 möglichen Punkten erzielte der neue Transporter das höchste Ergebnis in der zwölfjährigen Geschichte des Wettbewerbs. In der Begründung hieß es, der Transporter T5 sei »ein kompromissloses Nutzfahrzeug mit gewachsenem Laderaum, stärkeren Motoren und ausgezeichnetem Fahrverhalten«, das durch die Kombination von Frontantrieb und neuer Radaufhängung Pkw-Niveau erreiche.
Erstmals für das Transporter-Segment verfügt der T5 in Verbindung mit ESP über einen Bremsassistenten. Dieser unterstützt ab einer gewissen Pedalgeschwindigkeit den normalen Bremskraftverstärker mit zusätzlichem Bremsdruck. Zudem senkt ein größerer Tandem-Bremskraftverstärker die vom Fahrer aufzubringende Pedalkraft erheblich.

Hervorragende Nutzfahrzeuge: *Transporter mit Hochdach (oben), Pritschenwagen (unten).*

Modellpflege und Identifizierung

Schon vor dem Wettbewerb um den Titel »Van of the Year 2004« hatte der T5 den deutschen Nutzfahrzeugpreis »Transporter des Jahres 2003« gewonnen. Die englische Fachzeitschrift »What Van?« wählte ihn ebenfalls zum »Van of the Year 2003«. Das war die Krönung eines halben Jahrhunderts konsequenter Entwicklungsarbeit.

Über 50 Jahre Transporter T5

1949

Am 12. November 1949 kommt der VW Bulli offiziell auf die Auto-Welt. Auf der Pressekonferenz werden zwei Kastenwagen, ein Kombi und ein Kleinbus vorgestellt.

1950

Produktionsbeginn am 8. März. Konstrukteur Alfred Haesner weist auf die außergewöhnliche Vielseitigkeit des Neuen hin: »Gedacht für Stadt und Land, für Nah und Fern, für Autobahn und Feldwege, für Güter- und Personenbeförderung, für Handel und Gewerbe. Demgemäß ist dieser Nutz-Lieferwagen-Typ verwendbar für alle Geschäftszweige, Eiltransporte und Speditionszwecke.«

1951

Westfalia stellt seine »Camping-Box« mit Schrank, Spüle, Bett und Kocher vor. Dieser rundum verglaste »Sambabus« wird der Traumwagen für Reiselustige.

1956

Die Herstellung des Transporters wird nach Hannover verlagert. Das dortige Werk ist bis heute wichtigster Standort für diese Produktion und beherbergt auch das Service Center Spezialausstattungen.

1967

Der erste Bulli mit Panoramascheibe. Dank Schräglenkerachse wesentlich besseres Fahrverhalten. Mit dem Wechsel zur **zweiten** Generation sind mehr Innenraum, viel mehr Licht, niedrigerer Einstieg, bessere Lüftung und Heizung verbunden.

1979

Neue Sachlichkeit prägt die **dritte** Generation. Überall auf der Welt bilden sich nun Clubs, deren Mitglieder sich neben kollektiver Bemühung um Ersatzteile, Techniktipps und seelischen Beistand durch die Liebe zum ewig lächelnden Bulli mit seinen knarzenden Pendelachsen verbunden fühlen.

1980/1982

Der T3 wird mehr und mehr zu einer Technologieplattform: Der 1,6-Liter-Dieselmotor des Golf wird in modifizierter Form in den Transporter eingebaut. Wassergekühlte Boxermotoren ersetzen 1982 die beiden Luftboxer und sorgen für leiseren Motorlauf sowie geringeren Benzinverbrauch.

1985
Im österreichischen Graz beginnt die Produktion der Syncro-Allrad-Versionen. Gleich nach der Syncro-Premiere startet ein Team aus Österreich zu einer Rekordfahrt um die Welt.

1990
Volkswagen vollzieht einen drastischen Bruch mit der Vergangenheit, ähnlich wie beim Übergang vom Käfer zum Golf. Beim Transporter der **vierten** Generation rückt der Motor nach vorn. Das Armaturenbrett, die Sitze, die Sichtverhältnisse, das Raumgefühl, Federung, Straßenlage und Ergonomie - alles wird besser. Das neue Auto bedeutet einen Quantensprung.

1994
Mit dem Werk in Poznan/Polen nimmt ein weiterer Standort für die Transporterproduktion seine Arbeit auf. Die erfolgreiche Eroberung des osteuropäischen Marktes beginnt.

1996
Eine grundlegend überarbeitete Baureihe Transporter/Caravelle wird das erste Mal auf dem Genfer Nutzfahrzeugsalon gezeigt. Bei der Motorisierung zeichnet sich ein Trend zu leistungsstarken und sparsamen Diesel-Triebwerken ab.

2001
Im Modelljahr 2001 kommt der Top-Motor 2,8 l V6 mit Multi-Point Injection (MPI). Der Benziner erreicht mit 4-Gang-Automatikgetriebe 204 PS bei 6.200 Umdrehungen pro Minute. Seine Höchstgeschwindigkeit beträgt bemerkenswerte 194 km/h.

2003
Im April wird in Leipzig die **fünfte** Generation präsentiert. Neue Dimensionen: 4,89 m lang, 1,90 m breit und 1,96 m hoch. Das ergibt ein für die leichte Transporterklasse einmaliges Volumen.
Erstmals wird das Multitalent mit drei Dachhöhen angeboten. Ebenfalls neu: Die Ausstattungsversion Shuttle. Sie übernimmt mit hochwertigen Innenverkleidungen die Aufgaben des Caravelle und lässt sich ganz individuell zusammenstellen.
Mitte Oktober wird der neue VW Transporter »Van of the Year 2004« Eine Jury aus Redakteuren und Herausgebern führender europäischer Fachzeitschriften krönt ihn auf der Messe RAI in Amsterdam zum besten Nutzfahrzeug.

Die Fahrzeugerkennung

Typ, Motorisierung, Identifikationsnummern und andere Daten, die das Fahrzeug eindeutig bestimmen, sind auf dem Fahrzeugdatenträger zu finden. Er befindet sich im Serviceplan für den Kunden und als Aufkleber im Fahrzeug auf der Schalttafelverkleidung links (Fahrerseite) unten im Fußraum.
Der Aufkleber enthält die
Produktions-Steuerungsnummer,
Fahrzeug-Identifizierungsnummer,
Typ-Kennnummer,
Typerklärung / Motorleistung,
Motor- und Getriebekennbuchstaben,
Lacknummer / Innenausstattungs-Kennnummer,
Mehrausstattungs-Kennnummer.
Er enthält auch die so genannte PR-Nummer: QG1 bedeutet Fahrzeug mit LongLife Service; QG2 bedeutet Fahrzeug mit zeit- oder laufleistungsabhängigem Service. Diese Fahrzeuge haben eine flexible Service-Intervall-Anzeige und einen Motorölstandsensor.
Die Fahrzeug-Identifizierungsnummer (Fahrgestellnummer) befindet sich auch hinter der Windschutzscheibe auf der Fahrerseite. Sie ist für den Transporter T5 wie folgt verschlüsselt:
WVW ZZZ 7H Z 3 D 000 234

WVW Herstellerzeichen;
ZZZ Füllzeichen;
7H Typ;
Z Füllzeichen;
3 Modelljahr 2003;
D Produktionsstätte;
000 234 laufende Nummer.

Motorkenn-buchstaben

Kennzeichnungen des jeweiligen Fahrzeugmodells sind beim Bestellen von Ersatzteilen oder Austauschteilen unbedingt anzugeben. Viele Teile eignen sich einfach nur speziell für den von Ihnen ausgewählten Typ, obwohl sie Ähnlichkeiten mit Teilen anderer Fahrzeuge haben.
Für viele Fälle ist es wesentlich, die jeweilige Motorisierung genau nachzuweisen, was durch die Motorkennbuchstaben möglich ist. Die Motornummern, das sind die Kennbuchstaben für die in diesem Ratgeber behandelten Motoren plus laufender Nummer, finden Sie an der Trennfuge zwischen Motor und Getriebe sowie auf einem Aufkleber stirnseitig am Zylinderkopf (5-Zylinder-Motoren), auf der Zylinderkopfhaube (6-Zylinder-Motor) oder auf dem Zahnriemenschutz (4-Zylinder-Motoren). Sie sind auch auf dem Fahrzeugdatenträger zu finden.

DIE WAGENPFLEGE

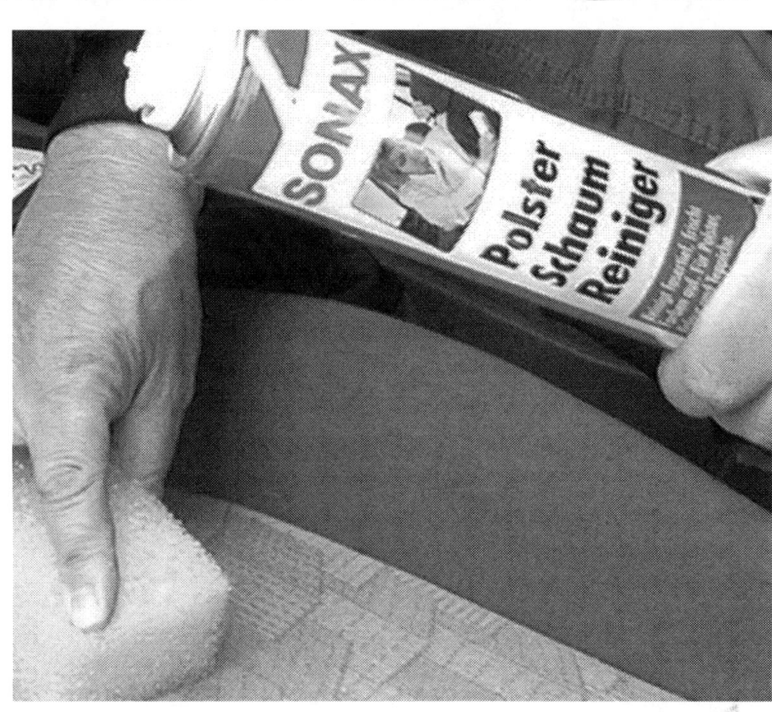

Seien Sie sorgsam bei Details wie Polster oder Dachhimmel. Saubere Autos machen mehr Spaß, schneiden bei jeder Prüfung besser ab und bringen mehr Geld beim Wiederverkauf. Ausgiebige Innenraumpflege kommt vor der gründlichen Wagenaußenwäsche. Für diese reicht meist die automatische Waschanlage, aber günstiger ist oft eine SB-Wäsche.

Wartung

Reparatur

Ein gepflegtes Auto macht mehr Freude als ein ungepflegtes. Es behält länger seinen Wert und bringt Ihnen beim Verkauf ein gutes Stück Geld zusätzlich ein. Bei den Prüfern von TÜV und DEKRA hat ein gepflegt aussehendes Fahrzeug von vornherein die besseren Chancen.
In diesem Kapitel können wir Ihnen nur die wichtigsten Fragen zu Reinigung und Lackpflege beantworten. Weit ausführlicher behandeln wir den gesamten Problemkreis im Sonderband 175 »Die Autokarosserie«, den wir Ihnen bei dieser Gelegenheit empfehlen.

Innenreinigung

Die Pflege des Innenraums sollten Sie zuerst in Angriff nehmen. Wenn Sie sich diese Arbeit bis zuletzt aufheben, verschmutzen die Staubwolken aus Polstern und Fußmatten die frisch gewaschene Außenseite.
Für die Säuberung verwenden Sie am besten spezielle Autopflegemittel. Vergessen Sie Seifenlauge und

Haushaltsreiniger: Scheiben, Polster und Kunststoffoberflächen sind durch Witterung, Staub, Schmutz und Feuchtigkeit extremen Belastungen ausgesetzt, denen spezielle Pflegesubstanzen einfach besser gewachsen sind. Diese Spezialreiniger sind nicht billig, aber in aller Regel ihr Geld wert.
Zur gründlichen Innenreinigung brauchen Sie:

- Lappen, möglichst nicht flusend, zum feuchten und trockenen Ab- und Auswischen;
- Kleider- oder Polsterbürste;
- Staubsauger mit verschiedenen Düsen;
- Handfeger und Kehrschaufel;
- ein Fensterleder und einen
- feinporigen Kunststoffschwamm.

Rauchen im Auto?

Zu diesem Reizthema können wir uns auf ein Pro oder Contra hier gar nicht einlassen. Aber es ist eine in Analysen festgestellte Tatsache, dass Nikotin am Steuer das Unfallrisiko erhöht.

Pflegemittel für den Innenraum

Plastikreiniger. Für Kunststoffflächen. Reinigt und frischt die Farben auf, sorgt für Glanz und wirkt antistatisch, so dass die Flächen gegen Schmutz- und Staubbefall lange Zeit geschützt sind.

Textilreiniger. Für Polster, Teppiche, Tür- und Innenverkleidungen. Lösen zuverlässig Staub und Schmutz. Dadurch werden die Polsterfarben aufgefrischt. Viele Reiniger entfernen zudem auch hartnäckige Flecken.

Glasreiniger. Für alle Glasflächen. Sie lösen hartnäckige Verschmutzungen, zum Beispiel Insektenreste, Nikotin, Kunststoffausdünstungen und Ölablagerungen.

Gummipflegemittel. Silikonhaltige oder Hirschtalg. Für Tür-, Fenster- und Kofferraumdichtungen sowie Fußmatten. Halten Gummi geschmeidig, verhindern Festfrieren und frischen die Farben auf.

Antibeschlagspray. Konserviert die Glasreinigung für einige Tage oder Wochen (je nach Wetterlage). Auf die Scheibe sprühen. Schaumbelag mit trockenem Küchenpapier abreiben .

Lederpflegemittel. Für die kostbaren und auch anspruchsvollen Ledersitze. Macht das Leder nach längerem Gebrauch wieder wasserabweisend und geschmeidig und frischt die Farben auf.

In einem Urteil aus dem Jahr 2002 (Landgericht Lüneburg) gehen die Richter so weit, Rauchen am Steuer grundsätzlich als leichtsinnig zu bezeichnen. Beide Hände gehörten ans Lenkrad. Das Greifen nach der Zigarette, etwa um die Asche abzuklopfen, lenke bereits die Aufmerksamkeit von der Straße weg.
Ferner muss vor dem blauen Dunst im Innenraum des Autos wegen einer damit verbundenen gefährlichen Giftkonzentration gewarnt werden. »Passivrauchen erhöht bei Kindern das Risiko von Bronchitis, Asthma und Allergien«, sagen Gesundheitswissenschaftler.
Der Aspekt der pfleglichen Behandlung des Fahrzeugs ist nicht der vordringlichste im Hinblick aufs Rauchen im Auto, aber auch er hat Gewicht. Besonders nachts und bei tief stehender Sonne behindert Nikotinbelag auf der Windschutzscheibe die gute Sicht. Glasreiniger und ein Tuch verschaffen Abhilfe.
Gegen den Mief auch in den Polstern helfen Fébrèze, Rauchfrei-Spray oder Smoke-Ex, die es in Tankstellenshops gibt. Vor dem Verkauf eines Raucher-Autos wird eine Behandlung mit neutralisierendem Ozon empfohlen, die allerdings zwei Tage dauern und an die 100 Euro kosten kann.
Wenn Sie eine Klimaanlage in Ihrem Auto haben, sollten Sie jedenfalls bei Umluftbetrieb lieber nicht rauchen. Der aus dem Innenraum angesaugte Rauch setzt sich auf dem Verdampfer ab und verursacht dauerhafte Geruchsbelästigung.

Die Lederausstattung

Sitzbezügen aus Naturleder müssen Sie besondere Aufmerksamkeit schenken. Leder reagiert sehr empfindlich schon auf Sonneneinstrahlung, vor allem aber auf Öle, Fette und Verschmutzungen. Staub und Schmutzpartikel in Poren, Falten und Nähten können scheuern und die Lederoberfläche beschädigen. Saugen Sie also regelmäßig die Sitze ab.
Wenn Sie Ihren Multivan oder Shuttle mit Ledersitzen längere Zeit in praller Sonne stehen lassen müssen, sollten Sie die Sitze abdecken. Andernfalls könnten sie ausbleichen.
Zum Reinigen feuchten Sie einen Baumwoll- oder Wolllappen mit Wasser leicht an und wischen die verschmutzten Stellen. Bei stärkerer Verschmutzung können Sie eine milde Seifenlösung verwenden. Es empfiehlt sich eine Seifenlösung mit zwei Esslöffeln Neutralseife oder mildem Feinwaschmittel auf einen Liter Wasser. Achten Sie darauf, dass das Leder nicht durchfeuchtet wird und kein Wasser durch die Naht-

stellen sickert. Niemals Lösungsmittel, Bohnerwachs, Schuhcreme oder Fleckenentferner verwenden!
Fett- und Ölflecke oder anderen hartnäckigen Schmutz vorsichtig mit Schwamm und Spezialreiniger behandeln. Anschließend mit einem weichen, trockenen Tuch nachwischen und trocknen lassen.
Zur regelmäßigen Pflege gehört die Behandlung mit einem Lederpflegemittel alle zwei, mindestens aber alle sechs Monate. Testen Sie mit einigen Wassertropfen, ob der Lederbezug noch ausreichend geschützt ist. Wenn die Tropfen nicht abperlen, ist es höchste Zeit für die Kur. Dazu die versiegelnde Pflege-Lotion sparsam auftragen und nach Einwirkung mit weichem Lappen (Microfasertuch) nachwischen. Das Leder wird geschmeidiger, die Farben wirken frischer.

Innenreinigung

Arbeitsschritte   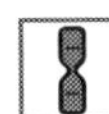

1 Räumen Sie Ihren Transporter oder Multivan aus. Bei dieser Gelegenheit gleich Ascher leeren und auswischen.

2 Fußmatten nach innen zusammenschlagen und herausnehmen, ausschütteln, ausklopfen und staubsaugen.

3 Gummimatten feucht abwischen. Vorsicht: Die Unterseite trocknet im Fahrzeug nur schlecht. Eine feuchte Matte kann üblen Geruch und Stockflecken im Textilbelag verursachen. Daher Trockenzeit einkalkulieren.

4 Grobschmutz im Innenraum mit Staubsauger entfernen. Verwenden Sie für weiche Textilbeläge starre Düsenaufsätze, für harte Kunststoffe Borstenaufsätze. Bei glattem Gummibelag den Wagenboden feucht auswischen.

5 Sitzpolster abbürsten oder staubsaugen, die anderen Kunststoffoberflächen abwischen. Das Heizungsgebläse pustet den Staub vor allem in die Ecken. Ein Pinsel leistet gute Dienste bei der Reinigung.

6 Sicherheitsgurte müssen sauber gehalten werden. Bei stark verschmutztem Gurtband kann das Aufrollen des Automatikgurts beeinträchtigt werden. Deshalb Gurte trocken abbürsten oder bei starker Verschmutzung mit milder Seifenlauge abwaschen. Chemische Reinigungsmittel können das Gewebe zerstören. Die Gurte dürfen auch nicht mit ätzenden Flüssigkeiten in Berührung kommen.

Die Sicherheitsgurte für das Reinigen niemals ausbauen! Vor dem Aufrollen müssen die gereinigten Gurte trocken sein.

7 Verwenden Sie zum Reinigen von Kunststoffteilen, Kunstledersitzen, Himmel, Leuchtengläsern, mattschwarz gespritzten Teilen und Armaturenbrett Ihres Transporters/Multivan nur ein mit klarem Wasser angefeuchtetes Tuch. Sollte das für eine Grundreinigung nicht ausreichen, benutzen Sie lösungsmittelfreie Reinigungs- und Pflegemittel. Lösungsmittelhaltige Reiniger greifen das Material an.

Verwenden Sie Kunststoffreiniger! Die besprühten Stellen mit klarem Wasser nachwischen und mit einem Tuch trockenreiben. Empfehlenswert ist auch Cockpitpflege-Spray. Das duftet überdies und ist antistatisch.

Lösungsmittelhaltige Reiniger sind gefährlich für Instrumententafel und Oberflächen von Airbagmodulen, die porös werden können. Bei einer Airbagauslösung sind dann Verletzungen durch sich lösende Kunststoffteile möglich!

8 Den Dachhimmel sollten Sie nur bei starker Verschmutzung reinigen und auf keinen Fall durchfeuchten. Himmel mit Textilreiniger großflächig einsprühen. Mit Schwamm und Frottierhandtuch nachwischen. Behandlung bei Bedarf wiederholen. Beschränken Sie sich nicht auf die verschmutzten Stellen, weil hässliche Platten mit Rändern entstehen können. Einen Dachhimmel mit Textil-Bespannung sollten Sie immer komplett reinigen!

9 Polsterstoffe und Stoffverkleidungen an Türen, Gepäckraumabdeckung etc. werden mit speziellen Reinigungsmitteln oder mit Trockenschaum und feuchtem Schwamm behandelt. Die Polster gründlich absaugen, solange sie noch etwas feucht vom Reiniger sind. Der Schmutz löst sich so am besten.

10 Für Ledersitze nur spezielle Lederpflegemittel verwenden, die auch die Nähte flexibel und geschmeidig halten.

11 Die Türdichtungen mit speziellem Gummipflegemittel geschmeidig halten. So werden auch Quietschen und Knarren beim Türenschließen vermieden. Nach den Dichtgummis sollten Sie auf jeden Fall nicht erst schauen, wenn die Türen im Winter schon zugefroren sind. Ein nötiger Ersatz kann teuer werden. Regelmäßige Pflege mit dem Hirschtalgstift oder mit einem silikonhaltigen Pflegemittel verlängert die Lebensdauer.

12 Die Innenseiten der Fenster mit feuchtem Waschleder oder sauberem weichem Lappen reinigen. Bei starker Verschmutzung mit Spiritus oder Salmiakgeist und warmem Wasser oder mit speziellem Glasreiniger behandeln. Mit trockenem Krepppapier polieren. □

Bezüge aus Velourlederimitat

In manchen Fahrzeugen gibt es auch Sitze mit Bezügen aus dem lederähnlichen Mikrofasermaterial Alcantara. Wenn Ihre Sitze (oder deren zentrale Zone) mit diesem künstlichen Velourleder bezogen sind, dürfen Sie auf keinen Fall Lederpflegemittel verwenden. Zur Reinigung entfernen Sie Staub und Schmutz mit einem angefeuchteten weichen Tuch. Möglich ist die Behandlung mit Pflegeshampoo. Auch ein solches Kunstfasermaterial wird von Staub- und Schmutzpartikeln abgeschmirgelt!
Wenn Flecken entfernt werden müssen, feuchten Sie ein Tuch mit lauwarmem Wasser oder mit verdünntem Spiritus an und tupfen den Fleck zur Mitte hin ab. Hartnäckige Flecke sollten Sie von einem Fachbetrieb entfernen lassen, um Beschädigungen zu vermeiden.

Außenwäsche

Ein Waschplatz auf der Straße ist heute so gut wie überall verboten. Denn mit dem Schmutzwasser der Wagenreinigung könnten Ölrückstände und andere die Umwelt schädigende Substanzen in die Kanalisation und ins Grundwasser geraten.
Eine saubere Sache ist dagegen die Wagenwäsche in einer automatischen Waschanlage. Die verwendeten Wassermengen sind in der Regel großzügig, die Wäsche ist also relativ schonend. Ölabscheider und Wasseraufbereitungsanlagen sorgen für Umweltschutz.
Sie können meist zwischen mehreren Reinigungs- und Pflegeprogrammen wählen. Nutzen Sie auf jeden Fall Programme mit Vorwäsche.
Unabhängig davon, ob mit Bürsten, Textilstreifen oder Schaumstoff gewaschen wird: Beansprucht wird der Lack immer. Man kann nach neuesten Untersuchungen durchaus des Guten zuviel tun, wenn man zu häufig wäscht. Wenn der Lack keine Vorschädigungen hat, gibt es keinen technisch zwingenden Grund, das Auto ständig zu waschen. Mit Ausnahme von aggressivem Vogelkot oder Säuren werden die meisten Schmutzangriffe von gutem Fahrzeuglack mühelos verkraftet.

Prüfen Sie gründlich die Sauberkeit!

Nach dem Waschgang müssen Sie Ihr Fahrzeug auf Sauberkeit kontrollieren und an manchen Stellen nachputzen. Die Bürsten behandeln Radhäuser, Radläufe, Dachreling und die Unterkanten der Türschweller oft nachlässig. Auch bei Türrahmen und Ritzen ist bisweilen nachträgliche Handarbeit mit Schwamm und Putztuch angesagt.
Im Winter, wenn streusalzhaltiges Wasser sich am Lack, an den Innenseiten der Kotflügel und am Unterboden festsetzt, sollten Sie öfter in die Waschanlage fahren. Ihr Auto ist zwar nach kurzer Zeit wieder schmutzig, der Rost hat jedoch keine Chance, sich an kritischen Stellen einzunisten.

Benutzen Sie die Selbstwaschanlagen!

Ihren Wagen lieber selbst zu waschen, ist durchaus empfehlenswert. Die Waschplätze an der Tankstelle (SB-Wäsche) bieten dabei gute Möglichkeiten. Dort stehen vom Staubsauger bis zum Hochdruckreiniger alle Hilfsmittel zur Verfügung.
Kontrollieren Sie vor Arbeitsbeginn den Zustand der Waschbürsten, damit sie nicht mit grobem Dreck vom Vorgänger verschmutzt sind (Kratzer!). Waschen Sie Ihr Fahrzeug nicht in der prallen Sonne, das schadet dem Lack.

Zum Selberwaschen brauchen Sie:

- Jede Menge Wasser. Wird der Schmutz mit zu wenig Wasser abgewischt, schmirgeln feine Staub- und Sandkörnchen im Schwamm über den Lack und zerkratzen ihn.

Pflegemittel für die Außenwäsche

Autoshampoo: Hilft, ölige Rückstände auf dem Lack leichter zu entfernen.

Waschwachs: Hat ähnliche Eigenschaften wie Autoshampoo. Es schützt ferner nach dem Trocknen den Lack gegen Umwelteinflüsse und verlängert so die Zeit bis zur nächsten Politur.

Felgenreiniger: Löst festgebackenen Bremsstaub.

Kunststoffpfleger: Speziell für Stoßfänger, die schon ausgebleicht sind. Enthält neben Pflegesubstanzen auch Farbstoffe. Wird mit sauberem Schwamm aufgetragen und verteilt. Nach kurzer Einwirkzeit überschüssige Flüssigkeit mit feuchtem Lappen abwischen. Gepflegte Kunststoffteile beeindrucken durch gute Optik. Selbst kleine Kratzer und Schrammen lassen sich mit einem Pflegemittel zumindest kaschieren.

Praxistipp

Vorsicht mit dem Hochdruckreiniger

- Wassertemperatur maximal 60 Grad. Zu heißes Wasser greift Gummi und Unterbodenschutz an.
- Druckregler auf maximal 30 bar einstellen. Abstand zum Auto 60 bis 80 Zentimeter. Bei geringerem Abstand und zu großem Druck besteht Gefahr für den Lack Ihres Autos.
- Bei der Motorwäsche kann Wasser die Elektronik lahm legen oder über den Ansaugtrakt in den Motor gelangen. Ein kapitaler Schaden wäre die Folge.
- Reifen niemals mit Rundstrahldüsen reinigen: Gefahr für die Reifenflanken! Selbst bei recht großem Spritzabstand und nur kurzer Einwirkzeit können auf den ersten Blick nicht erkennbare Schäden auftreten.

- Einen Schlauch, wenn möglich mit Sprühdüse aus Kunststoff. Steht kein Wasserschlauch zur Verfügung, brauchen Sie mindestens zwei Eimer.
- Eine Schlauchbürste, bei der das durchfließende Wasser den Schmutz wegschwemmt.
- Waschhandschuh oder Schwamm. Nach jedem zweiten oder dritten Waschstrich in den vollen Wassereimer tauchen und ausdrücken!
- Eine langstielige Waschbürste, die sich besonders für Felgen und Radkästen eignet.
- Einen großporigen Viskoseschwamm.
- Einen besonderen Fliegenschwamm für Insektenrückstände.
- Ein großflächiges echtes Leder zum Trockenreiben des Wagens.
- Einen Wassereimer für eine eventuelle Shampoowäsche oder um das Fensterleder auszuwaschen.

Bremsen trockenfahren

Betätigen Sie bei der ersten Fahrt nach der Wagenwäsche kurz und kräftig die Bremse. Dabei verdampft die Feuchtigkeit, die zwischen Bremsscheiben und Bremsklötze gelangt ist. Nach Fahrten durch Regen oder Tauwasser mit Streusalz sollten Sie die Bremsen ebenfalls trocken fahren, falls Sie das Auto für mehrere Tage abstellen. Die letzten hundert Meter öfter leicht bremsen!

Mit diesem Manöver vermeiden Sie, dass die Bremswirkung im Notfall wegen Feuchtigkeit oder Salzschicht auf den Bremsscheiben erst verzögert einsetzt.

Außenwäsche

Arbeitsschritte   

1 Schließen Sie alle Türen und Fenster. Nass gespritzte Polster sind kein Vergnügen.

2 Säubern Sie zuletzt Radhaus, Felgen und Türschweller. Sie müssen sonst den Restschmutz zweimal wegspülen.

3 Spritzen Sie den Unterboden gelegentlich mit Dampfstrahler oder Wasserschlauch ab. Im Winter sollten Sie die Unterseite bei jeder Wagenwäsche reinigen. Lassen Sie Ihr Fahrzeug ein oder zweimal im Jahr auf einer Hebebühne hochnehmen (Werkstatt oder Tankstelle) und prüfen Sie den Zustand des Unterbodenschutzes per Augenschein.

4 Die Felgen haben eine Reinigung oft bitter nötig, weil sich dort der Bremsstaub festsetzt. Sprühen Sie Felgenreiniger auf. Beachten Sie die Gebrauchsanweisung: Die Einwirkzeit hängt ab von Verschmutzung und Produkt. Mit kleinem Schwamm den gelösten Schmutz wegwischen. Felgen mit kräftigem Wasserstrahl nachspülen. Für hartnäckigen Bremsstaub nehmen Sie am besten Industriestaubentferner.

5 Leichtmetallfelgen sollten regelmäßig mit Wasser und etwas Spülmittel gereinigt werden. Sie sind allerdings sehr empfindlich gegen starke Reinigungsmittel. Putzen Sie lieber zweimal im Monat schonend, vor allem um Streusalz oder Bremsabrieb zu entfernen, dann haben Sie lange Freude am dekorativen Aussehen der Felgen. Behandeln Sie die Räder nach der Wäsche mit einem säurefreien Reinigungsmittel für Leichtmetallräder.

6 Zur Pflege filigraner Felgen lohnt sich die Anschaffung einiger Zahnbürsten. Ebenfalls sinnvoll: Sprühwachs zum Versiegeln. Bremsstaub und Schmutz können sich nicht durch die Wachsschicht fressen. Etwa alle drei Monate sollten Sie die Räder gründlich mit Hartwachs, keineswegs aber mit Lackpolitur oder schleifenden Mitteln, einreiben. Aber Vorsicht: Das Wachs darf nicht auf Bremsscheiben oder -beläge gelangen!

Weichen Sie Ihr Auto gut ein!

7 Wagen mit mäßigem Wasserdruck aus dem Schlauch abspritzen. In der Selbstwaschanlage mit Hochdruckreiniger: Programm »Spülen« wählen.

8 Wagen mit Schlauchbürste, Waschhandschuh oder Schwamm zuerst vom Dach bis zur Unterkante der Fenster waschen. Dann bewegt man sich rund um den Wagen.

9 Reinigungsschaum mit kreisenden Bewegungen und

wenig Druck verteilen. Den Schaum kurz einwirken lassen.

10 Schmutzbrühe abspülen. In der Selbstwaschanlage: Programm »Spülen« wählen.

11 Im letzten Waschgang reinigen Sie die Räder mit Waschbürste und Schlauch.

12 Nach der Wäsche den Wagen sofort abledern. Getrocknetes Waschwasser bildet Belag auf dem Lack.

13 Leder vor Gebrauch ins Wasser tauchen, gut auswringen. Flächig auf dem Lack ausbreiten und breit gespannt zu sich heran ziehen.

14 Vor jedem neuen Durchgang Leder ausspülen und auswringen. Schlecht zugängliche Ecken (etwa am Radkasten) mit Baumwolllappen oder altem Trockenleder trocknen.

Sorgen Sie für Durchblick!

15 Gehen Sie bei den Außenseiten der Fensterscheiben vor wie bei der Reinigung der Innenseiten. Kontrollieren Sie dabei die Frontscheibe auf Steinschläge, Kratzer und Risse.

16 Die Wischlippe des Scheibenwischers mit Schwamm oder Trockenleder reinigen.

17 Kontrollieren Sie nach der Wäsche Lack, Scheinwerfergläser und Frontstoßfänger gründlich auf hartnäckigen Schmutz, der sich nicht gelöst hat. Insektenreste, Vogelkot, Blütenpollenrückstände und Teerspritzer wirken aggressiv und sollten umgehend mit Spezialreiniger entfernt werden.

18 Teerentferner sollten Sie nicht auf frischen oder frisch ausgebesserten Lacken anwenden, weil die enthaltenen Lösungsmittel die Lackschichten angreifen können. □

Alufelgen richtig pflegen

Praxistipp

Alufelgen werden durch eine Lackierung vor Umwelteinflüssen geschützt. Wenn Sie gegen Bordsteine schrammen oder Rollsplitt die Außenseiten der Räder malträtiert, hilft der beste Lack nichts mehr.

Schrammen und Kratzer an den Felgen sollten Sie deshalb umgehend ausbessern, da sie vor allem dem aggressiven Staub der Bremsbeläge ideale Angriffsflächen bieten. Der grau-schwarze Abrieb frisst kleine Löcher ins Leichtmetall.

Kleine Schrammen und Blindstellen lassen sich übrigens gut mit Fahrzeugpolitur ausbessern.

Scheinwerfer reinigen

Praxistipp

Das Scheinwerferglas sollten Sie häufiger waschen als die Karosserie Ihres Wagens, denn saubere Scheinwerfer sind wichtig für gutes Licht. Entfernen Sie Insektenreste mit einem speziellen Mittel aus der Sprühflasche. Für die Kunststoffscheiben in Klarglasoptik macht sich ein Insektenschwamm gut, wie er an Tankstellen angeboten wird: Mit kratzfreier Reinigungsseite und saugstarker Viskoseseite.

Schmutzpartikel auf dem Glas sorgen für Ablenkung und Absorption der Lichtstrahlen. Die Folgen: geringere Sichtweite, starke Blendung. Schon nach einer halben Stunde Fahrt auf feuchter Straße sind die Scheinwerfer zu über 60 Prozent verschmutzt Dadurch reduziert sich die Leuchtweite um etwa 35 Meter. Diese Strecke fehlt Ihnen im Notfall bei einer Vollbremsung.

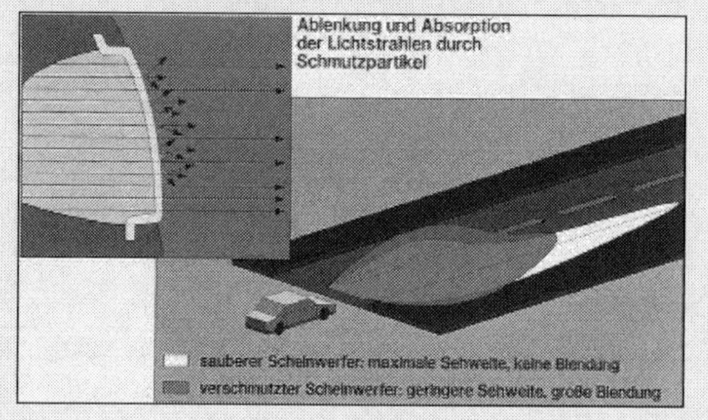

Motorwäsche

Im Motorraum Ihres Autos verbinden sich Öl und Staub mit der Zeit zu einem unansehnlichen Schmutzfilm, der sich über den Motor und andere Teile legt. Das ist in erster Linie ein ästhetisches Problem, das Sie mit Hilfe spezieller Reiniger lösen können. Im Frühjahr allerdings ist die Motorraumwäsche nicht nur Schönheitspflege des Motors, sondern eine wichtige Pflegemaßnahme zur Aufrechterhaltung ungestörter Funktion.

Salzkrusten begünstigen Rost

Das im Winter auf die Straßen gestreute Salz dringt durch Ritzen und Schächte tief in den Motorraum und lagert sich an Kühler, Kanten und Kabeln ab. Diese Salzkrusten binden Feuchtigkeit und erleichtern die Rostbildung. Deswegen ist eine gründliche Reinigung sehr wichtig.

Die Motorwäsche dürfen Sie allerdings nur dort vornehmen, wo es einen Ölabscheider gibt. Am besten machen Sie sich in einer Selbstwaschanlage oder auf einem Waschplatz ans Werk.
Kontrollieren Sie nach getaner Arbeit, ob noch genug Schmierfett an neuralgischen Punkten vorhanden ist. Bei Bedarf sollten Sie maßvoll nachfetten. Volkswagen empfiehlt dazu die Festschmierstoffpaste G000150 oder das Spezialfett G 000 450 02.

Schützen und Schmieren

Damit sich der Schmutz im Motorraum nicht zu schnell wieder festsetzt, können Sie Motorblock und Peripherie mit einem besonders hitzefesten Motorschutzlack versiegeln. Für den restlichen Motorraum reichen ein Konservierungsspray oder Konservierungswachs.

Motorschutzlack

Die Palette dieser Mittel ist reichhaltig. Ein sehr bewährter Motorschutzlack kommt von dem Hersteller Würth. Er versiegelt den Motorraum Ihres Transporter T5 auf der Basis hochwertiger Acryllacke, bringt neuen Glanz auf Motor, Aggregate oder Schläuche und bildet einen hochelastischen Schutzfilm gegen Nässe, Straßenschmutz und Streusalz. Übrigens werden auch Korrosion und Kriechströme in der Elektrik durch solche Pflege vermieden.
Gute Motorschutzlacke sind hochglänzend, haften zuverlässig auf unterschiedlichsten Untergründen und sind temperaturbeständig bis 100 °C. Sie werden auf die gründlich gereinigten und getrockneten Flächen bei ausgeschalteter Zündung gleichmäßig aufgetragen, bis ein geschlossener Glanzfilm entsteht.

Spezialreiniger und Schutzwachs

Wollen Sie vor der Schutzlackierung noch eine besonders intensive Pflege vornehmen, können Sie spezielle Motorreiniger wie das lösemittelhaltige Viskopur verwenden. Solche hochwirksamen, konzentrierten Reinigungsmittel können hartnäckige Öl- und Fettverschmutzungen entfernen. Damit werden mühelos auch hartnäckigste Wachsschichten beseitigt.
Zur Konservierung von Flächen und Kanten an Ihrem Kraftfahrzeug ist z.B. noba Schutzwachs ein ideales Mittel. Derartige Schutzwachse sind gut haftend und bilden einen Wasser abstoßenden, Rost hemmenden und vor Korrosion schützenden Wachsfilm. Vor der Behandlung mit noba Schutzwachs kann man mit Allzweckreiniger, Haftgrund, Aluspray oder Zink-Aluspray vorbehandeln. Das Schutzwachs wird dünn aufgesprüht und kann dann antrocknen. Kunststoffe und Gummi werden davon nicht angegriffen.
Konservierungswachs ist ein weiteres empfehlenswertes Pflegemittel. Es dient zur Konservierung von Motorräumen, Chassis, Hohlräumen, Falzen und Nähten in Kofferräumen sowie als Winter- und Witterungsschutz

Motorwäsche

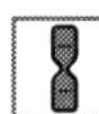

1 Der Motor sollte möglichst kalt sein. Auf einem warmen Motor verdampft der Motorreiniger rasch, kann also nicht einwirken und den Schmutz lösen.

2 Motor abstellen und Zündung ausschalten.

3 Schützen Sie empfindliche Bauteile wie Zündung, Lichtmaschine und Kraftstoffsystem mit Lappen oder Plastiktüten, um Störungen an Zündung und Bordelektrik zu vermeiden.

4 Nehmen Sie sich zuerst die Innenseite der Motorhaube vor. Mit viel Wasser einweichen, dann mit Schwamm und Shampoo reinigen und wieder abspritzen. Vergessen Sie nicht die Kanten, dort befinden sich echte Schmutznester.

5 Den Kühler mit der Waschlanze und reichlich Wasser reinigen. Insektenreste mit einem Eiweiß lösenden Mittel einsprühen. Einwirken lassen und von der Rückseite des Kühlers her abspülen. Nicht die Kühlerlamellen beschädigen!

6 Den Motorraum an allen Falzen, Trägern und ungeschützten Stellen abduschen.

7 Stärker verschmutzte Teile an Motor und Motorraum mit einem Kaltreiniger einsprühen. Nach einer kurzen Einwirkzeit mit scharfem Wasserstrahl nachspülen.

8 Um das Wasser wieder aus dem Motorraum herauszubekommen, benutzen Sie eine der an Selbstwaschanlagen meist vorhandenen Druckluftpistolen. Nicht zu nah an die zu trocknende Fläche herangehen! □

Fett und Schmierspray

Eine gelegentliche Schmierration hält manches auf Dauer leicht gängig, was sonst quietscht, klemmt, reißt oder rostet. Halten Sie sich an folgende Faustregel: Für Scharniere und Gelenke mit engen Durchgängen, in die kein Fett eindringen kann, ist Öl oder Schmierspray gut geeignet.
Gegeneinander reibende Flächen werden jedoch günstiger gefettet oder mit einer Schmierpaste behandelt. Diese Gleitstoffe, zu denen auch moderne Sprühfette in Gelform gehören, haften besser an solchen Flächen, die häufig genug dazu auch noch vertikal verlaufen und Öl herabrinnen lassen.

Schmierdienst

   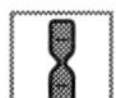

1 Versorgen Sie die **Scharniere** an Türen und Heckklappe gelegentlich mit einem Spritzer Öl. Mehrzwecköle sind gut für alle Stellen, wo Metallteile aufeinander reiben.

2 Ein knapp dosierter Einsatz von Öl ist nach der Wagenwäsche auch für das **Türschloss** zu empfehlen. Wird im Winter Enteisung nötig, brauchen Sie dazu allerdings ein spezielles Schlossöl.

3 Die **Schlossfallen an den Türen** können mit Sprühfett behandelt werden.

4 Die **Türfeststeller** am unteren Türscharnier erhalten etwas Mehrzweckfett.

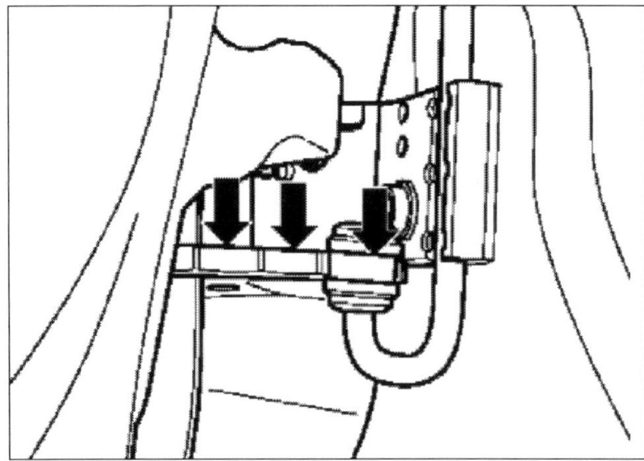

Der Türfeststeller sollte an den mit Pfeilen gekennzeichneten Stellen mit Paste G000150 gefettet werden.

5 Streichen Sie an der Stelle des **Motorhaubenschlosses,** wo der **Seilzug** aus der Umhüllung kommt, etwas Fett auf und ziehen Sie es durch mehrmalige Hebelbewegung in die Zugumhüllung.

6 Den **Schließbügel der Motorhaube** und die **Schlossfalle am Querblech der Karosserie** dünn mit Fett bestreichen oder Schmierspray auftragen.

7 Die **Motorhaubenscharniere** erhalten etwas Öl oder Schmierspray.

8 Die **Gleitschienen des Schiebedachs** werden hauchdünn mit Fettspray, die **Führungsschienen des Faltschiebedachs** sparsam mit Schmierfett behandelt.

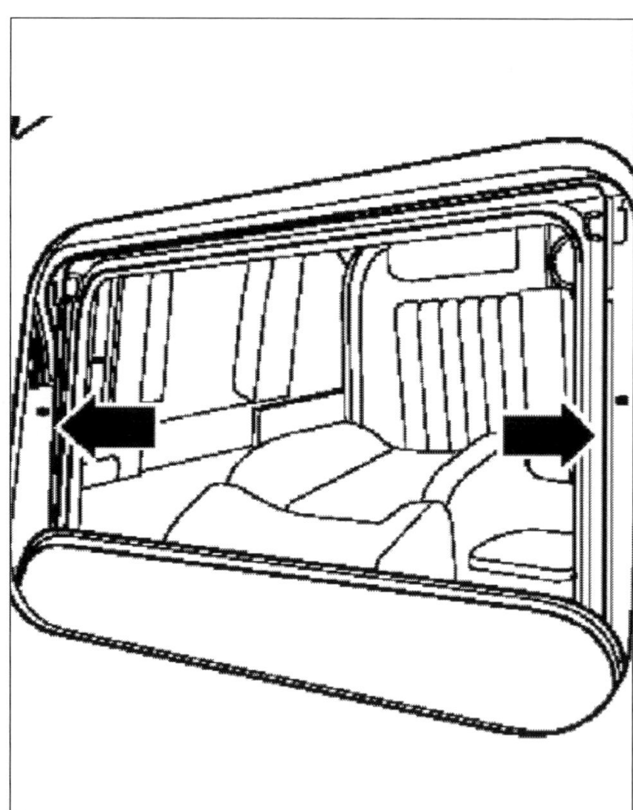

Die Führungsschienen des Schiebedachs (mit Pfeilen gekennzeichnet) müssen gereinigt und mit G 000 450 02 gefettet werden.

9 In den **Schlüsselschlitz der Schließzylinder** sollten Sie spätestens zu Beginn der kalten Jahreszeit etwas Rostlöser-Isolierspray sprühen. Es schmiert, verdrängt Feuchtigkeit und schützt vor Rost sowie vor dem Einfrieren im Winter. Am besten, aber etwas teurer, ist ein spezielles Schlossöl, mit dem man zugefrorene Schlösser auftauen und lange Zeit vor dem Zufrieren schützen kann. □

Unterboden und Hohlräume

Praxistipp

Die Fahrzeugunterseite ist vom Hersteller gegen chemische und mechanische Einflüsse dauerhaft geschützt. Volkswagen Nutzfahrzeuge beschreitet beim Korrosionsschutz für den Unterboden neue Wege. Der übliche aufgespritzte Unterbodenschutz wird beim neuen Transporter/Multivan von einer mehrteiligen Kunststoff-Verkleidung abgelöst. Dadurch entfällt auch die Wachs-Versiegelung der Bodengruppe. Außengeräusche, verursacht etwa durch Steinschlag oder Spritzwasser, werden merkbar gedämpft, zumal alle Radhäuser gleichfalls mit einer Radhausschale aus Kunststoff verkleidet sind.
Die komplette Bodengruppe ist feuerverzinkt. Alle Hohlräume sind mit dem patentierten Wachsfluten von Volkswagen konserviert. Dabei werden die Hohlräume der Bodengruppe nicht nur ausgespritzt, sondern komplett mit Wachs aufgefüllt und wieder geleert. Gegen Trittbeschädigungen und Steinschlag kommen an diversen Stellen der Karosserie Schutzfolien zum Einsatz.

Es empfiehlt sich dennoch, die Schutzschicht an Unterseite und Fahrwerk Ihres T5 vor Winterbeginn und im Frühjahr zu prüfen und nötigenfalls ausbessern zu lassen. VW-Betriebe verfügen über die geeigneten Mittel, sind mit den erforderlichen Einrichtungen versehen und kennen die Anwendungsvorschriften. Darum sollten Sie Ausbesserungsarbeiten oder zusätzliche Korrosionsschutzmaßnahmen dort vornehmen lassen.

Der dauerhafte Schutz aller korrosionsgefährdeten Hohlräume braucht nicht geprüft und nachbehandelt zu werden. Falls bei hohen Außentemperaturen einmal etwas Wachs aus Hohlräumen herauslaufen sollte, kann es mit Kunststoffschaber und Waschbenzin entfernt werden.

Scheiben und Scheinwerferglas

Saubere Scheiben und Scheinwerfergläser sind eine wichtige Voraussetzung für Ihre Sicherheit beim Fahren. Damit Sie bei Staub, Regen und Schnee den Durchblick behalten, ist Ihr Auto mit einer Scheibenwaschanlage ausgestattet, die auch das Klarglas der Hauptscheinwerfer reinigt. Wir gehen auf diese Anlage und den Wechsel von Wischerblättern, Wischerarmen und Wischermotoren ausführlich im Kapitel »Die Fahrzeugelektrik« ein und behandeln hier nur die unmittelbar auf die Reinigung bezogenen Aspekte.
Auf der Frontscheibe läuft der Scheibenwischer in zwei Geschwindigkeiten. Dazu kommt eine (verstellbare) Intervalleinrichtung, die je nach Einstellung in Abständen von 3 bis 20 Sekunden eine Wischerbewegung auslöst. Bei Kombi, Shuttle und Multivan sorgt ein zusätzlicher Wischer an der Heckscheibe (auch mit Intervallschaltung) für freie Sicht.
Gute Wischresultate erhalten Sie, wenn die beiden vorderen Spritzdüsen das Waschwasser in gleicher Höhe kegelförmig auf die Windschutzscheiben spritzen (Bild unten). Die hintere Spritzdüse arbeitet einwandfrei, wenn die Spritzstrahlen in der Mitte des Wischerfeldes auf die Heckscheibe auftreffen.
Mit einer verstopften Scheibenwaschdüse werden Sie am besten fertig, indem Sie die Düse ausbauen und sie mit Druckluft durchblasen. Beachten Sie aber bitte, dass die Düsen niemals entgegen Spritzrichtung gereinigt werden dürfen. Hilft auch die Druckluft nichts, muss die Düse ausgewechselt werden.

Unterschiedliche Spritzdüsen

Die Spritzdüsen werden werkseitig voreingestellt. Düsen ohne Höhenverstellung lassen sich nachträglich nicht mehr justieren. Tritt der Spritzstrahl ungleichmäßig aus (Abbildung unten: optimales Strahlbild vorn), muss die jeweilige Spritzdüse ersetzt werden. Bei voreingestellten Düsen mit Höhenverstellung ist eine nachträgliche Korrektur nach oben und unten in geringen Grenzen möglich. Diese Düsen lassen sich mit Schraubendreher oder von Hand justieren.

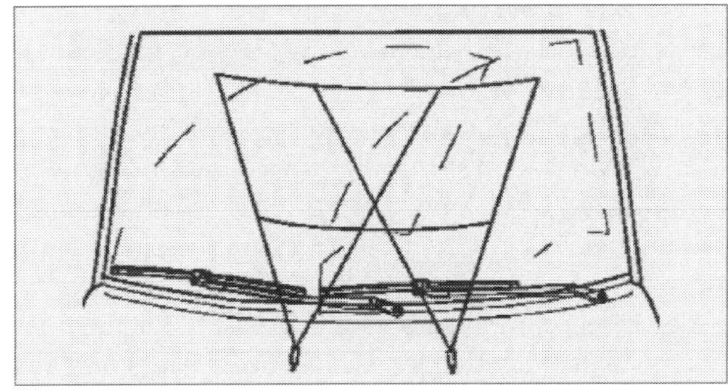

Einstellbar sind auch die Spritzdüsen für die Scheinwerfer-Reinigung. Die Auftreffpunkte für die Waschstrahlen sollten die im folgenden Bild gezeigten Maße haben. Die nötigenfalls vorzunehmende Einstellung erfolgt mit dem Werkzeug T10167.

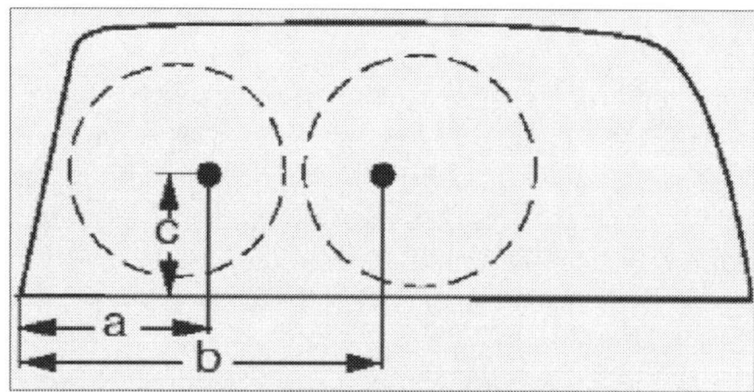

Position der Scheinwerfer-Reinigungsdüsen: *Die Maße müssen a = 100 mm, b = 200 mm, c = 75 mm betragen.*

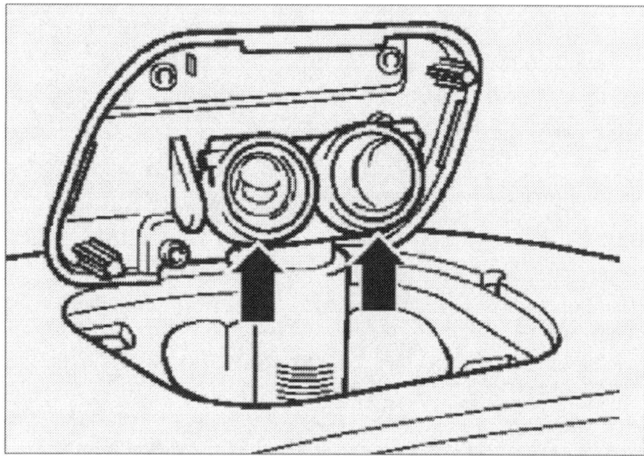

Einstellung der Scheinwerfer-Reinigungsdüsen: *Wenn es nötig ist, werden die Spritzdüsen (Pfeile) bis zum Anschlag herausgezogen und mit der Einstellvorrichtung auf die Spritzpunkte ausgerichtet.*

Ersetzen Sie regelmäßig die Gummilippen der Scheibenwischer!

Die Wischerblätter müssen sich fest auf die Scheiben pressen. Die Lebensdauer der Wischergummis ist jedoch begrenzt. Sie werden mit der Zeit durch die Bewegungen der Wischer abgerubbelt, Ozon und UV-Strahlen machen das Material zusätzlich spröde. Winzige Kratzer in der Frontscheibe verursachen Scharten im Gummi, was die Waschwirkung auf Dauer beeinträchtigt.
Eine gewisse Abhilfe bringen spezielle Schleifwerkzeuge wie »Riefen-Killer« (z. B. Spezialversandhaus Westfalia für 6,95 Euro), mit denen die Scheibenwischer-Lippe in trockenem Zustand wieder geglättet werden kann. Die abgestumpften Kanten werden geschärft und gleichzeitig gereinigt. Die Lieferung erfolgt inklusive Reserve-Schmirgelstreifen und Talkum zur Nachbehandlung der Gummilippe. Mit dem Talkum werden verhärtete Gummilippen ganz leicht eingerieben.
Besser ist es allerdings, das Wischergummi im Frühjahr und im Herbst zu ersetzen. Diese und viele andere Arbeiten an der Scheibenwaschanlage können Sie selbst in die Hand nehmen. Meist genügen dazu Schraubendreher und -schlüssel.

Scheibenwischer und Waschanlage prüfen

Arbeitsschritte    ständige Wartung

1 Zündung einschalten. Vergewissern Sie sich, dass Wasser mit Zusatzmittel in der Scheibenwaschanlage ist. Wischerhebel betätigen.

2 Läuft der Scheibenwischer in allen Geschwindigkeiten? Geht er beim Ausschalten in die Parkstellung zurück?

3 Funktioniert die Wischer-Intervallschaltung? Lassen sich die verschiedenen Stufen der Intervallschaltung einstellen?

4 Spritzt Wasser aus den Wascherdüsen? Wie sind die Spritzstrahlen? Bilden sie einen genügend breiten »Fächer«?

5 Arbeiten bei den damit ausgerüsteten Modellen die Heckwischer und -wascher?

6 Wenn Sie feststellen, dass die Wischerblätter »rubbeln« oder Geräusche machen, sollte der Anstellwinkel der Blätter geprüft werden. Das ist eine Sache für die Fachwerkstatt, die dazu eine besondere Einstellvorrichtung benutzt. □

Waschwasser und Frostschutz auffüllen

Arbeitsschritte   

1 Der Wascherbehälter sollte immer vollständig bis zum Rand gefüllt sein. Auffüllen mit Leitungswasser. Im Sommer muss etwas Reinigungsmittel, im Winter unbedingt ein Frostschutzmittel dazu gegeben werden.

VW orientiert auf das »Original Volkswagen Scheibenklar« G052164. Es entfernt durch starke Reinigungskraft wachsartige und ölige Rückstände von der Scheibe und schützt im Winter die Düsen, den Flüssigkeitsbehälter und die Verbindungsschläuche zuverlässig vor dem Einfrieren. Alle Fahrzeuge mit Fächerdüsen müssen unbedingt mit dem originalen VW-Produkt befüllt werden, weil diese Flüssigkeit durch günstige Viskosität bei Minusgraden die Düsen stets funktionsfähig hält.

2 Erst Zusatzmittel und dann Wasser einfüllen, damit sich die Flüssigkeiten im Behälter gut vermischen. Da Ihr Transporter T5 mit Scheinwerfer-Reinigungsanlage ausgestattet ist und die Scheinwerfer Polykarbonatscheiben haben, ist die Verwendung des Zusatzmittels G052164 umso ratsamer. In die Waschflüssigkeit für die Scheinwerferreinigung dürfen nur Zusätze, die diese Kunststoffgläser nicht beeinträchtigen.

Frostschutz

3 Damit bei starkem Frost die Wascherdüsen nicht einfrieren, mischte man lange Zeit dem Waschwasser ein Drittel Brennspiritus bei. Das riecht zwar aufdringlich, ist aber ein ausgezeichneter Frostschutz.

Wir möchten jedoch aus den schon erwähnten Gründen, vor allem zur richtigen Pflege der Fächerdüsen, Scheibenklar G052164 von VW anraten. 1 Teil auf 3 Teile Wasser bietet Frostschutz bis etwa -18 °C, 1 Teil auf 2 Teile Wasser bis maximal . -23 °C und 1 Teil auf 1 Teil Wasser sogar bis -38 °C.

Wenn Sie sicher verhindern wollen, dass die lange Zuleitung zur Heckscheibe einfriert, müssen Sie stets vor dem Abstellen des Fahrzeugs einige Male die Heckscheiben-Waschanlage betätigen. □

Wischergummi wechseln

1 **Ausbauen**: Klappen Sie den Wischerarm ab.

2 An der geschlossenen Seite des Wischergummis müssen Sie beide Stahlschienen mit einer Kombizange zusammendrücken, seitlich aus der oberen Klammer herausnehmen und den Gummi komplett mit Schienen aus den restlichen Klammern des Wischerblattes herausziehen.

3 **Einbauen**: Neuen Wischergummi in die unteren Halteklammern des Wischerblattes einhängen (»einknöpfen«).

4 Beide Schienen so in die erste Rille des Wischergummis einführen, dass die Aussparungen der Schienen zum Gummi zeigen und in die Gumminasen der Rille einrasten.

5 Drücken Sie beide Stahlschienen und den Gummi mit der Kombizange zusammen und setzen Sie sie so in die obere Klammer ein, dass die Klammernasen beidseitig in die Haltenuten des Wischergummis einrasten. □

Die Lackpflege

Lackpflege wirkt der Fahrzeugalterung entgegen und ist eine lohnende Arbeit. Wie schon zu Kapitelbeginn hinsichtlich der Fahrzeugreinigung angemerkt, können wir hier jedoch nur die grundlegendsten Hinweise dazu geben. Ausführliche Empfehlungen und Anleitungen zu allen Aspekten der Pflege und Schadensbeseitigung beim Lack finden Sie im Sonderband 175 »Die Autokarosserie« unserer Buchreihe »Jetzt helfe ich mir selbst«. Der Lack Ihres neuen Transporters braucht ohnehin zunächst noch nicht viel Aufmerksamkeit. Gründliche Wäsche in angemessenen Zeitabständen und die Beseitigung von Steinschlägen, Teerflecken und Insektenresten reichen als Pflege völlig aus.

Doch nach zwei, drei Jahren haben Sonne, Regen, Schmutz und häufige Wagenwäschen dem Lack so zugesetzt, dass er eine sanfte Grundreinigung nötig hat. Machen Sie eine Probe: Wenn Wassertropfen auf dem sauberen Lack mit unscharfen Rändern zerfließen, ist es Zeit für die Lackpflege.

Die Politur

Für einen neuen und gut erhaltenen Lack genügt eine milde Politur. Sie glättet die durch Umwelteinflüsse und mechanische Einwirkungen aufgeraute Lackierung, indem sie die mikroskopisch kleinen Furchen in der oberen Schicht behutsam abschmirgelt. Außerdem enthält eine Politur Wachskomponenten, die das Blechkleid konservieren.

Wundermittel Lackreiniger

Für alte und verwitterte Lacke ist ein Reiniger genau das Richtige. Lackreiniger funktioniert wie eine Politur. Er enthält jedoch gröbere Schleifmittel, die auch mit stärkeren Verschmutzungen fertig werden.

Tatsächlich ist es für die Lackpflege fast nie zu spät. Bevor Sie Ihrem gealterten Wagen eine Neulackierung spendieren, sollten Sie es mit einem Lackreiniger versuchen. Allerdings enthalten diese Wundermittel in der Regel keine konservierenden Komponenten. Sie müssen daher den aufbereiteten Lack in einem neuen Arbeitsgang mit einem Autowachs versiegeln.

Konservierung für den Lack

Es empfiehlt sich übrigens, die Konservierung bei neuen und aufbereiteten Lacken zwei- oder dreimal im

Jahr zu erneuern. Das erhält den Glanz länger und verbessert den Langzeitschutz. Die meisten Polituren und Lackreiniger wirken ziemlich aggressiv. Arbeiten Sie deshalb nie unter direkter Sonneneinstrahlung.

Kombimittel Polish&Wax Color

Bestimmte Pflegemittel frischen gleichzeitig Farben auf und bringen Glanz. Ein entsprechendes Produkt von Sonax ist in gründlichen Tests als sehr empfehlenswert für alle Bunt- und Metalliclacke befunden worden. Es enthält Farbpigmente, die in ähnlichen Tönen wie die Wagenfarbe gewählt werden können. Die Farbpigmente überdecken kleine Kratzer, die Wachskomponente bietet ausgezeichneten Langzeitschutz für mehrere Monate.
Diese neue Art Autopolitur ist lösemittelfrei und damit sehr umweltfreundlich. Sie reinigt, poliert und konserviert in einem Arbeitsgang. Polish&Wax lässt sich problemlos mit Lappen oder Watte auftragen. Bei den Kratzern empfiehlt sich ein längeres »Einmassieren« der Politur.
Dick auftragen ist nicht nötig, besser ist ein mehrmaliger dünner und gründlicher Auftrag. Man sollte das Mittel nicht antrocknen lassen, sondern sofort auspolieren. Natürlich verschwinden die Kratzer nicht, aber sie werden recht wirkungsvoll kaschiert.

Lack pflegen und konservieren

1 Vor der Lackpolitur das Fahrzeug gründlich waschen und trocknen.

2 Prüfen Sie an einer unauffälligen Stelle, ob der Autolack Ihre Politur verträgt. Vorsicht bei Lackreinigern: Tragen Sie nur eine dünne Schicht auf, gehen Sie lieber in mehreren Durchgängen vor.

3 Politur oder Lackreiniger mit Baumwoll- oder Synthesewatte (handballengroße Stücke) oder weichem Schwamm oder Tuch (kein Kunstfaserlappen) auftragen. Mit sanftem Druck in kreisförmigen Bewegungen einreiben. Nehmen Sie sich immer nur eine kleine Fläche vor.

4 Nach kurzer Einwirkzeit bildet sich ein trockener weißer Belag, der mit einem Watteballen in kreisenden Bewegungen auspoliert wird. Vorsicht an Kanten bei verwittertem Lack: Nicht zu lange dieselbe Stelle bearbeiten!

5 Nach einiger Zeit geht das Polieren schwerer, weil Wachs- und Pflegemittelpartikel die Bewegungen einbremsen. Dann Watteballen wenden oder erneuern.

6 Zum Abschluss den Lack mit sauberem Baumwolllappen abreiben, um noch vorhandenes Poliermittel und Watteflusen zu entfernen.

So konservieren Sie richtig

7 Autowachs mit Watte auftragen, es gibt auch spezielle Wachse, die mit dem Roller aufgetragen werden können (siehe Bild). Die Größe der zu bearbeitenden Fläche hängt vom verwendeten Produkt ab. Verwenden Sie nach Möglichkeit lösungsmittelfreie Konservierer auf Wasserbasis. Ältere Produkttypen haben einen hohen Lösemittelanteil. Sorgen Sie bei Verwendung solcher Wachse für ausreichende Belüftung.

8 Die Flüssigkeit mit Watteballen in kreisenden Bewegungen einreiben. Gleichmäßiges druckvolles Kreisen erzeugt guten Tiefenglanz.

9 Die Watte muss mit nur wenig Widerstand über den Lack gleiten können. Deshalb häufig die Watte wenden und rechtzeitig wechseln.

10 Weist der Lack nach dem Konservieren Streifen oder Wolken auf, liegt das meist an verschmierten Farbpartikeln, die eine vorhergehende Politur hinterlassen hat. An diesen Stellen nochmals mit einer Politur beginnen. □

Lackschäden rechtzeitig beseitigen

Während der Fahrt verüben aufwirbelnde Steine immer wieder Anschläge auf die Karosserie Ihres Transporters. Bei hohem Tempo werden selbst winzige Sandkörner zu Geschossen, die wie Meteoriten im Lack einschlagen. Im Winter sind vor allem Frontpartie und Motorhaube gefährdet, wenn Rollsplitt gegen das Blech prasselt.

Macken im Lack sollten Sie nicht ignorieren. Rost kann den angrenzenden Lack unterwandern, bei ungünstigen Bedingungen wie Nässe und Wärme schon in kurzer Zeit.

Deshalb gilt: Lackschäden möglichst schnell ausbessern. Steinschlagschäden z.B. sind kein Drama. Auch ein Parkrempler mit Kratzern und Schrammen bietet keinen Anlass zur Panik. Solche Stellen lassen sich ebenso wie Fremdlack mit Lackreiniger oder Schleifpolitur oft einfach auspolieren. Hat sich aber schon über Monate oder gar Jahre Rost ausgebreitet (unschöne Krater oder Löcher im Karosserieblech), helfen nur noch aufwändige Restaurierungsarbeiten. Diese setzen Erfahrung mit dem Werkstoff und seiner Bearbeitung voraus.

Farben und Lacke entsorgen

Farb- und Lösungsmittelreste sind wie die Behälter von Pflegemitteln Sondermüll, der in speziellen Deponien entsorgt werden muss. Das gilt auch für verschmutzte Lappen, Pinsel und Spraydosen. In vielen Städten und Gemeinden gibt es mobile Annahmestellen. Fragen Sie bei Ihrem Umweltamt nach den Abholterminen oder den Öffnungszeiten der Deponie.

Set gegen Steinschlagschäden

Viele Hersteller bieten für Lackschäden durch Steinschlag (etwa in der Größe eines Stecknadelkopfes) Reparatursets an, die sich so leicht handhaben lassen wie eine Flasche Nagellack. Eine Alternative ist Tupflack, bei dem der Krater mit einem Pinsel in mehreren Lackschichten aufgefüllt wird. Bei normalen Lacken helfen auch Wachsstifte in Wagenfarbe. Ein so aufgetragener Wachsfilm hält freilich nur einige Wagenwäschen lang und muss dann erneuert werden. Die Lackbezeichnung und den Code für die Farbe Ihres Wagens finden Sie in Ihren Fahrzeugpapieren.

Grundausstattung fürs Lackieren

Abklebeband: Zum Schutz angrenzender Flächen und zum Festkleben abdeckender Papierbahnen oder Folien. Verwenden Sie Profimaterial, das sicher abklebt und sich gut wieder abziehen lässt.

Folie: Zum Abkleben der Flächen rund um die Lackierungsstelle. Eine gute Alternative sind Zeitungen.

Schleifklotz: Kleiner Quader aus Holz oder Kork für flächiges Schleifen. Das Schleifpapier wird um den Klotz herum gelegt.

Schleifpapier: Zur Vorbereitung aller zu lackierenden Flächen. Sie brauchen Nass- und Trockenschleifpapier in verschiedenen Körnungen.

Spachtel: Sie brauchen das Werkzeug und Spachtelmasse mit Härter. Zum Ausgleich kleinerer Unebenheiten dient Spritzspachtel

Haftgrund: Für Kunststoffe auch Haftvermittler genannt, bildet die Grundlage für den Lackaufbau.

Decklack: Sie brauchen ihn exakt in der Farbe Ihres Fahrzeugs. Entnehmen Sie die Spezifikation dem Fahrzeugdatenträger ihres Wagens.

Lackreiniger, Konservierer, Politur: Pflegemittel für alte oder neu lackierte Flächen.

Lackschäden ausbessern

Arbeitsschritte   

1 Stehen rund um Lackkrater (bei Steinschlagschäden) Ränder ab: Mit einer feinen Nadel abheben.

2 Hat sich Rost gebildet, kratzen Sie ihn mit einem spitzen Taschenmesser vorsichtig heraus. Rostumwandler auf die Stelle tupfen und etwa eine Stunde einwirken lassen.

3 Die Schadstelle mit Waschbenzin oder Verdünnung reinigen, gründlich trocknen.

4 Etwas Haftgrund in den Sprühdosendeckel spritzen und mit Tupfpinsel oder Fingerkuppe dünn auftragen. Warten Sie, bis der Haftgrund getrocknet ist.

Polieren Sie etwaige abgeriebene Fremdfarbe (nach Berührungen mit einem anderen Fahrzeug) mit Polierwatte, Schleifpolitur oder Lackreiniger in mehreren Arbeitsgängen aus dem Decklack. Halten Sie die Polierfläche möglichst klein.

5 Mit Fingerkuppe oder kleinem Kunststoffmesser ein wenig Spachtel bündig zur umgebenden Lackfläche in den Krater drücken und trocknen lassen. Halten Sie Lappen und Verdünnung bereit, um Spachtelflecken auf dem Lack sofort abzuwischen.

Wenn bei Schrammen die Ränder noch rau sind: Schleifen Sie diese Stellen mit einem kleinen Streifen feinstem Nassschleifpapier (mindestens Körnung 600) behutsam glatt. Dabei Schleifpapier immer wieder anfeuchten.

6 Wenn Sie zuviel Spachtel eingebracht haben: Spannen Sie um ein Bleistiftende einen schmalen Streifen feines Schleifpapier. Drehen Sie den Stift und schleifen Sie so den überschüssigen Spachtel vorsichtig ab.

7 Ein wenig Lack in den Dosendeckel sprühen und eine Minute ablüften lassen. Den Lack sehr dünn mit Fingerkuppe oder spitzem Pinsel auftragen.

8 Den Lack vollständig trocknen lassen, im Sommer etwa zwei, im Winter fünf Tage. Die ausgebesserte Stelle mit Politur, die Übergänge bei Bedarf mit Lackreiniger bearbeiten.

Stärkere Schrammen

9 Bei tiefen Schrammen an Stoßfänger oder Kotflügel bauen Sie am besten das Karosserieteil vor der Lackreparatur aus. Die Ausbesserung geht so leichter von der Hand.

10 Schadensfläche mit Schleifpapier (Körnung 80 oder 100) eben schleifen. Ist Rost vorhanden, bis aufs blanke Blech schleifen, Rostumwandler auftragen und eine Stunde einwirken lassen. Dann mit Waschbenzin oder Verdünnung reinigen und entfetten, trocknen lassen.

11 Spachtel und Härter mischen (im Bild oben geschieht das auf dem Werkzeug in der rechten Hand). Die Spachtelmasse macht die Schadstelle zum angrenzenden Lack bündig. Vorsicht: Der Spachtel lässt sich nur einige Minuten verarbeiten, weil der Härter schnell abbindet. Deshalb nur kleine Mengen vorbereiten. Spachtelmasse gleichmäßig und zügig in mehreren dünnen Schichten auftragen. Riefen mit Spritzspachtel ausgleichen. Nach etwa einer Stunde ist die Schicht ausgehärtet.

12 Unebenheiten mit Trockenschleifpapier (Körnung 240) vorsichtig abschmirgeln. Für den Feinschliff Nassschleifpapier (Körnung 400) verwenden und Fläche mit wenig Druck beschleifen. Schleifstaub sorgfältig abwischen.

Lackieren wie die Profis

13 Die Schadstelle mit wasserfestem und dehnbarem Lackierer-Klebeband sowie einer Folie abkleben.

14 Haftgrund (Füller) als feinporige Grundlage für den Decklack sprühen. Sauber arbeiten! Unebenheiten und Lacknasen verschwinden nicht mit zunehmendem Lackauftrag, sondern vergrößern sich. Haftgrund trocknen lassen, mit Nassschleifpapier (Körnung 600) plan schleifen (Bild unten).

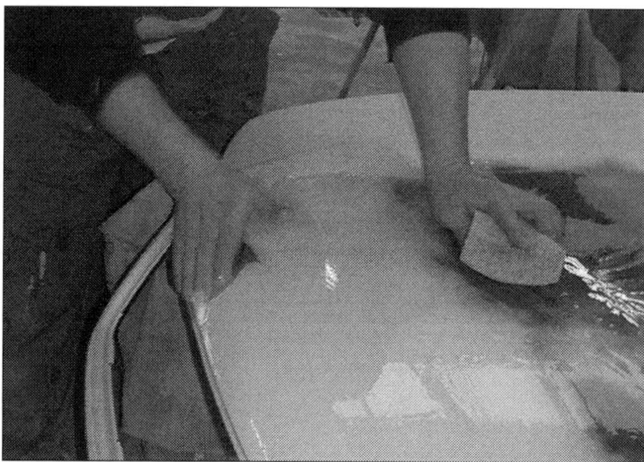

15 Decklack aus der Sprühdose gleichmäßig und zügig in mehreren Schichten auftragen. Der Abstand vom Sprühkopf zur Lackierfläche sollte etwa 20 bis 30 Zentimeter betragen. Erwärmen Sie die Sprühdose vor dem Lackieren kurz in heißem Wasser. Der Sprühstrahl entweicht dann unter höherem Druck, ist feiner und bildet eine glattere Oberfläche.

16 Die Ränder des Klebebandes an der Reparaturstelle lösen, umknicken und diese Stellen nachsprühen. Das macht den Übergang zum Originallack unscharf.

17 Wenn der Lack nach zwei bis fünf Tagen vollständig getrocknet ist, die ausgebesserte Stelle mit Politur, die Übergänge mit Lackreiniger bearbeiten.

18 Zuletzt die bearbeitete Stelle mit Konservierer behandeln. Für gleichmäßigen Glanz abschließend das ganze Fahrzeug polieren. □

DIE FAHRZEUG-REPARATUR

Zur Grundausstattung fürs Schrauben gehört auf jeden Fall ein Satz Gabel-, Ring- und Steckschlüssel. Denn das Bordwerkzeug reicht gerade hin für den Radwechsel bei einer Reifenpanne. Viele Arbeiten am Fahrzeug erfordern darüber hinaus noch spezielle Werkzeuge und Prüfgeräte.

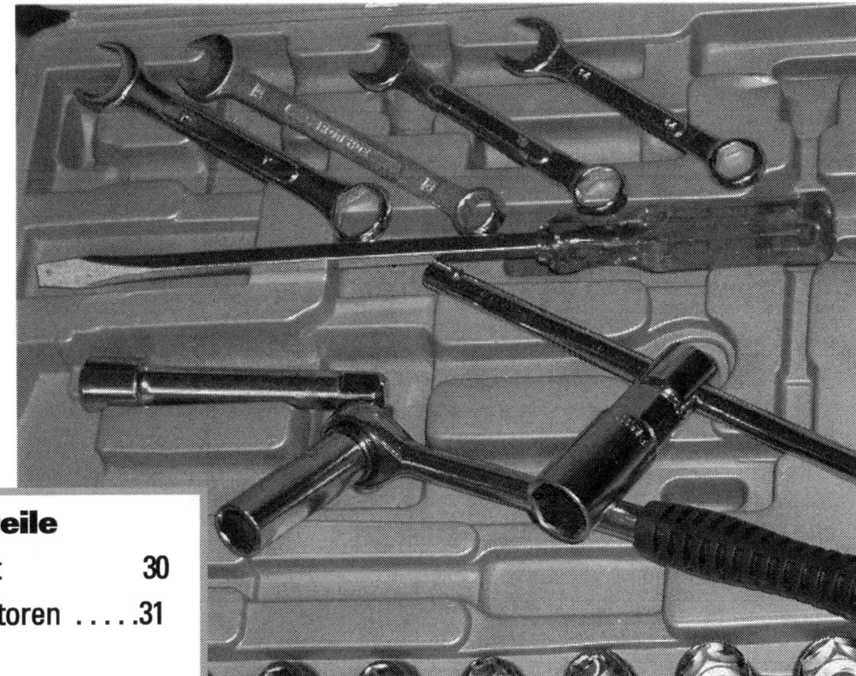

Gute Organisation und umsichtige Vorbereitung sind beim Heimwerken unumgänglich. Nur wenn der Arbeitsplatz geeignet ist, die Ausrüstung stimmt und das benötigte Material bei Bedarf zur Verfügung steht, können Sie daran auch Spaß haben. Spaß aber ist die Grundvoraussetzung für erfolgreiche Pflege und Wartung Ihres Fahrzeugs.

Arbeitsplatz und Ersatzteile

Als Hobbymechaniker brauchen Sie einen geeigneten Arbeitsplatz, damit Sie sich aufs Schrauben konzentrieren können. Am besten wäre eine ausreichend breite und gut beleuchtete Garage mit Stromanschluss. Sie können auch im Freien zum Werkzeug greifen. Legen Sie dann zu Ihrer eigenen Sicherheit auf eine ebene und befestigte Fläche Wert.

Eine gute Empfehlung für Selbstschrauber sind in aller Regel die Mietwerkstätten. Dort gibt es neben Hebebühnen und umfangreicher Werkzeugausstattung oft auch kompetente Hilfestellung mit Praxistipps bei Problemen am Fahrzeug und mit der Technik.

Günstige Variante: Mietwerkstatt

Die meisten Mietwerkstätten bieten mehrere Arbeitsplätze. Mit freien Plätzen ist während der Woche eher zu rechnen als am Wochenende, wenn alle Autobastler zum Werkzeug greifen. Adressen finden Sie in den Gelben Seiten, in Anzeigen im Autoteil von Tageszeitungen und Anzeigenblättern oder Sie können sie bei einer Tankstelle erfragen.

Eine Internet-Webseite Mietwerkstätten ist demnächst auch verfügbar, war bei Redaktionsschluss dieses Ratgeberbuches aber noch in Arbeit. Sie können allerdings Hinweise auf geeignete Adressen auf dem Weg über **»www.bassconnection.de / Kontakte / Branchenliste_M...«** erhalten.

Adressen einzelner Werkstätten in bestimmten Regionen kann man ebenfalls finden. Dort kann man meist eine Hebebühne mieten, auf der sich viele Arbeiten überhaupt erst ausführen und andere viel einfacher bewerkstelligen lassen. In solchen Fällen ist es gut, vorher anzurufen und zu erfragen, ob oder wann eine Bühne frei ist. Die besten Arbeitszeiten sind natürlich die unter der Woche, aber auch samstags wird es gegen Nachmittag leerer. Man sollte sein eigenes Werkzeug mitbringen, aber es ist immer auch einiges Spezialwerkzeug wie Kolbenrücksetzer für Scheibenbremsen o. Ä. vorhanden. Schweißgeräte können extra gemietet werden.

Umsichtig vorbereiten

Eigene Arbeit in der Mietwerkstatt lohnt sich nur, wenn die Reparatur flott von der Hand geht. Führen Sie eine umfangreiche Arbeit zum ersten Mal selbst aus, kann die Summe der Mietwerkstattstunden leicht teurer werden als der Arbeitspreis in der Fach- oder Vertragswerkstatt. Dazu kommt: Wenn Sie erst einmal angefangen haben, müssen Sie die Arbeit meist auch direkt zu Ende führen. Das zwingt Sie zu akribischer Vorbereitung der geplanten Aktion.

Die für Wartungs- oder Reparaturarbeiten benötigten Ersatzteile sollten Sie spätestens am Tag der Arbeit parat haben. Stellen Sie sich eine Liste der benötigten Ersatzteile zusammen. Denken Sie dabei auch an Zubehör wie Dichtungen, Sicherungsringe, Schlauchschellen, Clipselemente, selbst sichernde Muttern.

Reparaturen, deren Umfang Sie nicht genau abschätzen können, sollten Sie auf einen Termin legen, der Ihnen einen außerplanmäßigen Besuch beim Zubehör- oder Stützpunkthändler erlaubt. Sie müssen einrechnen, dass selbst eine Werkstatt nicht immer alle Teile auf Lager hat.

Praxistipp

Mängel bei gebrauchten Teilen

Gebrauchte Ersatzteile für Pkw aus zweiter Hand sind häufig schadhaft. Neben Verschleißschäden weisen sie oft Schäden durch unprofessionellen Ausbau, nicht sachgemäße Lagerung, fehlende Wartung und ungeeignete Transportverpackungen auf.

In Untersuchungen des Kraftfahrzeugtechnischen Instituts KTI wurde festgestellt, dass Komponenten der Bremsanlage, Antriebswellen, Elektronikbaugruppen und andere Teile gravierende Sicherheitsmängel wie Korrosion, Deformation oder Undichtigkeit aufwiesen.

Die meisten Teile seien zu alt, in einem schlechten Zustand und unzureichend gekennzeichnet. Eine eindeutige Zuordnung zu einem bestimmten Fahrzeugmodell sei in den meisten Fällen kaum möglich. Laut KTI sind jüngere gebrauchte Teile in besserem Zustand häufig gar nicht zu bekommen.

Das richtige Ersatzteil

Im Laufe der Produktionszeit ändern sich manche Details an so gut wie jedem Fahrzeug. Deshalb entscheidet oft das Baujahr, welches Ersatzteil für Ihr Auto das richtige ist. Sie erleichtern sich und dem Verkäufer die Arbeit, wenn Sie den Fahrzeugschein mitnehmen und die Daten des Typenschilds auf einem Zettel notiert haben (vergl. den Abschnitt über die Fahrzeugerkennung im Kapitel »Das Modell«). Mit diesen Informationen kann ein geschulter Ersatzteilverkäufer das passende Teil aus dem Katalog oder von der CD-ROM des Herstellers ermitteln. Wenn Sie auf Nummer Sicher gehen wollen: Bringen Sie das ausgebaute Altteil gleich mit zum Händler!

Originalteile oder Fremdteile?

Alle Ersatzteile, die Sie im Reparaturfall benötigen, erhalten Sie bei einem Vertrags-Händler Ihres Fahrzeug-

herstellers. Aber Sie müssen nicht dort einkaufen. Der Zubehörhandel hält ebenfalls ein breites Angebot bereit, darunter auch Teile von Firmen, die den Hersteller Ihres Autos beliefern. Vergleichen Sie die Preise, wenn Service und Lieferfähigkeit gleich sind.
Fachzeitschriften verweisen immer wieder darauf, dass Preisunterschiede bis zu 35 Prozent nicht Ausnahmen, sondern die Regel sind. Bei Serviceketten, die nicht an Marken gebunden sind, kann der Kunde manchmal bis zu 60 Prozent sparen, 20 Prozent sind jedenfalls immer drin – und zwar für die selbe Qualität, meist sogar für die exakt gleichen Ersatzteile.
Auf No-name-Produkte sollten Sie beim Ersatzteilkauf allerdings verzichten. Sonst könnte der Billigkauf teuer zu stehen kommen. Erstens macht er die eventuell fehlende Beratung beim Kauf von Verschleißteilen nicht wett, und zweitens könnte die Garantie (zumindest auf das betreffende Teil und von ihm in Mitleidenschaft gezogene Teile) in Gefahr geraten. Als erfahrener Autofahrer lassen Sie Ihren Wagen während der Garantiefrist ohnehin in der Vertragswerkstatt warten und ggf. reparieren.

Safety first

Denn bei sicherheitsrelevanten Ersatzteilen ist Sparsamkeit fehl am Platz. Bremsbeläge, Bremsscheiben, Radlager, Antriebswellen und Gelenke sollten Sie grundsätzlich in Erstausrüster- oder Originalqualität kaufen. Die meisten Billig-Produkte entsprechen bei weitem nicht der vom Hersteller geforderten Mindestqualität.
Viele Fahrzeughersteller schreiben eine spezielle Mischung des Bremsbelagmaterials vor. Die Kennnummer dafür steht in der »Allgemeinen Betriebserlaubnis« (ABE). Falls Ihr Fahrzeug nach einem ernsteren Unfall begutachtet wird und sich dabei eine nicht freigegebene Belagsmischung herausstellt, kann sich dies zu Ihren Ungunsten auswirken.

Austauschteile

Trotz häufiger Mängel bei gebrauchten Teilen (siehe Praxistipp) lohnt sich Secondhand bei einer Reihe von Ersatzteilen. Austauschteile haben die gleiche Qualität wie ein Neuteil, sind deutlich billiger und werden mit gleicher Garantie geliefert. Auch der Zubehörhandel bietet zahlreiche neuwertige Austauschteile an. Erneuerte Elektrik-Bauteile vertreibt die Firma Bosch über ihre Autoelektrik-Werkstätten.

Original-/Fremdteile	Austauschteile
Anlasser	Anlasser
Ölfilter	Kupplungsdruckplatte
Lichtmaschine	Schwungrad
Glühlampen	Antriebswellen
Scheinwerfer	Kurbelwelle mit Lagern
Keilriemen	Zylinderkopf
Stoßdämpfer	Lichtmaschine
Radbremszylinder	Scheibenbremssättel
Bremsschläuche	Kupplungs-Mitnehmerscheibe
Lack	Getriebe
Motordichtungen	Zylinderblock mit Kolben
Zündkabel	Teilmotor
Zündkerzenstecker	
Gelenkwellen	
Hauptbremszylinder	
Bremsleitungen	
Kupplung	
Reparaturbleche	

In vielen Fällen ist ein Autoverwerter die richtige Adresse, wenn Sie eine Reparatur besonders billig ausführen wollen und auf Äußerlichkeiten keinen großen Wert legen. Bisweilen müssen Sie dann das gewünschte Ersatzteil selbst ausbauen. Fragen Sie nach dem Preis: Das gebrauchte Teil darf höchstens halb so teuer sein wie das Neuteil. Ein Verschleißteil darf nicht mehr als ein Viertel des Neupreises kosten.

Teilmotor oder Austauschmotor?

Bei Schäden an Kurbeltrieb, Kolben und Ölwanne lohnt sich der Kauf eines Teilmotors. Das ist wirtschaftlich, weil man Zylinderkopf und Nebenaggregate vom alten Motor übernimmt. Ein kompletter Austauschmotor macht nur bei einem jüngeren und gut erhaltenen Fahrzeug Sinn. Es gibt eine Reihe von Firmen, die auf Komplett- und Teilüberholung von Motoren spezialisiert sind und Reparaturen nach Qualitätsrichtlinien garantieren. Ein Anschriftenverzeichnis (Firmen, PLZ) erhalten Sie aus dem Internet über **www.vmi-ev.de** oder direkt beim
Verband der Motoreninstandsetzungsbetriebe e.V.
Christinenstr. 3 / 40880 Ratingen
Tel.: 0 21 02/ 44 72 22 / Fax: 0 21 02/ 44 72 25
Email: info@vmi-ev.de
Der VMI vertritt die Interessen aller Motoren-Instandsetzungsbetriebe in Deutschland. Zur Zeit. sind ihm ca. 130 Unternehmen als Mitglieder und ca. 30 namhafte Herstellerbetriebe und Händler als fördernde Mitglieder (Partner) angeschlossen.

Praxistipp

So arbeiten Sie effektiv

- Säubern Sie zuerst den Arbeitsplatz. Schrauben und Teile von früheren Zerlegearbeiten sollten unbedingt weggeräumt werden, damit Sie nichts Falsches wieder einbauen.
- Abgenommene Teile legt man in der Ausbaureihenfolge ab. Das erleichtert den Zusammenbau.
- Kleinteile packen Sie am besten in kleine Schachteln oder Gläser. Oder Sie drehen nach dem Ausbau die Schrauben gleich wieder in das zugehörige Gewinde. So können ganz sicher keine Schrauben verwechselt werden.
- Falls sich ein Wasserablauf in der Nähe befindet, sollten Sie ihn während der Arbeit abdecken, sonst verschwinden garantiert Kleinteile darin.
- Lesen Sie mitgelieferte Reparatur- oder Montageunterlagen vor Beginn der eigentlichen Arbeit durch. Und zwar konzentriert und gründlich. Deponieren Sie diese Unterlagen während der Arbeit in Reichweite.
- Bei umfangreichen Arbeiten sollten Sie eine Skizze anfertigen und sich zusätzlich die Reihenfolge der ausgebauten Teile aufschreiben. Das erleichtert bei Bedarf die Fehlersuche ganz erheblich.
- Zum Hinlegen, etwa bei Arbeiten in den Radkästen oder an den Stoßfängern, empfiehlt sich als Unterlage eine alte Decke gegen die Bodenkälte und darauf eine Plastikfolie, die gegen Öl und Feuchtigkeit unempfindlich ist.
- Bleiben nach der Arbeit Ölspuren auf dem Boden zurück, helfen fürs erste ein scharfer Haushaltsreiniger oder Geschirrspülmittel. Besser sind spezielle Ölfleckentferner, wie sie der Autozubehörhandel anbietet.

Die Werkzeuge

Nur vollständiges und gutes Werkzeug garantiert Ihnen das gewünschte Ergebnis. Überprüfen Sie daher Ihre Ausrüstung, bevor Sie mit der Arbeit beginnen. Schlechtes Werkzeug, das sich schon bei der ersten verrosteten Schraube verbiegt oder ausbricht, bringt Probleme und verdirbt den Spaß an der Bastelei. Achten Sie beim Kauf auf Qualität! Gute Werkzeuge werden aus einwandfreiem Material hergestellt und arbeiten stets maßgenau. Sie müssen ja nicht alles selbst besitzen, viele Werkzeuge lassen sich auch günstig ausleihen, vor allem wenn es dabei um ganz spezielle Einrichtungen geht.

Grundausstattung ist nötig

Auch wer nur gelegentlich schrauben möchte, braucht eine solide Grundausstattung. Dazu gehören auf jeden Fall die folgenden Arbeitsgerätschaften:

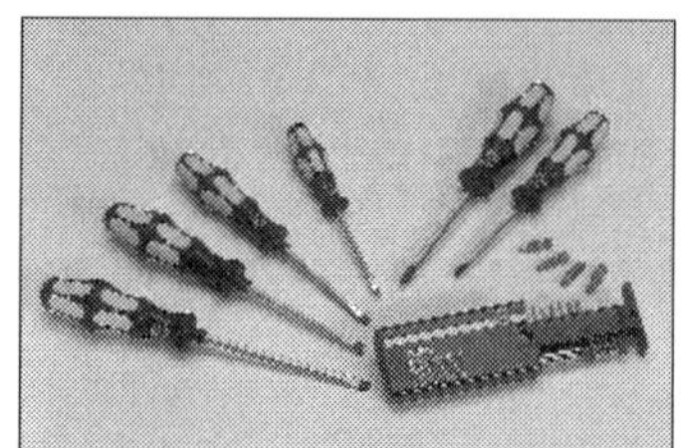

Schraubendreher mit stabilem, rutschfestem Griff für Schlitz-, Kreuzschlitz- und Torxschrauben sind ebenso ein Muss...

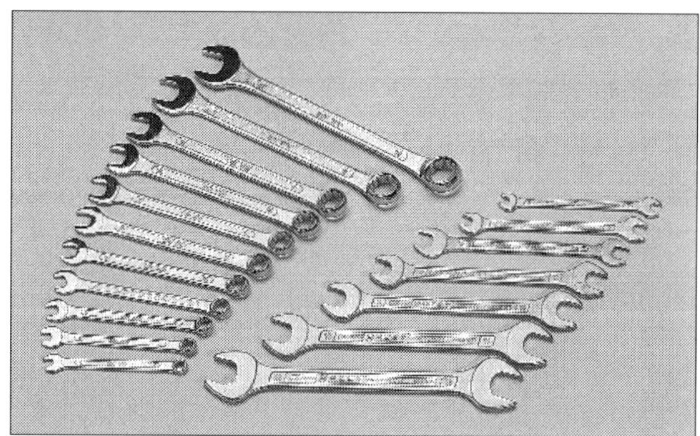

...wie ein Satz Gabel- und Ringschlüssel mit Maulweiten zwischen sechs und 19 Millimetern. Schlüssel mit den Weiten 10, 13, 17 und 19 Millimeter brauchen Sie doppelt für gekonterte Schraubverbindungen.

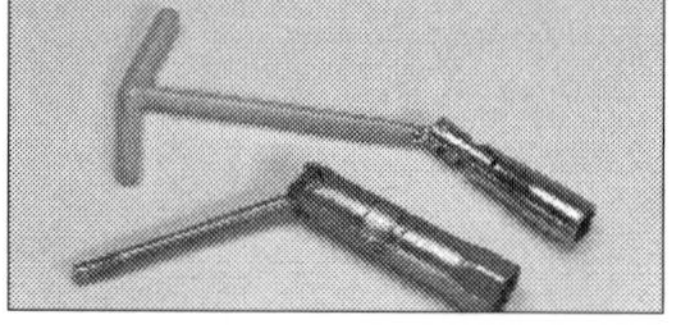

Zündkerzenschlüssel SW16, ein spezieller Steckschlüssel mit Gummieinsatz, gehört dazu und ...

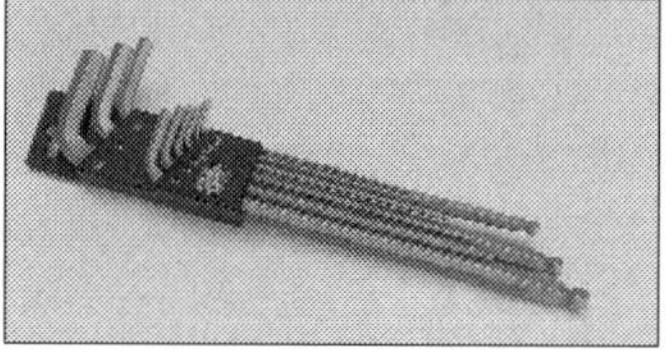

... ein Satz Inbusschlüssel in den Größen 2 bis 8 Millimeter.

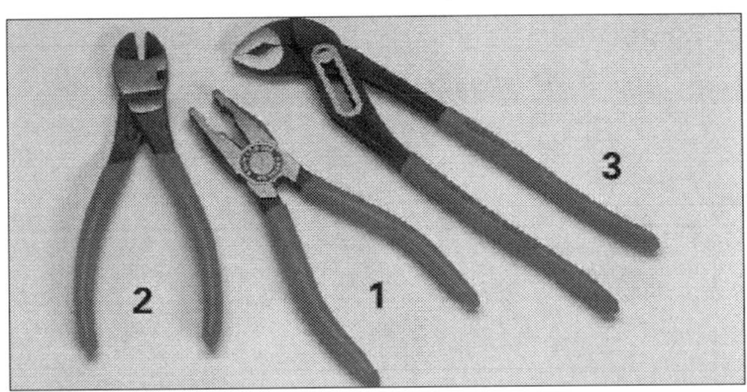

Kombizange 1, Wasserpumpenzange 3 (Länge mindestens 240 mm) und Seitenschneider 2 biegen, halten, drehen und trennen so ziemlich alle Materialien.

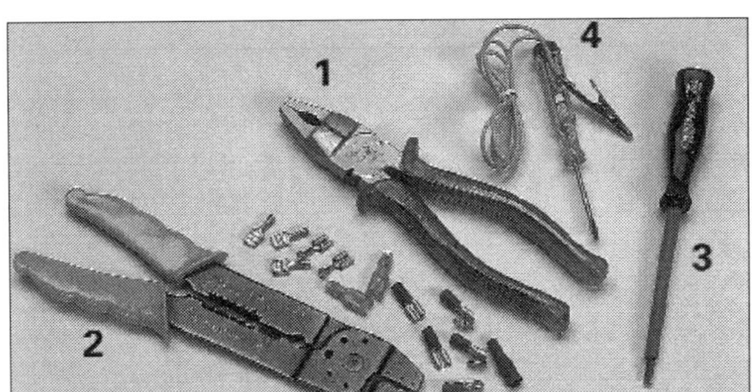

Für die Elektrik: isolierte Kombizange 1, Quetschzange 2, isolierter Schraubendreher 3, Phasenprüflampe 4 (mit Nadelspitze und Massekabel).

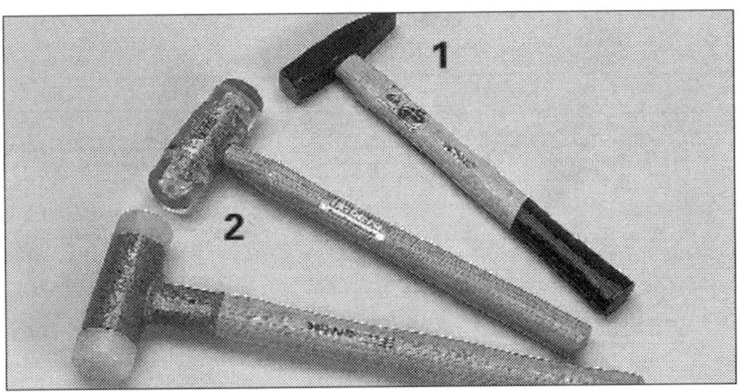

Der Schlosserhammer 1 wird benutzt, um z. B. mit einem Durchschlag festsitzende Bolzen aus Verbindungen zu lösen. Empfindliche Bauteile wie Lager, gegossene oder gehärtete Teile sollten hingegen nur mit einem Kunststoff- oder einem Gummihammer 2 bearbeitet werden, um etwaige Schäden zu vermeiden.

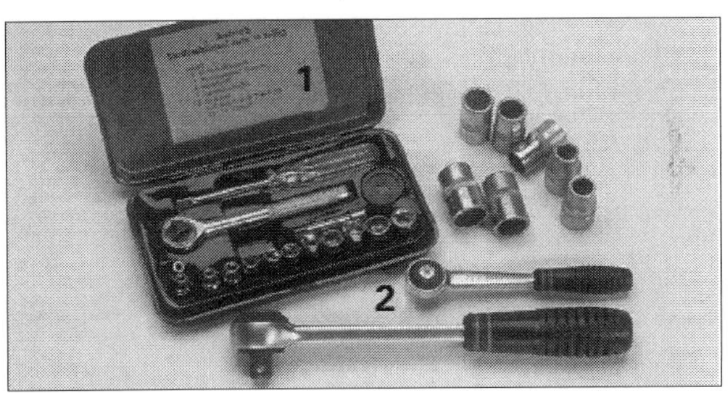

Für Motorraum und unterm Fahrzeug: Steckschlüsselsatz 1 (10-32 mm) und Umschaltknarre 2 mit 1/2-Zoll-Antrieb. Für den Innenraum: Schlüsselsatz 6-13 mm, 1/4-Zoll.

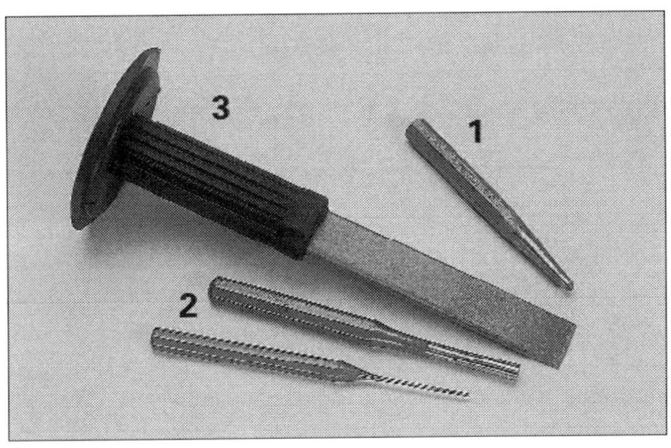

Ein Körner 1 hilft bei Bohrarbeiten an Metallen. Ein Durchschlag 2 (Durchmesser 3 und 6 mm) ist bei Montage- und Demontagearbeiten an Fahrwerk, Motor und Bremsen universell einsetzbar. Mit einem Flachmeißel 3 (gehärtete Schneide) werden Sie zur Not auch mit deformierten oder festgerosteten Schraubverbindungen fertig.

Praxistipp

Bordwerkzeug komplett?

Wagenheber und Schraubendreher sollten Sie stets an Bord haben. Dazu kommen ein Radkreuz 1, Kombizange 2, Ersatzkabel 3 und Isolierband 4. Ebenfalls sinnvoll: Lampenset 5, Ersatzsicherungen 6, Abschleppseil oder -stange 7, Starthilfekabel 8 und Taschenlampe 9.
Auch das vorliegende Reparaturhandbuch ist in Ihrem Fahrzeug besser aufgehoben als im Bücherschrank.

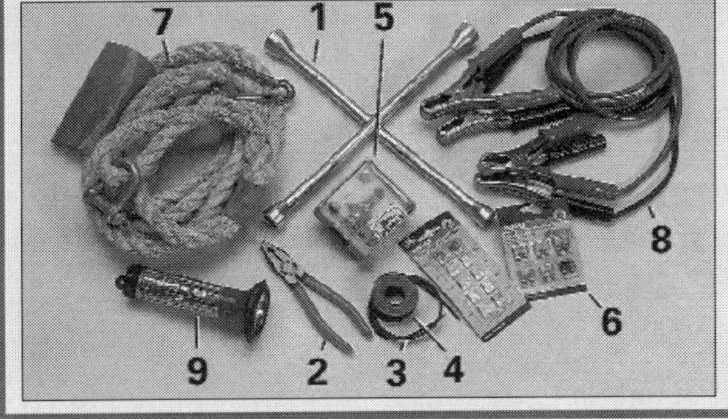

Für viele Fälle Spezialwerkzeug

Mit der beschriebenen Grundausstattung können Sie viele Wartungen und Reparaturen selbst erledigen. Sind diese Werkzeuge vorhanden, dann ist der Grundstein für eine vernünftige Ausstattung gelegt.
Für einige Arbeiten an Ihrem Transporter brauchen Sie spezielles Werkzeug. Darüber hinaus gibt es Werkzeuge und Geräte, mit denen Wartung und Reparatur leichter von der Hand gehen. Die folgende Auswahl gibt Ihnen einen Überblick sinnvoller Anschaffungen:

- **Handstablampe:** Gut fürs Schrauben unter dem Auto oder im Motorraum, im Innenraum und in weniger gut beleuchteten Garagen. Wasserdicht, mit Blendschutz, ölresistentem Kabel und schlagsicherem Kunststoffgehäuse.
- **Gripzange und Schraubzwingen:** Die Maulweite der Gripzange 1 kann am Griffteil exakt eingestellt werden. Eine Schraubzwinge 2, erhältlich in vielen Größen, ist beim Montieren Ihre dritte Hand.

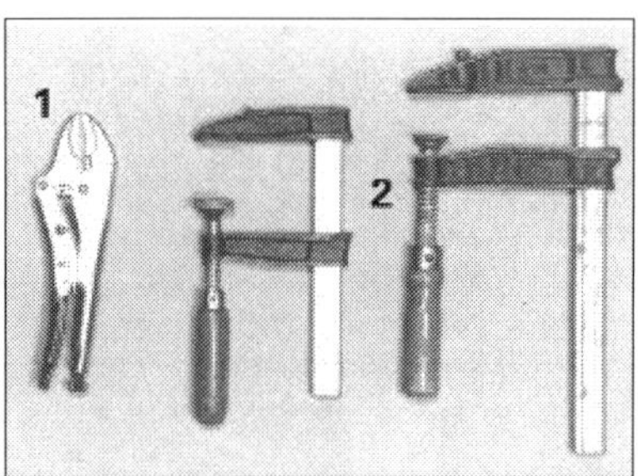

Ihre »dritte Hand« bei der Arbeit: *1 Gripzange, 2 Schraubzwingen.*

- **Abzieher** gehören zur Grundausstattung jeder Autowerkstatt. Auch für Heimwerker lohnt sich die Anschaffung dieses Werkzeugs: Zum Lösen von Radnaben oder zum Herauspressen von Achsgelenken aus der Führung.

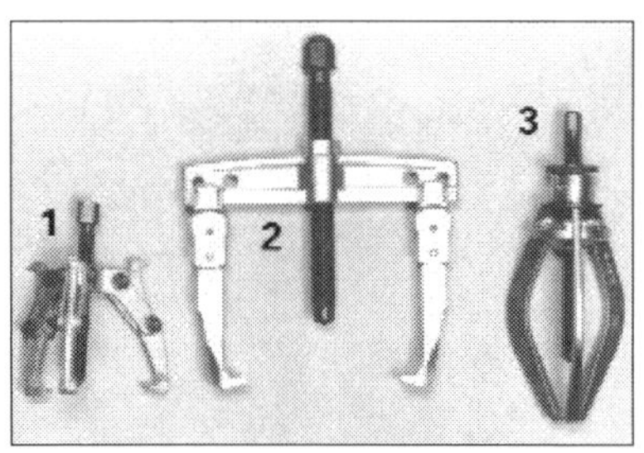

Gehört in der Werkstatt zur Grundausstattung: *1 Dreiklauenabzieher, 2 Zweiklauenabzieher, 3 Innenabzieher.*

- **Drehmomentschlüssel:** Zur präzisen Beachtung von Anzugsdrehmomenten. Gut ist ein Automatikschlüssel.
- **Ölfilterschlüssel:** Wichtig für den Ölwechsel. Günstig ist ein Universalschlüssel.
- **Fühlerblattlehre** zum Prüfen das Ventilspiels oder des Spaltmaßes von Gebern (Drehzahlgeber etc.).
- **Rangierwagenheber** sind ideal mit Fußpedal zum Hochpumpen. Beachten Sie: Heber mit zu kleinen Rädern werden unter Last unbewegbar!

Heber mit Zubehör: *1 Hartgummiaufsatz gegen Schaden am Wagenboden, 2 Quertraverse zum Verteilen der Last.*

- **Messinstrument (Multimeter):** Unerlässlich für exakte Messungen an elektronischen Bauteilen. Es gibt auf die Autoelektrik abgestimmte Geräte.
- Ein **Batterieladegerät** mit automatischer Ladestromanpassung ist vor allem im Winter wichtig, wenn häufig nur kurze Strecken gefahren werden.
- **Durchgangsprüfer und Abisolierzange** sind weitere wichtige Gerätschaften für Arbeiten an der Fahrzeugelektrik. Die Lampe im Prüfgerät liefert eine zuverlässige Aussage, ob Spannung an den Prüfspitzen anliegt.

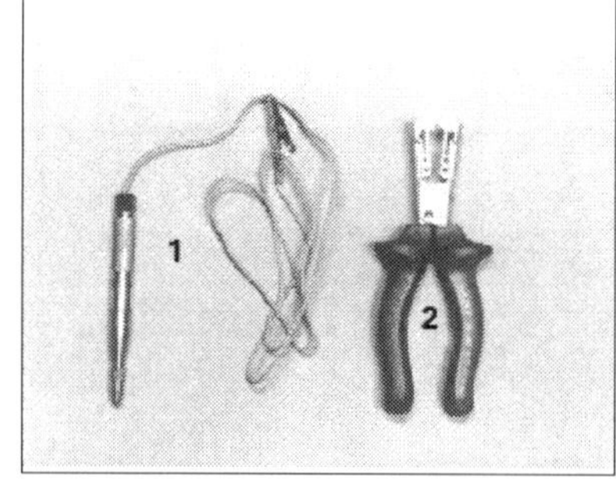

Für Arbeiten an der Elektrik: *1 Durchgangsprüfer mit Klemme und Spitze, 2 Abisolierzange zum Abziehen von Kabelisolierungen.*

Sicherheit geht vor

Selbstverständlich hat Sicherheit beim Heimwerken absolute Priorität. Wagen Sie sich nur an Arbeiten, die Sie sich wirklich zutrauen können. Nehmen Sie handwerkliche Aufgaben, mit denen Sie in der Praxis bislang wenig oder gar keine Erfahrung haben, nicht auf die leichte Schulter. Mangelhaft ausgeführte Arbeiten können fatale Folgen haben – natürlich auch im Straßenverkehr, und übrigens nicht nur für Sie, sondern auch für Dritte.

Beachtenswerte Hinweise

- Bei allen Wartungs- und Reparaturarbeiten sollte das Rauchen strikt unterbleiben.

Tragen Sie beim Blechtrennen oder bei Arbeiten mit laufendem Motor nach Möglichkeit Ohrenschützer.

- Arbeitshandschuhe sind gut gegen Schmutz oder Abschürfungen an scharfem Blech. Wenn Sie mit der Handbohrmaschine arbeiten, sollten Sie wegen der Gefahr durch das rotierende Bohrfutter aber besser keine Handschuhe tragen.
- Tragen Sie beim Bohren, Schleifen und Meißeln oder beim Arbeiten unter dem Fahrzeug immer eine Schutzbrille.
- Wenn Sie in Montagegruben arbeiten, achten Sie auf gute Belüftung.
- Wenn Sie größere Flächen am Fahrzeug lackieren: Schutzmaske tragen, für gute Belüftung sorgen!
- Oberste Vorsicht an Zündanlagen! Prüfungen an der Anlage nur bei Motorstillstand durchführen. Prüfaufbau so einrichten, dass Sie bei doch nötigem Motorlauf nicht die Hand anlegen müssen – der Primärstromkreis hat Spannung bis 30.000 Volt.
- Durchgebrannte Sicherungen müssen Sie immer durch neue Sicherungen desselben Typs und identischer Stromstärke in Ampere (A) ersetzen. Niemals Drahtbrücken einbauen! Die Folge solcher Behelfsmaßnahmen können Schäden an Bauteilen im betreffenden Stromkreis oder sogar Kabelbrände sein.
- Sprühdosen, Altöl, Bremsflüssigkeit, alte Bremsbeläge oder Farbdosen sind Sondermüll. Sie müssen entsprechend entsorgt werden.

Praxistipp

Vorsicht bei Rückhaltesystemen

Lenkrad, Armaturenbrett, Vordersitze und Rollgurte sind mit Sicherheits-Rückhalte-Systemen (SRS) ausgestattet: Lenkrad und Armaturenbrett Beifahrerseite mit Airbags, die Vordersitze mit Seiten-Airbags, der Aufroll-Mechanismus der Sicherheitsgurte mit Gurtstraffern. Bei unsachgemäßer Handhabung kann es zu schweren Unfällen kommen. Vermeiden Sie unbedingt jeden Schraub- oder gar Reparaturversuch an der Sicherheitsausstattung!

Für Instandsetzungsarbeiten sollten Sie Ihr Fahrzeug in eine Fachwerkstatt bringen. Dort hat man Fehler-Auslesegeräte und Selbstdiagnose-Einrichtungen sowie geschultes Personal: Mechaniker, die an Rückhaltesystemen arbeiten, müssen spezielle Schulungen nachweisen und bei den zuständigen Behörden gemeldet sein. Denn diese Bauteile fallen unter das Sprengstoffgesetz. Also: Hände weg von solchen Baugruppen!

Das richtige Aufbocken

VW stattet seine Fahrzeuge serienmäßig mit einem Spindelwagenheber aus. Er befindet sich zusammen mit Radmutternschlüssel und weiteren nützlichen Teilen im Bordwerkzeug. Damit lässt sich das Fahrzeug für die meisten Arbeiten hoch genug heben. Wenn sie den Heber auf eine am Boden aufliegende Bohle stellen, können Sie die Hubhöhe noch etwas vergrößern. Ein kleines Brett (30 x 30 cm, 2 cm stark) sollten Sie ohnehin immer unterlegen, damit sich der Wagenheberfuß nicht in den Untergrund drücken kann.

Der ab Werk mitgelieferte Wagenheber ist auf jeden Fall nur für Ihren Wagentyp vorgesehen, keinesfalls für schwerere Fahrzeuge. Er darf auch nur dazu dienen, das Fahrzeug anzuheben. Eine ausreichende Abstützung für Arbeiten an der Wagenunterseite stellt er nicht dar, dazu brauchen Sie Unterstellböcke.

Schon bei kleineren Arbeiten wie dem Wechseln der Bremsbeläge soll das angehobene Fahrzeug mit Unterstellböcken gesichert sein. Begeben Sie sich nie unter das angehobene Fahrzeug ohne die Sicherung mit Unterstellböcken! **Achtung: Es besteht Lebensgefahr!** Unterstellböcke bietet der Zubehörhandel in verschiedenen Größen und Ausführungen an. Ein Paar reicht für die meisten Reparaturen völlig aus. Beachten Sie beim Kauf, dass die Unterstellböcke keine zu kleine Standfläche haben.

Unterstellböcke sind nicht nur nützlich, sondern in vielen Fällen unerlässlich. Besonders praktisch sind Dreibeinböcke mit klappbaren Füßen.

Fahrzeug aufbocken

Arbeitsschritte  

1 Der Wagen muss auf festem, ebenem Untergrund stehen. Räumen Sie vor Arbeitsbeginn den Kofferraum aus.

2 Handbremse anziehen und zumindest eines der Räder gegenüber der Anhebestelle mit Holzkeilen, notfalls mit geeigneten Steinen gegen Vor- und Zurückrollen sichern. Nur auf die angezogene Handbremse dürfen Sie sich nicht verlassen, da sie bei manchen Arbeiten gelöst werden muss.

3 Nehmen Sie den Bordwagenheber und schwenken Sie die Kurbel durch Verdrehen heraus. Öffnen Sie den Heber um etwa fünf Umdrehungen.

Nun den Wagenheber senkrecht zum gekennzeichneten Aufnahmepunkt am Schweller hochkurbeln. Der Schlitz des Wagenheberkopfes muss waagerecht in den Schwelleraufnahmepunkt greifen. Achtung: Fahrzeug nur an diesen vorgesehenen Aufnahmepunkten anheben! Die Schweller sind in diesem Bereich extra hierfür verstärkt!

Wagenheberkopf mit der linken Hand gegen den Aufnahmepunkt drücken, während man mit der rechten Hand die Kurbel im Uhrzeigersinn dreht und den Wagenheberfuß gegen den Boden drückt. Immer darauf achten, dass der Wagenheber senkrecht steht und nicht nach einer Seite abkippt!

Übrigens: Sollte ein Rangierwagenheber benutzt werden, dann nur mit Lasten verteilendem Kantholz bzw. einer Traverse, etwa mittig am Türschweller angesetzt.

4 Bevor der Wagenheber auf Arbeitshöhe hochgekurbelt ist, nochmals vergewissern, dass er nicht wegkippen kann. Ist der senkrechte Stand nicht sicher, den Wagenheber nochmals neu ansetzen. Nun auf nötige Höhe kurbeln.

5 Der Unterstellbock darf nur an den Bodenverstärkungen (Längsträger) angesetzt werden. Vorn wie hinten befinden sich die jeweils zwei (links und rechts) Aufbockpunkte an den beiden Längsträgern in Höhe der Markierungen am Schweller (siehe nebenstehende Abbildungen). Zwischen Auflage des Bocks und Fahrzeugboden sollten Sie eine Gummi- oder Hartholzplatte legen, um Beschädigungen zu vermeiden. Kontrollieren Sie vor dem Ansetzen des Bockes, ob eventuell ein Blechfalz im Weg ist, der eingedrückt oder deformiert werden könnte, oder ob gar die Bremsleitung eingeklemmt werden kann.

6 Der Dreibein-Unterstellbock steht am sichersten, wenn eines seiner Beine nach außen und zwei zur Wagenmitte hin zeigen. Achten Sie auf diese Stellung, wenn Sie das Fahrzeug aufbocken. Sonst kann es passieren, dass beim Anheben des Wagens der auf der anderen Seite bereits angesetzte Unterstellbock seitlich weggedrückt wird. □

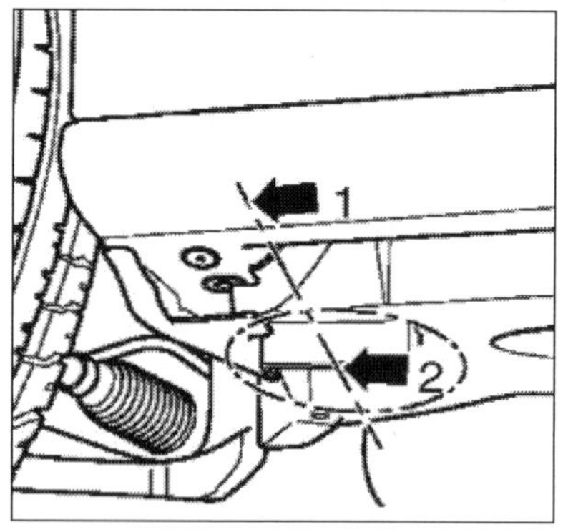

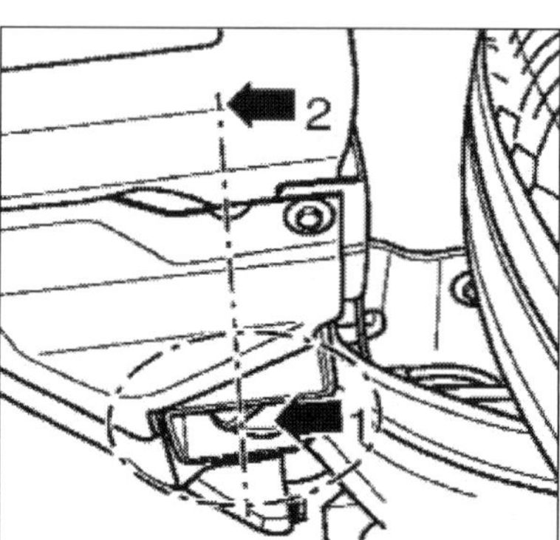

Aufbocken nur an den richtigen Stellen: *Vorn wie hinten sind links und rechts jeweils zwei Aufbockpunkte (Pfeile). Sie befinden sich an den beiden Längsträgern in Höhe der Markierungen am Schweller.*

Die Abbildung oben zeigt die Situation vorn, die Abbildung unten diejenige am Hinterrad. Die Pfeile 1 und 2 zeigen jeweils die Auflagepunkte an.

Anschleppen, Abschleppen, Abschleppösen

Eine Grundregel beim Anschleppen/Abschleppen lautet: Beide Fahrer müssen mit den Besonderheiten beim Schleppvorgang vertraut sein. Ungeübte sollten weder an- noch abschleppen. Das Anschleppen Ihres Fahrzeugs sollten Sie nur in Betracht ziehen, wenn keine Möglichkeit besteht, den Motor mit Starthilfekabeln zu starten. Das Anschleppen von Fahrzeugen mit automatischem Getriebe ist aus technischen Gründen nicht möglich. Wegen einer drohenden Beschädigung des Abgaskatalysators darf der Motor bei betriebswarmem Kat nicht durch Anschleppen über eine Strecke von mehr als 50 m gestartet werden. Unverbrannter Kraftstoff kann sonst in den Katalysator gelangen und zu Beschädigungen führen.

Beim Anschleppen von Fahrzeugen mit Schaltgetriebe sind vier Dinge zu beachten:

- Vor dem Anschleppen den 2. oder 3. Gang einlegen, Kupplungspedal treten und halten.
- Zündung einschalten, damit das Lenkrad nicht blockiert ist und die Blinkleuchten, das Signalhorn, die Scheibenwischer und die Scheibenwaschanlage

eingeschaltet werden können.

- Wenn beide Fahrzeuge in Bewegung sind, ist das Kupplungspedal loszulassen.
- Sobald der Motor angesprungen ist, Kupplung treten und Gang herausnehmen, um ein Auffahren auf das Zugfahrzeug zu vermeiden.

Zum An- und Abschleppen sollten nur Kunstfaserseile oder Seile aus ähnlich elastischem Material verwendet werden, um beide Fahrzeuge zu schonen. Sicherer ist eine Abschleppstange. Abschleppseil oder Abschleppstange sind nur an den dafür vorn und hinten an Ihrem Transporter vorhandenen Ösen anzubringen.

Um an die Aufnahme der vorderen Abschleppöse heranzukommen, hebeln Sie die Abdeckung im unteren Stoßfängerteil rechts von der Wagenmitte heraus (Bild unten). Die hintere Abschleppöse befindet sich unterhalb der Stoßstange hinten rechts.

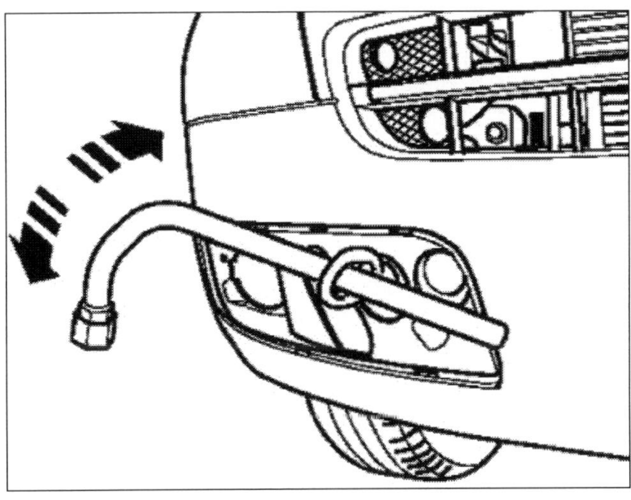

Warnblinkanlage einschalten

Beim Abschleppen müssen Sie stets darauf achten, dass keine unzulässigen Zugkräfte und keine stoßartigen Belastungen auftreten. Bei Schleppmanövern abseits der befestigten Straßen besteht die Gefahr, dass die Befestigungsteile überlastet werden. Wird ein Abschleppseil verwendet, muss der Fahrer des ziehenden Wagens beim Anfahren und Schalten besonders weich einkuppeln. Der Fahrer des gezogenen Wagens hat darauf zu achten, dass das Seil stets straff gehalten wird.

Nach den gesetzlichen Bestimmungen ist an beiden Fahrzeugen die Warnblinkanlage einzuschalten. Die Zündung muss eingeschaltet sein, damit das Lenkrad nicht blockiert ist und Blinkleuchten, Hupe und Scheibenwischer funktionieren.

Da der Bremskraftverstärker nur bei laufendem Motor arbeitet, muss ggf. das Bremspedal wesentlich kräftiger getreten werden. Bei stehendem Motor arbeitet die Servolenkung nicht, weshalb zum Lenken mehr Kraft aufgewendet werden muss.

Beim Abschleppen von Fahrzeugen mit Frontantrieb und Automatikgetriebe ist generell zu beachten, dass weder Vorder- noch Hinterachse angehoben werden. Ferner beachten:

- Wählhebel muss sich in Stellung **»N«** befinden.
- Nicht schneller als mit 50 km/h abschleppen lassen.
- Nicht länger als 50 Kilometer weit abschleppen lassen.

Über größere Entfernungen muss der Wagen vorn angehoben werden, weil bei stehendem Motor die Getriebeölpumpe nicht arbeitet. Das Getriebe wird bei höheren Geschwindigkeiten und größeren Entfernungen nicht ausreichend geschmiert.

Von einem Abschleppwagen darf das Fahrzeug nur bei angehobenen Vorderrädern abgeschleppt werden, sonst treten schnell schwere Getriebeschäden ein.

Allradfahrzeuge mit Schaltgetriebe können bei angehobener Vorder- oder Hinterachse abgeschleppt werden. Bei Allradfahrzeugen mit Automatik dürfen die Achsen jedoch nicht angehoben werden.

Tipps für Schrauber

Die wichtigsten Werkzeuge, die Sie immer wieder brauchen werden, sind die zum Lösen von Muttern und Schrauben. Aber so simpel, wie es anmutet, ist die Schrauberei häufig gar nicht. Eine unlösbare Verschraubung oder eine abgerissene Schraube haben schon manchen Heimwerker von seinem Reparaturvorhaben wieder abgebracht. Unsere Tipps sollen helfen, ungewohnte Arbeiten durchzuführen.

Verrostete Verschraubungen lösen

Bevor das Werkzeug an einer fest gerosteten Mutter oder Schraube angesetzt wird, sollten Sie die freiliegenden Gewindegänge des Gewindebolzens von Schmutz und Rost befreien. Andernfalls wird der Gewindebolzen beim Loswuchten abgedreht.

- Gewinde mit einer Drahtbürste säubern und anschließend mit Rostlöser besprühen.
- Bei Schnell-Rostlösern die Mutter sofort losdrehen.
- Bei anderen Rostlösern einige Zeit warten.

Beschädigte Muttern lösen

Wenn die Kanten einer Mutter bereits rund gedreht sind oder wenn Rost die Anlageflächen deformiert hat, hilft nur noch Gewalt.

- Als erste Möglichkeit kommt eine Gripzange in Betracht. Damit lässt sich die Mutter fest greifen und oft auch losdrehen.
- Hilft das nicht weiter, wird ein scharfer Meißel angesetzt und die Mutter aufgemeißelt.
- Eine gut zugängliche Mutter kann auch entlang des Gewindes mit einer Metallsäge aufgesägt werden. Werkstätten benutzen einen Mutternsprenger.

Innensechskant- und Innenvielzahnschrauben lösen

Das Schraubenloch muss von jeglichem Schmutz gesäubert sein, ehe Sie das Werkzeug ansetzen.

- Am besten eignen sich Steckeinsätze mit langem Sechskant oder Vielzahn.
- Im Gegensatz zu den gebräuchlichen Winkelschlüsseln, bei denen die Kraft immer schräg ansetzt, vertragen die Steckeinsätze auch einen Hammerschlag auf der Adapterseite mit dem Vierkant. Der Schlag lockert den Sitz der Schraube ein wenig und erleichtert merklich das Lösen.

Schlitz- und Kreuzschlitzschrauben lösen

Schon nach relativ kurzer Zeit können Schrauben so fest sitzen, dass sie sich nicht mehr einfach mit einem Schraubendreher herausdrehen lassen. Bei Kreuzschlitzschrauben kommt erschwerend hinzu, dass sich der Schraubendreher auch bei starkem Druck auf den Griff aus dem Kreuzschlitz herausdreht. Nach wenigen erfolglosen Versuchen ist der Schlitz vermurkst, die Schraube ist praktisch unlösbar.

- Wenn sich eine Schraube nicht gleich losdrehen lässt, sollten Sie einen passenden, stabilen Schraubendreher ansetzen und mit einem kräftigen. kurzen Hammerschlag auf das Griffende versuchen, die Schraubverbindung zu lösen.
- Meistens bricht die oft nur mit dem Kopf fest korrodierte Schraube los. Sie lässt sich dann in der Regel normal herausdrehen.
- Hilft der kräftige Hammerschlag nichts, brauchen Sie einen Schlagschrauber. Bei jedem Schlag auf dessen Griffoberseite wird der Schraubendrehereinsatz unter Druck ein wenig weiter gedreht.

Blechschrauben ausbohren

Lässt sich in einem Schraubenkopf kein Werkzeug mehr ansetzen, hilft nur noch Ausbohren.

- Erst entfernt man mit einem passenden Bohrer den Schraubenkopf. Eventuell mit einem kleineren Bohrer vorbohren.
- Das Gewindeteil einer Blechschraube lässt sich jetzt entweder durchstoßen oder mit einer Zange von der Rückseite her abnehmen.
- Andernfalls mit einem dünnen Bohrer das Gewindeteil ausbohren. Den Bohrerdurchmesser nicht zu groß wählen, sonst hält später nur eine dickere Blechschraube .

Lösen und Festdrehen von Stehbolzen

Da ein Stehbolzen (Gewindestange) keine Anlagefläche für einen Schraubenschlüssel besitzt, müssen Sie diese erst schaffen:

- Auf dem freien Gewindeteil des Bolzens zwei Muttern fest gegeneinander drehen (kontern).
- An den blockierten Muttern den Schraubenschlüssel ansetzen und den Bolzen lösen oder anziehen.

Praxistipp

Selbstsichernde Muttern

Selbstsichernde Muttern klemmen satt auf dem Gewinde und können sich auch durch Vibrationen nicht lösen. Dazu besitzen sie eine Einlage aus Kunststoff oder ein enger geschnittenes Gewinde. Zu erkennen sind sie an einem ringförmigen Aufsatz. Nach dem Lösen solcher Muttern ist ihre sichernde Wirkung dahin, sie sind dann nur noch als ganz normale Muttern verwendbar. Also grundsätzlich nur einmal verwenden! Nach jedem Lösen gilt: Durch neue selbstsichernde Mutter ersetzen.

Schrauben festkleben

Wollen Sie eine Schraube an einer schwer zugänglichen Stelle wieder eindrehen, hilft Ihnen ein kleiner Kniff, dass die Schraube nicht dauernd vom Werkzeug abfällt. Kleben Sie in den Schraubenschlitz etwas Kaugummi. Sie können die Schraube auch mit einem Klebebandstreifen ans Werkzeug heften.

Abgerissene Schrauben ausbohren

Das Gegengewinde, in dem die abgerissene Schraube steckt, sollte möglichst wenig Schaden nehmen.

- Den Schraubenrest genau in der Mitte mit einem Körnerschlag versehen.
- Jetzt kann gebohrt werden: Bis zur Schraubengröße M 8 mit dem so genannten Kernlochbohrer. Das ist der Durchmesser einer »rasierten« Schraube, also ohne Gewindeflanken. Bis zur Schraubengröße M 6 gilt die Faustregel: Gewindedurchmesser multipliziert mit 0,8.
- Ab Schrauben der Größe M 8 sollten Sie mit einem dünneren Bohrer vorbohren.
- Wenn sich die Metallreste nicht mit einer Reißnadel aus den Gewindegängen entfernen lassen, muss das Gewinde nachgeschnitten werden.

Schraubengröße und Drehmoment

Schrauben und Muttern, die keinen speziellen Belastungen ausgesetzt sind, werden mit Standard-Drehmomenten angezogen. Die meisten Hobbymechaniker ziehen einfache Verschraubungen meist mit »Gefühl« an. Falls Sie Ihr Schraubgefühl einmal mit einem Drehmomentschlüssel kontrollieren wollen, beachten Sie folgende Drehmomente für die gebräuchlichsten Schraubverbindungen:

Gewindedurchmesser (mm)	6	8	10	12	14
Drehmoment (Nm)	10	25	49	85	135

Für Sonderschrauben und für Schrauben, die in Leichtmetall eingedreht sind, gelten allerdings etwas andere Drehmomente.

Gewinde schneiden

In Leichtmetall eingeschnittene Gewinde reißen leicht aus. Hat das Metall noch genug Substanz, können Sie ein größeres Gewinde einschneiden. Andernfalls muss eine Gewindebuchse eingesetzt werden. Das ist eine Angelegenheit für die Werkstatt.

Das Nach- oder Neuschneiden von Gewinden geht in drei Stufen vor sich. Die entsprechenden Gewindeschneider heißen daher **Vorschneider** mit einem Ring zur Kennzeichnung am Schaft, **Mittelschneider** (zwei Ringe am Schaft) und **Fertigschneider** mit drei Ringen am Schaft oder ohne Kennzeichnungsring.

- Die drei Gewindeschneider werden nacheinander unter ständigem Ölen in das vorgebohrte Kernloch hinein- und wieder herausgedreht.
- Um ein Abreißen des Gewindeschneiders zu vermeiden, muss beim Hineindrehen immer wieder abgesetzt und ein Stück zurückgedreht werden. Sonst werden die Metallspäne zu lang und klemmen.

Tipps für den Werkstatt-Besuch

Auch Ihr Transporter muss manchmal in die Werkstatt. Zur regelmäßigen Wartung zum Beispiel, wenn er noch mit Garantie ausgestattet ist. Eine Reparatur in der Werkstatt ist immer dann angesagt, wenn Ihnen die Zeit, die nötige Erfahrung oder Spezialwerkzeug fürs Do it yourself fehlen.

Aber auch wenn sich ein Profi-Mechaniker bei Ihrem Auto ans Werk macht, können Sie dazu beitragen, dass Wartung oder Reparatur zu Ihrer Zufriedenheit ausfallen. Unsere Übersicht stellt eine Reihe von Tipps und Spielregeln zusammen, die Sie bei Ihrem Werkstatt-Besuch beachten sollten.

Vertragswerkstatt und freie Werkstatt

- Es steht Ihnen grundsätzlich frei, welche Werkstatt Sie mit Ihrem Fahrzeug aufsuchen. Neben der Vertragswerkstatt ist auch die freie Werkstatt meist eine gute Adresse. Dort ist man bei vielen Reparaturen ebenso kompetent, und Ölwechsel, neue Bremsbeläge, Bremsscheiben, Reifen und Stoßdämpfer sind oft billiger. In jedem Fall sollte die Werkstatt ein Meisterbetrieb sein und der Kfz-Innung angehören.

- Ein Wagen mit Garantie gehört zur Inspektion stets in die Vertragswerkstatt. Das gilt auch für die meisten Reparaturen. Einen Blech- oder Lackschaden etwa können Sie trotz Garantie zwar in Eigenregie beheben oder von einer freien Werkstatt erledigen lassen. Gibt's später jedoch Probleme mit der reparierten Stelle, sind Sie in diesem Fall eventuelle Garantie-Ansprüche los.

Reparaturauftrag nur schriftlich

- Stellen Sie eine Liste mit den Symptomen und Mängeln zusammen, die Ihnen am Fahrzeug aufgefallen sind. Sprechen Sie diese Liste in der Werkstatt mit dem Meister oder Kundendienstberater durch. Fragen Sie nach, wenn Ihnen in dem Gespräch etwas unklar ist. Demonstrieren Sie die Mängel direkt am Fahrzeug.

- Geben Sie präzise Reparaturaufträge. Bei Pauschalaufträgen wie »TÜV-fertig machen« oder »für den Urlaub herrichten« sind Unstimmigkeiten vor programmiert – etwa wenn Sie für Arbeiten bezahlen sollen, die nicht nötig gewesen wären.
- Erteilen Sie einen Reparaturauftrag stets schriftlich. Der Auftrag sollte die auszuführenden Arbeiten möglichst genau bezeichnen. Lassen Sie sich eine Auftragsbestätigung geben.

Nach den Kosten fragen

- Fragen Sie nach den voraussichtlichen Kosten für Arbeitslohn und Material, bevor Sie einen Reparaturauftrag erteilen. Setzen Sie für Zusatzarbeiten eine Preisgrenze fest. Lassen sich Umfang und Aufwand nicht genau bestimmen, sollten Sie eine Höchstgrenze für die Kosten festlegen.
- Fragen Sie nach den Kosten für die Fehlersuche. Manschmal ist die Suche nach den Ursachen der von Ihnen entdeckten Symptome teurer als die eigentliche Reparatur.
- Geben Sie der Werkstatt Ihre Telefonnummer, damit man Sie für Rückfragen erreichen kann, wenn die Reparatur umfangreicher oder teurer wird als ausgemacht. Halten Sie auch zusätzliche Absprachen schriftlich fest.
- Bitten Sie die Werkstatt bei umfangreichen Reparaturen um einen schriftlichen Kostenvoranschlag, der Ihnen zeigt, mit welchen Kosten Sie rechnen müssen. Den Kostenvoranschlag wird man Ihnen in der Regel nur dann berechnen, wenn Sie der Werkstatt anschließend keinen Reparaturauftrag erteilen. Die Werkstatt-Rechnung darf den Kostenvoranschlag bei unvorhergesehenen Arbeiten maximal 15 bis 20 Prozent überschreiten.

Billigere Teile bei älterem Fahrzeug

- Bei einem älteren Fahrzeug lohnt es sich, nach Teile- und Service-Angeboten zu fragen. Vertragswerkstätten bieten oft im Preis reduzierte Originalteile an. Sie können bis zu 30 Prozent sparen.
- Ist der Tausch eines ganzen Aggregats fällig, muss nicht das Neuteil erste Wahl sein. Fragen Sie nach aufbereiteten und geprüften Austauschteilen – die sind billiger und bieten die gleiche Qualität. In Frage kommen Austauschteile wie Motor, Kupplung, Lichtmaschine, Anlasser und Wasserpumpe.
- Ein Ölwechsel in Werkstatt oder Tankstelle geht mitunter ins Geld, wenn man dort Ihrem Auto das teuerste Öl aus dem Angebot spendiert. Fragen Sie nach billigeren Ölsorten mit der gleichen Spezifikation – die eignen sich in der Regel ebenso gut.

Rechnung prüfen

- Gehen Sie nach der Reparatur zusammen mit dem Meister oder Kundendienstberater Ihre Werkstatt-Rechnung durch.
- Lassen Sie sich unverständliche Abkürzungen und Fachbegriffe erklären. Auf der Rechnung sollten Posten wie Arbeitslohn, Material und Mehrwertsteuer separat aufgeschlüsselt sein.
- Fehler in der Rechnung können Sie innerhalb sechs Wochen nach ihrer Ausstellung reklamieren.

Inspektion und Garantie

- Bei der Inspektion werden in erster Linie Zustand und Funktion von Baugruppen geprüft und, falls nötig, ersetzt, die für die Zuverlässigkeit und Sicherheit Ihres Fahrzeugs wichtig sind. Mit einer schonenden Fahrweise und bei entsprechenden Einsatzbedingungen lässt sich die von Volkswagen festgelegte Standard-Wartungsintervalldauer von 15.000 km beziehungsweise 12 Monaten oder gar die verlängerte von 30.000 km (Ottomotoren) und bis 50.000 km (Dieselmotoren) beziehungsweise 24 Monaten voll ausschöpfen.
- Halten Sie die empfohlenen Wartungsintervalle aber unbedingt ein und verzichten Sie aufs Do it yourself. Der Hersteller erfüllt berechtigte Garantieansprüche nur dann, wenn die Wartungsarbeiten rechtzeitig in einer Vertragswerkstatt erledigt wurden. Schon nach einer Laufzeit von 30.000 Kilometern kann an Baugruppen wie Bremsanlage, Radaufhängung, Reifen und Lenkung Verschleiß auftreten, der vom Fahrer unbemerkt bleibt. Die vorgeschriebene regelmäßige Wartung hält also nicht nur Ihren Wagen in Schuss, sie dient vor allem auch Ihrer eigenen Sicherheit.

Rechtzeitig reklamieren

- Mangelhafte Reparaturen sollten Sie so bald wie möglich reklamieren. Die Werkstatt muss für Ihre Arbeit sechs Monate geradestehen (Gewährleistung). Treten durch eine unsachgemäße Reparatur Schäden an Ihrem Fahrzeug auf, können Sie von der Werkstatt Schadenersatz verlangen.
- Wenn Sie bereits bei der Abholung Ihres Fahrzeugs Grund für eine Reklamation haben, kann die Werkstatt trotzdem darauf bestehen, dass Sie die Reparatur erst in voller Höhe bezahlen, bevor sie den Wagen herausgibt. Vermerken Sie in diesem Fall auf der Rechnung, dass Ihre Zahlung nur unter Vorbehalt erfolgt.
- Reklamationen sollten Sie in einem sachlichen Gespräch mit der Werkstatt vortragen. Lassen sich Unstimmigkeiten nicht ausräumen, helfen die Schiedsstellen der Kfz-Innung kostenlos weiter – vorausgesetzt, Ihre Werkstatt ist Mitglied der Innung. Adressen erhalten Sie zum Beispiel beim Automobil-Club.

Reparaturleitfäden bei VW bestellen

Sie können Werkstattunterlagen zur Reparatur Ihres Fahrzeugs bei Volkswagen kaufen. Die Reparaturleitfäden zu den Baugruppen und die Stromlaufpläne liegen digitalisiert vor. Sie können auf Computer-Monitoren als PDF-Dateien angezeigt werden.

Diese Material-Pakete sind aus dem Internet, als CD-ROM-Satz oder als DVD unter dem Markennamen erWin zu erwerben. erWin ist die **e**lektronische **R**epa ratur- und **W**erkstatt-**In**formation der VW AG für freie Werkstätten, Fuhrparks und andere Unternehmen, die professionell Volkswagen reparieren und instand halten, steht aber auch allen Privatpersonen zur Verfügung, die ihren VW selber reparieren möchten.

Natürlich haben solche detaillierten und stets auf dem aktuellen Stand gehaltenen Datensammlungen ihren angemessenen Kaufpreis. Jeder dieser Leitfäden wird zudem mit der Mahnung begonnen, dass Reparaturen nur von geschultem Fachpersonal mit den jeweils angegebenen Spezialwerkzeugen durchgeführt werden dürfen. Bestellen können Sie per E-Mail

VWBestell@bertelsmann.de

und per Post oder Fax, bei

Volkswagen Distributions-Service
arvato logistics services
Friedrich-Menzefricke-Str. 16-18
33775 Versmold
Fax 05423/42820

Aus dem Internet können Sie erWin über eine bei arvato logistics services zu erfragende Netzadresse herunterladen und erwerben. Der Kauf vollzieht sich so, dass Sie zu gewünschten Dateien aus dem Internet oder vom CD-Set (DVD) Freischaltcodes erwerben, die Ihnen die Anzeige der vor dem Kauf gesperrten Pläne oder Reparaturblätter über Ihren Computer erlauben. Der Vorteil dieses Bezugsweges ist, dass die Daten in kürzeren Zeitabständen aktualisiert werden als die auf den CD oder DVD (ab Januar 2005 nur noch DVD).

Hilfe durch Schiedsstellen

Die Anzahl der Beschwerden von Werkstattkunden und Gebrauchtwagenkäufern bei den Schiedsstellen des Kraftfahrzeuggewerbes in den einzelnen Bundesländern steigt von Jahr zu Jahr an. Das deutet aber nicht auf schlechtere Arbeit in den Kfz-Meisterbetrieben hin. Die Mehrzahl der Kundenaufträge wird nach wie vor beschwerdefrei ausgeführt. Die wachsende Beschwerdezahl resultiert aus der stärkeren Aufklärung der Kunden über ihre Rechte aufgrund des neuen Sachmangelhaftungsrechts (Gewährleistung).

Rund 80 Prozent der Beanstandungen betreffen Werkstattleistungen und 20 Prozent den Gebrauchtwagenhandel. Die häufigsten Beschwerdegründe sind vermeintlich unsachgemäße Ausführung der Werkstattarbeiten, die Rechnungshöhe und technische Mängel.

Der Kunde sollte beim Werkstattbesuch oder Gebrauchtwagenkauf auf das Meisterschild der Kfz-Innung und das Zusatzzeichen zum Meisterschild Gebrauchtwagen mit Qualität und Sicherheit achten. Nur dann kann im Streitfall die Schiedsstelle der Kfz-Innung tätig werden. Die Kfz-Schiedsstellen schaffen es in den meisten Fällen, Meinungsverschiedenheiten zwischen Kunden und Kfz-Meisterbetrieben schnell, unbürokratisch und für den Verbraucher kostenlos zu beseitigen. Ein weiterer Vorteil: Während der Spruch der Schiedsstelle für den Kfz-Betrieb verbindlich ist, steht dem Kunden in jedem Fall der Rechtsweg weiterhin offen.

Die Kfz-Schiedsstellen setzen sich aus je einem Vertreter der regional zuständigen Kraftfahrzeuginnung, eines Automobilclubs und einer technischen Überwachungsorganisation zusammen. Zudem führt stets ein zum Richteramt befähigter Jurist den Vorsitz. Informationen über das Schiedsstellenverfahren vermitteln die regional zuständigen Kraftfahrzeuginnungen. Die Adressen der Schiedsstellen sind im Internet zu finden unter

www.kfz-bw.de/Autofahrer/Verbraucherinfos.

DIE MOTOREN

Blick in den Motorraum der neuen Transportergeneration: *Kunststoffabdeckungen verbergen alle technischen Details. Darunter aber befinden sich moderne und starke Motoren, die erheblichen Anteil am großen Erfolg des VW-Transporters haben. Kraftvoll treten die Turbodiesel mit Direkteinspritzung (TDI) und Pumpe-Düse-Technologie (PDE) an. Sie bedeuten den Durchbruch einer Technik, die hohe Antriebskraft und ausgeprägte Sparsamkeit miteinander vereint.*

Zum großen Erfolg des Transporters und seiner Versionen als Großraumlimousinen Shuttle und Multivan tragen ganz erheblich die modernen und starken Motoren bei. Die Entwicklung geht so rasch voran, dass es kurzfristige Wechsel im Programm schwer machen, die Motorisierung über einen längeren Zeitraum präzise anzugeben. Zum Redaktionsschluss unseres Buches im März 2004 umfasste das Spektrum sechs nach Bauart, Hubraum und Leistungsklasse verschiedene Antriebe: Zwei Benziner und vier Diesel, die einen Leistungsbereich von 86 bis 235 PS abdecken.

In der speziellen Reisemobil-Variante »California« von Volkswagen Nutzfahrzeuge kommen drei der vier Dieselmotoren des Multivan zum Einsatz. Die zur Wahl stehenden Aggregate 104 PS-Vierzylinder und 130 PS- oder 174 PS-Fünfzylinder sorgen für ausgesprochenes Fahrvergnügen bei sparsamem Reisen. Diese kraftvollen Motoren lassen den neuen California auch im Einsatz als Zugfahrzeug bestehen. Die Fünfzylinder übertragen sowohl beim Schalt- als auch beim Automatikgetriebe ihre Leistungen über sechs Gänge.

Wartung

Reparatur

Die Bauteile des Motors

Motorblock: Hier sind die beweglichen Teile gelagert, auch Aggregate wie Generator und Anlasser.

Zylinderkopf: Schließt den Zylinderraum nach oben ab. Enthält Ansaug- und Abgaskanäle, Wasserkanäle, die Ventilsitze, Lager und Führungen für Teile der Ventilsteuerung sowie Einspritzventile (oder Pumpe-Düse-Einheiten) und Zünd-/Glühkerzengewinde . Die Zylinderkopfdichtung zwischen Zylinderkopf und Zylinderblock verhindert, dass Luft und Kühlwasser in den Zylinder gelangen.

Zylinder: Bilden mit dem Zylinderkopf den Verbrennungsraum (Hubraum). Sie sind glatt ausgeschliffen (gehont) und auf den Kolbendurchmesser abgestimmt. Für Kühlung sorgt Wasser in Kanälen der Zylinderwand.

Kolben: Bewegen sich in den Zylindern, nehmen den Verbrennungsdruck auf und geben ihn über die Pleuel an die Kurbelwelle weiter. Aufbau: Kolbenboden, Ringzone mit Kolbenringen und Bolzenaugen für die Kolbenbolzen. Die oberen Kolbenringe (Verdichtungsringe) verhindern Gasentweichen aus dem Verbrennungsraum ins Kurbelgehäuse. Der untere Ring (Ölabstreifring) führt Schmieröl von der Zylinderwand in die Ölwanne zurück.

Pleuel: Verbinden den Kolben mit der Kurbelwelle. Ihre Bestandteile: Pleuelkopf (umschließt den Kolbenbolzen), Pleuelschaft, Pleuelfuß und Pleuellagerdeckel (umschließen den Kurbelzapfen).

Kurbelwelle: Wandelt das Auf und Ab der Kolben in eine Drehbewegung um. Ihre Teile: Wellenzapfen (für Lagerung im Kurbelgehäuse), Kurbelzapfen, Kurbelwangen (verbinden Kurbelzapfen und Wellenzapfen).

Ventile: Die Einlassventile lassen Frischgas in den Zylinder strömen, durch die Auslassventile gelangen die Abgase in den Auspuff.

Nockenwelle: Öffnet und schließt die Ventile. Jedes Ventil wird über hydraulische Tassenstößel oder Rollenschlepphebel von einem Nocken betätigt. Die Nockenwelle wird von der Kurbelwelle angetrieben.

Keilrippenriemen: Treibt mit Motorkraft eine Reihe von Nebenaggregaten an: Generator, Kühlmittelpumpe, Ölpumpe für Servolenkung, Klimakompressor.

Turbolader: Baugruppe zur Aufladung, d.h. zur besseren Versorgung des Zylinders mit Frischluft für die Verbrennung. Steigert die Motorleistung.

Die Dieselmotoren

Als im Frühjahr 1976 die Serienfertigung des ersten Pkw-Dieselmotors bei VW begann, war das der Start für einen wahren Siegeszug zunächst im Konzern, doch bald darüber hinaus in der gesamten Autowelt. Heute stürmen die Dieselmotoren in den Zulassungsstatistiken nach oben.

Beim T5/Multivan kommt eine neue Dieselmotoren-Generation zum Einsatz. Alle Selbstzünder arbeiten nun mit der Pumpe-Düse-Einspritztechnik und einem Abgasturbolader mit variabler Turbinen-Geometrie sowie mit Ladeluftkühlung. Grundlage dieser Motorentechnologie ist eine separate Einspritzpumpe für jeden Zylinder, die unmittelbar über der Einspritzdüse angeordnet ist und mit dieser eine Einheit, die Pumpe-Düse, bildet. Diese kompakte Bauform ermöglicht Einspritzdrücke bis zu 2050 bar, wobei der Kraftstoff direkt in den Brennraum eingespritzt wird.

Der Vorteil dieser Technik ist die von Drehzahl und Belastung des Motors abhängige genaue und bedarfsgerechte Bemessung der Einspritzmenge sowie die exakte Bestimmung des Einspritz-Zeitpunktes. Damit ist eine wesentlich bessere Verteilung und Verbrennung der eingespritzten Kraftstofftröpfchen gewährleistet. Durch Voreinspritzung wird der Verbrennungsprozess nochmals optimiert und das Verbrennungsgeräusch deutlich reduziert.

Spitzenleistungen des Motorenbaus

Die Turbodiesel mit Direkteinspritzung (TDI) bedeuten den Durchbruch einer Technik, die überzeugende Antriebskraft und ausgeprägte Sparsamkeit miteinander vereint. Wer oft und lange unterwegs ist, schätzt das früher kaum vorstellbare Leistungsvolumen eines Diesels inzwischen sehr.

Sportlichkeit und Dynamik, die einst symbolisch mit dem Kürzel GTI verknüpft wurden, werden nun durch die modernen TDI realisiert. Das Leistungsvermögen, das TDI-Motoren wie diejenigen des T5/Multivan heute bieten, hat den Diesel zu einem sportlichen Triebwerk werden lassen. Den Einstieg in die Dieselrange markieren 1,9-Liter-Vierzylinder mit 63 kW/86 PS oder 77 kW/105 PS. Ihr maximales Drehmoment beträgt bei 2.000 Umdrehungen pro Minute 200 und 250 Nm. Noch eindrucksvollere Leistungsdaten hat der neue 96 kW/130 PS oder 128 kW/174 PS starke Fünfzylinder-Pumpe-Düse-Diesel mit 340 und 400 Nm maximalem Drehmoment. Die folgenden Diagramme mit den Kurven von Leistung und Drehmoment in Abhängigkeit von der Drehzahl veranschaulichen den Zusammenhang:

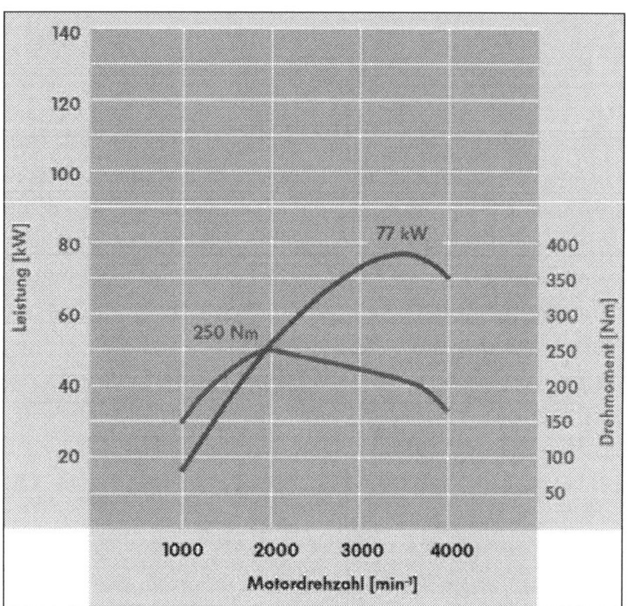

Beim 4-Zylinder-TDI-Motor AXB hat das Drehmoment (flachere Kurve) sein Maximum schon bei 2.000 Umdrehungen. Die Leistungsspitze liegt bei Motordrehzahl 3.500.

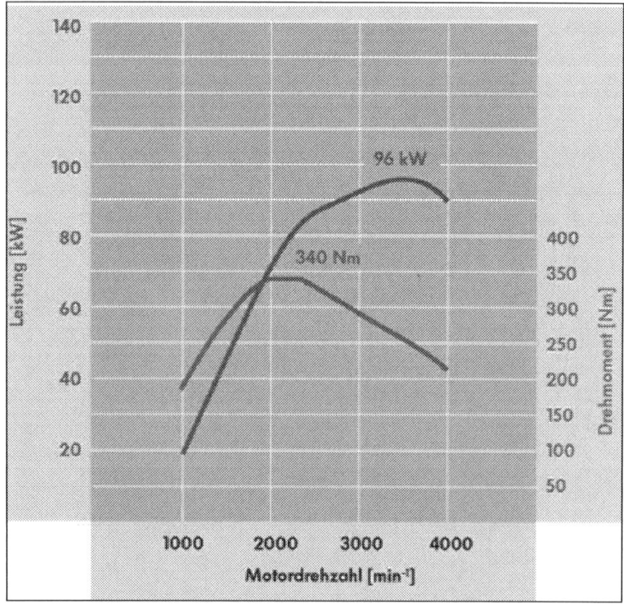

Das Drehmoment (flachere Kurve) bleibt beim 5-Zylinder-TDI-Motor AXD im Bereich von 2.000 bis 2.400 Umdrehungen konstant auf seinem höchsten Niveau. Die Leistungsspitze liegt wiederum bei Motordrehzahl 3.500.

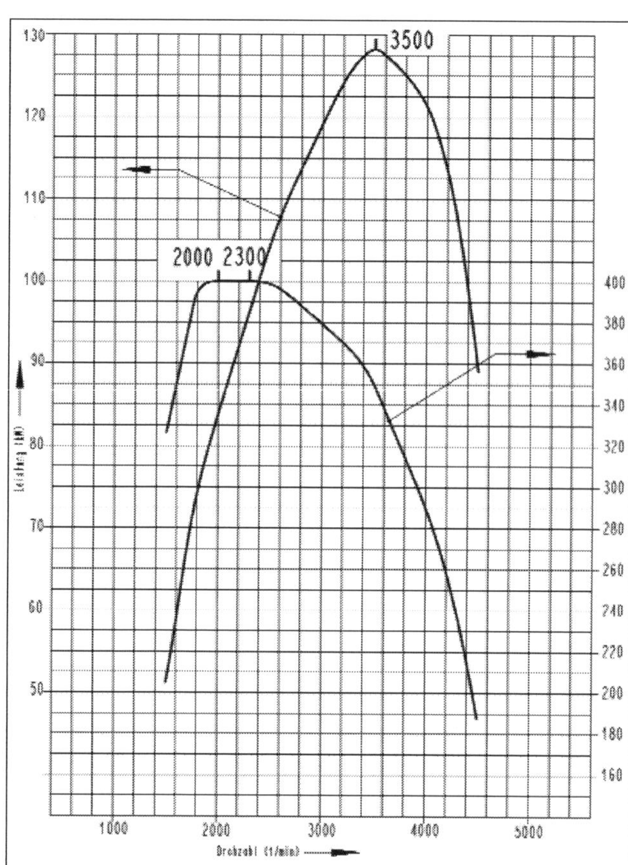

Das Drehmoment (flachere Kurve) bleibt beim 5-Zylinder-TDI-Motor AXE im Bereich von knapp 2.000 bis gut 2.300 Umdrehungen auf seinem Maximalwert von 400 Nm. Die Leistungsspitze (128 kW) liegt bei Motordrehzahl 3.500.

Der 1,9 Liter TDI (63 kW) AXC

Der Motor entwickelt bereits ab 2.000 Umdrehungen pro Minute sein maximales Drehmoment von 250 Newtonmetern. Gekoppelt mit einem Fünfgang-Getriebe, gibt sich der 1,9 Liter-TDI mit einem Durchschnittsverbrauch von lediglich 7,7 Litern zufrieden. Dank 80 Liter fassendem Tank resultiert daraus eine Reichweite von mehr als 1.000 Kilometer.

Der 1,9 Liter TDI (77 kW) AXB

Der stärkere 1,9 Liter entwickelt seine Leistung von 77 kW (104 PS) aus einem Drehmoment von 250 Nm ebenfalls bei Drehzahlen ab 2.000/min. Auch er arbeitet mit Ladeluftkühlung und Abgasturbolader, der allerdings in diesem Fall einen höheren Ladedruck bereitstellt. Die Abgasreinigung beider Motoren übernimmt jeweils ein Oxidations-Katalysator.

Der 2,5 Liter TDI (96 kW) AXD

Die völlig neu konstruierten 2,5 Liter großen Pumpe-Düse-Diesel mit zwei Ventilen pro Zylinder weisen äußerst kurze Bauform und geringes Gewicht auf. Erreicht wird das durch einen zur Getriebeseite angeordneten und schräg verzahnten Stirnrädertrieb, der neben den Ventilen auch alle Peripherie-Aggregate wie Lichtmaschine, Wasser- und Ölpumpe sowie die Servopumpe und den Klimakompressor antreibt. In die Kurbelwelle des dadurch sehr wartungsarmen Motors ist ein Schwingungstilger integriert.
Die turboaufgeladenen Fünfzylinder ermöglichen imposante Fahrleistungen bei günstigen Verbräuchen. Das maximale Drehmoment von 340 Newtonmeter der Motorversion 96 kW/130 W steht bei 2.000 Umdrehungen pro Minute zur Verfügung.

Der 2,5 Liter TDI (128 kW) AXE

Die stärkere Version (128 kW/174 PS) entwickelt bei gleicher Drehzahl ein maximales Drehmoment von 400 Newtonmeter. Mit diesem Kraftpaket erreicht die Großraumlimousine nach nur 11,8 Sekunden Tempo 100.

Die Benzinmotoren

Der 2,0 Liter (85 kW) AXA

Als Basisaggregat kommt ein 85 kW (115 PS) starker Vierzylinder-Ottomotor mit einer obenliegenden Nockenwelle und zwei Ventilen pro Zylinder zum Einsatz. Das zwei Liter große, aus dem VW Sharan bekannte Triebwerk zeichnet sich besonders durch seine exzellente Laufruhe aus. Das maximale Drehmoment von 170 Newtonmetern steht über ein Drehzahlfenster von 2.600 bis 4.000 Umdrehungen pro Minute zur Verfügung. Der Durchschnittsverbrauch des sparsamen Reihen-Vierzylinders mit Drei-Wege-Katalysator beträgt 11 Liter auf 100 Kilometer.

Der 3,2 Liter V6 (173 kW) BDL

Dynamische 173 kW (235 PS) und starke 315 Newtonmeter Drehmoment weisen den Sechszylinder als souveränen Antrieb aus. Seine zwei Zylinderbänke sind im Winkel von 90 Grad zueinander angeordnet.
Diese Topmotorisierung, der als 2,8-Liter-Triebwerk der VW-Fahrzeuge Phaeton und Touareg bekannte V6 mit vier Ventilen pro Zylinder, geht im T5/Multivan mit 3,2 Litern Hubraum an den Start. Die Hubraumerweiterung kommt vor allem der Elastizität des Motors zu Gute. Der Multivan V6 erreicht eine Höchstgeschwindigkeit von 206 Kilometer pro Stunde. Der durchschnittliche Verbrauch liegt bei angemessenen 12,2 Litern.

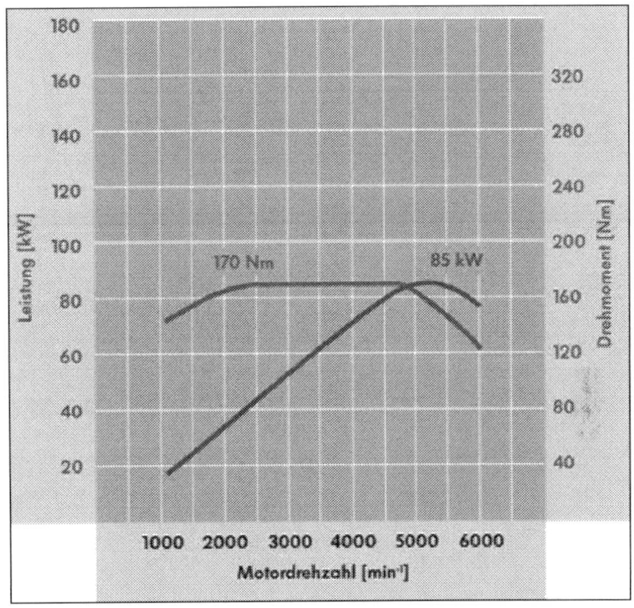

Das Drehmoment (flachere Kurve) des Ottomotors AXA beträgt 170 Nm zwischen 2.600 und 4.000 Umdrehungen pro Minute. Leistungsspitze: Bei Motordrehzahl 5.400.

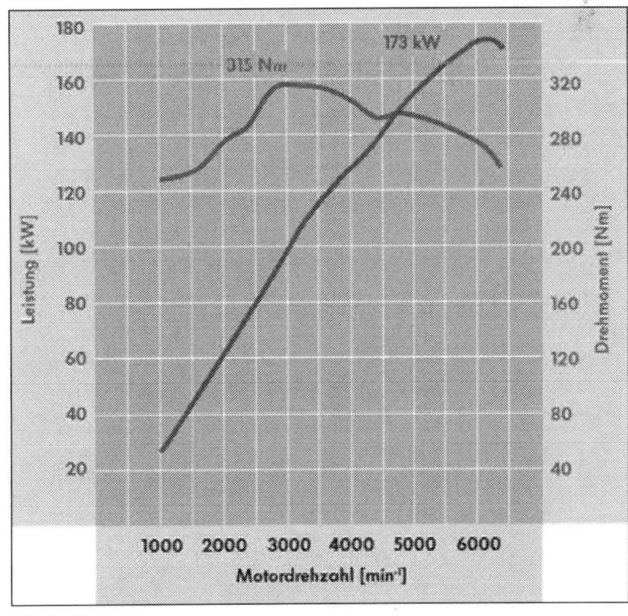

Das Drehmoment (flachere Kurve) des Ottomotors BDL hat sein höchstes Niveau erst bei 3.000 Umdrehungen pro Minute. Leistungsspitze: Bei Motordrehzahl 6.200.

Die Motoren des VW Transporters T5/Multivan in der Übersicht:

Motortyp	Kennbuchstaben	Hubraum in cm^3	Leistung in kW und PS
4-Zylinder-Ottomotor			
2,0 Liter	AXA	2.000	85 / 115
6-Zylinder-Ottomotor			
3,2 Liter	BDL	3.200	173/ 235
4-Zylinder-Dieselmotoren			
1,9 Liter TDI PDE	AXC	1.900	63/86
1,9 Liter TDI PDE	AXB	1.900	77/105
5-Zylinder-Dieselmotoren			
2,5 Liter TDI PDE	AXD	2.500	96/130
2,5 Liter TDI PDE	AXE	2.500	128/174

Das Viertaktprinzip

Die Motoren Ihres Transporters sind Viertaktmotoren: Ein Arbeitszyklus des Kolbens im Zylinder umfasst vier Takte. Der Raum, den die Kolben bei ihrer Bewegung innerhalb der Zylinder durchmessen, ist der Hubraum. Wenn der Kolben in diesem seinen höchsten Punkt erreicht hat, bleibt noch der Brennraum, in dem sich das Kraftstoff-Luft-Gemisch befindet. Hubraum und Brennraum bilden zusammen den Zylinderraum. Das Verhältnis des Zylinderraums zum Brennraum gibt an, auf den wievielten Teil des Zylinderraums das Kraftstoff-Luft-Gemisch verdichtet wird. Bei Dieseltriebwerken beträgt dieses Verdichtungsverhältnis in der Regel etwa 20:1 (Transporter 5-Zylinder-TDI 18,5:1; 4-Zylinder-TDI 18,0:1). Bei Benzinmotoren beträgt die Verdichtung um 10:1 (Transporter 4-Zylinder 10,5:1; 6-Zylinder 10,6:1).

Die vier Takte stellen sich im Einzelnen folgendermaßen dar:

Beim Ottomotor

Ansaugen (1. Takt): Kolben geht nach unten zum Unteren Totpunkt (UT). Einlassventil öffnet, das Kraftstoff/Luft-Gemisch strömt in den Zylinder.

Verdichten (2. Takt): Kolben bewegt sich vom UT zum Oberen Totpunkt (OT). Einlassventil schließt. Der Kolben verdichtet das eingeströmte Gemisch.

Verbrennen (3. Takt): Kurz vor dem OT springt an der Zündkerze der Funke über. Das Gemisch verbrennt und drückt den Kolben zum UT. Über den Pleuel wird die Kurbelwelle in Umdrehung versetzt.

Ausstoßen (4. Takt): Kolben bewegt sich wieder nach oben. Auslassventil öffnet, die verbrannten Gase werden ins Auspuffsystem geschoben.

Beim Dieselmotor

Ansaugen (1. Takt): Kolben geht zum Unteren Totpunkt (UT). Einlassventil öffnet, Luft strömt in den Zylinder.

Verdichten (2. Takt): Kolben bewegt sich vom UT zum oberen Totpunkt (OT). Einlassventil schließt. Der Kolben verdichtet die eingeströmte Luft und erhitzt sie damit auf Zündtemperatur und darüber (bei den TDI über 600 °C). Die Einspritzdüse spritzt Kraftstoff in den Brennraum.

Verbrennen (3. Takt): Kurz vor dem OT zündet das Gemisch. Es verbrennt und drückt den Kolben zum UT. Über den Pleuel wird die Kurbelwelle in Umdrehung versetzt.

Ausstoßen (4. Takt): Kolben bewegt sich wieder nach oben. Auslassventil öffnet, die verbrannten Gase werden ins Auspuffsystem (und in den Turbolader) geschoben.

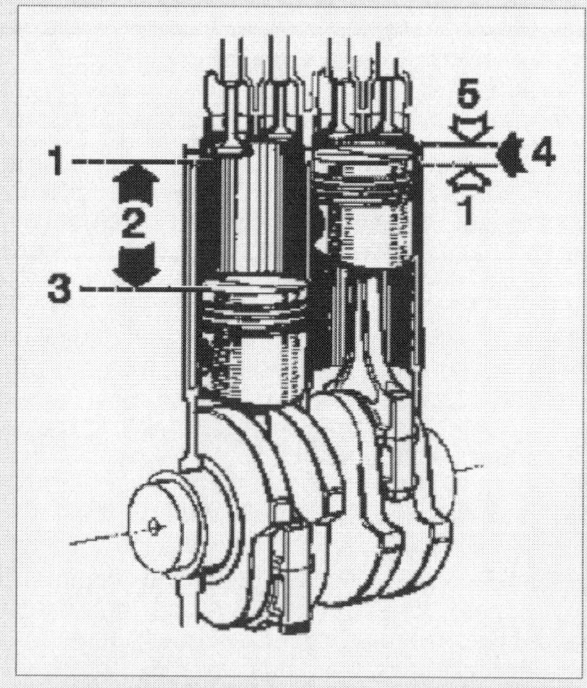

Schnitt durch den Zylinderraum: *1 oberer Totpunkt, 2 Hubraum, 3 unterer Totpunkt, 4 Brennraum, 5 Wölbung des Zylinderkopfes.*

Motor-Identifizierung

Mit welchem Motor Ihr Fahrzeug ausgestattet ist, können Sie dem Fahrzeugdatenträger im Serviceplan, in den amtlichen Fahrzeugpapieren für Ihr jeweiliges T5-Modell oder auf der Schalttafelverkleidung links unten im Fahrerfußraum entnehmen (Bild ganz unten).
Die zuverlässigste Methode zur Identifizierung des Triebwerks besteht darin, die Kennbuchstaben mit der laufenden Nummer am Motorblock zu suchen: Diese Motornummer befindet sich an der Trennfuge Motor/Getriebe (Bilder unten) und auf Zylinderkopf oder Zahnriemenschutz.
Dem folgenden Abschnitt zu Arbeiten am Motor sei noch eine wichtige Bemerkung vorangestellt: Bei diesen Reparaturen können im Motoröl Metallspäne und Abrieb in größeren Mengen festgestellt werden, die durch Kurbelwellen- und Pleuellagerschäden verursacht sind. In solchen Fällen müssen zur Vermeidung von Folgeschäden unbedingt die Ölkanäle sorgfältig gereinigt und der Ölkühler ersetzt werden.

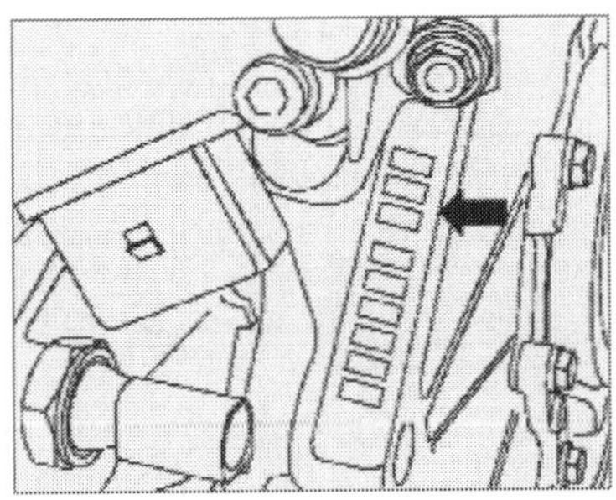

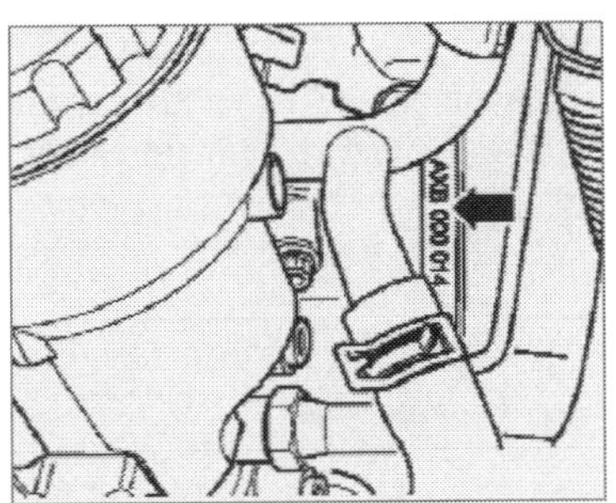

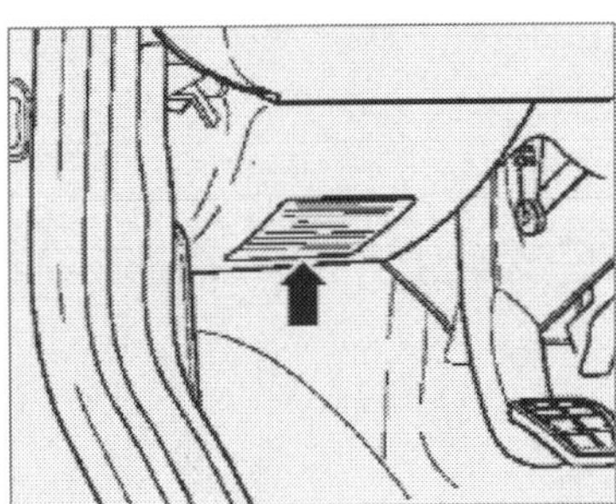

Die Motornummer: *Auf der Trennfuge Motor/Getriebe beim 4-Zylinder-Ottomotor AXA (oben) und beim 4-Zylinder TDI-Motor AXC und AXB (Mitte) sowie auf dem Fahrzeugdatenträger an der Schalttafelabdeckung links im Fahrerfußraum (unten).*

Arbeiten am Motor

Bei den Motoren Ihres T5 oder Multivan handelt es sich um aufwändige, hochpräzise Konstruktionen. Für Reparaturen und Einstellarbeiten sind Spezialwerkzeuge, Prüf- und Messgeräte und andere Hilfsmittel erforderlich. Schon deshalb sind solche Arbeiten fast immer Sache der Werkstatt. Motor- und Getriebehalter, Werkstattkran, Motor- und Getriebeheber, Aufhängevorrichtung, Montagebock, Auffangwanne und Spezialcontainer für ausgebaute Bauteile sind unentbehrlich .

Erfahrung und Fachwissen nötig

Grundsätzlich gilt: Der Motor wird zusammen mit dem Getriebe nach unten ausgebaut. Alle Schlauchverbindungen sind mit Federband- oder Schraubschellen zu sichern. Für Kraftstoffschläuche dürfen prinzipiell nur Federbandschellen verwendet werden. Alle Regeln und Hinweise zu Sicherheit und Sauberkeit, die wir an verschiedenen Stellen in diesem Buch geben, sind gerade bei Motorreparaturen unbedingt einzuhalten.
Fragen Sie sich nachdrücklich: Was kann ich wirklich selbst tun? Wenn Sie nicht sicher sind, ob Sie eine Arbeit an den Innereien des Motors fachgerecht durchzuführen vermögen: Verzichten Sie aufs Do it yourself! Überlassen Sie Reparaturen an Zylinderkopfdichtung, Ventilen und Ladeluftsystem der Werkstatt, ebenso die Beseitigung eines Lagerschadens oder etwa den Ausbau der Kurbelwelle.
Der Ausbau des Motors ist aber in einigen Fällen schon deshalb unumgänglich, weil anders an bestimmte Bauteile nicht heran zu kommen ist, falls diese Austausch oder Reparatur erfordern. Wenn der Motor ausgebaut wird (nachfolgende Anleitung für Motor AXA): Vorderräder abschrauben, um Fahrzeug möglichst tief absenken zu können, und Schlüssel im Zündschloss lassen, damit das Lenkerschloss nicht einrastet.

Die Motorverkleidungen

Die Triebwerke Ihres Transporters sind mit Kunststoff-Teilen verkleidet. Die oberen Abdeckungen haben optische Funktion, schützen aber auch den Motor und tragen zur Geräuschdämmung bei. Die Abdeckung unterhalb der Motoren dient bei den Dieselmotoren in erster Linie zur Geräuschdämmung (»Dämpfungswanne«), ist aber auch ein

wirksamer Spritzschutz. Beim Multivan wird mit dieser mehrteiligen Kunststoff-Verkleidung der übliche aufgespritzte Unterbodenschutz abgelöst. Dadurch entfällt auch die Wachs-Versiegelung der Bodengruppe. Die Vollverkleidung dämpft Außengeräusche durch Steinschlag oder Spritzwasser ganz erheblich.
Bei vielen Arbeiten am Motor und im Motorraum müssen Sie die Verkleidungen abnehmen. Bei den oberen Abdeckungen ist das relativ einfach: Die Drehverschlüsse sind schnell gelöst. Schwieriger wird es, die untere Motorabdeckung auszubauen. Um das Aufbocken kommen Sie dabei nicht herum. Aber schon, wenn Sie Kühlflüssigkeit oder Öl wechseln wollen, müssen Sie die Abdeckung an der Motorunterseite entfernen.

Augenschein-Prüfungen und OT

Wenn Sie die Motorabdeckungen abgebaut haben, ist zur ersten Einschätzung des Motorzustandes und der eventuellen Notwendigkeit von Reparaturen eine Sichtprüfung auf Undichtigkeiten und Beschädigungen vorzunehmen. Kontrollieren Sie dabei Motor und Motorraum sehr genau.
Bei einer Reihe von Arbeiten an Motor und Zündung kommt es darauf an, dass sich die Kolben am oberen Punkt der Zylinderlaufbahn befinden (OT = Oberer Totpunkt). Beim Viertaktmotor durchläuft der Kolben während der vier Arbeitstakte zweimal den OT: Beim Zünden des Gemisches (Kompressionstakt; »Zünd-OT«) und beim Ausstoßen der verbrannten Gase (Auspufftakt).
Bei verschiedenen Einstellarbeiten wird der OT während des Zündzeitpunktes von Zylinder 1 (auf der Keilrippenriemenseite des Motors) gebraucht. Wir zeigen Ihnen deshalb, wie die OT-Stellung bestimmt wird.

Otto-Motor aus-/einbauen

Arbeitsschritte  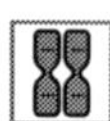

1 **Ausbau:** Zündung ausschalten, Masseband der Batterie abklemmen. (In der Werkstatt werden zuvor die Fehlerspeicher aller Steuergeräte abgefragt.)

2 Unter Putzlappen Kraftstoffvorlauf- und Rücklaufschlauch (blau), später auch weiß markierten Entlüfungsschlauch abziehen. Dazu Entriegelungstasten an den Schlauchkupplungen eindrücken. Vorsichtig Druck abbauen. Auslaufenden Kraftstoff mit Lappen auffangen. Alle Leitungen gegen eindringenden Schmutz verschließen.

3 Motorverkleidungen oben und unten ausbauen (nächste Arbeitsanleitung). Schlossträger in Servicestellung bringen (Kapitel »Die Karosserie«).

4 Verschlussdeckel vom Kühlmittelausgleichsbehälter öffnen und wieder zudrehen, um den Druck im Kühlsystem abzubauen. Kühlmittel ablassen (Kapitel »Das Kühlsystem«).

5 Verbindungsschlauch Drosselklappensteuereinheit/ Luftmassenmesser ausbauen.

6 Schlauchverbindungen wie im Bild (Beispiel: 4-Zylinder-Motor AXA) abziehen:

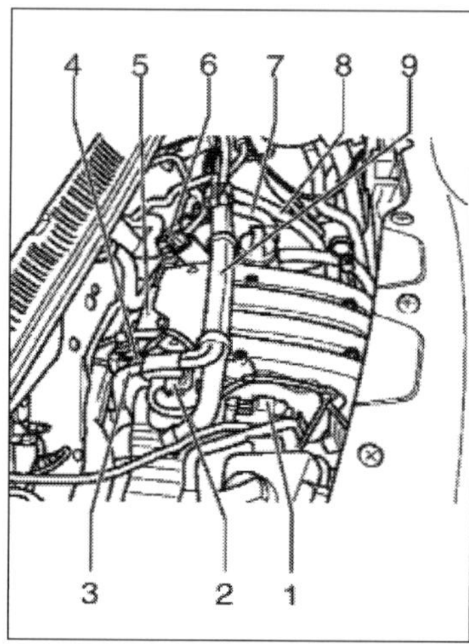

Kühlmittelschläuche 3 und 4 von Drosselklappensteuereinheit, Entlüftungsschläuche 7 vom Zylinderkopfdeckel und 8 vom Verbindungsrohr zum Ölfilterhalter Schlauch zum Magnetventil 1 von der Leitung 5, Unterdruckschlauch 2 vom Bremskraftverstärker. Dann Halterungen öffnen und komplette Schlauchführung 9 seitlich ablegen

7 Alle elektrischen Leitungen von Getriebe, Generator und Anlasser sowie vom Motor abziehen/abklemmen und freilegen.

8 Alle Verbindungs-, Kühlmittel-, Unterdruckschläuche und Leitungen vom Motor trennen. Keilrippenriemen ausbauen.

9 Flügelpumpe für Servolenkung sowie Klimakompressor vom Kompakthalter abschrauben, seitlich ablegen und befestigen, Schläuche bleiben angeschlossen und müssen entlastet sein.

10 Leitung am Nehmerzylinder der hydraulischen Kupplung an der Steckverbindung (Bild unten) ausclipsen.

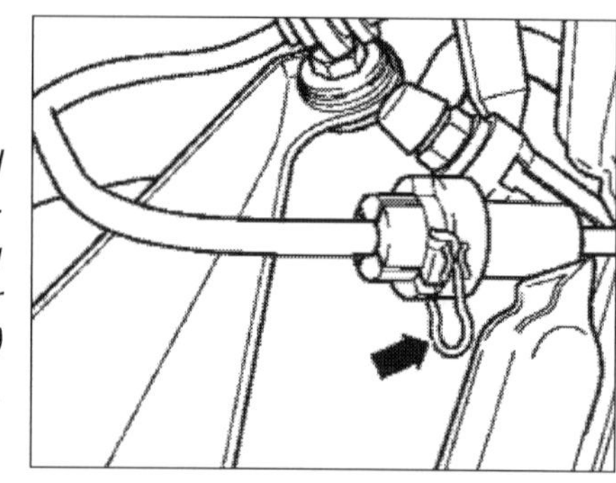

Die Leitung wird an der Steckverbindung durch Ziehen der Klammer (Pfeil) ausgeclipst.

11 Schaltbetätigung am Getriebe abbauen, Schaltseile ausclipsen, Aggregateträger ausbauen, Gelenkwellen vom Getriebe abbauen, Abgasrohr vorn und Drehmomentstütze vorn ausbauen.

12 Ausbaugewindebolzen (Spezialwerkzeug T10229/1) in Gewinde am Zylinderblock eindrehen; Motorhalter (T10229) mit Aufnahmebolzen in Bohrung am Zylinderblock einführen und den Gewindebolzen T10229/1 mit Schraube (M16, 50 Nm) am Motorhalter festschrauben.

13 Motorhalter mit zwei Schrauben (M12, 50 Nm) vorn am Zylinderblock festschrauben. Dann den Motorhalter in den Motor- und Getriebeheber (V.A.G 1383/A) einführen und den Motor leicht anheben. Zum Ausbau an Einstellschraube den Motor in 0°-Stellung drehen.

14 Aggregatlagerung erst motorseitig von oben und dann getriebeseitig losschrauben. Motor mit Getriebe vorsichtig nach unten absenken.

(In der Werkstatt wird der Motor für Montagearbeiten mit dem Halter VW 540 am Spannbock VW 313 des Montagebockes oder am Halter VAS 6095 befestigt.)

15 **Einbau**: In umgekehrter Reihenfolge. Dabei muss das Kupplungsausrücklager auf Verschleiß untersucht und ggf. ersetzt werden. Lager, Führungshülse und Verzahnung der Antriebswelle sind mit G 000 100 zu fetten.

16 Nach dem Einbau muss die Motorlagerung durch Schüttelbewegungen spannungsfrei ausgerichtet werden.

17 Zum Schluss die untere Motorabdeckung (Spritzschutz) wieder einbauen, Kühlmittel auffüllen und die Scheinwerfereinstellung überprüfen. Dann Probefahrt durchführen (Werkstatt: Fehlerspeicher aller Steuergeräte abfragen). □

Diesel-Motor aus-/einbauen

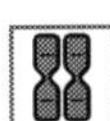

1 **Ausbau:** Zündung ausschalten, Masseband der Batterie abklemmen. (In der Werkstatt werden zuvor die Fehlerspeicher aller Steuergeräte abgefragt.)

2 Verbindungsschläuche vom Luftfilter zum Abgasturbolader und Druckregelventil ausbauen. Luftfiltergehäuse mit Luftmassenmesser und Luftführung ausbauen. Batterie und Batteriehalter ausbauen. Kraftstoffvor- und -rücklaufleitung am Kraftstofffilter abclipsen.

3 Motorverkleidung oben und Dämpfungswanne ausbauen (nächste Arbeitsanleitung). Schlossträger in Servicestellung bringen und Radhausschale rechts ausbauen (Kapitel »Die Karosserie«).

4 Verschlussdeckel vom Kühlmittelausgleichsbehälter öffnen und wieder zudrehen, um den Druck im Kühlsystem abzubauen. Kühlmittel ablassen (Kapitel »Das Kühlsystem«).

5 Verbindungsrohr (Position 1 im folgenden Bild) mit Verbindungsschläuchen zwischen Ladeluftkühler und Abgasturbolader ausbauen.

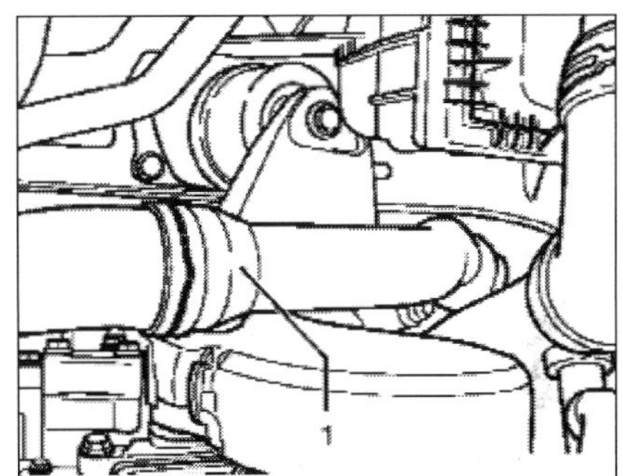

Verbindungsrohr Ladeluftkühler-Abgasturbolader bei Motoren AXB und AXC.

6 Keilrippenriemen und Drehstromgenerator ausbauen (Kapitel »Die Fahrzeugelektrik«) und Stützlager mit Drehmomentstütze vorn abschrauben. Klimakompressor ausbauen und sicher am Aufbau befestigen.

7 Alle elektrischen Leitungen von Motor und Getriebe abziehen/abklemmen und freilegen. Verbindungsrohr zwischen Ladeluftkühler und Saugstutzen ausbauen.

8 Riemenscheibe/Schwingungsdämpfer ausbauen.

9 Stützlager mit Drehmomentstütze, Gelenkwellen hinten (Kapitel »Das Fahrwerk«) und Abgasrohr ausbauen. Alle Schlauchverbindungen vom Motor trennen.

10 Leitung am Nehmerzylinder der hydraulischen Kupplung an der Steckverbindung (Bild zum Otto-Motor) ausclipsen.

11 Schaltbetätigung am Getriebe abbauen, Schaltseile ausclipsen.

12,/13 /14 Wie Arbeitsschritte 12/13/14 »Otto-Motor«.

(In der Werkstatt wird der Motor für Montagearbeiten mit dem Halter VW 540 am Spannbock VW 313 des Montagebockes oder am Halter VAS 6095 befestigt.)

15 **Einbau**: In umgekehrter Reihenfolge. Kupplungsausrücklager auf Verschleiß untersuchen. Verzahnung der Antriebswelle mit G 000 100 fetten. Nach dem Einbau die Motorlagerung durch Schüttelbewegungen spannungsfrei ausrichten. Nach Abschluss aller Einbauten Probefahrt durchführen. □

Motorabdeckung oben aus-/einbauen

Arbeits-schritte  

1 Ausbau: Öffnen Sie die Motorhaube (Klappe vorn).

2 Die obere Motorabdeckung besteht aus zwei Teilen (im Bild die Positionen 2 und 3). Teil 3 liegt links und deckt etwa ein Drittel ab. Zum Ausbau zuerst die Drehverschlüsse (im Bild die Positionen 1) von Abdeckung 3 ausrasten und die Abdeckung nach oben herausnehmen.

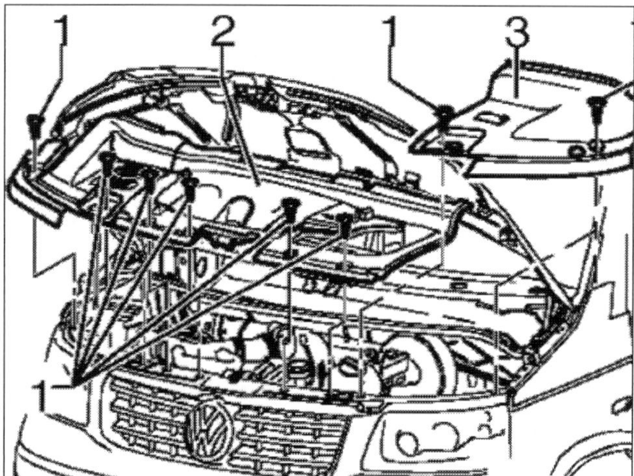

***Zweigeteilte obere Motorabdeckung:** 1 Schnellverschlüsse, 2 rechte und 3 linke Abdeckung.*

3 Zum Ausbau der rechten Abdeckung ebenfalls die Drehverschlüsse 1 ausrasten und Abdeckung nach oben herausnehmen.

4 Einbau: Hintere Bolzen der rechten Abdeckung in den Halter auf dem Motor einsetzen. Die Abdeckung 2 auf die Stirnwand (Frontend) auflegen und Drehverschlüsse 1 festdrehen. Dann linke Abdeckung aufsetzen und ebenfalls Drehverschlüsse festdrehen. □

Motorabdeckung unten aus-/einbauen

Arbeits-schritte  

1 Ausbau: Die untere Abdeckung (Geräuschdämmung) tritt in zwei abweichenden Bauformen auf. Im ersten Fall müssen zum Ausbau die sechs Schrauben 2 herausgedreht und die Dämpfung in Pfeilrichtung nach hinten herausgezogen werden.

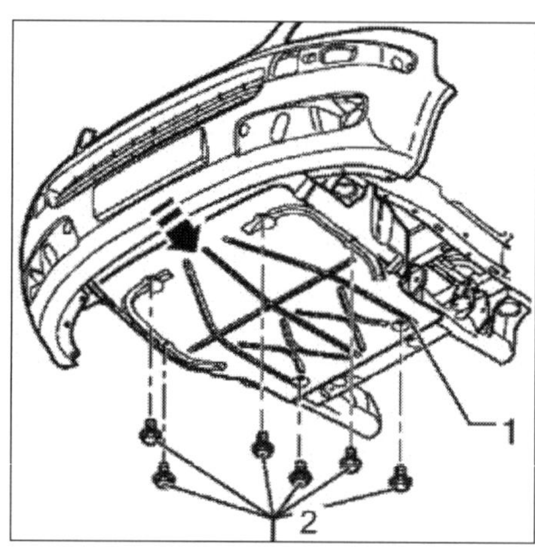

1 Geräuschdämpfung 2 sechs Schrauben (12 Nm).

2 Im zweiten Fall müssen Sie elf Schnellspannschrauben am Rande der Dämpfungswanne lösen (Bild unten). Dann die Dämmung nach unten entnehmen.Bei den Fahrzeugen mit Unterbodenverkleidung sind 13 Teilstücke auszubauen, indem Schrauben gelöst und Spreizniete ausgeclipst werden (Kapitel »Die Karosserie«).

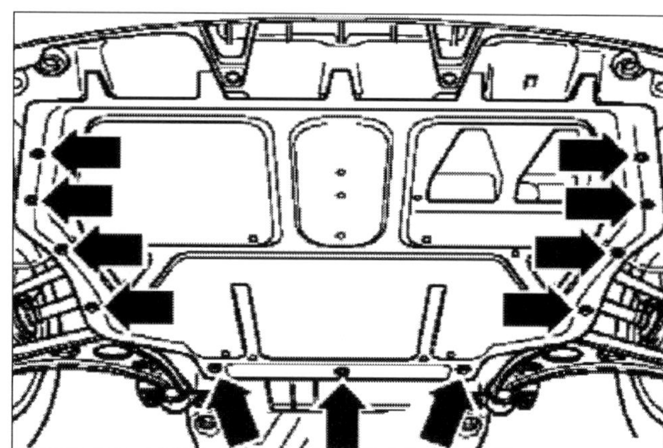

3 Der Einbau erfolgt in allen Fällen sinngemäß in umgekehrter Ausbaureihenfolge. □

Sichtprüfung Motor und Motorraum

Arbeits-schritte  

1 Prüfen Sie die Leitungen, Schläuche und Anschlüsse von Kraftstoffanlage, Kühl- und Heizsystem sowie Bremsanlage auf Undichtigkeiten und Verschleiß.

2 Registrieren Sie sorgfältig jede Scheuerstelle, Porosität und Brüchigkeit. Geringfügig ölfeuchte Stellen sind dabei unbedenklich. Etwas Schmiermittel schwitzen sämtliche Motoren gelegentlich aus.

3 Deutlichen Ölnässen dagegen, vor allem wenn Sie Ölflecken unter dem geparkten Wagen festgestellt hatten, müssen Sie unbedingt auf den Grund gehen. Günstig wäre es, den Motor mit Reiniger und Dampfstrahlgerät zu säubern und eine Probefahrt von einigen Kilometern zu machen. Danach kontrollieren Sie, ob irgendwo Öl ausgetreten ist.

4 Mögliche Ölaustrittsstellen sind die Abdichtungen von Kurbelwelle und Nockenwellen, die Dichtungen am Zylinderkopfdeckel und die Zylinderkopfdichtung sowie die Dichtungen an Öldruckschalter, Ölfilter, Ölkühler (hinter dem Filter) und Ölwanne.

5 Führen Sie die Prüfung nach diesen Gesichtspunkten auch (nach Abnahme der Geräuschdämpfung) von unten durch. Dazu ist es allerdings nötig, das Fahrzeug auf der Hebebühne anzuheben. Prüfen Sie Getriebe und Achsantriebe auf Undichtigkeiten: Ablassschraube, Antriebswellen, Schaltseilzüge/-gestänge.

6 Prüfen Sie ferner Lenkung, Dichtmanschetten der Spurstangenendstücke, Lenkmanschetten und Schutzhüllen der Achsgelenke auf Beschädigungen, Undichtigkeiten und richtigen Sitz.

7 Alle festgestellten Mängel müssen unbedingt behoben werden. Das wird dann aber in den meisten Fällen eine Sache für die Fachwerkstatt sein. □

Motor durchdrehen

Arbeitsschritte  

Den Motor können Sie auf verschiedene Art durchdrehen:

1 Das Fahrzeug muss seitlich vorn aufgebockt werden. Dann fünften Gang einlegen, Handbremse anziehen und das angehobene Vorderrad durchdrehen. Auf diese Weise können Sie mit einem Helfer die Kurbelwelle des Motors langsam und gleichmäßig drehen.

2 Steht das Fahrzeug auf ebener Fläche, kann der Motor nach Einlegen des fünften Gangs auch durch Vor- oder Zurückschieben des Wagens durchgedreht werden.

3 Schließlich können Sie das Getriebe in Leerlaufstellung schalten und die Handbremse anziehen. Dann die Kurbelwelle an der Zentralschraube der Riemenscheibe (Schwingungsdämpfer) im Uhrzeigersinn durchdrehen.

Beachten Sie: Der Motor darf **nicht** an der Befestigungsschraube des Nockenwellenrades durchgedreht werden. Der Zahnriemen würde sonst zu sehr beansprucht. □

Motor in OT stellen

Arbeitsschritte  

1 Drehen Sie den Motor durch und kontrollieren Sie den Kolbenstand in Zylinder 1.

2 Der Kolben im Zylinder 1 steht im oberen Totpunkt (Zünd-OT), wenn die OT-Markierung am Nockenwellenrad mit der Bezugsmarke auf dem Zahnriemenschutz (meist ein Pfeil) übereinstimmt. In der Kurbelwelle befindet sich ferner genau hinter dem Verschlussstopfen der OT-Markierung am Kurbelgehäuse eine (fühlbare) OT-Bohrung.

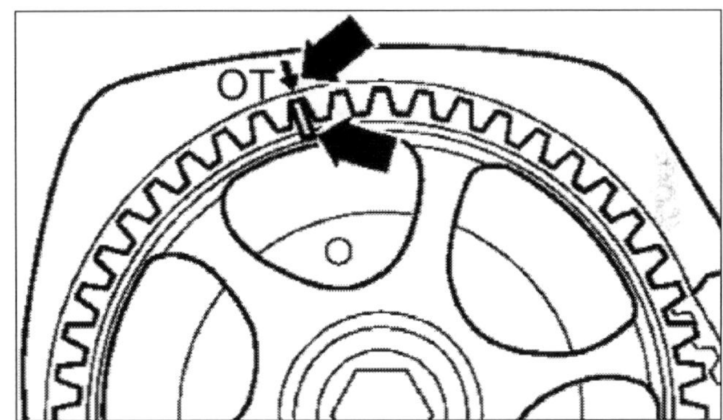

Kurbelwelle auf OT für Zylinder 1: *Die Pfeile zeigen die Markierungen auf Nockenwellenrad und Zahnriemenschutz.*

3 Drehen Sie die Kurbelwelle an der Befestigungsschraube des Schwingungsdämpfers in Motordrehrichtung. Wenn die Markierungen wie im folgenden Bild (Beispiel: 4-Zylinder-Ottomotor AXA) fluchten, haben Sie die OT-Stellung. □

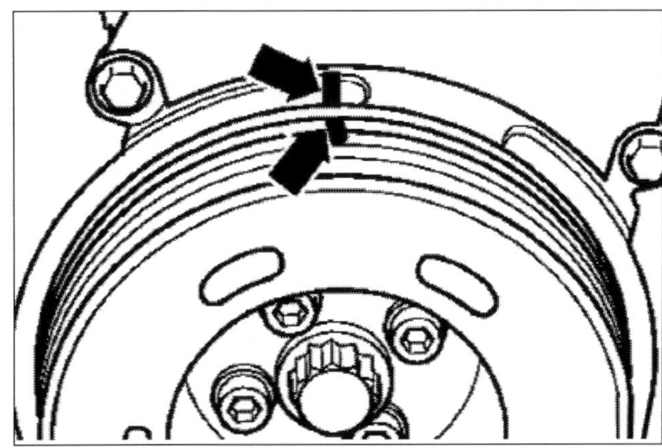

Kurbelwelle auf OT für Zylinder 1 (AZX): *Der Pfeil weist auf die OT-Markierungen an Nockenwellenrad und Aggregateträger, die in einer Flucht stehen müssen.*

Praxistipp

Überdrehzahlen und Motorlebensdauer

Überdrehzahlen verkürzen die Lebensdauer des Motors in Ihrem Transporter. Drehen Sie niemals das Triebwerk zu hoch (roter Bereich im Drehzahlmesser)! Wenn das geschieht, gibt der Motor ein unüberhörbares Brummen von sich, das durch Schwingungen der Kurbelwelle oder flatternde Teile des Ventiltriebs verursacht wird.

Werden die Schwingungen zu stark, kann ein Ventilstößel brechen. Das Ventil fällt aus, der Zylinder gibt keine Leistung mehr ab, die Gesamtleistung des Motors lässt nach. Im schlimmsten Fall brechen die Ventilfedern. Dann kann das Ventil auf den rasenden Kolben fallen. In der Regel bedeutet dies den Totalschaden des Motors.

Der Keilrippenriemen

Dieser Riemen mit keilförmigem Querschnitt und längs laufenden Rippen treibt als wichtiger Teil des Kurbeltriebs die Nebenaggregate Generator, Ölpumpe für die Servolenkung, Kühlmittelpumpe und Klimakompressor.

Bei den 5-Zylinder-TDI-Motoren des Transporters gibt es keinen Keilrippenriemen. Die Funktion des Antriebs der Nebenaggregate wird von einem Zahnradtrieb im Steuergehäuse direkt an der Motorstirnseite übernommen. Anstatt Riemenwechsel kann es hierbei nötig werden, die torsionselastischen Kupplungen der Antriebe für Drehstromgenerator oder Klimakompressor zu ersetzen.

Ein Schaden am Keilrippenriemen würde den Motor stark gefährden. Deshalb sind die Riemen außerordentlich stabil. Ihre Prüfung ist nicht z3wingend vorgeschrieben. Es kann jedoch nicht schaden, ab und zu einen Blick auf den Keilrippenriemen zu werfen, denn er wird enorm belastet. Er läuft über Keilriemenscheiben, Räder mit einer tiefen umlaufenden Rille. Die Flanken der Rille nehmen Kontakt mit den Riemenseiten auf. Dadurch wird die Kraft übertragen, wozu der Riemen Spannung benötigt. Diese darf nicht zu hoch sein, sonst werden die Lager des angetriebenen Teils zerstört. Sie darf aber auch nicht zu gering sein, sonst rutscht der Riemen grässlich quietschend durch.

Mit der Zeit nutzt sich der Keilrippenriemen an den Flanken ab, er gleitet tiefer in die Rille und verliert etwas von seiner Spannung. Diese Abweichung wird von einer automatischen Spannvorrichtung korrigiert. Dennoch ist eine Prüfung nicht verkehrt.

Arbeiten am Keilrippenriemen

Aus- und Einbau der Riemen sind aufwändig. Handelt es sich um Fahrzeuge mit Klimaanlagen, wird also ein Klimakompressor mit angetrieben, muss zum Ausbau stets die untere Motorabdeckung (Geräuschdämpfung) abgebaut werden. Der Kältemittelkreislauf der Klimaanlage darf auf keinen Fall geöffnet werden.

Vor dem Ausbau sollte man mit Kreide, Filz- oder Fettstift auf den Riemen einen Pfeil in Laufrichtung zeichnen. Von der Riemenseite gesehen, dreht der Motor

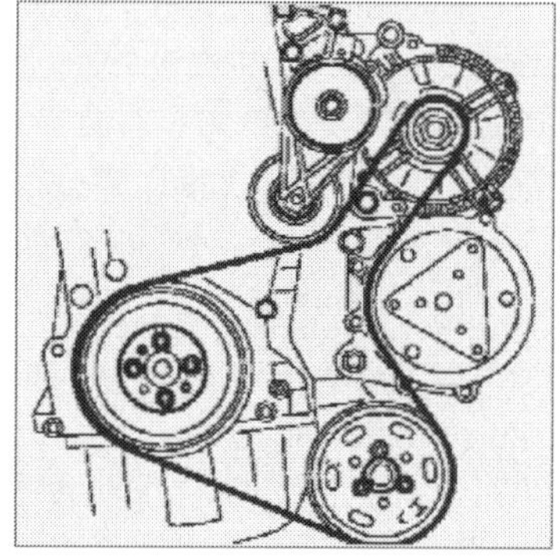

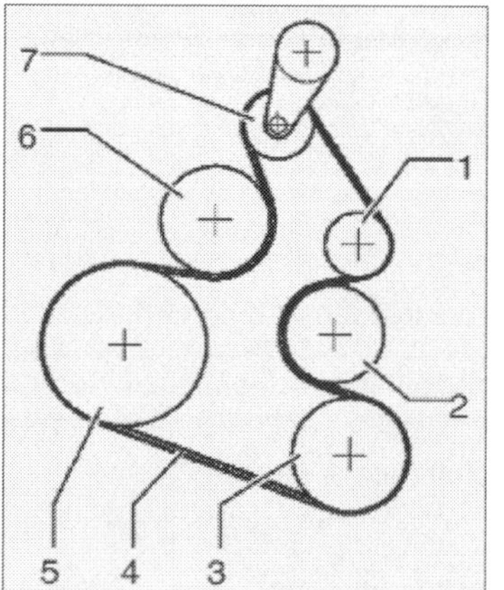

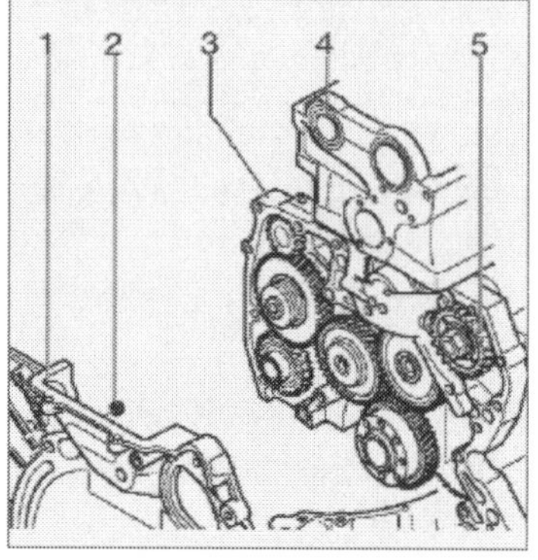

Riemenverlauf bei Motoren AXA, BDL und AXB/AXC sowie Zahnradtrieb bei Motoren AXD/AXE (von oben nach unten): *Das obere Bild zeigt das Prinzipschema des Riemenverlaufs bei den 4-Zylinder-Motoren.*
Im mittleren Bild (6-Zylinder-Benzinmotor BDL) kennzeichnen die Ziffern die Riemenscheiben für
1 Drehstromgenerator,
2 Klima-Kompressor,
3 Flügelpumpe für Servolenkung,
4 Keilrippenriemen,
5 Kurbelwelle,
6 Kühlmittelpumpe und
7 Spannrolle.
Beim 5-Zylinder-TDI-Motor AXD/AXE (unteres Bild) bedeuten die einzelnen Positionen
1 Steuergehäusdeckel,
2 Gummihülse,
3 Zylinderblock mit dem Zahnradtrieb,
4 Zylinderkopf und
5 Zahnrad für die Kühlmittelpumpe.

rechts herum, also im Uhrzeigersinn. Das Markieren der Laufrichtung ist für den Wiedereinbau eines bereits gebrauchten Riemens wichtig. Einbau entgegen bisheriger Laufrichtung erhöht nämlich den Verschleiß und kann zur Zerstörung des Riemens führen.
Beim Aus- und Einbau des Keilrippenriemens sind der Verlauf beim jeweiligen Motor, der Verlauf mit oder ohne Klimakompressor sowie die Bedienung des Spannelements (Spannrolle) zu beachten.

Riemenoberfläche prüfen

1 Heben Sie das Fahrzeug an. Drehen Sie den Motor einige Male mit einem Steckschlüssel an der Riemenscheibe der Kurbelwelle (Schwingungsdämpfer) ganz durch. So können Sie alle Flächen des Keilriemens sehen. Oft hat der Riemen nur einen einzigen, aber tiefen Riss.

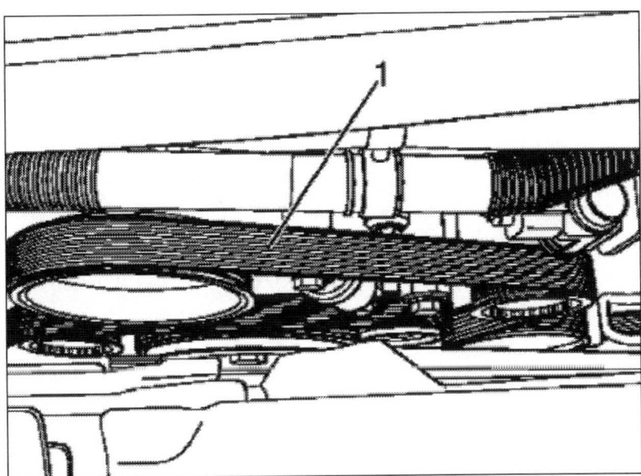

Um den Keilrippenriemen 1 zu prüfen, müssen Sie den Motor am Schwingungsdämpfer/Riemenscheibe mit einem Steckschlüssel durchdrehen.

2 Achten Sie auf unregelmäßige Schleifspuren an den Riemenflanken, poröse und fransige Oberfläche oder Unterbaurisse (Anrisse, Kernbrüche, Querschnittbrüche). Wenn Sie so etwas feststellen, muss der Riemen gegen ein neues oder neuwertiges Teil ausgetauscht werden.

3 Der Riemen darf keine Fett- oder Ölspuren haben und nirgendwo glasige oder verhärtete Oberflächen aufweisen.

4 Schließlich dürfen auch keine Lagentrennung zwischen Deckschicht und Zugsträngen, keine Ausbrüche am Unterbau und kein Ausfransen der Zugstränge auftreten. In allen Fällen: Den Riemen sofort austauschen, um Ausfälle oder Funktionsstörungen zu vermeiden. □

Riemenspannung prüfen

Arbeits-
schritte

1 Drücken Sie Ihren Daumen kräftig, mit etwa fünf Kilogramm, auf den gespannten Riemen mittig zwischen zwei Scheiben. Mehr als 1,5 Zentimeter sollte er nicht nachgeben.

2 Nun drücken Sie stärker. Der Riemen soll unter Widerstand nachgeben. Die Spannrolle muss zur Seite auslenken. Beim Loslassen schwenkt die Rolle zurück und strafft den Riemen. Hängt der Riemen lose über den Rädern, ist die Spannrolle defekt oder blockiert. Rolle austauschen oder Blockierung lösen! □

Keilrippenriemen aus-/einbauen

Arbeits-
schritte

1 Zum **Ausbau** des Keilrippenriemens benötigen Sie bei den 4-Zylinder-Benzinmotoren den (VW-)Spezialschlüssel T10241. und bei den 4-Zylinder-TDI-Motoren einen Maulschlüssel SW 17 zum Schwenken des Spannelements (Spannrolle). Beim 6-Zylinder-Benzinmotor hat das Spannelement eine Druckschraube M8x50, die zum Entspannen eingedreht werden muss.

2 Kennzeichnen Sie die Laufrichtung des Riemens für den Wiedereinbau. Der Einbau in entgegengesetzter Richtung führt zu Schäden am Riemen. Beim Entspannen beachten die richtige Schwenkrichtung für das Spannelement.

3 Arretieren Sie beim 4-Zylinder-Benzinmotor die Spannrolle mit einem Spiralbohrer von 4 mm Durchmesser. Ansonsten Riemen entspannen und abnehmen.

4 Der **Einbau** des Keilrippenriemens erfolgt in umgekehrter Reihenfolge. Zu beachten ist vor allem, dass alle Aggregate (Generator, Klimakompressor, Kühlmittelpumpe) fest montiert sein müssen. Legen Sie den Riemen zuerst über die Kurbelwellen-Riemenscheibe (Schwingungsdämpfer) und beachten Sie Laufrichtung sowie korrekten Sitz des Riemens in allen Riemenscheiben.

5 Bei Fahrzeugen ohne Klimaanlage wird der Riemen zuletzt am Drehstromgenerator, bei Fahrzeugen mit Klimaanlage zuletzt am Kompressor aufgelegt. Die Befestigungsschrauben des Spannelements mit 20 Nm anziehen.

6 Nach Abschluss der Arbeit Motor starten und Riemenlauf kontrollieren. □

Der Zahnriemen

Wesentliches Übertragungsteil vom Kurbeltrieb zur Ventilsteuerung ist der Zahnriemen. Er sitzt außen am Kurbelgehäuse auf Zahnrädern an Kurbelwelle und Nockenwelle und treibt die Nockenwelle durch Untersetzung mit der halben Drehzahl der Kurbelwelle.
Der Zahnriemen besteht aus Kunststoff, der mit Stahldrahteinlagen verstärkt ist. Er muss nicht geschmiert und nicht nachgespannt werden. Für die 4-Zylinder-Motoren, vor allem die TDI, empfiehlt VW jedoch die Überprüfung auf Verschleiß, das Überprüfen und ggf. Ersetzen der Spannrolle und das Prüfen der Zahnriemenspannung.
Für die Prüfung werden die Klammern am oberen Zahnriemenschutz geöffnet und der Schutz vorsichtig abgezogen. Mit Lineal oder Messschieber wird dann die Riemenbreite gemessen. Unterschreitet sie 22 mm, muss der Zahnriemen ausgewechselt werden. Wenn die Riemenspannung nicht stimmt (Riemenfehler, Spannrolle defekt), sind ebenfalls Ausbau und Wechsel angesagt.

Schwieriger Aus- und Einbau

Der Wechsel des Zahnriemens ist eine außerordentlich aufwändige Montagearbeit. Es sind zahlreiche Spezialwerkzeuge (Einstellvorrichtung für OT-Punkt, Absteckstift oder Absteckplättchen, Zweilochmutterndreher, Einstelllineal, Motor-Abfangvorrichtung mit Füßen oder Kran, Winkelmessscheibe, Gegenhalter etc.) erforderlich. Macht man beim Justieren einen Fehler, riskiert man schwerste Motorschäden.

Gefahrenhinweis

Arbeit am Zahnriemen

Arbeiten Sie dennoch am Zahnriemen, darf dieser keinesfalls geknickt werden! Ein auch nur ein einziges Mal geknickter Zahnriemen muss auf jeden Fall ersetzt werden. Der Riemen könnte beim späteren Betrieb reißen, was zu schweren Motorschäden führen kann.
Ebenso wichtig ist, dass kein Kolben auf OT stehen darf, wenn bei abgenommenem Zahnriemen die Nockenwellen gedreht werden. Schwer wiegende Schäden an Kolben oder Ventilen könnten die Folge sein.

Der Riemenwechsel ist auch eine sehr diffizile Angelegenheit, weil der Umgang mit den (ölgedämpften) automatischen Spannelementen, der nötige Aus- und Einbau des Spannelements des Keilrippenriemens sowie der Aus- und Einbau des Zahnriemenschutzes Kenntnis und Erfahrung verlangen. Ein Wechsel des Zahnriemens muss Sache der Werkstatt bleiben. Wir empfehlen lediglich eine Zustandsprüfung.

Zahnriemenzustand prüfen

Arbeitsschritte  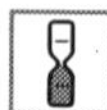

1 Öffnen Sie die Spannverschlüsse der oberen Zahnriemenabdeckung. Nehmen Sie die Abdeckung ab.

2 Prüfen Sie den Zahnriemen auf Anrisse, Querschnittbrüche, Lagentrennung zwischen Zahnriemenkorpus und Zugsträngen sowie auf Ausbruch am Zahnriemenkorpus.

3 Überprüfen Sie den Riemen ferner auf Ausfransen der Zugstränge, Oberflächenrisse in der Kunststoffummantelung sowie auf Öl- und Fettspuren.

4 Achten Sie bei der Zustandsprüfung ganz besonders auf die folgenden, in der Zeichnung dargestellten Schäden:
A = abdeckungsseitige Risse; B = seitliches Anlaufen;
C = Ausfransungen und D = Risse im Zahngrund.

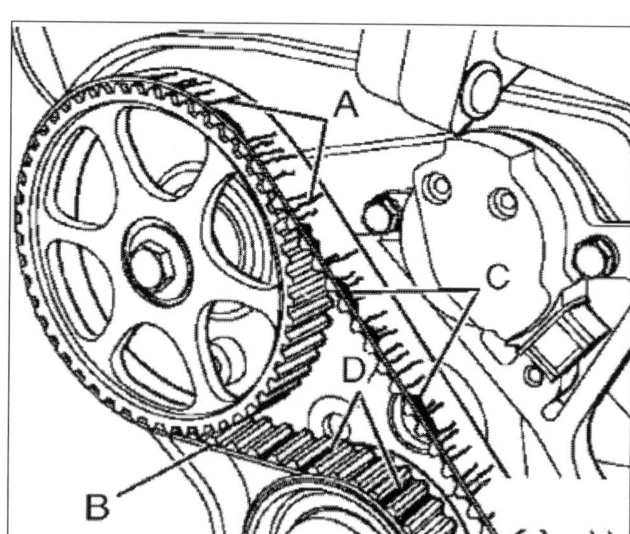

5 Der Zahnriemen muss ähnlich gründlich auf Schäden überprüft werden wie der Keilrippenriemen. Werden Mängel festgestellt, muss unbedingt ein Riemenwechsel erfolgen. Diese Reparatur ist unerlässlich, um Ausfälle oder Funktionsstörungen zu vermeiden. □

Der Zylinderkopf

Leistungsverlust, Kühlflüssigkeits- und Ölverlust, keine Kompression auf zwei benachbarten Zylindern und Kühlflüssigkeit im Motoröl bzw. Öl in der Kühlflüssigkeit deuten mit ziemlicher Sicherheit auf eine defekte Zylinderkopfdichtung hin. Um sie zu ersetzen, müssen der Motor aus- und der Zylinderkopf abgebaut werden. Diese Arbeiten mit Spezialwerkzeugen, den passenden Abziehern und Abfangvorrichtungen bis hin zum Werkstattkran gehören in die Fachwerkstatt.
Wir haben in den Arbeitsschritten zum Ausbau von Motoren und Keilrippenriemen sowie in den Hinweisen zum Zahnriemen die anspruchsvollen Arbeiten geschildert, die nötig sind, bis die Zylinderkopfhaube (der Zylinderkopfdeckel) abgeschraubt werden kann. Wenn Sie in der Lage sind und über die erforderlichen Fachkenntnisse verfügen, um sich an den Ausbau zu wagen, beachten Sie unbedingt die folgenden Regeln.

Arbeitsregeln für den Zylinderkopf

VW schreibt vor:

- Die (10 oder 12) Zylinderkopfschrauben sind über Kreuz von außen nach innen mit Schlüssel 3452 herauszuschrauben und über Kreuz von innen nach außen einzudrehen. Sie müssen immer ersetzt werden. Das Eindrehen muss in drei (4-Zylinder Otto), vier (4-Zylinder TDI) oder sechs (5-Zylinder TDI) Stufen erfolgen: Mit Drehmomentschlüssel 40 Nm (5-Zylinder: 60 Nm; 4-Zylinder TDI erst 40 Nm, dann nochmals 60 Nm), mit starrem Schlüssel eine Vierteldrehung (90°) und nochmals 90° weiter drehen. Beim 5-Zylinder TDI nach dem 60 Nm-Schritt noch vier Vierteldrehungen (je 90°) mit starrem Schlüssel weiter und dann alle Schrauben wieder eine Vierteldrehung lösen. In den Einschraub(sack)löchern im Zylinderblock dürfen sich weder Öl noch Kühlmittel befinden.
- Dichtungsreste müssen äußerst vorsichtig entfernt werden. Es dürfen keine langgezogenen Riefen oder Kratzer entstehen. Wird Schleifpapier verwendet: nicht unter Körnung 100!
- Neue Zylinderkopfdichtungen sind mit äußerster Sorgfalt zu behandeln und erst unmittelbar vor Einbau aus der Verpackung zu nehmen. Beschädigungen der Silicon-Beschichtung oder im Sickenbereich führen unweigerlich zu Undichtigkeiten.
- Wenn die neue Zylinderkopfdichtung aufgelegt wird, sind die Zentrierstifte im Zylinderblock und die Einbaulage der Dichtung (Ersatzteilnummer muss lesbar sein) zu beachten.
- Je nach Kolbenüberstand werden unterschiedlich dicke Zylinderkopfdichtungen eingebaut. Deshalb beim Ersetzen auf die Kennzeichnung achten!
- Wenn der Zylinderkopf ersetzt wird, muss auch das gesamte Kühlmittel erneuert werden.
- Beim Einbau eines Austausch-Zylinderkopfes mit montierter Nockenwelle müssen die Berührungsflächen zwischen Tassenstößel und Nockengleitbahn geölt werden.
- Die mitgelieferten Plastikunterlagen zum Schutz der offenen Ventile dürfen erst unmittelbar vor dem Aufsetzen des Zylinderkopfes entfernt werden.
- Beim Einbau des Zylinderkopfdeckels versehen Sie die beiden Kanten an den Dichtflächen Lagerdeckel/Zylinderkopf vorn und hinten mit einem Tropfen (etwa 5 mm Durchmesser) des Dichtmittels AMV 174 004 01.

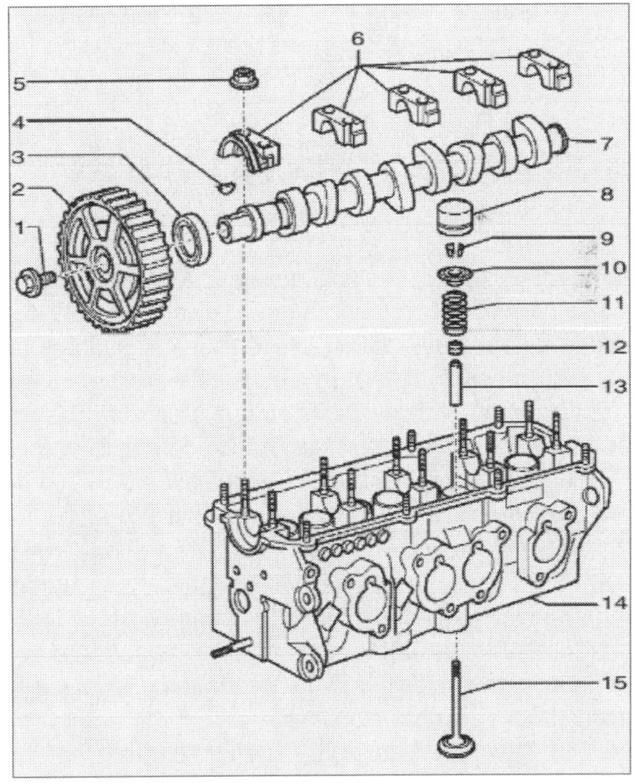

Zylinderkopf des 4-Zylinder-Motors AXA: *1 Schraube 100 Nm, 2 Nockenwellenrad, 3 Dichtring, 4 Scheibenfeder, 5 Mutter 20 Nm, 6 Lagerdeckel, 7 Nockenwelle, 8 Tassenstößel, 9 Kegelstücke, 10 Ventilfederteller oben, 11 Ventilfeder, 12 Ventilschaftdichtung, 13 Ventilführung, 14 Zylinderkopf, 15 Ventil(e).*

Zylinderkopfdichtung

Störungsbeistand

Erkennungsmerkmal	Ursache/Besonderheiten
A Kühlflüssigkeitsstand nimmt laufend ab.	Kühlmittel gelangt in sehr geringer Menge in die Brennräume. Die Erscheinung kann sich ohne Merkmale über längere Zeit hinziehen.
B Beträchtlicher Kühlmittelverlust. Der Wagen zieht bei warm gefahrenem Motor einen weißen Abgasschleier hinter sich her.	Kühlmittel dringt in erheblicher Menge in einen Verbrennungsraum, verdampft dort und entweicht in weißen Schwaden aus dem Auspuff.
C Aus dem geöffneten Ausgleichsbehälter steigen Luftblasen auf oder beim Öffnen des Verschlussdeckels sprudelt eine größere Menge Kühlmittel heraus.	Verbrennungsgase werden ins Kühlsystem gedrückt. Aus der Einfüllöffnung riecht es nach Abgasen.
	Öl aus dem Schmierkreislauf gelangt ins Kühlsystem.
D Buntschillernde Verfärbung an der Oberfläche des Kühlmittels. **E Gräulich aussehende Emulsion am herausgezogenen Ölpeilstab oder Öl von Wasserbläschen durchsetzt.**	Kühlflüssigkeit ist ins Schmieröl geraten. Achtung: Wasser im Motoröl kann einen Lagerschaden verursachen. Zylinderkopfdichtung sofort wechseln lassen. Wagen zur Reparatur abschleppen.

Kompressionsdruck

Wenn Sie wissen wollen, ob sich der Motor Ihres Transporters noch in einem guten mechanischen Zustand befindet, sollten sie den Kompressionsdruck in den einzelnen Zylindern prüfen. Bei der Verbrennung des Kraftstoff-Luft-Gemischs entstehen in den Brennräumen der Zylinder enorme Drücke. Für Kolben und Kolbenringe, Zylinderwände, Ventilsitze und Ventilschaftdichtungen bedeutet das hohe Belastungen.
Schadhafte Brennraumdichtungen führen zu erhöhtem Öl- und Kraftstoffverbrauch, schlechteren Abgaswerten, schwächerer Leistung und mangelhaftem Kaltstartverhalten des Motors. Wenn diese Symptome bereits auftreten, hilft Ihnen die Kontrolle des Kompressionsdrucks bei der Ursachenforschung. Die Prüfwerte zeigen an, ob der Motor für einen Austausch reif ist oder zumindest komplett überholt werden muss.
Der Druckunterschied zwischen den einzelnen Zylindern darf maximal 3,0 oder (beim 5-Zylinder TDI) 5,0 bar betragen. Falls ein oder mehrere Zylinder gegenüber den anderen einen höheren Druckunterschied aufweisen, ist dies ein Zeichen für eine ganze Reihe möglicher Verschleißerscheinungen.

Richtwerte für den Kompressionsdruck

Die Werte für den Kompressionsdruck (Verdichtungsdruck) gelten für einen Motor in einwandfreiem Zustand. Bei der Beurteilung des Motorzustands kommt es nicht nur auf die absolute Höhe des Kompressionsdrucks an. Wichtig ist auch, dass die Werte in allen Zylindern annähernd gleich sind.
Bei einem älteren Motor sinkt der Kompressionsdruck. Gleichmäßig niedrigerer Druck in allen Zylindern ist dann normal. Erst wenn die Werte die Verschleißgrenze erreichen, sollten Sie sich auf Überholung oder Austausch Ihres Motors einstellen (siehe Tabelle).

Richtwerte in bar (0,1 MPa) Überdruck

Motoren	Neu	Verschleiß-grenze	Zylinder-Unterschied
AXA	10...13	7,5	max. 3,0
BDL	10...13	7,0	max. 3,0
AXC und AXB	10...13	7,5	max. 3,0
AXD	25...31	19,0	max. 5,0
AXE	27...33	24,0	max. 5,0

Wenn zwischen den einzelnen Messwerten für die Zylinder Unterschiede von mehr als 3 bis 5 bar (0,3 bis 0,5 MPa) bestehen, deutet das in der Regel auf eine der folgenden Ursachen hin:

- Verschleiß von Kolben oder Kolbenringen.
- Festsitzende Kolbenringe durch Verbrennungsrückstände im Zylinder.
- Unrunde Zylinder. Das ist übrigens oft die Folge von Kolbenklemmern.
- Verbrennungs- oder Schmierölrückstände an Ventilschäften oder Ventilsitzen.
- Eingeschlagene Ventile.
- Verbrannte Ventile (bei zu kleinem Ventilspiel).

Sie können den Kompressionsdruck in Eigenregie kontrollieren, wenn Sie sich einen Kompressionsdruckprüfer beschaffen können. Ihre Fachwerkstatt setzt das Prüfgerät V.A.G 1763 (mit Adapter 1763/6) ein.

Beim Prüfen brauchen Sie einen Helfer, der den Anlasser (dieser muss unbedingt in Ordnung sein) betätigt und das Gaspedal tritt, während Sie das Messgerät bedienen. Eventuell können Sie sich auch einen Druckverlusttester ausleihen (Mietwerkstatt), mit dem das für den Druckabfall verantwortliche Bauteil ausfindig gemacht werden kann.

So kommen Sie Fehlern auf die Spur

Wenn der Kompressionsdruck zu niedrig ist: Träufeln Sie mit einer Spritzkanne etwas Motoröl ins Glüh-/Zündkerzenloch. Das dichtet den Raum zwischen Kolben und Zylinderwand besser ab. Messen Sie dann wieder den Kompressionsdruck.

- Bleibt der Wert zu niedrig, können Ventile, Ventilsitze, Ventilführungen, Zylinderkopf oder Zylinderkopfdichtung beschädigt sein.
- Erhalten Sie höhere Druckwerte, deutet dies auf Verschleiß an Kolbenringen oder Zylinderwand hin.

Praxistipp

Kompressionsdruckluft strömt aus

Wenn Kompressionsdruckluft an einer der folgenden Stellen ausströmt, hat das meist die dazu angegebenen Ursachen:

- Ansaugkrümmer oder -geräuschdämpfer: Defektes Einlassventil.
- Geöffneter Kühler oder Kühlmittel-Ausgleichsbehälter: Defekte Zylinderkopfdichtung oder Riss im Zylinderkopf.
- Geöffneter Öleinfüllstutzen oder Rohr für den Ölpeilstab: Verschlissene Zylinderwände, Kolbenlaufbahnen oder Kolbenringe.
- Blasgeräusche am Auspuff: Undichtes Auslassventil.

Kompressionsdruck prüfen

Arbeitsschritte  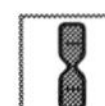

1 Fahren Sie den Motor vor Arbeitsbeginn warm, die Öltemperatur soll mindestens 30 °C betragen (Ölfilter gut handwarm). Die Kolbenringe dichten bei warmem Öl besser ab. Andererseits darf die Motortemperatur nicht zu hohe Werte haben. Die Spannungsversorgung muss in Ordnung sein. Die Batteriespannung sollte mindestens 11,5 V, besser aber etwas über 12,0 V betragen. Schlossträger in Servicestellung.

2 Bauen Sie die Motorabdeckungen oben und unten ab.

3 **AXA** und **BDL:** Ziehen Sie die Sicherungen SD 22 und SD 25 aus dem Sicherungshalter im Motorraum, um die Spannungsversorgung der Einspritzventile und des Zündtrafos zu unterbrechen.

AXB/AXC/AXD/AXE: Ziehen Sie den Zentralstecker für die Pumpe-Düsen-Einheiten ab.

4 **AXA** und **BDL:** Ziehen Sie gemäß Zeichnung zum Ausbau der Otto-Motoren auf Seite 48 alle Schlauchverbindungen ab. Bauen Sie das Verbindungsrohr für Abgasrückführung aus und schrauben Sie das Saugrohr-Oberteil von der Saugrohrstütze los. Bauen Sie dann das Saugrohroberteil aus. Ziehen Sie die Zündkerzenstecker mit dem Montagewerkzeug T10029 ab. Schrauben Sie mit dem Schlüssel 3122B die Zündkerzen heraus.

AXB/AXC/AXD/AXE: Alle Glühkerzen mit Gelenkschlüssel SW 10-3220 ausbauen.

5 **AXA** und **BDL:** Schrauben Sie anstelle der Zündkerzen den Adapter V.A.G 1763/6 ein.

AXB/AXC/AXD/AXE: Schrauben Sie anstelle der Glühkerzen den Adapter V.A.G 1381/12 ein.

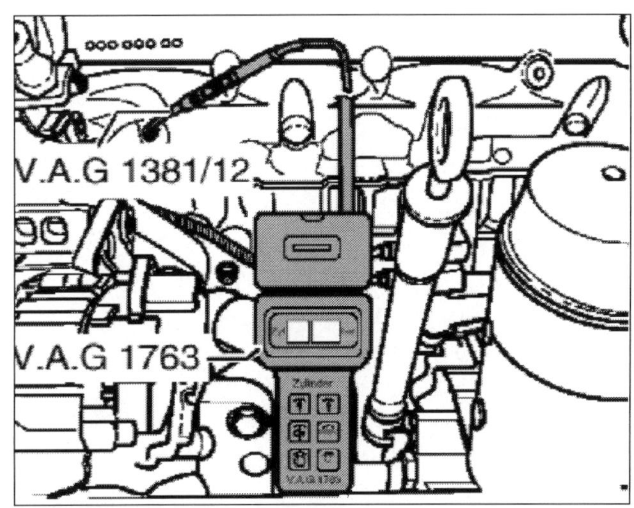

Kompressionsdruckmessung bei Motoren AXB und AXC.

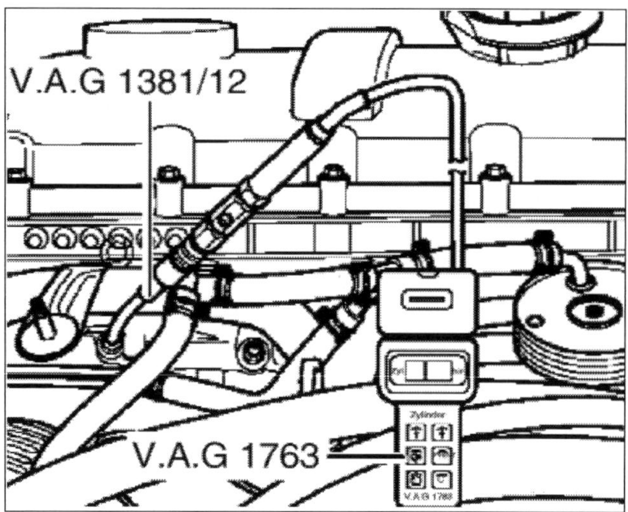

Kompressionsdruckmessung bei Motoren AXD und AXE.

6 Messen Sie mit dem Kompressionsdruck-Prüfgerät (V.A.G 1763) den Druck nach Bedienungsanleitung des Gerätes.

7 Lassen Sie von einem Helfer den Anlasser so lange betätigen, bis vom Prüfgerät kein Druckanstieg mehr registriert wird. Stellen Sie fest, ob der Druck im Rahmen der vorgegebenen Toleranzen liegt (Tabelle auf Seite 56).

8 Schrauben Sie den Adapter ab und alle Zünd- bzw. Glühkerzen wieder ein.

9 Zum Abschluss der Arbeiten muss der Fehlerspeicher des Motorsteuergeräts gelöscht werden, weil durch das Entfernen der Sicherungen und das Abziehen des Pumpe-Düse-Zentralsteckers Fehler abgespeichert wurden. □

Klopfgeräusche aus dem Motorraum

Praxistipp

Bei kaltem Motor sind Klopfgeräusche aus dem Motorraum nicht gleich Grund zur Sorge. Bei einem betriebswarmen Motor dagegen deuten sie fast immer auf einen Lagerschaden hin. Dieser aber macht meist eine umfangreiche Motorreparatur notwendig. Erkennen Sie jedoch z. B ein defektes Pleuellager schon frühzeitig, genügt oft der Austausch der Lagerschalen. Achten Sie deshalb auf die Klopfgeräusche. Die häufigsten Defekte treten eben an den Gleitlagern der Pleuel auf. Die Hauptlager der Kurbelwelle sind viel seltener betroffen.

- Motor im Stand auf mittlere Drehzahlen bringen, Gas zurücknehmen. Taucht mit abfallender Drehzahl ein leichtes Klopfgeräusch auf, etwa »nack-nack-nack-nack«?
- Hören Sie dieses leichte Klopfen auch bei zügigem Beschleunigen? Dann nicht mehr weiterfahren. Der Schaden kann sich verschlimmern und ist mit einfachen Mitteln nicht mehr zu beheben.
- Hartes »Klack-klack-klack-klack« beim Hochdrehen des Motors, das bei zurückgenommenem Gas leiser oder unhörbar wird, weist auf einen kapitalen Lagerschaden hin.

Ihre Fachwerkstatt nutzt für die Diagnose aufgrund von Geräuschen mehr und mehr den Computer. Geräuschdatenbanken ermöglichen für ein aktuell in Reparatur befindliches Fahrzeug den Vergleich der diversen Töne. Schlussfolgerungen für nötige Reparaturen sind so einfacher, schneller und sicherer zu ziehen.

Der Ventilspielausgleich

Durch die Erwärmung des Motors dehnen sich die einzelnen Teile des Ventiltriebes. Deshalb muss Spiel zwischen Nockenwelle und Tassenstößeln oder Rollenschlepphebeln vorhanden sein. Andernfalls würden die Ventile wegen der etwas länger gewordenen Schäfte bei heißem Motor nicht mehr korrekt abdichten.

Dieses Ventilspiel musste bei älteren Motor-Konstruktionen regelmäßig justiert werden. Bei modernen Motoren wie denen Ihres Transporters übernehmen den Ventilspielausgleich die hydraulischen Tassenstößel (Hydrostößel) oder die an hydraulischen Abstützelementen befestigten Rollenschlepphebel. Der Ventilspielausgleich ist somit wartungsfrei.

Ein defekter Stößel macht sich durch Klappern bemerkbar, wobei auch intakte Hydrostößel klappern,

- wenn sich kurz nach dem Start noch nicht genügend Öl im System befindet. Das kann vor allem nach langem Stehen des Fahrzeugs geschehen;
- wenn der Wagen zuvor bei hohen Außentemperaturen voll belastet wurde;
- wenn bei extrem niedrigem Ölstand die Ölpumpe manchmal Luft ansaugt.

Wenn die Ventilgeräusche während des Anlassens verschwinden, im Kurzstreckenverkehr aber immer wieder auftreten, muss das Ölrückhalteventil (es ist unter dem Ölfilterhalter eingebaut) ersetzt werden.

Einen defekten Stößel kann man nicht instand setzen, er muss immer komplett ersetzt werden. Dazu müssen Nockenwelle und Nockenwellenversteller aus- und eingebaut werden. Das ist Werkstatt-Arbeit.

Hydrostößel prüfen

Arbeitsschritte  

1 Bei ausgebauter Zylinderkopfhaube den Motor durchdrehen. Die Kurbelwelle im Uhrzeigersinn drehen, bis die Nocken der zu prüfenden Tassenstößel nach oben stehen.

2 Mit der Fühlerblattlehre das Spiel zwischen Nocken und Tassenstößel ermitteln. Wenn es größer ist als 0,2 mm, muss der Tassenstößel ersetzt werden. Wenn es kleiner als 0,1 mm ist, setzen Sie die Prüfung fort.

3 Den Tassenstößel (oder Rollenschlepphebel) leicht mit einem Holz- oder Kunststoffkeil nach unten drücken.

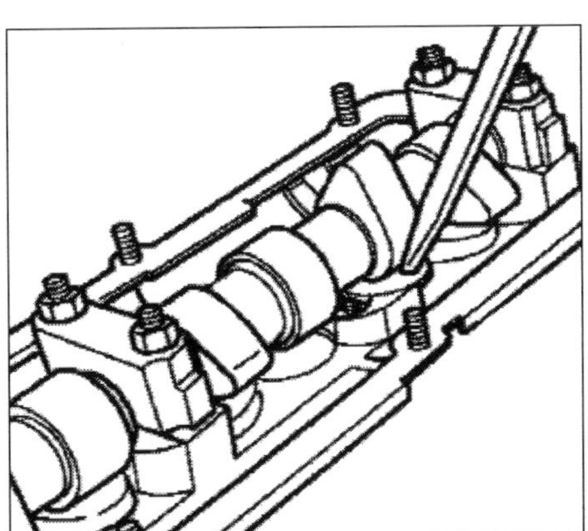

Tassenstößel prüfen: *Stößel mit Holz- oder Kunststoffkeil nach unten drücken.*

4 Wenn sich jetzt eine 0,2 mm dicke Fühlerblattlehre zwischen Nockenwelle und Tassenstößel schieben lässt, müssen Sie den Stößel ersetzen. Ein defekter Tassenstößel (Rollenschlepphebel) kann nicht eingestellt oder instand gesetzt werden. □

So funktioniert der Hydrostößel

Der Hydrostößel ist an den Ölkreislauf des Motors angeschlossen. Die Ölmenge in der unteren Ölkammer, auf der sich der Kolben abstützt, ist variabel. Dadurch kann unterschiedliches Ventilspiel ausgeglichen werden.

1 Bei geschlossenem Ventil ist der Druck zwischen beiden Ölkammern ausgeglichen. Die Kolbenfeder drückt den Kolben nach oben, zwischen Nocken und Stößel ist kein Spiel. Wenn der Nocken auf den Stößel aufläuft, drückt er den Kolben nach unten und erzeugt hohen Öldruck. Dadurch und durch die Kugelfeder wird die Kugel nach oben gepresst und verschließt den Weg zwischen oberer und unterer Ölkammer. Der Kolben stützt sich auf dem Hydraulikpolster der unteren Ölkammer ab.

2 Die Kraft des Nockens kann auf das Ventil übertragen werden, es öffnet sich. Wenn der Nocken vom Tassenstößel abläuft, öffnet die Kugel den Weg zwischen beiden Ölkammern wieder, der Druck ist ausgeglichen.

3 Rollenschlepphebel und hydraulisches Abstützelement funktionieren in analoger Weise: Wenn der Nocken von der Nockenrolle abgelaufen ist, drückt eine Feder den zugehörigen Kolben so weit aus einem Aufnahmezylinder heraus, bis die Nockenrolle am Nocken anliegt und das entstandene Spiel ausgeglichen ist. Möglich wird das ebenfalls durch die Hydraulikwirkung von Öl in Ölvorrats- und -hochdruckraum.

DAS SCHMIER-SYSTEM

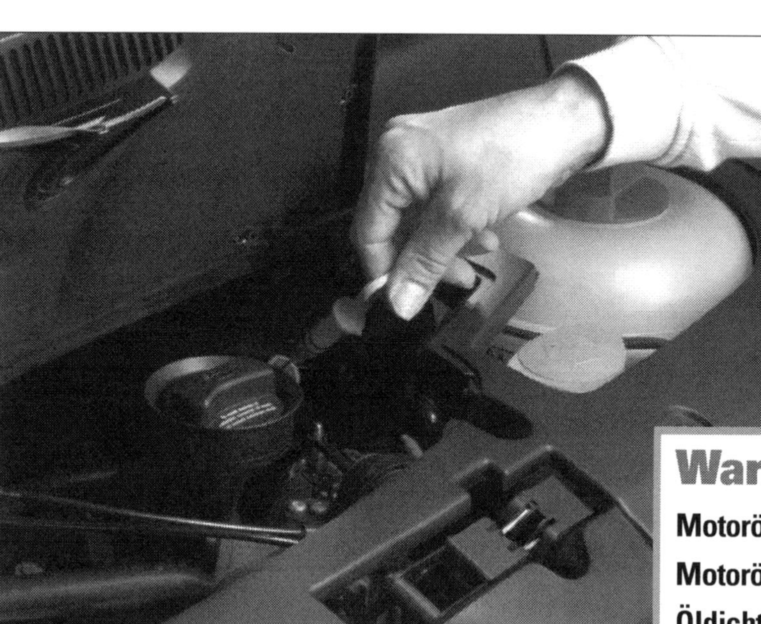

Zwischen Peilstab und Einfüllstutzen wird über das Schicksal Ihres Transporters entschieden. Denn Öl ist lebensnotwendig für jeden Motor. Ohne Schmierung würden in kürzester Zeit Lager und Kolben festfressen. Ölstandskontrolle und Nachfüllen dürfen Sie nicht versäumen.

Wartung

Reparatur

Alle Stellen im Motor, an denen Metalle aufeinander gleiten, müssen ständig mit Öl versorgt werden: Kolben, Zylinderlaufbahnen, die Lager von Kurbelwelle und Nockenwelle. Kein Triebwerk Ihres T5 hält mehr als einige Minuten ohne passende Schmierung durch. Ein Teil des Schmieröls wird vom Kreislauf abgezweigt und zur Kühlung u. a. des Kolbens direkt in dessen Inneres gespritzt.

Der Ölkreislauf

Damit das Öl seine Aufgabe erfüllen kann, strömt es im Motorblock durch ein System von Leitungen und feinen Bohrungen an die richtige Adresse. Dieses System bildet von der Ölwanne über die verschiedenen Stationen bis in die Wanne zurück einen regelrechten Kreislauf.
Eine wichtige Rolle darin spielt die Ölpumpe. Sie holt über das Ölsaugrohr das Motoröl aus der Wanne und drückt es in die Leitungen. Zuvor muss die Flüssigkeit den im Hauptstrom sitzenden Ölfilter passieren. Dort werden Verunreinigungen wie Ruß, Metallabrieb und Staub herausgefiltert. Ein Überdruckventil an der Pumpe öffnet bei zu hohem Druck, so dass ein Teil des Öls in die Wanne zurück fließen kann.
Durch die Mittelachse der Filterpatrone gelangt das gereinigte Öl direkt in den Hauptölkanal. Dort sitzt auch der Öldruckschalter, der über die Kontrollleuchte im Schalttafeleinsatz dem Fahrer einen zu niedrigen Öldruck anzeigt.

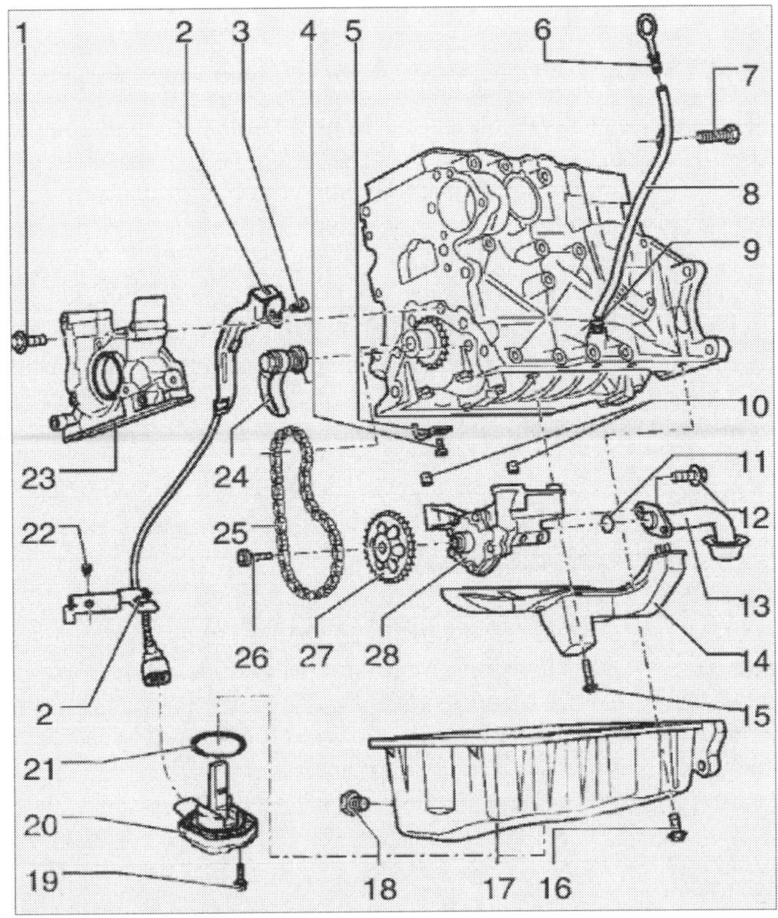

Schmiersystem des Motors AXA:
1/3/7/12/15/16/19/22 Schrauben,
9/11/21 O-Ringe und Dichtring,
2 Leitungsstrang-Halter des Gebers für Ölstand und Öltemperatur,
4 Befestigungsschraube mit Überdruckventil 1,3 ... 1,6 bar,
5 Ölspritzdüse,
6 Ölmessstab,
8 Führungsrohr mit Einfülltrichter,
10 Passhülsen,
13 Saugleitung (Sieb reinigen!),
14 Schwallsperre,
17 Ölwanne,
18 Ölablassschraube (30 Nm),
20 Geber 266 (für Ölstand und Öltemperatur),
23 Dichtflansch mit Dichtring (mit Silicondichtmittel D176 404 A2 bestreichen),
24 Kettenspanner mit Spannschiene,
25 Kette,
26 Kettenradschraube (20 Nm + 90°),
27 Kettenrad für Ölpumpe,
28 Ölpumpe mit 12 bar-Überdruckventil.

Perfektes Zusammenspiel im ausgeklügelten System

Alle diese Bauteile zusammen ergeben das Schmiersystem Ihres VW Transporters. Wenn bei Motorreparaturen größere Mengen Metallspäne oder Metallabrieb im Motoröl festgestellt werden, müssen die Ölkanäle sorgfältig gereinigt und der Ölkühler ersetzt werden. Anderenfalls riskieren Sie schwere Folgeschäden am Motor. Es müssen dann Teile des Schmiersystems ausgebaut werden.
Der Ausbau ist am besten eine Sache für die Werkstatt. Wir demonstrieren für erfahrene Schrauber das Zusammenspiel aller Bauteile mit dem oben stehenden Bild. Das Beispiel (Benzin-Einspritzmotor AXA) gilt für den prinzipiellen Aufbau des Schmiersystems auch bei den anderen T5-Motoren.

Ölpumpe und Ölfilter

Die Ölpumpe eines Verbrennungsmotors gehört zu jenen Komponenten, die schon bei der Basiskonstruktion des Motors mit festgelegt werden. Oft genug wird sie das Herz des Motors genannt. Die Qualität einer Ölpumpe in Design und Ausführung trägt sehr entscheidend dazu bei, dass ein Motorgrundkonzept über viele Jahre Serienproduktion hinweg beibehalten werden kann. VW stattet seine Motoren heute meist mit Duocentric-Pumpen aus.

Die Duocentric-Ölpumpe

Bei ihnen treibt ein von Motorkraft gedrehter Innenläufer mit Außenverzahnung einen um ihn gelegten Außenläufer mit Innenverzahnung, wobei die Achsen beider Läufer geometrisch versetzt sind. Dadurch entsteht bei der Drehbewegung eine Raumvergrößerung auf der Saugseite: Öl wird über die Saugleitung angesaugt und zur Druckseite transportiert. Dort wird der Raum zwischen den Zähnen wieder kleiner: Öl wird in den Kreislauf hineingedrückt. Ein Begrenzungsventil verhindert zu hohen Öldruck.
In den meisten Fällen wird der Innenläufer der Pumpe über Kettenräder und Kette mit dem Motor verbunden.

Zukunftsweisend ist eine Ausführung, bei der die Ölpumpe ohne Ketten-Koppeltrieb direkt durch die Kurbelwelle angetrieben wird. Der Innenläufer der Ölpumpe sitzt auf dem vorderen Zapfenbereich der Kurbelwelle. Reibung, Geräusch und Gewicht werden merklich geringer.
Der Ölfilter, dessen Bauformen und die Art seiner Montage sich je nach Motortyp unterscheiden, verrichtet seine Aufgabe nur so lange, bis er vom Schmutz zugesetzt ist. Deshalb sollte der Filtereinsatz bei jedem Ölwechsel ausgetauscht werden. Wenn er nicht rechtzeitig gewechselt wurde, tritt ein Überdruckventil (meist am Ölfilterhalter angebaut) in Aktion. Es öffnet, und das Motoröl umgeht den Filter. Damit ist zwar die Ölversorgung sichergestellt, doch ungefiltertes Motoröl bewirkt einen höheren Verschleiß an den Lagerstellen.
Vom Filter aus gelangt das Motoröl über Bohrungen im Zylinderblock zu den Schmierstellen der Kurbelwelle und zu den Pleueln. Von den Gleitlagern der Kurbelwelle wird das Öl in den Zylinderkopf und zu den Lagerstellen der Nockenwelle sowie zur Kipphebelbrücke gedrückt. Von dort fließt es durch Rücklaufkanäle in die Ölwanne, wo es wieder von der Ölpumpe angesaugt wird.

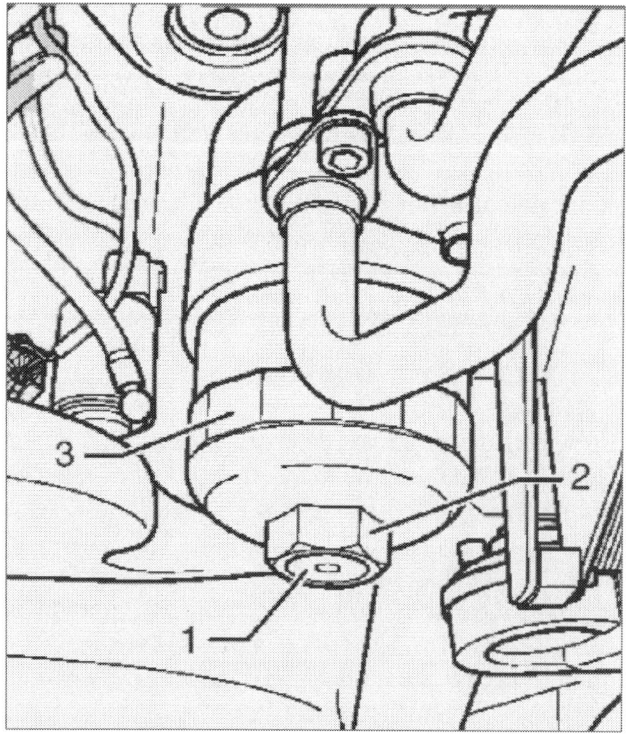

Hängendes Ölfilter beim Motor BDL: *1 Ölablassschraube des Schraubdeckels, 2Sechskant am Schraubdeckel (zum Lösen des Deckels), 3 Schraubdeckel.*

Ventil begrenzt Öldruck

Damit die Schmierung bei jeder Belastung des Motors sicher gestellt ist, muss der Öldruck stimmen. Bei zu kaltem und sehr zähflüssigem Öl kann ein zu hoher Druck entstehen. Dann öffnet ein Überdruckventil eine Umgehungsleitung (Bypass) und leitet das Öl direkt auf die Saugseite der Ölpumpe zurück. Der Ölkreislauf bleibt in diesem Fall erhalten. Informationen über den aktuellen Öldruck erhalten Sie freilich nur, wenn Sie einen Öldruckmesser als Zusatzinstrument eingebaut haben. Ansonsten müssen Sie sich auf die Öldruck-Kontrollleuchte verlassen.

Signale per Kontrollleuchte und Warnsummer

Die Kontrollleuchte K3 gab früher nur bei zu geringem Öldruck Signal. In diesem Fall werden unter Umständen die Motorteile nicht mehr richtig geschmiert. Das kommt zum Beispiel vor, wenn Sie Ihren Wagen bei zu geringem Ölstand mit hohem Tempo durch eine Kurve fahren. Die Ölpumpe saugt dann Luft anstatt Öl aus der Ölwanne. Der Öldruck fällt abrupt ab, was zu schweren Lagerschäden führen kann.
Wenn nach schnellen Autobahn- oder Passfahrten die Öldrucklampe im Leerlauf flackert, ist das ein Indiz dafür, dass der Öldruck durch zu heißes und damit dünnflüssiges Öl unter den normalen Druck gesunken ist. Das ist jedoch unproblematisch, wenn die Kontrollleuchte beim Gasgeben wieder verlischt.
Die VW-Fahrzeuge mit verlängertem Wartungsintervall verfügen über das neue Bauteil Geber für Ölstand und Öltemperatur (G266). Dieser Geber ist unten in die Ölwanne eingeschraubt. Damit verbunden, wird die Kontrollleuchte K3 auch für die Ölstandsanzeige genutzt. Leuchtet das Ölkannensymbol mit dem Tropfen an der Tülle gelb, dann ist der Ölstand zu niedrig. Blinkt es nach Einschalten der Zündung für etwa 5 Sekunden gelb, dann ist der Geber G266 defekt.
Blinkt die Leuchte rot und lässt sich zusätzlich ein akustisches Signal vernehmen, dann ist der Ölstand so niedrig, dass Motorschaden droht. Halten Sie dann sofort an und stellen Sie den Motor ab. Füllen Sie Öl auf und prüfen Sie, ob die Leuchte erlischt.
Wenn es weiterhin Warnsignale gibt: Wagen in die nächste Werkstatt schleppen und Ursache feststellen lassen. So riskieren Sie nicht, dass der Motor eventuell schweren Schaden nimmt.

Der Öldruckschalter

Dieses kleine Bauteil (F1) an der Ölfiltereinheit Ihres Transporters ist drucklos geöffnet und wird bei Erreichen des Schaltdruckes geschlossen. Die Öldruckwarnung wird 10 Sekunden nach dem Einschalten der Zündung aktiviert. Die Einschaltverzögerung der Warnung beträgt 3 Sekunden, die Ausschaltverzögerung etwa 5 Sekunden.
Nach Einschalten der Zündung (Klemme 15 eingeschaltet) muss bei stehendem Motor die Öldruckkontrolllampe im Schalttafeleinsatz ca. 3 Sekunden leuchten und danach verlöschen. Warnung durch Blinken der Leuchte und Ertönen des Summers erfolgt, wenn bei eingeschalteter Zündung und stehendem Motor der Öldruckschalter geschlossen oder wenn er bei Drehzahlen über 1.500 U/min geöffnet ist. Bei einer Motordrehzahl über 5.000 U/min bleibt die Kontrolllampe auch dann eingeschaltet, wenn der Öldruckschalter geschlossen ist. Bei einer Motordrehzahl unter 5.000 U/min wird die Kontrolllampe wieder ausgeschaltet.
Wenn die Spannungsversorgung des Steuergerätes in Ordnung ist und der Öldruckschalter bei einer Motordrehzahl über 1.500U/min für mehr als 0,5 Sekunden öffnet, wird das im Fehlerspeicher der Bordelektronik registriert. Tritt dieser Zustand während eingeschalteter Zündung dreimal auf, wird sofort die Öldruckwarnung ausgelöst.

Das Motoröl

Öl ist das Lebenselixier des Motors. Es vermindert die Reibung und den Verschleiß bei Kolben und Zylindern, Lagern und Ventiltrieb. Es dichtet die engen Räume zwischen Kolben, Kolbenringen und Zylinderwand so fein ab, dass der hohe Druck, der bei der Verbrennung entsteht, fast ohne Verluste auf die Kurbelwelle übertragen wird. Öl kühlt auch den Motor, zum Beispiel die Kolben in den Zylindern und die Lager von Kurbelwelle und Nockenwelle. Außerdem schützt es vor Rost, bindet Schmutzpartikel und einen Teil der Verbrennungsrückstände.
Wichtige Kenngröße für Motoröl ist seine Viskosität. Sie ist das Maß für die Fließfähigkeit des Schmieröls. Im Winter muss ein Motoröl so dünnflüssig sein, dass es nach dem Kaltstart sofort alle Schmierstellen versorgt. Im Sommer dagegen ist dickflüssiges Öl gefragt, das auch bei hohen Temperaturen den Schmierfilm nicht abreißen lässt. Additive verbessern den Viskositätsindex (VI). Sie bestehen aus langen Molekülketten, die beim Erhitzen quellen und beim Abkühlen wieder schrumpfen. So können sie mehrere der genormten Viskositätsklassen überspannen.

Normen für Motoröl

SAE-Klasse: Einstufung durch die Society of Automotive Engineers). Bezeichnet die Klasse der Viskosität, zum Beispiel SAE 15 W-40. Je kleiner die erste Zahl, umso dünner und bei Kälte besser fließend ist das Öl (W = Winter). Ein Öl mit 0 W schmiert noch bei minus 30 Grad, bei 5 W ist es gut bis minus 25 Grad, bei 15 W bis minus 15 Grad. Je höher die zweite Zahl, umso besser widersteht das Öl hohen Temperaturen.
ACEA-Norm: Von der Association des Constructeurs Européen d'Automobiles im Jahre 1996 eingeführte europäische Ölnorm. Löste die CCMC-Norm ab (Spezifikation aus den Buchstaben G = Benziner und PD = Diesel sowie einer Zahl, die umso höher ist, je besser das Öl). Nach ACEA gibt es für Benziner die Gruppen A1 (Sprit sparendes Öl), A2 (gering belastetes Öl), A3 (Hochleistungs-Öl). Für Diesel gilt eine Einteilung von B1 bis B4.
API-Norm: Die USA-Norm des American Petroleum Institute. Diese Spezifikation besteht aus den Buchstaben S (Benziner) und C (Diesel) sowie einem weiteren Buchstaben. Je höher dieser im Alphabet steht, umso besser ist die Qualität des Öls.

Mehrbereichs- und Leichtlauföl

Die meisten Motoröle sind so genannte Mehrbereichsöle. Sie bestehen aus Mineralöl und bis zu 20 Prozent Additiven. Diese Zusätze bewirken, dass sich das Öl den Temperaturen im Motor anpasst. Dadurch ist sowohl für den kalten wie auch für den heißen Motor die richtige Schmierfähigkeit gegeben. Additive schützen ferner das Öl vor Oxidation und verhindern das Aufschäumen bei hohen Drehzahlen.
Mehrbereichsöl kann ganzjährig gefahren werden. Die VI-Verbesserer verschleißen jedoch bei hohen Temperaturen und verlieren ihre Wirkung. Außerdem setzen Wasser, Kraftstoff und Verbrennungsrückstände der Lebensdauer des Motoröls Grenzen. Ein dünnes Mineralöl hält die Drücke und Temperaturen im Triebwerk nicht gut aus. Rechtzeitiger Ölwechsel ist daher kein

Luxus, sondern reine Notwendigkeit, wenn Ihr Motor reibungslos funktionieren soll.
Auch die synthetischen Öle (Leichtlauföle) kommen nicht ohne Erdöl aus. Allerdings wird der Molekülaufbau des Rohöls in einem aufwendigen Verfahren (Cracken) aufgelöst und nach neuer Rezeptur mit speziellen Additiven neu zusammengesetzt.
Über die Eignung eines Öles entscheiden die Ölspezifikation und die richtige Viskositäts-Klasse. Wenn Sie Öl nachfüllen, können Sie ohne Probleme die Produkte verschiedener Hersteller (gleiche Spezifikation vorausgesetzt) mischen. Sie müssen jedoch damit rechnen, dass die Eigenschaften des Öls leicht beeinträchtigt werden. Jede Marke hat eine spezielle Kombination von Additiven, die ihre Wirksamkeit beim Mix mit einem anderen Öl verlieren können.

Eigenschaften der VW-Öle

Praxistipp

Mehrbereichsöle nach VW-Norm 503 00 und 506 01 für lange Service-Intervalle haben nach Angaben von VW die folgenden Eigenschaften:

- Dauerhaften Motorschutz zwischen den verlängerten Wartungsintervallen,
- Schutz vor leistungsmindernden Ablagerungen,
- hohe Viskosität für beständig hohe Kraftstoffeinsparung unter allen Fahrbedingungen,
- dauerhafte Stabilität für beständig hohe Leistungsfähigkeit bei langer Laufleistung und
- verringerten Schadstoffausstoß durch geringeren Kraftstoffverbrauch.

Mehrbereichsöle nach VW-Norm 501 01 und 505 01 haben nach Angaben von VW die folgenden Eigenschaften:

- Ganzjährige Verwendbarkeit in gemäßigten Klimazonen,
- ausgezeichnete Reinigungsfähigkeit,
- sichere Schmierfähigkeit bei allen Motortemperatur- und Lastzuständen sowie
- hohe Alterungsbeständigkeit

Mehrbereichs-Leichtlauföle nach VW-Norm 500 00 weisen darüber hinaus folgende Vorteile auf:

- Ganzjährige Verwendbarkeit bei nahezu allen vorkommenden Außentemperaturen,
- geringere Reibungsverluste des Motors und
- bestmögliche Kaltstartfähigkeit, auch bei sehr niedrigen Temperaturen.

Das für Benzinmotoren geeignete Mehrbereichsöl 502 00 entspricht den VW-Normen 501 01, 505 00 und 500 00. Es ist besonders für den Einsatz bei erschwerten Betriebsbedingungen (schlechte Straßenverhältnisse, Anhängerbetrieb, Bergfahrten, heiße Klimazonen) geeignet.

Welches Öl für den Transporter?

Werkseitig ist in Ihren T5-Motor ein Qualitäts-Mehrbereichsöl eingefüllt. Volkswagen schreibt für die **Benzinmotoren** (4- und 6-Zylinder) Mehrbereichs-Leichtlauföle nach VW-Norm 500 00, 501 01 oder 502 00 für den Fall der normalen Service-Abstände (PR-Nummern QG0 und QG2) vor. Die Motoren mit LongLife Service (PR-Nummern QG1) sind werkseitig mit Öl VW 503 00 befüllt. Dieses ist auf lange Wartungsintervalle abgestimmt. Wenn Sie die genannten anderen Öle für solche Motoren verwenden, muss die Service-Intervallanzeige von LongLife auf nicht flexibel umcodiert werden.
Für die Fahrzeuge mit **Dieselmotoren** (4- und 5-Zylinder TDI PDE) gelten andere Normen. Vorgeschrieben sind Mehrbereichsöle nach VW-Norm 505 01 für die Normalintervalle. Die Motoren mit LongLife Service sind werkseitig mit Mehrbereichs-Leichtlauföl der Spezifikation VW 506 01 befüllt. Solche Öle, die ausschließlich für Dieselmotoren zugelassen sind, sollten Sie übrigens keinesfalls mit Ölen für Benzinmotoren mischen. Sie riskieren sonst einen Motorschaden!

Motor	Füllmenge	ohne Filter
2,0 Liter 85 kW AXA	4,0 Liter	3,5 Liter
3,2 Liter 173 kW BDL	5,7 Liter	5,2 Liter
1,9 Liter TDI PDE 63 kW AXC	5,8 Liter	5,2 Liter
1,9 Liter TDI PDE 77 kW AXB	5,8 Liter	5,2 Liter
2,5 Liter TDI PDE 96 kW AXD	7,4 Liter	7,0 Liter
2,5 Liter TDI PDE 128 kW AXE	7,4 Liter	7,0 Liter

Ein Wort zum Ölverbrauch

Wenn der Motor Ihres T5/Multivan technisch in Ordnung ist, verbraucht er so wenig Öl, dass zwischen den einzelnen Ölwechselintervallen nichts oder nur eine geringe Menge nachgefüllt werden muss. Das gilt jedoch nur, wenn Sie regelmäßig das Öl wechseln und den Motor nicht durch zu scharfe Fahrweise übermäßig belasten.
Ihr Motor verbraucht Öl, weil es teilweise in den Verbrennungsraum gelangt und dort verbrennt. Ein

undichter Motor, defekte Ventilschaftabdichtungen, falsch eingebaute Kolbenringe oder zu viel Spiel zwischen Ventilführung und Ventilschaft treiben den Verbrauch jedoch in die Höhe.
Wenn der Ölstand zwischen den Messungen nicht abnimmt, kann das allerdings auch eine negative Ursache haben. Das Motoröl könnte durch Kraftstoff und Kondenswasser verdünnt sein, was seine Schmiereigenschaft verschlechtert. So etwas kommt vor allem im Winter vor, wenn Sie das Fahrzeug nur auf kurzen Strecken bewegen.

Altöl richtig entsorgen

Sie können die Altölentsorgung dem Händler überlassen, bei dem Sie das Motoröl gekauft haben. Er muss das Altöl kostenlos zurücknehmen. Zum Nachweis die Quittung im Handschuhfach aufbewahren. Sie können das Altöl auch zusammen mit Ölfilter und verschmutzten Lappen bei der Altölsammelstelle abgeben. Adressen erfahren Sie bei örtlichen Behörden oder bei Automobilclubs.

Das Wechseln von Öl und Filter

Bei allen Motoren ohne ausdrückliche Serviceintervall-Verlängerung (LongLife, flexibler Service o. Ä.) ist der Ölwechsel alle 15.000 Kilometer oder alle 12 Monate fällig. LongLife-Öl hat eine Laufzeit von maximal zwei Jahren (30.000 km bei Benzinmotoren, 50.000 km bei Dieselmotoren).

Früher Wechsel kann sinnvoll sein

Wenn Sie oft lange Strecken fahren, brauchen Sie das Intervall nicht auf den Kilometer genau einzuhalten. Sind Sie dagegen ausschließlich in der Stadt unterwegs, macht ein früherer Wechsel Sinn. Im Winter können in solchem Fall bereits vier Monate (3.000 km) genug für das Motoröl sein.
Ungeachtet der beruhigenden Feststellung, dass innerhalb des Wechselintervalls kaum mit Ölverlust gerechnet werden muss, sollten Sie nach jedem zweiten Tanken zum Ölpeilstab greifen. In der Einfahrzeit oder bei einem älteren Motor mit erhöhtem Ölverbrauch ist es sogar sinnvoll, das Öl bei jedem Volltanken zu kontrollieren. Der Peilstab (Ölmessstab) fällt mit seinem farbigen Kunststoffgriff bei allen Motoren sofort ins Auge.

Wann lohnt sich ein Ölwechsel in eigener Regie?

Ist das Nachfüllen eine relativ simple Sache, so macht der Ölwechsel doch allerhand Probleme. Das Do it yourself würde sich nur lohnen, wenn Sie ein preiswertes Öl aus Zubehörhandel, Warenhaus oder Tankstelle verwendeten. Gerade das aber verbietet sich angesichts der Forderung nach dem Öl der richtigen Spezifikation.
Ein konventioneller Ölwechsel, bei dem Sie das Öl ablassen und den Filter wechseln, erfordert Zeit, weil Sie das Fahrzeug dazu aufbocken müssen. Schneller und sauberer geht's bei einem SB-Ölwechsel mit einem Absauggerät an der Tankstelle. Diese Methode hat jedoch Nachteile: Der Schlamm bleibt in der Ölwanne, und ohne einen Filtertausch ist der Ölwechsel nur eine halbe Sache. In der Werkstatt kostet der Ölwechsel am meisten, schon weil man dort die geforderten, dafür aber leider mitunter teuren Ölsorten verwendet.

Nötige Menge für den Ölwechsel

Zur Füllmenge mit und ohne Filter werden von Volkswagen in den Werkstattunterlagen Angaben gemacht, die in einigen Fällen von den Zahlen in den Technischen Daten (Internet-Datenbank) abweichen. Allerdings wird auch stets darauf hingewiesen, sich auf die für den jeweiligen Motor (Kennbuchstaben) aktuellen Werte zu beziehen. Wir haben die Tabelle auf Seite 64 aus den Daten in den Werkstattunterlagen zu den einzelnen Motoren zusammengestellt.

Motorölstand prüfen und Öl nachfüllen

1 Die Ölstandskontrolle sollte bei einer Öltemperatur von mindestens 60 °C vorgenommen werden. Das entspricht einer Fahrt von etwa 10 Minuten nach dem Kaltstart. Fahrzeug in waagerechte Stellung bringen. Nach dem Abstellen des Motors drei bis fünf Minuten warten, damit alles Öl in die Ölwanne abtropfen kann.

2 Ziehen Sie den Peil- (oder Mess-)Stab. Vorsicht, die umliegenden Motorteile können sehr heiß sein. Ölstab (Bild unten) mit sauberem, flusenfreiem Lappen oder Papiertuch abwischen, bis zum Anschlag wieder einschieben, kurz warten und erneut herausziehen.

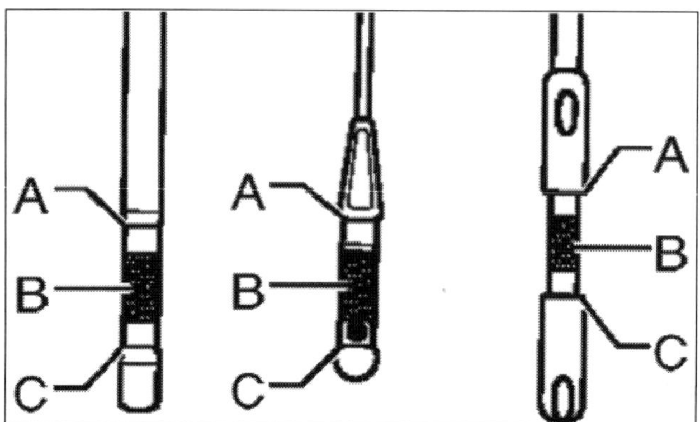

Ablesen des Messstabs: *A = Öl darf nicht, B= Öl kann nachgefüllt werden. Danach kann sich der Ölstand im Bereich A befinden, C=Öl muss nachgefüllt werden. Es genügt, dass danach der Ölstand im Messfeld B (geriffelter Bereich) liegt. Bei Ölstand oberhalb A besteht die Gefahr von Katalysatorschäden. Bei Ölstand unterhalb C füllen Sie Öl bis zur Markierung A auf.*

3 Lesen Sie den Ölstand ab. Dunkle Färbung bedeutet übrigens nicht, dass das Öl gewechselt werden müsste. Diese Färbung entsteht auch bei Marken-Motoröl schon nach kurzer Laufzeit durch angesammelte Schmutzpartikel.

4 Die Nachfüllmenge zwischen den Markierungen für minimalen und maximalen Ölstand beträgt 1,0 Liter. Ein halber Liter genügt, wenn der Ölstand die untere Markierung (min-Marke) nicht unterschreitet. Füllen Sie niemals zu viel Öl nach! Überschüssiges Motoröl muss wieder abgesaugt werden. Es wird unter Umständen über die Kurbelgehäuseentlüftung angesaugt und verschmutzt den Luftfilter. Zu viel Öl kann die Motordichtungen beschädigen und sogar, wenn es über den Brennraum in den Auspuff gelangt, den Katalysator. Generell gilt: Der Motorölstand ist im Bereich zwischen den Markierungen zu halten.

5 Füllen Sie entsprechend Öl nach und benutzen Sie dazu einen kleinen Trichter. Damit lässt sich diese Arbeit präzise und sauber ausführen. □

Öl und Filter wechseln

Arbeitsschritte 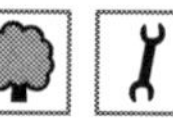  

1 **Ölwechsel:** Fahrzeug warm fahren. Nur dann werden die Schmutzpartikel beim Auslaufen ausgeschwemmt.

2 Das Auto waagerecht stellen oder aber rüttelsicher aufbocken.

3 Verschlussdeckel vom Öleinfüllstutzen abnehmen, Geräuschdämpfung ausbauen. Motoröl absaugen (Altöl-Absaug- und Auffanggerät V.A..G 1782) oder ablassen Dazu eine flache Wanne oder Schüssel oder einen aufgeschnittenen Plastik-Ölkanister mit entsprechendem Fassungsvermögen je nach Motor unterstellen.

Schmiersystem — Störungsbeistand

Störung	Ursache	Abhilfe
A Bei Einschalten der Zündung bleibt Öldruckkontrollleuchte dunkel.	**1** Kontrollleuchte oder Öldruckschalter defekt.	Auswechseln.
	2 Steckverbindung korrodiert bzw. Kabelverbindung unterbrochen.	Überprüfen und reinigen, ggf. Kabel reparieren.
B Kontrollleuchte geht erst bei höheren Drehzahlen aus.	Bypassventil in der Ölfilterhauptstromleitung klemmt.	Öldruck überprüfen lassen, Ventil ggf. auswechseln lassen.
C Kontrollleuchte brennt nach Anspringen des Motors und geht auch beim Gasgeben nicht aus.	**1** Zu wenig Öl im Motor.	Ölstand überprüfen, ggf. Öl nachfüllen.
	2 Ölansaugsieb in der Ölwanne zugesetzt bzw. Ölpumpe verschlissen.	Überprüfen bzw. ersetzen lassen.

4 Ölablassschraube unten an der Ölwanne mit Stecknuss öffnen, Öl ins Gefäß laufen lassen. Vorsicht, es ist heiß!

Nehmen Sie den Dichtring von der Schraube, ggf. durchtrennen Sie ihn mit einem Seitenschneider.

5 Haben Sie den Wagen nur vorn aufgebockt: Fahrzeug ablassen, damit das Altöl ganz ausläuft. Achten Sie darauf, dass das Auffanggefäß nicht umkippt.

6 Versehen Sie die Ölablassschraube mit einem neuen Dichtring und drehen Sie sie handfest wieder ein. Beim Festschrauben müssen Sie bei allen Motoren das Anzugsdrehmoment von 30 Nm beachten.

7 **Ölfilter wechseln:** Bei Motoren mit stehendem Ölfiltermodul (TDI) sollte der Ölfilterwechsel vor dem Motorölwechsel erfolgen. Durch das Herausnehmen des Filterelements wird nämlich ein Ventil geöffnet und das Öl im Filtergehäuse fließt automatisch ins Kurbelgehäuse.

Beim 6-Zylinder-Benzinmotor **BDL** die Geräuschdämpfung ausbauen, Ölablassschraube des Filterschraubdeckels herausdrehen und Öl ablassen (entsorgen!), Schraubdeckel am Sechskant (Schlüssel) oder am Umfang (Spannband) lösen. Deckel ausbauen, Dichtflächen an Deckel und Filtergehäuse reinigen. Filtereinsatz erneuern, Schraubdeckel mit neuem O-Ring (mit Öl einstreichen) einbauen und mit 25 Nm festziehen. Ölablassschraube mit Dichtring versehen und mit 10 Nm festziehen. Weiterer Zusammenbau umgekehrt wie Ausbau.

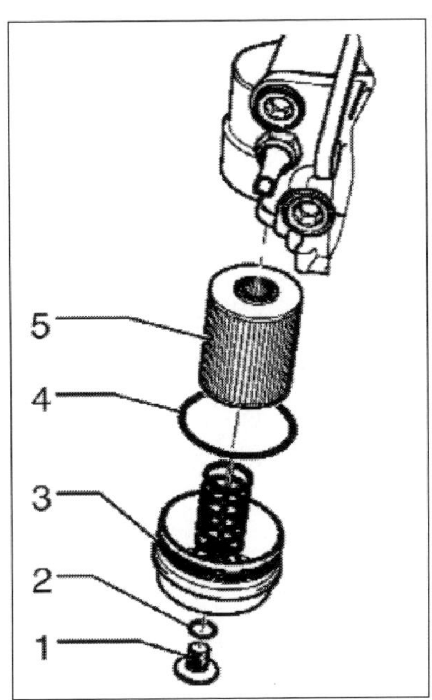

Ölfilter-Aufbau beim 6-Zylinder-Motor BDL: *1 Ölablassschraube, 2 Dichtring, 3 Schraubdeckel, 4 O-Ring, 5 Filtereinsatz.*

Beim 4-Zylinder-Benzinmotor **AXA** wird der gesamte Filter gewechselt: Geräuschdämpfung ausbauen, Ölfilter von unten mit Spannband lösen und ausbauen. Die Dichtfläche am Motor reinigen. Am neuen Filter die Gummidichtung leicht einölen. Filter eindrehen und handfest anziehen.

Bei den 5-Zylinder-TDI-Motoren **AXD und AXE** ist der Ölfiltermodul stehend vor dem Aggregatelager vorn rechts eingebaut. Er sitzt ansaugseitig zwischen Zylinderblock und Kühler. Die zweigeteilte obere Motorabdeckung ausbauen (Spannverschlüsse, dann das komplette Luftfiltergehäuse.

Bei den 4-Zylinder-TDI-Motoren **AXB und AXC** ist der stehende Ölfilter nach Ausbau der zweigeteilten oberen Motorabdeckung gleich zugänglich. Lösen Sie dann den Ölfilterschraubdeckel am Sechskant (Schlüssel) oder am Umfang (Spannband). Deckel ausbauen, Dichtflächen an Schraubdeckel und Ölfiltergehäuse reinigen, Filtereinsatz und zwei O-Ringe auswechseln, die neuen O-Ringe einölen, Schraubdeckel einbauen und mit 25 Nm festziehen. Weiterer Einbau in umgekehrter Ausbaureihenfolge.

8 Öl einfüllen. Dann Motor kurz laufen lassen. Bis die Ölpumpe den Ölfilter gefüllt hat, brennt die Öldruckkontrolle, da sich der Öldruck erst aufbauen muss. Kein Gas geben.

9 Öldichtheit kontrollieren (siehe nächste Arbeitsanleitung). Motorölstand erneut überprüfen und ggf. noch Öl nachfüllen. Mindestens drei Minuten warten und nochmals Ölstand prüfen. Geräuschdämpfung wieder einbauen. □

Ölfeuchte Stellen prüfen

Arbeitsschritte 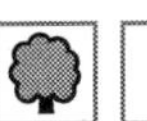   **(W) 15.000 km 12 Monate**

1 Wenn Sie im Motorraum starke Ölspuren oder unter dem geparkten Wagen Ölflecken feststellen, müssen Sie dem rasch nachgehen: Ein undichter Motor ist ein Indiz für einen technischen Mangel, der sich schnell verschlimmern kann. Am besten nehmen Sie Ihren Motor nach einer Motorwäsche und einer anschließenden Probefahrt in Augenschein.

2 Um die Öldichtigkeit zu prüfen, bauen Sie zunächst die obere Motorabdeckung ab.

3 Bauen Sie anschließend die Geräuschdämpfung unter dem Motor aus.

4 Kontrollieren Sie die folgenden Punkte: Dichtung des Öleinfülldeckels, Belüftungsschlauch der Kurbelgehäuse-Entlüftung (vom Ventildeckel zum Luftansaugschlauch), Ventildeckel-Dichtung, Zylinderkopfdichtung, Ölablassschraube, Ölfilter, Ölwannendichtung und Simmerringe an Nockenwelle und Kurbelwelle.

5 Ölschwitzflecken am Motor sind noch kein Grund zur Sorge. Motoröl kann sich bei starken Temperaturschwankungen durch die Poren von Dichtungen und Gehäusen arbeiten. Diese Form der Transpiration ist normal. Entdeckte Undichtigkeiten aber müssen beseitigt werden. □

Öldruckschalter und Öldruck prüfen

Arbeits-schritte   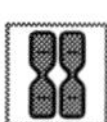

1 Für diese Prüfung sind ein Öldruck-Prüfgerät (z.B. V.A.G 1342) und eine Diodenprüflampe (z.B. V.A.G 1527) mit Messhilfsmitteln erforderlich. Das Prüfgerät muss eine Einschraubmöglichkeit für den Öldruckschalter haben. Der Motorölstand muss in Ordnung sein. Der Motor muss auf Betriebstemperatur mit mindestens 80 °C Öltemperatur gefahren werden, das bedeutet, der Lüfter für den Kühler muss einmal gelaufen sein.

2 Ziehen Sie die Leitung vom Öldruckschalter ab. Schrauben Sie den Schalter (F1) aus dem Ölfilterhalter heraus und das Öldruckprüfgerät an seiner Stelle ein.

3 Öldruckschalter ins Manometer (Prüfgerät 1342) einschrauben.. Braune Leitung des Prüfgeräts an Masse (minus).

Prüfung Öldruckschalter

4 Mit Hilfsleitungen wird die Diodenprüflampe an den Batteriepluspol und an den Öldruckschalter angeschlossen. Falls die Leuchtdiode jetzt aufleuchtet, muss der Öldruckschalter ersetzt werden.

5 Leuchtet die Diode nicht: Motor anlassen und Drehzahl langsam erhöhen. Bei einem Überdruck beim Diesel zwischen 0,55 und 1,05 bar bzw. bei den Benzinmotoren zwischen 1,2 und 1,6 bar muss die Leuchtdiode aufleuchten. Anderenfalls muss der Öldruckschalter ersetzt werden.

Prüfung Öldruck

6 Der Öldruck im Leerlauf soll mindestens 0,8 bar (Dieselmotoren) bzw. 1,3 bis 2,0 bar (Benzinmotoren) betragen. Erhöhen Sie die Drehzahl weiter. Bei 2.000 U/min und 80 °C Öltemperatur soll der Öldruck mindestens 2 bar betragen. Werden die Sollwerte nicht erreicht, sind mechanische Schäden, z. B. Lagerschäden, zu beseitigen oder der Ölfilterhalter mit Überdruckventil bzw. die Ölpumpe zu ersetzen.

7 Bei höherer Drehzahl darf der Öl-Überdruck 7,0 bar nicht überschreiten. Steigt der Druck höher, müssen die Ölkanäle überprüft und gegebenenfalls das Überdruckventil im Ölfilterhalter oder im Ölpumpendeckel ersetzt werden.

8 Nach Abschluss der Prüfung den Öldruckschalter wieder aus dem Manometer heraus- und in seinen Einbauort (Zylinderkopf, Ölfilterhalter) einschrauben. Mit 25 Nm festziehen. Bei Undichtigkeit muss der Dichtring ersetzt werden (den alten mit Seitenschneider aufkneifen). □

Ölwanne aus-/einbauen

Arbeits-schritte   

1 **Ausbau:** Geräuschdämpfung vollständig ausbauen. Motoröl ablassen, Ölwanne abschrauben (Steckschlüssel oder Gelenkschlüssel 3185 mit Steckeinsatz T10058).

2 Ölwanne abnehmen, ggf. leichte Gummihammerschläge. Bei Fahrzeugen mit verlängerten Service-Intervallen den Stecker vom Geber G266 für Ölstand/Öltemperatur abziehen.

3 Entfernen Sie die Dichtmittelreste am Zylinderblock mit einem Flachschaber und von der Ölwanne mit einer rotierenden Kunststoffbürste (Handbohrmaschine; Schutzbrille tragen!). Alle Dichtflächen müssen öl- und fettfrei sein.

4 **Einbau:** Schneiden Sie die Tubendüse des Silikondichtmittels D 176 404 A2 an der vorderen Markierung so ab, dass der Düsendurchmesser etwa 3 mm beträgt.

5 Auf die Dichtfläche der Ölwanne das Dichtmittel etwa 2 bis 3 mm dick auftragen, besonders sorgfältig im Bereich des Dichtflansches hinten. Im Bereich der Schraubenbohrungen an der Innenseite vorbei laufen (Bild unten Motoren AXE). Die Dichtmittelraupe darf nicht über 3 mm sein, damit kein Dichtmittel das Sieb im Ölansaugrohr verstopfen kann.

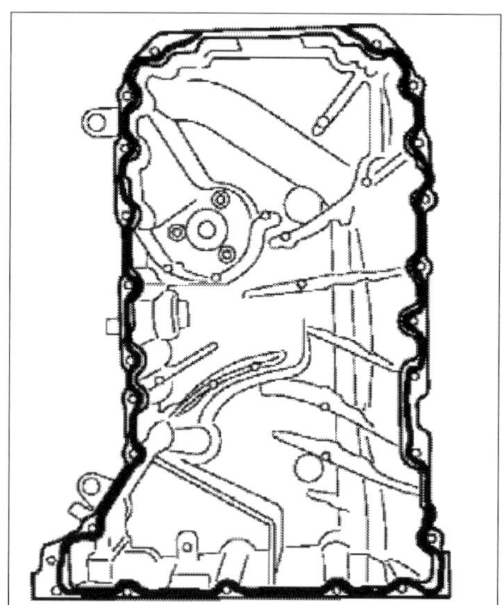

6 Setzen Sie die Wanne sofort auf und ziehen Sie alle Schrauben Ölwanne/Zylinderblock leicht an. Ziehen Sie dann die drei Schrauben Ölwanne/Getriebe erst leicht, später mit maximal 45 Nm fest und die Schrauben Ölwanne/Zylinderblock über Kreuz in zwei Stufen mit zuletzt 15 Nm an.

7 Dichtmittel 30 Minuten trocknen lassen, Öl einfüllen. □

DAS KÜHLSYSTEM

Ohne ständige Kühlung kein störungsfreies Funktionieren des Motors. Regelmäßige Kontrolle des Flüssigkeitsstandes im Kühlmittelausgleichsbehälter ist eine gute Vorsorge. Der Behälter links im Motorraum hat dafür an der Außenseite MAX- und MIN-Marken.

Das Kühlsystem sorgt für die richtige Betriebstemperatur des Motors. Es besteht aus Kühler, Temperaturregler (Thermostat), Wasserleitungen, Ventilator (Kühlerlüfter) und einem Netz kleiner, genau bemessener Kanäle in Motorblock und Zylinder. In ihnen zirkuliert die in den Ausgleichsbehälter eingefüllte Kühlflüssigkeit. Dieser Wassermantel führt die Verbrennungswärme über die Schläuche des Kühlsystems an den Kühler ab.

Der Kurzschlusskreislauf

Nach dem Kaltstart zirkuliert das Kühlmittel im kleinen Kühlkreislauf, der sich auf Motor und Heizung beschränkt. In diesem Kurzschlusskreislauf hält der Thermostat den Durchfluss zum Kühler geschlossen. Das Kühlmittel gelangt auf direktem Weg zurück in den Motor. So erhitzt sich die Kühlflüssigkeit schneller und der Motor wird schneller warm. Der Kühler tritt erst in Aktion, wenn die Kühlflüssigkeit eine bestimmte Temperatur erreicht hat. Wenn dann der Thermostat öffnet, wird kaltes Wasser aus dem Kühler mit bereits erwärmtem Wasser aus dem kleinen Kühlkreislauf vorgemischt. Das verhindert einen Kälteschock für den Motor.

Kühlung bei Betriebstemperatur

Solange die Wassertemperatur steigt, öffnet der Thermostat den Kaltwasserzufluss aus dem Kühler immer weiter und schließt gleichzeitig den Kurzschluss-

Wartung

Reparatur

kreislauf. Bei Betriebstemperatur zirkuliert die Kühlflüssigkeit vom unteren Kühlwasserschlauch zur Wasserpumpe (Kühlmittelpumpe), die sie in Motorblock und Zylinderkopf drückt. Der größte Teil der Flüssigkeit läuft dann über den geöffneten Thermostat zum Kühler, während der Rest zum Wärmetauscher der Heizung fließt.
Das im Kühler unten abfließende kalte Wasser zieht heißes Kühlmittel oben in den Kühler nach. Dort wird es beim Zug durch die Kühlerlamellen abgekühlt. Sinkt während der Fahrt die Wassertemperatur unter die vorgeschriebene Betriebstemperatur, sperrt der Thermostat den Kühlerdurchfluss erneut, bis sich das Kühlmittel wieder genügend erwärmt hat.

Überdruck und Kühlerventilator

Das Kühlsystem steht unter einem Überdruck von etwa 1,2 bis 1,5 bar bei Betriebstemperatur. Dadurch und durch den Einsatz von Kühlmittelzusätzen erhöht sich der Siedepunkt der Kühlflüssigkeit von 100 °C auf rund 120 °C. Die höhere Temperatur ermöglicht einen wirtschaftlicheren und damit Kraftstoff sparenden Motorbetrieb.
Wenn bei einem heißen Motor der Kühlmittel-Druck 1,5 bar übersteigt, tritt das Überdruckventil am Ausgleichsbehälter in Aktion. Es öffnet und lässt zum Druckausgleich etwas Wasserdampf entweichen.
Trotzdem kann es zum Beispiel bei Fahrten in der Stadt vorkommen, dass das Kühlmittel im System überhitzt wird. Dann muss der Kühlerventilator den Kühler zusätzlich kühlen. Bei einer Kühlmitteltemperatur von 92 bis 97 °C wird die erste Stufe (halbe Drehzahl) geschaltet. Steigt die Kühlmitteltemperatur auf 99 bis 105 °C, schaltet der Thermoschalter in der zweiten Stufe auf volle Drehzahl. Durch diesen gesteuerten Einsatz des Lüfters und die thermostatische Regelung des Kühlmittelstroms wird die Betriebstemperatur schneller erreicht und der Kraftstoffverbrauch spürbar reduziert.

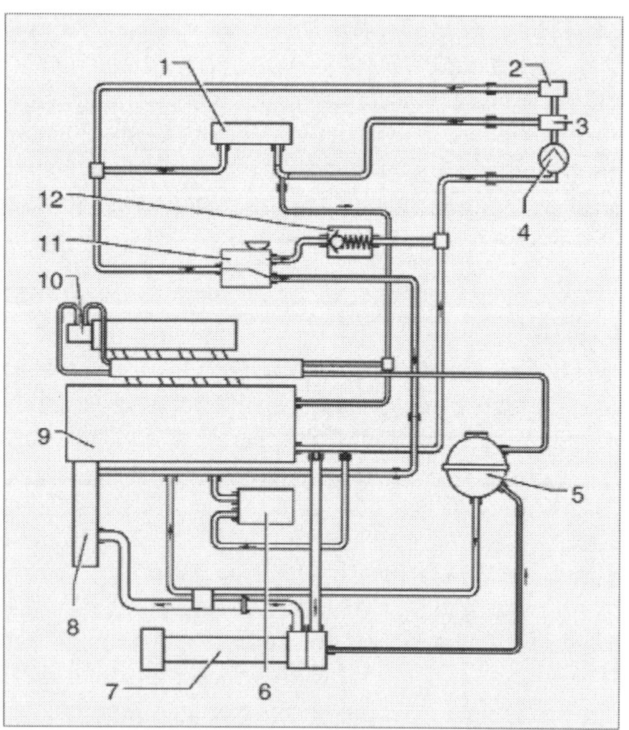

Großer Kühlmittelkreislauf der 4-Zylinder-Motoren AXA: *1 und 2 Wärmetauscher für Heizung, 3 je nach Ausstattung Zusatzwasserheizung (Standheizung) oder Zuheizer, 4 Umwälzpumpe (V55; unter dem Fahrzeug vorn links eingebaut), 5 Ausgleichsbehälter, 6 Ölkühler, 7 Kühler, 8 Kühlmittelpumpe, 9 Zylinderkopf/Zylinderblock, 10 Drosselklappensteuereinheit, 11 Absperrventil für Kühlmittel, 12 Rückschlagventil (11 und 12 nur bei Zusatzwasserheizung).*

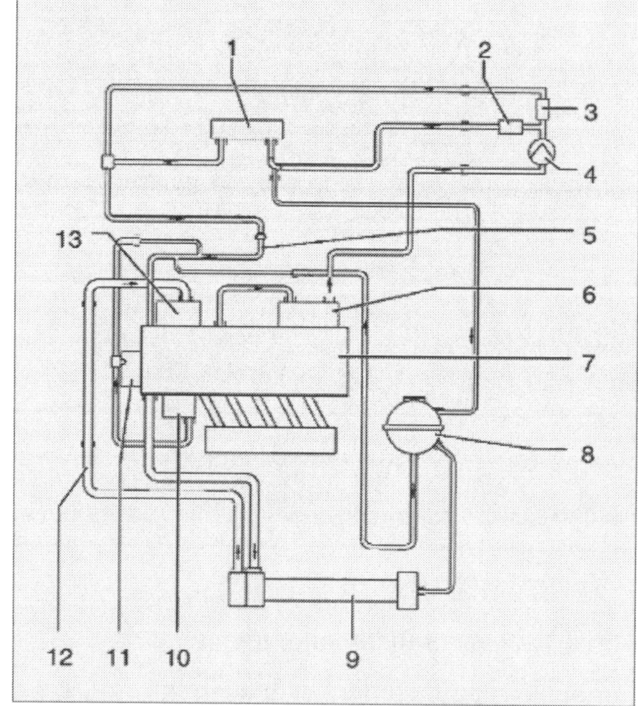

Großer Kühlmittelkreislauf der 5-Zylinder-Dieselmotoren AXD/AXE: *1 Wärmetauscher für Heizung, 2 Zusatzwasserheizung, 3 Zusatzwärmetauscher (2 und 3 nur bei M-Ausstattung), 4 Umwälzpumpe (V55), 5 Kühlmittelrohr oben, 6 bei Fahrzeugen mit Automatikgetriebe Kühler für Abgasrückführung, 7 Zylinderkopf/Zylinderblock, 8 Ausgleichsbehälter, 9 Kühler, 10 Ölkühler, 11 Kühlmittelpumpe, 12 Kühlmittelrohr unten, 13 Kühlmittelreglergehäuse.*

Komponenten des Kühlsystems

Kühlmittelpumpe (Wasserpumpe): Sorgt für den Kreislauf des Kühlmittels. Je nach Motorversion vom Zahnriemen oder vom Keilrippenriemen angetrieben.

Thermostat (Kühlmittelregler): Hält die Wassertemperatur konstant. Der Regler öffnet bei etwa 87 °C und lässt das Wasser zum Kühler oder zurück in den Motor strömen. Bei 102 °C endet der Öffnungshub von mindestens 8 mm. Diese mechanischen Thermostaten werden zunehmend abgelöst vom

Elektronisch geregelten Kühlsystem, das mit einem Thermostat für kennfeldgeregelte Motorkühlung ausgestattet ist.

Ausgleichsbehälter: Lässt bei zu hohem Druck durch ein Überdruckventil im Deckel Wasserdampf entweichen. Der Behälter links im Motorraum hat an der Außenseite eine Anzeige des Kühlmittelstandes (MAX/MIN).

Kühler: Oben und unten am Schlossträger der Karosserie montiert. Zwischen Kunststoff-Wasserkästen links und rechts befinden sich dünnwandige Röhrchen, die durch ein Gerüst von Lamellen miteinander verbunden sind. Die vom Luftstrom bestrichene Fläche ist dadurch viele Quadratmeter groß.

Kühlerventilator: Dieser Lüfter verhindert ein Überhitzen des Kühlmittels. Einige Fahrzeuge haben noch einen Zusatzlüfter.

Rohre und Schläuche: Verbinden die einzelnen Komponenten zum System.

Das Kühlmittel

Kühlflüssigkeit (Kühlmittel) besteht aus Wasser und Kühlmittelzusatz. Alle Motoren des T5 sind mit 7,1 Liter Kühlmittel befüllt. Bei dem Zusatz handelt es sich um das Kühlerfrost- und Korrosionsschutzmittel G 12 Plus nach original VW-Liste TL VW 774 F. Dieses Mittel hat eine lila Färbung. Es darf nur G 12 lila nachgefüllt werden. Dieser Zusatz ist aber mit dem zuvor verwendeten G 12 der Norm TL VW 774 D (Farbe rot) mischbar.
G 12 Plus ist als Lebensdauerfüllung geeignet und schützt den Motor optimal vor Frost, Korrosionsschäden, Kalkansatz und Überhitzung. Das Mittel erhöht die Siedetemperatur des Kühlmittels und sorgt für bessere Wärmeableitung. Deshalb muss das Kühlsystem unbedingt ganzjährig mit dem Mittel befüllt sein. Die folgende Tabelle veranschaulicht den angemessenen Frostschutz unter Zusatz von G 12 Plus:

Mischungsverhältnisse

Frostschutz bis	Frostschutzanteil	Trinkwasser
-25 °C	40 % (2,9 Liter)	60 % (4,2 Liter)
-35 °C	50 % (3,55 Liter)	50 % (3,55 Liter)
-40 °C	60 % (4,2 Liter)	40 % (2,9 Liter)

Der Zusatzanteil am Gemisch muss mindestens 40 % betragen. Dieser Anteil sichert Frostschutz bis -25 °C. Bis zu dieser Temperatur muss der Frostschutz gewährleistet sein, in Ländern mit arktischem Klima sogar bis -35 °C. Der Zusatzmittelanteil sollte andererseits 60 % nicht übersteigen (Frostschutz bis -40 °C), denn bei höherem Anteil verringert sich der Frostschutz wieder, und die Kühlwirkung wird verschlechtert.
Der Kühlmittelzusatz verliert seine Wirksamkeit nach etwa vier Jahren und sollte dann erneuert werden. Die Autohersteller schreiben einen turnusmäßigen Wechsel jedoch nicht mehr vor.

Motor verliert Kühlmittel

Wenn Ihr Motor während der Fahrt viel Kühlmittel verliert, dürfen Sie auf keinen Fall kaltes Wasser nachfüllen. Der heiße Motor erhält dann einen Kälteschock, bei dem sich der Zylinderkopf verziehen kann. Die Zylinderkopfdichtung schließt nicht mehr richtig und Kühlmittel kann in den Schmierkreislauf des Motors gelangen. Im schlimmsten Fall reißt durch einen Kälteschock der Motorblock. Warten Sie, bis der Motor abgekühlt ist, füllen Sie Wasser nach und lassen Sie in der nächsten Werkstatt die Ursache für den Kühlmittelverlust feststellen.

Arbeiten am Kühlsystem

Bei warmem Motor steht das Kühlsystem unter Druck. Vor Arbeiten und Reparaturen an der Anlage muss also Druck abgebaut werden. Beim Öffnen des Ausgleichsbehälters kann heißer Dampf entweichen. Darum sollte man den Verschlussdeckel mit einem Lappen abdecken und vorsichtig öffnen. Sichern Sie alle

Schlauchverbindungen mit Federbandschellen, die dem Serienstand (Teilekatalog des Herstellers) entsprechen.
Zur Montage der Federbandschellen werden das Montagewerkzeug VAS 5024 oder die Schlauchklemmenzange V.A.G 1921 empfohlen. Dichtungen und Dichtringe sind grundsätzlich zu ersetzen.
Die Pfeile (oder anderen Markierungen), die an den Kühlmittelrohren und Kühlmittelschlauchenden angebracht sind, müssen sich gegenüber stehen. Nur so ist spannungsfreie Verlegung der Kühlmittelschläuche gesichert. Vermeiden Sie jede Berührung der Schläuche mit anderen Bauteilen!
Reißt während der Fahrt ein Kühlwasserschlauch, können Sie die Leckstelle provisorisch mit Klebeband abdichten. Lösen Sie zur Sicherheit den Verschlussdeckel des Ausgleichsbehälters eine Umdrehung. Dann baut sich nicht der volle Betriebsdruck auf und das Klebeband platzt nicht ab. Achten Sie während der Fahrt stets auf die Kühlmitteltemperatur-Warnlampe. Den schadhaften Schlauch sollten Sie schnell ersetzen.
Im Übrigen gilt: Bei allen Arbeiten, vor allem im Motorraum wegen der dortigen engen Bauverhältnisse, müssen alle Leitungen für Kraftstoff, Hydraulik, Aktivkohle-Behälteranlage, Kühl- und Kältemittel, Bremsflüssigkeit, Unterdruck und Elektrik so verlegt werden, dass die ursprüngliche Leitungsführung gewahrt bleibt. Zu allen beweglichen oder heißen Bauteilen muss auf ausreichenden Freigang geachtet werden.

Kühlsystem

Störungsbeistand

Störung	Ursache	Abhilfe
A Temperatur-Warnleuchte brennt.	**1** Keilrippenriemen zu schwach gespannt oder gerissen.	Riemenspannung kontrollieren, Riemen ersetzen.
	2 Zu wenig Flüssigkeit im Kühlsystem.	Auffüllen, notfalls aus der Scheibenwaschanlage.
	3 Kabel zur Warnlampe hat Masseschluss.	Kabel am Temperaturgeber abziehen, Warnlampe muss verlöschen, sonst Masseschluss. Suchen!
	4 Thermostat öffnet den Kaltwasserzufluss aus dem Kühler nicht (Kühler kalt).	Thermostat ausbauen; weiterfahren oder abschleppen lassen.
	5 Elektrischer Kühlerventilator schaltet nicht ein.	Stecker am Thermoschalter und Lüftermotor prüfen. Thermoschalter und Lüftermotor prüfen (lassen).
	6 Überdruckventil im Verschlussdeckel des Ausgleichsbehälters defekt.	Ventil prüfen (lassen), Deckeldichtung prüfen Verschlussdeckel ggf. ersetzen.
	7 Geber der Temperaturanzeige hat Kurzschluss.	Austauschen.
	8 Kühler verstopft oder Lamellen zugesetzt.	Kühler reinigen.
B Schwache Heizleistung.	Thermostat schließt nicht völlig, aufgeheizte Kühlflüssigkeit strömt zu früh durch den Kühler.	Thermostat säubern, ggf. ersetzen.

Thermostat

Störungsbeistand

Erkennungsmerkmal	Ursache/Auswirkungen
A Motorbetriebstemperatur wird nur langsam erreicht, Heizwirkung ungenügend.	Thermostat-Ventilteller ist in »Offen«-Stellung. Blockiert (Ablagerungen); Zufluss zum Kühler ständig offen. Motor bleibt zu lange im Kaltlaufbetrieb. Thermostat baldmöglichst wechseln.
B Temperatur-Warnleuchte brennt trotz richtigem Kühlmittelstand. Kühler und unterer Schlauch zum Kühler sind kalt.	Thermostat-Ventilteller ist in »Geschlossen«-Stellung blockiert (defekte oder undichte Thermostatbuchse). Nicht weiterfahren, sonst entstehen schwere Hitzeschäden am Motor.

Kühlsystem auf Dichtheit prüfen

Arbeitsschritte   

1 Wenn Sie nicht über ein spezielles Prüfgerät (z. B. V.A.G 1274 mit Adaptern 1274/8 und 1274/9) wie die Fachwerkstatt verfügen, können Sie nur eine Sichtprüfung vornehmen: Sind die Wasserschläuche am Kühler, am Motor und zur Heizanlage dicht?

2 Stellen Sie durch Kneten den Zustand der Schläuche fest. Harte, spröde oder rissige Teile sofort austauschen!

3 Vergewissern Sie sich, ob die Schlauch-Enden satt auf ihren Stutzen sitzen.

4 Klemmen die Federbandschellen fest? Lockere Schellen können während der Fahrt und bei vollem Betriebsdruck im Kühlsystem nachgeben. Verrostete Schellen müssen unbedingt ausgewechselt werden.

5 Wenn Sie ein Prüfgerät verfügbar haben (Mietwerkstatt), öffnen Sie bei betriebswarmem Motor vorsichtig unter langsamem Druckabbau den Verschlussdeckel vom Kühlmittel-Ausgleichsbehälter. Setzen Sie das Prüfgerät (mit Adapter 8) auf den Ausgleichsbehälter. Mit der Handpumpe des Prüfgeräts wird ein Überdruck von ca. 1,0 bar erzeugt. Fällt der Druck ab, sind undichte Stellen zu suchen und die Fehler zu beseitigen.

6 Mit dem V.A.G 1274 können Sie auch das Überdruckventil im Verschlussdeckel des Ausgleichsbehälters prüfen. Dazu wird der Verschlussdeckel mit Adapter 9 auf das Prüfgerät geschraubt. Erzeugen Sie dann mit der Handpumpe einen Überdruck von etwa 1,5 bar. Bei einem Überdruck von 1,2 bis 1,5 bar muss das Überdruckventil öffnen. □

Kühlflüssigkeit prüfen und nachfüllen

1 Kontrollieren Sie den Stand des Kühlmittels bei kaltem Motor. Das Kühlsystem ist dann praktisch drucklos.

2 Bei kaltem Motor soll der Pegel zwischen den MAX- und MIN-Markierungen am Ausgleichsbehälter stehen. Vorsicht: Bei warmem Motor steht das Kühlmittel über der MAX-Marke. Nicht durch diesen hohen Stand täuschen lassen!

3 Zum Nachfüllen den Verschlussdeckel öffnen. Legen Sie bei heißem Motor einen dicken Lappen über den Deckel und drehen Sie ihn langsam auf. Das baut den Druck im System allmählich ab. Wenn Sie den Deckel zu schnell öffnen, kann die Flüssigkeit brühend heiß aus dem Behälter sprudeln.

4 Ausgleichsbehälter nicht über die obere Markierung (MAX) hinaus füllen. Das Kühlmittel dehnt sich bei Erwärmung aus, der Überschuss entweicht aus dem System.

5 Kleinere Mengen können Sie bei warmem ebenso wie bei kaltem Motor einfüllen. □

Kühlflüssigkeit wechseln

Arbeitsschritte   

1 **Ablassen**: Am Verschlussdeckel des Ausgleichsbehälters den Druck aus dem Kühlsystem entweichen lassen (Lappen!) und Deckel abnehmen. Vorsicht bei heißem Motor!

2 Geräuschdämpfung (Spritzschutz) an der Motorunterseite abbauen. Auffangbehälter unter den Motor stellen. Auf keinen Fall Kühlflüssigkeit in den Boden laufen lassen!

3 Geber für Kühlmitteltemperatur-Kühlerausgang ausbauen. Dazu Halteklammer aus dem Kühlerflansch ziehen.

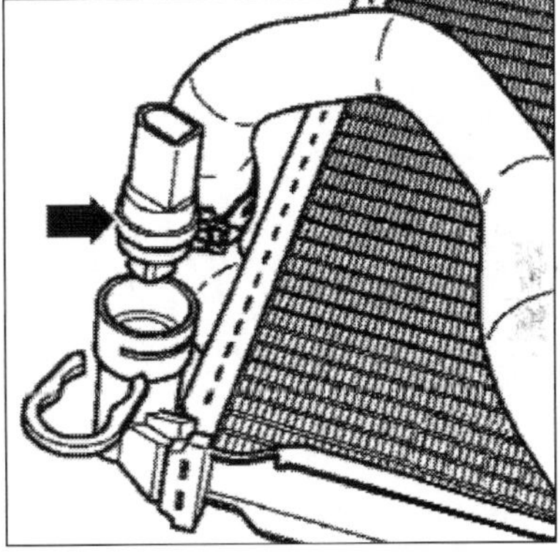

Temperaturgeber (Pfeil) am Kühlerausgang. Links unten im Bild die Halteklammer.

4 Ablassschraube öffnen, Kühlmittel vom Motor ablassen.

5 Halteklammer vom Kühlmittelschlauch nach unten herausziehen und den Schlauch vom Kühler abbauen.

6 Bauen Sie zusätzlich den Schlauch unten am Ölkühler ab und lassen Sie das restliche Kühlmittel ablaufen. Achten Sie auf die vorschriftsmäßige Entsorgung von nicht mehr verwendetem Kühlmittel.

7 **Befüllen**: Drehen Sie die Ablassschraube für Kühlmittel ein. Bauen Sie den Geber für Kühlmitteltemperatur mit neuem Dichtring wieder ein. Kühlmittelschläuche am Ölkühler und am Kühlmittelrohr oben einbauen und sichern.

8 Verwenden Sie nicht das gebrauchte Kühlmittel zur Wiederbefüllung, auf jeden Fall dann nicht, wenn Kühler, Wärmetauscher, Zylinderblock oder Zylinderkopf ersetzt wur-

den. Gebrauchtes Kühlmittel enthält nicht mehr genügend Bestandteile, um auf den neuen Teilen einen Antikorrosionsbelag bilden zu können. Stellen Sie sich Kühlmittel aus dem vorgeschriebenen Zusatz im empfohlenen Mischungsverhältnis mit Wasser her.

9 Wenn das Befüllgerät VAS 6096 verfügbar ist, schrauben Sie den Adapter vom V.A.G 1274/8 auf den Ausgleichsbehälter und füllen Sie nach Bedienungsanleitung Kühlmittel ins System. Wenn kein Befüllgerät zur Verfügung steht, füllen Sie langsam Kühlmittel bis zur MAX-Markierung in den Ausgleichsbehälter.

10 Ausgleichsbehälter verschließen.

11 Starten Sie den Motor und halten Sie die Motordrehzahl für ca. drei Minuten auf etwa 2.000/min. Lassen Sie dann den Motor noch so lange im Leerlauf drehen, bis der Lüfter anläuft.

12 Prüfen Sie den Kühlmittelstand. Liegt er bei betriebswarmem Motor unter der MAX-Markierung, bei kaltem Motor unterhalb der MIN-Markierung, dann füllen Sie noch Kühlmittel auf, bis der Sollstand (MAX-Markierung bzw. bei kaltem Motor zwischen MIN- und MAX-Markierung) erreicht ist. □

Kühler aus- und einbauen

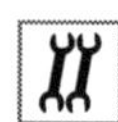
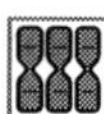

1 **Ausbau**: Das Fahrzeug muss mindestens aufgebockt werden; besser ist Anheben mit der Hebebühne.

2 Bauen Sie den vorderen Stoßfänger aus und bringen Sie den Schlossträger in Service-Stellung (Kapitel »Die Karosserie«).

3 Bauen Sie bei Fahrzeugen mit TDI-Motor den Ladeluftkühler aus.

4 Stellen Sie eine Auffangwanne (etwa V.A.G 1306) unter den Motor und lassen Sie das Kühlmittel ab.

5 Ziehen Sie die Kühlmittelschläuche vom Kühler ab.

6 Bauen Sie die Befestigungsschraube des Ölkühlers für die Servolenkung aus.

7 Clipsen Sie den Ölkühler aus und legen Sie ihn seitlich ab.

8 Schrauben Sie die Befestigungsschrauben für den Kondensator heraus, heben Sie den Kondensator aus den Halterungen und legen Sie ihn seitlich ab. Die Kältemittelleitungen bleiben angeschlossen.

9 Schrauben Sie die Befestigungsschraube des Kühlers heraus und drücken Sie das Gummilager weg.

10 Trennen Sie die elektrischen Steckverbindungen für den Lüfter am Lüfter-Steuergerät.

11 Nehmen Sie den Kühler vorsichtig nach vorn (bei Fahrzeugen mit 4-Zylinder-TDI zur Seite) heraus.

12 Der **Einbau** erfolgt sinngemäß in umgekehrter Reihenfolge. Füllen Sie neues Kühlmittel ein. Stecken Sie die elektrischen Anschlüsse auf, schrauben Sie den Schlossträger fest und bauen Sie den vorderen Stoßfänger wieder ein. Es ist ratsam, nach diesen Arbeiten an der Karosserie die Scheinwerfereinstellung zu überprüfen und ggf. nachzustellen. □

Schläuche des Kühlsystems auswechseln

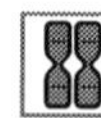

1 **Ausbauen**: Kühlmittel ablassen und in einem Gefäß auffangen.

2 Schlauchschellen lösen, Schläuche abziehen.

3 Festsitzende Schlauch-Enden mit einem Schraubendreher lockern. Das Werkzeug zwischen Schlauch und Stutzen schieben und vorsichtig ringsum vom jeweiligen Anschlussstutzen hebeln.

4 **Einbauen**: Neue Schläuche weit genug auf die Stutzen schieben, damit sie nicht wieder abrutschen können.

5 Alle Schläuche vorschriftsmäßig nur mit Federbandschellen befestigen und sichern. □

Defekter Kühlerventilator

Die Kühlerventilatoren werden nur bei hoher Belastung zugeschaltet. Wenn ein Kühlerlüfter defekt ist, müssen Sie Ihre Fahrt deshalb nicht zwangsläufig beenden. Lassen Sie den Motor abkühlen und fahren Sie mit zügigem Tempo in die nächste Werkstatt. Leerlauf und Schleichfahrt sollten Sie vermeiden, weil dabei kaum kühlende Luft durch die Lamellen des Kühlers strömt. Behalten Sie die Temperaturanzeige und die Warnleuchte im Auge.

Vorsicht: Bei gerade abgestelltem und heiß gefahrenem Motor niemals mit den Händen in die Nähe des Lüfters kommen! Der Ventilator kann auch bei ausgeschalteter Zündung unvermittelt loslaufen.

DIE KRAFTSTOFF-VERSORGUNG

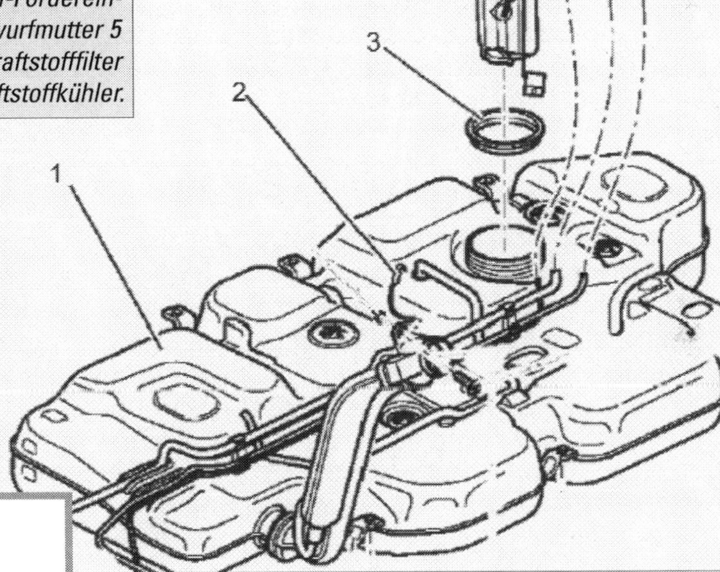

Erste Station im System:
Der 80 l-Kraftstoffbehälter 1 mit der Masseverbindung 2 und dem Dichtring 3 für die Kraftstoffpumpe 4 (bei TDI-Motoren; bei Ottomotoren Kraftstoff-Fördereinheit). An der Überwurfmutter 5 angeclipst die Leitungen Vorlauf 6 zum Kraftstofffilter sowie Rücklauf 7 vom Kraftstoffkühler.

Wartung

Reparatur

Vier Baugruppen gewährleisten die möglichst umweltfreundliche und zuverlässige Versorgung Ihres Transporters mit Dieselkraftstoff oder Benzin:
Der **Kraftstoffbehälter**, in den der Treibstoff über Tankklappeneinheit und Einfüllstützen mit Entlüftungsventil eingebracht wird; die **Kraftstoff-Fördereinheit** (Kraftstoffpumpe) mit dem Geber für die Vorratsanzeige (Tankgeber); der **Kraftstofffilter**, durch den der Kraftstoff von der Fördereinheit über die Vorlaufleitung zum Kraftstoffverteiler und damit zum Motor fließt; die **Kraftstoff-Leitungen**, nämlich die schwarze Vorlauf- und die blaue Rücklaufleitung..

Der Kraftstofftank des T5 fasst 80 Liter. Unmittelbare Anbauteile sind Kraftstoff-Fördereinheit (Benziner) oder -pumpe (Diesel/TDI), Tankgeber, Tankklappeneinheit und Entlüftung.

Kraftstoffvor- und -rücklaufleitung sind aus besonders druckfestem Material gefertigt und werkseitig mit Schellen gesichert. Aus Sicherheitsgründen sollen bei einem Austausch immer originale Federbandschellen benutzt werden. Schraubschellen sind gar nicht erlaubt, Klemmschellen sind zwar werkseitig verbaut, müssen bei Reparaturen aber durch Federbandschellen ersetzt werden, zu deren Montage VW die Zangen VAS 5024 A oder V.A.G 1921 empfiehlt.

Äußerst wichtig ist die Tankent- und -belüftung, wozu das Entlüftungsventil und das ebenfalls in den Stutzen geclipste Schwerkraftventil sowie die Aktivkohlebehälter-Anlage gehören. Durch dieses geschlossene Lüftungssystem entweicht die Luft, wenn der Tank mit Kraftstoff gefüllt wird. Während der Fahrt strömt durch diese Leitung entsprechend der verbrauchten Kraftstoffmenge von außen Luft in den Tank hinein, so dass sich kein Unterdruck bilden kann.

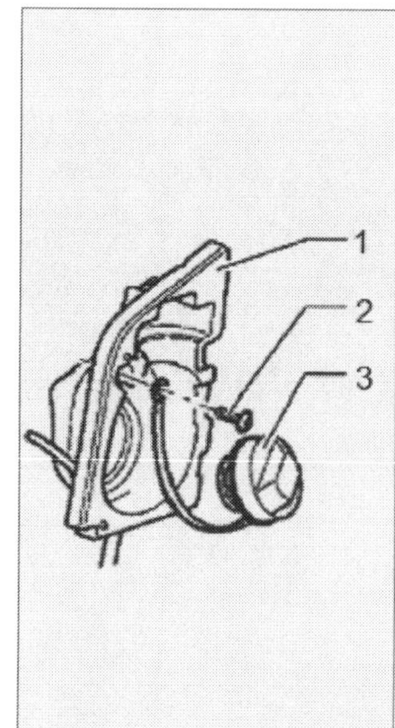

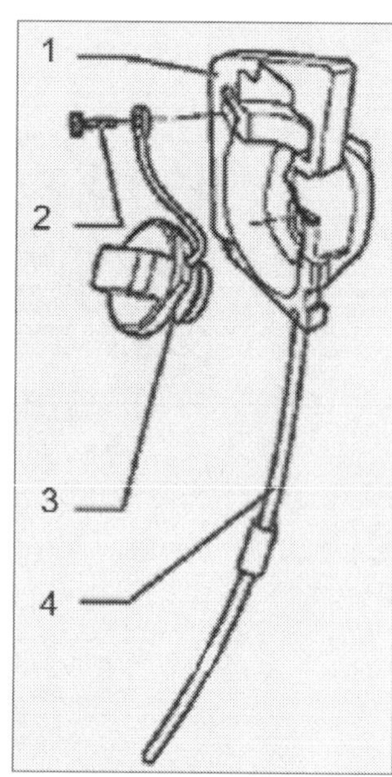

Tankklappe bei Motoren AXD/AXE (links) und AXA (rechts): *1 Gummitopf, 2 Befestigungsschraube, 3 Verschlussdeckel, 4 Ablaufschlauch.*

Hauptteile der Kraftstoffversorgung

- **Kraftstoffbehälter (Tank).** Der Behälter aus Kunststoff ist am Fahrzeugunterboden montiert. Bei Fahrzeugen mit Allradantrieb 4Motion ist er zweigeteilt.
- **Kraftstoff-Fördereinheit (-pumpe).** Bei den T5 mit Benzinmotor zusammen mit dem Tankgeber direkt in den Tank eingebaut (Intank-Kraftstoffpumpe). Bei den T5-TDI-Motoren ist ebenfalls eine elektrische Kraftstoffpumpe im Tank platziert.
- **Geber für die Kraftstoffvorratsanzeige.** Über elektrische Steckverbindung in Baueinheit mit Kraftstoffpumpe integriert. Anzeige: Schalttafeleinsatz.
- **Kraftstofffilter.** Gegen Fremdstoffe im Kraftstoff. Bei den Benzinmotoren am Unterboden vor dem Tank in der Kraftstoff-Vorlaufleitung. Beim Dieselmotor rechts vorn im Motorraum.
- **Schwerkraftventil.** Nach oben aus einem Stutzen auszuclipsen. Um es auf Durchgang zu prüfen, muss kontrolliert werden, ob es sich beim Kippen um 45° schließt. In senkrechter Lage ist es offen.
- **Tankklappeneinheit.** An einem fest mit der Karosserie verbundenen Teil mit Stellelement montiert. Sie ist auszubauen, indem man den Verschlussdeckel abschraubt, einen Verrastmechanismus entriegelt und herauszieht und eine dann frei liegende Schraube herausdreht.
- **Entlüftungsventil.** Lässt sich durch leichtes Drücken eines Sperrriegels entriegeln und herausziehen. Hebel am Ventil in Ruhelage: geschlossen. Hebel seitlich drücken: Ventil öffnet.
- **Aktivkohlebehälter-Anlage.** Mit ihr werden bei Benzinmotoren die sich im Tank bildenden Kraftstoffdämpfe gespeichert und dem Motor wieder zur Verbrennung zugeführt. Der Aktivkohlebehälter ist mit angeschraubtem Kraftstofffilter auf einem Haltewinkel am Kraftstoffbehälter aufgesteckt.
- **Vor- und Rücklaufleitungen.** Teils seitlich am Kraftstoffbehälter eingeclipst, müssen stets fest sitzen. Die blaue Rücklaufleitung der Fördereinheit muss am mit R markierten Anschluss, die schwarze Vorlaufleitung am mit V markierten Anschluss sitzen.
- **Kraftstoffkühler.** Die TDI PDE haben in der Kraftstoffrücklaufleitung einen am Unterboden unter der Verkleidung angeschraubten Kühler. Durch den Druck in den Pumpe-Düsen erwärmt sich der Kraftstoff so stark, dass er abgekühlt werden muss, bevor er in den Kraftstoffbehälter zurückfließt.

E-Gas und EPC-Kontrollleuchte

Ihr Transporter ist mit elektronischem Gaspedal ausgestattet. Am Pedal sitzen zwei Geber (veränderbare Widerstände in einem Gehäuse), die das Steuergerät über die Gaspedalstellung informieren. Dieser »Fahrerwunsch« ist eine Haupteingangsgröße für das Motorsteuergerät. Die Betätigung der Drosselklappe erfolgt über den gesamten Drehzahl- und Lastbereich durch den Drosselklappensteller in der Drosselklappen-Steuereinheit. Die Klappe wird nach den Vorgaben des Motorsteuergerätes betätigt.

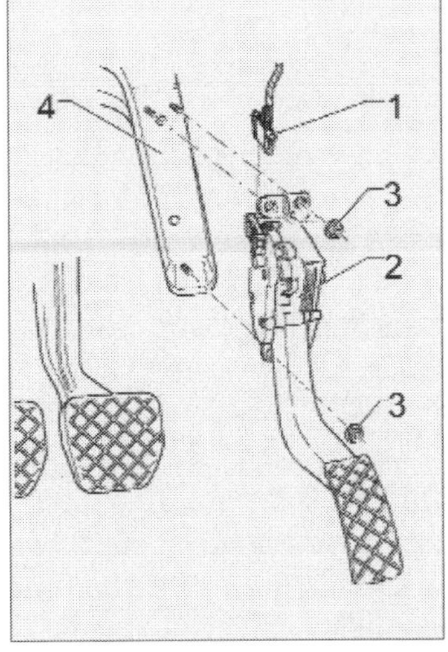

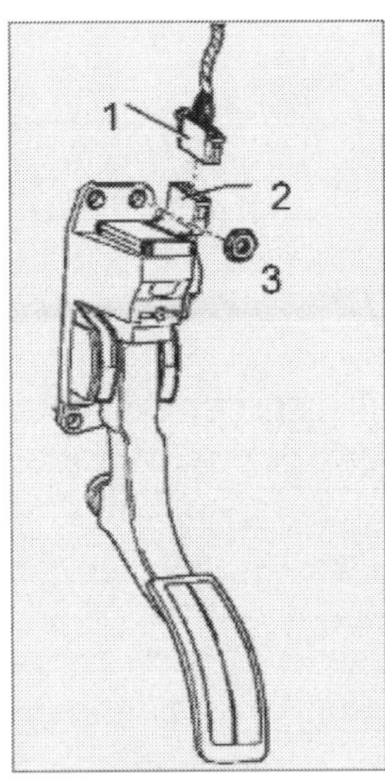

E-Gas im Transporter (rechtes Bild: 5-Zylinder-TDI): *1 sechspoliger schwarzer Anschlussstecker, 2 Geber für Gaspedalstellung (G79 und G185), 3 Muttern, 4 Lagerbock.*

Bei laufendem Motor, also unter Last, kann das Motorsteuergerät die Drosselklappe unabhängig vom Geber für Gaspedalstellung öffnen und schließen, also den jeweiligen Betriebszustand berücksichtigen. Beim Beschleunigen kann die Drosselklappe schon ganz geöffnet sein, obwohl das Gaspedal erst halb durchgetreten ist. Drosselverluste an der Klappe werden vermieden. Dadurch ergeben sich bessere Werte für Schadstoffausstoß, Verbrauch und Drehmoment.

Werden beim Betrieb des Motors Fehler im E-Gas-System erkannt, schaltet das Motorsteuergerät zur Warnung eine Kontrollleuchte (Fehlerlampe K132 für elektrische Gasbetätigung) im Schalttafeleinsatz ein. Gleichzeitig erfolgt ein entsprechender Eintrag in den Fehlerspeicher. Die Kontrollleuchte zeigt die drei Buchstaben EPC (Electronic Power Control).

Wie alle Kontrolllampen muss EPC aufleuchten, wenn die Zündung eingeschaltet wird. Das Motorsteuergerät prüft dann alle für die Funktion des E-Gas-Systems wichtigen Bauteile. Leuchtet die EPC-Kontrolllampe bei eingeschalteter Zündung nicht, muss der Schalttafeleinsatz überprüft werden (elektrische Anlage). Leuchtet die Lampe bei eingeschalteter Zündung und erlischt nicht drei Sekunden nach Anlassen des Motors (Leerlauf), müssen der Fehlerspeicher abgefragt, etwaige Fehler behoben und der Fehlerspeicher gelöscht werden.

Die Aktivkohlebehälter-Anlage

Über der Oberfläche des Kraftstoffs im Tank bilden sich in Abhängigkeit von Luftdruck und Umgebungstemperatur Dämpfe, die beim Entweichen als Kohlenwasserstoff-Emissionen (HC) die Atmosphäre verunreinigen würden. Deshalb werden die Dämpfe vom höchsten Punkt des Tanks über das Schwerkraftventil (schließt bei 45° Neigung) und das Druckhalteventil in den Aktivkohlebehälter geführt. Die Aktivkohle speichert die Kraftstoffdämpfe.

Während des Spülvorgangs, der Regenerierung der Aktivkohle, wird Frischluft durch die Belüftungsöffnung an der Unterseite des Aktivkohlebehälters angesaugt. Die gespeicherten Dämpfe und Frischluft werden dosiert der Verbrennung zugeführt.

Das Druckhalteventil verhindert, dass bei geöffnetem Magnetventil und anliegendem Saugrohrunterdruck Kraftstoffdämpfe aus dem Tank gesaugt werden. Es sichert, dass vorrangig eine Entleerung des Aktivkohlefilters stattfindet.

Stromlos (z. B. bei Leitungsunterbrechung) ist das Magnetventil geschlossen. Der Aktivkohlebehälter wird dann nicht entleert. Im folgenden VW-Bild ist als Beispiel der Aktivkohlebehälter des 2,0 Liter-Motors AXA dargestellt. Aussehen und Aufbau sind bei den 6-Zylindermotoren ähnlich.

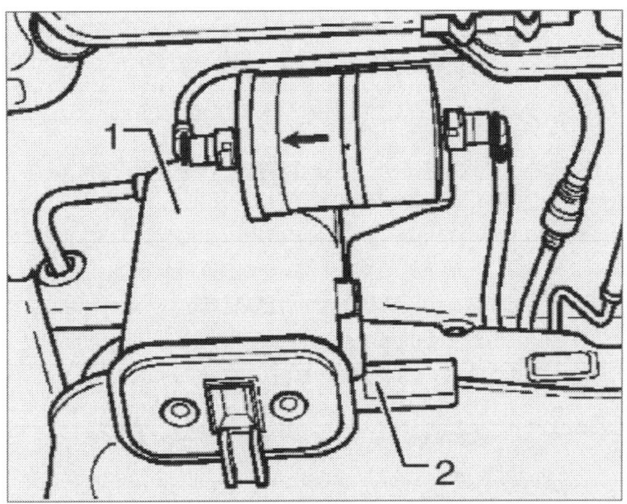

Aktivkohlebehälter 1 mit Kraftstofffilter (Pfeil: Durchflussrichtung) ist von vorn auf Winkel 2 am Tank aufgesteckt.

Praxistipp

Hinweise und Regeln

Bei Arbeiten an der Kraftstoffversorgung sind Sicherheitsmaßnahmen zu treffen und die fünf Sauberkeitsregeln zu befolgen, die auch für Arbeiten an Motor und Einspritzanlagen gelten.

Sicherheitshinweise:

- Das Kraftstoffsystem steht unter Druck. Vor dem Öffnen von Schlauchverbindungen Putzlappen um die Verbindungsstelle legen. Durch vorsichtiges Abziehen des Schlauches Druck abbauen.
- Die Temperatur der Kraftstoffleitungen bzw. des Kraftstoffes kann bei Fahrzeugen mit Pumpe-Düse-Einspritzmotoren im Extremfall bis zu 100 °C betragen. Vor dem Öffnen von Leitungsverbindungen Kraftstoff abkühlen lassen, da akute Verbrühungsgefahr besteht. Schutzhandschuhe und Schutzbrille tragen!
- Bei allen Arbeiten muss in die Nähe der Montageöffnung des Kraftstoffbehälters der Abgasschlauch einer eingeschalteten Abgas-Absauganlage gelegt werden. Verwendet werden kann ein Radiallüfter mit einem Fördervolumen über 15 m³/h. Jeden Hautkontakt mit Kraftstoff vermeiden (Handschuhe!).
- Beim Aus- und Einbau des Tankgebers oder der Kraftstoff-Fördereinheit aus dem Kraftstoffbehälter darf der Behälter zu höchstens zwei Drittel gefüllt sein. Beim Ausbauen des Kraftstoffbehälters gilt: Kein offenes Feuer im Umfeld, nicht rauchen, keine glühenden oder sehr heißen Teile in die Nähe des Arbeitsplatzes bringen. Der Tank sollte vor dem Ausbauen leer gefahren werden, ggf. pumpt man Kraftstoff mit einer entsprechenden Spezialpumpe ab, denn eine Ablassschraube für den Kraftstoff gibt es am Behälter nicht.

Sauberkeitsregeln:

- Verbindungsstellen und deren Umgebung vor dem Lösen gründlich reinigen.
- Ausgebaute Teile auf einer sauberen Unterlage ablegen und abdecken. Keine fasernden Lappen benutzen.
- Geöffnete Bauteile sorgfältig abdecken, wenn die Reparatur nicht umgehend ausgeführt wird.
- Bauen Sie nur saubere Teile ein. Nehmen Sie Ersatzteile erst unmittelbar vor Einbau aus der Verpackung und verwenden Sie keine unverpackt aufbewahrten Teile.
- Bei geöffneter Anlage möglichst nicht mit Druckluft arbeiten und Fahrzeug nicht bewegen. Achten Sie darauf, dass kein Diesel auf die Kühlmittelschläuche läuft.

Der Kraftstoff

Für die Ottomotoren des Transporters ist Super bleifrei (95 ROZ; 6-Zylinder BDL besser 98 ROZ; siehe Aufkleber an der Tankklappe!) vorgesehen. Bei Normalbenzin müssen Sie mit Leistungsminderung oder höherem Kraftstoffverbrauch rechnen. Wird Kraftstoff niedrigerer Oktanzahl verwendet, könnte starke Motorbelastung durch Vollgas oder hohe Drehzahlen zu Motorschäden führen. Tanken Sie baldmöglichst Benzin höherer Oktanzahl nach. Kraftstoff mit höherer Oktanzahl als vom Motor benötigt kann immer verwendet werden, bringt allerdings keine Vorteile. Natürlich darf wegen des Katalysators nur mit bleifreiem Kraftstoff gefahren werden.

Der Kraftstoff für die Dieselmotoren muss der DIN EN 590 entsprechen. Seine Cetan-Zahl (CZ) darf nicht niedriger sein als 49. Bei niedrigen Temperaturen nimmt die Fließfähigkeit von Dieselkraftstoff ab, so dass Paraffinausscheidungen den Kraftstofffilter zusetzen und den Motorbetrieb empfindlich stören können. In Deutschland gibt es daher während der kalten Jahreszeit generell kältebeständigen Winterdiesel. Fließverbesserer oder Benzin dürfen nicht zugesetzt werden.

Die Kraftstoffversorgung der TDI-Motoren ist mit einer Filter-Vorwärmanlage ausgerüstet, durch die mit Winterdiesel bis zu einer Außentemperatur von ca. -24 °C betriebssicher gefahren werden kann. Sollte der Kraftstoff bei noch niedrigeren Temperaturen so dickflüssig geworden sein, dass der Motor nicht mehr anspringt, muss das Fahrzeug einige Zeit in einen geheizten Raum (Garage, Werkstatt) gestellt werden.

Unterwegs mit regenerativer Energie

Die TDI-Dieselmotoren sind mit Tank, Leitungen und Dichtungen auch für Rapsölfettsäure-Methylester (RME- oder PME-Kraftstoff) nach DIN E 51 606 zugelassen. »Derartige Produkte können im Laufe der Zeit ebenso wichtig werden wie Petroleum und diese Kohle-Teer-Produkte von heute«, schrieb Rudolf Diesel schon im Jahre 1912 in seiner Patentschrift.

Allerdings ist beim Tanken von RME/PME-Kraftstoff auf Qualität zu achten, die Ihnen nur von DIN E 51 606 garantiert wird. Die Tankstellen versichern jedoch, Qualitätskraftstoff gemäß dieser Norm anzubieten. Achten Sie auf den entsprechenden Aufkleber, der sich an der Zapfsäule befinden muss.

Gut fahren mit Biodiesel

Praxistipp

Bisher gibt es bereits über 1.000 Tankstellen in Deutschland und Österreich, die auch PME im Sortiment haben. Im Internet informieren die drei Datenbanken

- Union zur Förderung von Oel- und Proteinpflanzen e.V. (UFOP),
- Oelmühle Leer Connemann GmbH & Co. und
- Fröhlich Transporte Bensheim

über die nach Postleitzahlen geordneten Adressen der PME-Tankstellen und bieten weitere Details zu Biokraftstoffen an.

Theoretisch kann fast jeder Dieselmotor mit PME betrieben werden. Probleme bereiten allenfalls die Kraftstoffleitungen und Dichtungen. PME ist chemisch etwas aggressiv und kann manche Kunststoffe anlösen und undicht machen. Die Kfz-Industrie setzt deshalb in neueren Fahrzeugen PME-kompatible Werkstoffe ein. Die PKW-Motoren von VW sind seit etwa 1996/1997 problemlos mit PME zu betreiben. Ältere Fahrzeuge müssen mit neuen Kraftstoffleitungen und Dichtungen versehen werden.

Die Vorteile des Biodiesels sind:

- PME ist praktisch schwefelfrei;
- PME gibt bei der Verbrennung nur so viel CO_2 frei, wie die Ölpflanzen während ihrer Wachstumsphase aufgenommen haben;
- PME wird nicht als Gefahrgut klassifiziert und ist in die Wassergefährdungsklasse 1 eingestuft. Es wird biologisch schnell abgebaut und reduziert dadurch die Gefahr für Boden und Grundwasser bei Transport, Lagerung und Anwendung.
- PME ist billiger als herkömmlicher Diesel. Die Preisdifferenz liegt je nach Region und Tankstelle zwischen 5 und 10 Cent pro Liter, gelegentlich sind auch noch höhere Preisdifferenzen beobachtet worden. Grund: Auf PME wird keine Mineralölsteuer erhoben.

So sparen Sie Kraftstoff

Nach dem Motorstart sollten sie gleich losfahren, auch bei Frost. Beschleunigen Sie zügig, schalten Sie früh in den nächsthöheren Gang. Ist die gewünschte Geschwindigkeit erreicht, lassen Sie den Wagen im höchstmöglichen Gang mit wenig Gas rollen. Der Motor soll nur beim Überholen oder beim Einspuren in den fließenden Verkehr hochdrehen.

Beim Halt vor einer Eisenbahnschranke oder Baustellenampel und im Stau unbedingt Motor abstellen. Schon nach 30 bis 40 Sekunden Motorpause ist die Ersparnis größer als die Kraftstoffmenge, die zum erneuten Anlassen des Motors benötigt wird. Nicht unnötig bremsen und niemals mit Höchstgeschwindigkeit fahren! Wenn Sie diese nur zu dreiviertel ausnutzen, sinkt der Kraftstoffverbrauch um rund die Hälfte.

Der Reifendruck kann um 0,1 bis 0,2 bar erhöht werden, was den Rollwiderstand verringert und Kraftstoff spart. Nicht Winterreifen ganzjährig fahren! Das kostet bis zu 10 Prozent mehr Kraftstoff. Schalten Sie elektrische Verbraucher ab, wenn Sie sie nicht unbedingt benötigen. Prüfen Sie den Ölstand bei jedem Tanken und verwenden Sie die empfohlenen Motoröle.

Wer einen Transporter/Multivan mit Automatikgetriebe fährt, sollte das Gaspedal langsam betätigen und nicht bis zur Kick-down-Stellung durchtreten. So wird automatisch ein ökonomisches Programm gewählt, das verbrauchsorientiert früh hoch und spät herunter schaltet. Regelmäßig das Fahrzeug warten.

Mit Mehrverbrauch muss rechnen, wer überflüssige Kilogramm in Ablagen oder unnötige Zuladung wie Dachgepäckträger mit sich führt. Sie sparen, wenn Sie auf das Reserverad verzichten und auf das »Pannenset« (unter einer Abdeckung im Laderaum) mit 12-Volt-Kompressor und Reifendichtungsmittel vertrauen. Dann aber gelegentlich das Verfallsdatum des Dichtungsmittels (max. 4 Jahre) überprüfen!

Diesel aus Erdgas

Im Sommer 2003 hat Volkswagen in Testfahrten gründlich einen synthetischen Kraftstoff erprobt, der aus Erdgas herstellt wurde (Shell in Malaysia). Der kristallklar-farblose Kraftstoff bietet im Vergleich zur direkten Nutzung von komprimiertem Gas ähnliche Emissionswerte zu niedrigeren Kosten. Er ist in heutigen Dieselmotoren einsetzbar, problemlos mit herkömmlichem Dieselkraftstoff zu mischen und kann über das bestehende System der Kraftstoffversorgung vertrieben werden.

Die 25 Fahrzeuge der VW-Testflotte (Golf) waren mit 1,9 Liter-TDI-Motoren 74 kW/100 PS und Abgaswerten nach Euro 4 ausgerüstet. Die Tests bestätigten, dass in Euro-4 Motoren die Emissionen noch weiter abgesenkt werden und dass viele Euro-3 Dieselmotoren ohne weitere Anpassungen bei Betrieb mit dem Synthese-Kraftstoff die strengen Euro-4 Grenzwerte einhalten.

Sparklicks im Internet

Sie können die Spritkasse auch aufbessern, wenn Sie die richtigen Tricks und Klicks im Internet kennen. Vor einer größeren Reise ist unbedingt die Konsultation eines guten Routenplaners zu empfehlen. Für Clubmitglieder gibt es diesen Service unter www.adac.de. Kostenlose Routenplaner sind auch unter www.telein-fo.de, www.aral.de oder www.shell.de zu finden. Vergleichen Sie ferner die Preise der Tankstellen in unmittelbarer Nachbarschaft ihrer Postleitzahl. Aktuelle Infos bieten www.benzinpreis.de, www.clever-tanken.de und www.nice-prices.de/tanken.htm.

Begriffe rund um den Kraftstoff

Normalbenzin/Superbenzin: Fast identisch hinsichtlich Reinheitsgrad, Verhalten bei Verdampfung (wichtig für Entzündbarkeit) und Energiebilanz (Heizwert je Kilogramm Kraftstoff). Die Klopffestigkeit. ist bei Super höher als bei Normalbenzin.

Klopffestigkeit: Je höher das Kompressionsverhältnis ist, desto leichter kommt es zu Selbstentzündungen im Zylinder, wenn der Kraftstoff nicht klopffest genug ist. Superkraftstoff hält höhere Drücke aus als Normalbenzin, entzündet sich daher schwerer.

Oktanzahl: Steht für die Klopffestigkeit eines Kraftstoffs. An der Zapfsäule findet man in der Regel die Bezeichnung »ROZ« (Research-Oktanzahl), seltener die Spezifikation »MOZ« (Motor-Oktanzahl). Für die Oktanwerte gilt heute die Euro-Norm EN 228.

Dieselkraftstoff: Besteht aus verschiedenen Kohlenwasserstoffen. Durch seine hohe Zündwilligkeit läuft kontrollierte Selbstzündung in Sekundenbruchteilen ab.

RME/PME-Kraftstoff: Biodiesel (Rapsölfettsäure-Methylester, Pflanzenöl-Methylester) wird aus Raps gewonnen: Pressen, Zugabe von Methylalkohol. Umesterung entzieht Glycerin und macht fließfähiger.

RME/PME-Kraftstoff erreicht ohne Additive eine Cetanzahl von 53 bis 58, ist aber nur bis -10 °C wintertauglich. Bei tieferen Temperaturen muss herkömmlicher Diesel im Verhältnis 1:1 nachgetankt werden, um ein Ausflocken zu verhindern. Durch Additive kann aber auch Biodiesel winterfest bis -20 °C gemacht werden.

Cetanzahl: Eine reine Verhältniszahl für die Zündwilligkeit. Dem sehr zündwilligen Kraftstoff Cetan wird die 100 zugeordnet, dem extrem zündträgen Methylnaphtalin die 0. Die Cetanzahl eines Dieselkraftstoffs gibt an, wieviel Volumenprozent Cetan sich in einem Gemisch mit dem Vergleichskraftstoff befinden müssten, um seine Zündwilligkeit zu haben.

Der Umgang mit Kraftstoff

Der Umgang mit Kraftstoff ist gefährlich. Nehmen Sie daher Wartungsarbeiten und Reparaturen an Teilen der Kraftstoffanlage nicht auf die leichte Schulter. Vor allem beim Entleeren des Kraftstoffbehälters müssen Sie mit äußerster Vorsicht vorgehen. Grundsätzlich müssen Sie beim Umgang mit Kraftstoff folgende Vorsichtsmaßnahmen beachten:

- Zuerst die Batterie abklemmen, Kabel gegen Berühren mit den Polen der Batterie sichern.
- CO_2-Pulver- oder Schaumlöscher der Brandklasse B muss in greifbarer Nähe sein.
- Kraftstoffbehälter nur im Freien entleeren. Dazu brauchen Sie ein entsprechendes Abpumpgerät (z.B. kraftstofffeste Balgen-Schlauchpumpe). Auf keinen Fall den Kraftstoff durch die Öffnung des Gebers der Kraftstoff-Vorratsanzeige auskippen oder durch Saugen an einem Schlauch mit dem Mund entleeren.
- Hautkontakt mit Kraftstoff vermeiden! Deshalb möglichst kraftstoffbeständige Handschuhe tragen.
- Den Kraftstoffbehälter nie über einer Grube entleeren. Die entweichenden Gase sind schwerer als Luft, würden für mehrere Stunden in der Grube bleiben. Folge: Gesundheitsschädigung durch Einatmen, akute Explosionsgefahr.
- Während der Arbeit mit Kraftstoff dürfen sich keine eingeschalteten elektrischen Geräte, offenen Flammen, Wärme- und Funkenquellen im Raum befinden.
- Kraftstoff nur in einen verschließbaren, beschrifteten Behälter umfüllen. Gut sind spezielle Behälter mit Flammschutz und Druckausgleichs-Verschluss.
- Im entleerten Kraftstofftank befinden sich Restgase. Auch die sind gefährlich. Alle Arbeiten deshalb mit besonderer Vorsicht ausführen!

Ladeluftsystem mit Abgasturbolader

Eine wirkungsvolle Methode zur Steigerung der Motorleistung besteht darin, die Füllung des Zylinders mit Frischluft für die Verbrennung zu verbessern. Diese Aufladung könnte von einem mechanisch angetriebenen Kompressor besorgt werden. Das aber kostet Leistung.

Eleganter ist ein Turbolader, der die Abgase als Antriebsenergie nutzt. Er besteht im Kern aus zwei auf einer gemeinsamen Welle sitzenden Schaufelrädern. Die Gase passieren das Turbinengehäuse, wo sie den Läufer (das erste Rad) auf über 100.000 U/min beschleunigen. Der Läufer treibt über die Welle das zweite Schaufelrad an, das Verdichterrad. Es saugt Frischluft in das Verdichtergehäuse und presst sie in die Verbrennungskammern.

Die vom Turbolader komprimierte und somit aufgeheizte Luft wird in einem Ladeluftkühler wieder abgekühlt. Dadurch wird die Leistungsausbeute noch verbessert, denn kühlere Luft enthält mehr Sauerstoffteilchen pro Volumeneinheit. Dieses Prinzip wird beim Transporter von den TDI-Triebwerken genutzt.

Arbeiten am sensiblen Ladeluftsystem gehören in die Fachwerkstatt. Sollten Sie sich an den Aus- und Einbau des Turboladers wagen, gelten in modifizierter Weise die Vorschriften, die für alle Arbeiten an Motor oder Kraftstoffsystem üblich sind (Praxistipp Seite 78, Gefahrenhinweis Seite 80). Beachten Sie bitte darüber hinaus die

Regeln für den Wiedereinbau:

- An allen Stellen, an denen beim Ausbau Kabelbinder gelöst oder aufgeschnitten werden, sind die weiter zu nutzenden alten oder neue Kabelbinder unbedingt wieder anzubringen.
- Schlauchstutzen und Schläuche müssen vor dem Montieren öl- und fettfrei sein.
- Dichtungen, Dichtringe und selbst sichernde Muttern sind immer zu ersetzen. Ausgebaute derartige Teile dürfen nicht mehr verwendet werden.
- Schlauchverbindungen mit Schnellverschluss-Kupplungen und Schlauchschellen nach Serienstand laut Ersatzteilkatalog sichern. Für Kraftstoffschläuche am Motor sind nur Federbandschellen zugelassen. Die Steckkupplungen werden durch Ziehen der Sicherungsklammer entriegelt. Bei der Montage müssen die Haltenasen sicher einrasten.

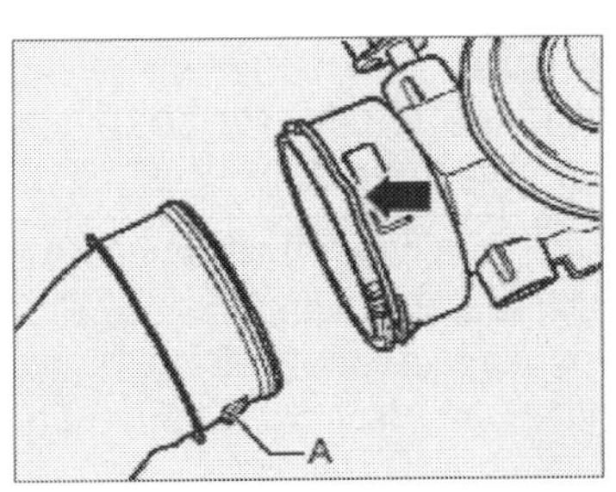

Schnellverschluss-Kupplung: *A = Haltenasen, Pfeil = Sicherungsklammer.*

Kraftstoff ablassen

Arbeitsschritte   

1 Der Kraftstoffbehälter hat keine Ablassschraube. Da die Kraftstoffsaugleitung und der Rücklauf an der Tankoberseite sitzen, kann man auch nicht einfach eine Leitung abziehen und den Kraftstoff auslaufen lassen. Man muss ihn per Schlauch und Pumpe in ein Auffanggefäß umfüllen. Wenn der Tank noch gut gefüllt ist, müssen Sie deshalb durch den Einfüllstutzen einen Schlauch so tief wie möglich in den Behälter schieben.

2 Nun die obere Schlauchöffnung mit dem Finger dicht verschließen. Das Auffanggefäß muss unterhalb des Tankbodenniveaus stehen. Schlauch wieder ein Stück herausziehen und ins Gefäß halten. Reicht der Schlauch weit genug in den Kraftstoff, fließt dieser jetzt infolge des Gefälles heraus. Saugen Sie auf keinen Fall Kraftstoff mit dem Mund an, die giftigen Additive gefährden Ihre Gesundheit!

3 Befindet sich nur noch wenig Kraftstoff im Tank, hilft diese Methode meist nicht mehr. Dann müssen Sie den Inhalt mit einer kraftstofffesten Handpumpe (Schlauch-Balgenpumpe) abpumpen. Volkswagen empfiehlt Handvakuumpumpe V.A.G 1390 oder Absauggerät VAS 5190. □

Kraftstoffbehälter aus-/einbauen

Arbeitsschritte   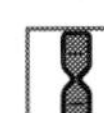

1 **Ausbau:** Sicherheitshinweise und Arbeitsregeln auf Seite 78 beachten. Gemäß Vorschrift eine Abgas-Absauganlage oder einen geeigneten Radiallüfter bereit stellen! Abgasschlauch in die Nähe der Tank-Montageöffnung legen.

2 Bei Fahrzeugen mit Benzinmotor aus Sicherheitsgründen vor dem Öffnen des Kraftstoffsystems die Sicherungen SD 14 und SD 30 aus dem Sicherungshalter in der E-Box im Motorraum entfernen. Damit wird vermieden, dass der Türkontaktschalter Fahrerseite die Kraftstoffpumpe aktivieren könnte.

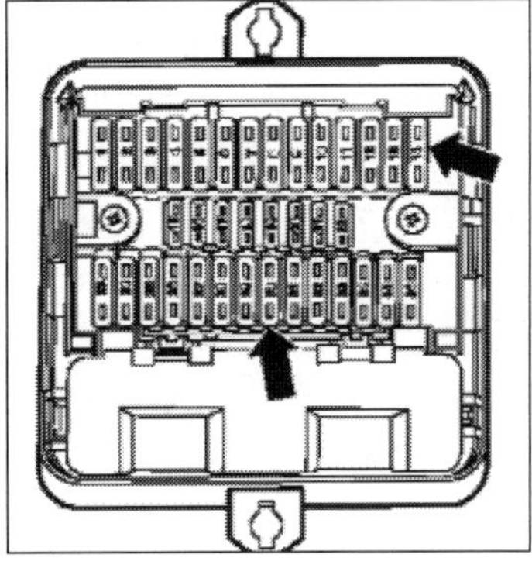

Sicherungshalter: *Die Pfeile weisen auf die zu entfernenden Sicherungen SD 14 und SD 30.*

3 Der Kraftstoffbehälter muss leer sein. Entleeren Sie den Tank vollständig (siehe Anleitung zum Kraftstoffablassen) und reinigen Sie das Umfeld am Kraftstoff-Einfüllrohr. Radio-Code sichern, Batterie-Masseband abklemmen.

4 Bei **Benzinmotoren**: Vorlauf- und Rücklaufschlauch (schwarz und blau) unter Tastendruck an den Schlauchkupplungen (Abbildung Seite 81) abziehen und ausfließenden Kraftstoff mit Putzlappen auffangen. Kraftstoffschläuche unter hörbarem Einrasten der Kupplungen wieder aufstecken. **Alle Motoren:** Befestigungsschraube am Tankeinfüllstutzen lösen, Gummitopf vom Einfüllstutzen abziehen und ausbauen. Befestigungsschraube vom Einfüllstutzen abschrauben (Abbildungen Seite 76).

5 Fahrzeug anheben. Untere Abdeckung am Tank mit Wärmeschutzblech ausbauen. Vor- und Rücklaufleitungen (bei Zusatzheizung auch die Extra-Leitung) bei **Dieselmotoren** vom Kraftstoffkühler, bei **Benzinmotoren** vom Kraftstofffilter abziehen (Taste an den Schlauchkupplungen eindrücken) Bei den Benzinmotoren auch die weiße Entlüftungsleitung vom Aktivkohlebehälter abziehen.

6 Bei **Dieselmotoren** die vier Befestigungsschrauben des Kraftstoffkühlers ausbauen und Kühler herausnehmen.

7 Nach diesen Vorarbeiten können Sie bei **allen Motoren** die Spannbänder abschrauben. Dabei muss der Tank mit einem Motor-/Getriebe-Heber (z. B. V.A.G 1383 A) abgefangen werden.

8 Den Motor-/Getriebeheber absenken, aber nur so weit, dass der Anschlussstecker am Flansch der Kraftstoffpumpe (bei Benzinmotoren: am Flansch der Kraftstofffördereinheit; siehe Bilder unten) abgezogen werden kann. Stecker abziehen und Leitung aus dem Kraftstoffbehälter ausclipsen. Die Kraftstoffleitungen bleiben angeschlossen.

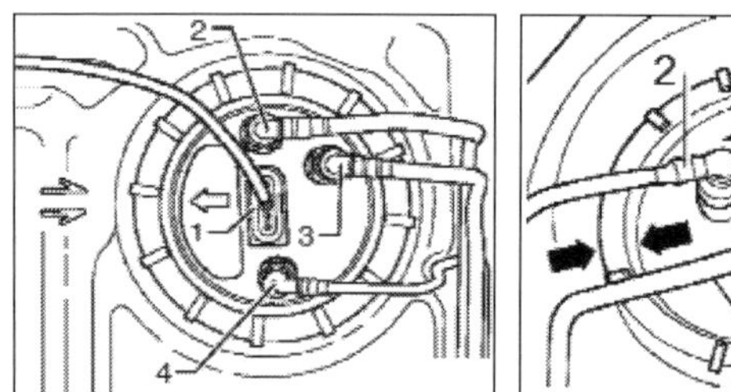

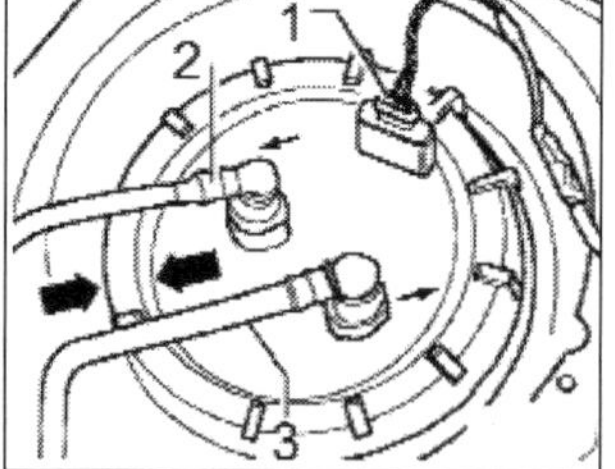

Flansch der Kraftstofffördereinheit (Benziner; links) und der Kraftstoffpumpe (Diesel; rechts): *Die Pfeile markieren die Einbaulage am Kraftstoffbehälter. 1 = Anschlussstecker für den Geber, 2/3/4 Kraftstoffleitungen.*

9 Weiter absenken und Kraftstoffbehälter entnehmen.

10 **Einbau**: Sinngemäß in umgekehrter Reihenfolge.

Die Steckverbindungen der Entlüftungs- und Kraftstoffleitungen müssen beim Zusammenstecken hörbar einrasten. Clipsen Sie die Leitungen am Kraftstoffbehälter ein. Anschlussstecker am Flansch der Kraftstoffpumpe aufstecken und Leitung am Kraftstoffbehälter einclipsen. Achten Sie auf festen Sitz der Kraftstoffschläuche.

11 Lassen Sie nach Abschluss der Arbeiten den Fehlerspeicher abfragen und ggf. löschen. □

Leitungen und Schläuche aus-/einbauen

Arbeitsschritte   

1 Bei Klemmschellen mit einem feinen Schraubendreher unter die Schelle fahren und diese durch seitliches Hebeln lockern.

2 Schlauch unter Drehbewegungen abziehen. Ist dies nicht möglich, einen kleinen Gabelschlüssel hinter dem Schlauchende ansetzen und Schlauch damit abdrücken.

3 Auch längere Zeit nach dem Abschalten des Motors steht das Kraftstoffsystem noch unter Druck. Beim Losschrauben einer Kraftstoffleitung sollten Sie daher stets einen Lappen über die Trennstelle halten, damit kein Kraftstoff herausspritzen kann.

4 Zum Wiederanschluss der Schläuche nur Federbandschellen verwenden. Klemm- oder Schraubschellen sind nicht erlaubt! □

Kraftstoffpumpe (Tandempumpe) prüfen

Arbeitsschritte   

1 Bei dieser Prüfung soll am **Benzinmotor** die Fördermenge der Pumpe in der Fördereinheit untersucht werden. Benutzt werden dazu ein Druckmesser (V.A.G 1318 oder übliches Manometer), eine Diodenprüflampe und die Fernbedienung V.A.G 1348/3A mit Adapterleitung 1348/3-2. Stellen Sie sich ein solches Spezialwerkzeug selbst her. Sie brauchen: einen Flachstecker für den Sicherungshalter, mehrere Meter Kabel mit zwei Adern zu je 1,5 mm^2 Querschnitt, einen Druckkontaktschalter, eine große Krokodilklemme für Batteriepol und eine 8 A-Sicherung im Halter.

2 Die Prüfung setzt mindestens 11,5 V Batteriespannung voraus. Ziehen Sie die Sicherungen SD 14 und SD 30 aus ihren Steckplätzen (Abbildung Seite 81 rechts unten).

3 Schließen Sie die Fernbedienung (V.A.G 1348/3A oder Eigenbau) an: Die eine Kabelader führt vom Druckschalter über die 8 A-Sicherung zur Krokodilklemme an Batterieplus. Die andere Kabelader führt über den Flachstecker zum Kontakt von Sicherung SD 30 im Sicherungskasten.

4 Legen Sie einen Putzlappen um die Anschlussstelle der Kraftstoffschläuche und trennen Sie die Vorlaufleitung nach TDrücken der Taste an den Schlauchkupplungen.

5 Schließen Sie den Druckmesser mit Adapter und Schlauchleitung an der Kraftstoffvorlaufleitung an. Halten Sie die Schlauchleitung in ein Messgefäß von mindesten einem Liter (1000 cm³) Inhalt an.

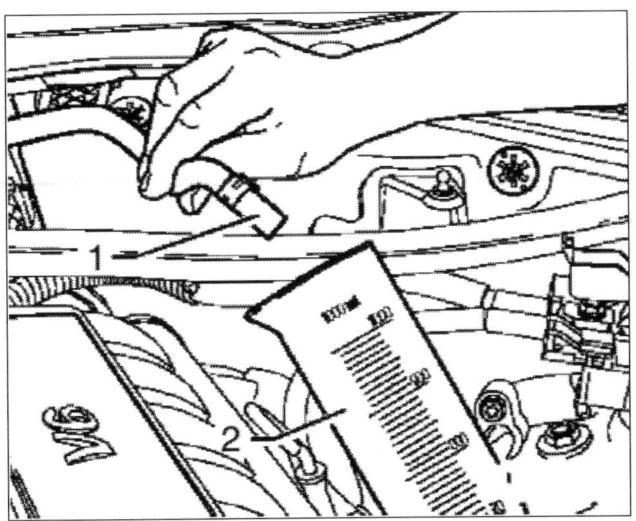

Fördermenge messen: *1 Schlauchleitung (z. B. V.A.G 1318/16), 2 Messgefäß.*

6 Betätigen Sie die Fernbedienung (oder Eigenbau), bis der Kraftstoff austritt. Entleeren Sie das Messgefäß.

7 Betätigen Sie zur Messung die Fernbedienung (oder Eigenbau) 15 Sekunden. In dieser Zeit müssen 800 cm³ gefördert werden. Wenn die Mindestfördermenge nicht erreicht wird: Kraftstoffleitungen auf Knicke (Verengungen) oder Verstopfungen überprüfen.

8 Wenn die Leitungen in Ordnung sind: Fahrzeug anheben. Putzlappen um die Trennstelle am Filtereingang legen (Abbildung Seite 77, rechts an dem auf dem Aktivkohlebehälter liegenden Filter). Kraftstoffvorlaufleitung unter Drücken der Taste an der Schlauchkupplung vom Filter abziehen.

9 Druckmesser mit Adapter und Schlauchleitung an der Kraftstoffvorlaufleitung anschließen. Wiederholen Sie die Messung der Fördermenge. Wenn die Mindestmenge von 800 cm³/15 s jetzt erreicht wird, muss das Kraftstofffilter ausgewechselt werden. Wird die vorgeschriebene Födermenge noch immer nicht erreicht: Pumpe in der Fördereinheit auswechseln.

10 Nach Abschluss der Prüfung und eventuellem Auswechseln der Fördereinheit bauen Sie die Fernbedienung ab, setzen die Sicherungen SD 14 und SD 30 wieder ein und stecken die Steckverbindung am Geber für Kraftstoffvorrat wieder auf.

11 Am **Dieselmotor** wird der Pumpendruck gemessen. Dazu ist allerdings Werkstattgerät erforderlich: Das Fahrzeugdiagnose-, Mess- und Informationssystem VAS 5051 mit Diagnoseleitung und das Prüfgerät für Tandempumpe VAS 5187. Der Motor muss warmgefahren sein, d. h. die Kühlmitteltemperatur muss mindestens 85 °C betragen. Die Pumpe-Düse-Einheiten müssen in Ordnung und Kraftstofffilter sowie Kraftstoffleitungen dürfen nicht verstopft sein.

12 An der Tandempumpe muss die Verschlussschraube herausgedreht werden.

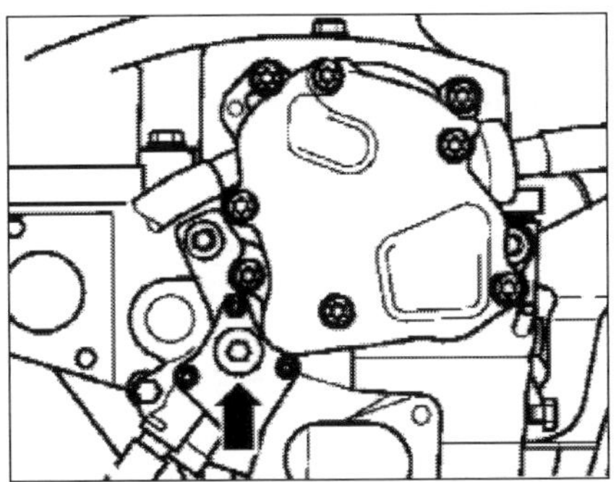

TDI-Tandempumpe: *Der Pfeil zeigt auf die Verschlussschraube.*

13 Schließen Sie die Druckmessvorrichtung VAS 5187 an.

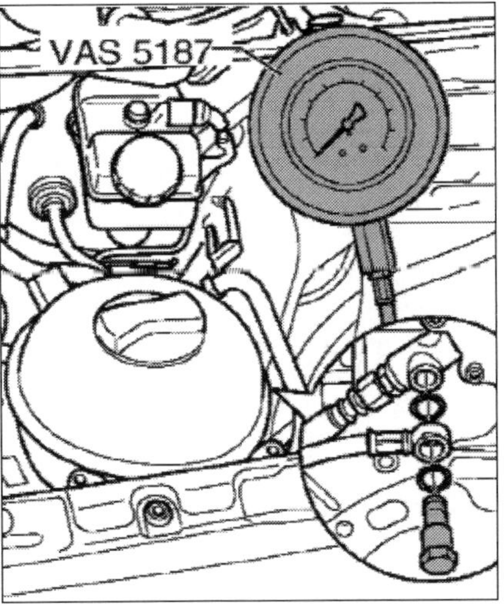

Druckmessvorrichtung: *So muss der Anschluss erfolgen.*

14 Motor starten, im Leerlauf drehen. Jetzt muss das System VAS 5051 angeschlossen (Diagnoseanschluss) und auf Betriebsart »Fahrzeug-Eigendiagnose« eingestellt werden.

15 Auf dem Display des VAS 5091 müssen die Schaltfläche »01 Motorelektronik« und dann die Diagnosefunktion »08 Messwerteblock lesen« gedrückt sowie über die Zahlentastatur die »Anzeigengruppe 1« gewählt werden.

16 Lesen Sie im Feld 1 die Leerlaufdrehzahl ab und erhöhen Sie sie bis auf 4000 U/min. Beobachten Sie den am Manometer angezeigten Druck. Der Sollwert muss mindestens 7,5 bar betragen.

17 Wenn der Sollwert nicht erreicht wird: Rücklaufleitung zwischen Kraftstofffilter und Tandempumpe mit Schlauchklemme schließen und Drehzahl wieder auf 4000 U/min erhöhen.

18 Beobachten Sie am Manometer den angezeigten Druck. Wenn jetzt 7,5 bar erreicht werden, gibt es einen Druckverlust an den Pumpe-Düse-Einheiten. Dann müssen die O-Ringe der PDE ersetzt werden.

19 Wurde der Sollwert von 7,5 bar nicht erreicht, muss die Tandempumpe ersetzt werden. □

Geber für Kraftstoffvorrat aus-/einbauen

1 **Ausbau:** Kraftstoffbehälter ausbauen, Kraftstofffördereinheit oder Tandempumpe ausbauen. Entriegeln Sie nun die Steckerzungen 3 und 4 und ziehen Sie sie ab.

2 Heben Sie die Haltelaschen 1 und 2 mit einem Schraubendreher an und ziehen Sie den Geber für Kraftstoffvorrat in Pfeilrichtung nach unten ab.

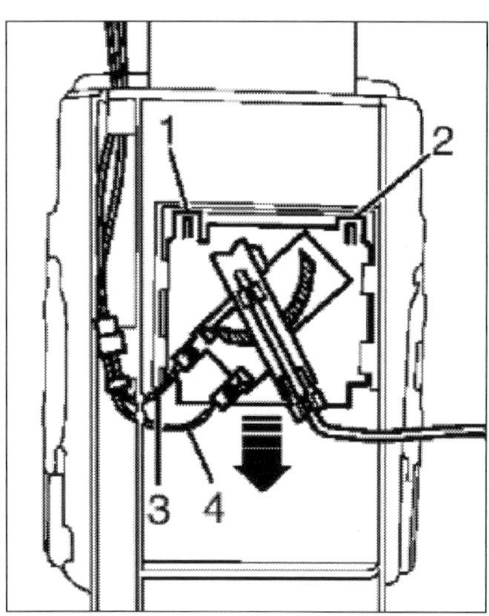

Geber für Kraftstoffvorrat: *1 und 2 Haltelaschen, 3 und 4 Steckerzungen. Der Pfeil zeigt in Geber-Ausbaurichtung.*

3 **Einbau:** Geber für Kraftstoffvorrat in den Führungen an der Kraftstoffpumpe einsetzen und bis zum Einrasten nach oben drücken.

4 Flachstecker wieder aufstecken, Fördereinheit oder Pumpe gemäß den Markierungen in den Kraftstoffbehälter einsetzen. Pumpe nach unten drücken, Überwurfmutter aufschrauben. Anschlussstecker und Kraftstoffleitungen aufstecken, bis sie hörbar einrasten. □

Kraftstoffkühler aus-/einbauen

1 **Ausbau:** Der Kraftstoffkühler in der Rücklaufleitung zum Tank bei den Fahrzeugen mit Dieselmotor muss vom Unterboden abgeschraubt werden.

2 Bauen Sie die Unterbodenverkleidung aus (abschrauben). Drehen Sie dann die vier Befestigungsschrauben des Kraftstoffkühlers heraus. Ziehen Sie den Kühler nach unten und trennen Sie die Kraftstoffleitungen am Kraftstoffkühler (Pfeile).

Kraftstoffkühler: *Pfeile links und rechts Trennstellen der Kraftstoffleitungen, Pfeil Mitte zeigt Ausbaurichtung nach unten.*

3 **Einbau:** In umgekehrter Ausbaureihenfolge. Die Befestigungsschrauben des Kühlers am Unterboden müssen mit 20Nm festgezogen werden. □

Gasbetätigung instand setzen

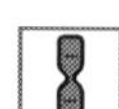

1 **Ausbau:** Der Geber G79 für Gaspedalstellung am Gaspedal, der den Fahrerwunsch an das Motorsteuergerät meldet, ist nicht einstellbar. Bei fehlerhafter Funktion muss er ausgebaut und gewechselt werden.

2 Abdeckung im Fahrerfußraum ausbauen.

3 Entsprechend der Montagezeichnung auf Seite 77 das Pedal vom Lagerbock trennen, Steckverbindung lösen und den Geber ausbauen.

4 **Einbau:** In sinngemäß umgekehrter Reihenfolge. □

DIE KRAFTSTOFF-AUFBEREITUNG

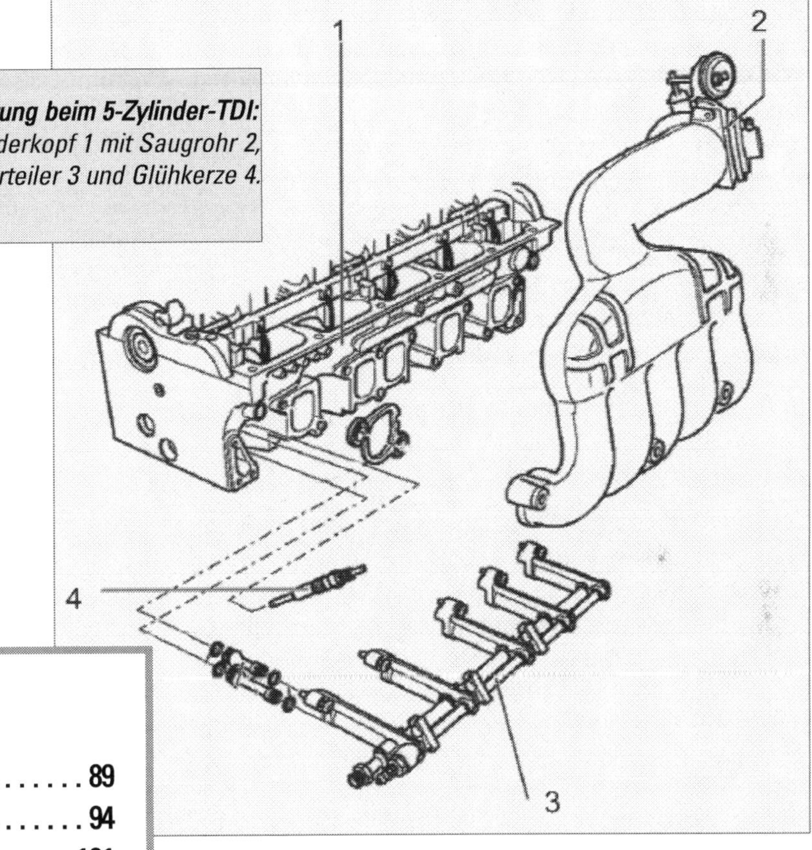

Kern der Kraftstoffaufbereitung beim 5-Zylinder-TDI: *Der Zylinderkopf 1 mit Saugrohr 2, Kraftstoffverteiler 3 und Glühkerze 4.*

Wartung

Reparatur

Kraftstoffzufuhr und -dosierung, Zündung und Abgaskontrolle sind beim Transporter auf modernstem Stand der Technik. Das rechnergestützte, lernfähige Motormanagement ist mit Kennfeldern vorprogrammiert. Es regelt die Gemischaufbereitung und die Kraftstoffeinspritzung, den Zündzeitpunkt und die Leerlaufdrehzahl, die Funktion der Lambda-Sonden, die Tankentlüftung und die Abgasnachbehandlung. Die Bordcomputer erfassen den Ist-Zustand im Motorbetrieb, bestimmen den Soll-Zustand, steuern zur Einflussnahme Aktoren an, registrieren Fehlfunktionen im Speicher und kontrollieren mit diesen Daten sich und die Abläufe über Diagnosefunktionen.

Die Steuerung

Das Motorsteuergerät Ihres Transporters ist unter der Batterie in der E-Box im Motorraum eingebaut. Es handelt sich dabei entweder um ein Steuergerät für Diesel-Direkteinspritz- und Vorglühanlage (Baugruppe J248) oder im Falle der Benzinmotoren um ein Steuergerät für Einspritz- und Zündanlage Motronic ME 7.5 (Baugruppe J220).

Sensoren am, auf und um den Motor liefern Angaben über Motor- und Kühlmitteltemperatur, Ansauglufttemperatur, Luftdichte, Abgaszusammensetzung, Motorbelastung, Drehzahl und Saugrohrdruck. So wird das Steuergerät ständig genau über den jeweiligen Motorzustand informiert. Ein weiterer Geber signalisiert die Gaspedalstellung und arbeitet mit der Drosselklappensteuereinheit (Baugruppe J338) zusammen. Mit diesem komplexen System des elektronischen Motormanagements lassen sich niedriger Kraftstoffverbrauch und die Einhaltung der strengen Abgasgrenzwerte EU 4 optimal realisieren.

Die Systemfunktion

Das Steuergerät mit Funktionsrechner und Überwachungsrechner ist gegen äußere Einflüsse in einem Metallgehäuse gekapselt. Über einen Spannungsregler wird es konstant mit Spannung für die digitalen Schaltungen versorgt. Das Gerät enthält vor Kurzschlüssen und Überlastung geschützte Endstufen, die genügend Leistung für den direkten Anschluss der Stellglieder liefern.

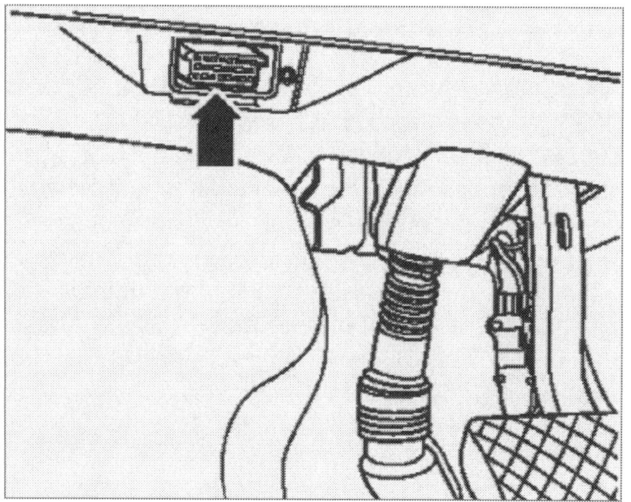

Der Diagnoseanschluss im Fußraum des Transporters.

Die Diagnosefunktion erkennt mögliche Fehler und schaltet bei Bedarf den fehlerhaften Ausgang ab. Im RAM wird der Fehlereintrag gespeichert. Die Fehler sind als Zahlencodes in Listen erfasst, die in den Fachwerkstätten abgearbeitet werden. Der Eintrag kann in der Werkstatt mit Auslesesystemen abgerufen werden. VW-Werkstätten verwenden das Fahrzeugdiagnose-, Mess- und Informationssystem VAS 5051. Im Fahrzeug gibt es dafür den Diagnose-Anschluss im Fahrerfußraum (siehe Abbildung unten links).

Das Basiskennfeld aus Drehzahlsignal und Lastsignal vom Saugrohr-Drucksensor wird durch Informationen über Kühlmitteltemperatur und Abgaszusammensetzung korrigiert und zur Anpassung von Zündzeitpunkt und Einspritzzeit im jeweiligen Betriebszustand genutzt. Zusätzliche Informationen: Lufttemperatur und Drosselklappenstellung. Das Motorsteuergerät gibt Signale an den Drosselklappenantrieb Zwei Winkelgeber melden die Stellung der Drosselklappe zurück. Der maximale Öffnungswinkel der Drosselklappe im Fahrbetrieb ist im Motorsteuergerät festgelegt.

Die Datensammelschiene

Die gewaltige Zunahme des Datenaustauschs zwischen den elektronischen Komponenten braucht neue Kommunikationswege. Das speziell für Kraftfahrzeuge konzipierte Bussystem CAN ist die optimale Lösung. Die elektronischen Steuergeräte brauchen eine serielle Schnittstelle CAN, dann sind sie über die entsprechende Datensammelschiene miteinander zu verbinden. CAN ist bei der internationalen Normenorganisation ISO als Standard für den Einsatz im Kfz vorgesehen, der für festgelegte Datenreihen gilt.

Das Steuerungssystem

Bei allen Motoren:

Luftmassenmesser (G70), Geber für Ansauglufttemperatur (G42), für Saugrohrdruck (G71) und für Saugrohrtemperatur (G72): Nehmen den Saugrohr-Absolutdruck auf. Von der Luftdichte hängt der Anteil der für die Verbrennung entscheidenden Sauerstoffteilchen ab. Die Luftfüllung wird zu einem Berechnungsfaktor für Einspritzmenge und aktuell abgegebenes Motor-Drehmoment.

Drehzahlsensor und OT-Geber (G28): Informiert über Motordrehzahl, genaue Stellung der Kurbelwelle und Stellung des Kolbens jedes einzelnen Zylinders. Wichtig für Einspritz- und Zündzeitpunkte.

Hallgeber (G40) oder Nockenwellenpositionssensor (G136): Mit ihnen wird der Zünd-OT des ersten Zylinders erkannt. Für die Klopfregelung jedes Zylinders und die sequenzielle Einspritzung notwendig.

Geber für Gaspedalstellung (G79 und G185): Als gemeinsamer Modul direkt am Gaspedal. Erfasst den Winkel der Drosselklappe, teilt mit, wie viel Gas der Fahrer gibt.

Drucksensor/Höhenmesser (F96): Im Motorsteuergerät. Bestimmt präzise die Dichte der Umgebungsluft. Wichtig für viele Diagnosefunktionen.

Geber für Kühlmitteltemperatur (G62): Sitzt im Kühlmittel-Kreislauf, meldet dessen Temperatur.

Nur bei Benzinmotoren:

Lambda-Sonden (G39, G130): Sitzen vor und nach dem Katalysator. Messen anhand der Abgaszusammensetzung das Luft-Kraftstoff-Verhältnis des Frisch-Gemisches. Werte über 1 bedeuten mageres Gemisch mit mehr Luft, Werte kleiner als 1 ein fettes Gemisch. Bei Lambda = 1 arbeitet der Katalysator optimal.

Klopfsensoren (G61 und G66): Im Zylinderblock. Registrieren unregelmäßige (klopfende) Verbrennung und regulieren danach den Zündzeitpunkt.

Drosselklappen-Steuereinheit (J338) mit Drosselklappensteller (V60): Baugruppe mit weiteren Komponenten im Saugrohr. Nicht zu öffnen und nicht zu reparieren.

Nur bei Dieselmotoren:

Magnetventil für Ladedruckbegrenzung (N75): TDI-Motoren arbeiten mit verstellbarem Turbolader, um den Ladedruck optimal den Fahrbedingungen anzupassen. Im Zusammenspiel mit dem Motorsteuergerät wird so der Unterdruck für die Leitschaufelverstellung eingestellt und damit der Ladedruck geregelt.

Umschaltventil Saugrohrklappe (N239): Schaltet den Unterdruck für die Betätigung der Saugrohrklappe im Ansaugrohr, um Ruckelbewegungen des Motors beim Abstellen zu verhindern.

Praxistipp

Arbeiten am Motormanagement

Für alle Arbeiten an Komponenten des Motormanagements, der Einspritz- und Zündanlage sowie der Dieseldirekteinspritz- und Vorglühanlage gelten Regeln für Sauberkeit und Sicherheit, wie sie auch bei Prüfungen und Reparaturen am Motor, am Kraftstoff- und am Kühlsystem zu beachten sind. Wenn Sie für bestimmte Arbeiten die Batterie ab- und wieder anklemmen müssen, schalten Sie zuvor stets die Zündung aus, um Beschädigungen am Motorsteuergerät zu vermeiden. Beim Abschleppen eines Fahrzeugs aufgrund von Zündungsschäden müssen die Kabel des elektronischen Steuergerätes abgeklemmt sein.

Motorsteuergerät wechseln

Arbeitsschritte  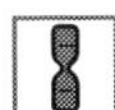

1 **Ausbau**: Bei einer Reihe von Fehlern kann es erforderlich werden, das Motorsteuergerät auszutauschen. Es lässt sich relativ einfach ausbauen. Vor dem Auswechseln sind Abfrage von Identifikation und Codierung des alten Gerätes nötig.

Zündung abschalten, Motorhaube öffnen, Batterie ausbauen.

2 Die Befestigungsschrauben (Pfeile im Bild unten) vom Deckel der E-Box abschrauben.

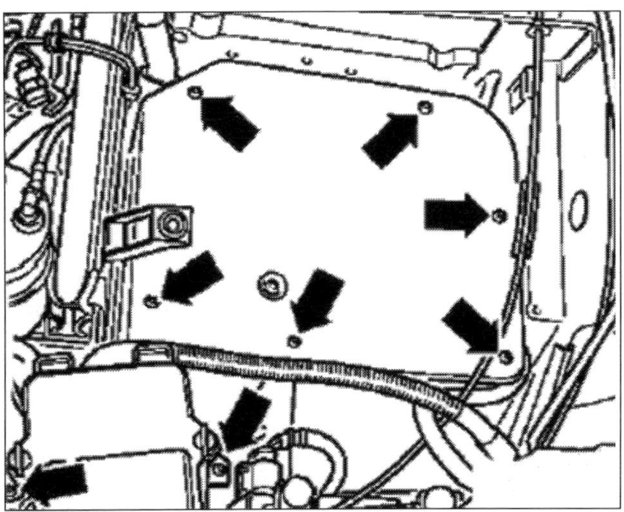

3 Anschlussstecker 1 und 2 (Abbildung Seite 88) vom Motorsteuergerät entriegeln (Pfeilrichtung). Ziehen Sie die Stecker ab.

4 Drücken Sie die Clips (Pfeile) nach außen und ziehen Sie das Steuergerät heraus.

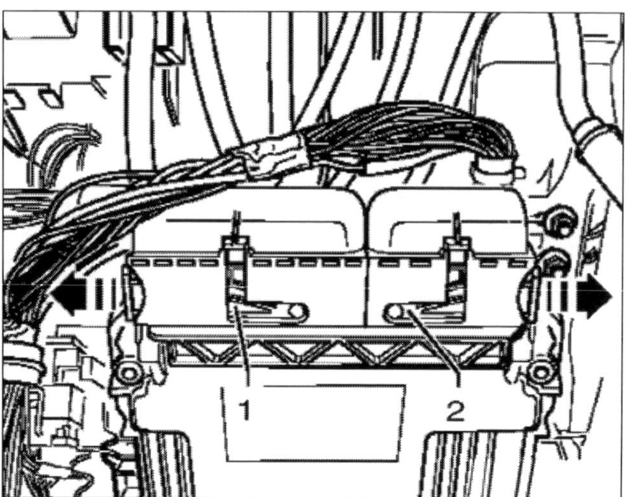

1 und 2 Stecker am Motorsteuergerät. Die Pfeile deuten das Entriegeln der Clips an.

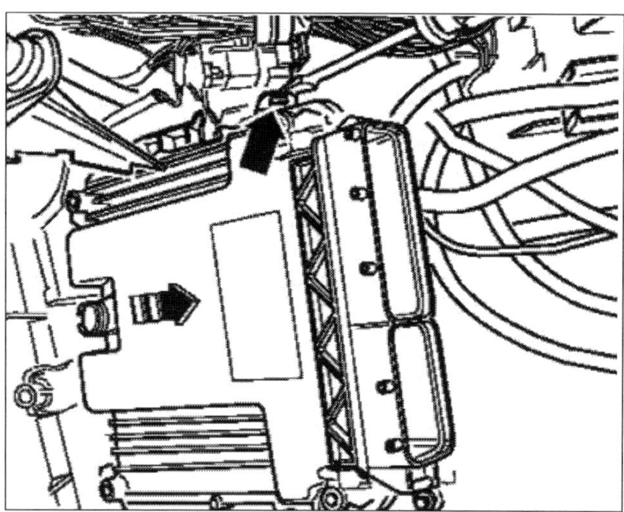

Nach Entriegeln der Clips (Pfeil oben) Gerät in Pfeilrichtung herausnehmen.

5 **Einbau**: Erfolgt sinngemäß umgekehrt. Setzen Sie das Gerät ein und drücken Sie es bis zum vollständigen Einrasten nach unten. Stecker anschließen und verriegeln. Befestigungsschrauben vom E-Box-Deckel festziehen. Batterie einbauen.

7 Nach Einbau und Anschließen eines neuen Motorsteuergeräts müssen Sie es (mit dem System VAS 5051) codieren und an verschiedene Bauteile anpassen. Die Neucodierung ist erforderlich, weil sonst Fahrverhaltensmängel, erhöhter Kraftstoffverbrauch, schlechtere Abgaswerte und die Nichtausführung bestimmter Funktionen auftreten. □

Der Luftfilter

Wichtig für Motormanagement und Einspritzsysteme ist die saubere Luft zur Verbrennung. Schmutzpartikel und Staubteilchen auf den Zylinderlaufbahnen würden nach kurzer Zeit Motorschäden verursachen. Daher muss die angesagte Luft einen Filter im Ansauggeräuschdämpfer passieren.

Der Luftfilter besteht aus einem Gehäuse mit abzunehmendem Oberteil und einem vielfach gefalteten Filtereinsatz. Auf dem Gehäuseoberteil finden sich Hinweise auf die Spezifikation des Filterelements. Es enthält ferner den Luftmassenmesser G70 mit Geber G42 für Ansauglufttemperatur.

Die Schmutzpartikel lagern sich im feinporigen Filterpapier ab, größere Staubteilchen fallen ins Filtergehäuse. Ein verschmutzter Filtereinsatz aber lässt nicht mehr genügend Ansaugluft in den Motor. Das Gemisch wird fetter, die Leistung sinkt und der Kraftstoffverbrauch steigt. Das Filterelement sollten Sie daher mindestens einmal im Jahr reinigen, nach zwei Jahren wechseln. Filtereinsätze erhalten Sie bei Vertragshändler und Zubehörhandel.

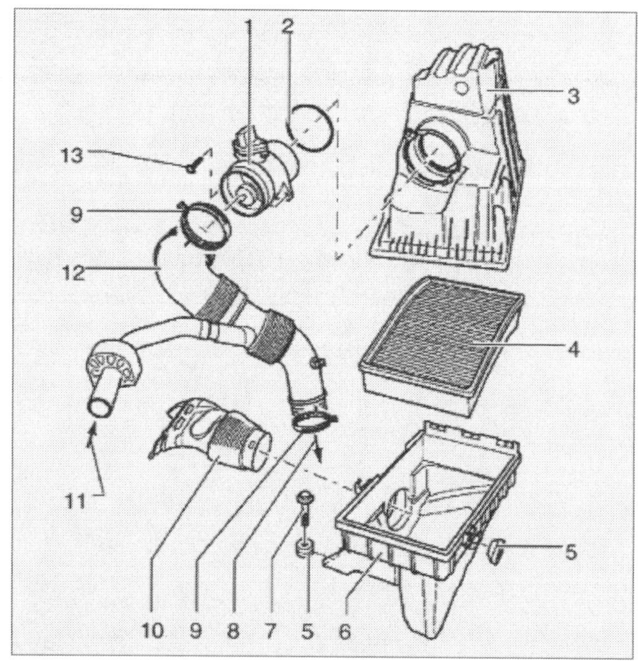

***Luftfilter bei Dieselmotoren:** 1 Luftmassenmesser; 2/7/9/13 O-Ring, Schrauben und Schelle; 3 Luftfilteroberteil; 4 Filtereinsatz; 5 Gummilager; 6 Filterunterteil; 8 zum Abgasturbolader; 10 Lufthutze;11 von der Kurbelgehäuseentlüftung; 12 Ansaugrohr. Bei Benzinmotoren gehen von 12 noch Luftführungen zum Saugrohr und zu den Einspritzventilen.*

Luftfiltereinsatz wechseln

Arbeitsschritte   

1 **Ausbau**: Der Luftfilter ist rechts hinten im Motorraum eingebaut. Ziehen Sie zunächst den Stecker 1 des Luftmassenmessers oben zwischen Ansaugrohr (-schlauch) und Luftfilteroberteil ab. Lösen Sie dann die Klemmschelle 2 (mit Zange VAS 5024/A) vom Ansaugschlauch und ziehen Sie den Schlauch ab.

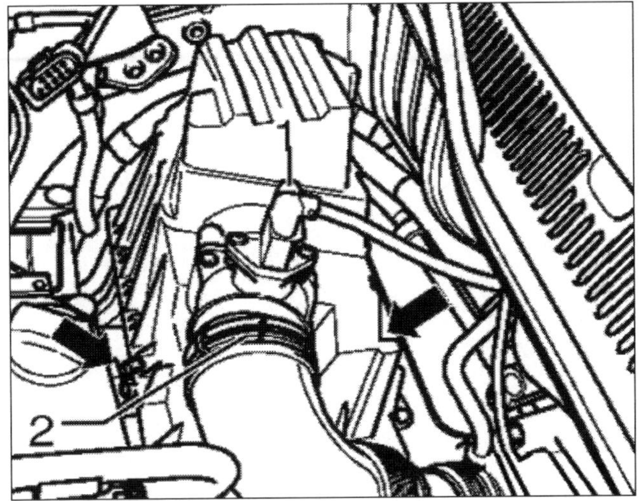

Situation am Luftfilter: *1 Anschlussstecker, 2 Klemmschelle am Ansaugschlauch. Die Pfeile weisen auf die Spannverschlüsse*

2 Öffnen Sie die Spannverschlüsse am Filtergehäuse-Oberteil (Pfeile im Bild oben).

3 Heben Sie das Oberteil des Filtergehäuses an und nehmen Sie es nach oben heraus .

4 Nehmen Sie unter Beachtung der Einbaulage den Filtereinsatz 1 heraus und entsorgen Sie ihn nach Vorschrift.

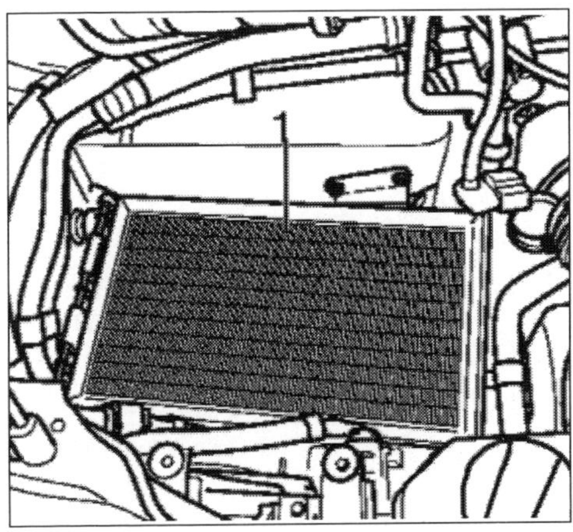

Luftfiltereinsatz 1 muss herausgenommen und entsorgt werden.

5 **Einbau**: Reinigen Sie das Filtergehäuse und legen Sie einen neuen Filtereinsatz 1 ein. Achten Sie auf den richtigen Sitz des Luftfiltereinsatzes.

6 Setzen Sie das Filtergehäuse-Oberteil ein und befestigen Sie es mit den Spannverschlüssen. Prüfen Sie das Gehäuse auf festen Sitz beider Teile. Stecken Sie den Luftansaugschlauch wieder auf und befestigen Sie ihn mit der Klemmschelle.

7 Stecken Sie den Stecker wieder auf. □

Benzineinspritzung und EDC

Im Falle der **Benzinmotoren** pumpt die elektrische Kraftstoffpumpe den Kraftstoff über das Verteilrohr (Kraftstoffverteiler) zu den Einspritzventilen. Der Druckregler hält den Druck im System konstant und schickt nicht verbrauchtes Benzin zurück in den Tank.

Die Drosselklappen-Steuereinheit mit der Drosselklappe ist über Geber und Steuereinheit mit dem Gaspedal verbunden. Je stärker das Gaspedal getreten wird, desto weiter öffnet sich die Drosselklappe. Bei Vollgas ist sie ganz geöffnet. Der Drosselklappengeber ist hier montiert, ebenso das Ventil für Leerlaufstabilisierung. Bei hoher Motorbelastung im Leerlauf, also etwa bei laufender Klimaanlage oder voll eingeschlagener Servolenkung, lässt dieses Ventil zusätzlich Luft einströmen. Das Steuergerät erkennt über den Luftmassenmesser den erhöhten Luftstrom und lässt etwas mehr Kraftstoff einspritzen. Damit wird der Leerlauf stabilisiert.

Bei den Fahrzeugen mit **Dieselmotor** regelt das Steuergerät für Diesel-Direkteinspritzanlage (EDC = Electronic Diesel Control) die Einspritzmenge nach der Drehzahl und der Stellung des Gaspedals. Dafür ist ein Kennfeld programmiert. Das Steuergerät regelt unabhängig vom Fahrer eine Begrenzungsmenge, weil nicht immer die physikalisch mögliche oder vom Fahrer gewünschte Kraftstoffmenge eingespritzt werden darf (Schadstoffe, Überlastung). Damit der Motor in jedem Betriebszustand mit einer optimalen Verbrennung arbeitet, wird die jeweils passende Einspritzmenge berechnet. Beim Starten hängt sie von Temperatur und Drehzahl ab. Um sicher starten zu können, benötigt der Motor bei Kälte eine sehr viel größere Einspritzmenge als im warmen Zustand. Auch eine thermische Überbeanspruchung von Turbolader, Kühlmittel oder Öl kann das Steuergerät verhindern. Es regelt ferner den Leerlauf.

Die Benzineinspritzung

Die Ottomotoren Ihres Transporters sind mit einem- hochleistungsfähigen, auf äußerer Gemischbildung beruhenden Aufbereitungssystem für den Kraftstoff ausgestattet. Dieses integrierte System zur Steuerung von Einzelzylinder-Einspritzung und Zündanlage heißt fachsprachlich »Motronic mit sequenzieller Einspritzung«. Jeder Zylinder hat sein Einspritzventil, das den Kraftstoff direkt vor das Einlassventil spritzt.

Das in den Zylinder eingebrachte Luft-Kraftstoff-Gemisch liegt im gesamten Brennraum homogen vor. Es muss infolge der dicht zusammen liegenden Einspritz- und Einlassventile keinen langen Weg im Saugrohr mehr zurücklegen. Die Gefahr, dass sich besonders bei kaltem Motor Benzin an der Saugrohrwand niederschlägt, ist verringert.

Die elektronisch gesteuerten Einspritzsysteme (Motronik; Markenname bei Bosch: Motronic, bei Siemens: Simos) sind unterschiedlich für verschiedene Motorentypen. Ihre Funktionsweise ist aber prinzipiell immer gleich. Abweichend sind die Konstruktion im Einzelnen, die Parameter und die Einbauorte.

So arbeitet die Einspritzung

Beim Kaltstart lässt die Drosselklappen-Steuereinheit zusätzlich zur Ansaugluft weitere Luft einströmen. Über den Geber für Kühlmitteltemperatur erkennt das Steuergerät die niedrige Temperatur des Motors und errechnet eine längere Öffnungsdauer für die Einspritzventile. Meldet der Geber zunehmende Erwärmung des Kühlmittels, wird die Leerlaufstabilisierung geschlossen und die Einspritzdauer der Einspritzventile Richtung Normalwert zurückgenommen.

Die Einspritzdauer im Normalbetrieb hängt in erster Linie von der Drosselklappenstellung und von den Informationen des Luftmassenmessers ab. Im Leerlauf verändert das Steuergerät den Zündzeitpunkt, wenn die Drehzahl unter den erlaubten Wert absinkt.

Zusätzlich kann die Drosselklappen-Steuereinheit den Luftdurchsatz und damit die Einspritzmenge erhöhen. Gibt der Fahrer kräftig Gas, wird die Einspritzzeit kurzfristig verlängert. Für volle Leistung bei ganz durchgetretenem Gaspedal braucht der Motor noch mehr Kraftstoff. Entsprechend den Signalen von Drosselklappen-Geber und Luftmassenmesser regelt das Steuergerät die Volllast-Einspritzdauer. Wird die Maximal-Drehzahl überschritten, schaltet das Steuergerät die Einspritzventile ab.

Beim Gaswegnehmen bleiben die Ventile geschlossen. Das Steuergerät aktiviert die Kraftstoff sparende Schubabschaltung aber nur, wenn der Motor betriebswarm ist und der Geber eine Motordrehzahl von über 1.500 U/min meldet. Für den Fall, dass einer der Geber ausfällt oder unwahrscheinliche Werte liefert, sind Notlauffunktionen programmiert.

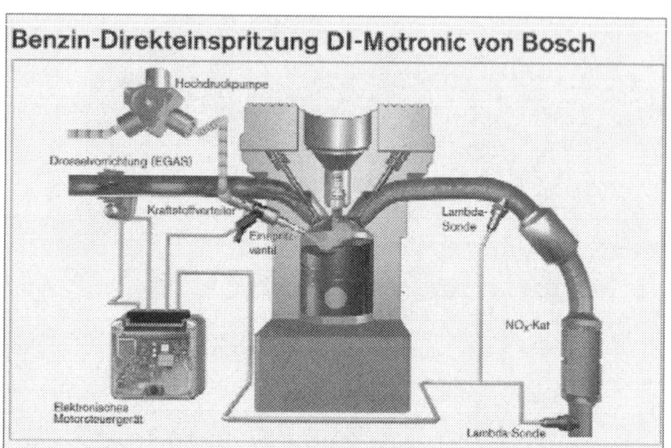

Im Schichtladebetrieb der Direkteinspritzung können die Stickoxid-(NO_X-) Anteile im Abgas nicht durch einen Dreiwegekatalysator abgebaut werden. Die NO_X-haltigen Abgase müssen mit einem zusätzlichen NO_X-Speicherkatalysator nachbehandelt werden. Dieser kann die Stickoxide in Form von Nitraten an seiner Oberfläche anlagern.

Die Zukunft: Benzindirekteinspritzung

Die beim Dieselmotor schon längere Zeit praktizierte Kraftstoffdirekteinspritzung wird jetzt auch für den Ottomotor zu einer erfolgreich realisierten Technologie. Nur auf dem Wege solcher Motoren, bei Volkswagen mit dem Kürzel FSI gekennzeichnet, sind immer weniger oder gleichbleibender Kraftstoffverbrauch bei zunehmender Leistung sowie die Erfüllung der immer strengeren Abgasnormen erreichbar.

Mit der FSI-Technologie (Fuel Stratified Injection = geschichtete Kraftstoff-Einspritzung) führt Volkswagen eine neue Motorengeneration ein, die hinsichtlich des Wirkungsgrades einen Quantensprung bedeutet. Im Vergleich zum konventionellen Saugrohr-Einspritzer bietet der Direkteinspritzer mehr Dynamik, eine Erhöhung von Drehmoment und Leistung sowie eine Verbrauchssenkung bis zu 15 Prozent. Eines ist daher sicher: FSI-Motoren werden demnächst auch in Transporter-Modellen selbstverständlich sein.

Die Diesel-Einspritz-technik

Bei Dieseleinspritzmotoren wird reine Luft in die Zylinder gesaugt und dort hoch verdichtet. Dadurch erwärmt sie sich weit über die Zündtemperatur des Dieselkraftstoffs hinaus auf 600 bis 900 °C. Steht der Kolben kurz vor dem Oberen Totpunkt, wird Kraftstoff in den Zylinder eingespritzt. Diesel zündet von selbst, Zündkerzen sind nicht erforderlich.

Vor- und Nachglühen

Bei sehr kaltem Motor kann es sein, dass die Zündtemperatur nicht erreicht wird. Deshalb wird nach Einschalten der Zündung »vorgeglüht«. Im Brennraum jedes Zylinders steckt eine Glühkerze. Die Vorglühdauer wird abhängig von der Umgebungstemperatur vom Motor-Steuergerät eingestellt. Wenn die Kerzen glühen, leuchtet die Kontrolllampe für Vorglühzeit. Ist der Glühvorgang beendet, erlischt die Kontrolllampe, und der Motor kann gestartet werden.
Nach jedem Motorstart wird nachgeglüht. Dadurch werden die Verbrennungsgeräusche vermindert, die Leerlaufqualität verbessert und die Kohlenwasserstoff-Emissionen reduziert. Die Nachglühphase dauert maximal vier Minuten. Sie wird bei Motordrehzahlen über 2.500 U/min unterbrochen.

Direkteinspritzverfahren

Die Transporter-Diesel sind Direkteinspritzmotoren. Bei ihnen wird der Kraftstoff direkt in den Brennraum eingespritzt, und zwar in die Brennmulde im Kolben (Abbildung rechts). Auf der Basis der Hochdruck-Einspritzpumpe (Bosch) und der Pumpe-Düse-Technologie hat Volkswagen seit Anfang der 90er Jahre das Direkteinspritzverfahren bei Turbodieseln mit Abgasrückführung beispielhaft vorangetrieben. 1991 gab es den ersten Vierzylinder-TDI: Das seit 1982 übliche Kürzel TD für Turbodiesel wurde durch ein »I« für Injection-Direct (Direkteinspritzung) ergänzt.
Die weitere Entwicklung führte zum Turbolader mit verstellbarer Turbinengeometrie. Die Elastizität des TDI-Vierzylinders wurde verbessert und die Leistung des Motors gesteigert. Im TDI-Logo wird das durch ein rot gefärbtes I dokumentiert. Das Pumpe-Düse-Prinzip, für das sich VW von Anfang an entschied, garantiert die höchsten Einspritzdrücke. Dabei kann eine definierte Voreinspritzung realisiert werden, wichtig für sanfte Verbrennung im neuen Hochleistungs-Diesel . Wenn die Buchstaben »DI« im TDI-Logo rot gefärbt sind, bedeutet das Pumpe-Düse-Technik (TDI PDE).

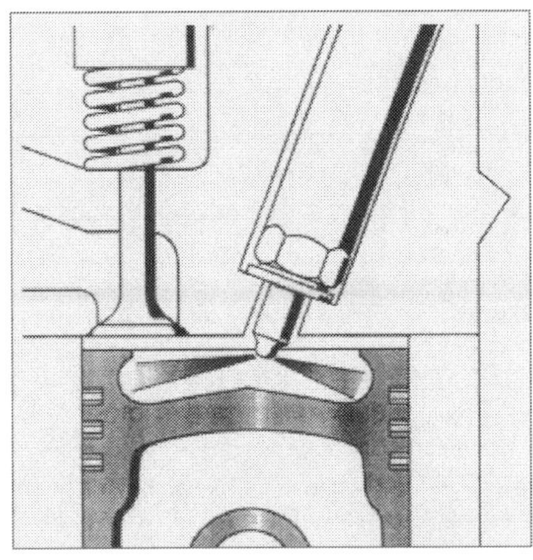

Einspritzung direkt in den Brennraum: *Das Kraftstoff-Einspritzventil bedient die Brennmulde des Kolbens.*

Die Pumpe-Düse-Einheit

Im Pumpe-Düse-TDI wird der Kraftstoff von der Pumpe im Tank über Filter und Rückschlagventil zu einer mechanischen Kraftstoffpumpe mit Druckregelventil gepumpt. Diese Sperrflügelpumpe fördert bei niedrigen Drehzahlen Kraftstoff. Sie ist direkt hinter der Vakuumpumpe seitlich am Zylinderkopf angeflanscht. Beide Pumpen werden gemeinsam von der Nockenwelle angetrieben (Tandempumpe).
Der Kraftstoff gelangt vom Verteilerrohr der Vorlaufbohrung im Zylinderkopf gleichmäßig und mit überall gleicher Temperatur zu den PDE. Alle Pumpe-Düsen werden, vom Motor-Steuergerät über Magnetventile geregelt, mit der gleichen Menge versorgt. Dadurch wird ein runder Motorlauf erreicht, und durch die genau dosierte Kraftstoffmenge in jedem Betriebszustand ergibt sich ein geringer Verbrauch bei sehr guten Fahrleistungen.
In den PDE sind Einspritzpumpe, Steuermagnetventil und Einspritzdüse integriert. Auf jedem Zylinder sitzt eine PDE. Der Einspritzvorgang lässt sich mit PDE präzise steuern, eine Voreinspritzung wird realisierbar (Techniklexikon zu den Einspritzphasen auf Seite 96). Die PDE kann Einspritzdrücke bis maximal 2.050 bar erzeugen. Bei diesem hohen Druck wird der Kraftstoff sehr fein zerstäubt, wodurch die Verbrennung noch effizienter erfolgen kann. Gegenüber Einspritzsystemen mit Verteilereinspritzpumpe gibt es weniger Verbrennungsrückstände, geringere Schadstoffemission, niedrigeren Verbrauch und höheren Wirkungsgrad..

Praxistipp

Hinweise und Regeln

- Vor Reparaturen immer Fehlerspeicher des Motorsteuergeräts abfragen (Diagnosesystem Werkstatt).
- Bei einigen Prüfungen kann vom Steuergerät ein Fehler erkannt und gespeichert werden. Es ist daher immer angeraten, auch im Anschluss an Arbeiten den Fehlerspeicher abfragen und löschen zu lassen.
- Zur einwandfreien Funktion bei allen Prüfungen ist eine Spannung von mindestens 11,5 Volt erforderlich.
- Alle Unterdruckschläuche und Anschlüsse auf Falschluft prüfen.
- Kraftstoffschläuche im Motorraum nur mit Federbandschellen sichern.

- Batterie, Leitungen der Zünd-, Vorglüh- und Einspritzanlage sowie Messgeräteleitungen dürfen nur bei ausgeschalteter Zündung abgeklemmt werden.
- Leitungen aller Art, für stoffliche Medien ebenso wie für elektrischen Strom, müssen immer im Sinne der ursprünglichen Leitungsführung verlegt werden. Ausreichend Freigang zu beweglichen oder heißen Bauteilen sichern. Getrennte elektrische Steckverbindungen vor Schmutz und Nässe bewahren.
- Soll der Motor mit Anlassdrehzahl betrieben werden, ohne dass er anspringt (Kompressionsdruckprüfung), ziehen Sie die Stecker von Zündung, Einspritzventilen, Einspritzpumpe oder Pumpe-Düse-Einheiten ab.

- Verbindungsstellen und deren Umgebung vor dem Lösen gründlich reinigen.
- Ausgebaute Teile auf sauberer Unterlage ablegen und abdecken. Keine fasernden Lappen verwenden!
- Geöffnete Teile sorgfältig abdecken, wenn die Reparatur nicht sofort ausgeführt wird.
- Nur saubere Teile einbauen. Teile erst unmittelbar vor dem Einbau aus der Verpackung nehmen. Keine unverpackt (in Werkzeugkästen) aufbewahrten Teile verwenden.
- Bei geöffneter Anlage das Arbeiten mit Druckluft und das Bewegen des Fahrzeugs vermeiden.
- Kühlmittelschläuche dürfen nicht mit Diesel in Berührung kommen. Geschieht das doch, Schläuche sofort reinigen! Angegriffene Schläuche ersetzen.
- Keine silikonhaltigen Dichtmittel verwenden. Vom Motor angesaugte Spuren von Silikonbestandteilen schädigen die Lambda-Sonde.

Arbeiten an der Einspritzanlage

Wenn Sie die Batterie abklemmen oder die Steckverbindungen am Steuergerät trennen, werden im Speicher alle Lernwerte gelöscht. Dazu gehören die Parameter für Leerlauf, Teillast, Volllast sowie Verzögerung. Beim Wiederanklemmen der Batterie kann es daher zu Stottern, Aussetzern beim Beschleunigen und zu unrundem Leerlauf kommen.
Deshalb Fehlerspeicher löschen lassen oder vor dem Motorstart zehn Sekunden die Zündung einschalten. Spätestens bei einer kurzen Probefahrt lernt das Steuergerät die Anpassung an die Motorgegebenheiten wieder, falls kein permanenter Fehler im Speicher eingetragen ist. Ein sporadischer (nicht permanenter) Fehler wird in der Regel automatisch aus dem Fehlerspeicher gelöscht, wenn er innerhalb von 40 Warmlaufphasen (Motorstart unter 50 °C Kühlmitteltemperatur, Abstellen über 72 °C) nicht mehr auftritt.
Springt der Motor nach Fehlersuche, Reparatur oder Bauteilprüfung nur kurz an und geht dann aus, kann das auch daran liegen, dass die Wegfahrsicherung das Motorsteuergerät sperrt. Dann müssen, wie im Falle permanenter Fehler, die Einträge aus dem Speicher gelöscht werden.

Die Einspritzventile

Um die Einspritzventile (modifizierte Magnetventile) zu überprüfen und ggf. auszutauschen, muss der Kraftstoffverteiler mit den Ventilen ausgebaut werden. Die Einspritzventile sind mit Halteklammern am Verteilerrohr befestigt. Äußerst wichtig ist es, den richtigen und festen Sitz dieser Klammern an Verteiler und Ventil zu gewährleisten.
Die Prüfungen der Einspritzventile werden von uns mit originalen Spezialwerkzeugen und Betriebseinrichtungen demonstriert. Messglas und Messhilfsmittel, Digitalpotentiometer, Diodenprüflampe, Multimeter oder Handmultimeter, Kabel oder Klemmen lassen sich sinngemäß ersetzen. Anderes Prüfgerät (z. B. für Einspritzmenge) müssen Sie sich ausleihen

Fehlerquellen an Ventilen und Gebern

Das ordnungsgemäße Funktionieren von (Magnet-) Ventilen, Sensoren und Gebern ist wesentlich für die

Funktion der gesamten Einspritzanlage. Bei einem Defekt am Ventil für Einspritzbeginn z. B. kann es bei den TDI-Motoren zu lautem Nageln und zu Leistungsmangel kommen. Beim Ausfall des Gebers für Motordrehzahl bleibt der Motor stehen und lässt sich nicht mehr starten.

Raum für Selbsthilfe

Der einwandfreie Zustand aller Bauteile und ihrer elektrischen Kabelverbindungen wird in der Werkstatt mit dem Systemtester überprüft. Wenn Sie bei Funktionsstörungen selbst zu dem Schluss kommen, dass ein bestimmtes Bauelement defekt sein muss, lassen Sie Bauteile und Leitungen in der Werkstatt überprüfen. Mit Multimeter und Diodenprüflampe können Sie mögliche Schäden nur grob abschätzen.
Dennoch gibt es eine ganze Reihe von Arbeiten, die man mit etwas Übung und Erfahrung, immer am besten unter Einsatz bestimmter Spezialwerkzeuge und in Kooperation mit der Fachwerkstatt, ausführen kann. Bei allen Wartungen und Reparaturen sind allerdings stets die im »Praxistipp« aufgeführten Verhaltensregeln zu beachten. Als solche regelmäßigen Wartungsarbeiten fallen z. B. beim Diesel das Entwässern und der Austausch des Kraftstofffilters an.
Sie können ferner immer eine gewisse Grobüberprüfung der Funktion wichtiger Geber vornehmen. An den Kontakten der Anschlussstecker können Sie die Ansteuerungsspannung für den betreffenden Geber und an den Steckkontakten der Geber deren Innenwiderstand messen. Dieser liegt je nach Bauteil und Umgebungstemperatur zwischen einigen Dutzend Ohm oder mehreren Kiloohm.
An den Kontakten der Zuleitungen können Sie gegen Motormasse mittels Lampe, Multimeter oder Prüfbox Kurzschlüsse oder Leitungsunterbrechungen feststellen. Gehen Sie systematisch nach den zutreffenden Schaltplänen vor. Gefundene Leitungsfehler müssen beseitigt werden.

Benzin-Einspritzung

Störungsbeistand

Störung	Ursache	Abhilfe
A Kalter Motor springt nicht an, schlecht an oder stottert.	**1** Kraftstoffpumpen-Relais defekt.	Überprüfen lassen.
	2 Kraftstoffpumpe fördert nicht oder ungenügend.	Benzin im Tank? Pumpe kontrollieren, Fördermenge messen lassen.
	3 Druckregler defekt.	Systemdruck messen lassen.
	4 Unterdrucksystem undicht.	Schlauchleitungen überprüfen.
	5 Steuergeräte oder bestimmte Geber defekt.	Prüfen (lassen), ggf. auswechseln.
	6 Zündanlage defekt.	Überprüfen.
	7 Ansaugsystem undicht (Nebenluft).	Schlauchleitungen überprüfen.
B Warmer Motor springt nicht an, schlecht an oder stirbt gleich wieder ab.	**1** Wie beim kalten Motor.	Wie beim kalten Motor.
	2 Unterdruckleitung zum Kraftstoff-Druckregler defekt.	Prüfen lassen.
	3 Einspritzventil(e) undicht.	Ventil(e) überprüfen (lassen).
	4 Drosselklappen-Steuereinheit nicht abgeglichen (nur nach Tausch bzw. Ausbau).	Grundeinstellung überprüfen (lassen).
	5 Lambda-Sonde defekt.	Funktion prüfen, ersetzen.
C Motor hat Aussetzer.	Kraftstofffilter verstopft.	Filter auswechseln.
D Motorleistung ungenügend.	Drosselklappe geht nicht in Vollgasstellung.	Steuerung überprüfen (lassen).

Diesel-Einspritzung

Störungs-beistand

Störung	Ursache	Abhilfe
A Motor springt nicht an.	**1** Drehzahlgeber oder Steuergerät defekt oder kein Kontakt.	Geber, Steuergerät und Leitung prüfen lassen.
	2 Fehler in der Spannungsversorgung oder Einspritzdüsen defekt.	Prüfen lassen, ggf. Düsen wechseln.
	3 Kraftstoffleitungen oder Filter verstopft, Leitungen undicht oder geknickt.	Leitungen und Filter prüfen und reinigen, ggf. Kraftstofffilter ersetzen.
	4 Tankbelüftung zu, Kraftstoffsieb im Tank verstopft.	Belüftung reinigen.
B Leistungsmangel oder schwarzer Rauch nach dem Start.	**1** Geber oder Einspritzdüsen defekt, Kraftstoffleitung, Kraftstoff- oder Luftfilter verstopft.	Geber, Düsen, Leitungen prüfen lassen. Filter oder/und Leitungen reinigen oder ersetzen.
	2 Magnetventil für Ladedruckbegrenzung oder Zuleitung defekt.	Geber, Ventil und Leitung prüfen lassen.
	3 Luftmassenmesser defekt.	Prüfen lassen.
C Kraftstoffverbrauch zu hoch.	**1** Luftfilter verschmutzt.	Filtereinsatz ersetzen.
	2 Kraftstoffanlage undicht oder Rücklaufleitung verstopft.	Sichtprüfung: Leitung von Einspritzpumpe bis Tank durchblasen.
	3 Leerlauf- oder Höchstdrehzahl zu hoch, Motor oder Einspritzdüsen defekt.	Unbedingt überprüfen lassen.

Sichtprüfung der Anlage

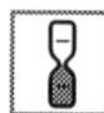

1 Wenn Sie Probleme mit dem Motorlauf und das Motormanagement in Verdacht haben, überprüfen Sie zunächst folgende Teile auf Risse und Dichtigkeit::Unterdruckschlauch des Bremskraftverstärkers, Kraftstoffleitungen, Druckregler und Kraftstoffrücklaufleitung vom Druckregler.

2 Wurden die Kabelstecker öfter auseinander gezogen und wieder zusammengesteckt, kann das mangelnden Kontakt zur Folge haben. Kontakte mit Kontaktspray behandeln. Im Notfall die Kontaktzungen mit viel Gefühl ein wenig nachbiegen.

3 Wenn Sie kontrollieren wollen, ob der Motor Nebenluft zieht (bei Leerlaufproblemen oft der Fall), prüfen Sie zunächst die Unterdruckschläuche auf Risse und festen Sitz. Alle Schläuche, die am Ansaugkrümmer angeschlossen sind, kontrollieren. Dazu zählen Schläuche zum Bremskraftverstärker, zum Kraftstoffdruckregler und zum Magnetventil der Kraftstoffverdunstungs-Anlage.

4 Fahren Sie den Motor warm und lassen Sie ihn im Leerlauf laufen. Öffnen Sie die Motorhaube.

5 Mit einer Startkraftstoff-Spraydose Drosselklappenstutzen, die Flanschdichtungen der Ansaugkanäle und Leitungen zu den durch Unterdruck gesteuerten Aggregaten einsprühen. Trennen Sie dazu die Steckverbindungen zu den Lambda-Sonden.

6 Verändert sich beim Besprühen einer bestimmten Stelle die Motor-Drehzahl, liegt hier die Undichtigkeit. □

Einspritzventile aus-/einbauen

1 **Ausbau**: Bauen Sie den Verbindungsschlauch 1 zwischen Luftmassenmesser 2 und Drosselklappensteuereinheit (Richtungspfeil) 3 aus. Der im folgenden VW-Bild gezeigte Schlauch 1 entspricht für die Benzinmotoren dem Ansaugrohr 12 in der Übersichtszeichnung zum Luftfilter der Dieselmotoren auf Seite 88.

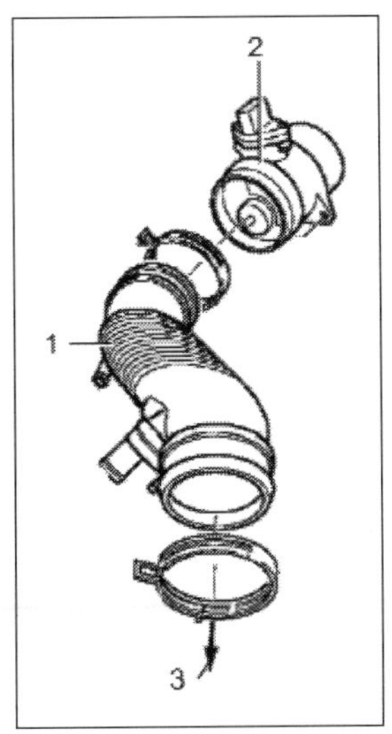

Komponenten im Luftfiltersystem:
1 Verbindungsschlauch, 2 Luftmassenmesser (G70), 3 zur Drosselklappensteuereinheit (J338).

2 An der Abbildung im Kapitel »Die Motoren« auf Seite 48 orientieren: Kühlmittelschläuche, Schläuche zur Kurbelgehäuseentlüftung, Schlauch zum Magnetventil, Schlauchführung, Steckverbindungen für Vor-Kat-Lambdasonde sowie für Drosselklappensteuereinheit und Ventil für Abgasrückführung vom Motor/Saugrohr trennen.

3 Unterdruckschläuche seitlich am Saugrohroberteil sowie Unterdruckschlauch zum Bremskraftverstärker abziehen.

4 Verbindungsrohr für Abgasrückführung 3 ausbauen und das Saugrohroberteil 1 von der Saugrohrstütze 2 losschrauben. Saugrohroberteil ausbauen.

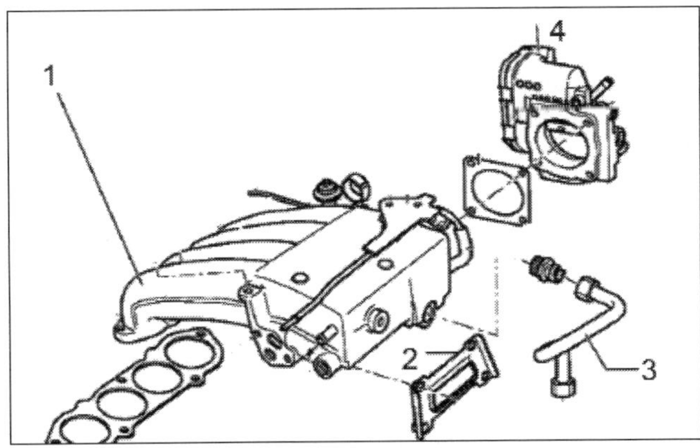

1 Saugrohroberteil, 2 Saugrohrstütze, 3 Verbindungsrohr für Abgasrückführung, 4 Drosselklappensteuereinheit.

5 Kanäle im Saugrohrunterteil S mit einem sauberen Lappen verschließen. Vorlaufschlauch (schwarz) und Rücklaufschlauch (blau) abziehen, indem zur Entriegelung die Sicherungsringe eingedrückt werden. Den auslaufenden Kraftstoff mit einem Putzlappen auffangen. Die Anschlussstecker an allen Einspritzventilen abziehen. Die Befestigungsschraube / vom Kraftstoffverteiler K lösen. Schlauch 3 für die luftumspülten Einspritzventile 4 vom Luftrohr 2 abziehen. Kraftstoffverteiler mit Einspritzventilen abheben. Halteklammer 6 abziehen und das Einspritzventil aus dem Kraftstoffverteiler heraus nehmen.

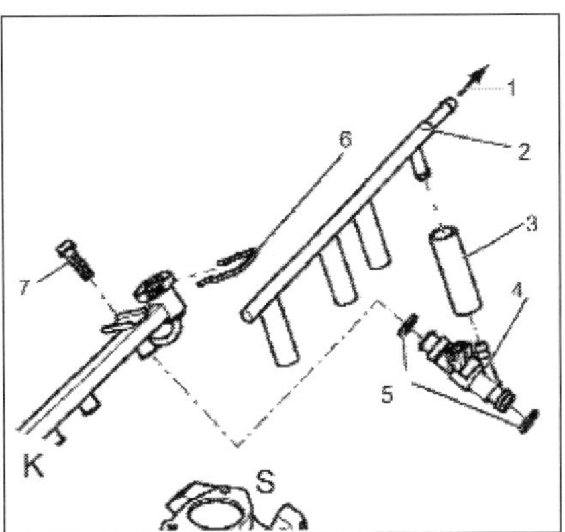

K = Kraftstoffverteiler, S = Saugrohrunterteil, 1 zum Ansaugschlauch, 2 Luftrohr, 3 Luftschlauch für luftumspültes Einspritzventil, 4 Einspritzventil 5 O-Ringe, 6 Halteklammer, 7 Schraube (10 Nm). Durch die vom Luftrohr zugeführte Umspülungsluft wird bewirkt, dass der Kraftstoff sehr fein zerstäubt und die Verbrennung verbessert wird.

6 **Einbau** in umgekehrter Reihenfolge. O-Ringe werden ersetzt und beim Einbau mit Motoröl benetzt. Einspritzventile lagerichtig einbauen und festen Sitz der Halteklammern überprüfen. Kraftstoffverteiler mit gesicherten Einspritzventilen gleichmäßig ins Saugrohrunterteil eindrücken, mit 10 Nm festziehen und Saugrohroberteil anbauen. □

Einspritzventile prüfen

Dichtheit der Ventile:

1 Der Kraftstoffdruck muss in Ordnung sein, die Sicherungen SD 14 und SD 30 sind aus den Steckplätzen entnommen.

Kraftstoffverteiler mit Einspritzventilen bei angeschlossenen Kraftstoffschläuchen, wie in der vorangegangenen Arbeitsanleitung beschrieben, ausbauen.

2 Anordnung zum Laufenlassen der Kraftstoffpumpe bei stehendem Motor gemäß Arbeitsanleitung zur Prüfung der Kraftstoffpumpe auf Seiten 82/83 (Kapitel »Die Kraftstoffversorgung«) schaffen. Fernbedienung oder Schalter am Eigenbau betätigen, damit die Pumpe läuft.

3 Pro Ventil dürfen in einer Minute nur 1 bis 2 Tropfen Kraftstoff austreten.

4 Wenn der Kraftstoffverlust größer ist, Verbindung zwischen Sicherungssockel SD 30(b) und Batterieplus trennen und das undichte Einspritzventil ersetzen. Bei Ventilaustausch grundsätzlich neue Dichtringe verwenden und den Fehlerspeicher des Motorsteuergerätes löschen.

Einspritzmenge und Strahlbild:

5 Unter denselben Prüfbedingungen wie bisher beschrieben und mit gleichem Aufbau zum Laufenlassen der Kraftstoffpumpe bei abgeschaltetem Motor nun nacheinander die Einspritzventile in ein Messglas (Prüfgerät für Einspritzmenge V.A.G 1602) halten.

6 Einen Kontakt des jeweils zu prüfenden Ventils an Motormasse (Hilfsleitungen V.A.G 1594 C), den anderen Kontakt an die Fernbedienung (oder Eigenbau) legen. Die Abgreifklemme kommt an Batterieplus.

7 Die Fernbedienung oder den Eigenbau-Schalter 30 Sekunden lang bedienen. Diese Prüfung an allen anderen Einspritzventilen wiederholen. Dabei für jedes Ventil ein neues Messglas verwenden. Bei dieser Messung auch das Strahlbild kontrollieren: Der Spritzstrahl muss bei allen Ventilen gleich aussehen.

8 Messgläser auf eine ebene Unterlage stellen und die Ergebnisse vergleichen. Der Sollwert beträgt 85 bis 105 ml je Ventil.

9 Alle Ventile, von denen der Sollwert und das richtige Strahlbild nicht erreicht werden, sind zu ersetzen. Neue Dichtringe verwenden, Fehlerspeicher löschen. Kraftstoffverteiler einsetzen, Saugrohr einbauen. □

Die Phasen der Einspritzung mit PDE

Voreinspritzung:
Für möglichst sanften Verbrennungsablauf wird vor Beginn der Haupteinspritzung eine kleine Kraftstoffmenge mit geringem Druck eingespritzt. Deren Verbrennung erhöht Druck und Temperatur im Brennraum. Das führt zu schneller Zündung der Haupteinspritzmenge und verringert den Zündverzug. Voreinspritzung und Spritzpause bis zur Haupteinspritzung bewirken, dass die Drücke im Brennraum flach ansteigen. Die Folge sind geringe Verbrennungsgeräusche und weniger Stickoxid-Emissionen.

Haupteinspritzung:
Sie muss eine gute Gemischbildung sichern, damit der Kraftstoff möglichst vollständig verbrennt. Mit dem hohen Einspritzdruck der PDE, der bei maximaler Motorleistung (hohe Drehzahl, große Einspritzmenge) am größten ist, wird der Kraftstoff sehr fein zerstäubt, so dass er sich ausgezeichnet mit der Luft mischen kann. Das bewirkt vollständige Verbrennung bei Schadstoffreduzierung und hoher Leistungsausbeute.

Einspritzende:
Die PDE-Technologie sichert, dass der Einspritzdruck schnell abfällt und die Düsennadel das Ventil schnell schließt. Es wird verhindert, dass Kraftstoff mit geringem Einspritzdruck und großem Tropfendurchmesser in den Brennraum gelangt und nur noch unvollständig verbrennt.

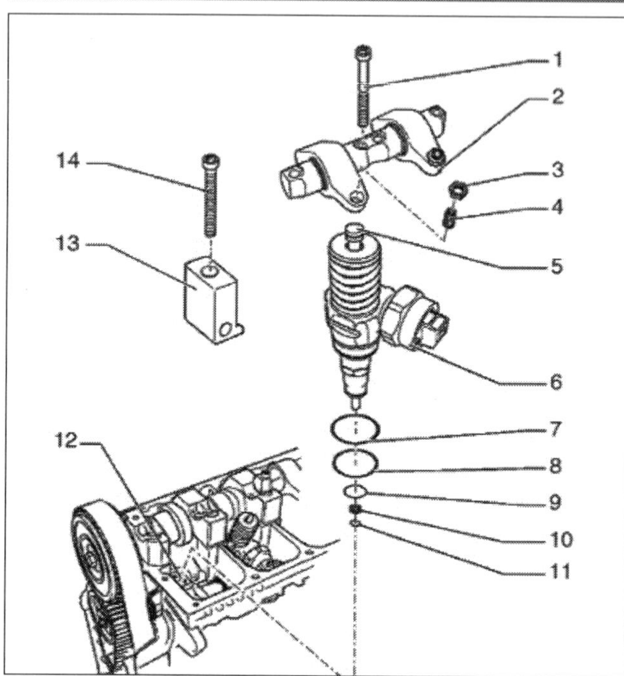

Die Pumpedüse der Transporter-TDI-Motoren:
1/14 Schrauben (20 Nm + 90° bzw. 12 Nm + 270°), 2 Schwinghebelachse mit Schwinghebel, 3 Kontermutter, 4 Einstellschraube, 5 Kugelbolzen, 6 Pumpe-Düse-Einheit, 7/8/9 O-Ringe, 10 Wärmeschutzdichtung, 11 Sicherungsring, 12 Zylinderkopf (Beispiel 4-Zylinder), 13 Spannklotz.

Pumpe-Düse-Einheit aus-/einbauen

1 **Ausbau**: Den Zylinderkopfdeckel ausbauen. Die Kurbelwelle drehen, bis das Nockenpaar der aus- und einzubauenden Pumpe-Düse-Einheit gleichmäßig nach oben zeigt. Orientieren Sie sich bei den Ausbauschritten an der Übersichtszeichnung oben und an den folgenden Abbildungen.

2 Die Kontermuttern der Einstellschrauben 1 lösen und die Einstellschrauben so weit herausdrehen, bis der jeweilige Schwinghebel auf der Stößelfeder der Pumpe-Düse-Einheit aufliegt. Die Befestigungsschrauben 2 für die Schwinghebe-

lachse von außen nach innen mit dem Steckeinsatz 3410 lösen und die Schwinghebelachse abnehmen. Die Befestigungsschraube 3 für den Spannklotz mit dem Steckeinsatz T10054 lösen und den Spannklotz herausnehmen.

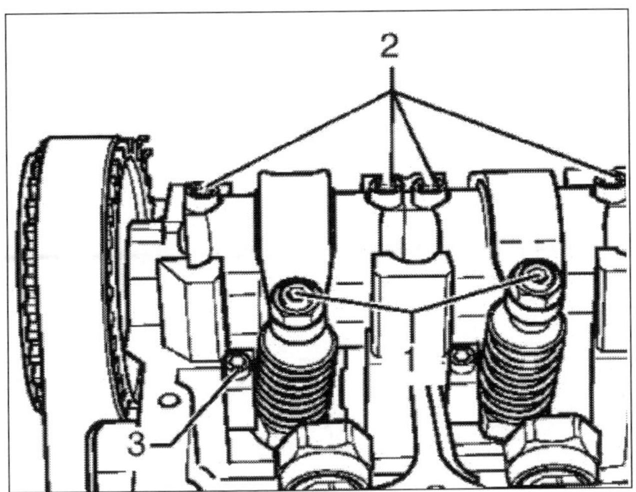

1 Einstellschrauben, 2 und 3 Befestigungsschrauben für Schwinghebelachse und für Spannklotz.

3 Mit einem Schraubendreher Stecker von der PDE hebeln, dabei Steckergegenseite mit leichtem Fingerdruck unterstützen. Abziehvorrichtung T10055 anstelle des Spannklotzes in den seitlichen Schlitz der PDE einsetzen. Pumpe-Düse durch vorsichtige Klopfbewegungen nach oben aus ihrem Zylinderkopfsitz ziehen.

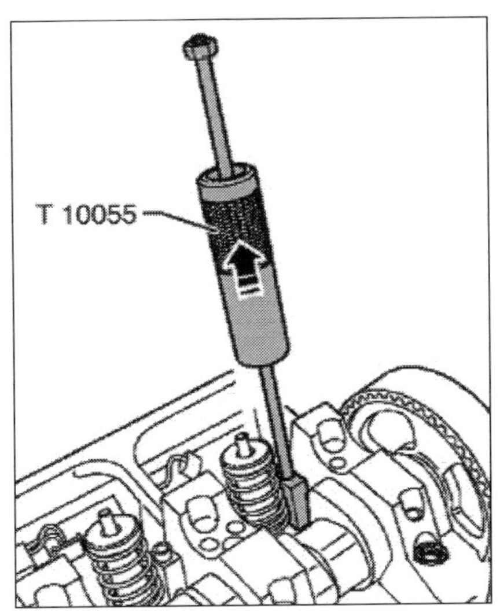

Die Abziehvorrichtung T10055 wird in die PDE eingesetzt. Mit leichten Klopfbewegungen gegen den Abzieher wird die Pumpe-Düse in Pfeilrichtung nach oben herausgezogen.

4 Beim **Einbau** in umgekehrter Reihenfolge müssen Sie bei einer neuen PDE die Einstellschraube im Schwinghebel erneuern, ebenso neue O-Ringe und neue Wärmeschutzdichtung montieren. Beim Einbau der alten PDE müssen O-Ringe und Wärmeschutzdichtung ersetzt werden. Bei Einstellarbeiten an der PDE den Kugelbolzen ersetzen!

5 Sitzflächen der Ringe an der PDE sorgfältig säubern und darauf achten, dass die O-Ringe in keiner Weise verdreht sind. Deshalb zur Montage der Ringe die drei speziellen Montagehülsen verwenden!

Nach der Montage die Ringe einölen und die PDE mit größter Vorsicht in den Zylinderkopfsitz einsetzen. PDE durch gleichmäßiges Drücken bis zum Anschlag einschieben. Spannklotz in den seitlichen Schlitz der PDE einsetzen.

6 Die PDE muss rechtwinklig zum Spannklotz ausgerichtet werden, weil sich sonst die Befestigungsschraube im Klotz lösen und PDE oder Zylinderkopf beschädigen könnte. Dazu ggf. die Lehre T10210 verwenden: Befestigungsschraube so weit eindrehen, dass sich die Pumpe-Düse-Einheit noch leicht verdrehen lässt. Die Lehre zwischen Lagerstuhl und PDE einsetzen. Die PDE von Hand gegen die Lehre drehen und ggf. nachrichten. Dann die Befestigungsschraube anziehen (12 Nm und 270° oder Dreiviertel-Drehung weiter).

7 Schwinghebelachse aufsetzen und neue Befestigungsschrauben festziehen: Zuerst die inneren, dann die beiden äußeren handfest und anschließend in gleicher Reihenfolge 20 Nm und 90° oder Viertel-Drehung weiter.

8 Dann mit einer Messuhr prüfen: Messuhr auf die Einstellschraube der Pumpe-Düse-Einheit setzen. Kurbelwelle in Motordrehrichtung drehen, bis die Rolle des Schwinghebels auf der Antriebsnockenspitze steht. Die Rollenseite steht auf dem höchsten und die Messuhr auf dem tiefsten Punkt. Jetzt Messuhr abnehmen.

9 Einstellschraube entgegen der Federkraft der PDE in den Schwinghebel drehen, bis ein deutlicher Widerstand zu spüren ist. Das Pumpe-Düse-Element steht dann auf Anschlag. Einstellschraube vom Anschlag um 225° zurückdrehen. Einstellschraube in dieser Position halten und Kontermutter festziehen (30 Nm). Stecker der Pumpe-Düse-Einheit aufstecken und Zylinderkopfdeckel einbauen. □

Kraftstofffilter entwässern und wechseln

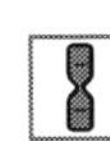

1 Orientieren Sie sich für diese Arbeit an der Übersichtszeichnung auf Seite 98. Sie benötigen eine Handvakuumpumpe und einen Entwässerungsbehälter mit Anschlüssen für Pumpe und Filter.

Entwässerungsanschluss 9 herausdrehen, Leitung vom Entwässerungsbehälter (V.A.G 1390/1) mit Adapterstück in die Anschlussbohrung stecken. Vakuumhandpumpe (evtl. V.A.G 1390) an Entwässerungsbehälter anschließen. Pumpe betätigen, etwa 100 ml Dieselkraftstoff aus dem Filter 7 saugen.

2 Die Dichtung 8 ersetzen, die Anschlussschraube 9 eindrehen und mit 5 Nm festziehen. Die Entwässerung ist damit abgeschlossen.

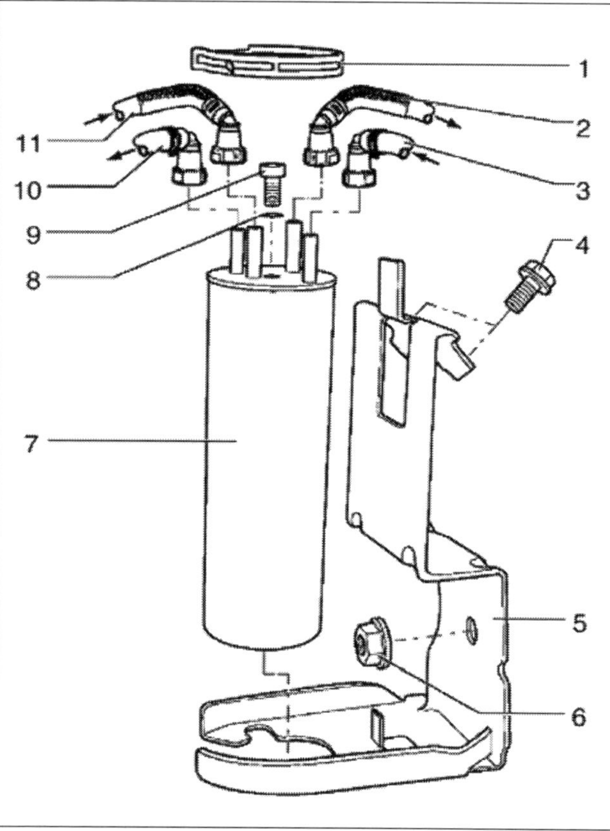

***Kraftstofffilter links hinten im Motorraum:** 1 Federbandschelle, 2 blaue Rücklauf-, 3 schwarze Vorlaufleitung, 4/6 Schraube und Mutter, 5 Halter, 7 Filter, 8 Dichtung für 9 Entwässerungsanschluss, 10 Vorlaufleitung zur und 11 Rücklaufleitung von der Tandempumpe.*

3 Zum Wechseln des Filters die vier Kraftstoffleitungen 2 (mit »RT« markiert), 3 (mit »VF« markiert), 10 (mit »RF« markiert) und 11 (mit »VM« markiert) von den Anschlüssen am Filtergehäuse abziehen. Dazu die Entriegelungstasten am Anschlussstück drücken.

4 Die Befestigungsschelle 1 mit einer Zange für Federbandschellen (z. B. VAS 5024 A) vom Halter 5 lösen. Filter 7 nach oben herausnehmen.

5 Beim Einbau eines neuen Filters die Entsorgungsvorschriften für das alte Kraftstofffilter sowie die Einbaulage beachten. Neues Filter einsetzen und Dichtung 8 am Entwässerungsanschluss 9 erneuern. Anschluss mit 5 Nm festziehen.

6 Filter 7 mit der Federbandschelle 1 am Halter 5 befestigen. Die vier Kraftstoffleitungen auf die Anschlussstutzen am Filter aufschieben. Dabei auf festen Sitz achten. □

Die Zündanlage

Die Zündanlage hat beim Benzinmotor die Aufgabe, das Kraftstoff-Luft-Gemisch in den Brennräumen der Zylinder zu entflammen. Damit wird die Verbrennung eingeleitet. Gezündet wird mit einem elektrischen Funken, einer kurzzeitigen Lichtbogenentladung zwischen den Elektroden der Zündkerze.
Alle Komponenten der Zündanlage sind mit Steckkontakten verbunden. Dazu gehören Zündkerzen, Zündspulen, Leistungsendstufen, Zündleitungen/Zündkabel und einige Sensoren. Wichtigste Geber im Umfeld von Zündkerze und Zündspule sind die Klopfsensoren (G61 und G66), der Geber für Motordrehzahl (G28) und die Hallgeber(G163 und G40). Die Geber können an den Steckverbindungen getrennt und zu Funktionsprüfungen entnommen werden.

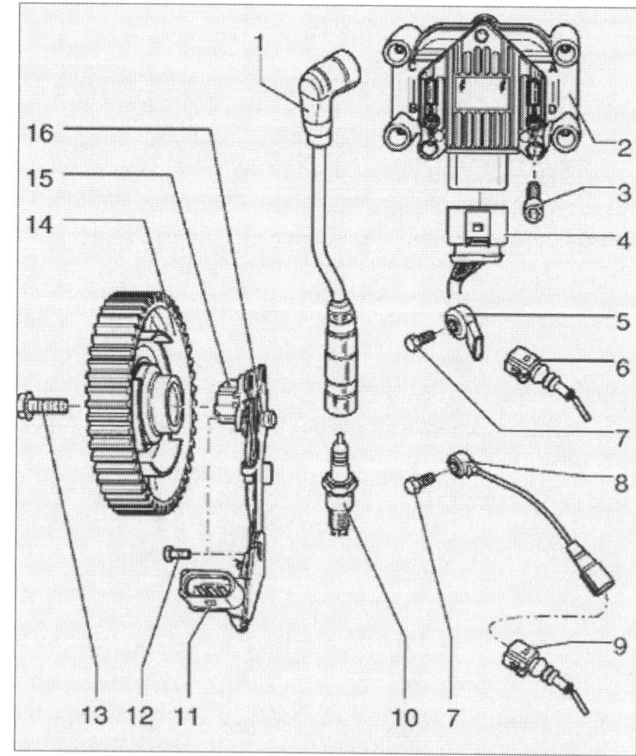

***Zündanlage der 4-Zylinder-Motoren AXA:** 1 Zündleitung mit Entstörstecker und Zündkerzenstecker, 2 Zündtrafo mit den Kennzeichnungen **A** für Zylinder 1 bis **D** für Zylinder 4, 3/7/12/13 Schrauben, 4 Anschlussstecker für Zündtrafo, 5/8Klopfsensoren eins und zwei, 6/9 Anschlussstecker für die Klopfsensoren, 10 Zündkerze, 11 Anschlussstecker für Hallgeber, 14 Nockenwellenrad, 15 Hallgeber mit 16 Halter.*

Optimaler Zündzeitpunkt

Das Gemisch kann seine optimale Wirkung nur entwickeln, wenn es exakt zum richtigen Zeitpunkt gezündet wird. Eine sicher arbeitende Zündung ist die Voraussetzung für den einwandfreien Betrieb des Katalysators. Kommt es zu Zündaussetzern, kann der Katalysator wegen Überhitzung bei der Nachverbrennung geschädigt oder gar ganz zerstört werden.
Von der Gemischentflammung bis zur vollständigen Verbrennung vergehen zwei Millisekunden. Bei gleicher Gemischzusammensetzung bleibt diese Zeit konstant. Der Zündfunke muss so frühzeitig überspringen, dass der Verbrennungsdruck in jedem Betriebszustand des Motors optimal ist.
Für den genauen Zündzeitpunkt ist das Motorsteuergerät zuständig. Sein Prozessor ist mit den Zündzeitpunkten für die verschiedenen Lastzustände des Motors programmiert. Die besten Werte stellen sich ein, wenn das Kraftstoff-Luft-Gemisch im Moment der höchsten Verdichtung gezündet wird, beim Viertaktmotor also dann, wenn der Kolben von der Aufwärtsbewegung des Kompressionshubs in die Abwärtsbewegung des Arbeitstaktes übergehen will.

Klopfende Verbrennung

In Ottomotoren können unter bestimmten Bedingungen anormale Verbrennungsvorgänge auftreten. Sie begrenzen die Steigerung von Leistung und Wirkungsgrad. Dieser unerwünschte Verbrennungsvorgang wird als **Klopfen** bezeichnet. Er spielt sich als stoßartige Verbrennung von Gemischteilen ab, die noch nicht von der Flammenfront erfasst sind. Der Zündzeitpunkt liegt dann zu weit in Richtung **früh**.

Dabei können Flammgeschwindigkeiten von 2.000 Meter pro Sekunde auftreten, während bei normalen Verbrennungen nur Geschwindigkeiten von 30 Meter pro Sekunde vorkommen. Dauert die schlagartige Verbrennung mit zu starkem Druckanstieg länger an, können Zylinderkopf und Zylinderkopfdichtung, Kolben, Lager und Zündkerzen beschädigt werden.

Die Klopfsensoren nehmen die Schwingungen auf und veranlassen das Steuergerät, die Zündung etwas zurückzunehmen. Dank der Klopfregelung ist es auch möglich, einen für Superbenzin ausgelegten Motor vorübergehend mit Normalbenzin zu fahren.

Zündung und Verbrennung

Allerdings liegt der Zündzeitpunkt nicht exakt auf diesem oberen Totpunkt (OT). Denn die Kraftstoffteilchen brauchen rund eine dreitausendstel Sekunde, bis sie sich entzünden. Der Startschuss für den Funken erfolgt deshalb noch während der Aufwärtsbewegung des Kolbens (Frühzündung). Der Verbrennungsdruck dagegen setzt ein, wenn der Kolben den OT gerade überschritten hat. Da das Kraftstoff-Luft-Gemisch stets die gleiche Zeit zum Entflammen benötigt, wird es mit steigender Motordrehzahl früher gezündet.

Regeln zur Zündanlage

Die Zündanlage gilt nach gesetzlichen Richtlinien als gefährliche Anlage. Für alle Arbeiten sind besondere Sicherheitsmaßnahmen zu beachten. Auch bei Wartungsarbeiten ist größte Vorsicht angesagt.

- Berühren Sie bei eingeschalteter Zündung auf keinen Fall die spannungsführenden Teile von Primär- und Sekundärstromkreis oder die Zündleitungen.
- Leitungen der Zündanlage nur bei ausgeschalteter Zündung ab- und anklemmen. Auch Motorwäsche nur bei ausgeschalteter Zündung durchführen!
- Schalten Sie bei allen Wartungsarbeiten und Reparaturen stets die Zündung aus, ob beim Wechsel der Zündkerzen oder beim Anschluss von Prüfgeräten.
- Bei eingeschalteter Zündung genügt eine Erschütterung des Fahrzeugs, um an einer Zündkerze einen Hochspannungsimpuls auszulösen: Lebensgefahr und Gefahr für Bauteile der Zündanlage!
- Wenn der Motor mit Anlassdrehzahl betrieben werden soll, ohne dass er anspringt, beispielsweise bei der Kompressionsdruck-Prüfung, ziehen Sie den Stecker von Zündtrafo oder Leistungsendstufe für Zündspulen ab und nehmen Sie die Sicherungen 14 und 30 heraus. Sie können auch alle Zündspulen herausnehmen und von den Einspritzventilen die Stecker abziehen.
- Zum Schutz des Motorsteuergerätes die Zündung ausschalten, wenn die Batterie an-/abgeklemmt wird.

Die Zündspule

Damit an der Zündkerze ein Funke überspringt, muss an den Zündkerzenelektroden eine Hochspannung anliegen. Sie beträgt bis zu 30.000 Volt. Auf diesen Wert wird die Bordspannung von 12 Volt durch die induktive Zündanlage mit dem Kernstück Zündspule (Zündtrafo) transformiert.

Die Zündspannung muss an jeder einzelnen Zündkerze anliegen. Das geschieht über Zündleitungen von Zündtrafo oder Zündspulen aus (Motor AXA) oder über eine Zündspule mit integrierter Leistungsendstufe, die auf jeder Zündkerze steckt (Motor BDL). Bei der Kombination Kerze/Spule werden die Zündfunken per Direktzündung ohne Zündverteiler erzeugt.

Die Zündspule besteht aus Primärwicklung und Sekundärwicklung im typischen Windungsverhältnis 1:100. Vom Steuergerät über die Endstufe gesteuert, erhält die Primärwicklung über die Klemmen 15 und 1 Strom von der Batterie (Niederspannung). Dadurch baut sich ein Magnetfeld auf. Unterbricht das Steuergerät diesen Stromkreis, bricht das Magnetfeld schlagartig zusammen. Dabei entsteht eine Spannung bis zu 400 Volt. Diese erzeugt in der Sekundärwicklung einen Hochspannungs-Stromstoß (Induktion), der als Zündenergie auf die Zündkerze übertragen wird und sich in der Funkenstrecke entladen kann

Die Zündkerzen

Die Zündkerzen entzünden das Kraftstoff-Luft-Gemisch im Brennraum. Dabei entstehen Temperaturen von rund 2.500 Grad und Drücke bis 60 bar. Damit der Funke trotzdem zuverlässig zwischen den Elektroden überspringt, ist der Anschlussbolzen der Kerze von einem keramischen Isolator umgeben. Mittelelektrode und Anschlussbolzen stecken außerdem in einer elektrisch leitenden Glasschmelze. Ist die erforderliche Zündspannung erreicht, springt der Funke von der Mittelelektrode zur Masseelektrode über und entzündet die Kraftstoffteilchen im Brennraum.

Während das Zündsystem verschleiß- und wartungsfrei arbeitet, müssen die Zündkerzen regelmäßig erneuert werden. Das Intervall dafür kann sehr unterschiedlich sein. Es liegt zwischen 20.000 und 100.000 Fahrtkilometer. Ausschlaggebend ist vor allem der Elektrodenwerkstoff, und günstig wirken sich auch die modernen vierfachen Masse-Elektroden aus.

***Super-Plus-Zündkerze**: Diese modernen Bosch-Zündkerzen haben eine Yttrium-Elektrodenlegierung, die sie außerordentlich verschleiß- und hitzebeständig und damit extrem widerstandsfähig macht. Basis dafür ist die festhaftende Oxidschicht, die das Seltenerdmetall Yttrium bildet. Ein weiteres technisches Plus bietet die angespitzte Masseelektrode. Sie garantiert deutlich höhere Zündsicherheit und somit eine optimale Verbrennung des Kraftstoff-Luft-Gemischs mit erhöhtem Katalysatorschutz und niedrigem Benzinverbrauch. Yttrium wurde bisher ausschließlich in Zündkerzen für die Kfz-Erstausrüstung und im Rennsport verwendet. Nun stehen Yttrium-Zündkerzen auch für die Nachrüstung zur Verfügung.*

Indikator Kerzengesicht

Am Zustand der Kerzenelektroden (»Kerzengesicht«) können Sie erkennen, ob der Motor optimal arbeitet. Die Zündkerzen sind gewissermaßen Zeugen der Verbrennung im Zylinder. Achten Sie bei der Kontrolle der ausgebauten Zündkerzen auf diese Punkte:

Isolatorspitze hellgrau bis grau gefärbt: Gute Einstellung der Einspritzanlage, der Motor läuft wirtschaftlich.

Isolatorspitze weißlich gefärbt: Zündzeitpunkt stimmt nicht, automatische Zündzeitpunktverstellung im Steuergerät defekt.

Schwarze rußartige Ablagerungen: Zündkerze erreicht ihre Selbstreinigungs-Temperatur nicht (häufiger Kurzstreckenverkehr), falscher Wärmewert, CO-Gehalt zu hoch.

Ölschicht über Elektroden: Kolbenringe, Ventilführungen oder Abdichtungen der Ventilschäfte schadhaft. Möglicherweise haben Sie auch Motoröl oder Kraftstoff mit Zusätzen verwendet, die nicht der vorgeschriebenen Spezifikation entsprechen. Tauschen Sie die Zündkerzen aus, nehmen Sie das richtige Öl und einwandfreien Kraftstoff und prüfen Sie erneut den Zustand der Kerzen.

Wärmewert und Elektrodenabstand

Damit eine Zündkerze exakt arbeitet, muss sie nach dem Motorstart schnell ihre Selbstreinigungstemperatur von etwa 400 °C erreichen. Sonst setzen sich Verbrennungsrückstände am Isolatorfuß fest. Bei Volllast darf die Temperatur etwa 800 °C nicht überschreiten.

Der so genannte Wärmewert entscheidet, ob Zündkerze und Triebwerk zueinander passen. Verwenden Sie zum Beispiel eine Zündkerze mit zu hohem Wärmewert, kann sich der Isolatorfuß stark erhitzen. Das hätte unkontrollierte Glühzündungen zur Folge, die den Motor sogar zerstören können. Bei zu niedrigem Wärmewert erreicht die Kerze nicht die nötige Temperatur zur Selbstreinigung, und der Isolatorfuß verschmutzt. Der richtige Zündkerzen-Wärmewert wird vom Automobilhersteller festgelegt.

Zündkerzen müssen einen ganz bestimmten Abstand zwischen den Elektroden aufweisen. Er beträgt in den meisten Fällen 0,9 bis 1,1 mm, beim 6-Zylinder nur 0,4 bis 0,6 mm. Dieser Abstand kann sich mit zunehmender Laufzeit der Zündkerzen verändern. Durch die hohe Spannung beim Funkenüberschlag werden nämlich immer wieder kleine Metallpartikel von den Elektroden abgesprengt. Wird der Abstand zu groß, kann es zu Zündaussetzern kommen. Eventuell springt dann der Motor überhaupt nicht mehr an.

Motor und Zündanlage

Störungsbeistand

Störung	Ursache	Abhilfe
A Motor springt schlecht oder gar nicht an.	**1** Zündtrafo oder Zündkerzen feucht oder verschmutzt; kein Zündfunke.	Trocknen oder reinigen,evtl. mit Zündspray behandeln.
	2 Steckverbindungen locker oder oxidiert.	Kontrollieren, erneuern (lassen).
	3 Drehzahl- oder Hallgeber defekt oder ohne Kontakt.	Überprüfen lassen, Stecker fest aufsetzen, ggf. ersetzen
	4 Zündtrafo/-spule defekt.	Austauschen.
	5 Endstufe oder Steuergerät defekt.	Kontrollieren lassen, austauschen.
B Motor läuft unrund, hat Zündaussetzer.	Zündkerze defekt oder Zündkabel unterbrochen.	Austauschen, Leitung ersetzen.
C Motor hat keine Leistung.	**1** Luftmassenmesser defekt oder ohne Kontakt.	Kontrollieren lassen, ggf. ersetzen.
	2 Kühlmittel- oder Ansaugluft-Temperatursensor defekt; Stecker sitzt nicht korrekt.	Sensor und Steckverbindungen kontrollieren, ggf. ersetzen.

(Motor mechanisch in Ordnung; Kraftstoffversorgung und Benzineinspritzanlage einwandfrei)

Zündkerzen ausbauen und wechseln

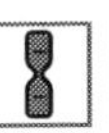

1 **Ausbau Motor AXA**: Bauen Sie die obere Motorabdeckung aus: Drehverschlüsse ausrasten, Abdeckung nach oben heraus nehmen.

2 Bauen Sie das Saugrohroberteil mit Anbauteilen aus. Orientieren Sie sich dabei an den Erläuterungen und an der Abbildung auf Seite 95 in diesem Kapitel. .

3 Ziehen Sie die Stecker von den Zündkerzen (Position 1 im folgenden Bild) ab. Benutzen Sie dazu zweckmäßig das VW-Montagewerkzeug T10029. Schrauben Sie die Zündkerzen mit dem Kerzenschlüssel 3122 B heraus.

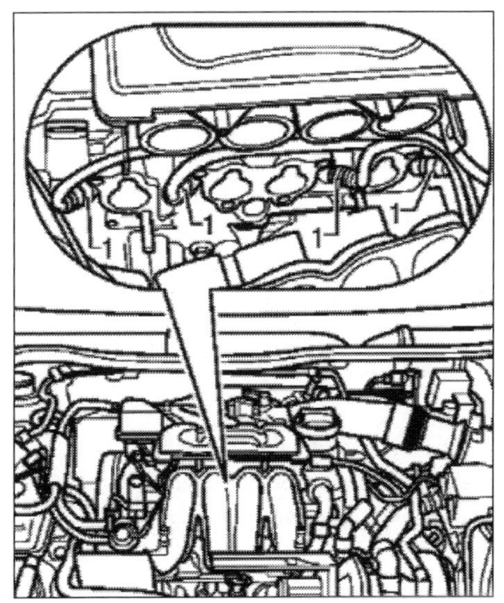

Nach Ausbau des Saugrohroberteils zugänglich: *Die Zündkerzen 1 im 4-Zylinder-Einspritzmotor AXA.*

4 Prüfen Sie per Augenschein den Zustand der Zündkerze anhand des »Kerzengesichts«. Kontrollieren Sie ggf. den Abstand Mittel-Elektrode – Masse-Elektrode mit einer Fühlerblattlehre. Der Abstand soll 0,9 bis 1,1 mm betragen. .

5 **Einbau Motor AXA**: Wenn ein Wechsel erfolgen soll, schrauben Sie neue Zündkerzen ein. VW empfiehlt Kerzen der Werksnorm 101 000 033 AA. Die Herstellerbezeichnung dieser Zündkerzen lautet BKUR 6 ET-10. Ihr Elektrodenabstand beträgt 0,9 bis 1,1 mm.

Schrauben Sie die neuen Kerzen mit dem Schlüssel 3122 B ein. Ziehen Sie sie mit 25 Nm fest.

6 Stecken Sie die Zündkerzenstecker von Hand auf. Sie müssen spürbar einrasten. Zündleitungen und Kerzenstecker auf festen Sitz prüfen.

7 Saugrohroberteil und Motorabdeckung einbauen, Probefahrt vornehmen.

8 **Ausbau Motor BDL**: Bauen Sie die obere Motorabdeckung aus: Drehverschlüsse ausrasten, Abdeckung nach oben heraus nehmen.

9 Entsperren Sie die Steckerverrastung. Setzen Sie das Montagewerkzeug T10118 an der Steckerverrastung an (Pfeil im folgenden Bild). Ziehen Sie das Werkzeug vorsichtig hoch, bis die Steckerverrastung ausrastet.

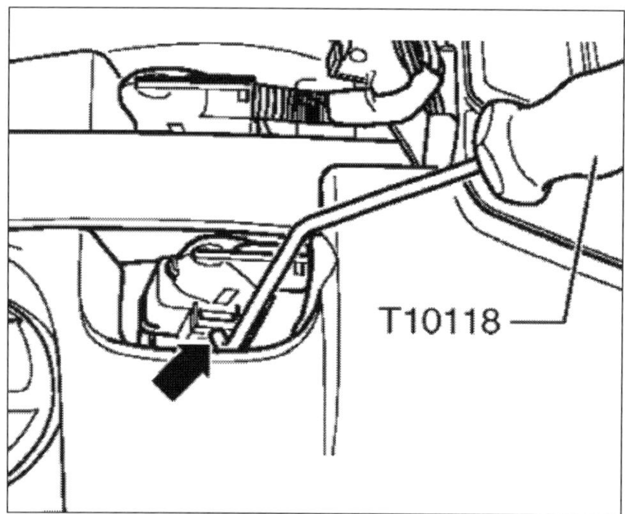

10 Ziehen Sie die Stecker 1 bis 6 für die Zündspulen mit Leistungsendstufen nach oben ab. Beachten Sie vor dem Abziehen die Einbaulage der Spulen zu den Steckern. Die gerade Steckerseite muss zur Geraden Seite der Zündspule passen.

11 Schieben Sie nun von dieser geraden Steckerseite aus den Abzieher T10095/a (T10095 A; VW-Spezialwerkzeug) in Pfeilrichtung auf die Zündspule mit Leistungsendstufe. Mit Hilfe des Abziehers wird die Zündspule mit Leistungsendstufe gerade nach oben herausgezogen..

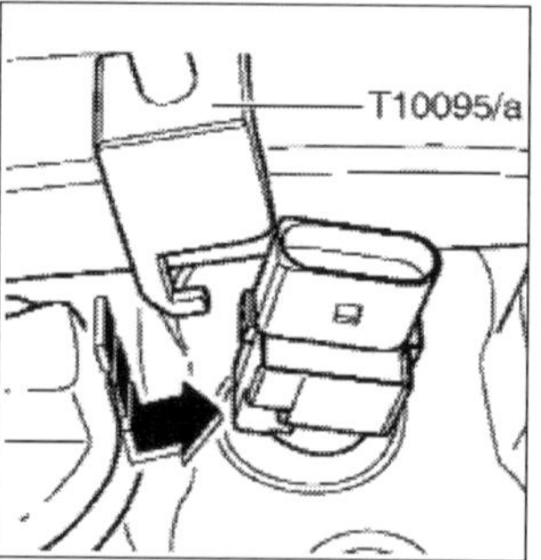

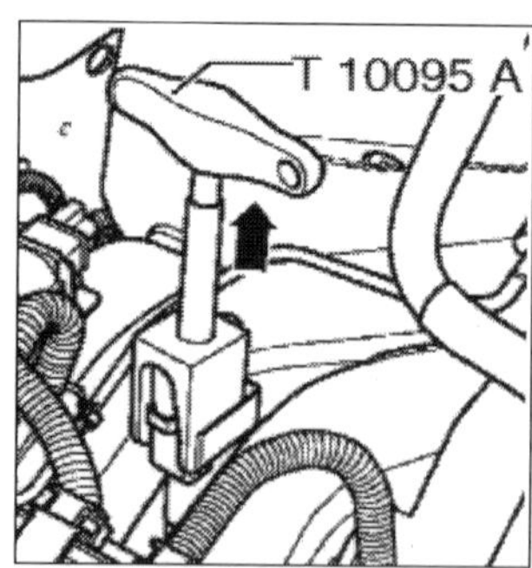

Abzieher von gerader Steckerseite aus auf die Zündspule schieben (links) und nach oben ziehen (rechts).

12 Die Zündkerzen mit dem Schlüssel 3122 B herausschrauben und beim Einbau auch einschrauben.

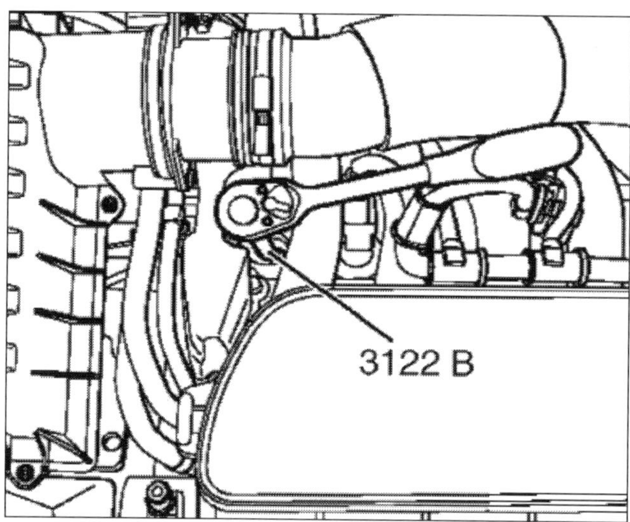

13 **Einbau Motor BDL**: Wenn ein Wechsel erfolgen soll, schrauben Sie neue Zündkerzen ein.

14 Stecken Sie die Zündspulen mit Leistungsendstufe von Hand vorsichtig auf die Zündkerzen auf. Die geraden Steckerseiten (Pfeile) müssen zueinander passen.

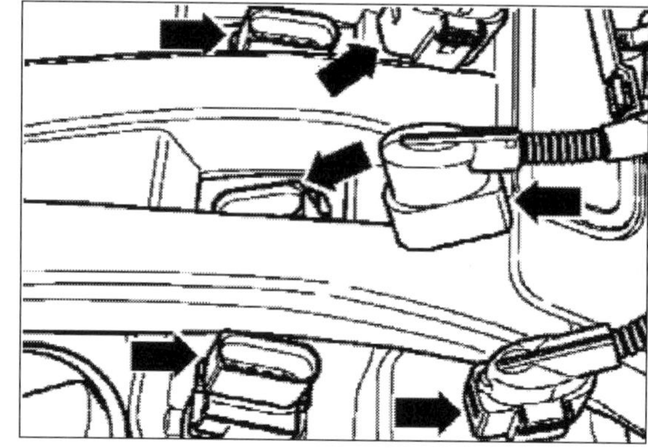

15 Stecker 1 bis 6 wieder aufstecken. Motorabdeckung einbauen, Probefahrt vornehmen. □

Zündspulen mit Leistungsendstufen prüfen

Arbeitsschritte  

1 Unterbrechen Sie die Spannungsversorgung der Kraftstoffpumpe und/oder der Einspritzventile durch Entnahme der Sicherungen SD14 und SD 30 aus dem Sicherungshalter. Überprüfen Sie, ob die Batteriespannung mindestens 11,5 V beträgt.

2 Der Geber für Motordrehzahl und der Hallgeber müssen in Ordnung sein.

3 Messen Sie an den (abgezogenen) Vierfachsteckern jeder Zündspule (oder des Zündtrafos) die Versorgungsspannung mit dem Handmultimeter zwischen den Kontakten 1 und 3 sowie 2 und 3. Schließen Sie das Multimeter mit Hilfsleitungen (z.B. V.A.G 1594) an und betätigen Sie die Zündung. Der zu messende Sollwert beträgt mindestens 11,5V. Schalten Sie die Zündung aus.

4 Wenn keine Spannung vorhanden ist, prüfen Sie die Leitung zwischen Vierfachstecker-Kontakt 3 und Sicherungssteckplatz (nach Stromlaufplan) auf Unterbrechung. Der Leitungswiderstand darf maximal 1,5 Ohm betragen.

5 Prüfen Sie jeweils die Leitungen zwischen Steckerkontakt 1 und 2 nach Masse auf Unterbrechung. Auch hier maximaler Leitungswiderstand 1,5 Ohm.

6 Wenn kein Fehler in der Spannungsversorgung vorliegt, muss die Ansteuerung geprüft werden. Dazu wird eine Diodenprüflampe (V.A.G 1527) mit Hilfsleitungen (V.A.G 1594) am Kontakt 4 des abgezogenen Steckers für Zylinder 1 und Motormasse angeschlossen.

7 Betätigen Sie den Anlasser und prüfen Sie das Zündsignal vom Motorsteuergerät. Die Leuchtdiode muss flackern. Wiederholen Sie diese Prüfung an den Anschlusssteckern für die weiteren Zylinder. Schalten Sie die Zündung aus.

8 Wenn die Leuchtdiode jeweils geflackert hatte und die Spannungsversorgung an der nicht funktionierenden Zündspule in Ordnung ist, muss die betreffende Zündspule mit Leistungsendstufe ersetzt werden.

9 Wenn die Leuchtdiode nicht geflackert hatte, müssen noch die Leitungen überprüft werden.

10 Wenn kein Fehler in den Leitungen festzustellen und Spannung zwischen den Anschlüssen 1 und 3 sowie 2 und 3 der Vierfachstecker vorhanden ist, muss das Motorsteuergerät ersetzt werden.

11 Eine andere wichtige Prüfung besteht darin, die Widerstandswerte von Zündleitungen und Zündspulen zu messen. Der Widerstand der Zündleitungen soll in den meisten Fällen 4 bis 8 Kiloohm betragen. Am Zündtrafo und an der Leistungsendstufe mit Zündspulen muss der Widerstand zwischen den Kontakten 1 und 4 sowie 2 und 3 jeweils 4 bis 6 Kiloohm (bei 20 °C) betragen. Wenn die Sollwerte nicht erreicht werden, müssen die Zündkabel oder die Zündspulen mit Leistungsendstufe ausgewechselt werden. □

Klopfsensor und Hallgeber prüfen

Arbeitsschritte  

1 Klopfsensor, Hallgeber und andere wichtige Geber und Komponenten der (Einspritz- und) Zündanlage lassen sich ähnlich wie die Zündspulen durch Spannungs- und Widerstandsmessungen auf Schadhaftigkeit prüfen.

2 Zunächst die Spannungsversorgung für die zu prüfenden Komponenten untersuchen. Stecker abziehen und an den Kontakten des zuführenden Kabels messen. Beim Hallgeber G40 wird z. B. zwischen den Kontakten 1 und 3 gemessen: Der Sollwert muss mindestens 4,5 V betragen.

3 Anschlussstecker vor dem Abziehen kennzeichnen, weil sonst Verwechslungsgefahr besteht.

4 Stimmt die Betriebsspannung, schließen sich Widerstandsmessungen an den Anschlüssen zum Bauteil an. Gemessen wird auf Widerstandswert unendlich (keine Kurzschlüsse) und auf die Innenwiderstände. Dazu sind aus den Schaltplänen die richtigen Anschlüsse zu ermitteln.

5 Zwischen Anschlusskontakten und Buchsen laut Schaltplan sind ferner die Leitungswiderstände zu überprüfen. Der Leitungswiderstand darf in der Regel nicht mehr als 1,5 Ohm betragen. Untereinander dürfen die Leitungen keinen Kurzschluss aufweisen (Widerstand = unendlich Ohm).

6 Wenn keine Leitungsfehler festgestellt werden, löst man in den meisten Fällen die entsprechende Komponente aus dem Stromkreis, schließt sie wieder an und unternimmt eine Probefahrt zur Herstellung der Betriebsbedingungen. Danach Fehlerspeicher auslesen.

7 Zeigt der Fehlerspeicher des Motorsteuergerätes weiterhin Beanstandung an, müssen zumeist die entsprechenden Geber ersetzt werden.

8 Nach dem Ersetzen wieder Fehlerspeicher abfragen, mögliche weitere Fehler beheben, Speicher löschen.

9 Werden keine Fehler in den Leitungen festgestellt und war dennoch keine Spannung zwischen den entsprechenden Steckerkontakten des überprüften Gebers vorhanden (Ansteuerung), muss in vielen Fällen das Motorsteuergerät ersetzt werden. □

Glühkerzen prüfen und wechseln

Arbeitsschritte  

1 Stellen Sie sicher, dass die Batteriespannung mindestens 11,5 Volt beträgt. Schalten Sie die Zündung aus.

2 Bringen Sie den Schlossträger in Servicestellung (Kapitel »Die Karosserie«) und ziehen Sie die Stecker von den Glühkerzen ab. Diodenprüflampe (z. B. V.A.G 1527) an den Batteriepluspol anschließen.

3 Legen Sie die Prüfspitze der Diodenprüflampe nacheinander an jeder Glühkerze an.

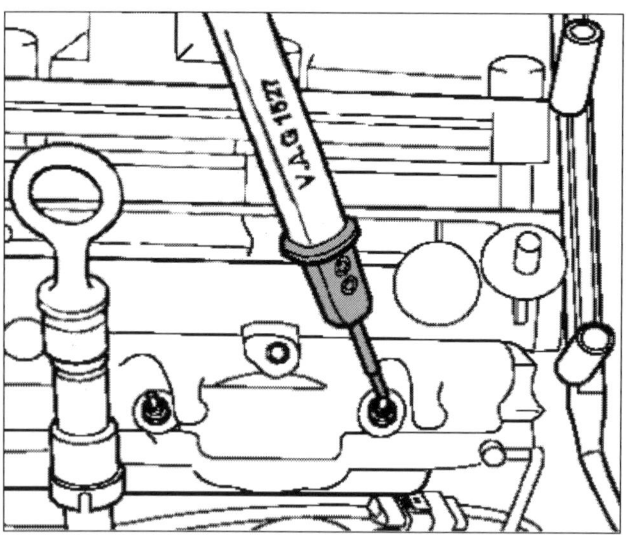

4 Wenn die Diode leuchtet, ist die Kerze in Ordnung. Leuchtet die Prüflampe nicht, müssen Sie die entsprechende Glühkerze ersetzen.

5 Bauen Sie die Glühkerze mit Gelenkschlüssel 3220 (oder HAZET 2530) aus und schrauben Sie eine neue Kerze mit 15 Nm Anzugsdrehmoment ein. □

Diesel-Vorglühanlage prüfen

Arbeitsschritte  

1 Stellen Sie sicher, dass die Batteriespannung mindestens 11,5 Volt beträgt. Die Zündung muss ausgeschaltet sein. Das Steuergerät für Diesel-Direkteinspritzanlage J248 muss einwandfrei arbeiten. Die Sicherungen im Sicherungshalter müssen in Ordnung sein.

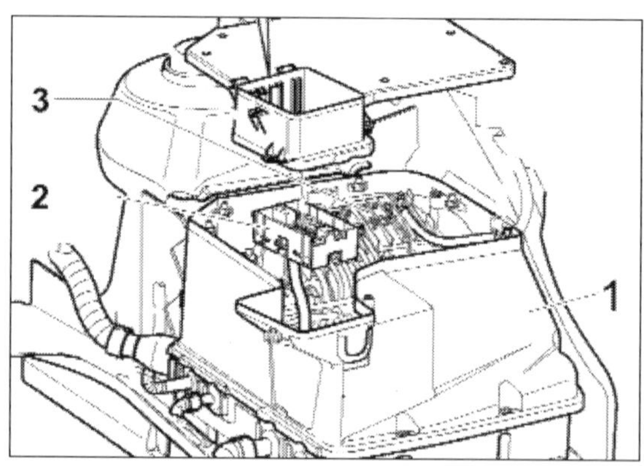

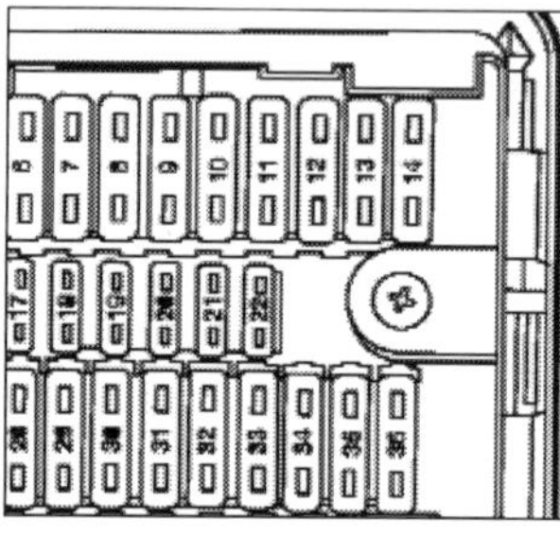

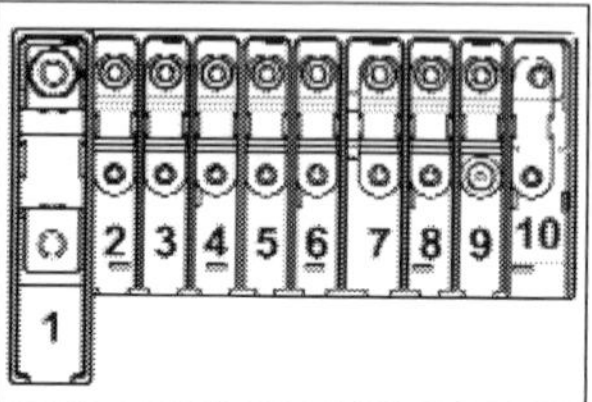

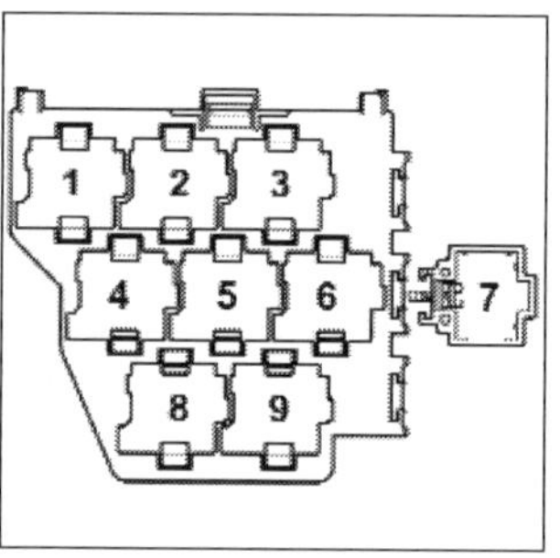

Bild ganz oben: *1 E-Box im Motorraum, 2 Sicherungshalter SD, 3 Sicherungshalter SA.*
Bilder darunter: *links Position 33 = Sicherung SD33 , rechts Position 6 = Sicherung SA6, beide Sicherungen für Glühkerzenrelais J52, Position 3 auf Relaisträger (Bild links).*

2 Ziehen Sie den Stecker am Geber für Kühlmitteltemperatur (G62) ab. Damit wird der Motorzustand kalt simuliert und beim Einschalten der Zündung ein entsprechender Vorglühvorgang eingeleitet. Die Kontrolllampe für Vorglühzeit muss leuchten. Wenn Sie nicht leuchtet, muss sie auf Funktionstüchtigkeit überprüft werden (Systemtester und Prüfbox).

3 Bringen Sie den Schlossträger des Fahrzeugs in Servicestellung (Kapitel »Die Karosserie«) und ziehen Sie die Stecker von allen Glühkerzen ab.

4 Schließen Sie ein Handmultimeter zur Spannungsmessung (z. B. V.A.G 1526) an einen Glühkerzenstecker und Fahrzeugmasse an.

5 Wenn Sie jetzt die Zündung einschalten, muss für rund 20 Sekunden etwa Batteriespannung am Voltmeter angezeigt werden.

6 Wenn das nicht der Fall ist, gibt es eine Leitungsunterbrechung oder einen Kurzschluss. Diese müssen Sie mit Hilfe des Stromlaufplanes suchen und beseitigen. Bei bleibendem Fehler: Vorglühanlage reparieren lassen. □

DIE ABGASANLAGE

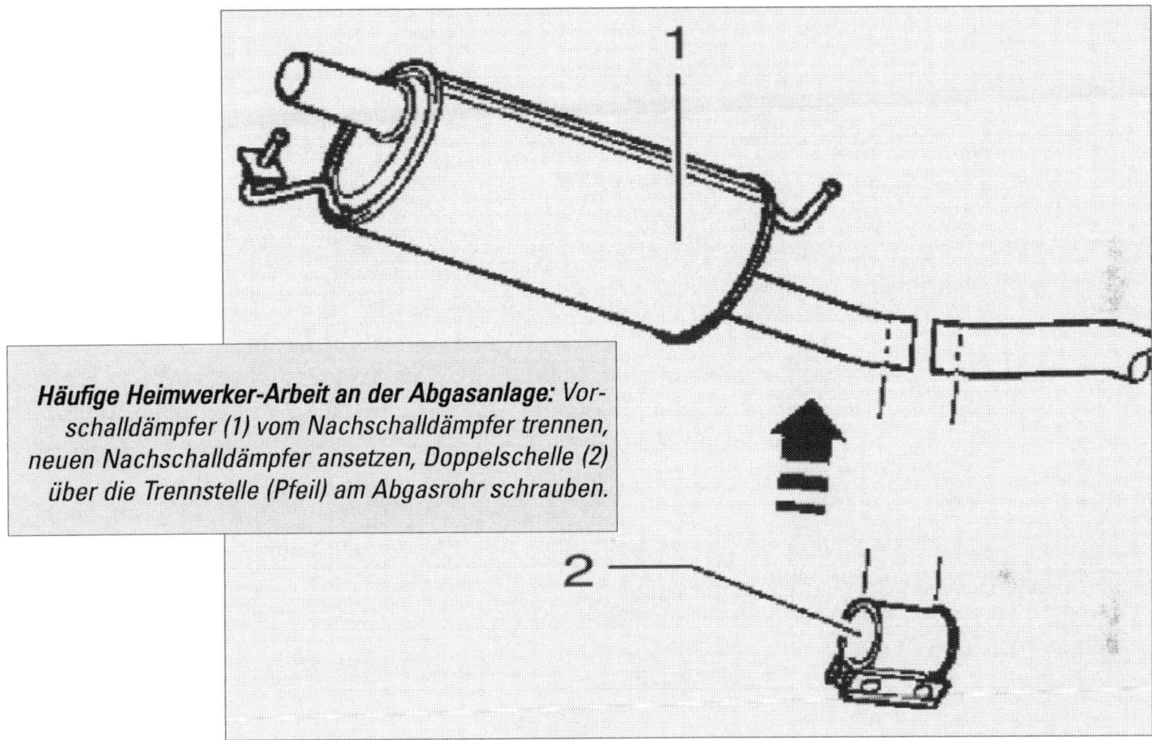

Häufige Heimwerker-Arbeit an der Abgasanlage: *Vorschalldämpfer (1) vom Nachschalldämpfer trennen, neuen Nachschalldämpfer ansetzen, Doppelschelle (2) über die Trennstelle (Pfeil) am Abgasrohr schrauben.*

Die Abgas- oder Auspuffanlage muss Verbrennungsabgase ableiten und dabei die Schadstoffe möglichst gering halten. Außerdem reduziert sie die Geräusche, die bei der Verbrennung entstehen, auf ein Minimum. Der Aufbau der Auspuffanlage hängt von der Motorbauart ab. Die Anlage beginnt mit dem

- Abgaskrümmer, in den bei den Benzinmotoren bereits ein Vorkatalysator integriert ist. Nach dem Krümmer folgen der
- Katalysator (bei Diesel- und FSI-Motoren ein Oxidationskatalysator), der ins
- vordere Abgasrohr integriert ist, sowie der
- Vor- (Mittel-) und der Nachschalldämpfer. Die Katalysatoren der Benzinmotoren arbeiten durch
- Lambda-Sonden geregelt mit Sonde 1 vor und Sonde 2 nach dem Katalysator.
- Die Teile der Abgasanlage sind miteinander verschraubt oder mit Klemmschellen verbunden und

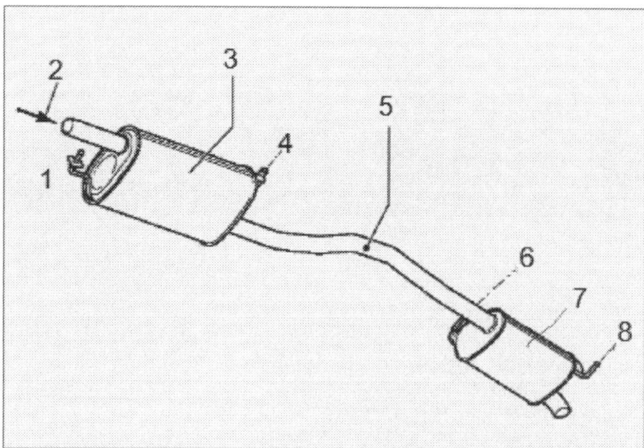

Schalldämpfer der Abgasanlage des Benzinmotors AXA: *1/4/6/8 Zapfen für die jeweils mit zwei Schrauben am Unterboden befestigten Aufhängungen, 2 vom Abgasrohr vorn, 3 Vorschalldämpfer, 5 Abgasrohr mit einer die Trennstelle markierenden Eindrückung, 7 Nachschalldämpfer.*

lassen sich einzeln auswechseln. Vorderes Abgasrohr und Schalldämpfer sind mit einer Doppelschelle verbunden, deren Einbaulage (Markierung auf dem Abgasrohr) genau eingehalten werden muss.

- Vor- und Nachschalldämpfer sind in der Erstausstattung mit einem durchgehenden, gebogenen Abgasrohr verbunden (Bild oben). Bei einer Reparatur können die Schalldämpfer aber einzeln ersetzt werden. Dazu muss man das Verbindungsrohr an der markierten
- Trennstelle mit einer Karosseriesäge durchsägen. Die Wieder-Verbindung erfolgt dann mit einer
- Reparatur-Doppelschelle (Klemmhülse), deren beide Schrauben gleichmäßig mit 52 Nm festgezogen werden müssen.
- Hitzeschutzbleche im Rohrverlauf verhindern zu starke Hitze-Abstrahlung auf die Bodengruppe. Selbstsichernde Muttern und Dichtungen müssen nach dem Ausbau ersetzt werden. Halteringe und Gummipuffer sind gegebenenfalls auszuwechseln.

Bei Montagearbeiten an der Abgasanlage muss immer darauf geachtet werden, dass kein Bauteil mit Vorspannung montiert wird und dass die Anlage ausreichend Abstand zur Karosserie hat. Ggf. müssen die Doppelschelle gelöst und Schalldämpfer sowie Abgasrohr so ausgerichtet werden, dass der Abstand zur Karosserie ausreicht und die Aufhängungen gleichmäßig belastet sind.

Die Schraubgewinde der Lambda-Sonden sind beim Einbau zu fetten. Dabei darf kein Fett auf die Schlitze des Sondenkörpers kommen. Die Gewinde beider Lambda-Sonden werden mit der Heißschraubenpaste G 052 112 A3 gefettet. Die Sonden werden mit 55 Nm festgezogen.

Die Abgasuntersuchung (AU)

Alle Kraftfahrzeuge müssen regelmäßig auf ihr Abgasverhalten untersucht werden. AU führen markengebundene und freie Werkstätten, Tankstellen, DEKRA und TÜV durch. Bei Wartung in der Werkstatt gehört die AU zum Service. Ziel dieser AU ist es, die Schadstoffemission durch regelmäßige Wartung und Kontrolle zu minimieren.

Die Untersuchung wird am Fahrzeug durch eine Prüfplakette am vorderen Kennzeichen dokumentiert. Am Neuwagen ist die AU-Plakette drei Jahre gültig, dann sind Kontrollen im Zweijahres-Rhythmus (ältere Fahrzeuge, Lkw, Taxen und Mietwagen jährlich) fällig. Auf der Plakette gibt die nach oben weisende Zahl den Monat, die Zahl in der Mitte das Jahr für die Fälligkeit der nächsten Abgasuntersuchung an.

Zur Untersuchung muss die Auspuffanlage intakt sein, ins Ansaugsystem darf keine Nebenluft eintreten. Ferner müssen der Ölstand stimmen und Luftfilter sowie Zündkerzen sich in einwandfreiem Zustand befinden.

Lebensdauer des Auspuffs

Der Auspuff Ihres Transporters ist für etwa 60.000 Kilometer gut, wobei die Lebensdauer natürlich auch von den Einsatzbedingungen Ihres Fahrzeugs abhängt. Sind Sie überwiegend auf kurzen Strecken unterwegs, fallen wesentlich mehr Kondensat, Ruß und aggressive Säuren im Innern der Anlage an als beim Langstreckenbetrieb mit voll durchgewärmtem Motor. Das Auspuffrohr mit angebautem Kat ist seltener als die anderen Teile vom Rost bedroht, weil dort die Verbrennungsgase noch mit Temperaturen zwischen 800 und 1.000 °C einströmen.

Im Auspuffrohr und im Nachschalldämpfer verlieren die Abgase zunehmend Temperatur. Am Endrohr sind sie nur noch 150 bis 300 °C heiß. Im Nachschalldämpfer tritt daher das meiste Kondenswasser aus. Es vermischt sich mit Verbrennungsrückständen zu aggressiven Säuren und lässt das Auspuffblech von innen nach außen durchrosten.

Die vorderen Teile der Auspuffanlage können bei Langstreckenfahrten unter Temperaturspannungen leiden, wenn bei Regen das heiße Blech ständig kalten

Duschen ausgesetzt ist. Dann kann das Material reißen oder brechen. Spritz- und Salzwasser fördern den Rostfraß von außen. Steinschlag oder Aufsetzen auf hartem Untergrund wirken ebenso lebensverkürzend wie Schwingungen, die bei defekten oder fehlenden Aufhängegummis entstehen.

Entgiftung der Abgase

Kraftstoff besteht im Wesentlichen aus Kohlenstoff und Wasserstoff. Bei der Verbrennung im Motor verbindet sich der Kohlenstoff mit Luftsauerstoff zu Kohlendioxid, der Wasserstoff vereinigt sich mit Sauerstoff zu Wasser. Aus einem Liter Diesel z. B. entstehen rund 0,9 Liter Wasser, das infolge der Verbrennungswärme als Dampf aus dem Auspuff entweicht. Im Winter können Sie nach dem Kaltstart eines Fahrzeugs oft diese weißen Wasserdampf-Auspuffwolken beobachten.
Selbst beim Dieselmotor, der im Gegensatz zum Ottomotor mit Luftüberschuss arbeitet, bilden sich Schadstoffe, allerdings in vergleichsweise geringer Menge. Eine Entgiftung ist zum Einhalten strenger Abgasnormen auch beim TDI unerlässlich. Die Herstellung günstiger Kraftstoff-Luft-Gemische und die Entgiftung der Abgase erfolgen durch ausgeklügelte Techniken und Bauteile: Ladeluftsystem, Abgasrückführung, Katalysatoren, Sekundärluftsystem etc.

Heizung für Lambda-Sonden

Der Katalysator entfaltet seine reinigende Wirkung ab 300 °C. Bei Kaltstart wird also eine gewisse Aufheizzeit benötigt, ehe er befriedigend arbeitet. Das betrifft auch die Arbeit der Lambda-Sonden, die aus diesem Grunde beheizt werden. Nun kann aber durch das Auftreten von Kondensat in der Kaltstartphase eine beheizte Sonde beschädigt werden. Daher wird die Nach-Kat-Sonde erst nach Erreichen einer Temperatur von ca. 300 °C beheizt. Bei der Vor-Kat-Sonde besteht die Gefahr der Zerstörung durch Kondensat nicht, weil sie sehr nahe dem Motor angeordnet ist. Sie kann unmittelbar nach dem Motorstart beheizt werden.
Die Lambda-Regelung mit nur einer Sonde wäre wegen der längeren Gaslaufzeiten zu träge. Die neuen Abgasnormen zwingen zur schnellen und präzisen Lambda-Regelung. Mit zwei Sonden kann weitgehend allen Forderungen entsprochen werden, wobei die Nach-Kat-Sonde zudem noch die Katalysatorfunktion überprüft. Die Lambda-Sonden unterscheiden sich in ihrem inneren Aufbau und in der Regelcharakteristik. Von außen sind sie kaum zu unterscheiden. Äußeres Merkmal sind die Anschlussstecker: 6-polig vor und 4-polig nach Katalysator. Mit zwei Lambda-Sonden wird auch gearbeitet, weil die Sonden im Abgas einer hohen Verschmutzung ausgesetzt sind. Nach dem Katalysator ist eine Sonde weniger verschmutzungsanfällig.
Um wirksame Abgasregelung schon in der Startphase zu garantieren, kommt oft noch ein Vorkatalysator zum Einsatz. Da er unmittelbar nach dem Abgaskrümmer montiert ist, erreicht er schon kurz nach dem Motorstart Betriebstemperatur.

Elemente zur Abgasverbesserung

Bei großem Luftüberschuss verbrennt der Kraftstoff im Brennraum »sauber«. Abgasbestandteile wie Kohlenmonoxid und Ruß bilden sich daher in sehr geringen Konzentrationen.

- Turbolader sorgen für mehr Ansaugluft. Bei geringen Einspritzmengen des Kraftstoffs entsteht Luftüberschuss bei der Verbrennung. Es entstehen weniger Abgas-Schadstoffe, die Geräusche werden reduziert, Leistungsausbeute und Wirkungsgrad erhöht.
- Geregelte Katalysatoren sorgen bei Benzinmotoren auf der Basis von Lambda-Sonden und Motorsteuergerät für Abgasentgiftung. Die von den Lambda-Sonden gemeldeten Sauerstoffkonzentrationen im Abgas und die Daten zum Betriebszustand des Motors (Drehzahl, Last) sind Grundlage für die Regelung. Ein Verhältnis von Lambda = 1 bedeutet, dass für die Verbrennung von 1 kg Kraftstoff 14,7 kg Luft zur Verfügung stehen. Dieses Verhältnis wird auch als stöchiometrisches Gleichgewicht (theoretisch optimales Kraftstoff-Luft-Mischungsverhältnis) bezeichnet. Das Motorsteuergerät ermittelt den Lambda-Regelwert, damit ein für den Betriebszustand optimales Gemisch erzeugt wird.
- Ungeregelte Oxidationskatalysatoren bei Dieselmotoren nutzen den hohen Restsauerstoffanteil im Abgas aus. Dadurch werden Kohlenwasserstoffe und Kohlenmonoxid deutlich reduziert

Sekundärluft und Nachverbrennung

Die Benzinmotoren Ihres Transporters verfügen über ein Sekundärluftsystem. Dieses ermöglicht ein schnelleres Aufheizen und dadurch frühere Betriebsbereitschaft des Katalysators nach dem Kaltstart. Vom Sekundärluftsystem wird bei Kühlmitteltemperaturen

zwischen +5 und +30 °C für maximal 100 Sekunden Luft hinter die Auslassventile geblasen. Dadurch reichert sich das Abgas mit Sauerstoff an, leitet eine Nachverbrennung ein und verkürzt somit die Aufheizphase des Katalysators. Zusätzlich wird das Sekundärluftsystem nach jedem folgenden Motorstart (bis maximal +96 °C Kühlmitteltemperatur) im Leerlauf für 10 Sekunden eingeschaltet. Das System wird per Eigendiagnose geprüft.
Dieselmotoren arbeiten mit einem Luftüberschuss im Kraftstoff-Luft-Gemisch, Lambda ist hier also größer als 1. Deshalb wird der Sauerstoffanteil im Gemisch nicht extra geregelt. Die Reinigung in Form einer Nachverbrennung übernimmt der Oxidationskatalysator. Stickoxide im Abgas werden durch Gestaltung des Brennraums und der Einspritzanlage sowie einen Speicherkatalysator reduziert.

Filter gegen Rußpartikel

Die für Dieselverbrennung typischen Rußpartikel aus einem Kern mit Anlagerungen verschiedener Komponenten müssen in speziellen Filtern (Rußfilter, Partikelfilter) aus Edelstahlwolle, Keramik oder Sintermetall aufgefangen werden. Die Filter saugen die Partikel auf und müssen in bestimmten Zeitabständen chemisch oder thermisch regeneriert werden.
Die Partikelemission ist eine Eigenart des Dieselmotors. Sie liegt deutlich höher als beim Ottomotor. Die Partikel (englisch: Particulate Matter = PM) bestehen zum größeren Teil aus Kohlenstoffteilchen (Ruß). Angelagert sind Kohlenwasserstoffverbindungen, Kraftstoff- und Schmierölaerosole und Sulfate in Abhängigkeit vom Schwefelgehalt des verwendeten Kraftstoffs. Meist lagern sich Aldehyde mit aufdringlichem Geruch an. Verschmutzung, Sichtbehinderung und Geruchsbelästigung belasten die Umwelt.
Von den am Ruß angelagerten Aromaten wird darüber hinaus eine gesundheitsgefährdende Wirkung vermutet, für die es allerdings keine Belege gibt. Dennoch wird bei der Entwicklung moderner Dieselmotoren ganz vorrangig an der Partikelbeseitung gearbeitet. Volkswagen z. B. rüstet alle Fahrzeuge, die die Grenzwerte der EU4-Norm durch innermotorische Maßnahmen bisher noch nicht erfüllen, schrittweise serienmäßig mit einem Dieselpartikelfilter aus. Für Fahrzeuge, die EU4 auch ohne Filter schaffen, werden Partikelfilter zunächst optional angeboten. Volkswagen arbeitet mit zwei unterschiedlichen Konzepten. Noch vor Jahresende 2003 ging ein System mit Additiven in Serie (Passat). Inzwischen ist auch eines mit motornaher Anbindung ohne Additiv im Angebot.

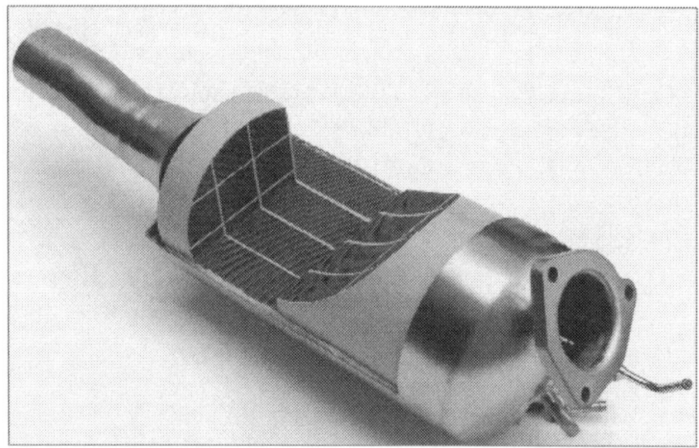

***Volkswagen-Konzeption für ein Diesel-Partikelfilter:** Die strenge Norm Euro 4 zwingt zu Innovationen für saubere Abgase. Ein ähnliches Bauteil wie dieses hier mit Siliziumkarbid-Filterblock im Edelstahlgehäuse wird künftig wohl zu allen Dieselmotoren gehören. Die schrittweise Einführung hat begonnen.*

Die Abgas-Rückführung

Eine Möglichkeit zum Absenken der Temperaturen in den Brennräumen des Dieselmotors, die für den hohen Anteil von Stickoxiden verantwortlich sind, ist die Einleitung von Abgasen. Durch Abgas-Rückführung kann Stickoxid auch bei Ottomotoren verringert werden (Transporter: z. B. beim 2,0 Liter-Motor AXA). Dazu wird aus dem Abgasstrom des Motors durch ein ventilgeregeltes System ein Teil abgezweigt.
Die Menge wird je nach Motorbelastung dosiert und ins Ansaugrohr zurück geleitet. Das Abgas kann natürlich nicht noch einmal verbrannt werden, da es kaum noch verbrennungsfähige Anteile enthält. Es verringert aber den Zustrom frischer Verbrennungsluft und bewirkt so eine Absenkung der Temperaturen und damit eine Verringerung des Stickoxidanteils.
Die Abgas-Rückführung wird bei den Benzinmotoren über ein Magnetventil für Abgasrückführung (N18) realisiert. Die Transporter-Dieselmotoren haben mechanische Abgasrückführungsventile, die mit dem Magnetventil N18 gekoppelt sind.
Das Ventil N18 wird vom Motorsteuergerät nach einem festgelegten Kennfeld geregelt. Bei aktivierter Abgasrückführung ist die Höchstmenge an Abgas auf 18 % der Ansaugluftmenge begrenzt. Bei Leerlauf, Schub und Motorwarmlauf wird kein Abgas zugeführt. So werden niedrigste Teillastverbräuche erreicht.

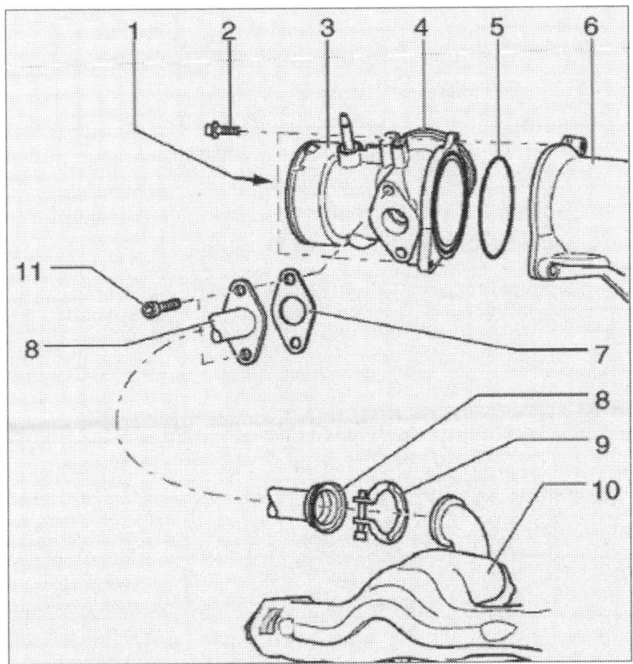

Abgasrückführung beim 5-Zylinder-TDI: *1 vom Ladeluftkühler, 2/11 Schrauben, 3 Saugstutzen mit 4 Abgasrückführungsventil, 5/7 Dichtungen, 6 Saugrohr, 8 Verbindungsrohr, 9 Verbindungsschelle, 10 Abgaskrümmer.*
Bei Fahrzeugen mit Automatikgetriebe sitzt zwischen Verbindungsrohr und Abgaskrümmer ein Kühler für Abgasrückführung.

EOBD und Abgaswarnleuchte

Eine Funktion der Motorelektronik ist die Diagnose aller für das Abgas relevanten Bauteile und Abläufe. Dieses in den USA als On-Board-Diagnose »OBD« eingeführte und seit Anfang 2000 in der Europäischen Union als »EOBD« verbindliche System überwacht alle Fehlfunktionen und Bauteildefekte, die zur Erhöhung des Schadstoffausstoßes führen können. Sichtbares Element der EOBD-Ausstattung ist die Abgaswarnleuchte K83 im Schalttafeleinsatz. Das Signal leuchtet beim Einschalten der Zündung für einige Sekunden gelb auf. Wenn die Leuchte nach dem Starten nicht erlischt oder während der Fahrt leuchtet oder blinkt, liegt ein Systemfehler vor. Dauerlicht signalisiert einen Fehler, der die Abgaswerte verschlechtert. Blinken verweist auf einen Fehler, der Katalysatorschäden verursacht. Dann nur noch mit reduzierter Leistung fahren und unbedingt die Werkstatt aufsuchen.

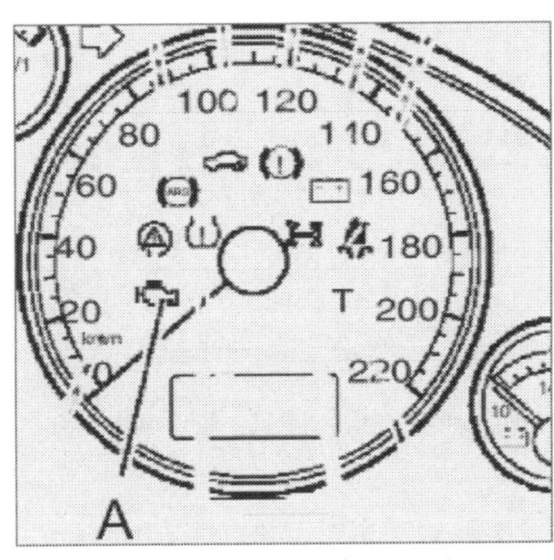

Signal im Tachometer: *A ist die Abgaswarnleuchte mit der Bauteilnummer K83.*

Komponenten im Abgas

Kohlendioxid (CO_2): Farbloses, nicht brennbares, ungiftiges Gas. Entsteht bei der Verbrennung kohlenstoffhaltiger Brennstoffe wie Benzin und Diesel durch Verbindung von Kohlenstoff und Sauerstoff. CO_2 verringert die Schutzwirkung der Ozonschicht gegen die UV-Strahlung der Sonne.

Kohlenmonoxid (CO): Ein farb- und geruchloses, explosives, sehr giftiges Gas. Wird bei der Abgasuntersuchung gemessen. Auch beim Diesel tritt CO bei unvollständiger Verbrennung von Kohlenstoff auf, allerdings zwei Drittel weniger als beim Benzinmotor. In geschlossenen Räumen schon in geringer Konzentration in der Atemluft tödlich. Verbindet sich im Freien schnell mit Sauerstoff zum ungiftigen Kohlendioxid.

Kohlenwasserstoffe (HC): Unverbrannte Kraftstoffanteile im Abgas. Beim Dieselmotor entstehen sie in nur geringem Ausmaß. Wirken reizend auf Sinnesorgane oder wie Benzol sogar krebserregend.

Stickoxide (NO_x): Der Anteil dieser Verbindungen zwischen Stickstoff und Sauerstoff steigt bei hohen Verbrennungstemperaturen, hohem Druck und Sauerstoffüberschuss. Einige Stickoxide sind gesundheitsschädlich.

Schwefeldioxid (SO_2): Das farblose, stechend riechende, nicht brennbare Gas begünstigt Erkrankungen der Atemwege und trägt über Schwefelsäure oder schwefelige Säure zum sauren Regen bei. Bildet sich in geringen Mengen vor allem bei Dieselmotoren infolge Schwefelanteil im Kraftstoff.

Schwefel: Die Wirksamkeit des Oxidationskatalysators wird erheblich vom Schwefelgehalt im Diesel-Kraftstoff beeinflusst. Üblicher Tankstellen-Diesel hat bis zu 350 ppm Schwefel (1 ppm = ein Millionstel Teil).

Rußpartikel: Entstehen aus unverbrannten Kohlenstoffen und Asche. Durch Luftüberschuss infolge Turbolader verringert sich der Rußanteil im Abgas.

Arbeiten an der Auspuffanlage

Praxistipp

- Auf rostigem Blech können Sie nicht mehr richtig schweißen. Der Erfolg von Reparaturen an einer durchgerosteten Auspuffanlage ist meist nur von kurzer Dauer. Auspuffkitt und Bandagen halten zwar einigermaßen, aber das Blech bricht dann bald neben der Reparaturstelle aus.
- Bei den Auspuffanlagen mit Vor- (oder Mittel-) und Nachschalldämpfer kommt es häufig vor, dass nach dem Austausch des einen wenige Monate später auch der zweite auswechselbedürftig ist. Werkstätten wechseln deshalb die Auspuffanlage in der Regel komplett aus. Prüfen Sie den Zustand der Anlage genau und entscheiden Sie erst dann, ob Sie einzelne Teile oder das ganze System austauschen.
- Die Auspuffanlage ist mit dem Auspuffkrümmer durch Bolzen und Muttern fest verbunden. Am Fahrzeugboden hängt sie freischwingend in Gummistegschlaufen. Bei gründlicher Kontrolle der Anlage müssen diese Schlaufen unbedingt mit untersucht werden.
- Bei einer Demontage darf die Abgasanlage keinesfalls herunterfallen. Der Keramikkörper im Katalysator könnte beschädigt werden.
- Beim Ausbau der Abgasrohre ist zu beachten, dass der unten am Abgaskrümmer angeschraubte Abgasturbolader bei einem Defekt nur komplett ersetzt werden kann. Der Turbolader ist ein Präzisionsteil. Zum Austausch empfiehlt sich eine Werkstatt.
- Der am Motorblock angeflanschte Abgaskrümmer und das anschließende Abgasrohr können nur zusammen ausgebaut werden.
- Denken Sie vor den Arbeiten grundsätzlich daran, beim Ersatzteilkauf neue selbst sichernde Muttern sowie Dichtungen und Haltegummis mitzunehmen.
- Wenn die Untersuchung ergibt, dass Rohre getrennt werden müssen, geschieht das am besten durch kräftige Drehbewegungen oder Hammerschläge. Wenn das nicht funktioniert, sägen Sie die Rohrverbindung des defekten Schalldämpfers 100 mm hinter der Verbindungsstelle ab. Den Rest des Rohres mit der Metallsäge in Längsrichtung aufsägen und mit einem kräftigen Schraubendreher aufhebeln.
- Die Verschraubungen der Auspuffanlage lassen sich beim nächsten Mal leichter lösen, wenn Sie die Gewinde beim Einbau mit hochhitzefestem Kupferfett bestreichen. Das gilt auch für die Rohrverbindungen.

Zustand der Auspuffanlage kontrollieren

Arbeitsschritte   

1 Wagen absolut rüttelsicher aufbocken. Er darf nicht kippen, wenn Sie heftig an den Rohren drehen oder zerren.

2 Gummistegschlaufen auf Brüchigkeit, Einrisse oder sonstige Schäden überprüfen, bei Bedarf ersetzen. Zur Kontrolle den Auspuff an den Gummischlaufen etwas nach unten ziehen.

3 Verschraubungen am Auspuffkrümmerflansch auf festen Sitz überprüfen. Wenn sich später beim Demontieren eine Verschraubung nicht lösen lässt, sollten Sie sie durch Überdrehen abreißen. Beim Einbau grundsätzlich neue Schrauben und Muttern verwenden.

4 Halten Sie mit einem Lappen in der Hand das Auspuffendrohr zu. Der Motor muss nach kurzer Zeit ausgehen. Hören Sie zischelnde Geräusche an Verbindungsstellen (Zylinderkopf/Abgaskrümmer, Abgaskrümmer/Abgasrohr/Katalysator etc.) und läuft der Motor ungestört weiter, ist die Anlage an der Geräuschstelle undicht. Die Undichtigkeiten müssen beseitigt werden.

5 Ein sehr dumpfer Auspuffton und Knallen im Schiebebetrieb weisen auf einen durchgerosteten Auspuff hin.

6 Klopfen Sie den Schalldämpfer mit einem Hammer rundum gründlich ab, auch an den Stirnseiten. Dabei nicht zu zaghaft hämmern. Klingt es bei jedem Schlag hell, ist das Blech noch gesund. Wird das Klopfgeräusch an manchen Stellen dumpfer, ist die Außenhaut bereits geschwächt und wird bald durchbrechen.

7 Wenn ein Teil der Auspuffanlage schon einmal ersetzt worden ist, sollten Sie bei Arbeiten daran die Steckverbindungen der Rohrenden in erhitztem Zustand trennen. Die Werkstatt nimmt dafür einen Schweißbrenner. Sie können aber auch einen Propangasbrenner für Heimwerker verwenden (Feuerlöscher bereit halten!). □

Abgasrückführungsventil prüfen

Arbeitsschritte  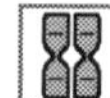

1 Bauen Sie den Verbindungsschlauch Ladeluftrohr/Saugstutzen aus.

2 Ziehen Sie den Unterdruckschlauch am Abgasrück-

führungsventil ab. Schließen Sie eine Handvakuumpumpe (empfohlen: V.A.G 1390) am Ventil an.

3 Betätigen Sie die Handvakuumpumpe und beobachten Sie dabei die Membranstange des Ventils. Diese muss sich in Pfeilrichtung bewegen.

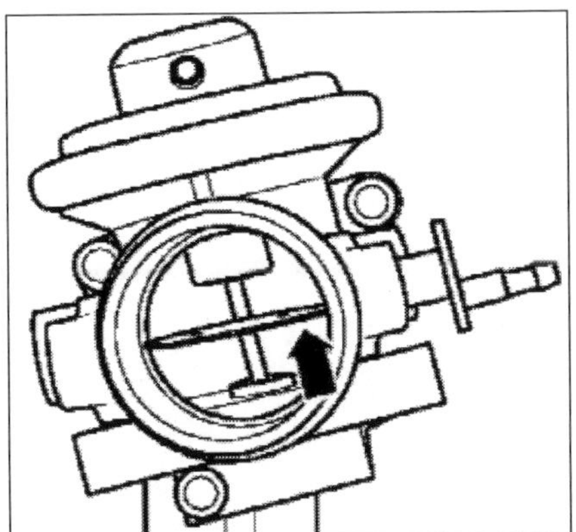

Abgasrückführungsventil: *Der Pfeil weist auf die Membranstange.*

4 Ziehen Sie den Schlauch der Handvakuumpumpe wieder vom Rückführungsventil ab. Die Membranstange muss sich entgegen der Pfeilrichtung in die Ausgangslage zurückbewegen.

Vor- oder/und Nachschalldämpfer ersetzen

Arbeitsschritte  

1 Die Schalldämpfer der Abgasanlage haben bei den verschiedenen Motoren des Transporters im Prinzip gleiche Bauformen. Das Auswechseln von Nach- oder/und Vorschalldämpfer ist daher bei allen gleich und entspricht nach dem Ausbau des Abgaskrümmers der auf Seite 112 skizzierten Vorgehensweise. Bauen Sie die Abgasanlage durch Abschrauben der vier Aufhängungen aus.

2 Serienmäßig sind Vor- und Nachschalldämpfer als ein einziges Teil eingebaut. Zum Austausch werden jedoch beide Schalldämpfer einzeln mit einer Reparatur-Doppelschelle zur Verbindung geliefert. Für den Ersatz der im Neuwagen eingebauten Schalldämpfer ist am Verbindungsrohr zwischen beiden werkseitig eine Trennstelle vorgesehen und durch eine Punkteindrückung umlaufend markiert. Trennen Sie das Abgasrohr an dieser Stelle rechtwinklig mit einer Karosseriesäge (VW: 1523).

3 Positionieren Sie die nun zusammen mit dem Ersatzschalldämpfer einzubauende Doppelschelle über der Verbindungsstelle. Vielfach sind dazu seitliche Markierungen am Verbindungsrohr angebracht. Mitteln Sie die Doppelschelle aus und ziehen Sie die beiden Schrauben der Schelle gleichmäßig mit 52 Nm an. Die Schrauben müssen senkrecht vor dem Abgasrohr stehen. Richten Sie die Abgasanlage spannungsfrei ein und den Nachschalldämpfer waagerecht aus. Beachten Sie dazu die Ausrichtungsmaße.

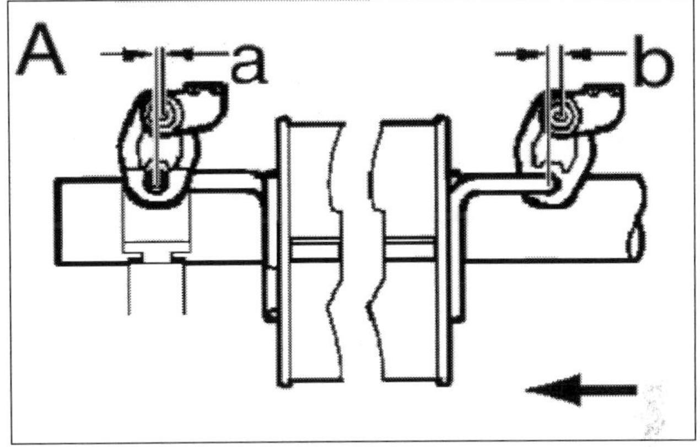

Ausrichtungsmaß am Vorschalldämpfer (A): *An der kalten Abgasanlage betragen das Maß a = ca. 5 mm und das Maß b = ca. 11 mm. Der Pfeil zeigt die Fahrtrichtung an.*

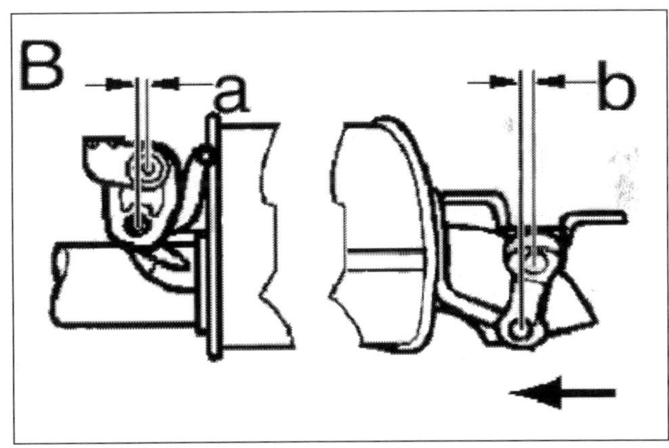

Ausrichtungsmaß am Nachschalldämpfer (B): *An der kalten Abgasanlage betragen das Maß a = ca. 9 mm und das Maß b = ca. 7 mm. Der Pfeil zeigt die Fahrtrichtung an.*

4 Prüfen Sie zum Abschluss die Abgasanlage auf Dichtheit (Motor im Leerlauf, Abgasendrohr verschließen, Verbindungsstellen abhören, Undichtigkeiten beseitigen).

DIE KRAFT-ÜBERTRAGUNG

Ohne ein ausgeklügeltes System zur Kraftübertragung mit dem Kernstück Getriebe bleibt der beste Motor wirkungslos. Ihr Transporter ist je nach Ausführung mit einem Schalt- oder Automatikgetriebe ausgestattet. Neu ist der Joystick-Schalthebel, der die Beinfreiheit des Fahrers verbessert und gute Durchstiegsmöglichkeiten bietet.

Wartung

Reparatur

Die vom Motor produzierte Leistung gelangt zu den Rädern über ein System der Kraftübertragung: Kupplung, Getriebe und Achsantrieb. Diese drei Akteure sind durch Gelenke, Wellen und Zahnräder miteinander verbunden. Welche Kraft tatsächlich an den Rädern benötigt wird, hängt davon ab, was Sie Ihrem T5 während der Fahrt abverlangen.

Kupplung vermittelt den Kraftfluss

Der Kraftfluss vom Motor zum Achsantrieb muss nach Wunsch hergestellt und unterbrochen werden können. Das ist erforderlich, wenn Sie das Fahrzeug starten, mit laufendem Motor fahrbereit stehen oder die Gänge wechseln wollen.

Das Ankoppeln und Trennen übernimmt bei Fahrzeugen mit Schaltgetriebe die Kupplung. Sie ermöglicht auch ruckfreies Anfahren, indem sie die unterschiedlichen Drehzahlen von Kurbelwelle und Antriebswelle des Getriebes ausgleicht. Kernstück des hydraulischen Systems Kupplung ist die Ausrückung.

Übersetzungen für die Zugkraft

Der Motor bietet nur in einem begrenzten Drehzahlbereich eine verwertbare Leistung an. Damit Ihr Auto beim Beschleunigen und bei Bergfahrten trotzdem die gewünschte Zugkraft entwickelt, ist das Getriebe nötig.
Beim Anfahren wird an den Antriebsrädern ein großes Drehmoment benötigt. Dazu übersetzt der erste Gang die Motordrehzahl für die Räder ins Langsamere. Bei der Autobahnfahrt im fünften Gang verhält es sich genau umgekehrt, eine Übersetzung ins Schnellere wird wirksam. Das Getriebe passt die Motordrehzahl der gewünschten Geschwindigkeit der Räder an.
Beim automatischen Getriebe gewährleistet ein elektronisches Steuergerät für jeden Betriebszustand und für jeden Fahrerwunsch die sinnvollste Übersetzung. Das Steuergerät erkennt am Signal des Gaspedals, wie sportlich oder verbrauchsorientiert der Fahrer fahren möchte. In die Regelung der Schaltpunkte werden die konkreten Gegebenheiten einbezogen.

Endstation Achsantrieb

Der Achsantrieb ist die letzte Zwischenstation, über die das vom Motor produzierte Drehmoment die Antriebsräder erreicht. Seine Aufgabe besteht darin, die vom Getriebe kommenden Drehzahlen ins Langsamere zu übersetzen, das Drehmoment zu vergrößern und gleichmäßig an die Antriebsräder zu übertragen. Wesentliche Baugruppe ist das Ausgleichsgetriebe.

Die Kupplung

Transporter mit Schaltgetriebe haben eine hydraulisch betätigte Einscheiben-Trockenkupplung mit asbestfreien Belägen und Zweimassen-Schwungrad. Fahrzeuge mit Automatik-Getriebe arbeiten mit einer hydraulisch betätigten Lamellenkupplung.
Kupplungen sind komplizierte Konstruktionen. Ihr Verschleißteil Mitnehmerscheibe ist nicht ohne weiteres zugänglich. Dazu muss das Getriebe vom Motor getrennt und nach unten ausgebaut werden. Diese Arbeit erfordert Know-how und Spezialwerkzeuge. Den Austausch von Kupplungsteilen sollten Sie ebenso wie Getriebereparaturen der Werkstatt überlassen.
Nun ist aber auch jede Kupplung so gut wie wartungsfrei, weil das System den Verschleiß selbsttätig ausgleicht. Die Mitnehmerscheibe ist gewöhnlich erst nach mehr als 100.000 Kilometern zu erneuern. Allerdings hängt ihr Verschleiß von Belastung (zum Beispiel Anhängerbetrieb) und Fahrweise ab.

Die wichtigsten Teile der Kupplung

Je nach Getriebebauweise und Motorisierung weichen auch Kupplungen in konstruktiven Details voneinander ab. Im Wesentlichen aber arbeitet jede Kupplung mit den gleichen Komponenten:

- Das **Schwungrad** (Motorschwungscheibe) ist fest mit der Kurbelwelle verbunden. Das Zweimassen-Schwungrad reduziert mit seinem Feder- und Dämpfersystem die Weitergabe von Motorschwingungen an das Getriebe.
- Die **Kupplungsscheibe** (Mitnehmerscheibe) sitzt auf der Eingangswelle des Getriebes. Auf beiden Seiten sind Beläge aufgenietet.
- Die **Druckplatte** ist mit dem Schwungrad fest verschraubt. Sie presst beim Tritt aufs Kupplungspedal über Kupplungshydraulik und Ausrückplatte die Kupplungsscheibe mittels Tellerfeder (Membranfeder) gegen die Schwungscheibe. Druckplatten sind korrosionsgeschützt und gefettet. Sie dürfen nur an der Anlauffläche gereinigt werden, sonst wird die Lebensdauer der Kupplung verringert.

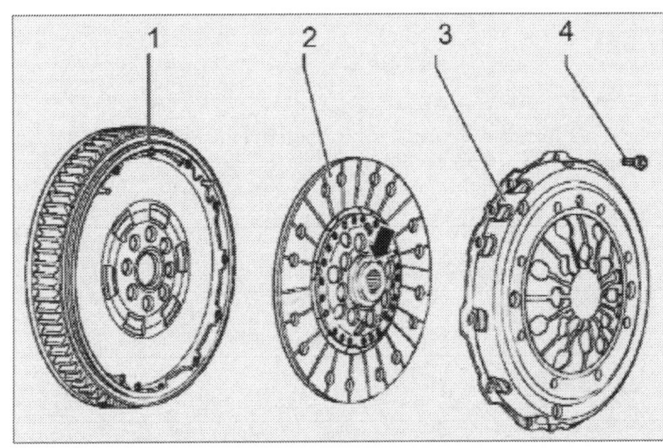

***Kupplung des 5-Gang-Schaltgetriebes 02Z:** 1 Schwungrad, 2 Kupplungsscheibe; beim Zweimassenschwungrad zeigt die Erhöhung (Pfeil), beim einfachen Schwungrad der Federkäfig zur 3 Druckplatte, 4 Schraube (13 bzw. 22 Nm).*

Hydraulisches System

Geberzylinder am Kupplungspedal und Nehmerzylinder am Getriebe sind über eine hydraulische Leitung verbunden. In ihr fließt Bremsflüssigkeit. Ein Defekt in der Kupplungsbetätigung kann daher einen sinkenden Pegel im Bremsflüssigkeitsbehälter verursachen. Ein ausreichender Flüssigkeitsrest für die Bremse ist allerdings immer garantiert.

Beim Einkuppeln drückt die Tellerfeder der Druckplatte die Mitnehmerscheibe langsam gegen das Motorschwungrad, bis sie sich mit der gleichen Drehzahl dreht. So werden die Kräfte sanft übertragen. Dabei schleifen die Anlageflächen kurze Zeit aufeinander, ehe die Reibung wieder so groß ist, dass die Motorleistung vollständig auf das Getriebe übertragen wird. Wenn Sie das Kupplungspedal treten, überwindet das Ausrücklager die Kraft der Tellerfeder. Die Druckplatte wird entlastet und bei völlig durchgetretenem Pedal zurückgezogen. Die Mitnehmerscheibe (Ausrückplatte) kann nun im Raum dazwischen frei umlaufen.

Das Kupplungsspiel sorgt dafür, dass das Ausrücklager nicht ständig unter Druck steht. Es verringert sich mit der Abnutzung der Beläge . Die Druckplatte nähert sich dem Ausrücklager. Liegt das Lager ohne Spiel am Ausrückhebel an, stützt sich die Tellerfeder der Druckplatte gegen das Ausrücklager ab. Die Feder wird entlastet und die Kupplung rutscht durch.

Kupplung

Störungsbeistand

Störung	Ursache	Abhilfe
A Kupplung rutscht.	**1** Kupplungsbeläge abgenutzt.	Mitnehmerscheibe ersetzen lassen.
	2 Anpressdruck der Kupplung zu gering.	Kupplungsdruckplatte ersetzen lassen.
	3 Kupplungsbelag verölt.	Mitnehmerscheibe und defekte Getriebe- oder Kurbelwellendichtung ersetzen lassen.
	4 Kupplung wurde überhitzt.	Defekte Teile ersetzen lassen.
B Kupplung trennt nicht oder rutscht durch.	**1** Luft in der Kupplungshydraulik.	Entlüften, defektes Teil ersetzen.
	2 Mitnehmerscheibe klemmt auf Getriebewelle.	Kerbverzahnung reinigen und schmieren.
	3 Mitnehmerscheibe hat Schlag, ist verzogen oder ihr Belag gebrochen.	Mitnehmerscheibe ersetzen lassen.
	4 Belag nach sehr langer Standzeit an Schwungrad fest gerostet.	Brutal anfahren: Kupplungspedal durchgetreten halten. Gaspedal ruckartig durchtreten und loslassen. Wenn Kupplung nicht losbricht: wechseln lassen.
C Kupplung rupft.	**1** Motor- oder Getriebeaufhängung locker oder defekt.	Motor- oder Getriebeaufhängung festziehen oder ersetzen.
	2 Unebenheiten auf der Anlagefläche von Schwungscheibe oder Druckplatte.	Defektes Teil ersetzen lassen.
	3 Falsche Beläge.	Mitnehmerscheibe ersetzen lassen.
D Kupplung gibt Geräusche von sich.	**1** Unwucht der Kupplungsdruckplatte.	Defektes Teil ersetzen lassen.
	2 Torsions-Dämpferfeder oder Ausrücklager defekt.	Mitnehmerscheibe oder Lager ersetzen lassen.
	3 Nietverbindungen locker.	Druckplatte ersetzen lassen.

Kupplung prüfen

Arbeitsschritte 

1 Schleift nach Ihrem Eindruck die Kupplung, wenn Sie Ihr Fahrzeug im höchsten Gang beschleunigen, dreht der Motor also hoch, ohne dass die Fahrgeschwindigkeit zunimmt, sollten Sie einmal kurz die Funktion der Kupplung prüfen. Unternehmen Sie diese Probe allerdings wirklich nur gelegentlich!

2 Ziehen Sie die Handbremse an, die natürlich in Ordnung sein muss. Starten Sie den Motor.

3 Legen Sie den 3. Gang ein; dann langsam einkuppeln und Gas geben.

4 Bei einwandfreier Kupplung wird der Motor dadurch abgewürgt. Die Prüfung zeigt Ihnen also, ob die Kupplung noch gut arbeitet.

5 Dreht der Motor jedoch weiter, dann ist ein Auswechseln der Kupplung unumgänglich. □

Defekte Kupplungsbetätigung

Wenn unterwegs die Kupplungsbetätigung ausfällt, muss das nicht unbedingt das Ende Ihrer Fahrt bedeuten. Ein nahes Ziel oder die nächste Werkstatt erreichen Sie auch so. Bei feinfühligem Umgang mit Gaspedal und Schalthebel können Sie sogar hoch- und herunterschalten.

Anfahren. 1. Gang einlegen und Anlasser betätigen. Der Wagen ruckelt los und setzt sich mit anspringendem Motor in Bewegung. Wer während der Fahrt nicht schalten will, fährt in der Ebene im 2. Gang an.

Hochschalten. 1. Gang nur knapp über Leerlaufdrehzahl hinausdrehen (ca. 1.000/min). Gas etwas zurücknehmen, Schalthebel in Leerlauf-Stellung ziehen. Wenn der Gang klemmt, ein wenig Gas geben. Dann Gaspedal loslassen und den Schalthebel sacht in Richtung des 2. Gangs drücken.

- Bei richtiger Drehzahl von Motor und Getriebe rutscht der Gang fast von selbst hinein.
- Wenn Sie zu lange gewartet haben, müssen Sie ein wenig Gas geben, damit sich die Fahrstufe ohne knirschende Zahnräder einlegen lässt.
- Hat es nicht geklappt, halten Sie nochmals an und ver suchen das Ganze von neuem.
- In die weiteren Gänge schalten Sie auf die gleiche Weise hoch. Am leichtesten geht das mit niedrigen Geschwindigkeiten: In den 3. Gang bei 30 km/h, in den 4. bei 40 km/h und in den 5. bei 50 km/h.

Herunterschalten. Geht am besten bei niedrigen Drehzahlen und Geschwindigkeiten.

- Zuerst Fuß vom Gas und Gang herausnehmen.
- Dann behutsam Gas geben und Schalthebel zum niedrigeren Gang drücken. Bei richtiger Motordrehzahl rutscht der Gang fast ohne Nachdruck hinein.

Trennen der Kupplung prüfen

Arbeitsschritte 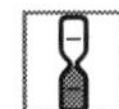

1 Treten kratzende oder krachende Geräusche beim Schalten auf, trennt meistens die Kupplung nicht mehr richtig. Machen Sie deshalb eine Probe, und zwar mit dem nicht synchronisierten Rückwärtsgang, damit Sie die mögliche Ursache der Geräusche durch ein defektes Getriebe ausschließen. Lassen Sie den Motor im Leerlauf drehen.

2 Kupplungspedal voll durchtreten, etwa drei Sekunden warten, dann Rückwärtsgang einlegen. Wenn Sie jetzt das kratzende Geräusch hören, läuft die Mitnehmerscheibe nicht ganz frei. Dann trennt die Kupplung nicht sauber.

3 Kontrollieren Sie in diesem Fall die Funktion der hydraulischen Übertragungselemente. Eventuell muss die Kupplungsbetätigung entlüftet werden. Untersuchen Sie die Teile der Kupplungsbetätigung auf Undichtigkeiten. □

Schonen Sie die Kupplung

Anfahren mit hoher Motordrehzahl (Kavalierstart) oder im 2. Gang bewirkt einen starken Verschleiß der Kupplungsbeläge. Wenn Sie während der Fahrt den Fuß nicht neben dem Kupplungspedal abstellen, sondern ihn darauf ausruhen lassen, schleift die Kupplung ständig leicht. Das ebenso wie die Unsitte, das Fahrzeug an einer Steigung mit Kupplungs- und Gaspedal in der Waage zu halten, machen die besten Beläge nicht lange mit.

Wenn Sie stets mit eingelegtem 1. Gang und durchgetretenem Kupplungspedal an der roten Ampel warten, ist dies ebenfalls ein Verschleißfaktor. Dann wird nämlich das Ausrücklager stark beansprucht. Kuppeln Sie lieber aus, solange die Ampel rot zeigt, und legen Sie den 1. Gang erst ein, wenn die Ampel auf gelb schaltet.

Kupplungspedal aus-/ einbauen

Arbeitsschritte  

1 **Ausbau**: Bauen Sie Batterie, Batterie-Abdeckung und Schalttafeleinsatz aus (Kapitel »Die Fahrzeugelektrik«).

2 Bauen Sie die Abdeckung Fahrerseite unten aus (Kapitel »Der Innenraum«). Schrauben Sie die Muttern für den Halter an der Querwand durch die Öffnung vom ausgebauten Schalttafeleinsatz und dann die Schraubverbindung für den Halter an der Lenksäule ab. Entnehmen Sie den Halter.

3 Bauen Sie die Wasserkastenabdeckung aus (Kapitel »Die Karosserie«) und legen Sie einen nicht fasernden Lappen unter den Geberzylinder 14. Klemmen Sie den Nachlaufschlauch 15 zum Bremsflüssigkeitsbehälter ab und ziehen Sie ihn vom Geberzylinder (siehe Ziffern im Übersichtsbild).

4 Ziehen Sie die Klammer für die Rohr-Schlauchleitung bis zum Anschlag und dann die Leitung selbst aus dem Geberzylinder. Verschließen Sie die Leitung. Ziehen Sie im Wasserkasten den Clip für den Leitungsstrang von der Schraube 1 für den Lagerbock 3 des Kupplungspedals an der Querwand 2 ab und schrauben Sie die Schraube heraus.

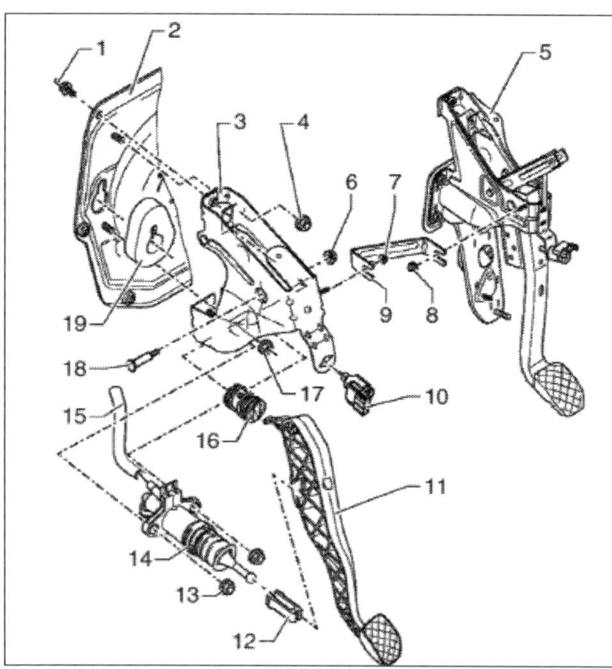

***Das Fußhebelwerk:** 1/4/6/7/8/13/17/18 Schrauben und (teilweise selbst sichernde) Sechskantmuttern, 2 Querwand mit Aufnahme für den 3 Lagerbock des Kupplungspedals, 5 Lagerbock des Gas- und des Bremspedals, 9 Verbindungsblech, 10 Kupplungspedalschalter, 11 Kupplungspedal, 12 Aufnahme, 14 Geberzylinder, 15 Nachlaufschlauch, 16 Übertotpunktfeder, 19 Dichtung.*

5 Bauen Sie den Kupplungspedalschalter 10 aus: Steckverbindung trennen, Schalter 45° nach links drehen und aus seiner Aufnahme herausziehen.

6 Bauen Sie das Verbindungsblech 9 zwischen den Lagerböcken 3 und 5 für Kupplungs- und für Bremspedal aus. Schrauben Sie die Mutter für den Kupplungspedal-Lagerbock an der Querwand ab.

7 Schrauben Sie den Relaisträger mit dem Diagnoseanschluss vom Querrohr Schalttafel ab und drücken Sie ihn vorsichtig nach oben. Ziehen Sie den Lagerbock 3 von den Stehbolzen an der Querwand 2 ab und nehmen Sie ihn vorsichtig heraus.

8 Bauen Sie die Übertotpunktfeder 16 aus:Lagerbock 3 vorsichtig in Schraubstock spannen, Kupplungspedal 11 bis zum Anschlag betätigen, Feder 16 mit Zange zusammendrücken, Feder vom Lagerbocksteg und vom Pedalzapfen abnehmen und vorsichtig entspannen.

9 Trennen Sie das Kupplungspedal 11 vom Geberzylinder 14: Beide Seiten der Aufnahme mit der Zange T10005 nach innen drücken und das Pedal 11 in Richtung der Pedalschalter-Aufnahme ziehen. Befestigungsmuttern 13 für den Geberzylinder 14 am Lagerbock 3 abschrauben. Geberzylinder von den Stiftschrauben abnehmen.

10 Schrauben Sie die Mutter 6 ab, ziehen Sie die Schraube 18 heraus und nehmen Sie das Kupplungspedal 11 ab.

11 Beim **Einbau** beachten: Die Pedalaufnahme 12 muss sich auf der Betätigungsstange des Geberzylinders 14 befinden. Das Pedal 11 muss dann nach vorn gedrückt und korrekt verrastet werden.

12 Alle weiteren Schritte in umgekehrter Ausbaureihenfolge. □

Kupplungshydraulik entlüften

Arbeitsschritte  

1 In der VW-Werkstatt wird die Anlage mit Bremsen-Füll- und -Entlüftungsgeräten VAS 5234 oder V.A.G 1869 und einem 670 mm langen Schlauch (1238/B3) entlüftet. Der Schlauch wird auf den Stutzen der Auffangflasche des Gerätes sowie auf den Nehmerzylinder der Kupplung aufgesteckt. Dann wird das Entlüfterventil geöffnet, um erst 100 und dann 50 ml Bremsflüssigkeit ablaufen zu lassen. Dazwischen und zum Schluss wird das Kupplungspedal mehrmals betätigt.

2 Sie können das Entlüften auch ohne die Geräte vornehmen. Beachten Sie dabei unbedingt die Sicherheitshinweise für den Umgang mit der giftigen Bremsflüssigkeit, die keinesfalls über einen Schlauch mit dem Mund abgesaugt werden darf. Sie darf auch nicht aufs Getriebe tropfen. Fahrzeug vorn aufbocken und untere Motorraumabdeckung (Geräuschdämpfung) abbauen.

3 Der Bremsflüssigkeitsstand im gemeinsamen Vorratsbehälter ist zu prüfen und gegebenenfalls bis zur MAX-Markierung aufzufüllen.

4 Nehmen Sie die Schutzkappen von den Entlüftungsnippeln am Nehmerzylinder und an einer Vorderradbremse ab, um die Entlüftungsventile vorsichtig gangbar zu machen. Drehen Sie die Nippel um etwa 1,5 Umdrehungen los.

5 Verbinden Sie beide Nippel mit einem Schlauch.

6 Lassen Sie das Bremspedal von einem Helfer langsam durchdrücken. Wenn das Pedal ganz durchgedrückt ist, drehen Sie die Entlüfterschraube an der Bremse zu. Der Helfer kann das Pedal loslassen. Auf diese Weise pumpen Sie Bremsflüssigkeit von der Vorderradbremse durch die Kupplungshydraulik. Lassen Sie den Schlauch nicht abrutschen!

7 Der Flüssigkeitsstand im Bremsflüssigkeits-Behälter darf nicht unter die MIN-Marke absinken.

8 Wenn aus der Kupplungshydraulik keine Luftbläschen mehr im Bremsflüssigkeitsbehälter aufsteigen, können Sie beide Nippel zudrehen und den Schlauch abnehmen. Die Kupplungshydraulik ist entlüftet.

9 Kontrollieren Sie zum Schluss noch einmal den Pegel im Bremsflüssigkeits-Behälter. □

Das Schaltgetriebe

Auf der Antriebswelle (Eingangswelle) des Schaltgetriebes sitzen fünf oder sechs Zahnräder für die Vorwärtsgänge und eines für den Rückwärtsgang. Sie stehen mit passenden Zahnrädern auf der Abtriebswelle ständig im Eingriff. Alle Zahnräder sind auf stiftartigen Rollen (Nadeln) gelagert. Nadellager gewährleisten hohe Laufruhe. Zwischen Welle und Rad besteht keine starre Verbindung.
Die Zahnräder laufen frei um, bis eines von ihnen durchs Schalten in einen Gang mit seinem Gegenpart auf der anderen Welle gekuppelt wird. Dazu wird auf jeder Welle über einen Synchronring eine starre Verbindung zwischen Zahnrad und Welle hergestellt.
Damit die Zahnräder ineinander greifen können, müssen zuerst die Drehzahlen der Wellen übereinstimmen. Zu diesem Zweck schleift ein Teil einer Welle über Reibelemente gegen einen Teil der anderen Welle. Durch die Reibung wird die schnellere Welle abgebremst, bis beide Wellen synchron drehen.
Die ersten drei Gänge übersetzen die Drehzahl ins Langsamere. Der vierte Gang als direkter Gang überträgt die Motordrehzahl etwa im Verhältnis 1:1. Im fünften und im sechsten Gang ist die Drehzahl der Abtriebswelle größer als die Motordrehzahl. Damit rückwärts gefahren werden kann, sitzt auf jeder Antriebswelle ein zusätzliches Zahnrad, das den Drehsinn der Antriebsräder umkehrt. Gegen versehentliches Einlegen des Rückwärtsganges sichert bei VW-Fahrzeugen traditionell eine Tauchdrucksperre ab.

Die Getriebe des Transporters T5

Die 4-Zylinder-Motoren Benzin und Diesel laufen mit dem bewährten 5-Gang-Getriebe 02Z. Es ist in seinen Übersetzungen den neuen Aufgaben angepasst, die eine größere Karosserie an ein Getriebe stellt.
Alle Transporter mit 5-Zylinder-TDI und 6-Zylinder-Benzinmotor werden serienmäßig mit dem 6-Gang-Schaltgetriebe 0A5 ausgeliefert, einer völligen Neuentwicklung. Vorteil der 6 Gänge: Aufgrund der geringeren Spreizung können die Übersetzungen der einzelnen Gänge besser an die individuellen Lastzustände des Motors angepasst werden. Da der Motor dann immer im Drehzahlfenster seines maximalen Drehmoments arbeiten kann, reduziert sich der Verbrauch.

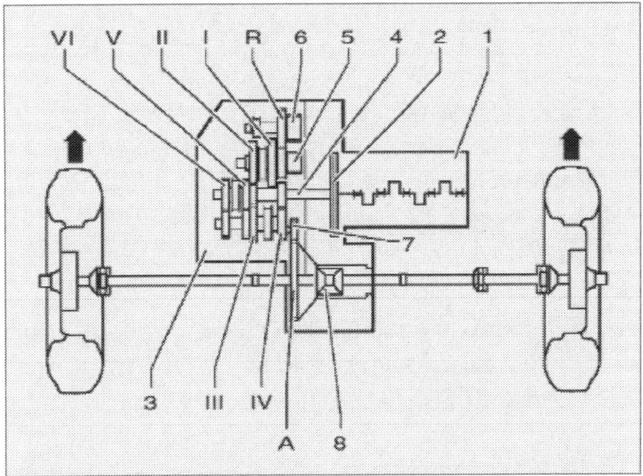

6-Gang-Schaltgetriebe 0A5: *1 Motor, 2 Kupplung, 3 Schaltgetriebe, 4 Antriebswelle (mit 5.+6. Gang), 5/6/7 Abtriebswellen (1.+2., Rückwärts-, 3.+4. Gang), 8 Ausgleichsgetriebe.I bis VI Vorwärtsgänge, R Rückwärtsgang, A Achsantrieb.*

Ausgleichsgetriebe und Getriebeöl

Eine Baueinheit mit dem Schaltgetriebe bildet das Ausgleichsgetriebe. Es sitzt auf zwei optimierten Kegelrollenlagern im Getriebe- und Kupplungsgehäuse. Zwei im Durchmesser unterschiedliche Ringe dichten das Gehäuse an den Flanschwellen nach außen ab. Das Zahnrad für den Achsantrieb ist mit dem Gehäuse des Ausgleichsgetriebes fest vernietet und mit dem Zahnrad der Abtriebswelle gepaart.
Die Schaltgetriebe sind mit einer Lebensdauerfüllung Synthetiköl versehen, denn im Getriebe wird, anders als im Motor, das Schmiermittel nicht verbraucht. Das Getriebe 02Z ist mit 2,0 Litern G 052 178 A2 SAE 75W, das Getriebe 0A5 mit 2,7 Litern G 052 171 A SAE W-75W befüllt. Zeigt das Getriebegehäuse von außen keine öldurchtränkte Schmutzkruste, dürfte kaum Öl fehlen. Andernfalls muss der Ölstand geprüft werden.

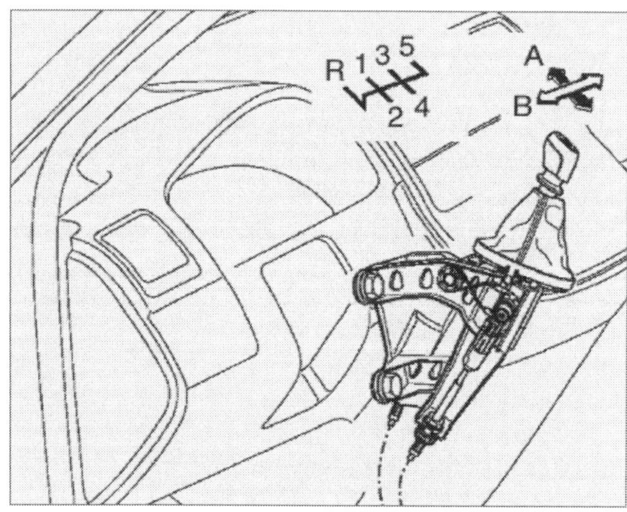

***Einbaulage der Schaltbetätigung:** Das Bild zeigt die 5-Gang-Schaltung. Beim 6-Gang-Getriebe ist die Situation vergleichbar; der 6. Gang liegt rechts unten neben dem 4. Gang. Pfeil A gibt die Schalt-, Pfeil B die Wählbewegung an. Unten links der Schalt-, unten rechts der Wählseilzug.*

Bei Automatikgetrieben lässt sich der Ölstand nur mit einem speziellen Diagnosegerät prüfen (Arbeit einer Fachwerkstatt). Sonst ist eine Kontrolle nur im Achsantrieb möglich.

Der Schalthebel

Mit dem Schalthebel wählen Sie den gewünschten Gang. Zwei Gestängeteile, die Schaltstange und die Schubstange, übertragen die Bewegung des Schalthebels über Seilzüge auf Getriebeschalthebel und Umlenkhebel Getriebe.
Die am Schalthebel eingeleitete Wählbewegung (rechts-links) wird über den Wählhebel auf das Gestänge in Vor- und Rückbewegung übertragen. Diese Bewegung wiederum wird durch die äußere Mechanik in eine Auf-ab-Bewegung der Schaltwelle umgesetzt.

Kontrollen und Reparaturen

Getriebeöl kann durch undichte Stellen ins Freie gelangen. Kontrollieren Sie daher durch Augenscheinprüfung an folgenden Stellen die Dichtheit:

- Trennstelle zwischen Motorblock und Getriebe,
- Gelenkwelle an Getriebe,
- Öleinfüllschraube und
- Ölablassschraube.

Die Zahnradsätze haben eine sehr hohe Lebenserwartung. Wenn das Getriebe trotzdem einmal defekt ist, müssen Sie die Reparatur der Werkstatt überlassen. Das Zerlegen der Wellen und Zahnräder erfordert Spezialwerkzeuge und viel Know-how. Selbst Fachwerkstätten schicken reparaturbedürftige Getriebe in der Regel zum Spezialbetrieb.
Wenn Sie dennoch in die Lage kommen oder wenn nur kleine Reparaturen auszuführen sind: Für einwandfreie und erfolgreiche Getriebereparatur sind größtmögliche Sorgfalt und Sauberkeit sowie die richtigen, funktionstüchtigen Werkzeuge erforderlich.

Schaltung einstellen

1 Alle Betätigungs- und Übertragungselemente sowie Getriebe, Kupplung und Kupplungsbetätigung müssen einwandfrei, die Schaltbetätigung leichtgängig sein.

2 Legen Sie den Leerlauf (Gasse 1./2. Gang) ein. Die Einstellung beginnt immer in dieser Lage.

3 Abdeckung für Schalthebel nach oben aus der Schalterblende herausziehen und über den Schaltknopf stülpen.

4 Schieben Sie den Sicherungsmechanismus von der Seilzugarretierung erst am Schaltseilzug und dann am Wählseilzug bis zum Anschlag nach unten (Bilder Seite 125).

5 Jetzt muss die Schaltwelle fest eingestellt werden: Schaltwelle am Getriebeschalthebel nach oben ziehen und beim Hochziehen den Winkel unten an der Schaltwelle nach

rechts drehen. Die Welle ist jetzt arretiert und kann nicht mehr bewegt werden.

6 Nun wird der Schalthebel fest eingestellt:: Hebel im Leerlauf nach links in die Gasse 1./2. Gang führen. Einen Absteckstift (VW T10027) durch die Bohrung des Schalthebels in die Bohrung des Schaltgehäuses führen.

7 Entgegen Fahrtrichtung auf die Nase des Sicherungsmechanismus der Arretierung am Wählseilzug drücken. Die Feder drückt den Sicherungsmechanismus in die Ausgangsstellung zurück.

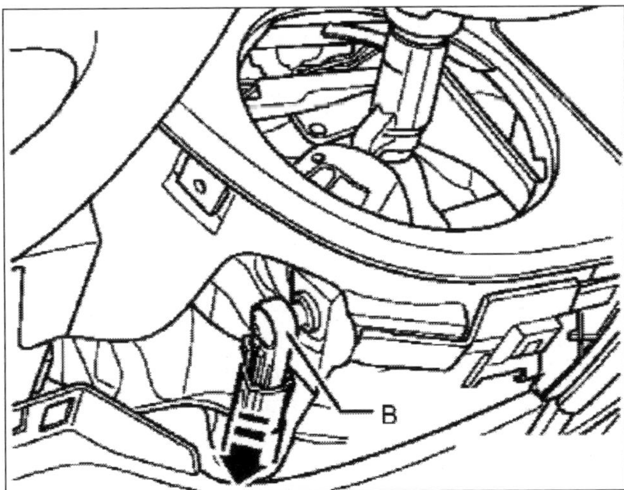

Situation unter der Schalthebelabdeckung: *A (oberes Bild) Arretierung am Schaltseilzug, B (unteres Bild) Arretierung am Wählseilzug, Pfeile = Bewegungsrichtung.*

8 In Fahrtrichtung auf die Nase des Sicherungsmechanismus der Arretierung am Schaltseilzug drücken. Die Feder drückt den Sicherungsmechanismus in die Ausgangsstellung zurück.

9 Ziehen Sie den Absteckstift (T10027) aus den Bohrungen von Schalthebel und Schaltgehäuse. Clipsen Sie die Abdeckung für den Schalthebel in die Schalterblende ein.

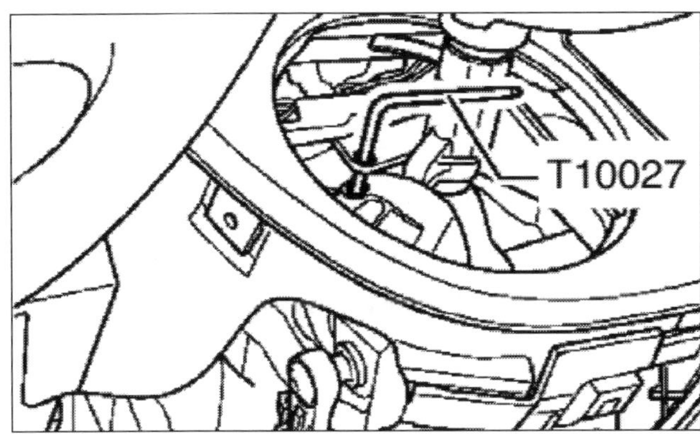

Absteckstift in den Bohrungen an Schalthebel und Schaltgehäuse.

10 Der Schalthebel muss jetzt im Leerlauf in der Gasse 3./4. Gang stehen. Betätigen Sie die Kupplung und schalten Sie alle Gänge mehrmals durch. Achten Sie dabei besonders auf die Funktion der Rückwärtsgangsperre. Wenn beim wiederholten Einlegen eines Ganges ein Haken auftritt, muss das Spiel (Hub) der Schaltwelle überprüft werden.

11 Dazu den 1. Gang einlegen, Schalthebel bis zum Anschlag nach links drücken und wieder los lassen. Ein Helfer muss gleichzeitig die Schaltwelle am Getriebe beobachten: Sie muss eine Auf-/Ab-Bewegung von etwas einem Millimeter machen. Anderenfalls die Einstellung von Beginn an wiederholen. □

Praxistipp

Getriebegeräusche

Geräusche aus dem Getriebe deuten fast immer auf Verschleiß von Zahnrädern oder Wellenlagern hin. Solche Geräusche treten meist bei Fahrzeugen auf, die schon eine hohe Laufleistung auf dem Buckel haben. Kontrollieren Sie in diesem Fall zunächst den Ölstand im Getriebe. Versuchen Sie dann zu unterscheiden:

- Ein heulendes Geräusch nur in einem Gang bedeutet, dass die Verzahnung des betreffenden Gangradpaares vermutlich verschlissen ist.
- Bei Geräuschen in allen Gängen liegt die Ursache am Achsantrieb oder an den Wellenlagern des Getriebes.
- Raue, mahlende Geräusche bei warmem Getriebe zeigen schlagende Synchronringe an.

Getriebeölstand kontrollieren und Öl nachfüllen

Arbeitsschritte   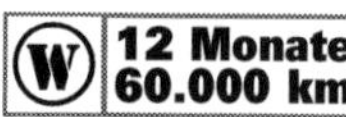

1 Zur Ölstandsprüfung soll das Fahrzeug absolut waagerecht stehen. Am besten eignet sich hierzu eine Montagegrube oder eine 4-Säulen-Hebebühne.

Der Ölstand wird bei eingebautem Getriebe geprüft. Seitlich etwa in mittlerer Höhe seines Gehäuses hat jedes Getriebe eine Verschlussschraube für Ölkontrolle und -einfüllung (siehe die folgenden Bilder). Drehen Sie diese aus dem Getriebegehäuse heraus.

Schraube zur Ölkontrolle (Pfeil) beim 5-Gang-Getriebe.

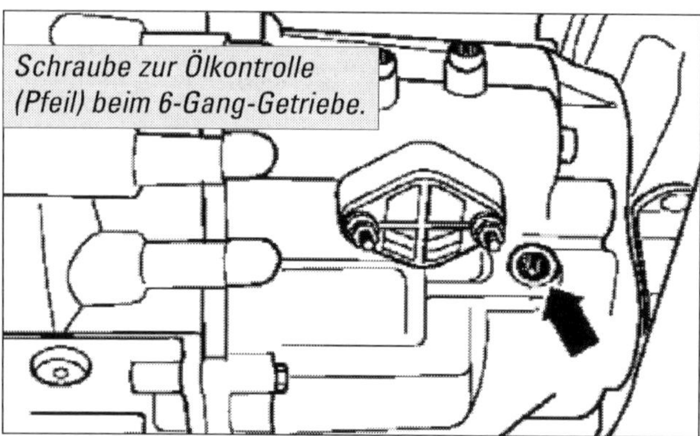
Schraube zur Ölkontrolle (Pfeil) beim 6-Gang-Getriebe.

2 Läuft jetzt bereits etwas Getriebeöl aus, stimmt der Ölstand. Wollen Sie bei der Kontrolle ganz sicher gehen, biegen Sie ein Stück Draht rechtwinklig ab und prüfen Sie damit den Ölstand. Er soll mit der Unterkante der Einfüllöffnung übereinstimmen.

3 Stimmt der Ölstand, drehen Sie die Einfüllschraube wieder ein und ziehen sie mit 25 Nm (5-Gang-Getriebe) oder 45 Nm (6-Gang-Getriebe) fest. Dringend empfohlen wird, die Einfüllschraube immer zu ersetzen. Verwenden Sie dann die für das jeweilige Getriebe vom Ersatzteilkatalog vorgeschriebene Schraube.

4 Wenn Sie Getriebeöl nachfüllen müssen, dann bis zur Unterkante der Einfüllbohrung. Volkswagen schreibt für die Transportergetriebe Synthetiköl der Spezifikation G 052 171 A SAE 70 W-75W (6-Gang-Getriebe) und G 052 178 A2 SAE 75W (5-Gang-Getriebe) vor. Das Getriebe 0A5 ist mit 2,7 Liter, das Getriebe 02Z mit 2,0 Liter zu befüllen.

5 Schraube eindrehen, den Motor anlassen, Gang einlegen und Getriebe etwa zwei Minuten drehen lassen. Stellen Sie den Motor ab, drehen Sie die Schraube heraus und kontrollieren Sie erneut. Bei Bedarf wieder auffüllen bis Unterkante Bohrung. Halten Sie aber den vorgeschriebenen Ölstand peinlich genau ein. Das Getriebe reagiert sehr empfindlich auf Überbefüllung.

6 Warten Sie, bis sich der Ölstand beruhigt hat. Drehen Sie die Schraube ein und ziehen Sie sie (25/45 Nm) fest. □

Das Automatikgetriebe

Ein Automatikgetriebe übernimmt beim Anfahren die Aufgaben der herkömmlichen Kupplung und während der Fahrt die sonst übliche Schaltarbeit. Die im Transporter T5/Multivan eingesetzte Automatik ist das automatische 6-Gang-Getriebe 09K. Es ist mit sechs hydraulisch angesteuerten Vorwärtsgängen ausgestattet. Diese Gänge werden bei geschlossener Überbrückungskupplung, die Teil des Drehmomentwandlers ist, durch Umgehen des Wandlerschlupfes zu mechanisch angetriebenen Gängen.

Die Überbrückungskupplung wird last- und geschwindigkeitsabhängig besonders schwingungsarm geschlossen. Bei Steigungs- oder Gefällestrecken werden die Schaltungen in Abhängigkeit von Gaspedalstellung und Fahrgeschwindigkeit durch zusätzliche Schaltkennfelder automatisch ausgewählt.

Die automatischen Getriebe mit Ravigneaux-Planetenradsatz und Planetensatz in Lapelletier-Anordnung werden seit Mai 2003 gebaut. Die Getriebe mit den Kennbuchstaben GMF sind für den 6-Zylinder-Benzinmotor, diejenigen mit den Kennbuchstaben GMG und GMH für die 5-Zylinder-TDI-Motoren bestimmt, auch für die Fahrzeuge mit Allradantrieb 4Motion.

Eine Neuentwicklung und weltweit einmalig ist die 6-Gang-Tiptronic für den Quereinbau, die ausschließlich für die vorderradgetriebenen Transporter und ebenfalls nur in Verbindung mit den 5- und 6-Zylinder-Motoren geordert werden kann. Die Tiptronic bietet die

Möglichkeit, manuell zu schalten. Dazu wird der Schalthebel entweder nach hinten gezogen, um einen längeren Gang zu wählen, oder nach vorne gedrückt, damit das Getriebe in einen kleineren Gang schaltet. Da das Getriebe Motordrehzahl und Gang-Kombination verifiziert, ist ein versehentliches Verschalten ausgeschlossen. Eine Wandlerüberbrückungskupplung reduziert dabei den Verbrauch. In der Stellung »S« wird ein sportliches Schaltprogramm aktiviert.
Das Planetengetriebe der Automatik ist neu mit 7,0 Litern ATF 055 025 A2 (1,0 Liter Gebindegröße) als Lebensdauerfüllung versehen. Wechsel ist nur nach Reparatur erforderlich.

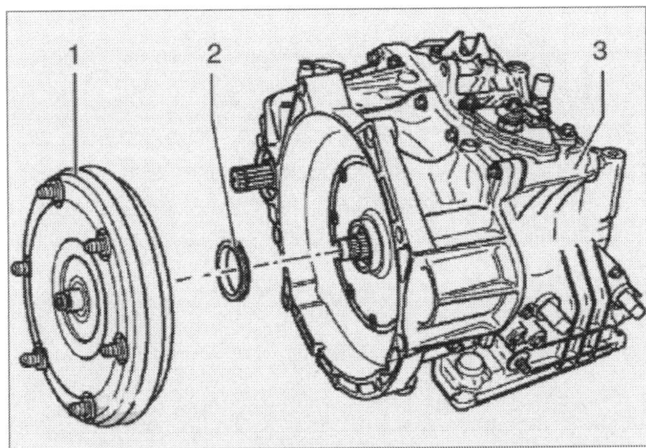

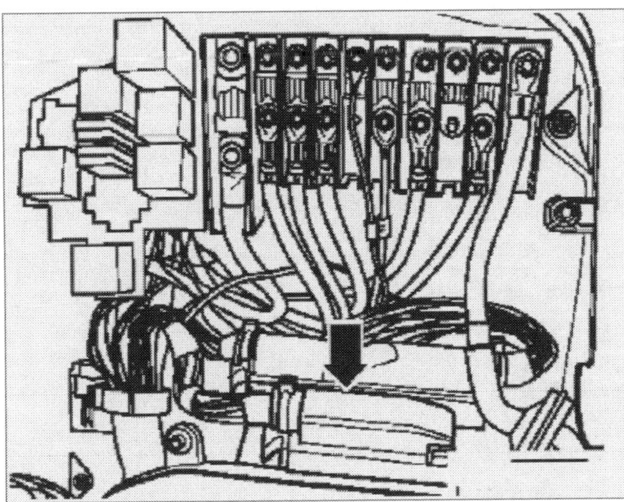

Automatikgetriebe 09K: *Im oberen Bild zum Getriebeaufbau sind 1 der Drehmomentwandler, 2 ein Dichtring und 3 das Getriebe.*
Das untere Bild zeigt das Steuergerät J217 für automatisches Getriebe. Es ist in der E-Box im Motorraum vorn links eingebaut und zugänglich nach Ausbau der linken Abdeckung, der Batterie und des linken Scheinwerfers.

Aufbau der Automatik

Die wesentlichen Baugruppen des Automatikgetriebes sind:

- Der Drehmomentwandler mit integrierter Überbrückungskupplung, der als hydraulische Anfahrkupplung dient und das Motordrehmoment auf das Getriebe überträgt. Er treibt auch die ATF-Pumpe an.
- Das Planetengetriebe. Es ist der mechanische Teil des automatischen Getriebes und wird über elektrische Kupplungen und Bremsen ohne Kraftflussunterbrechung geschaltet.
- Öldruckbetätigte Lamellenkupplungen, Lamellenbremse und Bandbremse. Sie sind den einzelnen Elementen des Planetengetriebes zur Gangwahl ohne Kraftflussunterbrechung und zum Halten der drehenden Teile zugeordnet. Die Bremsen stützen sich am Getriebegehäuse ab.
- Die ATF-Pumpe und der ATF-Kühler.
- Freiläufe zur Optimierung der Lastzuschaltung.
- Der Achsantrieb und
- die elektronisch-hydraulische Getriebesteuerung mit dem Kernstück Steuergerät (Baueinheit J217) für automatisches Getriebe. Das Getriebesteuergerät legt die Schaltpunkte fest. Weitere Komponenten der elektronischen Steuerung sind verschiedene Geber und der von der Ölwanne umschlossene Schieberkasten unten am Getriebe. Er enthält Magnetventile, die den hydraulischen Druck regeln und ihn über die Ölkanäle auf die Kupplungen und Bremsen verteilen.
- Ferner wichtig: Der Geber für Gaspedalstellung mit Kick-down-Schalter F8. Tritt der Fahrer das Gaspedal bis zum Anschlag, schaltet das Getriebe bis zu zwei Stufen direkt herunter, danach eine weitere. Tritt der Fahrer das Gaspedal längere Zeit ganz durch, wird die Klimaanlage abgeschaltet, um mehr Motorleistung zur Verfügung zu stellen.

Steuergerät und Notlaufprogramm

Das Steuergerät erkennt Fehler während des Fahrzeugbetriebes und speichert sie im Fehlerspeicher ab. Es unterscheidet nach Auswertung der Informationen zwischen sporadischen und zur Zeit vorhandenen (statischen) Fehlern. Ist ein statischer Fehler für eine bestimmte Zeit oder eine längere Fahrstrecke nicht mehr gegeben, wird er zum sporadischen Fehler. Diese werden bei Abfrage auf dem Display als SP gekennzeich-

net. Tritt nach einer bestimmten Zeit oder einer längeren Fahrstrecke ein sporadischer Fehler nicht mehr auf, wird er automatisch gelöscht.
Um bei erkannten Fehlern (Leitungsunterbrechung, Kurzschluss, defekte Bauteile) die Fahrsicherheit weiter zu gewährleisten, das Getriebe vor Schaden zu schützen und das Fahrverhalten möglichst wenig zu beeinträchtigen, gibt es Ersatzfunktionen und Notlaufprogramme. Ihr Fahrzeug bleibt im Notlauf fahrtüchtig, muss aber so schnell wie möglich in die Werkstatt. Das Getriebe wird so lange im Notlauf betrieben, bis der Fehler beseitigt wurde oder das Steuergerät ihn über eine bestimmte Zeitdauer nicht mehr erkennt. Fällt das Steuergerät aus, müssen Sie den Wählhebel betätigen: Dritter, erster und Rückwärts-Gang bleiben funktionsfähig.

Der Drehmomentwandler

Der hydraulische Drehmomentwandler (Kennung: Buchstaben und Zahlen) zwischen Planetengetriebe und Motor gibt mittels Flüssigkeit das Motor-Drehmoment ans Getriebe weiter. Dazu treibt der Motor das ATF-Pumpenrad im Drehmomentwandler an. Die ATF-Flüssigkeit wird über ein Leitrad gegen das mit dem Getriebe verbundene Turbinenrad gedrückt, das sich dann in Bewegung setzt.
Zwischen Pumpenrad und Turbinenrad besteht eine Drehzahldifferenz. Sie ist beim Anfahren am größten und nimmt mit zunehmender Geschwindigkeit ab. Durch diesen Schlupf werden bei hohen Drehzahlen nur noch 85 Prozent des Motordrehmoments weitergeleitet (höherer Kraftstoffverbrauch). Dieser Nachteil wird durch die Wandlerüberbrückungskupplung weitgehend ausgeglichen.

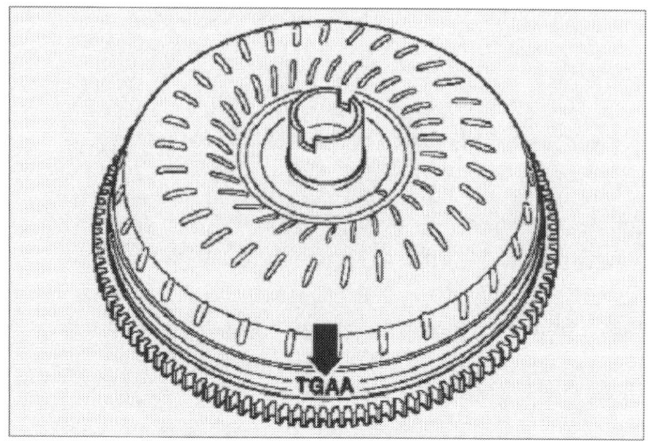

Drehmomentwandler mit Kennbuchstaben.

Synthetiköle für die Automatik

Als Schmierstoff für das Planetengetriebe der Automatik dient eine Lebensdauerfüllung mit 7,0 Litern ATF (Automatic Transmission Fluid). Überbefüllung und Minderbefüllung beeinträchtigen wesentlich die Funktion des Getriebes. Das muss bei der ATF-Standskontrolle berücksichtigt werden, weil bei zu niedriger Temperatur Überbefüllung und bei zu hoher Temperatur Minderbefüllung zu befürchten sind.
Das ATF-Synthetiköl des Transporters hat die VW-Spezifikation (Ersatzteilnummer) G 055 025 A2 (1,0-Liter-Gebinde). Ohne ATF darf der Motor nicht gestartet werden. Lassen Sie das Fahrzeug dann auch nicht abschleppen!

Wählhebel und Anzeige bei Tiptronic

P: Parksperre und Startposition. Die Räder lassen sich in dieser Stellung nicht drehen und bleiben blockiert. Bei Stellung P kann der Zündschlüssel abgezogen werden.

N: Neutral oder Leerlauf. Zwischen Motor und Antriebsrädern besteht keine Verbindung, es wird kein Drehmoment übertragen. N ist auch eine Startposition.

Wählhebelsperre: In den Stellungen **P** und **N** ist der Wählhebel auch bei eingeschalteter Zündung gesperrt. Zum Entriegeln der Sperre müssen gleichzeitig die Fußbremse und die Drucktaste am Wählhebel betätigt werden. Dann lässt sich eine Fahrstufe einlegen.

R: Rückwärtsgang. Um ihn einzulegen, muss der Wagen stehen oder der Motor im Leerlauf drehen. Bei eingeschalteter Zündung leuchten die Rückfahrscheinwerfer.

D: Drive; automatische Fahrstellung. Vorwärts-Fahrbereich mit automatischer Schaltung aller Gänge.

S / Fahrstufen: Die Gänge schalten automatisch von 1 bis zum höchsten am Hebel gewählten Gang. Die jeweils darüber liegenden Gänge werden nicht benutzt. Die Fahrstufen sind bei häufigem, kurzzeitigem Gangwechsel, bei langen oder extremen Gefällestrecken und Steigungen oder bei Eis und Schnee empfehlenswert.

Tiptronic: Sind Zündung und Licht eingeschaltet und man führt den Wählhebel in die Tiptronic-Gasse, muss die Aufhellung des D-Symbols in der Abdeckung der Schaltbetätigung erlöschen und die Symbole + und – müssen aufleuchten. Die Anzeige der Wählhebelposition im Schalttafeleinsatz muss von »P R N D S« auf »6 5 4 3 2 1« wechseln.

Praxistipp

Vorsicht beim Abschleppen

Springt Ihr Auto mit Automatikgetriebe einmal nicht an, helfen Anschieben oder Anschleppen nicht weiter. Ein Starten des Motors ist dann wegen des fehlenden ATF-Drucks nicht möglich. Versuchen Sie es daher zunächst mit Starthilfekabel. Müssen Sie Ihr Fahrzeug abschleppen lassen, dann nur in Vorwärtsrichtung bei Wählhebelstellung »N«. Dabei nicht schneller als 50 km/h fahren und höchstens 50 km weit schleppen, sonst reicht die Getriebeschmierung wegen Überhitzung nicht aus. Lassen Sie im Zweifelsfall das Auto lieber verladen.

Von einem Abschleppwagen darf das Fahrzeug nur vorn angehoben werden.

Automatikgetriebe prüfen

Arbeitsschritte  

1 Achten Sie während der Fahrt gelegentlich darauf, ob das Automatikgetriebe noch richtig funktioniert. Die Art, wie die Schaltvorgänge erfolgen, gibt Aufschluss über den Zustand der Automatik.

2 **Hochschalten:** Bei teilweise durchgetretenem Gaspedal ist der Gangwechsel kaum wahrnehmbar; bei Vollgas oder Kickdown werden die Übergänge zwar etwas deutlicher, doch muss der höhere Gang stets geschmeidig fassen. Kurzes Hochdrehen des Motors beim Gangwechsel deutet auf Fehler hin, die genauer untersucht werden müssen.

3 **Herunterschalten:** Das Herunterschalten darf bei niedrigen Geschwindigkeiten (Fuß vom Gas) kaum spürbar sein. Ein Stoß ist beim Zurückschalten mit Teil- oder Vollgas normal. Das Zurückschalten ohne Gas mit dem Wählhebel dauert eine bis zwei Sekunden. Wird bei zwangsweisem Zurückschalten mit dem Wählhebel zugleich Gas gegeben, erfolgt der Gangwechsel ohne Verzögerung. □

ATF-Stand prüfen, ATF nachfüllen

Arbeitsschritte   

1 Zur Prüfung wird das Fahrzeugdiagnose-, Mess- und Informationssystem VAS 5051 mit Diagnoseleitung, zum Nachfüllen das ATF-Befüllsystem V.A.G 1924 (Nachfüllbehälter) gebraucht. Insofern ist diese Arbeit eine Sache der Fachwerkstatt oder zumindest der Werkstattunterstützung. Für die Prüfung darf das Getriebe nicht im Notlaufprogramm arbeiten. Das Fahrzeug steht waagerecht, der Wählhebel ist auf »P« gestellt. Alle elektrischen Verbraucher und die Klimaanlage sind ausgeschaltet.

2 Fahrzeug anheben (Hebebühne) oder Montagegrube nutzen. Geräuschdämpfung unten abbauen und Auffangwanne (V.A.G 1306) unter das Getriebe stellen. ATF-Befüllsystem an der hochgeklappten Motorhaube befestigen (ATF darf nicht mit anderen Ölen vermischt werden).

3 Am Tester »Automatisches 6-Gang-Getriebe 09K«, »Funktionen« und »ATF Stand prüfen« drücken.

4 Motor anlassen und im Leerlauf drehen lassen. ATF auf Prüftemperatur zwischen 35 und 45 °C bringen. Wenn das ATF 40 °C erreicht hat, die Kontrollschraube herausdrehen.

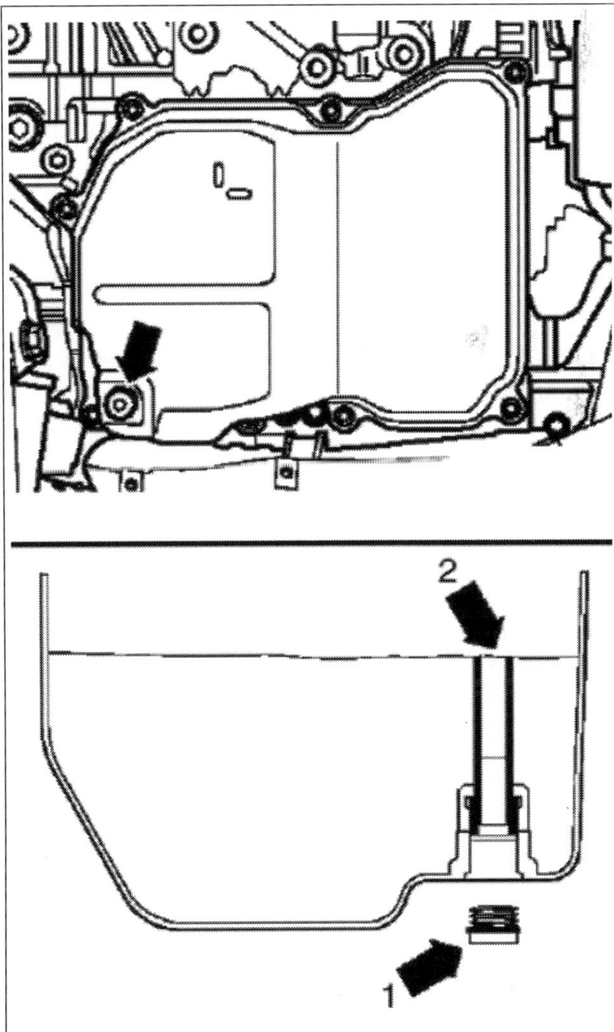

***ATF-Kontrollschraube (Draufsicht und Schnittbild):** Der Pfeil im oberen Bild und Pfeil 1 im unteren zeigen die Schraube, Pfeil 2 im unteren Bild zeigt das Überlaufrohr.*

5 Zunächst läuft jetzt das ATF aus dem Überlaufrohr (Abb. S. 129, Pfeil 2) ab. Wenn dann ATF stetig aus der Bohrung tropft, ist der ATF Stand in Ordnung. Bei laufendem Motor darf dieser Ölaustritt nur sehr gering sein. Schraube mit neuem Dichtring einschrauben und mit 27 Nm festziehen.

6 Wenn kein ATF austritt, muss nachgefüllt werden. Kappe zum Sichern des Verschlussstopfens an der Getriebeölwanne mit einem Schraubendrehen aufhebeln. Dabei wird die Verrastung der Kappe zerstört, deshalb zum Abschluss der Arbeit die Kappe ersetzen.

7 Verschlussstopfen vom Einfüllrohr ziehen und mit V.A.G 1924 ATF einfüllen, bis es aus der Kontrollbohrung austritt. Kontrollschraube mit Dichtring eindrehen. Motor abstellen, Verschlussstopfen auf das Einfüllrohr aufstecken, neue Kappe verrasten.

8 Geräuschdämpfung unterhalb des Motors wieder einbauen, Fahrzeug absenken. □

ATF im Drehmomentwandler wechseln

1 Bei Verschmutzung des ATF durch Abrieb oder bei Grundüberholung des Getriebes muss der Drehmomentwandler entleert werden. Dazu Wandler durch Drehen und Ziehen vom ausgebauten Getriebe abnehmen.

2 Die Ölfüllung muss mit dem Spezialgerät V.A.G 1358 A mit Sonde abgesaugt werden (durch die im Betrieb vom Dichtring verschlossene Öffnung). Neubefüllung mit 1,5 Liter ATF nach VW-Spezifikation.

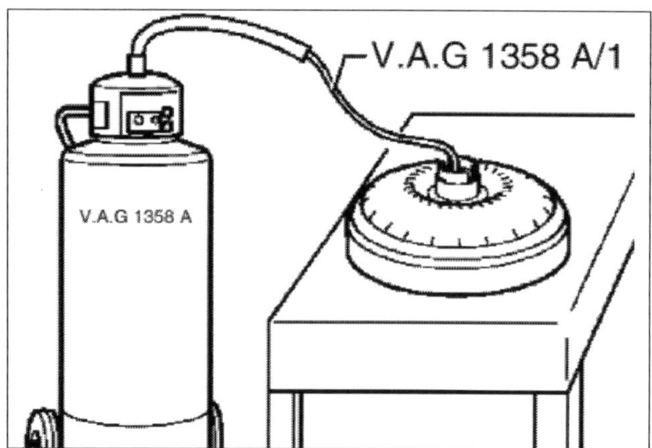

Drehmomentwandler entleeren: *Verschmutztes ATF muss mit einem speziellen Absauggerät aus dem vom Getriebe abgebauten Wandler entfernt werden.*

3 Von dem an einem Montagebock befestigten Getriebe mit Ausdrückhebel VW 681 (direkt hinter dem Dichtring ansetzen) den Dichtring heraushebeln und erneuern, neuen Ring mit ATF bestreichen, mit offener Ringseite zum Getriebe aufsetzen, mit Druckstück T 10175 (Hohlzylinder) bis zum Anschlag des Druckstückes eintreiben.

4 Dann den Wandler aufschieben, mit leichtem Druck nach innen drehen, bis die Aussparung der Wandlernabe in den Mitnehmer des Pumpenrades einrastet. Der Wandler rutscht spürbar nach innen. Er sitzt richtig, wenn der Abstand der Anlagefläche unten am Wandler zur Anlagefläche an der Getriebeglocke 20 mm beträgt..

Ein nicht richtig eingesetzter Wandler wird daran erkannt, dass der Abstand wesentlich geringer ist. Dann müssen Sie den Sitz unbedingt korrigieren, sonst wird der Mitnehmer der ATF-Pumpe zerstört, wenn das Getriebe an den Motor angeflanscht wird. □

ATF-Leitungen und ATF-Kühler reinigen

1 Bei verschmutztem ATF sollten Sie vor dem Einbau des Getriebes oder eines Austauschgetriebes unbedingt Ölkühler und Leitungen mit Druckluft von maximal 10 bar durchblasen. Dabei Schutzbrille tragen!

2 Zur Reinigung die Mutter der ATF-Leitungen am Getriebe abschrauben und die Leitungen vom Getriebe abziehen. Dann die Leitungen mit Gabelschlüssel vom ATF-Kühler abbauen.. Dabei am Anschraubstutzen gegenhalten.

3 Einen Schlauch auf eine ATF-Leitung stecken und mit einer Schlauchschelle befestigen. Das andere Ende des Schlauches in einen geeigneten Behälter hängen. Jetzt die Leitung mit der Druckluft durchblasen.

4 Stecken Sie den Schlauch auf die andere ATF-Leitung um und wiederholen Sie den Durchblasvorgang.

5 Beim Wiedereinbau der ATF-Leitungen müssen Sie die abdichtenden Rundschnurringe ersetzen. Nehmen Sie neue Ringe, benetzen Sie sie mit ATF und achten Sie beim Auflegen der Ringe auf deren richtigen Sitz. Sie dürfen beim Einstecken der ATF-Leitungen nicht aus ihrem Sitz rutschen.

6 ATF-Leitungen von Hand vollständig bis Anschlag in das Getriebe einstecken. Mutter mit 8 Nm festziehen.

7 Abschließend den ATF-Stand prüfen und dabei die ATF-Leitungen auf Dichtigkeit kontrollieren. □

Der Achsantrieb

Das Getriebe gibt das gewandelte Drehmoment über ein kleines und ein großes Zahnrad (Achsantriebsrad) an den Achsantrieb weiter. An das große Zahnrad ist das Gehäuse des Achsantriebs angeschraubt. Die Antriebswellen stellen die kraftschlüssige Verbindung zwischen Achsantrieb und Radnabe her.
Der Achsantrieb sitzt mit dem Ausgleichsgetriebe (Differenzial) und dem Schaltgetriebe (oder Automatikgetriebe) in einem Gehäuse. Darin befinden sich auch vier ineinander greifende Kegelräder, von denen zwei mit den Antriebswellen verbunden sind. Vom Ausgleichsgetriebe erfolgt die Kraftübertragung über zwei Antriebswellen (Gelenkwellen) auf die Vorderräder. Die Gelenke an diesen Wellen (Gleichlaufgelenke oder Tripodegelenke) gewährleisten, dass bei jedem Beugewinkel der Antriebswelle eine gleichmäßige Kraftübertragung erfolgt.

Allradantrieb 4Motion

Seit Ende 2003 gibt es den Transporter auch mit Allradantrieb. Dabei kommt nicht mehr die Visco-Kupplung, sondern eine Haldex-Kupplung zum Einsatz. Die bisher bekannte Bezeichnung »Syncro« wurde durch den konzerneigenen Namen »4Motion« abgelöst.

Praxistipp

Schäden an Gelenk und Antriebswelle

Die Lebensdauer der Antriebswellen hängt auch von Ihrer Fahrweise ab. Vermeiden Sie Vollgasstarts mit eingeschlagenen Vorderrädern und Anfahren mit durchdrehenden Antriebsrädern. Geräusche, die auf einen Defekt hinweisen, können sporadisch auftreten.

- Rhythmische Schlag- oder Knack-knack-knack-Geräusche beim Gasgeben und im Schiebebetrieb (können sich beim Lenkeinschlag verändern) deuten auf einen Defekt am radseitigen Gelenk hin.
- Wenn bei eingeschlagenen Rädern das Lenkrad vibriert und zittert, ist vermutlich ebenfalls das äußere Gelenk beschädigt.
- Ein Knackgeräusch beim Anfahren mit eingeschlagenen Rädern kann einen Defekt an der Antriebswelle bedeuten. Achtung: Ein Schaden am Radlager äußert sich mit dem gleichen Symptom!

Manschetten prüfen

Arbeitsschritte  

1 Wagen vorn mit frei hängenden Rädern aufbocken.

2 Am Rad drehen und beide Gummimanschetten der Welle (Abbildung!) auf feine Risse und spröde Stellen kontrollieren. Schmutz und Feuchtigkeit dürfen nicht eindringen.

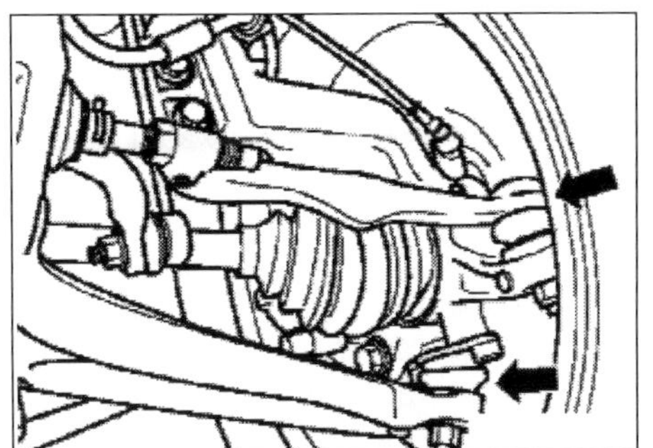

Manschetten prüfen: *Die Pfeile weisen auf die neuralgischen Stellen.*

3 Sitz der Haltebänder prüfen.

4 Alarm bei Fettspuren an der Manschette: Tritt Schmiermittel aus und fehlt innen, leidet das Gelenk erheblich.

5 Beschädigte Manschetten sofort ersetzen. Dazu muss die Antriebswelle aus dem jeweiligen Antriebsgelenk ausgebaut werden. ☐

Ölstand prüfen

Arbeitsschritte   

1 Der Achsölstand wird bei eingebautem Getriebe geprüft. Vor der Prüfung eine kurze Fahrt unternehmen, damit das Öl im Achsantrieb erwärmt wird.

2 Wagen mit Hebebühne anheben oder über eine Montagegrube fahren. Das Fahrzeug muss waagerecht stehen. Motor abschalten und das Achsöl einige Minuten abtropfen lassen.

3 Auffangwanne (evtl. V.A.G 1306) unterstellen und Verschlussschraube aus der Öleinfüllöffnung herausdrehen.

4 Der Ölstand ist korrekt, wenn die Achsantriebe bis zur Unterkante der Öleinfüllbohrung befüllt sind. Deutliches Zeichen: Heraustropfen von überschüssigem Öl.

5 Wenn der Stand zu niedrig ist (oder wenn nach einer Reparatur neu aufgefüllt werden muss), langsam und gleichmäßig Öl nach Spezifikation bis Unterkante Einfüllbohrung einfüllen. Dann zunächst die alte Verschlussschraube eindrehen, Probefahrt unternehmen. Wenn der Ölstand jetzt korrekt ist, mit neuer Verschlussschraube verschließen. ☐

DAS FAHRWERK

Wesentlich für jedes gute Fahrzeug ist, dass seine Räder bei jeder Bewegung präzise geführt werden. Das neu entwickelte Fahrwerk mit McPherson-Federbeinen vorn und der hinteren Schräglenkerachse verhilft dem VW-Transporter der fünften Generation zu Fahreigenschaften auf Pkw-Niveau.

Wartung

Reparatur

Auch das beste Auto bleibt nur dann sicher beherrschbar, wenn sein Fahrwerk die Räder präzise führt. Felgen und Reifen müssen sich bei der Fahrt nicht nur drehen, sondern auch Auf- und Abwärtsbewegungen durchführen. Beim Bremsen, Beschleunigen und bei der Fahrt durch eine Kurve entstehen erhebliche Kräfte, mit denen das Fahrwerk fertig werden muss. Das geht jedoch nur, wenn seine Komponenten optimal aufeinander abgestimmt sind:

Die Federung und Dämpfung, die Radaufhängung an Vorder- und Hinterachse, die Lenkung und die Bremsen, die Felgen, Räder und Reifen.
Die richtige Radaufhängung ist eine Wissenschaft für sich. Fahren Sie mit Ihrem Wagen zum Beispiel über eine Bodenwelle oder mit hohem Tempo durch eine Kurve, verändert sich jedes Mal die Geometrie der Räder, die in genau definierten Winkeln zur Fahrzeugachse stehen. Die Reifen dürfen nie den Kontakt zur Fahrbahn verlieren, weil sie dann keine Brems- und Lenkkräfte mehr übertragen können.
Damit die Räder auf dem Boden bleiben, tritt die Federung in Aktion. Sie nimmt Stöße auf und folgt den Unebenheiten der Straße. Unerwünschtes Nachschwingen des Aufbaus verhindern die Stoßdämpfer, indem sie die Federschwingungen abfangen.

Neuartiger Fahrschemel vorn

Der neue Transporter/Multivan zeichnet sich nicht zuletzt wegen seines Fahrwerks durch exzellentes und sicheres Handling aus. Selbst bei maximaler Beladung unter Volllast besticht er mit hervorragender Fahrstabilität. Die Gründe liegen in der hohen Steifigkeit der Karosserie und in der Neuentwicklung des gesamten Fahrwerks. McPherson-Federbeine vorne und das ausgereifte Prinzip der hinteren Schräglenker-Achse mit Miniblok-Federn und separaten Stoßdämpfern verhelfen dem Transporter zu Fahreigenschaften auf Pkw-Niveau. Gut dimensionierte Stabilisatoren an beiden Achsen unterdrücken effektiv den Rollwinkel.
An der Vorderachse kommt ein entkoppelter Fahrschemel zum Einsatz. Anders als bei den meisten McPherson-Achsen, sind die Querlenker und der Stabilisator nicht unmittelbar mit der Karosserie verbunden, sondern an einem Hilfsrahmen angebracht. Dieser wiederum ist über schwingungsdämpfende Lager mit der Karosserie verschraubt.

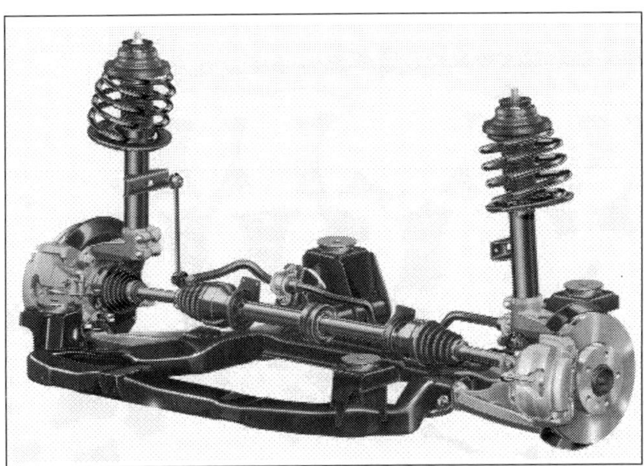

Vorderachse des Transporters: *Neu ist der Fahrschemel.*

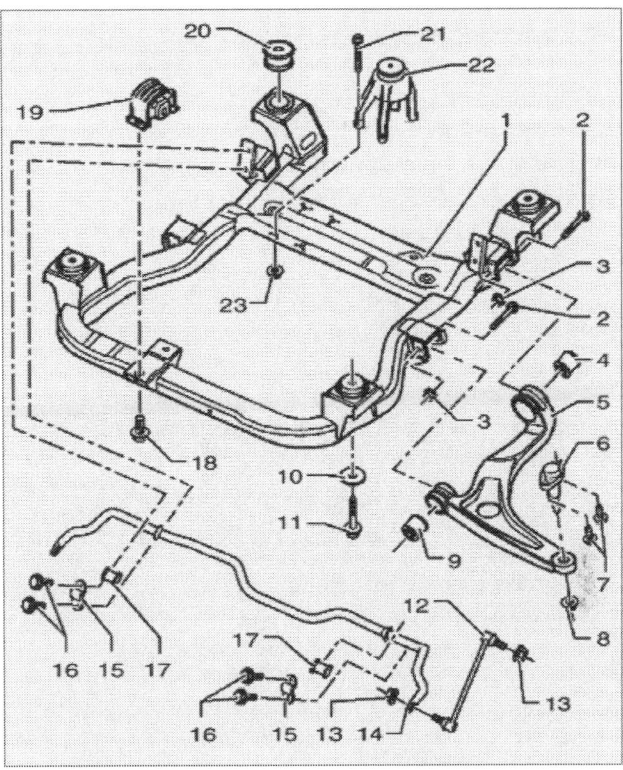

Der Fahrschemel vorn: *1 Aggregateträger (Fahrschemel), 2/3/7/8/11/13/16/18/21/23 Schrauben und Muttern, 4/9/17/19/20 Gummimetall- und Gummilager, 5 Achslenker, 6 Achsgelenk, 10 Scheibe, 12 Koppelstange zur Anbindung des 14 Stabilisators ans Federbein, 15 Schelle, 22 Konsole.*

Die 4-Punkt-Lagerung mit je einem karosserieseitigen Motor- und Getriebelager sowie den fahrschemelseitigen Drehmomentabstützungen vorne und hinten führt zu einer äußerst wirksamen und komfortsteigernden Schwingungsentkopplung. Außerdem dient der Fahrschemel als zweite, unterstützende Crashebene, die bei einem Frontalaufprall zusätzlich zur Energieabsorption beiträgt und gleichzeitig den Partnerschutz verbessert. Im Zusammenwirken mit den großen Silentblöcken an der Hinterachse sorgt diese Fahrwerks- und Aggregate-Aufhängung für eine Reduzierung der Motor- und Abrollgeräusche ins Fahrzeuginnere.
Serienmäßiges Vierkanal-ABS und das Antriebs-Schlupf-Regelsystem (ASR) ergänzen diese passiven Sicherheitskomponenten durch aktive. Eine Motor-Schlepp-Momentenregelung (MSR) und eine Elektronische-Differenzial-Sperre (EDS) sind gleichfalls serienmäßig an Bord. Das Elektronische-Stabilitäts-Pro-

gramm (ESP) gibt es für den Kombi mit Sitzvorbereitung und den Shuttle optional ab 96 kW (130 PS)-Motorisierung.
Als erster Hersteller bietet Volkswagen Nutzfahrzeuge im Transporter in Verbindung mit ESP einen Bremsassistenten an. Dieser unterstützt ab einer gewissen Pedalgeschwindigkeit den normalen Bremskraftverstärker, indem er einen zusätzlichen Bremsdruck hinzusteuert. Im folgenden Kapitel »Die Bremsanlage« gehen wir noch einmal ausführlicher darauf ein.

Das Elektronische Stabilitätsprogramm ESP

Bis an die physikalische Grenze stabil gegen ein Ausbrechen wird das Fahrzeug durch ein von Volkswagen, Audi, Ford und Mercedes als elektronisches Stabilitätsprogramm ESP bezeichnetes System. Von anderen Herstellern sind dafür die Bezeichnungen AHS, DSC3, PSM, VDC oder VSC bekannt. Dieses Anti-Schleuderprogramm soll nicht etwa Fahrwerksschwächen kompensieren. ESP erhöht die aktive Fahrsicherheit: Der Wagen bleibt damit selbst in schwierigen und unerwarteten Situationen wie plötzlichem Wildwechsel noch besser beherrschbar.

Das ESP überwacht ständig den Fahrzeugkurs und greift in fahrdynamisch kritischen Situationen ein, wenn das Fahrzeug beginnt, außer Kontrolle zu geraten. Es baut auf dem elektronischen Antiblockiersystem ABS und der Antriebsschlupf-Regelung ASR auf. Während ABS und ASR in Fahrzeug-Längsrichtung wirken, beeinflusst das ESP die Querdynamik. Eine Kombination aus Geber für Querbeschleunigung und Geber für Drehrate liefert dazu Informationen zum seitlichen Ausbrechen und zur Schleudertendenz.

Wenn sich das Fahrzeug in der Kurve drehen will, bremst das ESP das kurvenäußere Rad ab, noch bevor das Heck nach außen drängen kann. Wenn der Wagen plötzlich untersteuert, weil die Vorderräder zuerst auf rutschige Fahrbahn kommen und aus der Kurve drängen, greift das ESP an der Hinterachse ein, bremst das kurveninnere Hinterrad und dreht das Auto auf Kurs zurück.

Das ESP überwacht zwar permanent den Fahrzustand, bleibt aber im fahrdynamisch stabilen Bereich für den Fahrer im Hintergrund. Per Knopfdruck kann das ESP ja auch ausgeschaltet werden. Diese Möglichkeit dient aber in erster Linie dem Abschalten des ASR in bestimmten Fahrsituationen. Wenn das Programm abgeschaltet ist, leuchtet im Tacho eine gelbe Warnleuchte auf.

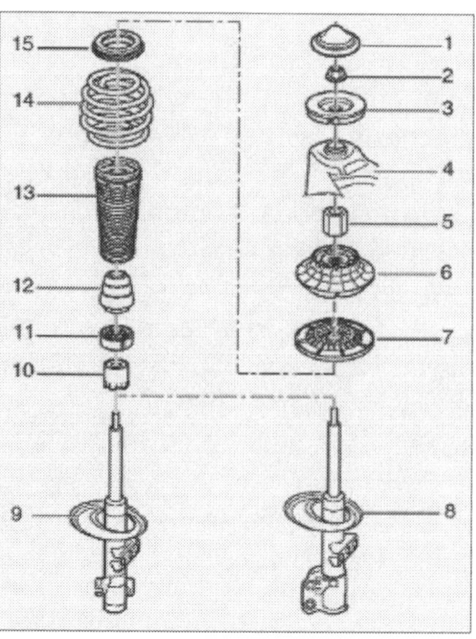

Aufbau des Federbeins vorn: *1/10 Schutzkappen, 2/5 Muttern, 3 Anschlag, 4 Federbeindom (Karosserie), 6 Federbeinlager, 7 Federteller oben, 8/9 Dämpfer für Fahrzeuge bis 3.000 bzw. bis 3.200 kg zulässiges Gesamtgewicht, 11 Aufnahmering, 12 Anschlagpuffer, 13 Schutzhülle, 14 Schraubenfeder, 15 Axialrillenkugellager.*

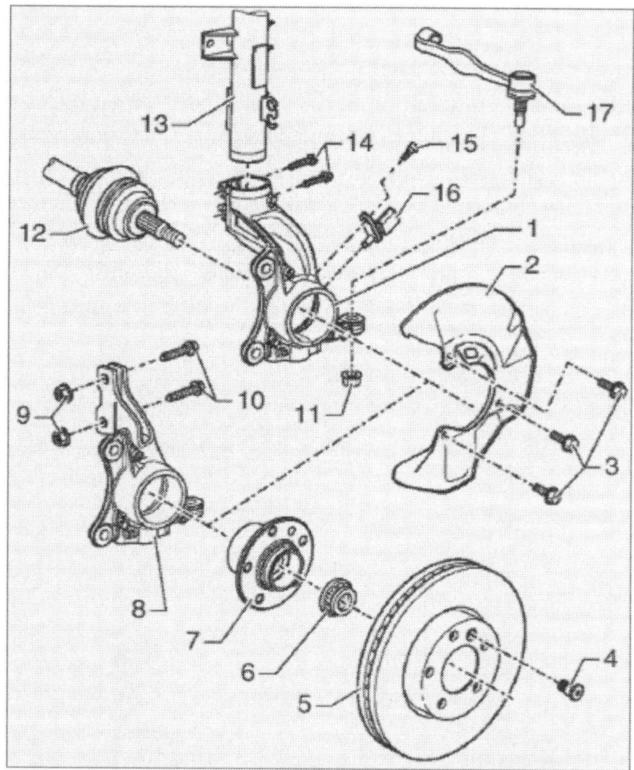

Vordere Radlagerung: *1/8 Radlagergehäuse, 2 Abdeckblech, 3/4/6/9/10/11/14/15 Schrauben und Muttern (6: Zwölfkantmutter 200 Nm, 9: 150 Nm + 90°; diese Muttern sind nach jeder Demontage zu ersetzen), 5 Bremsscheibe, 7 Radlager/Radnabeneinheit, 12 Gelenkwelle, 13 Federbein, 16 Drehzahlfühler, 17 Spurstangenkopf. Die beiden Schrauben 14 zur Federbeinbefestigung erst mit 50, dann mit 90 Nm + 180° festziehen.*

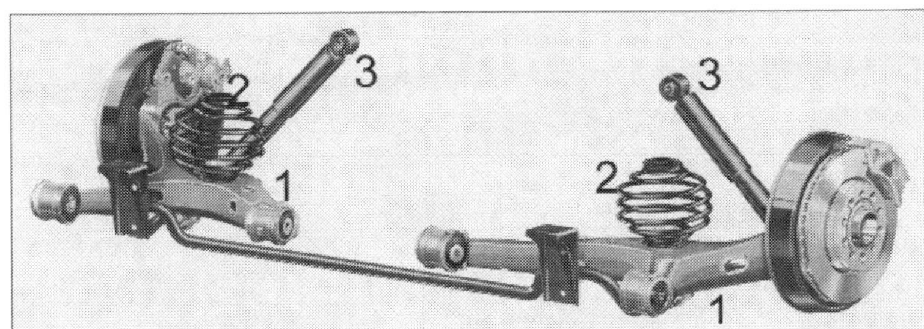

Die Hinterachse des Multivan: *Zur Radaufhängung gehören die beiden Achslenker 1 mit jeweils zwei Gummimetalllagern. Auf den Achslenkern sitzen die Schraubenfedern 2, von denen die Dämpfer 3 aufbaumäßig getrennt sind.*

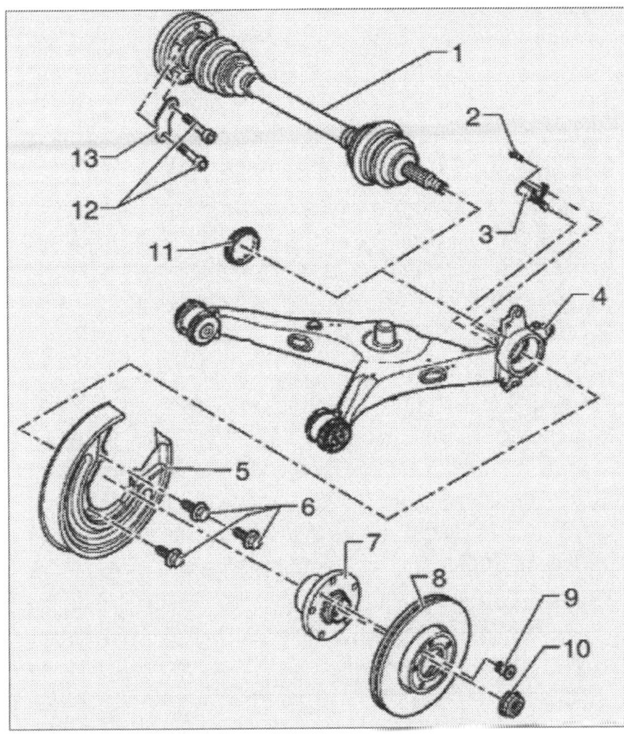

Hintere Radlagerung : *1 Gelenkwelle mit 13 Unterlage und 12 Schrauben (30 Nm) im Fall von Fahrzeugen mit Allradantrieb 4Motion, 2/6/9 Schrauben, 3 Drehzahlfühler, 4 Achslenker, 5 Abdeckblech, 7 Radlager/Radnabeneinheit, 8 Bremsscheibe, 10 Zwölfkantmutter (200 Nm, nach jeder Demontage ersetzen) bei Fahrzeugen mit Allradantrieb, 11 Abdeckkappe im Fall von Fahrzeugen mit Frontantrieb.*

Praxistipp

Airbag-Lenkrad – ein Fall für die Werkstatt

Der Airbag-Hersteller lässt beim serienmäßigen Einbau nur speziell geschulte Fachkräfte zu. In den Werkstätten werden Mechaniker für Airbag-Arbeiten extra qualifiziert. Der Gasgenerator, der im Crash-Fall für das Aufblasen des Prallsacks sorgt, unterliegt dem Sprengstoffgesetz. Wir raten von Arbeiten am Lenkrad mit Airbag und am Beifahrer-Airbag ab. Das ist ein Job für die Werkstatt.

Die Servolenkung

Die Servolenkung erleichtert durch Hilfskraft erheblich die Lenkarbeit. Sie sorgt für größtmöglichen Komfort beim Rangieren und für präzises Lenkgefühl bei schnellen Autobahnfahrten. Die Möglichkeit, mit geringem Kraftaufwand am Lenkrad eine relativ direkte Lenkung zu erreichen, guten Kontakt zur Fahrbahn zu halten und dennoch den Fahrer relativ unbehelligt von den Fahrbahnstößen zu lassen, wird mit Hilfe eines hydraulischen Systems aus Pumpe, Ölvorratsbehälter und Hydraulikleitungen realisiert.

Als Hochdruck-Ölpumpe findet wegen ihrer gleichmäßig hohen und kontinuierlichen Förderrate eine doppelt wirkende Flügelpumpe Verwendung. Sie wird über den Keilrippenriemen vom Fahrzeugmotor angetrieben. Das Drucköl wirkt auf Arbeitszylinder zu beiden Seiten der Zahnstange. Diese unterstützen mit ihrem Druck über ein Steuerteil die Lenkbewegung. Je nach Drehrichtung des Lenkrads wird jeweils der Arbeitszylinder angesteuert, der die Lenkung unterstützt.

Präzision bei wenig Kraftaufwand

Die servounterstützte Zahnstangenlenkung Ihres Transporters zeichnet sich durch besonders geringe Bedienungskräfte bei hoher Lenkpräzision aus. Mit einer Übersetzung von 1:15,8 sind nur 3,3 Lenkradumdrehungen von einem zum anderen Anschlag notwendig. Und obwohl die Spur und auch die serienmäßige Reifengröße (205/65 R 16 102 C) beim neuen Transporter etwas größer sind als beim Vorgänger, verbesserte sich der Wendekreis auf 11,9 Meter.

Bei den Einstell- und Wartungsarbeiten ist die wohl häufigste Tätigkeit die regelmäßige Kontrolle des Ölstandes im Vorratsbehälter. Weitreichende Reparaturen an der Servolenkung sind eine Sache für die Werkstatt. Nur so lassen sich Schäden an den elektronischen Bauteilen und Folgeschäden mit teuren Repara-

turen verhindern. Denn bei fehlerhafter Instandsetzung kann die Servounterstützung beim Lenken ausfallen. Die Lenkung ist aber eine Baugruppe, von der die Fahrsicherheit besonders stark abhängt. Defekte, falsche Einstellungen und fehlerhafte Reparaturarbeiten können fatale Auswirkungen haben.
Nach Unfall und bei Beschädigung der Vorderachse können verschiedene Lenkungsteile ersetzt werden. Aber selbst für die Fachwerkstatt sind als Instandsetzung an der Servolenkung nur das Ersetzen der Faltenbälge sowie der Spurstangen und Spurstangenköpfe üblich. Eine Instandsetzung des Lenkgetriebes ist nicht vorgesehen. Es muss bei Beanstandungen komplett ausgetauscht werden.

Mögliche Arbeit: Lenkzwischenwelle

Für bestimmte Arbeiten kann es nötig sein, die Lenkzwischenwelle aus- und einzubauen, die das Kreuzgelenk unten an der Lenksäule mit dem Kreuzgelenk des Lenkritzels am Lenkgetriebe verbindet. Dafür geben wir Ihnen später die Arbeitsschritte an.

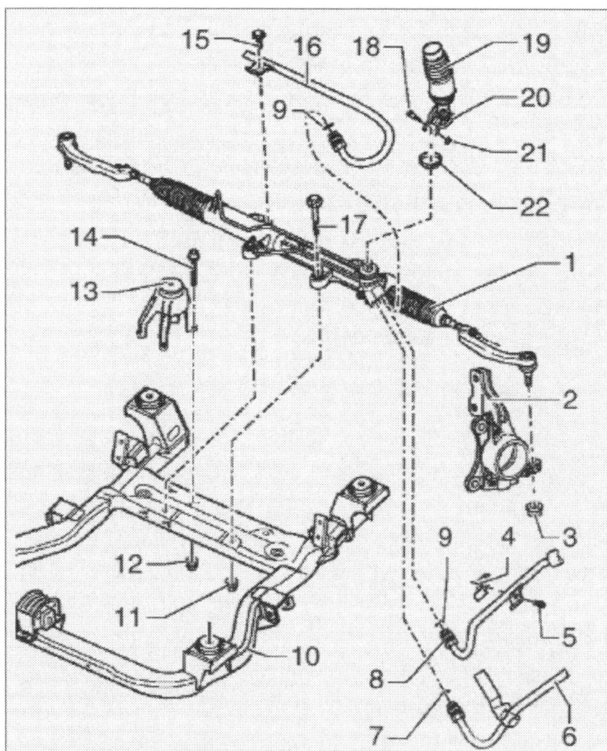

Lenkgetriebe: 1 Lenkgetriebe, 2 Radlagergehäuse, 3/5/11/12/14/15/17/21 Schrauben und Muttern, 4 Schelle, 6 Rücklaufleitung, 7/9 Dichtringe (ersetzen), 8/16 Druckleitungen, 10 Aggregateträger, 13 Konsole, 18 Exzenterschraube, 19 Schutzmanschette, 20 Kreuzgelenk, 22 Klemmschelle.

Begriffe der Lenkgeometrie

Vorspur: Die Vorderräder stehen vorn enger zusammen als hinten (rollen aufeinander zu). Das gleicht die Reibung zwischen Rad und Straße aus, die das linke Rad nach links und das rechte nach rechts drücken will. Die Vorspur verhindert Flattern der Räder und Radieren der Reifen. Bei der Fahrt durch eine Kurve schwenkt das kurveninnere Rad zur Unterstützung der Lenkbewegung und der Lenkkräfte stärker ein als das kurvenäußere. Die Vorspur geht in Nachspur über (Räder stehen hinten enger zusammen als vorn).

Nachlauf: Abstand (in Fahrtrichtung) zwischen der gedachten Verlängerungslinie der Lenkdrehachse zum Boden und dem Mittelpunkt der Reifenaufstandsfläche. Durch den Nachlauf werden die Räder gezogen (und nicht geschoben). Sie neigen deshalb dazu, sich von selbst geradeaus zu stellen und diese Stellung beizubehalten.

Sturz: Die Neigung des Rades zu einer Senkrechten. Vermindert Fahrbahnstöße auf die Teile der Lenkung, reduziert Lenkkräfte und Reibung der Räder auf der Fahrbahn. Die Vorderräder haben positiven Sturz. Sie stehen oben im Radkasten geringfügig weiter auseinander als unten am Boden.

Spreizung: Die Neigung der Lenkungsdrehachse zu einer Senkrechten. Denkt man sich eine Linie dieser Achse zum Boden und misst den Abstand zur Mittellinie durch das Rad (Mittelpunkt der Reifenaufstandsfläche), erhält man den Lenkrollradius. Dieser soll möglichst klein sein, um die Störkräfte in der Lenkung zu verringern. Die Spreizung bewirkt zusammen mit dem Nachlauf, dass sich bei eingeschlagenen Rädern das Fahrzeug etwas anhebt. Lässt man das Lenkrad los, stellen sich die Räder selbst in die Mittelstellung zurück (Rückstellmoment).

Radeinstellung prüfen

Arbeitsschritte  

1 Unternehmen Sie eine kurze Probefahrt zur Überprüfung der Lenkgeometrie. Dazu müssen beide Vorderreifen dieselbe Reifensorte und Profiltiefe aufweisen und den vorgeschriebenen Luftdruck haben.

2 Kontrollieren Sie genau, ob die Lenkradspeichen bei Geradeausfahrt symmetrisch stehen. Die richtige Stellung der Vorderräder entscheidet darüber, ob Ihr Fahrzeug auf ebener Strecke und in Kurven ruhig und sicher auf der Straße liegt. Nach harter Berührung des Bordsteins kann die Geometrie

der Vorderradaufhängung gestört sein. Ein schief sitzendes Lenkrad ist ein Zeichen für Spurfehler. Auch verschlissene Gelenke und Gummilager oder unsachgemäße Reparaturen wirken sich negativ auf das Fahrverhalten aus.

3 Läuft das Auto auf ebener Fahrbahn und bei losgelassenem Lenkrad geradeaus? Zieht es zur Seite? Stellt sich die Lenkung nach Kurven von selbst geradeaus?

4 Prüfen Sie im Stand: Stehen die Vorderräder symmetrisch zueinander? Ist das Reifenprofil gleichmäßig abgenutzt? Zeigen die Außenkanten stärkere Verschleißspuren als die Innenseiten?

5 Wenn Sie Anlass zum Zweifel an der Radeinstellung haben, wenden Sie sich unverzüglich an die Werkstatt zur präzisen Vermessung und ggf. Reparatur. VW empfiehlt, Fahrzeuge nur mit einem vom Konzern freigegebenen Achsmessgerät zu vermessen. Immer Vorder- und Hinterachse vermessen, vorgegebene Sollwerte einhalten. ☐

Zustand der Stoßdämpfer prüfen

Arbeitsschritte  

1 Bei der Probefahrt auch den Stoßdämpferzustand kontrollieren. Prüfen, ob die Lenkung flattert. Nach zwei verschlissenen Reifensätzen haben die Stoßdämpfer in der Regel nur noch die Hälfte ihrer ursprünglichen Wirkung. Wenn die Räder keinen ständigen Kontakt mehr zum Boden haben, sind die Stoßdämpfer reif für den Austausch.

2 Anzeichen für nachlassende Wirkung der Stoßdämpfer: Achten Sie darauf, ob die Karosserie bei der Fahrt über Unebenheiten nachschwingt! Die verbreitete Schaukelmethode, bei der man den Wagen am Kotflügel aufschaukelt und plötzlich loslässt, ersetzt keine Prüfung. Damit können Sie nur einen total ausgefallenen Stoßdämpfer feststellen.

3 Wirkt das Fahrzeug in Kurven schwammig? Dann werden die kurveninneren Räder nicht genügend auf den Boden gedrückt, die äußeren nicht stark genug entlastet. Springen die Räder auch auf normaler Fahrbahn? Haben Sie schon festgestellt, ob sich die Reifen ungleichmäßig abnutzen?

4 Tritt an der Dichtung der Kolbenstange des Dämpfers (vorn wie hinten) Öl aus (Schwitzen)? Das muss genau überprüft und eingeschätzt werden, aber es ist kein Grund, einen Dämpfer zu ersetzen. Geringer Ölaustritt ist sogar von Vorteil, weil dadurch der Dichtring geschmiert wird und sich die Lebensdauer erhöht. Wenn ein Ölfleck sichtbar ist (aber stumpf, matt, eventuell durch Staub trocken) und sich nicht weiter ausbreitet als vom oberen Dämpferverschluss (Kolbenstangendichtring) bis zum unteren Federteller, gilt der Dämpfer als in Ordnung.

5 Lassen Sie das Bauteil zur exakten Diagnose einmal im Jahr auf dem Prüfstand eines Automobilclubs oder von TÜV und DEKRA kontrollieren. ☐

Praxistipp

Hinweise und Regeln

- Schweiß- und Richtarbeiten an tragenden und Rad führenden Bauteilen der Radaufhängung und an Lenkungsteilen sind prinzipiell nicht zulässig. Beschädigte Teile müssen grundsätzlich erneuert werden.
- Größte Sauberkeit beachten. Verbindungsstellen und deren Umgebung vor dem Lösen gründlich reinigen. Keine fasernden Lappen verwenden.
- Ausgebaute Teile auf sauberer Unterlage ablegen. Abdecken, wenn die Reparatur nicht sofort erfolgt. Ersatzteile erst unmittelbar vor dem Einbau aus der Verpackung nehmen. Nur original verpackte Teile verwenden .
- Geöffnete Bauteile bis zur Reparatur sorgfältig abdecken oder verschließen. Bei geöffneter Anlage darf nicht mit Druckluft gearbeitet und nicht das Fahrzeug bewegt werden.
- Abgelassenes Hydrauliköl nicht wieder verwenden.
- Fehlerhafter Lenkgeometrie können Sie beim Fahren selbst auf die Schliche kommen, aber die Vermessung der Radstellung ist Sache der Werkstatt.

Spurstangenköpfe und Dichtungsbälge prüfen

Arbeitsschritte   

1 Heben Sie das Fahrzeug an, dass die Räder frei hängen. Die Spurstangenköpfe sitzen rechts und links in der Aufnahme des jeweiligen Radlagergehäuses. Den stählernen Kugelkopf schützt ein Dichtungsbalg vor Feuchtigkeit und Schmutz. Kontrollieren Sie die Dichtungsbälge der Spurstangenköpfe (siehe anschließende Abbildung auf Seite 132) auf Risse, Scheuerstellen und richtigen Sitz.

2 Bewegen Sie Spurstangen und Räder. Es darf kein Spiel spürbar sein. Prüfen Sie dabei auch die Befestigung.

3 Ist der Dichtungsbalg (Gelenkschutzhülle) defekt oder stellen Sie Spiel fest, müssen Balg und Spurstangenkopf gewechselt werden. ☐

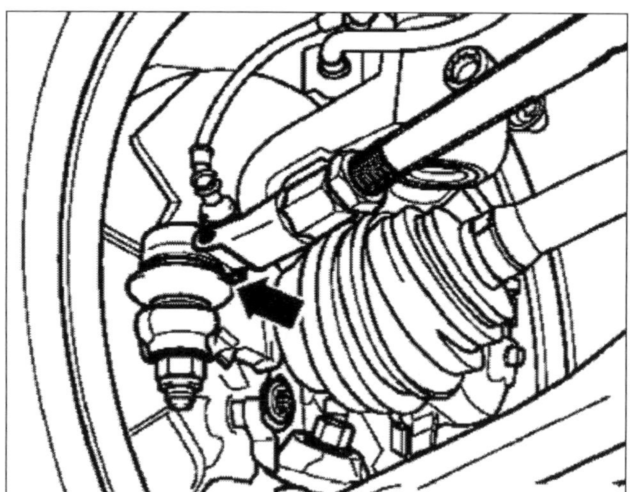

Dichtungsbälge an den Spurstangenköpfen.

Achsgelenke kontrollieren

Arbeitsschritte  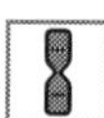 

1 Schlagen Sie die Lenkung nach einer Seite voll ein. Die Kugelgelenke der Achsgelenke sitzen in einer Fett-Dauerfüllung in Kunststoffschalen. Diese Dichtungsbälge (Pfeile) aus Kunststoff schützen sie vor Nässe und Schmutz. Die Gelenke sind wartungsfrei. Ein beschädigter Dichtungsbalg bedeutet allerdings das vorzeitige Aus fürs Gelenk. Eindringender Schmutz wirkt wie Schmirgelsand, Feuchtigkeit lässt es mit der Zeit festrosten. Prüfen Sie deshalb sehr sorgfältig.

2 Kontrollieren Sie die Kappen gründlich auf Beschädigungen. Drücken Sie sie dabei zusammen, dann entdecken Sie auch versteckte Risse. Eine schadhafte Staubkappe können Sie nicht einzeln ersetzen, der komplette Austausch jeweiliger Baugruppen ist nötig.

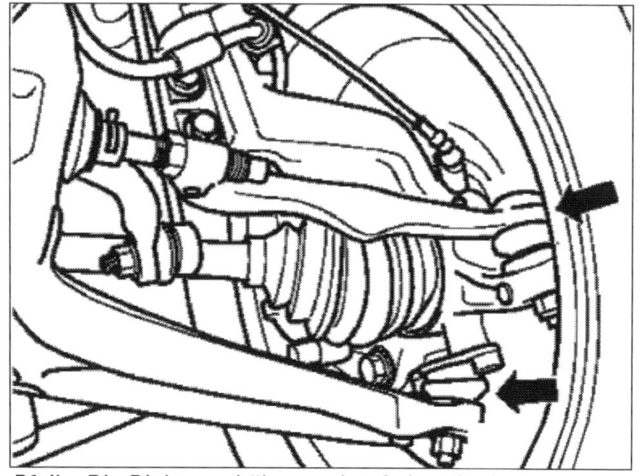

Pfeile: Die Dichtungsbälge an den Achsgelenken.

3 Prüfen Sie das Axialspiel des Gelenks, indem Sie den Achslenker mit einer Hand umfassen. Ziehen Sie jetzt den Achslenker kräftig nach unten und drücken Sie ihn wieder hoch (Pfeile im folgenden Bild).

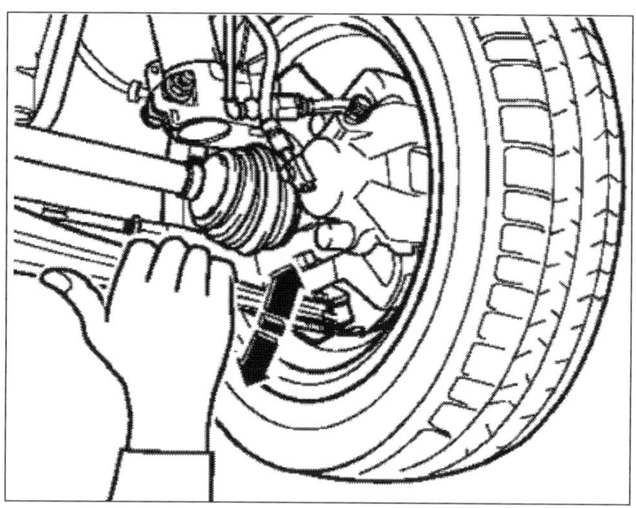

4 Das Radialspiel prüfen Sie, indem Sie das Rad kräftig nach innen und außen drücken. Nehmen Sie den unteren Teil des Rades zwischen beide Hände und drücken Sie abwechselnd links und rechts gegen den Reifen. □

Radlagerspiel prüfen

Arbeitsschritte  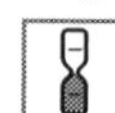

1 Vernehmen Sie bei Ihrem Transporter laute Laufgeräusche, kann es sich um Schäden am Radlager handeln. Treten die Geräusche zum Beispiel in Rechtskurven auf, ist das linke Radlager defekt.

Die Radlager können nicht eingestellt werden, man muss sie bei einem Schaden austauschen. Das ist freilich Sache der Werkstatt. Denn Lager, Laufringe, Nabe und Lenk-Schwenklager sind in sehr engen Toleranzen gefertigt, die bei der Montage Spezialwerkzeuge erforderlich machen.

Stellen Sie den Wagen auf festem Boden ab.

2 Packen Sie das Rad im oberen Bereich und versuchen Sie, es quer zum Wagen zu bewegen. Bei einwandfreien Lagern darf kein Spiel vorhanden sein.

3 Wenn Sie Spiel an den vorderen Radlagern feststellen, lassen Sie einen Helfer die Bremse treten. Wiederholen Sie dann die Kontrolle.

Wenn immer noch Spiel festgestellt wird, ist das Achsgelenk defekt. Reparatur und Austausch sind angesagt. □

Störungsbeistand

Servolenkung

Störung	Ursache	Abhilfe
A Hydraulikölstand im Behälter zu niedrig.	**1** Im Hydrauliksystem eingeschlossene Luft hat sich beim Fahren selbst ausgeschieden.	Hydrauliköl auffüllen bis zum Bereich zwischen MIN- und MAX-Markierung.
	2 Undichtigkeiten im Hydrauliksystem.	Leitungsanschlüsse nachziehen, neue Dichtungen einsetzen.
B Lenkung ist in einer Richtung oder ganz und gar schwergängig.	Förderdruck der Pumpe ist zu gering oder Lenkgetriebe defekt.	Druck und Lenkgetriebe prüfen, Pumpe oder Lenkgetriebe ersetzen.
C Lenkgeräusche.	**1** Ölstand zu niedrig, Flüssigkeit mit Luftbläschen durchsetzt.	Servolenksystem entlüften, Öl auffüllen.
	2 Saugseitige Verschraubung der Flügelpumpe undicht.	Dichtungen ersetzen, Verschraubungen nachziehen.
	3 Keilrippenriemen lose.	Nachspannen.

Lenkungsspiel prüfen

1 Stellen Sie die Räder geradeaus. Unternehmen Sie eine kurze Prüfung des Lenkungsspiels, das ggf. nachgestellt werden kann. Greifen Sie durchs geöffnete Fenster und drehen Sie das Lenkrad kurz hin und her.

2 Das Vorderrad muss sich sofort mitbewegen. Achten Sie dazu auf die Felge! Der elastische Reifen kann einen Teil des Einschlags schlucken, ehe er sich bewegt.

3 Wenn die Lenkung um die Geradeausstellung kein Spiel hat, aber bei stärkerem Einschlag spürbar klemmt, ist die Zahnstange verschlissen. Dann Lenkgetriebe austauschen.

4 Eine nötige Korrektur der Grundeinstellung erfolgt über den Geber für Lenkwinkel mit dem Fahrzeugdiagnose-, Mess- und Informationssystem VAS 5051 A. □

Manschetten der Lenkzahnstange prüfen

Arbeitsschritte

1 Leuchten Sie mit einer Taschenlampe die Gummimanschetten ab, mit denen die aus ihrem Gehäuse austretende Zahnstange links und rechts geschützt wird. Prüfen Sie gründlich, um auch kleine Verschleißspuren zu erkennen. Dringen durch einen rissigen oder beschädigten Faltenbalg Schmutz und Feuchtigkeit ein, verbinden sie sich mit dem Fett des Lenkgetriebes zu einer zerstörerischen Schleifpaste.

2 Schlagen Sie die Lenkung voll nach rechts oder links ein. Um Risse in den Falten zu erkennen, ziehen Sie den Faltenbalg Stück um Stück auseinander. Eine verschlissene Manschette sollten Sie sofort austauschen. Der Faltenbalg kann bei eingebautem Lenkgetriebe ersetzt werden.

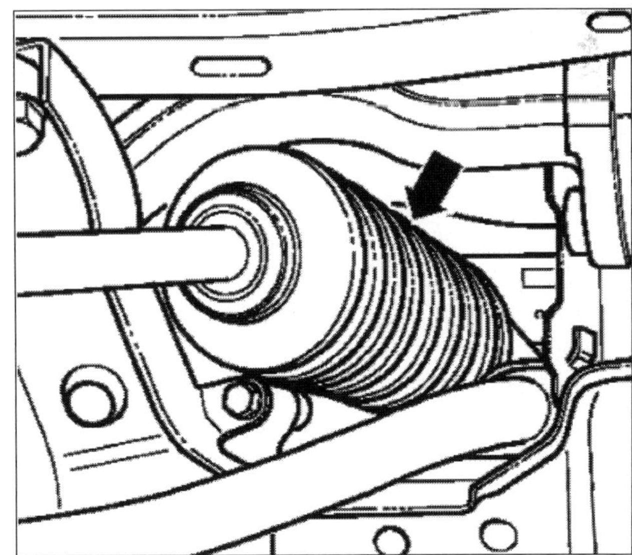

Der Pfeil weist auf eine der beiden Manschetten (Faltenbalg) der Lenkzahnstange.

3 Die Klemmschellen müssen fest auf der Manschette sitzen. Für den sachgemäßen Wechsel des Faltenbalgs verwenden Sie die Schlauchbinderzange V.A.G 1275 zum Spannen der Klemmschellen. □

Lenkzwischenwelle und Lenkgetriebe aus-/ einbauen

Arbeitsschritte  

1 **Ausbau**: Orientieren Sie sich beim Aus- und Einbau auch an der Übersichtszeichnung auf Seite 130.

Lenkung in Geradeausstellung drehen und Lenkschloss einrasten. Schutzmanschette 1 am Kreuzgelenk unten an der Lenksäule nach oben stülpen. Die Mutter 3 abschrauben und dabei an der Exzenterschraube 2 gegenhalten.

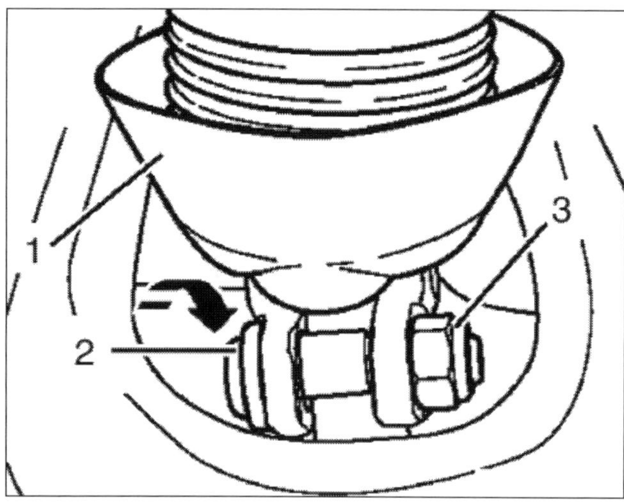

Situation unten an der Lenksäule: *1 Manschette (hochgestülpt), 2 Exzenterschraube, 3 Mutter. Pfeil: Gegenhalten.*

2 Das Kreuzgelenk von der Lenkzwischenwelle abziehen.

3 Den Bodenbelag unterhalb des Fußhebelwerkes zum Fahrersitz hin zurückklappen. Dadurch werden drei Befestigungsschrauben zugänglich. Diese drei Schrauben an der Lenkzwischenwelle herausdrehen.

4 Bauen Sie das linke Vorderrad ab.

5 Saugschlauch am Vorratsbehälter abklemmen. Die Spurstangen mit einem Kugelgelenkabzieher (z. B. T40010) abdrücken. Fahrzeug anheben.

6 Die Klemmschelle der Schutzmanschette 1 am Kreuzgelenk des Lenkritzels öffnen. Die Schutzmanschette nach oben schieben. Sie muss in dieser Stellung fixiert werden. Zu diesem Zweck können Sie einen Innensechskantschlüssel verwenden. Passend ist die Größe 6 mm. Schieben Sie den Schlüssel wie im folgenden Bild gezeigt unter die Manschette am Kreuzgelenk. Der Schlüssel ist mit A gekennzeichnet. Schrauben Sie auch von diesem Kreuzgelenk die Mutter (3) ab, indem Sie an der Exzenterschraube (2) gegenhalten.

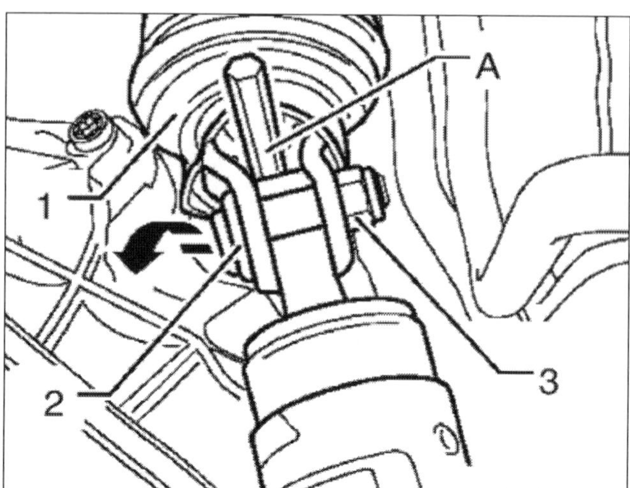

Situation am Lenkritzel: *1 Schutzmanschette, 2 Exzenterschraube, 3 Mutter, A Innensechskantschlüssel. Pfeil: Gegenhalten an der Exzenterschraube.*

7 Lenkzwischenwelle herausnehmen.

8 Stabilisator von den Koppelstangen und vom Aggregateträger (Lenkschemel) abschrauben.

9 Druckleitung und Rücklaufleitung vom Lenkgetriebe abschrauben. Auslaufendes Hydrauliköl auffangen.

10 Lenkgetriebe vom Aggregateträger abschrauben. Die Konsole (Position 13 im Bild Seite 130) komplett mit Lagerbock für Motor ausbauen. Stabilisator nach links herausnehmen.

11 Lenkgetriebe nach links schieben. Drehen Sie es dabei gleichzeitig so weit, bis das Lenkritzel nach unten zeigt. Jetzt das Lenkgetriebe nach links herausnehmen.

12 Der **Einbau** von Lenkgetriebe und Lenkzwischenwelle erfolgt in umgekehrter Ausbaureihenfolge.Beachten Sie dabei: Erst das Lenkgetriebe, dann den Stabilisator von links einsetzen und jeweils auf dem Aggregateträger ablegen. Dann die Konsole mit Lagerbock für Motor einbauen und festziehen.

13 Auch die übrigen Schritte gemäß Ausbau: Lenkgetriebe und Stabilisator am Aggregateträger montieren, Mutter und Exzenterschraube montieren, Kreuzgelenk am Lenkritzel festziehen, Schutzmanschette herunterziehen, mit neuer Klemmschelle montieren. Lenkzwischenwelle einbauen, Kreuzgelenk und Manschette an der Lenksäule entsprechend behandeln. Rücklaufleitung und Druckleitung festziehen.

14 Hydrauliköl auffüllen und Lenksystem entlüften. Ölstand der Servolenkung prüfen. Spureinstellung kontrollieren.

Servolenkung: Ölstand prüfen

1 Bringen Sie die Räder Ihres Transporters in Geradeausstellung. Wenn das Hydraulik-Öl kalt ist, lassen Sie den Motor nicht laufen. Sie können die Prüfung auch bei kaltem Öl vornehmen.

2 Der Vorratsbehälter des Hydrauliksystems der Servolenkung ist ganz hinten links im Motorraum montiert. Prüfen Sie den Hydraulikölstand mit dem Ölmessstab des Verschlussdeckels (Schraubdeckel): Deckel abschrauben, Messstab mit einem sauberen Lappen abwischen und den Deckel wieder handfest einschrauben. Es gilt nur der Ölstand bei vorher voll eingeschraubtem Verschlussdeckel. Deckel wieder abschrauben, Ölstand prüfen: Er muss 2 mm über oder unter der MIN-Markierung liegen.

3 Ist das Hydrauliköl betriebswarm (ab 50 °C), prüfen Sie auf die gleiche Weise. Der Ölstand soll sich dann aber zwischen den MIN- und MAX-Markierungen befinden.

4 Liegt der Ölstand über dem jeweils zutreffenden Bereich, muss Öl abgesaugt werden. Liegt er unter dem angegebenen Bereich, kontrollieren Sie das System auf Dichtheit. Es genügt dann nicht, lediglich Öl nachzufüllen.

Wenn das System kontrolliert wurde (z. B. später folgender Arbeitsanleitung) oder das Lenkgetriebe aus- und eingebaut wurde (gemäß vorangegangener Arbeitsanleitung) ggf. Öl nachfüllen. □

Servolenkung: Geräusche prüfen

1 Betätigen Sie die Lenkung wie bei Einparkvorgängen bis zu den Endanschlägen. Das dabei hörbare Pumpengeräusch ist durch das geschlossene Hydrauliksystem bedingt und technisch nicht zu vermeiden. Wenn allerdings Geräusche auftreten, die von diesen üblichen abweichen, müssen Sie weiter kontrollieren. Das Lenken bis zu den Endanschlägen sollten Sie aber nur kurzzeitig vornehmen!

2 Prüfen Sie den Hydraulikölstand im Vorratsbehälter der Flügelpumpe (siehe folgende Arbeitsanleitung). Bei fehlender Flüssigkeit im Behälter muss das Lenksystem auf Dichtigkeit geprüft werden.

3 Überprüfen Sie die Anschlüsse der Druckleitung (Dehnschlauch) und der Rücklaufleitung (Rücklaufschlauch) an Servolenkgetriebe und Flügelpumpe auf die Möglichkeit, dass Luft ins Lenksystem gelangt.

4 Prüfen Sie die Verlegung der Schlauchleitungen. Diese dürfen nicht eingequetscht sein oder Berührung mit anderen Fahrzeugteilen haben.

5 Prüfen Sie die Befestigung von Flügelpumpe und Servolenkgetriebe am Aufbau und ziehen Sie ggf. Schrauben und Muttern nach. □

Servolenkung: Entleeren, befüllen und entlüften

   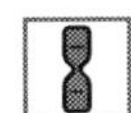

1 **Prüfen:** Das System muss entlüftet werden, wenn Teile der Hydraulik demontiert wurden. Prüfen Sie zuerst den Hydraulikölstand, gegebenenfalls ist Hydrauliköl G 002 000 nachzufüllen.

2 **Entleeren:** Motor nicht laufen lassen. Heben Sie das Fahrzeug so weit an, dass beide Vorderräder frei sind. Bringen Sie die Vorderräder in Geradeausstellung.

3 Stellen Sie eine Auffangwanne für Hydrauliköl unter. Öffnen Sie den Schraubdeckel des Vorratsbehälters für Hydrauliköl. Ziehen Sie die Hydraulikleitungen unten vom Vorratsbehälter ab und lassen Sie das Öl auslaufen.

4 Drücken Sie die Restmenge des Hydrauliköls heraus, indem Sie die Lenkung zehnmal von Anschlag zu Anschlag drehen.

5 Schließen Sie die Hydraulikleitungen wieder an und senken Sie das Fahrzeug ab. Das abgelassene Öl wird nicht wieder verwendet, sondern den Vorschriften entsprechend wie Altöl entsorgt.

6 **Befüllen:** Befüllt wird ein leeres Hydrauliksystem nur bei kaltem Motor. Füllen Sie den Vorratsbehälter (Verschluss mit Messstab herausschrauben) mit G 002 000 bis zum Erreichen der MIN-Markierung am Messstab auf. Das gesamte System ist mit etwa 1,0 Liter befüllt.

7 **Entlüften:** Fahrzeug wieder so weit anheben, bis die Vorderräder frei sind. Stellen Sie die Räder geradeaus. Drehen Sie bei abgestelltem Motor das Lenkrad zehnmal von Anschlag zu Anschlag durch. Prüfen Sie den Ölstand und füllen Sie ggf. nach.

8 Schrauben Sie den Deckel des Vorratsbehälters für Hydrauliköl auf. Senken Sie das Fahrzeug ab. Starten Sie den Motor. Drehen Sie wiederum das Lenkrad zehnmal von Anschlag zu Anschlag.

9 Stellen Sie den Motor ab. Prüfen Sie wieder den Hydraulikölstand und füllen Sie ggf. nach.

10 Schrauben Sie den Deckel des Vorratsbehälters nun handfest zu. Jetzt eventuell noch im System verbliebene Restluft entweicht im Fahrbetrieb nach 10 bis 20 Kilometern von selbst. □

Servolenkung: Dichtheit prüfen

Arbeitsschritte   60.000 km 12 Monate

1 Prüfen Sie nach Montagearbeiten und bei Hydraulikölverlusten im Vorratsbehälter das System auf Dichtheit. Starten Sie den Motor und drehen Sie die Lenkung einmal ganz nach rechts und ganz nach links.

2 Halten Sie das Lenkrad jeweils 5 bis 10 Sekunden mit einer Kraft von 10 bis 20 Nm fest. Im System baut sich Druck auf, Undichtigkeiten werden dann am ehesten sichtbar.

3 Untersuchen Sie genau den Dichtring für Lenkritzel am Ventilgehäuse des Lenkgetriebes. Tritt Hydrauliköl aus?

4 Untersuchen Sie alle Leitungsanschlüsse (Schläuche).

5 Öffnen Sie die Klemmschellen an den Faltenbälgen der Zahnstange und schieben Sie die Faltenbälge zurück. Prüfen Sie die Zahnstangendichtringe.

6 Ist Öl im Lenkgetriebegehäuse und/oder in den Faltenbälgen sichtbar, muss das Lenkgetriebe ersetzt werden.

7 Faltenbälge mit neuen Klemmschellen sichern. □

Reifen und Felgen

Reifenunterbau, Gummimischung und ein ausgefeiltes Reifenprofil lassen moderne Reifen einen wichtigen Beitrag zur passiven Sicherheit Ihres Autos leisten. Sie tragen das Gewicht des Fahrzeugs, fangen kleinere Stöße der Fahrbahn ab und übertragen die Kräfte, die bei Antrieb, Bremsen und Kurvenfahrt entstehen.
Angaben über die voraussichtliche Kilometer-Laufleistung bestimmter Reifen sind von den Herstellern kaum zu erwarten. Denn der Reifenverschleiß hängt von Motorisierung und Straßenbeschaffenheit, vor allem aber stark von der Fahrweise ab. Die Reifen an den Vorderrädern bringen es erfahrungsgemäß auf eine durchschnittliche Laufleistung von 50.000 bis 60.000 Kilometern, wenn bei mittlerer Motorisierung und normaler Straßenbeschaffenheit ausgeglichen gefahren wird. An den Hinterrädern können die Reifen noch ein gutes Stück länger halten.
Aber auch wenn Sie Ihr Fahrzeug nur selten bewegen, sind die Reifen spätestens nach sieben bis acht Jahren am Ende. Denn die Mischung des Gummis löst sich mit der Zeit auf.

Aufbau in Schichten

Die schlauchlosen Gürtelreifen Ihres Transporters sind in mehreren Schichten aufgebaut (siehe folgende Abbildung). Profil und Mischung des äußeren Laufstreifens beeinflussen entscheidend die Eigenschaften. Die darunter liegende Base senkt den Rollwiderstand. Die Stahlcordlagen unter Nylonbandagen steigern die Fahrstabilität.
Form- und Festigkeitsträger des Reifens ist die Karkasse. Die Innenseele, eine gasdichte Schicht, ersetzt den früher üblich gewesenen Schlauch. Das Seitenteil schützt die Karkasse vor Beschädigungen. Kernprofil und Wulstverstärker unterstützen Lenk- und Fahrpräzision und fördern die Fahrstabilität. Der Kern sorgt für festen Sitz auf der Felge.

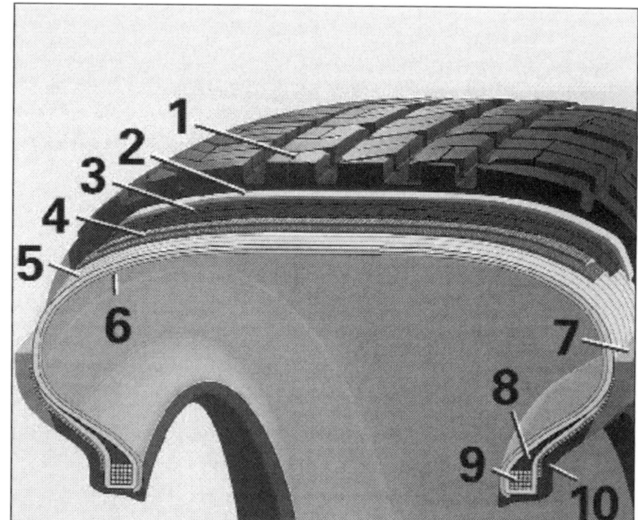

Aufbau eines Pkw-Reifens: *1 Laufstreifen, 2 Base, 3 Nylon-Spulbandagen, 4 Stahlcord-Gürtellagen, 5 Karkasse, 6 Innenseele, 7 Seitenteil, 8 Kernprofil, 9 Kern, 10 Wulstverstärker.*

Bestimmungsgrößen für Reifen

Auf der Flanke eines Reifens befinden sich Ziffern und Buchstaben, mit denen die Hersteller die jeweiligen Reifendaten verschlüsseln (siehe nebenstehende Abbildung). Den Autofahrer interessiert vor allem das Format des Reifens. 195/65 R 15 bedeutet zum Beispiel, dass der Reifenquerschnitt eine Breite von 195 Millimetern aufweist. Die zweite Zahl bestimmt das Verhältnis von Höhe und Breite. Im Beispiel beträgt es 65 Prozent. Je kleiner dieses Verhältnis, umso flacher und breiter ist der Reifen. »R« steht für die Radialbauart von Gürtelreifen, die Zahl dahinter nennt den Durchmesser der Felge in Zoll. Welche Reifengrößen und Felgen für Ihr Fahrzeug zugelassen sind, steht in den Kfz-Papieren. Wenn Sie das Reifenformat wechseln und Ihr Auto ein Navigationssystem hat, muss dieses neu kalibriert werden.

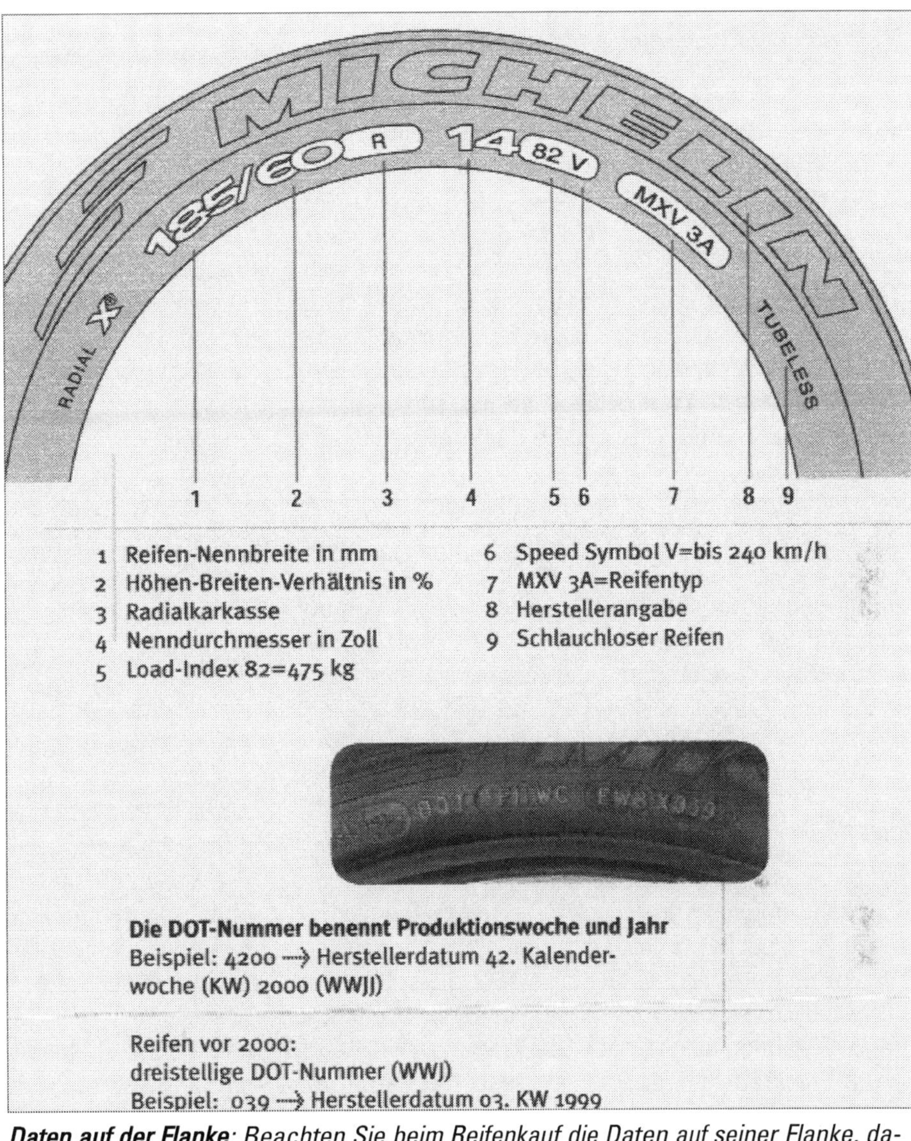

***Daten auf der Flanke**: Beachten Sie beim Reifenkauf die Daten auf seiner Flanke, damit der neue Reifen wirklich auf die Felge passt.*

In der Abbildung bezeichnet die Ziffer 6 den Kennbuchstaben für die zulässige Höchstgeschwindigkeit des Reifens. »S« steht für 180 km/h, »T« für 190 km/h. Eine Höchstgeschwindigkeit bis 210 km/h gilt für Reifen mit dem Kennbuchstaben »H«, »V« wie in der Abbildung erlaubt 240 km/h Spitze. Für maximal 300 km/h gilt das Geschwindigkeitssymbol »Y«. Wenn Sie mit einem herkömmlichen M+S-Reifen durch den Winter fahren, müssen Sie früher vom Gas: Diese Pneus mit dem Kürzel »Q« sind nur für 160 km/h zugelassen.

Bestimmungsgrößen für Felgen

Die Größe einer Felge gibt man nach Normvorschrift stets in Zoll an. Die Bezeichnung 7J x 16 zum Beispiel bezeichnet eine Tiefbettfelge (x) mit einer Breite von sieben und einem Durchmesser von 16 Zoll. Der Buchstabe »J« steht für die Form des Felgenhorns. Neben diesen Felgendaten ist eine weitere wichtige Bestimmungsgröße die Einpresstiefe ET.

Das Besondere der Tiefbettfelge: Damit die Reifen besser sitzen, befindet sich an einer Schulter der Felge eine rundum laufende Erhöhung (Hump). Sie verhindert, dass bei schneller Fahrt durch eine Kurve der Reifenwulst durch die Seitenkräfte von der Schulter der Felge ins Tiefbett gedrückt wird.

Wenn Sie andere Felgen (oder Reifen) montieren wollen als für Ihr Fahrzeug vorgegeben, müssen Sie die Papiere von der Zulassungsstelle berichtigen lassen. Dazu ist dann allerdings ein Teilgutachten von TÜV oder DEKRA erforderlich.

Herstellungsdatum und ECE-Prüfnummer

Auf Reifen, die seit Januar 2000 hergestellt wurden und werden, sind Herstellungswoche und Jahr mit einer 4-stelligen Zahl angegeben. So bedeutet 0901, dass der Reifen in der 9. Produktionswoche des Jahres 2001 hergestellt wurde. Bis Ende 1999 war das Datum der Herstellung mit einer dreistelligen »DOT«-Nummer angegeben worden. Auf Reifen ab Produktionsjahr 1990 steht hinter dieser Zahl ein kleines Dreieck. Die Nummer 187 plus Dreieck besagt zum Beispiel, dass der Reifen in der 18. Woche des Jahres 1997 produziert wurde.
Reifen, die nach dem 1. Oktober 1998 hergestellt wurden, müssen eine ECE-Prüfnummer auf der Reifenflanke tragen. Diese Nummer besagt, dass der Pneu ein typgeprüftes Bauteil entsprechend dem Qualitäts-Standard der Economic Commission of Europe (ECE) ist. Die ECE-Prüfnummer ist erkennbar an einem großen E und der Zahl für das Herkunftsland. Die »1« z. B. steht für Deutschland.

Spezialisten für Schnee und Eis

Winterreifen rollen auf kalter Fahrbahn sowie auf Schnee und Eis sicherer als Sommerreifen. Sie werden aus einer speziellen Gummimischung mit einem hohen Anteil Naturkautschuk hergestellt, die bei Temperaturen unter sieben Grad besser auf der Straße haftet. Voraussetzung für die gute Übertragung der Motor- und Bremskräfte auf die Straße ist jedoch ein Profil von mindestens 4,0 Millimetern gegenüber der minimal zulässigen Profiltiefe von 1,6 mm (besser sind 2,0 mm) bei Sommerreifen. Weniger Profil als vier Millimeter ist nicht erlaubt und disqualifiziert den Reifen für den Wintereinsatz. Bestücken Sie in jedem Fall alle vier Räder mit Winterreifen! Eine Kombination von Sommer- und Winterreifen kann gefährlich werden.

Winterreifen auf Felgen montieren

Für einen Winterreifen genügt durchaus eine schmale Ausführung. Investieren Sie das für breitere Pneus gesparte Geld lieber in einen zweiten Satz passender Felgen. Das Ummontieren der Reifen im Frühjahr und Herbst kommt auf die Dauer viel teurer.
Viele Händler und Werkstätten lagern Ihre Winterreifen gegen Gebühr bis zum nächsten Tausch. Die Räder müssen übrigens nach jeder Montage neu ausgewuchtet werden. Erhöhen Sie den Luftdruck um 0,2 bar. Wenn die Höchstgeschwindigkeit der Winterreifen unter der Ihres Fahrzeugs liegt, kleben Sie sich zur Erinnerung einen Sticker ans Armaturenbrett!

Schneeketten feingliedrig wählen

Bei Schnee und Eis sind an den Vorderrädern Schneeketten zulässig. Auf Reifen bestimmter Formate dürfen allerdings keine Schneeketten aufgezogen werden. Informieren Sie sich (Fachwerkstatt), ob das bei Ihrem Fahrzeug der Fall ist.
Nehmen Sie Radzierblenden bei Schneekettenbetrieb ab. Die Radschrauben sollten dann mit Abdeckkappen aus der VW-Werkstatt gesichert werden. Verwenden Sie nur feingliedrige Schneeketten, die einschließlich Kettenschloss nicht mehr als 15 mm auftragen.

Ursachen für Reifenverschleiß

Ihre Fahrweise hat erheblichen Einfluss auf Lebensdauer, Leistungsfähigkeit und Sicherheit der Reifen. So ist heftiges Aufprallen auf die Bordsteinkanten gefährlich. Dabei können Schäden an der Reifenstruktur auftreten, die zunächst unsichtbar sind.
Die Gefahr von anfangs unsichtbaren Schäden besteht auch beim Parken, wenn der Reifen an die Bordsteinkante gequetscht wird oder nur auf einem Teil der Aufstandsfläche an einer Kante abgestellt wird. Vollbremsungen mit blockierenden Rädern schließlich können zu »Bremsplatten« führen. Dabei wird der Reifen durch extreme Hitzeeinwirkung an einer Stelle erheblich abgeschliffen. Räder mit solchen »Bremsplatten« erzeugen Vibrationen. Tauschen Sie den Reifen besser aus.

Risikofaktor Luftdruck

Ein schlecht oder gar nicht gewarteter Reifen kann sich zum Risikofaktor für Fahrer und Auto entwickeln. Fahren Sie zum Beispiel einen Reifen mit zu geringem Luftdruck unter sehr hoher Last, kann dies zu teilweisen Ablösungen der Reifenlauffläche führen. Diese Schäden bleiben jedoch oft längere Zeit verborgen. Wird der vorher geschädigte Reifen dann stark beansprucht, können durch die enormen Fliehkräfte bei hohen Geschwindigkeiten sogar einzelne Reifenteile abreißen.

Räder richtig tauschen

Haben Sie für Ihren Transporter ein neues Ersatzrad, können Sie Geld sparen, wenn das gleiche Fabrikat mit demselben Profil noch lieferbar ist. Dann kaufen Sie einen entsprechenden Reifen dazu und haben bereits eine Achse neu bereift. Sie können den Kauf neuer Reifen auch hinausschieben, indem Sie die Räder jeweils einer Fahrzeugseite (gleiche Laufrichtung, also nicht über Kreuz!) gegeneinander austauschen. Der Abrieb der Reifen erfolgt so gleichmäßiger.
Nachteil dieser Methode: Beim Ersatz der Reifen sind vier Exemplare auf einmal fällig. Außerdem können Sie beim Wechsel in kurzen Kilometerabständen im Reifenprofil mögliche Fehler von Radaufhängung, Lenkung und Stoßdämpfer nicht mehr deutlich erkennen. Achten Sie beim Tausch der Reifen in jedem Fall darauf, dass Sie auf jeder Achse Reifen des gleichen Fabrikats, mit gleichem Profil und Alter montieren.

Was das Reifenlaufbild zeigt

Außenseite (vorn) abgefahren: Flotte Fahrweise in Kurven. Reifen auf den Felgen drehen lassen oder gegen Hinterräder austauschen.

Außenseiten stärker abgefahren als Profilmitte: Der Reifen wurde lange Zeit mit zu niedrigem Luftdruck gefahren.

Stellen mit ungleicher Abnutzung: Unwucht im Rad. Auswuchten lassen.

Stelle mit starker Abnutzung: Bremsung mit blockiertem Rad (Bremsplatte).

Starke Abnutzung in der Profilmitte: Häufiges Fahren mit Höchstgeschwindigkeit. Die Reifen bauchen durch die Fliehkraft aus, nutzen daher in der Mitte stärker ab. Dieser Effekt tritt besonders deutlich an den Hinterrädern auf. Auch bei zu hohem Reifendruck.

Schräges Profil: Deutet auf falsche Radeinstellung hin. Auch Leichtmetallräder können die Radstellung negativ beeinflussen, zum Beispiel durch die oft geringere Einpresstiefe der Felgen.

Unwucht: Macht sich durch Vibrationen am Lenkrad oder Schütteln im Vorderwagen bemerkbar. Ursache ist eine ungleichmäßige Gewichtsverteilung am Rad, die auch für erhöhten Reifenverschleiß sorgt. **Statische Unwucht** zeigt sich, wenn man das Rad am aufgebockten Wagen frei auspendeln lässt: Der Schwerpunkt wird sich ganz von selbst nach unten begeben. Ein Rad mit einer statischen Unwucht hüpft beim Fahren, die Stoßdämpfer verschleißen schneller. **Dynamische Unwucht** kommt erst beim schnellen Drehen des Rades zur Wirkung. Die übergewichtige Stelle sitzt nicht in der Mittelebene des Rades, sondern etwas nach außen bzw. innen versetzt. Das Rad flattert und wackelt bei schneller Fahrt.

Die Beseitigung einer Unwucht ist Sache der Werkstatt. Dort schraubt man das Rad auf eine Auswuchtmaschine, die Unwuchten anzeigt. Bleigewichte an den richtigen Stellen der Felgen gleichen den unrunden Lauf des Rades aus.

Gratbildung: Diese Erscheinung am Reifenprofil lässt auf Spurfehler schließen (Achsvermessung!).

Einseitig abgefahrene Laufflächen: Sind meist auf Sturzfehler zurückzuführen (Achsvermessung!).

Zustand der Reifen kontrollieren

Arbeitsschritte   

1 Unternehmen Sie diese Prüfung am besten bei aufgebocktem Wagen. Drehen Sie jedes Rad einmal komplett durch. Entfernen Sie Steinchen und andere Fremdkörper vorsichtig mit einem kleinen Schraubendreher aus den Profillamellen. Sitzt in der Reifendecke eine Glasscherbe oder ein Nagel, kann an dieser Stelle Luft entweichen.

2 Achten Sie auf Unregelmäßigkeiten wie Einstiche, Schnitte, Risse und heraus gebrochene Profilstücke. Bei einem beschädigten Gummi dringt leicht Feuchtigkeit ins Reifeninnere. Sie können jedoch von außen nicht erkennen, ob der stabilisierende Stahlgürtel schon vom Rost angefressen ist.

Die Vorderräder treiben das Fahrzeug an, lenken es und müssen die Hauptbelastung beim Bremsen aushalten. Sie sind daher auch früher verschlissen als die hinteren Pneus. Lassen Sie den Reifen zur Sicherheit vom Fachmann prüfen. Das gilt übrigens auch bei auffälligem Reifenabrieb.

3 Das Reifenprofil muss über die gesamte Lauffläche mindestens 1,6 Millimeter tief sein. Bei dieser Profiltiefe wird auf der Lauffläche an mehreren Stellen ein Profilstandsanzeiger sichtbar. Die Buchstaben »twi« (tread wear indicator) auf der Reifenflanke zeigen, wo sich diese Verschleißanzeiger befinden.

Das Fahrverhalten wird mit abnehmendem Profil schlechter, vor allem auf nasser Fahrbahn. Tauschen Sie Sommerreifen zur Sicherheit bereits bei einer Profiltiefe von zwei Millimetern, Winterreifen bei vier Millimetern.

4 Kontrollieren Sie, ob alle Reifen gleichmäßig abgefahren sind und ob es Auswaschungen gibt.

5 Sehen Sie sich die Seitenwände (Flanken) der Reifen genau an. Beulen deuten auf eine Beschädigung des Reifenunterbaus hin. □

Von einem schlecht gewarteten Reifen können einzelne Teile abreißen.

Reifendruck prüfen

1 Die Fülldruckwerte für die (Sommer-)Reifen Ihres Transporters finden Sie auf einem Aufkleber an der B-Säule der Fahrerseite. Je nach Reifentyp und Zuladung bewegt sich der nötige Druck zwischen 2,1 und 4,4 bar. Siehe dazu auch die »Technischen Daten« am Ende dieses Buches.

2 Luftdruck stets bei kalten Reifen prüfen. Denn während der Fahrt erwärmt sich der Reifen, der Reifeninnendruck steigt. Sie erhalten daher falsche Werte, wenn Sie direkt nach einer Autobahnfahrt zum Luftdruckprüfer greifen.

3 Prüfen Sie den Reifendruck regelmäßig alle drei bis vier Wochen. Bei Markenreifen ist ein Druckverlust von 1,5 Prozent im Monat normal. Verliert der Reifen mehr Luft, sollten Sie sich ihn genauer ansehen.

4 Der Reifendruck sollte keinesfalls unter die jeweils geforderten Werte sinken. Ein um 0,2 – 0,3 bar höherer Luftdruck hat dagegen Vorteile: Die Lenkung arbeitet feinfühliger, die Reifen halten länger, und der Kraftstoffverbrauch sinkt ein wenig. Nachteil: Das Fahrzeug federt nicht mehr so komfortabel wie bei normalem Reifenfülldruck.

5 Der Fülldruck von Winterreifen muss um 0,2 bar höher als der in Tabellen und auf dem Aufkleber angegebene Druck sein.

6 Reifenventile stets mit Schutzkappen verschließen. Gelangt Schmutz ins Ventil, kann die Funktion beeinträchtigt werden. Die werkseitig montierten Reifen des Transporters haben Staubkappen, die zum Luftdruckmessen oder Aufpumpen nicht mehr abgenommen werden müssen.

7 Falls Ihr Fahrzeug mit einem Reserverad mit Fahrbereifung oder mit einem Notrad ausgestattet ist: auch prüfen! □

Praxistipp

So lagern Sie Reifen richtig

- Reifen mit Wasser reinigen und gut trocknen. Fremdkörper (Rollsplitt) aus den Profilrillen entfernen.
- Laufrichtung und Position der Reifen markieren.
- In trockenem, kühlem und dunklem Raum lagern. Benzin, Öl, Fett und Chemikalien fernhalten.
- Reifen mit Felgen stapelt man liegend, am besten auf einer alten Holzpalette. Reifen ohne Felgen senkrecht stellen. Die Pneus von Zeit zu Zeit drehen.

So halten die Reifen länger

Praxistipp

- Fahren Sie höchstens mit der Geschwindigkeit, für die Ihre Reifen zugelassen sind. Das gilt vor allem für M+S-Reifen der Kategorie »Q« (160 km/h). Zu hohes Tempo bewirkt mehr Abrieb, im schlimmsten Fall den Reifenkollaps.
- Vermeiden Sie Höchstgeschwindigkeit, wenn Ihr Auto schwer beladen ist. Machen Sie die Wärmeprobe: Ist der Reifen handwarm, steht es gut um ihn. Ein heißer Gummi ist ein Alarmzeichen, das auf zu niedrigen Luftdruck oder einen beschädigten Unterbau hinweist.
- Wenn Sie häufiger auf der Autobahn mit hohem Tempo unterwegs sind: Montieren Sie Reifen, deren Geschwindigkeitsindex eine Klasse höher ist als im Fahrzeugschein verlangt (zum Beispiel »T« statt »S«).
- Achten Sie darauf, dass Sie beim Einparken nicht mit der Reifenflanke am Bordstein schrammen. Über Bordsteine und Schwellen nur langsam und immer im rechten Winkel rollen.

Rad wechseln

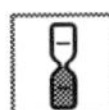

1 Abhängig von Motorisierung und Ausstattung werden verschiedene Fahrwerke im T5/Multivan verbaut. Die Zuordnung der Sollwerte zum Fahrzeug geht aus den PR.-Nummern für die Vorderachse auf dem Fahrzeugdatenträger im Fußraum links unterhalb der Schalttafel hervor.

2 Handbremse anziehen, 1. Gang oder Rückwärtsgang einlegen. Unterwegs ggf. Warnblinker einschalten.

3 Räder der anderen Wagenseite gegen Wegrollen sichern (Keile, Steine). Bordwerkzeug unter der Abdeckung im Gepäckraum entnehmen.

4 Radschraubenschlüssel bis zum Anschlag auf die Schraube schieben. Alle Radschrauben lockern (eine Umdrehung nach links). Den Schraubenschlüssel möglichst weit am Ende anfassen. Lassen sich Schrauben nicht lockern, sorgen Sie für sicheren Stand, halten Sie sich am Fahrzeug fest und drücken Sie mit dem Fuß auf das Ende des Schlüssels. Gehen Sie dabei vorsichtig mit der Felge um.

5 Den Wagenheber nur unter dem bezeichneten Bereich (Eindrückungen am Unterholm) ansetzen und einrasten. Die Klaue muss den senkrechten Steg des Unterholms umfassen, der Heberfuß liegt mit seiner ganzen Fläche auf festem Untergrund auf. Wagenheber ausrichten und Klaue hochdrehen, bis sie fest am Steg anliegt. Wagen weiter anheben.

6 Markieren Sie das Rad, damit es in gleicher Stellung wieder montiert werden kann. Drehen Sie erst eine Radschraube heraus und an ihrer Stelle (wenn vorhanden; gehört evtl. zum Bordwerkzeug) einen Montagestift aus Plastik hinein. Er erleichtert das spätere Aufstecken des Rades. Drehen Sie die restlichen Radschrauben heraus.

7 Rad abnehmen. Den Radzentriersitz an der Radnabe und die Zentrierung des Scheibenrades gründlich reinigen. Im Bereich der Zentrierung Wachsspray D 322 000 A2 mit einem Pinsel auftragen, um einer Korrosion zwischen Radzentriersitz und Scheibenrad vorzubeugen.

8 Das neue Rad (Ersatzrad) auf der Nabe so drehen, dass die Radschraubenbohrungen der Felge mit dem Gewinde in der Radnabe in Deckung stehen.

9 Die Gewinde von Radschrauben dürfen niemals mit Schmiermitteln oder Korrosionsschutzmitteln behandelt werden. Beachten Sie auch, dass Bolzen und Felgen aufeinander abgestimmt sind. Radschrauben falscher Länge oder Kalottenform dürfen nicht eingedreht werden, weil die Funktion der Bremse oder der Festsitz des Rades beeinträchtigt werden könnten. Radschrauben eindrehen und so gut wie möglich mit dem Radschlüssel fest drehen.

10 Wagen ablassen und Radschrauben festziehen. Das Anzugsdrehmoment soll 120 Nm betragen. Knallen Sie die Schrauben nicht etwa mit einem verlängerten Radschlüssel an. Die Bremsscheiben könnten sich verziehen: Ungleichmäßige Bremswirkung und Reifenverschleiß.

11 Kontrollieren Sie nach einigen Kilometern (spätestens bei 50 km), ob die Radschrauben noch fest sitzen. □

*Bei **Pannenset 1** hinter dem Wagenheber: Haltbarkeitsdatum des Reifendichtungsmittels überprüfen. Maximum: 4 Jahre.*

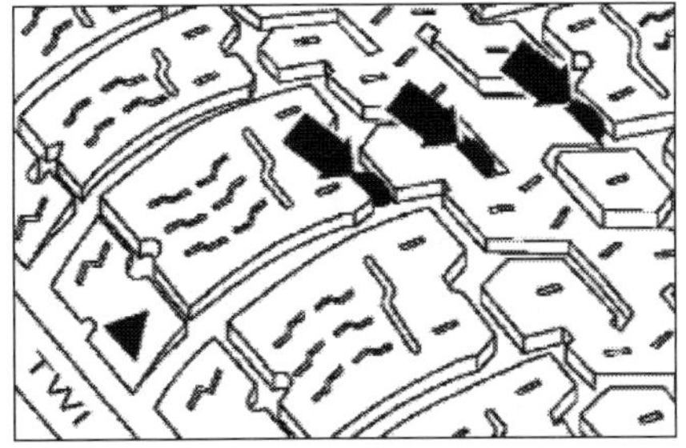

*Bei Erreichen der Mindestprofiltiefe hat der 1,6 mm hohe **Verschleißanzeiger** am Reifenumfang (Pfeile) kein Profil mehr.*

DIE BREMSANLAGE

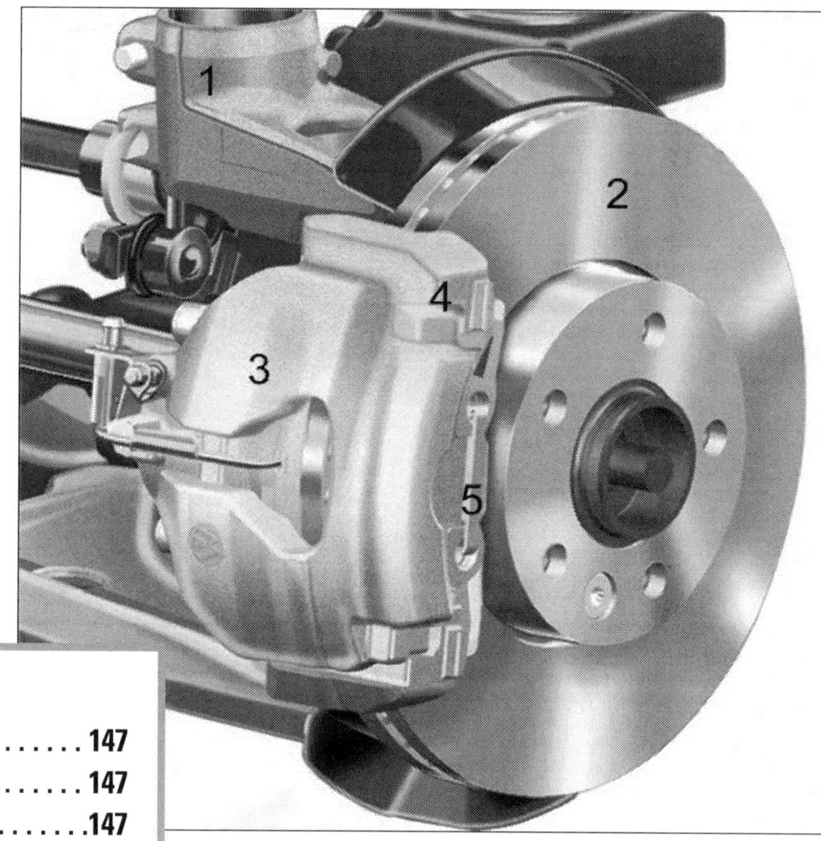

Starke Bremsen (hier am Multivan) gehören zum 16- oder 17-Zoll-Fahrwerk des neuen Transporters. Standard sind innenbelüftete Bremsscheiben vorn wie hinten und Einkolben-Faustsättel. Elektronik und Hydraulik erhöhen die Sicherheit beim Bremsen ganz wesentlich, ein Bremsassistent verstärkt im Notfall den Druck aufs Bremspedal.
Details: *1 Radlagergehäuse, 2 innenbelüftete Bremsscheibe vorn, 3 Bremssattelgehäuse mit 4 Bremsträger und 5 Haltefeder.*

Wartung

Reparatur

Der kraftvolle Transporter braucht eine leistungsfähige Bremsanlage. Schließlich liegen seine Höchstgeschwindigkeiten bei stärkster Motorisierung zwischen 188 km/h (Kastenwagen und Kombi) und 205 km/h (Multivan). Ein weiterer Stressfaktor für die Bremse ist die Masse des Fahrzeugs, und der Transporter hat ein maximales zulässiges Gesamtgewicht von 3.000 kg, also drei Tonnen.
Um hohen konstruktiven Aufwand kommt man demnach bei der Bremsanlage nicht herum. Vorder- und Hinterräder aller Modelle sind mit Scheibenbremsen ausgestattet. Zur besseren Wärmeabfuhr sind die Bremsscheiben vorn wie hinten innenbelüftet. Die Bremsen brauchen nicht nachgestellt zu werden, sie regulieren sich selbsttätig.

Bremskraftverstärker und Antiblockiersystem ABS holen die volle Leistung aus den Bremsen heraus. Für optimale aktive Sicherheit sorgt das elektronische Stabilitätsprogramm ESP. So werden bei maximaler Spurstabilität in Notsituationen kräftiges Bremsen und geringst möglicher Bremsweg gewährleistet, ein automatischer Bremsassistent machtdie Notbremsung in kürzester Zeit so druckvoll wie nur eben möglich.

Die Zweikreisbremsanlage

Die Straßenverkehrs-Zulassungsordnung (StVZO) fordert für jedes Kfz zwei Bremsanlagen, die unabhängig voneinander arbeiten. Wenn ein System ausfällt, soll das andere das Fahrzeug immer noch abbremsen können. Deshalb verfügt Ihr Transporter über eine diagonal aufgeteilte Zweikreisbremsanlage: Ein Bremskreis ist für linkes Vorderrad und rechtes Hinterrad, der andere für rechtes Vorderrad und linkes Hinterrad zuständig. Fällt ein Bremskreis aus, bleiben Vorderrad und Hinterrad des anderen Systems bremsfähig. Man muss dann stärker aufs Bremspedal treten. Das Pedal lässt sich weiter durchtreten, der Anhalteweg wird wesentlich länger.

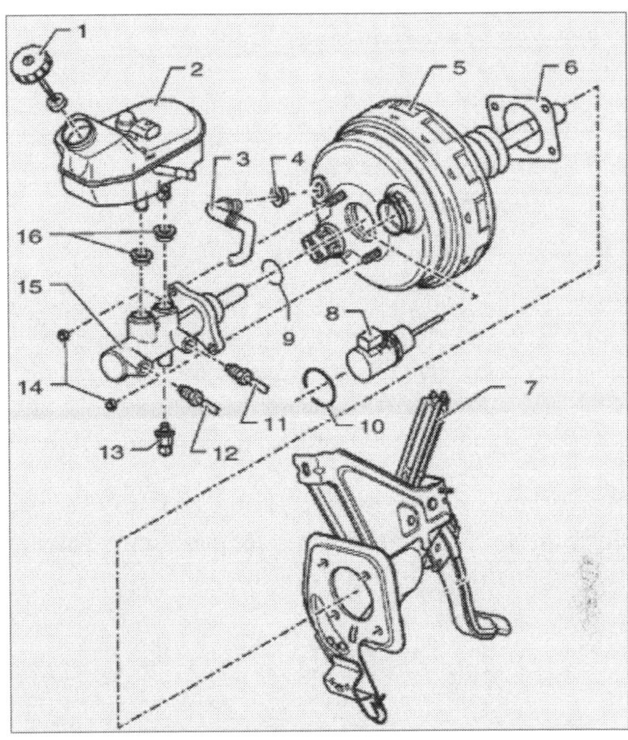

***Komponenten der Bremshydraulik:** 1 Verschlussdeckel des 2 Bremsflüssigkeitsbehälters, 3 Unterdruckschlauch mit 4 Dichtungsstopfen für 5 Tandem-Bremskraftverstärker, 6 Dichtung, 7 Bremspedal mit Lagerbock, 8 Potentiometer für Membranweg (Fahrzeuge mit ESP), 9 Dichtring, 10 Sprengring (ESP-Fahrzeuge), 11/12 Bremsleitungen vom Hauptbremszylinder zur Hydraulikeinheit, 13 Geber für Bremsdruck (G201; nur bei ESP-Fahrzeugen), 14 Mutter, 15 Tandem-Hauptbremszylinder, 16 Dichtungsstopfen.*

Hydraulischer Druck

Beim Bremsen presst eine mit dem Pedal verbundene Druckstange zwei hintereinander liegende Kolben in den Hauptbremszylinder, der eine Tandemeinheit mit dem Bremskraftverstärker bildet. Die Kolben übertragen die Fußkraft auf die im Hauptbremszylinder eingeschlossene Bremsflüssigkeit. Dadurch entsteht ein hydraulischer Druck, der in dem mit Unterdruck versorgten Bremskraftverstärker etwa verdoppelt wird und sich dann über Rohr- und Schlauchleitungen zu den Bremssätteln fortsetzt.
In den Bremssätteln drücken die Kolben der Radbremszylinder die Bremsklötze gegen die Bremsscheiben. Beim Lösen des Bremspedals zieht die Kolbendichtung den Kolben und dadurch den Bremssattel von der Bremsscheibe zurück, die wieder frei dreht.

Elektrik und Elektronik

Das Antiblockiersystem (ABS) verhindert bei scharfem Bremsen ein Blockieren der Räder. Es dosiert die Bremskraft an den einzelnen Rädern. Eine reine Blockierbremsung ist nicht mehr möglich.
Das Steuergerät des ABS-Systems ist mit der Hydraulikeinheit verschraubt. Es verarbeitet ständig die Drehzahl-Informationen der Radsensoren und vergleicht sie mit den programmierten Werten. Bei Blockiergefahr aktiviert das Steuergerät die Hydraulikeinheit. Der Bremsdruck für das betreffende Rad wird reduziert, bis es wieder frei läuft und erneut gebremst werden kann. Je nach Fahrbahnzustand erfolgt dieses Wechselspiel während des gesamten Bremsvorgangs im Millisekundentakt. Störungen am ABS haben keinen Einfluss auf die Bremsanlage.
Andere elektronisch gesteuerte Hilfen im Bremssystem sind die Antriebsschlupfregelung ASR, die Anfahrhilfe EDS und das elektronische Stabilitätsprogramm ESP. ASR greift nicht in die Bremsregelung ein, sondern in das Motormanagement. Diese Regelung funktioniert bei allen Geschwindigkeiten. Das in die ASR integrierte EDS bremst beim Anfahren auf glatten Fahrbahnen automatisch das durchdrehende Rad ab.

Dabei wird das Antriebsmoment durch das Differenzial-Getriebe auf das stillstehende Rad übertragen. ESP reduziert automatisch die Schleudergefahr. Das System kann ein einzelnes Rad abbremsen und dadurch ein ausbrechendes Fahrzeug stabilisieren.

Der Bremskraftverstärker

Der pneumatisch arbeitende Bremskraftverstärker bringt etwa 60 Prozent der Bremskraft auf. Bei Benzinmotoren wird der erforderliche Unterdruck am Ansaugrohr entnommen, Benziner mit Getriebeautomatik haben eine Unterdruckpumpe. Dieselfahrzeuge arbeiten mit Vakuumpumpe oder Tandempumpe für Kraftstoff- und Unterdruckversorgung. Eine spezielle Software im Steuergerät sorgt für die Bremskraftverteilung an der Hinterachse.

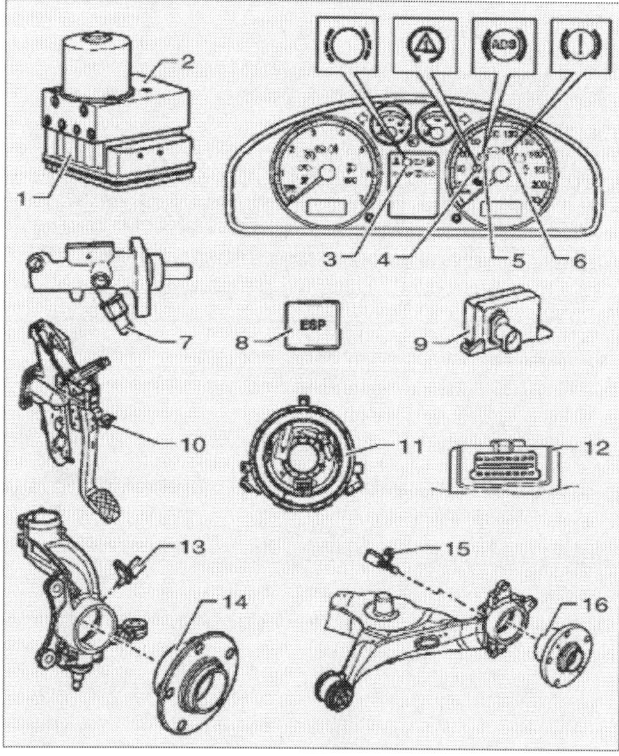

***Elektrik/Elektronik im Bremssystem:** 1 Steuergerät und 2 Hydraulikeinheit für ABS; 3/4/5/6 Kontrolllampen (im Schalttafeleinsatz) für Bremsbelag, Stabilitätsprogramm, ABS und Bremsanlage; 7 Geber für Bremsdruck; 8 Taster für ASR/ESP; 9 ESP-Sensoreinheit; 10 Bremslicht- und Bremspedalschalter (F und F47); 11 Geber für Lenkwinkel auf der Lenksäule; 12 Diagnoseanschluss an der Abdeckung Fußraum Fahrerseite; 13/15 Drehzahlfühler vorn rechts und links sowie hinten rechts und links; 14/16 Radlager/Radnabeneinheit vorn und hinten.*

Bremsbelag-Verschleißanzeige

Serienmäßig bei einigen Modellausführungen oder optional bei anderen Modellen des Transporters gibt es einen automatischen Bremsbelagwächter. Das Erreichen der Verschleißmarke der Bremsbeläge wird von ihm mit einer Warnleuchte angezeigt. Dazu ist der Belag der linken Vorderbremse mit einer Kontaktschleife versehen. Wenn die Verschleißmarke erreicht ist, wird die Kontaktschleife zerstört.

Störungen am ABS-Bremssystem

Die Kontrollleuchte des ABS-Bremssystems leuchtet mit dem Einschalten der Zündung auf und verlischt, wenn der Motor läuft, spätestens nach zwei Sekunden oder wenn schneller als 6 km/h gefahren wird. Leuchtet Sie während der Fahrt, dreht entweder ein Rad länger als 20 Sekunden durch oder es liegt eine Störung im ABS-System vor. Es kann auch sein, dass die Bordspannung unter 10,0 Volt gefallen ist.
Sie können trotzdem weiterfahren. Die Bremse funktioniert dann wie bei einem Wagen ohne ABS. Vorsicht ist angebracht, weil die elektronische Bremskraftverteilung nicht funktioniert und die Hinterräder leicht blockieren können. Also Werkstatt aufsuchen!

Die Handbremse

Mit der Handbremse wird den gesetzlichen Vorschriften Genüge getan, die eine zweite unabhängige Bremsbetätigung fordern. Sie wird mechanisch betätigt und wirkt auf die beiden Hinterräder. Das Fahrzeug kann damit im Stand gegen eine unbeabsichtigte Fortbewegung gesichert werden.
Die Handbremsbetätigung ist in die Bremssättel der Hinterrad-Bremse integriert. Weil sich diese automatisch nachstellt, braucht die Handbremse auch nicht nachgestellt zu werden. Ein Nachstellen wird allerdings erforderlich, wenn Handbremsseile, Bremssättel oder Bremsscheiben ersetzt wurden.

Arbeiten am Bremssystem

Viele Arbeiten an der Bremsanlage, vor allem Wartungen, können Sie selbst ausführen. Auch bei einer intakten Bremsanlage kann zum Beispiel der Bremsflüssigkeits-Pegel sinken. Ursache ist der Verschleiß an den Bremsbelägen. Ein sinkender Pegel kann aber auch mit Defekten am Kupplungssystem zusammenhängen. Regelmäßige Kontrolle des Standes ist auf jeden Fall angesagt.

Die Sachverständigenorganisation Dekra hat bei Prüfungen festgestellt, dass ein Drittel aller Fahrzeuge in Deutschland mit Bremsflüssigkeit unzulänglicher Qualität fährt. Bei jedem fünften überprüften Fahrzeug unterschritt die Bremsflüssigkeit den äußerst kritischen Siedepunkt von 150 °C (neuwertige Bremsflüssigkeit: 270 bis 300 °C). Das kann zum Versagen der Bremsen führen, weshalb die Dekra den Wechsel aller zwei Jahre dringend empfiehlt. Sie benötigen dazu knapp einen Liter frische Bremsflüssigkeit der Spezifikation FMVSS 571.116 DOT 4.

Der Lagerbock mit Gaspedal, Bremspedal und Bremslichtschalter ist durch die Fahrzeugstirnwand Ihres Transporters mit dem Bremskraftverstärker (im Motorraum direkt am Bremsflüssigkeitsbehälter) zusammengeschraubt. Hauptbremszylinder, Bremskraftverstärker und Bremsflüssigkeitsbehälter bilden eine enge Baueinheit. Hauptbremszylinder und Bremskraftverstärker können unabhängig voneinander komplett ersetzt werden, eine Instandsetzung ist jedoch nicht möglich.

Kontrollieren Sie regelmäßig die Stärke der Beläge, mindestens jedoch alle 15.000 Kilometer oder einmal im Jahr. Bei einer Belagdicke von 7 mm einschließlich Rückenplatte (2 mm ohne Rückenplatte) haben die Bremsbeläge ihre Verschleißgrenze erreicht und sind zu ersetzen.

Für die Wartung von Bremsscheiben und -belägen müssen Sie die Vorderräder abnehmen. Kontrollieren Sie den Zustand der Bremsscheiben stets gemeinsam mit den Bremsbelägen. Dabei sind Taschenlampe, Spiegel und Schieblehre hilfreich.

Beim Erneuern von Bremsbelägen müssen Sie sich zweimal ans Werk machen, da die Beläge grundsätzlich immer nur auf beiden Seiten ausgetauscht werden dürfen. Mit neuen Bremsbelägen sollten Sie auf den ersten 200 Kilometern häufige Vollbremsungen vermeiden. Der Belag verändert sonst seine Struktur. Er verhärtet (»verglast«) und erreicht dadurch nicht seine beste Bremswirkung. Weiter zu verwendende Bremsbeläge sollten beim Ausbau gekennzeichnet werden. Sie müssen an gleicher Stelle wieder eingebaut werden.

Gelangt Luft ins Bremssystem, müssen Sie die Anlage entlüften. Das gilt für alle Arbeiten, bei denen Sie die Bremsschläuche abnehmen oder die Bremsleitungen öffnen. Meist genügt es, wenn Sie nur den Bremskreis entlüften, an dem Sie gearbeitet haben.

Wirkt die Bremse an den Rädern ungleichmäßig, kann das an Korrosion an den Gleitflächen von Bremssattel und Bremszange liegen, weil der Bremssattel dadurch schwergängig wird. Es können aber auch infolge einer defekten oder nachlässig montierten Staubmanschette Schmutz und Feuchtigkeit in das Bremssattelgehäuse eindringen und die Funktion des Kolbens stören. Dann sind Ausbau des Kolbens und gründliche Reinigung geboten.

Bremsflüssigkeit

Im Transporter wird die Bremsflüssigkeit FMVSS 116 DOT 4 (USA-Norm) verwendet. Ihre Hauptbestandteile sind Glykol und Polyglykoläther. Diese Mischung ist bei minus 40 °C noch dünnflüssig und hat einen sehr hohen Siedepunkt von etwa 270 °C. Da sie hygroskopisch ist, nimmt Bremsflüssigkeit allerdings Wasser auf (undichte Bremsschläuche und Gummimanschetten). Dadurch sinkt der Siedepunkt. Bei einem Wassergehalt von 2,5 Prozent liegt er nur noch bei 150 °C (eine kritische Grenze). In diesem Fall können sich bei stark erhitzten Bremsen (Gebirgsfahrt, Vollbremsungen) Dampfblasen in der Bremsflüssigkeit bilden. Diese werden beim Bremsen zusammengepresst, das System kann keinen stabilen Bremsdruck aufbauen, das Bremspedal lässt sich tief durchtreten (im Extremfall bis auf den Boden). Wechseln Sie daher zu Ihrer Sicherheit die Bremsflüssigkeit regelmäßig. Sie soll alle zwei Jahre, möglichst im Frühjahr, erneuert werden.

Vorsicht beim Umgang mit Bremsflüssigkeit!

Bremsflüssigkeit ist giftig. Nicht mit dem Mund oder mit offenen Wunden in Berührung bringen. Mit Bremsflüssigkeit befleckte Karosseriestellen (Lack) müssen unbedingt mit viel Wasser abgewaschen werden. Auf keinen Fall darf die Bremsflüssigkeit mit mineralölhaltigen Flüssigkeiten in Verbindung gebracht werden, weil Mineralöle die Dichtungen und Manschetten der Bremsanlage beschädigen.

Bremsflüssigkeit, die Sie einmal aus dem System abgelassen haben, dürfen Sie später nicht mehr einfüllen. Verwenden Sie auch keine Bremsflüssigkeit aus einem Behälter, der längere Zeit offen gestanden hat. Gebrauchte Bremsflüssigkeit ist Sondermüll. Kümmern Sie sich um eine fachgerechte Entsorgung.

Bremsen

Störungsbeistand

Störung	Ursache	Abhilfe
A Bremse quietscht.	**1** Resonanzgeräusche zwischen Bremsscheibe und Belägen.	Beläge wechseln, ggf. Trägerplatte auf der Rückseite mit Anti-Quietsch-Paste einstreichen.
	2 Beläge verschlissen bzw. verhärtet.	Erneuern.
	3 Bremsflächen der Scheiben stark verschmutzt, verschmiert oder abgenutzt.	Scheiben abschleifen, ausdrehen lassen. Ggf. austauschen.
	4 Belagführung am Bremssattel verschmutzt oder verrostet.	Säubern bzw. blank schleifen.
	5 Festsitzender Kolben im Bremssattel.	Gängig machen, Bremssattel überholen .
	6 Neue Bremsbeläge liegen nicht plan an.	Außenkanten mit einer Feile brechen.
B Bremswirkung lässt nach (Fading).	**1** Pedalweg normal: a) Beläge verölt, verbrannt oder verhärtet.	Bremsbeläge ersetzen (lassen).
	2 Pedalweg kurz: Bremskraftverstärker arbeitet nicht, evtl. kein Unterdruck.	Bremskraftverstärker bzw. Unterdruckleitung prüfen; evtl. ersetzen (lassen).
	3 Pedalweg lang: Ein Bremskreis ausgefallen.	Kontrollieren, schadhafte Teile auswechseln lassen.
	4 Falscher Belag.	Bremsbeläge tauschen (lassen).
C Bremspedalweg schwammig.	**1** Luft in der Anlage.	Prüfen und entlüften.
	2 Dampfblasenbildung bei zu stark beanspruchter Bremse (Gebirgsfahrt, Anhängerbetrieb) .	Anhalten, Bremse abkühlen lassen. Verhalten fahren und bremsen, häufiger herunterschalten (Motorbremse).
	3 Hauptbremszylinder nicht fest.	Befestigung prüfen.
D Bremspedal lässt sich ganz durchtreten, keine Bremswirkung.	**1** Hauptbremszylinder ausgefallen.	Austauschen.
	2 Bremsschlauch oder Leitung gerissen, Dichtung leck, Bremsflüssigkeit zu alt oder überhitzt.	Ersetzen.
	3 Bremsflüssigkeit zu alt oder überhitzt.	Auswechseln.
E Pedalweg zu lang.	**1** Radseitiges Lager lose, verschlissen.	Befestigen, evtl. ersetzen lassen.
	2 Scheiben unrund, Beläge verschoben.	Scheibe und Beläge prüfen, evtl. ersetzen lassen.
	3 Bremsflüssigkeit läuft aus.	Hydraulik auf Leck prüfen und Mangel beheben lassen.
F Stand der Bremsflüssigkeit zu niedrig.	**1** Bremsbeläge verschlissen.	Bremsbeläge prüfen, ersetzen (lassen).
	2 Leck in der Hydraulik.	Leck suchen, Mangel beheben (lassen).
G Bremsen ziehen einseitig.	**1** Bremsscheiben defekt oder unterschiedliche Beläge.	Prüfen, evtl. ersetzen (lassen).
	2 Falsche Reifen oder falscher Reifendruck.	Prüfen, richtige Reifen aufziehen, Reifendruck kontrollieren.
	3 Stoßdämpfer verschlissen.	Prüfen, evtl. ersetzen (lassen).
H Beläge stark oder ungleichmäßig verschlissen.	Bremsscheiben sind korrodiert oder weisen Riefen auf.	Prüfen, evtl. ersetzen (lassen).

Zustand der Bremsanlage prüfen

Arbeits-schritte  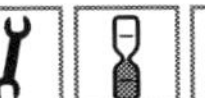  15.000 km 12 Monate

1 Prüfen Sie Bremskraftverstärker, Hauptbremszylinder und Bremssättel auf Beschädigungen und Undichtigkeiten.

2 Prüfen Sie alle Anschlüsse und Verbindungen von Schläuchen und Leitungen auf richtigen Sitz, Undichtigkeiten und Korrosion. Achten Sie auf dunkle und feuchte Flecken.

3 Prüfen Sie die Bremsschläuche. Sie dürfen keine Scheuerstellen aufweisen, weder feucht noch aufgequollen sein. In diesen Fällen: Schläuche auswechseln.

4 Die Bremsschläuche dürfen nicht verdreht sein. Bei maximalem Lenkeinschlag dürfen die Schläuche keine Fahrzeugbauteile berühren. Die Bremsschläuche dürfen ferner nirgendwo porös und brüchig sein.

5 Überprüfen Sie, ob sich auf allen Entlüftungsventilen an den Bremssätteln Schutzkappen befinden.

6 Bremsdruckprobe: Treten Sie eine Minute mit voller Kraft aufs Bremspedal. Das Pedal darf nicht nachgeben, sonst ist eine der Manschetten im Hauptbremszylinder defekt. Eine exakte Druckprüfung ist allerdings Sache der Werkstatt.

7 Alle festgestellten Mängel müssen Sie unbedingt entweder selbst beheben oder unverzüglich der Werkstatt zur Reparatur überlassen. □

Bremskraftverstärker prüfen

Arbeits-schritte   

1 Motor abstellen, das Bremspedal mehrmals durchtreten und in seiner tiefsten Stellung halten. Dadurch wird der im Gerät vorhandene Unterdruck abgebaut.

2 Halten Sie dann das Bremspedal bei mittlerer Fußkraft in Bremsstellung und starten Sie den Motor.

3 Bei einem einwandfrei funktionierenden Bremskraftverstärker wird jetzt die Verstärkung wirksam. Das Bremspedal gibt unter dem Fuß spürbar nach. Senkt sich das Pedal nicht, liegt eine Störung vor. Meistens muss dann der Bremskraftverstärker komplett ersetzt werden. □

Praxistipp

Zur Wartung in die Werkstatt

Im Straßenverkehr entscheiden die Bremsen über Ihre Sicherheit und die anderer Verkehrsteilnehmer. Deshalb ist eine regelmäßige Kontrolle der Bremsanlage Ihre beste Lebensversicherung. Scheuen Sie sich nicht, die Räder abzunehmen und den Zustand der Bremsbeläge zu prüfen.

Die Wartungen an der Bremsanlage sind nicht übermäßig kompliziert. Auch die meisten Arbeiten an den Bremsen sind nicht anspruchsvoller als die Demontage eines Kotflügels oder Stoßfängers. Trotzdem sollten Sie sich nur ans Schrauben machen, wenn Sie sich Ihrer Sache wirklich sicher sind. Überlassen Sie Arbeiten an der Bremse lieber einer Fachwerkstatt.

Bremsbeläge sind Bestandteil der Allgemeinen Betriebserlaubnis (ABE), außerdem vom Werk auf das jeweilige Fahrzeug abgestimmt. Deshalb dürfen nur vom Automobilhersteller beziehungsweise vom Kraftfahrtbundesamt (KBA) freigegebene Bremsbeläge (mit KBA-Freigabenummer) verwendet werden.

Beim Reinigen der Bremsanlage fällt Bremsstaub an, der zu gesundheitlichen Schäden führen kann. Achten Sie darauf, dass niemals Bremsstaub eingeatmet wird.

Bremsenfunktion prüfen

Arbeits-schritte   

1 Führen Sie die Bremsprüfung auf einer abgelegenen Straße durch und nur dann, wenn Sie andere Verkehrsteilnehmer nicht gefährden.

2 Schritttempo fahren. Mit voller Kraft bremsen, dann den Gummiabrieb auf der Straße ansehen. Die Bremsen ziehen gleichmäßig, wenn die Spuren gleich lang sind. Die gleiche Übung mit der Handbremse durchführen.

3 Auf etwa 50 km/h beschleunigen, Lenkrad loslassen, Hände griffbereit halten. Zuerst sanft, dann scharf bis zum Stillstand bremsen. Das Fahrzeug soll die Spur halten. Bei scharfem Bremsen spüren Sie das ABS-Regeln im Pedal.

4 Nach dem Test auf leicht abschüssiger Strecke Fahrzeug aus dem Stand losrollen lassen. drehen die Räder frei?

5 Wärmeprobe an den Felgen: Alle vier müssen gleich warm sein. Ursache für zu hohe Temperatur sind z.B. schleifende Bremsen oder defekte Radlager. □

Kenndaten der Transporter T5/Multivan-Bremsen

Bremse	Scheiben-Durchm.	Scheiben-dicke	Verschleiß-grenze Dicke	Bremsbelag Dicke	Bremsbelag Verschleiß-Grenze	Bremssattel Dicke in mm (Kolben-Durchmesser)
Vorn bei 16 Zoll 2E3 / Sattel FN 3	308 mm	29,5 mm	25,5 mm	12,5 mm	2,0	60 mm
Vorn bei 17 Zoll 2E4 / Sattel FN 3	333 mm	32,5 mm	27,5 mm	11 mm	2,0	60 mm
Hinten 16/17 Zoll	294 mm	22 mm	19,5 mm	11,5 mm	2,0	41 mm

(Die Bremsbelagdicke ist ohne Rückenplatte gerechnet. Bei Bremsbelägen mit Verschleißanzeige leuchtet bei etwa 2 bis 3 mm Dicke (ohne Rückenplatte) die Kontrolllampe auf. Der Hauptbremszylinder hat einen Durchmesser von 26,99 mm. Der Bremskraftverstärker hat einen Durchmesser von 9 /10 Zoll Tandem.)

Bremsscheiben prüfen

1 Schrauben Sie die Räder ab und sehen Sie sich die Bremsscheiben genau an. Eine bläuliche Verfärbung der Scheibe ist normal.

2 Achten Sie auf Rillen in den Scheiben. Sie entstehen durch Schmutz oder zu stark abgefahrene Beläge. Die Rillen dürfen nicht zu tief sein.

3 Die Bremsscheiben dürfen nicht nachgearbeitet werden. Bei Riefen oder zu starken Verschleißspuren ist stets ein paarweiser Austausch fällig.

4 Die Stärke der Scheiben messen Sie am besten, indem Sie zwischen Schieblehre und Bremsscheibe jeweils eine Münze legen. So erhalten Sie auch bei eingelaufenen Bremsscheiben genaue Werte. Die Dicke der Münzen müssen Sie dann natürlich vom gemessenen Wert abziehen. Messen Sie die Bremsscheibe an mehreren Punkten. Es gilt der jeweils schlechteste Wert.

5 Zu dünne Scheiben (Grenzwerte 27,5 / 25,5 oder 19,5 mm; siehe obige Tabelle) müssen immer paarweise (achsweise) ausgetauscht werden. □

Bremsbeläge prüfen

    15.000 km 12 Monate

1 Die äußeren Bremsbeläge können Sie bei angebautem Rad mit einer Taschenlampe durch den Durchbruch erkennen. Den inneren Belag sehen Sie mit einem Spiegel. Nehmen Sie das Rad ab. So können sie die Restbelagdicke prüfen. Das Rad muss anschließend wieder in gleicher Position angebaut werden. Die Radschrauben mit 120 Nm anziehen.

2 Zur genauen Prüfung eignet sich am besten eine Münze von 7 mm Dicke. Halten Sie sie zwischen Bremsscheibe und Belagträger. Ist der Belag plus Rückenplatte bei der Dicke des Geldstücks angelangt, ist es höchste Zeit für einen Tausch. Bremsbeläge müssen grundsätzlich achsweise ersetzt werden.

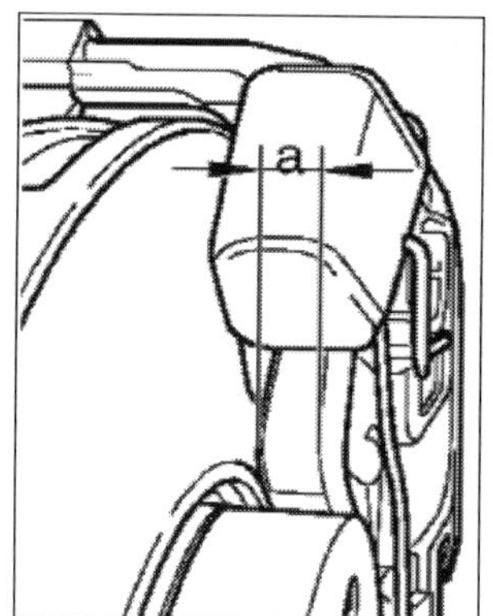

Dicke der Bremsbeläge prüfen: *Bild links Vorderbremse, Bild unten Hinterradbremse. Das Maß »a« bezeichnet die Belagdicke ohne Rückenplatte. Bei a = 2 mm ist das Verschleißmaß erreicht, die Beläge müssen durch neue ersetzt werden.*

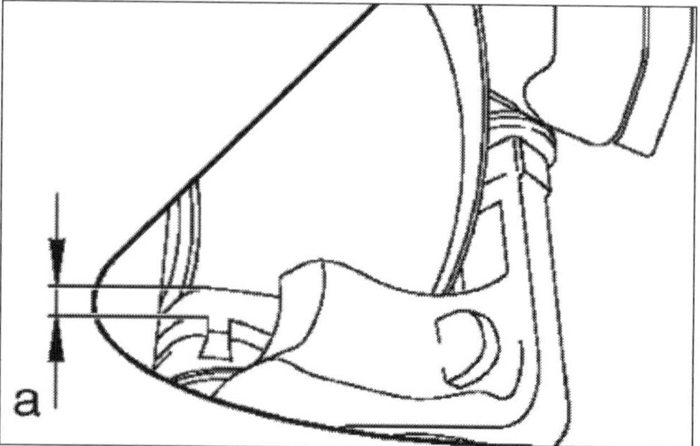

3 Achten Sie auf Verschmutzung durch austretende Bremsflüssigkeit oder Fett.

4 Nach dem Ersetzen von Bremsbelägen treten Sie das Bremspedal im Stand mehrmals kräftig durch. Die Beläge nehmen dann ihren richtigen Sitz ein. □

Praxistipp: Bremspedal und Bremsbelag

Der Leerweg des Bremspedals soll höchstens ein Drittel des gesamten Pedalwegs betragen. Lässt sich das Pedal weiter nach unten drücken (mit der Hand prüfen), sollten Sie sofort die Bremsbeläge untersuchen: Sie könnten stark abgefahren oder verklemmt sein. Die Prüfung des Pedalwegs allein ersetzt noch nicht diese Kontrolle der Bremsbeläge. Der Bremskolben schiebt den sich abnutzenden Belag beim Bremsen so weit nach, dass er nach dem Loslassen des Pedals immer die gleiche Grundstellung zur Bremsscheibe hat. Der Pedalweg bleibt also fast gleich, solange die Beläge nicht auf das Verschleißmaß geschrumpft sind. Wird der Pedalweg durch Pumpen geringer, ist möglicherweise Luft im System. Dann muss die Anlage entlüftet und nach der Ursache geforscht werden.

Bremsflüssigkeitsstand prüfen

Arbeits-schritte   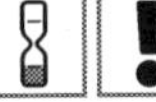  ständige Wartung

1 Der Behälter für die Bremsflüssigkeit mit den MAX-/MIN-Markierungen ist im Motorraum links hinten, durch die Stirnwand (Spritzwand) hindurch, direkt an den Hauptbremszylinder geschraubt. Kontrollieren Sie den Stand der Bremsflüssigkeit regelmäßig. Bei werkseitiger Übergabe oder bei der Übergabe nach Inspektion durch die Werkstatt muss der Flüssigkeitsstand bei der MAX-Markierung 1 liegen.

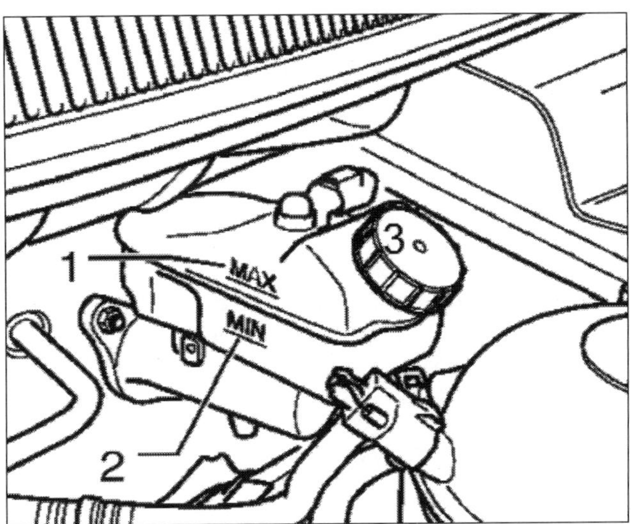

Bremsflüssigkeitsbehälter: *1 und 2 Füllstandsmarkierungen, 3 Verschlussdeckel. Die MAX- und die MIN-Markierung dürfen nicht über- bzw. unterschritten werden.*

2 Stellen Sie sinkenden Pegel-Stand fest, ist das noch kein Grund zur Sorge, solange die Bremsflüssigkeit im Behälter zwischen den Markierungen MIN (2) und MAX (1) steht. Sind die Bremsbeläge neu oder noch weit von der Verschleißgrenze entfernt, muss der Stand hier liegen.

3 Sind die Beläge fast abgefahren, kann der Pegel nahe der MIN-Marke (2) verbleiben. Beim Einbau neuer Beläge werden die Bremskolben zurückgedrückt, der Stand im Bremsflüssigkeitsbehälter steigt dadurch wieder an.

4 Müssen Sie infolge Flüssigkeitsstand unter der MIN-Markierung Bremsflüssigkeit auffüllen, dann tun Sie das erst, nachdem Sie sich vergewissert haben, dass keine Undichtigkeit am Bremssystem vorliegt. Zum Nachfüllen verwenden Sie nur neue Bremsflüssigkeit nach US-Norm FMVSS 116 DOT 4, das ist VW Ersatzteilenummer B 000 700 A. Achtung! Bremsflüssigkeit ist giftig und greift Lacke an. Weil sie zudem Wasser anzieht, muss sie immer in einem fest verschlossenen Behälter aufbewahrt werden. □

Bremsflüssigkeit wechseln

Arbeits-schritte     zwei Jahre

1 Verschlussdeckel (Position 3 im Bild links unten) vom Bremsflüssigkeitsbehälter abschrauben. Das Sieb im Behälter belassen.

2 Absaugschlauch eines Bremsenfüll- und Entlüftungsgerätes (VW: VAS 5234) in den Behälter stecken und so viel Bremsflüssigkeit wie möglich absaugen. Die abgesaugte Bremsflüssigkeit darf nicht wieder verwendet werden.

3 Adapter für das Bremsenfüll- und Entlüftungsgerät auf den Bremsflüssigkeits-Vorratsbehälter schrauben. Einen Bremspedalbelaster wie z. B. V.A.G 1869/2 zwischen Fahrersitz und Bremspedal einsetzen und vorspannen.

4 Befüllschlauch des Befüllgerätes (VAS 5234; möglich ist auch ein Modell wie die Absaugeinrichtung V.A.G 1869) an den Adapter anschließen.

5 Ziehen Sie jetzt die Abdeckkappen von den Entlüftungsschrauben der vier Bremssättel ab.

6 Sie müssen nun in der Reihenfolge hinten rechts, hinten links, vorne rechts, vorne links einen Entlüfterschlauch (führt zur Auffangflasche) aufstecken, in dieser Reihenfolge die jeweilige Entlüftungsschraube öffnen und jeweils 0,2 bis 0,25 Liter Bremsflüssigkeit abfließen lassen. Schließen Sie nach jedem Ablaufen die Entlüftungsschraube wieder.

7 Stecken Sie die Abdeckkappen wieder auf die Bremssattel-Entlüftungsschrauben. Bei Benutzung des Befüllgerä-

tes muss jetzt der Befüllhebel entsprechend Bedienungsanleitung betätigt werden, damit Bremsflüssigkeit ins System des Fahrzeugs einfließen kann. Dann den Befüllschlauch vom Adapter abnehmen und den Adapter vom Bremsflüssigkeitsbehälter abschrauben.

8 Kontrollieren Sie den Flüssigkeitsstand im Behälter und korrigieren Sie ggf. auf den vorgeschriebenen Stand zwischen MAX- und MIN-Marke. Schrauben Sie den Verschlussdeckel wieder ein und bauen Sie den Bremspedalbelaster aus. Prüfen Sie dann Pedaldruck und Leerweg am Bremspedal. Der Leerweg darf nicht größer als ein Drittel des gesamten Pedalweges sein.

9 Unternehmen Sie eine Probefahrt zur ABS-Kontrolle. Dabei muss mindestens eine ABS-Regelung erfolgen. □

Bremsanlage entlüften

  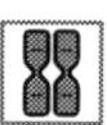 

1 Das Fahrzeug muss fest auf ebenem Boden stehen. Der Bremsflüssigkeits-Vorratsbehälter darf während des Entlüftens nicht leer sein, sonst wird wieder Luft ins System gesaugt. Am besten kontrolliert ein Helfer ständig den Füllstand. Das öfter einmal nötige Entlüften ähnelt im Arbeitsablauf dem Wechseln der Bremsflüssigkeit. Beginnen Sie mit einer Vorentlüftung.

2 Dazu werden erst die Bremssättel vorne links und vorne rechts sowie dann die beiden Bremssättel hinten links und hinten rechts gleichzeitig zusammen entlüftet. Stecken Sie die Entlüfterschläuche des Befüllgerätes auf die Entlüfterschrauben. Lassen Sie die Schrauben so lange geöffnet, bis blasenfreie Bremsflüssigkeit abfließt.

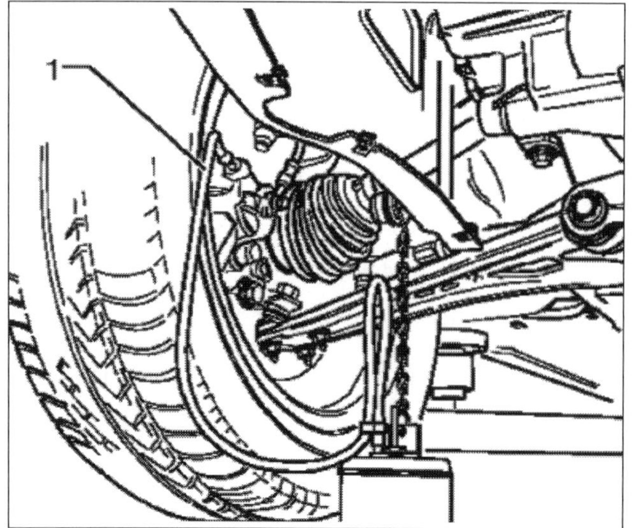

Vorderradbremse entlüften: *1 Entlüfterschlauch.*

3 Bei Funktion »Grundeinstellung« des Bremsenfüll- und -entlüftungsgerätes muss dann die Hydraulikeinheit noch einmal entlüftet werden. Dazu das Entlüftungsgerät anschließen und in der Reihenfolge der Bremssättel hinten rechts, hinten links, vorn rechts, vorn links über die jeweils aufgedrehte Entlüftungsschraube Bremsflüssigkeit ablaufen lassen, bis sie blasenfrei austritt. Der Entlüfterschlauch muss eng auf der Schraube sitzen, damit keine Luft auf diesem Wege ins Bremssystem eintreten kann. Schließen Sie nach dem Entlüften die jeweilige Schraube wieder.

4 Gemeinsam mit einem Helfer wird jetzt nachentlüftet. Der Helfer tritt das Bremspedal mit hoher Fußkraft und hält es in getretener Stellung. Öffnen Sie die Entlüfterschraube am Bremssattel hinten rechts. Der Helfer muss nun das Bremspedal bis zum Anschlag durchtreten. Schließen Sie die Entlüfterschraube bei getretenem Pedal und lassen Sie dann den Helfer das Pedal langsam lösen.

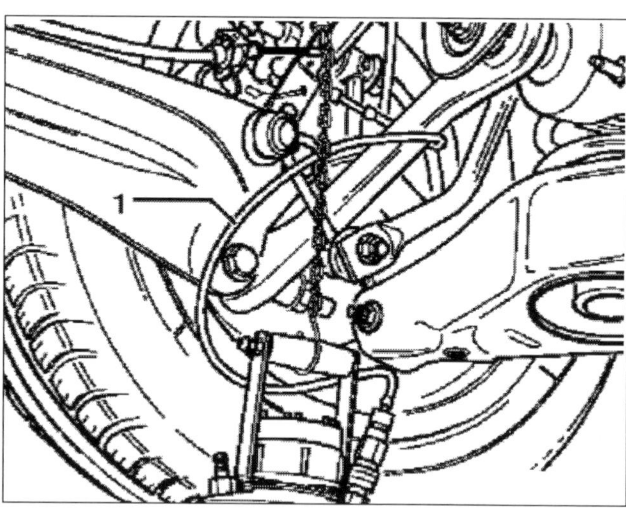

Hinterradbremse entlüften: *1 Entlüfterschlauch.*

5 In der beschriebenen Reihenfolge hinten rechts, hinten links, vorn rechts, vorn links muss dieser Entlüftungsvorgang an jedem Bremssattel fünfmal durchgeführt werden.

6 Kontrollieren Sie zum Schluss noch einmal alle Bremsleitungen und Entlüftungsventile sowie den Stand im Bremsflüssigkeitsbehälter. Testen Sie die Funktion der Bremsen bei einer Probefahrt. Wenigstens einmal so stark bremsen, dass die ABS-Regelung greift.

Sicherheitshinweis:

Wenn beim Entlüften der Pegel im Bremsflüssigkeitsbehälter so weit absinkt, dass Luft angesaugt wird, muss die Bremsanlage in der Werkstatt entlüftet werden, weil Luft in die ABS-Hydraulikpumpe gelangt sein könnte. Auch nach dem Einbau neuer Bremsschläuche in der Werkstatt entlüften lassen. □

Bremsleitungen anschließen

Arbeitsschritte    

1 Zuerst die zur Hydraulikeinheit führenden Leitungen anschließen: Leitung A vom Druckstangenkolbenkreis, Leitung B vom Schwimmkolbenkreis des Hauptbremszylinders (obere Hälfte der folgenden Abbildung).

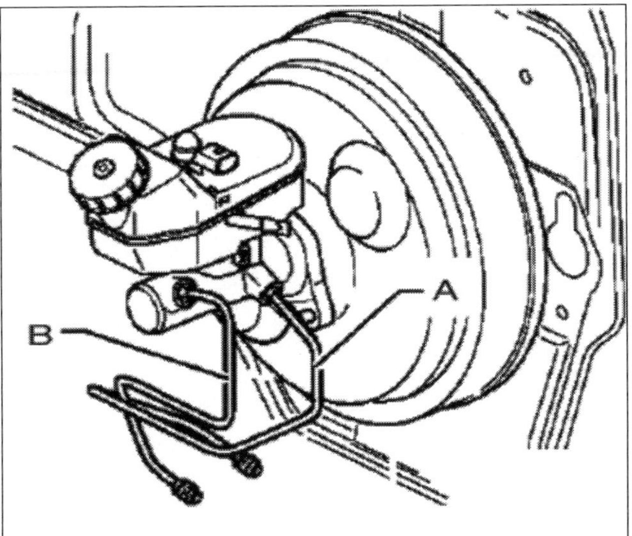

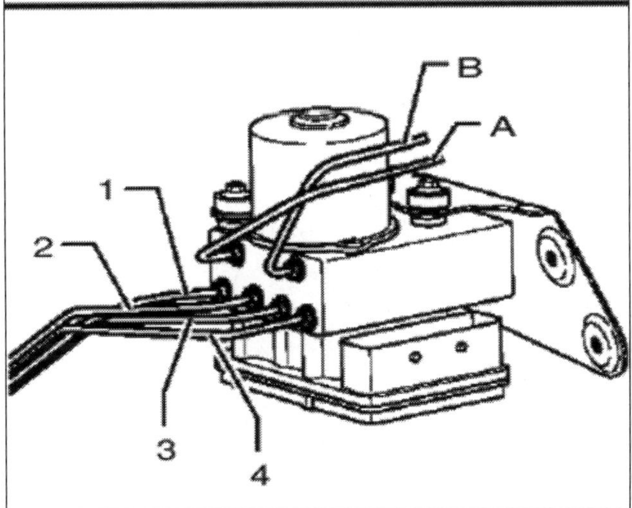

2 Leitungen A und B vom Hauptbremszylinder an Hydraulikeinheit anschließen (untere Hälfte der Abbildung).

3 Von der Hydraulikeinheit fortführende Leitungen anschließen: 1 zum Bremssattel vorn rechts, 2 zum Bremssattel hinten links, 3 zum Bremssattel hinten rechts, 4 zum Bremssattel vorn links (untere Hälfte der Abbildung). □

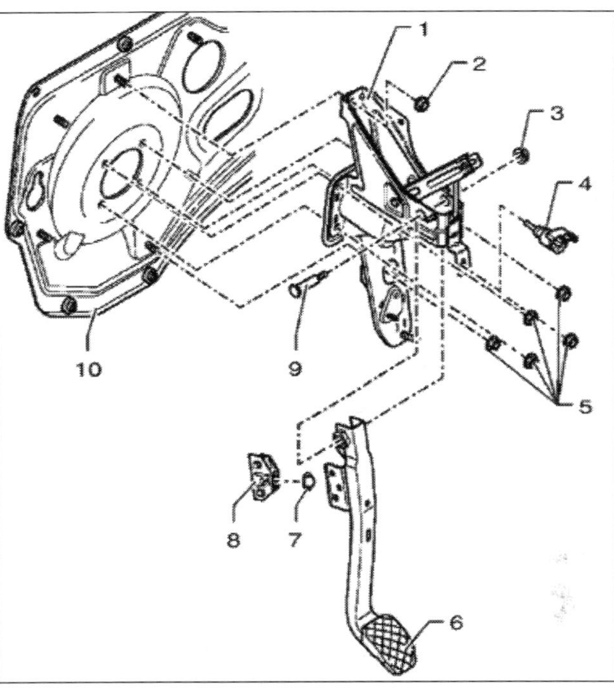

Montageübersicht des Bremspedals: *1 Lagerbock für 6 Bremspedal, 2/3/5 Muttern (25 Nm), 4 Bremslichtschalter F und Bremspedalschalter F47, 7 Lagerschale, 8 Aufnahme für Kugelkopf der Druckstange des Bremskraftverstärkers, 9 Passschraube, 10 Querwand (Stirnwand, Frontend).*

Bremslichtschalter aus-/einbauen

Arbeitsschritte  

1 Berücksichtigen Sie beim Aus- und Einbau des Bremslichtschalters, dass dabei immer der Stößel gedrückt sein muss. Ansonsten wird die Verriegelung des Schalters beschädigt. Der Ausbau ist auch zum Einstellen des Schalters erforderlich.

Ausbau: Bauen Sie die Fußraumabdeckung auf der Fahrerseite aus (siehe Kapitel »Der Innenraum«, Abschnitt zu Ablagen, Abdeckungen und Blenden).

2 Ziehen Sie den Stecker vom Bremslichtschalter ab. Drehen Sie den Schalter um 45° nach links und nehmen Sie ihn heraus.

3 **Einbau:** Berücksichtigen Sie, dass der Schalter nur einmal montiert werden darf, um ausreichenden Festsitz zu garantieren. Vor der Montage den Stößel vollständig herausziehen. Führen Sie den Schalter durch die Montageöffnung (gerader Pfeil), drücken Sie gegen das Pedal, befestigen Sie ihn durch Rechtsdrehen um 45° (gekrümmter Pfeil; Bild S. 152).

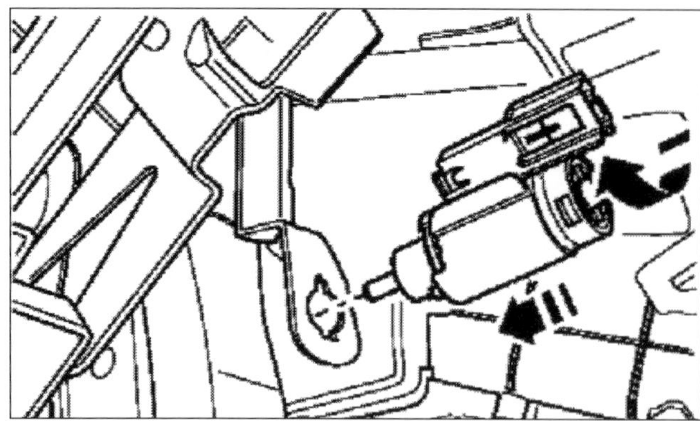

Bremslichtschalter montieren: *In Öffnung einführen (gerader Pfeil) und nach rechts verriegeln (gekrümmter Pfeil).*

4 Das Bremspedal bleibt während dieser Arbeiten in Ruhestellung.

Stecker auf den Schalter aufstecken und die Bremslichtfunktion prüfen. Prüfen Sie nach der Schaltereinstellung, ob sich das Bremspedal im Endanschlag (Lösestellung) befindet. Bauen Sie die Fußraumabdeckung wieder ein. □

Bremsscheiben aus-/einbauen

  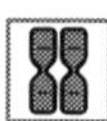 

1 Wagen aufbocken und Räder abbauen. Bremsscheiben müssen Sie stets auf beiden Seiten erneuern. Ein Wechsel nur auf einer Seite kann eine ungleiche Wirkung der Bremsen zur Folge haben und ist deshalb nicht zulässig.

Der **Ausbau** ist vorn und hinten weitgehend identisch. Sie müssen im Prinzip nur den Bremssattel abbauen, dann fällt Ihnen die Bremsscheibe schon entgegen.

2 Lösen Sie die Bremssättel und ziehen Sie sie ab. Hängen Sie die Sättel mit einem Stück Draht an die Karosserie. Bremsschläuche nicht beschädigen!

3 Bremsscheibe abziehen. Ist sie festgerostet, helfen Sie mit kräftigen Hammerschlägen nach. Das gilt natürlich nur, wenn neue Scheiben eingebaut werden sollen.

4 Bevor Sie die neuen Scheiben aufsetzen, sollten Sie die Radnabe säubern. Die Bremsscheiben können mit einem Schutzlack gegen Korrosion versehen sein, den Sie mit Lösemittel entfernen müssen. Dann aufsetzen.

5 Schrauben Sie die Bremssättel fest. Benutzen Sie neue selbstsichernde Schrauben.

6 Rad montieren. Wagen ablassen. □

Kolben für Bremssattel vorn aus-/einbauen

1 **Ausbau:** Bauen Sie den Faustsattel FN3 aus. Der Ausbau des Kolbens geschieht am ausgebauten Bremssattel.

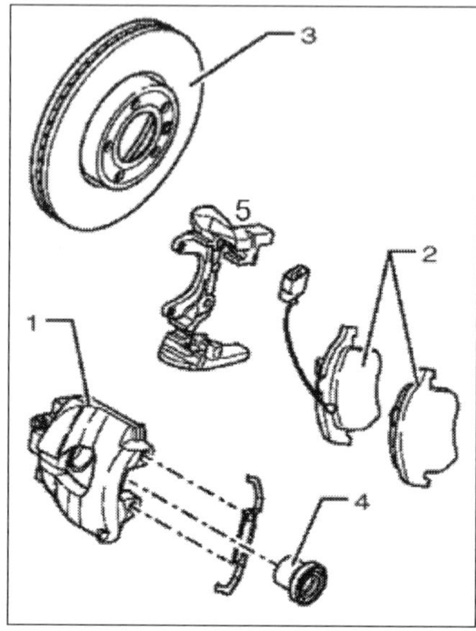

Vorderbremse mit FN3: *1 Bremssattel mit Haltefeder für den 5 Bremsträger, 2 Bremsbeläge mit Steckanschluss für Verschleißanzeige, 3 Bremsscheibe, 4 Bremskolben.*

2 Drücken Sie den Kolben mit Druckluft aus dem Bremssattelgehäuse heraus. Sattel dazu in einen Schraubstock einspannen. Damit der herausgedrückte Kolben nicht beschädigt wird, muss ein Holzbrett wie in folgender Abbildung in den Schacht gelegt werden.

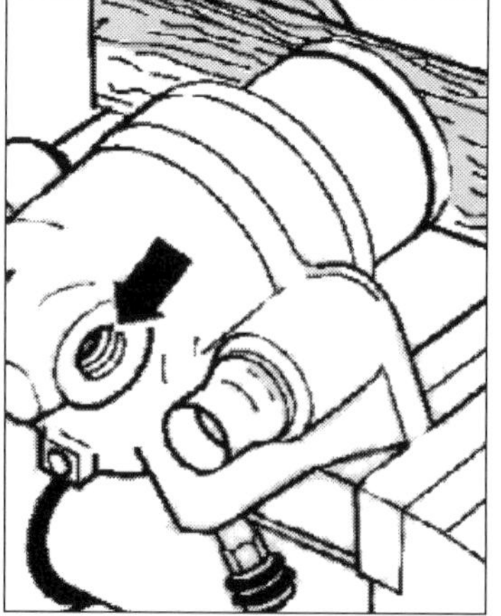

Bremskolben herausdrücken: *In die Öffnung (Pfeil) wird Druckluft eingeblasen. Der Kolben wird gegen ein Holzbrett gepresst.*

3 Mit einem geeigneten Werkzeug (empfohlen wird der VW-Demontagekeil 3409, wie in der folgenden Abbildung zu sehen) wird der Dichtring aus dem Bremssattelgehäuse herausgenommen.

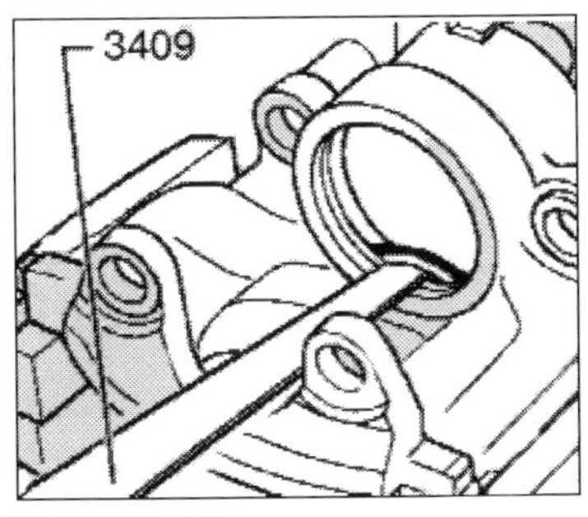

Der Dichtring wird mit dem Demontagekeil 3409 oder einem ähnlichen flachen Werkzeug herausgenommen.

4 **Einbau:** Reinigen Sie zunächst die Flächen von Kolben und Dichtring. Nur Spiritus verwenden, dann trocknen.

5 Kolben und Dichtring vor dem Einsetzen dünn mit Montagepaste (G 052 150 A2) bestreichen.

6 Den Dichtring in das Bremssattelgehäuse einsetzen. Schutzkappe mit der äußeren Dichtlippe auf den Kolben setzen.

7 Jetzt muss wieder der Demontagekeil 3409 oder ein entsprechendes flaches, an der Spitze abgerundetes Werkzeug verwendet werden. Damit die innere Dichtlippe in die Nut des Zylinders einsetzen. Der Kolben wird dabei vor das Bremssattelgehäuse gehalten.

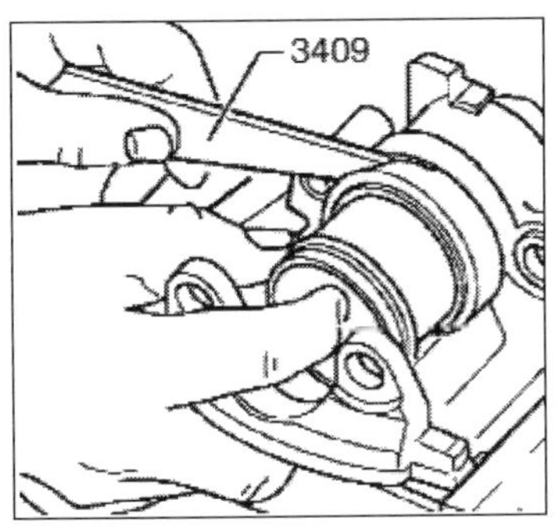

Innere Dichtlippe mit dem Demontagekeil oder einem ähnlichen Werkzeug in die Zylindernut einsetzen.

8 Jetzt sollte das VW-Spezialwerkzeug T10145, eine Kolbenrücksetzvorrichtung, verwendet werden. Damit wird der Kolben in das Bremssattelgehäuse gedrückt.

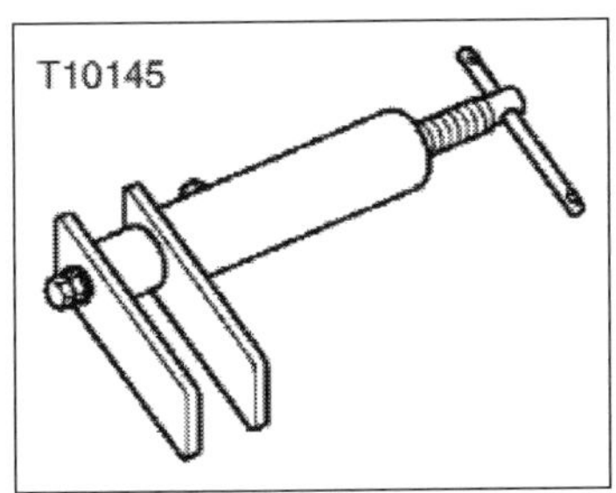

Das Spezialwerkzeug zum Zurücksetzen des Kolbens im Bremssattel.

9 Beim Eindrücken des Kolbens springt die äußere Dichtlippe der Schutzkappe in die Nut am Kolben. Dann kann der Bremssattel wieder eingebaut werden. □

Kolben für Bremssattel hinten aus-/einbauen

Arbeitsschritte   

1 **Ausbau:** Zunächst den Bremssattel ausbauen, weil der Ausbau des Kolbens am freien Sattel erfolgt. Orientieren Sie sich beim Ausbau an der folgenden Montagezeichnung zum Bremssattel hinten.

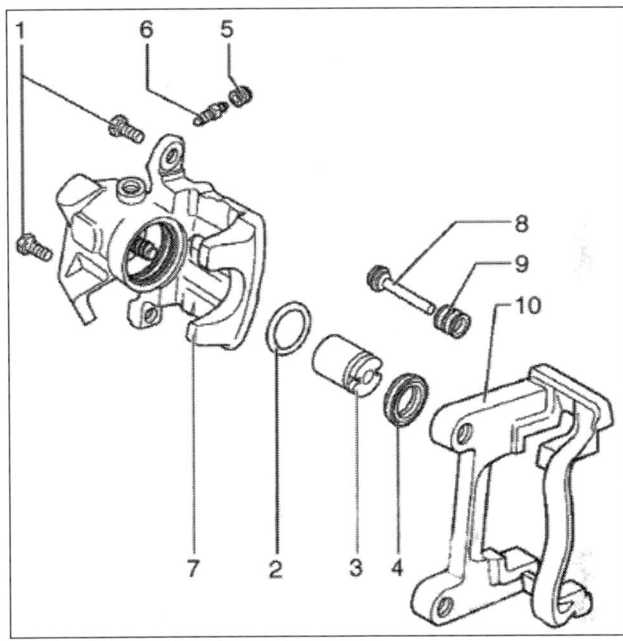

Aus-/Einbau des Bremssattels hinten: *Beim Lösen und Festziehen (35 Nm) der selbstsichernden Sechskantschrauben 1 am Führungsbolzen 8 gegenhalten. 2 Dichtring, 3 Kolben mit automatischer Nachstellvorrichtung. Die Schutzkappe 4 wird mit der äußeren Dichtlippe auf den Kolben aufgezogen. 5 Staubkappe, 6 Entlüftungsventil. Das Bremssattelgehäuse 7 mit Hebel für Handbremsseil muss bei Undichtigkeit am Hebel ersetzt werden. Die Schutzkappe 9 auf Bremsträger 10 und Führungsbolzen aufziehen. Der Bremsträger wird als Ersatzteil zusammengebaut mit Fett an den Führungsbolzen geliefert.*

2 Zur Demontage des Kolbens benötigen Sie ein Spezialwerkzeug wie das zweiteilige Set 3272.

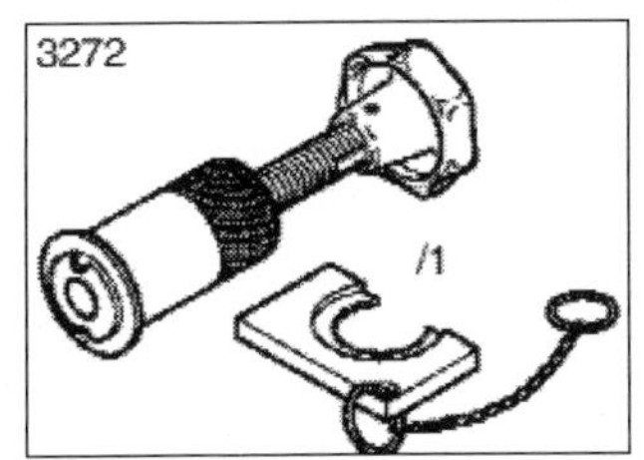

Rückstell- und Ausdrehwerkzeug 3272 zur Demontage und Montage des Bremssattelkolbens hinten.

3 Das Rückstell- und Ausdrehwerkzeug mit seinem Bund vor dem Kolben auf das Bremssattelgehäuse aufsetzen (siehe spätere Abbildung zum Einbau) und durch Linksdrehen des Rändelrades den Kolben aus dem Gehäuse herausdrehen. Achten Sie darauf, die Schutzkappe nicht zu beschädigen! Wenn der Kolben schwergängig ist, kann statt am Rändelrad an einem Maulschlüssel gedreht werden, der sich auf die Schlüsselflächen SW 13 am Gewindebolzen des Werkzeugs 3272 aufsetzen lässt.

4 Der Dichtring wird mit dem Keil 3409 oder einem ähnlichen Werkzeug aus dem Bremssattelgehäuse entnommen.

5 **Einbau:** Reinigen Sie die Flächen von Kolben und Dichtring. Nur Spiritus verwenden, dann trocknen. Kolben und Dichtring vor dem Einsetzen dünn mit Montagepaste (G 052 150 A2) bestreichen. Den Dichtring in das Bremssattelgehäuse einsetzen. Schutzkappe mit der äußeren Dichtlippe auf den Kolben setzen.

6 Den Kolben vor das in den Schraubstock gespannte Bremssattelgehäuse halten und die innere Dichtlippe mit dem Werkzeug 3409 oder einem ähnlichen Demontagekeil in die Nut des Zylinders einsetzen.

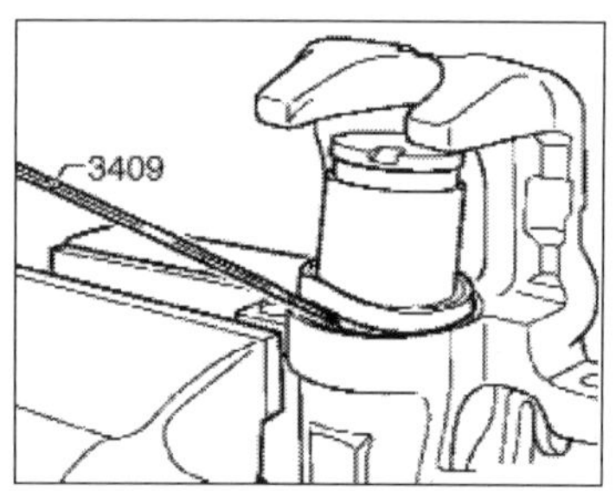

Innere Dichtlippe mit dem Demontagekeil oder einem ähnlichen Werkzeug in die Zylindernut einsetzen.

7 Rückstell- und Ausdrehwerkzeug mit dem Bund anliegend ins Bremssattelgehäuse einsetzen. Durch Rechtsdrehen am Rändelrad (Richtungspfeil) den Kolben einschrauben. Dabei nicht die Schutzkappe beschädigen!

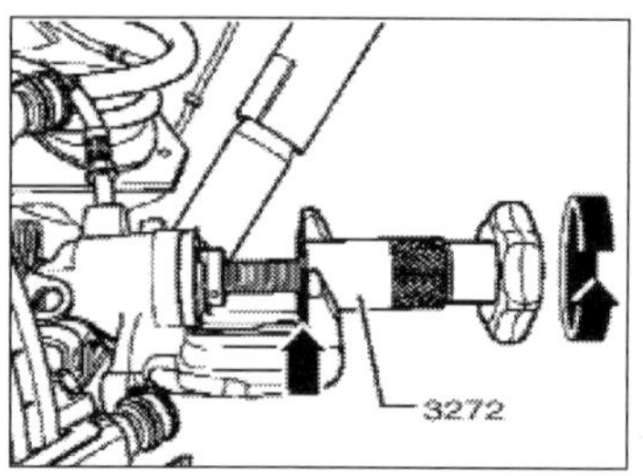

Werkzeug 3272 oder ähnliches geeignetes Rückstell- und Ausdrehwerkzeug mit dem Bund (Pfeil) am Bremssattel einsetzen.

8 Bremssattel senkrecht stellen und vorentlüften. Dazu das Entlüfterventil (Entlüfterschraube) am Sattel öffnen und mit handelsüblichem Entlüftungsbehälter mittels aufgesetztem Schlauch Bremsflüssigkeit einfüllen, bis sie blasenfrei aus der Gewindebohrung (Abschluss Bremsschlauch) austritt. Ventil schließen, Bremssattel wieder einbauen. □

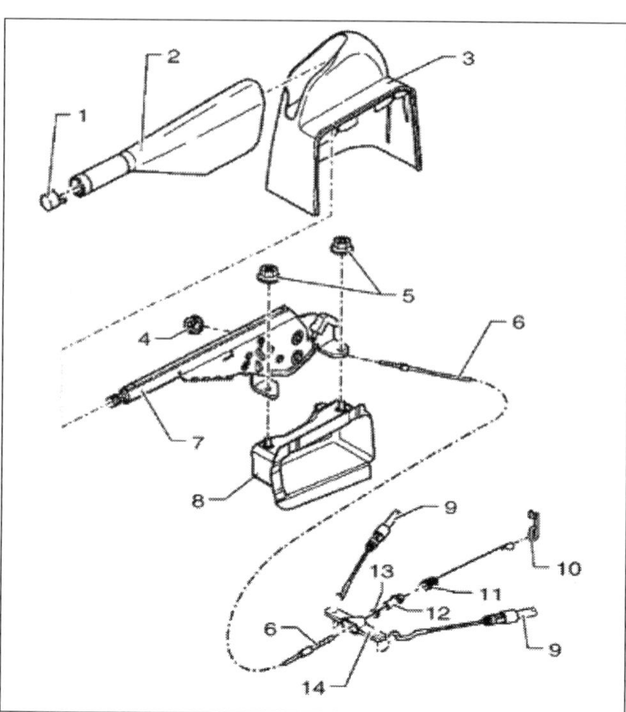

Handbremshebel in der Montageübersicht: *1 Druckknopf, 2 und 3 Verkleidungen für 7 Handbremshebel bzw. 8 Konsole, 4 Einstellmutter für Handbremse, 5 Mutter (20 Nm), 6 Zugseil, 9 Bremsseil, 10 Halter, 11 Rückzugfeder, 12 Federhalter, 13 Nachstellmutter, 14 Ausgleichselement.*

Wirkung der Handbremse prüfen

Arbeitsschritte  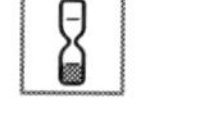

1 Fahrzeug auf einer Straße mit leichtem Gefälle im Leerlauf rollen lassen. Handbremshebel in die erste Raste ziehen. Die Bremse müsste wirken (Wagen wird nicht schneller).

2 Hebel weiter nach oben ziehen. In der dritten, spätestens aber in der vierten Raste sollten die Hinterräder blockieren.

3 Wenn Sie einen längeren Leerweg feststellen, kann dieser kaum durch abgefahrene Bremsbeläge entstehen. Das Spiel wird durch die Nachstellvorrichtung automatisch kompensiert. Trotzdem die hinteren Bremsbeläge prüfen!

Wenn Sie beim Parken die Handbremse regelmäßig kräftig anziehen, kann ein langer Leerweg des Hebels bedeuten, dass die Seilzüge gedehnt sind oder Spiel in den Übertragungsteilen von Handbremse und Nachstellmechanismus entstanden ist. Das können Sie in bestimmten Grenzen durch Drehen an Einstell- und Nachstellmutter (Positionen 4 und 13 in der Übersichtszeichnung) korrigieren. □

DIE FAHRZEUG-ELEKTRIK

Die Scheinwerfer in Klarglasoptik sind ein äußeres Zeichen für den modernen Stand der Elektrik des Transporters T5. Wahlweise zwei Bordbatterien und CAN-Vernetzung mit mehreren Steuergeräten sind weitere Attribute dieses Systems.

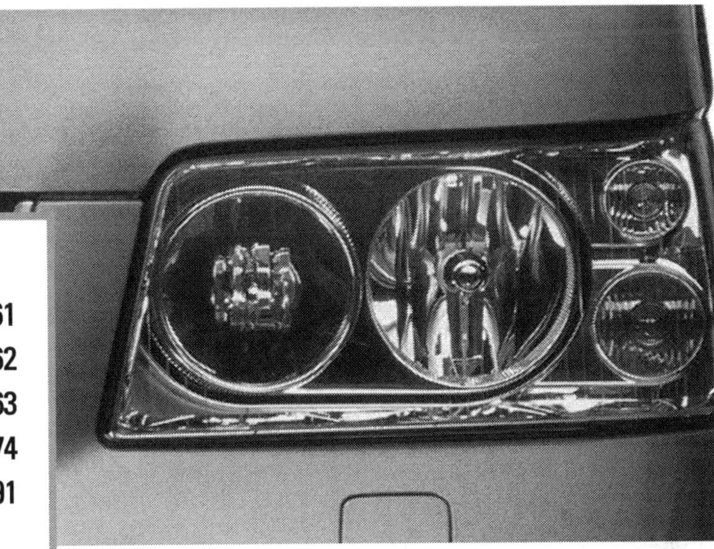

Wartung

Reparatur

Schon im Stand, erst recht während der Fahrt benötigt Ihr Transporter elektrischen Strom. Motorsteuerung und Kraftstoffeinspritzung müssen mit Energie versorgt werden. Alle weiteren für den Fahrbetrieb oder für Sicherheit und Bequemlichkeit eingebauten Systeme und die gesamte Lichtanlage sind ohne elektrische Energie arbeitsunfähig.
Autoelektrik war schon immer eine hochwichtige Angelegenheit und gewinnt ständig noch mehr an Bedeutung. Die meisten Innovationen im Kraftfahrzeug sind inzwischen von der Elektronik geprägt. Das Automobil der Zukunft soll mit der Umwelt via Internet kommunizieren, über zahlreiche Sensoren alle Fahr- und Umgebungsdaten aufnehmen können, aber dennoch einfach zu bedienen sein.

Bordnetz im Wandel

Die Übergänge zu den Ausstattungen von morgen sind fließend. An der Generation künftiger Bordnetze arbeiten wie Volkswagen weltweit alle Fahrzeughersteller. Bei komfortabler Bedienbarkeit sollen einzelne Systeme in einer Logik zusammengeführt werden, um die komplexen Fähigkeiten der elektrisch/elektronischen Systeme ohne aufwändige Lernarbeit handhaben zu können. Erreicht wird das über weitere Fortschritte in der Vernetzungstechnik CAN und mit leistungsfähigen Rechnern zur Menüführung. Das Bordnetz wird dezentralisiert, Steuergeräte und neuartige Kontaktbausteine werden eingesetzt.

Modernes Bordsystem: *Schalttafel im Shuttle mit dem Radio Navigationssystem MCD.*

Ein weiteres Entwicklungsziel ist kraftvollere Stromversorgung. Einerseits wird darauf abgezielt, die Verbraucher sparsamer zu machen, zum Beispiel Glühlampen durch Leuchtdioden zu ersetzen oder Startergeneratoren einzubauen. Andererseits will man das Starten sicherer machen, indem zwei parallele Stromkreise eingerichtet werden. Auch den Transporter gibt es ja mit Zweitbatterie unter dem Beifahrersitz.

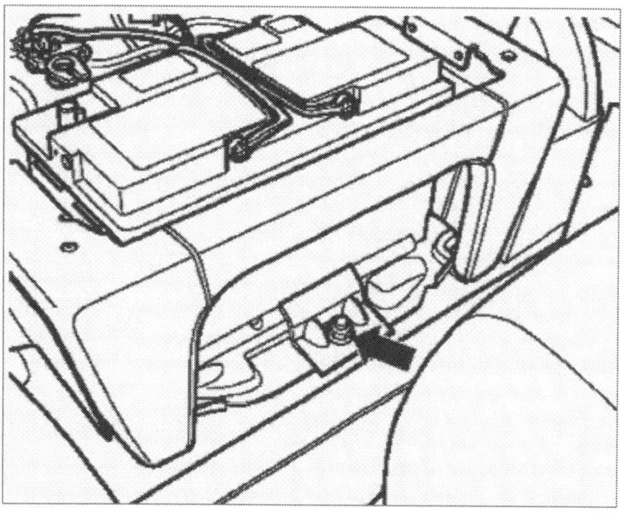

Mehrenergie für Zusatzfunktionen: *Die Zweitbatterie unter dem Vordersitz. Pfeil: Die Befestigungsschraube.*

Die Vernetzung

Im T5 kommt das Controller Area Network (CAN) zum Einsatz. Es verbindet einzelne Steuergeräte zu einem Gesamtsystem (BUS-System, Datenbus). Die Technik hat verschiedene Vorteile: Sie gewährleistet sehr schnelle Datenübertragung zwischen den Steuergeräten, gestattet Platzgewinn durch kleinere Steuergeräte und Stecker und ermöglicht die Einsparung von Signalleitungen und Sensoren, weil ein Sensorsignal mehrfach genutzt werden kann.
Das Grundprinzip des CAN: Anstatt einer Leitung für jede Information gibt es generell nur zwei Leitungen. Darüber werden alle Infos zu Motordrehzahl, Verbrauch, Drosselklappenstellung, Motoreingriff oder Schaltvorgänge ausgetauscht. CAN funktioniert prinzipiell so, dass ein Steuergerät seine Daten in das Leitungsnetz hinein gibt, während die anderen Geräte partizipieren. Registriert ein Steuergerät für die eigene Arbeit wichtige Daten, werden diese berücksichtigt.

Keine Angst vor der Elektrik

Trotz hoch entwickelter Elektronik an Bord sind dort zunächst noch immer jene Bauteile, die schon die gesamte Entwicklungsgeschichte des Automobils begleiten: Batterie, Anlasser (Starter) und Generator (Lichtmaschine). Sie sind zusammen für die Arbeitsaufnahme des Motors verantwortlich. Um seine Aufgabe zu erfüllen, ist jedes Bauteil auf das andere angewiesen. Ohne Batterie dreht sich der Anlasser nicht, ohne Starter bleiben Motor und Lichtmaschine bewegungslos, ohne Generator kann die Batterie ihre verbrauchte Energie nicht erneuern.
Strom wird im Motorraum produziert, und die Arbeitsbedingungen dort sind nicht ideal. Mal ist es zu kalt, mal zu warm, oft ist es feucht und manchmal richtig nass. Batterie und Lichtmaschine, die Stromerzeuger, sorgen daher bisweilen für Ärger. Weil viele Stromverbraucher an exponierten Stellen sitzen, sind auch bei ihnen Störungen programmiert. Arbeiten an der elektrischen Anlage sind daher gar nicht so selten.
Sie brauchen nicht gleich den Mut zu verlieren, wenn Sie einen Schalter drücken und nichts geschieht. Oft sitzt nur ein Kabel lose oder ein Kontakt ist korrodiert. Viele Störungen an der Elektrik lassen sich mit einfachen Mitteln beheben, auch wenn man kein Elektrik-Profi ist. Ein wenig muss man sich natürlich auskennen, weswegen wir Ihnen hier die Grundbegriffe erläutern, Hilfen bieten und Wege zeigen wollen.

Grundbegriffe und Messtechnik

- **Elektrischer Strom.** Fließt nur in einem geschlossenen Stromkreis aus Erzeuger (z. B. Batterie) mit einer bestimmten Spannung, Verbraucher (z. B. Glühlampe, Anlasser) mit bestimmter Leistungsaufnahme und den Leitungen (Kabel), mit denen Erzeuger und Verbraucher (über Schalter, Relais und Sicherungen) verbunden sind.
- **Kabel.** Die Dicke der Leitung (Querschnitt) hängt vom Verbraucher ab. Ein Kontrolllämpchen kommt mit einer Kabelstärke von 0,5 mm^2 aus, der Anlasser braucht dagegen eine 16-mm^2-Leitung. Ein zu dünnes Kabel heizt sich auf, die Spannung fällt ab.
- **Prüflampe** mit Nadelkontakt und Klemme: Damit testen Sie, ob in einem Stromkreis Spannung anliegt. Je heller die Lampe, desto höher die Spannung. Mit der Nadel die Isolierung des zu prüfenden Kabels durchstechen. Die Klemme des Lampenkabel wird am blanken Metall angeclipst (Masse). **Spannungsprüfer** mit Leuchtdioden für Messungen an der Elektronik verwenden. Je nach Ausführung zeigt dieses Gerät Gleich- und Wechselspannungen zwischen 6 und rund 700 Volt an. Wenn Sie nicht nur prüfen, sondern genau messen wollen, brauchen Sie ein
- **Multimeter** (Vielfachinstrument). Geeignete Geräte mit digitaler Anzeige gibt es schon für 10 bis 20 Euro. Die Stromversorgung des Multimeters erfolgt in der Regel durch eine Batterie.
- **Spannung.** Sie wird in Volt (V) gemessen. Um mit einem Multimeter zum Beispiel die Ruhespannung der Batterie zu messen, müssen Sie das mit dem Minus-Zeichen markierte Kabel an den Minuspol der Batterie oder an Masse anklemmen. Das Plus-Kabel des Messgeräts wird an den Pluspol der Batterie oder an die zu messende Leitung geklemmt.
- **Stromstärke.** Maßeinheit ist Ampere (A). Zum Messen der Stromstärke müssen Sie den Stromkreis auftrennen und das Messgerät dazwischen schalten. Bei einer Reihe von Messungen in Ihrem Transporter genügt es, wenn Sie einen Steckkontakt abziehen und dann das Messgerät zwischen Stecker und Kontaktzunge schalten. Achten Sie dabei stets auf den Messbereich Ihres Multimeters!
- **Leistung.** Das Produkt aus Spannung und Strom gibt an, welche elektrische Arbeit ein Stromerzeuger an einen Verbraucher abgibt. Wird in Watt (W) angegeben.
- **Widerstand.** Fließt der Strom ungehindert, ist der Widerstand 0. Ist der Widerstand hoch bis unendlich, geht der Stromfluss gegen 0. Maßeinheit des Widerstands ist Ohm (Ω) Mit dem Multimeter prüfen Sie, ob eine Leitung oder ein Schalter Durchgang hat (Messwert 0). Ist der Stromweg an einer Stelle unterbrochen, erhalten Sie den Messwert unendlich. Außerdem können Sie feststellen, welchen Innenwiderstand ein bestimmtes Bauteil hat, was wichtig für die Funktionsprüfung ist.

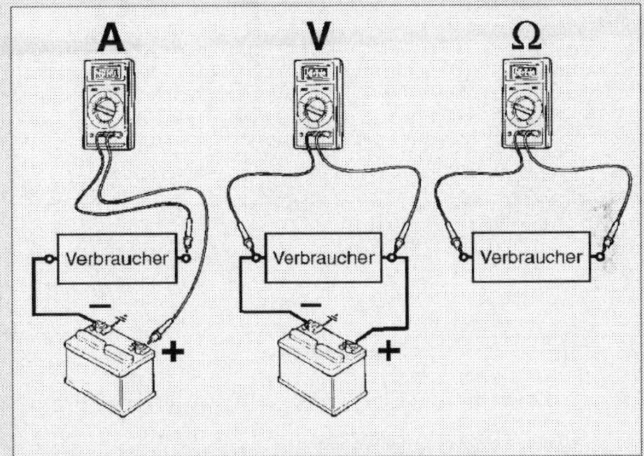

***Anschluss des Multimeters:** Zur Strommessung (A) in Reihe mit Batterie und Verbraucher, zur Spannungsmessung (V) parallel zu Batterie und Verbraucher, zur Widerstandsmessung (Ω) in Reihe mit eingebauter Stromquelle an die Anschlüsse des Verbrauchers.*

Die Batterie

Sechs in Reihe geschaltete Zellen bilden das Herz einer 12-Volt-Auto-Batterie. Jede Zelle besteht aus positiven und negativen Hartblei-Gitterplatten. Die positive Platte enthält Bleidioxid, die negative Platte reines Blei. Dazwischen sitzt ein Separator. Er trennt die beiden Platten voneinander, lässt den Elektrolyten, eine leitfähige Flüssigkeit aus etwa 37 Prozent konzentrierter Schwefelsäure und 63 Prozent destilliertem Wasser, durch mikroskopisch kleine Poren passieren.

Chemische Vorgänge

Im Inneren der Batterie laufen chemische Prozesse ab, durch die sie Energie aufnimmt und im Rahmen ihrer Kapazität speichert. Bei der Stromabgabe wird diese chemische Energie in elektrische Energie umgewandelt. Die wichtigste Aufgabe der Batterie ist es, dem

Anlasser die nötige Power für den Start des Motors zu liefern. Das sind je nach Motor und Anlassertyp im Augenblick des Starts bis zu 2.000 Watt. Zum Durchdrehen des warmen Motors benötigt der Anlasser nur ein Fünftel dieser Leistung.

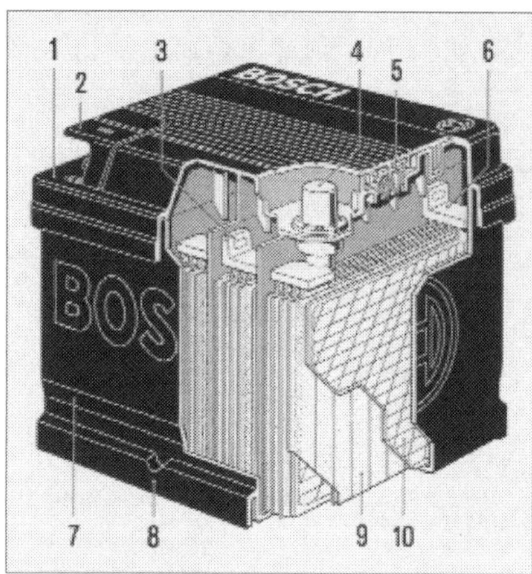

Wartungsfreie Batterie: *1 Blockdeckel, 2 Polkappe, 3 Zellenverbinder, 4 Endpol, 5 Zellenstopfen, 6 Plattenverbinder, 7 Blockkasten, 8 Bodenleiste, 9 Plusplatten in Folien, 10 Minusplatten.*

Die Zentralentgasung

Batterien neuester Generation sind mit Zentralentgasung und Rückzündungsschutz ausgestattet: Eine kleine runde Glasfasermatte von 15 mm Durchmesser und 2 mm Dicke lässt ähnlich wie ein Ventil das bei Ladung in der Batterie entstehende Gas ausströmen. Das Gas tritt zentral durch eine Öffnung in der oberen Deckelseite aus. Die Zündung des brennbaren Gases in der Batterie wird verhindert.

Bei Batterien mit Schlauch und Rohr für die Zentralentgasung muss beim Einbau darauf geachtet werden, den Schlauch nicht abzuklemmen. Bei Batterien ohne Schlauch/Rohr muss die Öffnung in der oberen Deckelseite frei von Verstopfungen sein.

Die Batterieverordnung

Für Kauf und Entsorgung von Starterbatterien gelten die Vorschriften der »Batterieverordnung«. Eine ausgediente Batterie muss bei einem Händler oder einer Werkstatt abgegeben werden. Dort ist man verpflichtet, die Alt-Akkus unentgeltlich abzunehmen. Für den Neukauf einer Autobatterie gilt:

- Beim Kauf einer neuen Starterbatterie muss zusätzlich zum Verkaufspreis ein Pfand gezahlt werden. Beleg dafür: Quittung oder Pfandmarke. Die Zahlung von Pfand entfällt, wenn Sie beim Kauf eine alte Batterie zurückgeben.
- Haben Sie für die alte Batterie bereits Pfand gezahlt, erhalten Sie Ihr Geld gegen Vorlage der Quittung zurück, grundsätzlich aber nur dort, wo Sie die Batterie gekauft haben.
- Die zurückgegebene Starterbatterie muss nicht mit der Batterie identisch sein, für die Sie das Pfandgeld bezahlt haben. Sie können bei Quittungsvorlage auch jede andere Starterbatterie abgeben.
- Geben Sie beim Kauf der neuen Batterie eine alte zurück, für die Sie noch kein Pfand entrichtet haben, ist es egal, wo Sie diesen Akku gekauft haben. Ein Pfand für die neue Batterie entfällt aber auch in diesem Fall.

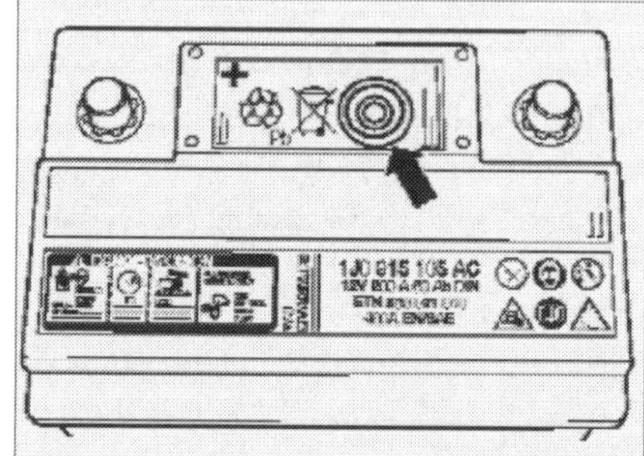

Batterieoberseite mit Warnhinweisen und Leistungsangaben (unteres Bilddrittel) sowie Magischem Auge (Pfeil) zur Anzeige des Ladungszustandes.

Batterie: Begriffe und Normen

Kennzeichnung. Befindet sich auf dem Gehäuse der Batterie, bezeichnet ihre Eigenschaften. Beispiel: 12 V 280 A 70 Ah (12V = Nennspannung; 280A = Kälteprüfstrom; 70Ah = Nennkapazität).

Nennspannung. Beträgt bei allen Transporter-Modellen 12V (Volt). Die tatsächliche Spannung hängt allerdings vom Ladezustand der Batterie ab. Sie kann größer oder kleiner sein als die Nennspannung.

Nennkapazität. Speichervermögen einer Batterie, gemessen in Amperestunden (Ah). Sie gibt an, wie viel eine voll geladene Batterie bei einer Temperatur von 27 °C in 20 Stunden abgeben kann, ohne dass dabei die Spannung unter 10,5 Volt absinkt (Entladeschlussspannung).

Kälteprüfstrom. Ein definierter Entladestrom in Ampere (A), der einer 12-Volt-Batterie bei -18 °C entnommen werden kann, ohne dass die Spannung innerhalb von 30 Sekunden unter 9 V, innerhalb von 150 Sekunden unter 6 V absinkt.

Selbstentladung. Chemische Vorgänge im Inneren der Batterie führen zur Entladung, auch wenn kein Verbraucher angeschlossen ist. Eine Starterbatterie verliert täglich etwa 0,5 Prozent ihrer Ladung. Hohe Temperaturen, Beschädigungen und Verschmutzungen des Batteriedeckels beschleunigen die Selbstentladung.

Der Anlasser

Ihr Transporter ist wie die meisten Fahrzeuge mit einem Schub-Schraubtrieb-Anlasser ausgestattet, der sich vorn am Motor an der Trennstelle zwischen Motor und Getriebe befindet. Auf dem eigentlichen Anlasser sitzt der Magnetschalter mit den für Überprüfungen wichtigen Anschlüssen Klemme 30 (dickes Pluskabel von der Batterie) und Klemme 50 (dünnes Kabel vom Zündanlassschalter, dem Zündschloss).

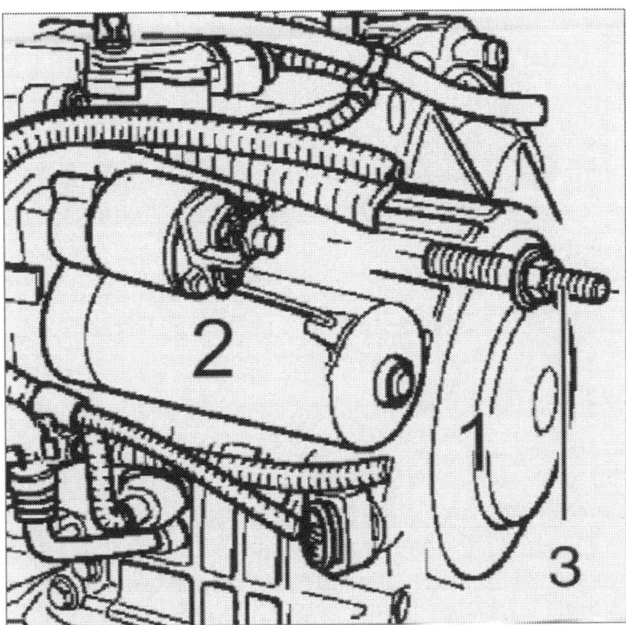

Der Anlasser im Transporter T5/Multivan: *1 Anlasser, 2 Magnetschalter, 3 Befestigungsschraube.*

Beim Drehen des Zündschlüssels wird Spannung an die Halte- und Einzugswicklungen des Einrückrelais (Magnetschalter) oben auf dem Anlasser gelegt.

- **Schubweg:** Der Relaisanker zieht den Einrückhebel an. Dieser schiebt den Mitnehmer mit dem Zahnritzel gegen den Zahnkranz des Motorschwungrads. Wenn das Ritzel bis zum Ende des Schubweges eingespurt ist, wird der Startermotor eingeschaltet.
- **Schraubweg:** Der Starteranker schraubt durch die Wirkung des Steilgewindes das Ritzel, bis zum Anschlagring der Ankerwelle in den Zahnkranz hinein. Die Einzugswicklung ist kurzgeschlossen, die Haltewicklung hält den Relaisanker durchgedreht.

Wenn der Motor angesprungen ist, steigt die Drehzahl des Starterritzels über die Leerlaufdrehzahl des Startermotors an. Der Rollenfreilauf löst die kraftschlüssige Verbindung zwischen Ritzel und Ankerwelle. Der Anker wird vor Hochdrehen geschützt, das Ritzel bleibt im Eingriff. Beim Ausschalten des Startschalters gehen Einrückhebel, Mitnehmer und Ritzel durch eine Rückstellfeder in die Ruhestellung zurück. Dort bleibt das Ritzel bis zum nächsten Startvorgang.

Der Generator

Ein leistungsfähiger Drehstrom-Synchrongenerator ist das Kraftwerk (Lichtmaschine) Ihres Fahrzeugs. Er versorgt schon bei Leerlauf des Verbrennungsmotors alle elektrischen Aggregate mit Strom und lädt ständig die Batterie auf. Der Generator bringt es auf mehr als 2 kW elektrische Leistung. Angetrieben wird die Lichtmaschine über den Keilrippenriemen oder im Einzelfall direkt vom Motorschwungrad über Zahnräder.
Eine Drehstrom-Lichtmaschine produziert dreiphasigen Wechselstrom. Da die Batterie mit Gleichstrom geladen werden muss, besorgen Leistungsdioden die Gleichrichtung des Wechselstroms. Diese verhindern auch die Entladung der Batterie bei stehendem Fahrzeug. Der Generator ist wartungsfrei, da es nichts zu schmieren gibt. Selbst die Schleifkohlen sind ohne weiteres für 100.000 Kilometer gut.

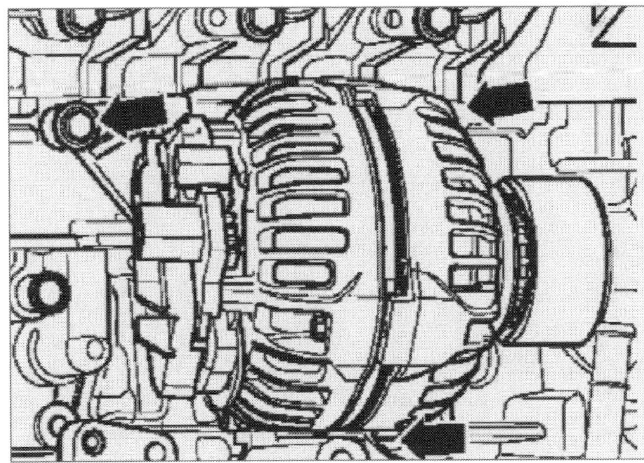

Der Drehstromgenerator im Transporter/Multivan mit 2,5-Liter-TDI-Motor: *Die Pfeile weisen auf die Befestigungsschrauben.*

Der Spannungsregler

Je schneller die Lichtmaschine dreht, umso höher steigt die Spannung. Ein Regler schützt daher vor Überspannungen und verhindert ein Überladen der Batterie. Der Regler ist an die Lichtmaschine angeschraubt. Er reguliert die Betriebsspannung je nach Temperatur von Batterie und Umgebung auf Werte zwischen 13,8 und 14,5 Volt im so genannten 14-Volt-Toleranzfeld. Bei den Reglern an den Kompaktgeneratoren des Transporters haben die beiden Kohlebürsten 12 mm Neulänge, 5 mm Verschleißgrenze und Toleranz zueinander plus/minus 1 mm.

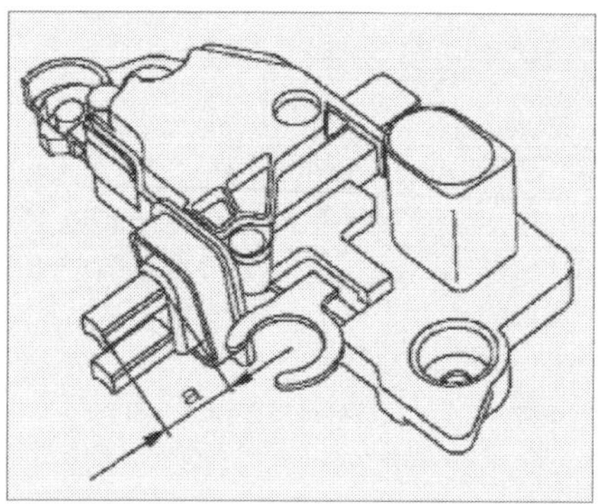

Spannungsregler am T5-Kompaktgenerator: *Die Kohlebürsten sind neu a = 12 mm lang. Ihre Verschleißgrenze liegt bei a = 5 mm.*

Arbeiten an der Elektrik

Im Transporter werden Batterien nach zwei Konzepten verbaut: 1. Batterie mit Magischem Auge und mit überklebten oder ohne Zellverschlussstopfen links im Motorraum; 2. die Batterie links im Motorraum und zusätzlich eine Vliesbatterie unter dem linken Vordersitz. Vliesbatterien haben feste Elektrolyten und sind daher auslaufsicher, zyklenfest und resistent gegen äußere Einflüsse. Unsere Hinweise gelten für beide Typen.

Batterie prüfen und laden

Die Batterie ist unter normalen Bedingungen weitgehend wartungsfrei. Prüfen Sie per Augenschein gelegentlich den äußeren Zustand und die Anschlüsse sowie vor allem bei hohen Außentemperaturen oder langen täglichen Fahrten den Säurestand. Auch nach jedem Laden ist der Säurestand zu kontrollieren.
Die Batterieflüssigkeit aus Schwefelsäure und destilliertem Wasser kann Wasser verlieren. Auch Selbstentladung (lange Standzeiten) oder Tiefentladung (versehentlich nicht ausgeschalteter starker Stromverbraucher) kommen als Ursache in Frage. Füllen Sie destilliertes Wasser nach, weil Leitungswasser ebenso wie abgekochtes Wasser Salze und andere mineralische Stoffe enthält, die der Batterie schaden.
Wirkt die Batterie trotz richtigem Säurestand kraftlos, können Sie mit einem handelsüblichen Säureheber die Säuredichte in der Batteriezelle prüfen. Diese Prüfung gibt zusammen mit der Belastungsprüfung Aufschluss über den Batteriezustand.
Eine ausgebaute Batterie oder den Akku in einem vorübergehend stillgelegten Fahrzeug sollten Sie einmal im Monat nachladen. Batterien, die längere Zeit nicht im Fahrbetrieb waren, entladen sich selbst und können sulfatiert sein. Zum Laden ist ein Gerät VAS 5095 zu empfehlen.
Räume, in denen Batterien geladen werden, dürfen wegen des sich bildenden Gases nicht mit offenem Licht oder rauchend betreten werden. Stellen Sie Durchlüftung sicher! Funken beim An- oder Abklemmen könnten das Gas ebenfalls zur Explosion bringen. Batteriestopfen müssen gut schließend eingeschraubt sein, die Batterie muss eine Mindesttemperatur von 10 °C haben. Schnellladen schadet der Batterie und ist nur im Ausnahmefall (Starthilfe) akzeptabel.

Defekte Verbraucher und Lichtmaschine

Liefert die am Vortag intakte Batterie keinen Strom, hat vielleicht ein defekter Verbraucher im Bordnetz den Akku über Nacht leer gesaugt. Das überprüfen Sie zunächst mit einer Strommessung. Wenn nötig, ermitteln Sie dann den betreffenden Verbraucher.
Fahrzeuggeneratoren sind Austauschteile: Ein defekter wird beim Kauf eines überholten oder neuen Generators vom Hersteller in Zahlung genommen. Bei allen Arbeiten an der Lichtmaschine gelten die bekannten Hinweise: Nach Abklemmen des Massekabels den Minuspol an der Batterie am besten mit Isolierband abkleben, Generator nicht bei angeschlossener Batterie ausbauen, beim Ausbau Radio-Codierungen beachten, nach Wiedereinbau Fehlerspeicher lesen.

Wenn der Anlasser streikt

Funktioniert der Anlasser nicht, sind meist mehrere Teile die Ursache. Der Magnetschalter oder die Schleifkohlen können klemmen oder stark abgenutzt sein. Auch ein Verschleiß der Lagerung ist möglich.
Es kann vorkommen, dass sich der Anlasser bei geladener Batterie nicht oder zu langsam dreht und den Motor nicht durchzieht. Dann sollten auch die Leitungsanschlüsse am Magnetschalter und die Massebänder zwischen Motor, Aufbau und Batterie auf festen Sitz überprüft werden. Diese Teile dürfen nicht oxidiert sein.

Batterie und Lichtmaschine

Störungs-beistand

Störung	Ursache	Abhilfe
A Rote Ladekontrollleuchte brennt nicht beim Einschalten der Zündung.	1 Batterie leer.	Starthilfekabel oder anschleppen.
	2 Batteriekabel gebrochen, Kabelklemmen lose oder oxidiert, Kabelweg unterbrochen.	Batteriekabel und -klemmen sowie Stromweg kontrollieren, mit Prüflampe untersuchen.
	3 Kontrollleuchte oder Spannungsregler defekt; Schleifkohlen abgenutzt.	Leuchte oder Regler austauschen.
	4 Lichtmaschine schadhaft.	Überholen lassen oder austauschen.
	5 Feuchtigkeit zwischen den Schleifringen und Kohlen (z. B. nach Motorwäsche).	Lichtmaschine mit Druckluft ausblasen oder Schleifringe und Kohlen sauber reiben.
B Ladekontrolle brennt oder glimmt bei laufendem Motor.	1 Keilrippenriemen lose.	Keilriemenspannung kontrollieren.
	2 Schlechter Kontakt an Lichtmaschine oder unterbrochene Kabel.	Kabelanschlüsse und Kabel prüfen.
C Batterieoberfläche feucht.	1 Zuviel destilliertes Wasser.	Ausgasen lassen, keine Säure absaugen.
	2 Batterieverschlüsse verstopft.	Entlüftungsbohrungen säubern.

Sichtprüfung der Batterie

1 Stellen Sie fest, ob es Schäden am Gehäuse gibt. Wenn Säure ausgelaufen ist: Säurewandler oder Seifenlauge!

2 Sind die Batteriepole (Leitungsanschlüsse) beschädigt? Bei Polbeschädigungen könnte der nötige Kontakt der Klemmen nicht mehr gewährleistet sein. Die Batteriepolklemmen müssen korrekt aufgesteckt und festgezogen sein, weil es sonst zu Leitungsbränden und Funktionsstörungen der elektrischen Anlage kommen kann. Der Funktionszustand des Fahrzeugs ist dann in erheblichem Maße nicht gewährleistet.

3 Bei zentraler Entgasung, also Gasaustritt sämtlicher Zellen an einer definierten Stelle, darf der Austritt, möglich ist ein Schlauch, nicht verstopft oder geknickt sein. □

Batterie richtig behandeln

1 Oxidkristalle an den Batterieklemmen mit warmem Sodawasser abwaschen oder mit Neutralon (Säurewandler von Varta) behandeln.

2 Die Batteriepole dürfen nicht gefettet oder geölt werden.

3 Die Batterie-Polklemmen dürfen nur gewaltfrei von Hand aufgesteckt werden, um Gehäuse nicht zu beschädigen.

4 Das Anzugsdrehmoment für die Klemmen beträgt 6 Nm.

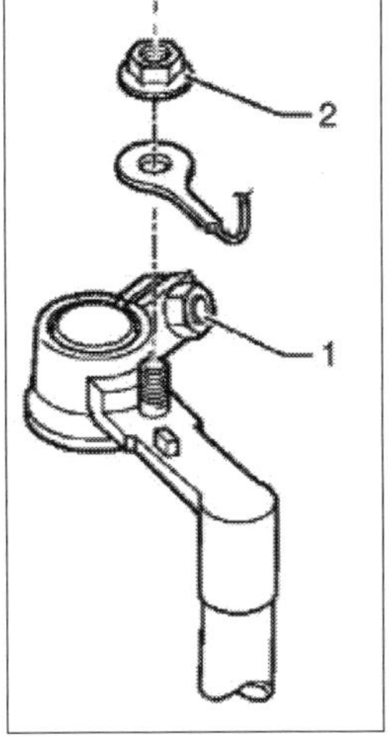

Polklemme der Batterie: *1 Batterieklemme, 2 Zusatzklemme. Anzugsdrehmoment für die Klemmen: 6 Nm.*

5 Erst nachdem die Pluspolklemme befestigt ist, darf die Minuspolklemme (Masseband der Batterie) auf den Minuspol der Batterie gesteckt werden.

6 **Notwendige Maßnahmen nach dem Wiederanklemmen einer Batterie:** Zündung ein- und ausschalten, Fehlerspeicher mit VAS 5051 auslesen, Nullabgleich des Gebers für Lenkwinkel vornehmen, Urzeiteinstellung prüfen/neu vornehmen, mit elektrischem Fensterheber alle Fenster ganz öffnen und wieder schließen. Dann Funktionsprüfung aller elektrischen Verbraucher durchführen. □

Säurestand prüfen, Wasser nachfüllen

15.000 km 12 Monate

1 Die Batterien Ihres Transporters sind mit Magischem Auge ausgestattet. Ein Blick in diese kleine runde Glasscheibe meist in der Nähe des Batterie-Minuspols (es sind auch andere Positionen möglich) gestattet die Prüfung des Säurestandes und des Ladezustands. Allerdings befindet sich das Magische Auge in nur einer Batteriezelle, die Anzeige ist streng genommen nur für diese eine Zelle gültig. Natürlich kann daraus auf die anderen Zellen geschlossen werden, aber eine exakte Beurteilung des Batteriezustandes ist nur durch eine Belastungsprüfung möglich.

Der Pfeil weist auf das »Magische Auge« der Batterie

2 Klopfen Sie leicht und vorsichtig mit dem Griff eines Schraubendrehers auf das Magische Auge. Luftblasen lösen sich auf, die Farbanzeige wird genauer.

3 Drei unterschiedliche Farbanzeigen sind möglich: **Grün** = Batterie ausreichend geladen. **Schwarz** = Keine oder zu geringe Ladung, die Batterie muss geladen werden. **Farblos oder gelb** = Der kritische Säurestand ist erreicht, es muss unbedingt destilliertes Wasser nachgefüllt werden (nur bei der Batterie im Motorraum und mit anschließender Belastungsprüfung). Besser, vor allem bei einer schon älteren Batterie, ist ein Austausch.

4 Den genauen Säurestand können Sie von außen prüfen, wenn MIN- und MAX-Markierungen am Batteriegehäuse vorhanden sind. Die Säure muss mindestens bis zur MIN-Markierung reichen (Oberkanten der Platten müssen gut bedeckt sein), darunter darf der Stand nicht abfallen. Richtig ist es, den Säurestand immer auf der max-Marke zu halten.

5 Gibt es keine Markierungen oder kann man den Säurestand nicht ablesen (schwarzes Gehäuse), schalten Sie die Zündung und alle elektrischen Verbraucher aus. Ziehen Sie die Kunststofffolie (oder eine entsprechende Abdeckung) von den Zellverschlussstopfen ab und schrauben Sie alle Verschlussstopfen heraus. Jetzt können Sie durch einen Blick in das Innere des Batteriegehäuses (Taschenlampe!) den Säurestand prüfen. Er ist in Ordnung, wenn er mit der inneren Säurestandsmarkierung abschließt.

6 Bei zu niedrigem Säurestand destilliertes Wasser (um nicht durch Verunreinigungen die Selbstentladung der Batterie zu fördern) nachfüllen. Dazu Batterie-Füllflasche verwenden! Ihr Einfüllstutzen verhindert das Überfüllen der Batteriezelle und das Austreten von Säure.

7 Bei einer geladenen Batterie bis zum MAX-Strich (15 mm über den Oberkanten der Platten) mit destilliertem Wasser auffüllen. In eine stark entladene Batterie nur so viel Wasser füllen, dass die Platten gerade bedeckt sind. Beim Aufladen steigt der Säurestand erheblich. Erst nach dem Laden bis zur oberen Marke nachfüllen.

8 Der Akku darf nicht überfüllt werden, weil der Elektrolyt (Schwefelsäure/Wasser) sonst an den Verschlussstopfen oder an der seitlichen Entlüftungsbohrung austritt. Überschüssige Batteriesäure mit einem Säureheber absaugen!

9 Schrauben Sie die originalen Verschlussstopfen wieder ein. Nur so gewährleisten Sie die Dichtigkeit der Batterie. Benutzen Sie bei Verlust oder Beschädigung nur Verschlussstopfen der gleichen Bauart. Die Zellverschlussstopfen müssen mit einer O-Ring-Dichtung ausgestattet sein. □

Säuredichte prüfen

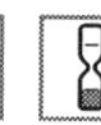

1 Führen Sie die Messung erst durch, wenn die letzte Aufladung mindestens sechs Stunden zurückliegt.

2 Schrauben sie alle Verschlussstopfen heraus.

3 Tauchen Sie einen Säureheber senkrecht in die Batteriezelle. Dann soviel Batteriesäure ansaugen, bis die Messspindel frei in der Säure schwimmt. Je höher die Säuredichte, desto mehr taucht der Schwimmer auf. Lesen Sie die Säuredichte (kg pro Kubikdezimeter/Liter) ab. Vergleichen Sie den abgelesenen Messwert mit den Werten in der Tabelle:

Säuredichte in kg/dm³ und Ladezustand

Dichte in normalen Klimazonen	1,28	1,20	1,12
Ladezustand	gut geladen	halb geladen	entladen
Dichte in tropischen Klimazonen	1,23	1,16	1,08
Ladezustand	gut geladen	halb geladen	entladen

5 Die Säuredichte muss in normalen Klimazonen mindestens 1,24 kg/dm³ (kg/l) betragen. Ferner dürfen die Messwerte für die Säuredichte der einzelnen Batteriezellen nicht mehr als 0,03 kg/l voneinander abweichen. Ist die Dichte zu gering: Batterie laden und Säuredichteprüfung wiederholen.

6 Wenn die Sollwerte erreicht werden, Verschlussstopfen (original und mit O-Ringen) einschrauben. Werden die Sollwerte nicht erreicht, Batterie ersetzen. □

Belastungsprüfung der Batterie

Im Zusammenhang mit der Säuredichteprüfung gibt eine Belastungsprüfung Aufschluss über den Zustand der Batterie. Erforderlich ist dazu ein Batterieprüfgerät. Wird ein Gerät (Tester) wie z.B. VAS 5097 verwendet, muss die Batterie nicht ausgebaut und auch nicht abgeklemmt werden. Dann Zündung ausschalten und die Zangen der Prüfleitungen an die Batteriepole anschließen. Die Prüfung wird entsprechend der Bedienungsanleitung des Testers durchgeführt. In einem Diagramm werden folgende Zusammenhänge dargestellt:

Batterie-kapazität	Kälteprüf-strom	Belastungs-strom	Mindest-spannung
36 Ah	175 A	100 A	10,4 V
40 - 49 Ah	220 A	200 A	9,2 V
50 - 60 Ah	265 - 280 A	200 A	9,4 V
61 - 80 Ah	300 - 380 A	300 A	9,0 V
81 - 110 Ah	380 - 500 A	300 A	9,5 V

Durch die starke Belastung der Batterie während dieser Prüfung (hoher Strom fließt) sinkt die Batteriespannung, bei einwandfreier Batterie allerdings nur bis zur Mindestspannung. Ist die Batterie defekt oder nur schwach geladen, sinkt die Batteriespannung sehr schnell unter den Mindestwert. Nach dem Test steigt die Spannung nur langsam wieder an.

Der Tester druckt als Ergebnis 6 verschiedene Informationen aus. Bei »Startleistung sehr gut« und »Startleistung gut« ist die Batterie in Ordnung; bei »Startleistung ausreichend«, »Startleistung schlecht«, »Startleistung sehr schlecht« und »Nicht testfähig« muss die Batterie nachgeladen werden.

Nach dem Nachladen erneut eine Belastungsprüfung vornehmen. Wenn dann immer noch eine der vier Anzeigen für Nachladen erfolgt, muss die Fahrzeugbatterie ausgewechselt werden.

Ruhespannung messen

Arbeitsschritte   

1 Benutzen Sie ein hochgenau anzeigendes Multimeter (Anzeigegenauigkeit ± 0,02 Volt). Die Werte der Ruhespannung geben Aufschluss über den Ladezustand.

Bei eingebauter Batterie: Masseband (bei ausgeschalteter Zündung) abklemmen. Die Batterie darf mindestens zwei Stunden vor der Messung nicht geladen und nicht durch angeschlossene Verbraucher belastet worden sein.

2 Voltmeter zur Messung an die Batteriepole anschließen. Alle Stromverbraucher ausschalten. Die Spannungsmessung zwischen den Polklemmen mehrfach wiederholen!

3 Zeigt das Messgerät 12,5 Volt oder darüber an, ist die Batterie in Ordnung. Die folgende Tabelle verdeutlicht Ihnen das Verhältnis von Ruhespannung und Batteriezustand:

Spannung (V)	12,66 (und mehr)	12,48	12,3
Zustand der Batterie	100 % geladen	75 % geladen	50 % entladen

4 Unterschreitet nach Auffüllen der Batteriesäure und Aufladen der Batterie die Ruhespannung doch den Wert von 12,5 V, muss die Batterie ersetzt werden. □

Praxistipp

Warnhinweise beachten

Für den Umgang mit Blei-Säure-Batterien gelten folgende Sicherheitsvorschriften (Piktogramme beachten!):

- Feuer, Funken, offenes Licht und Rauchen sind verboten. Vermeiden Sie Funkenbildung durch elektrostatische Entladungen und Kurzschlüsse (keine Werkzeuge auf der Batterie ablegen!).
- Unbedingt Augenschutz tragen.
- Halten Sie Kinder von Säure und Batterien fern.
- Entsorgen Sie Altbatterien nach Vorschrift und nie über den Hausmüll!
- Beim Laden von Batterien entsteht ein hochexplosives Knallgasgemisch: Explosionsgefahr!
- Beachten Sie die Hinweise in der Betriebsanleitung und auf der Batterie.
- Die Verätzungsgefahr ist groß. Batterie nicht kippen, Augenschutz und Schutzhandschuhe tragen.

Batterie aus- und einbauen

Arbeitsschritte  

1 Ausbau: Motorhaube öffnen, die drei Drehverschlüsse (Bild) öffnen, Abdeckung über der Batterie links vorn im Motorraum abnehmen. Bei Fahrzeugen mit Zweitbatterie (siehe Bild S. 156; in den VW-Unterlagen: A1) linken Vordersitz ausbauen und, falls vorhanden, Abdeckung abnehmen.

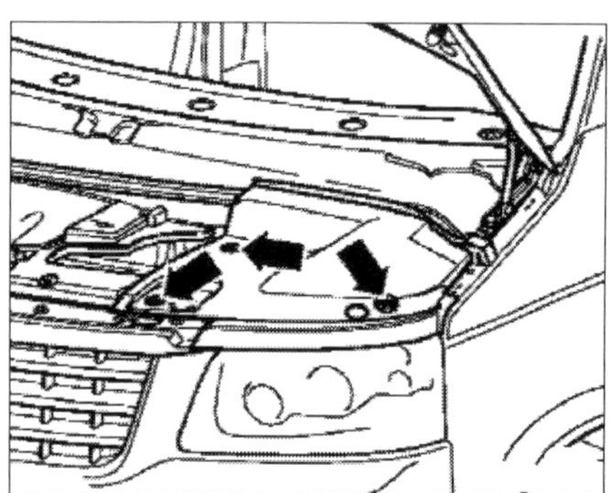

Batterie im Motorraum (VW: A): *Die Pfeile weisen auf die Drehverschlüsse für die Abdeckung.*

2 Schalten Sie die Zündung aus. Ziehen Sie, falls vorhanden, den Schlauch für Zentralentgasung von der Batterie ab. Klemmen Sie die Batterie ab. Zuerst die Batterie im Motorraum (A) dann die Zweitbatterie unter dem linken Vordersitz (A1) abklemmen.

Klemmen Sie zuerst das Masseband der Batterie (Minusleitung) ab. Dadurch wird sicheres Arbeiten an der elektrischen Anlage gewährleistet. Danach die Plusleitung abklemmen. Legen Sie die Kabel so zur Seite, dass kein Kurzschluss entstehen kann.

Beim späteren Wiederanklemmen der Batterie umgekehrt vorgehen: erst A1, dann A2 und erst die Plusleitung und danach die Minusleitung (Batteriemasseband) anklemmen.

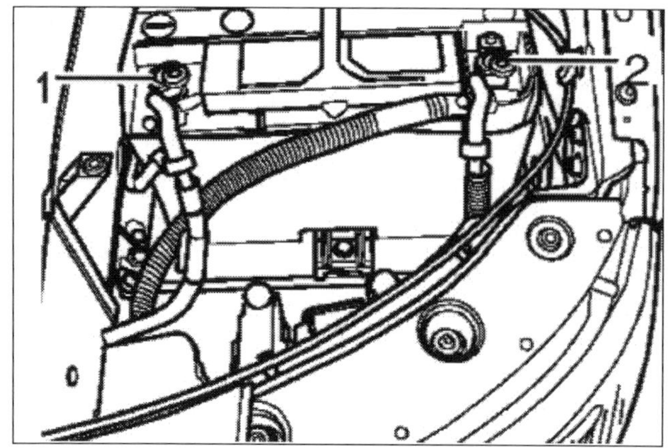

Batterie im Motorraum: *1 Minusleitung, 2 Plusleitung*

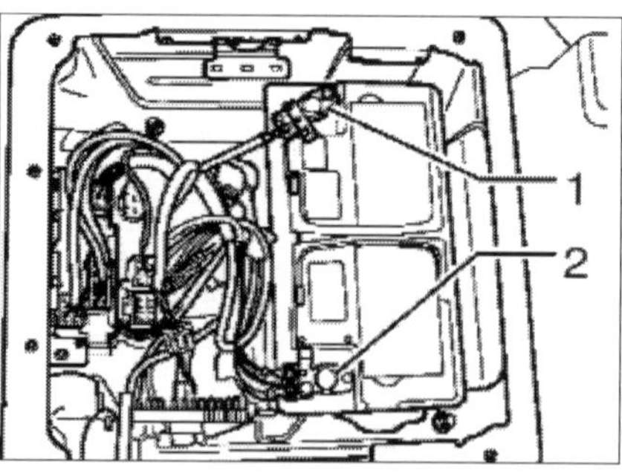

Zweitbatterie: *1 Minusleitung, 2 Plusleitung*

3 Schrauben Sie die Befestigungsschraube M8 x 50 am Batteriefuß heraus (Bilder S. 156 und nachfolgendes) und nehmen Sie den Batteriehalter ab.

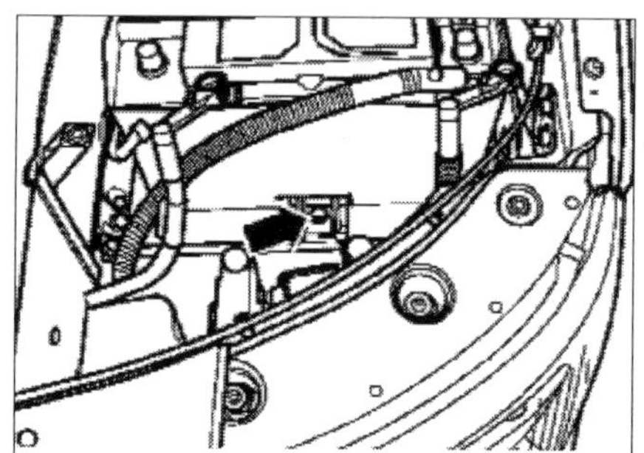

Batterie in Motorraum: *Der Pfeil weist auf die Befestigungsschrauben.*

4 Klappen Sie die Batteriegriffe (Pfeile) nach oben. Umfassen Sie die Batterie an den Griffen und heben Sie diese (bei der Batterie im Motorraum zusammen mit der Wärmeschutzmanschette) aus dem Batteriekasten heraus.

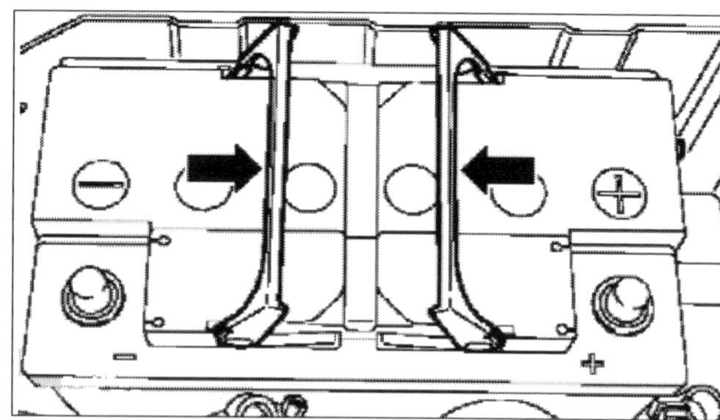

Griffe (Pfeile) an der im Transporter verbauten Batterie.

5 Der **Einbau** der Batterie erfolgt in umgekehrter Reihenfolge. Beachten Sie das Anzugsdrehmoment der Batterieklemmen von 6 Nm (nach anderen VW-Angaben: 9 Nm).

6 Falls vorhanden, den Schlauch für Zentralentgasung auf die Batterie aufstecken. Er darf nicht eingeklemmt werden! Die Batterie muss nach dem Einbau fest sitzen, weil sonst Rüttelschäden bis hin zur Explosionsgefahr die Folge sein könnten. Wenn die Batterie durch Befestigungsbügel beschädigt wird und Säure austritt, können hohe Folgekosten entste-

hen. Eine nicht genügend befestigte Batterie stellt ferner ein Risiko beim möglichen Chrash dar.

Batterie auf die beschriebene Weise anklemmen und die elektrischen Ausstattungen anpassen.

7 Wenn im Fahrzeug eine Zweitbatterie verbaut ist, dann befindet sich vorn links im Batteriekasten unter dem Fahrersitz ein Trennrelais (J7) mit Sicherung (S171). Diese Bauteile können bei abgeklemmten Batterien aus dem Relaisträger ausgebaut werden. Für beide Bauteile gibt es Steckplätze.

Batterie laden

Arbeits-schritte  

1 Befindet sich die Batterie noch an Bord, schalten Sie zum Laden die Zündung und alle elektrischen Verbraucher aus. Bei Verwendung eines modernen Ladegerätes wie des VAS 5095, das ohne Spannungsspitzen lädt und daher Datenerfassung, Motorsteuerung, Airbag und Telefon nicht beeinflusst, kann die Batterie während des Ladens im Fahrzeug verbleiben und muss nicht abgeklemmt werden. Die Batterie muss aber eine Temperatur von mindestens 10 °C haben.

Schalten Sie die Zündung aus. Schließen Sie die Plusleitung des ausgeschalteten Ladegerätes an den Pluspol der Batterie an. Danach schließen Sie die Minusleitung an den Batterie-Minuspol an. Laden Sie entsprechend Betriebsanleitung.

2 Vorsicht bei **tiefentladenen Batterien**! Bei ihnen ist die Ruhespannung unter 11,6 V abgesunken, ihre Batteriesäure besteht fast nur noch aus Wasser, der Schwefelsäureanteil ist stark reduziert. Daher können völlig leere Batterien bei Frost einfrieren und platzen. Auch wenn sie nicht platzen, dürfen gefrorene Batterien nicht mehr verwendet werden!

Bei Tiefentladung sulfatieren Batterien, die gesamten Plattenoberflächen verhärten. Die Batteriesäure ist nicht klar, sondern schwach weißlich eingefärbt. Werden solche Batterien unmittelbar nach der Tiefentladung wieder geladen, bildet sich die Sulfatierung zurück. Werden sie nicht nachgeladen, verhärten die Platten weiter. Die Fähigkeit zur Ladungsaufnahme wird eingeschränkt, die Batterieleistung sinkt ab.

3 Ladestrom am Batterieladegerät entsprechend der Batteriekapazität einstellen. Maximale Ladespannung: 14,4 V. Schalten Sie das Ladegerät ein. Vermeiden Sie das Schnellladen, die Batterien werden dadurch geschädigt. Die Zellverschlussstopfen der Batterie dürfen während des Ladens nicht geöffnet werden.

4 Bei tiefentladenen Batterien: Ladezeit 24 Stunden. Nehmen Sie danach eine Belastungsprüfung vor.

Defekten Verbraucher ermitteln

Arbeits-schritte  

1 Batterie-Minuskabel abnehmen, Kabel des Multimeters zwischen Minuspol und Batteriekabel anschließen. Türen schließen. Zeigt das Gerät einen Stromfluss an, ist ein Verbraucher defekt.

2 Massekabel anschließen, Abdeckung des Sicherungshalters öffnen und eine Sicherung herausnehmen. An die von der Sicherung befreiten Kontakte das Multimeter anschließen.

Fließt kein Strom, ist der betreffende Stromkreis in Ordnung. Ein geringer Stromfluss dagegen ist kein Alarmsignal: Geräte wie Bordcomputer, Uhren, Radios und Warnanlagen entnehmen ständig Energie von der Batterie.

3 Wiederholen Sie die Messungen, bis das Gerät einen höheren Stromfluss anzeigt. Die Sicherungstabelle in der Bedienungsanleitung Ihres Fahrzeugs zeigt Ihnen, welche Verbraucher zu diesem Stromkreis gehören.

4 Die Verbraucher der Reihe nach ausbauen und jeweils den Strom messen. Wenn das Multimeter keinen Stromfluss anzeigt, haben Sie das fehlerhafte Teil ermittelt.

Motor mit Starthilfekabel starten

Arbeits-schritte  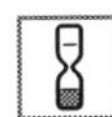

1 Hilfsfahrzeug dicht an Ihr Fahrzeug heran fahren, damit die Batterien bequem durch die Starthilfekabel verbunden werden können.

2 Schalten Sie alle Stromverbraucher ab.

3 Die Pluspole mit dem Starthilfekabel verbinden, zuerst die leere, dann die volle Batterie anklemmen.

Verwenden Sie zur Überbrückung von einer vollen zu einer leeren Batterie spezielle Elektronik-Starthilfekabel. Damit schützen Sie die elektronischen Bauteile Ihres Fahrzeugs vor gefährlichen Spannungsspitzen.

4 Das andere Kabel zuerst am Minuspol der Fremdbatterie und dann an Masse des Fahrzeugs mit der entladenen Batterie anschließen.

5 Motor des Hilfswagens starten und mit erhöhter Drehzahl laufen lassen, damit die Lichtmaschine viel Spannung liefert.

6 Starten Sie nun Ihr Fahrzeug.

Wenn der Motor nicht gleich anspringt, sollten Sie nach weiteren Versuchen immer wieder eine Pause einlegen, damit der Anlasser abkühlen kann. Dabei den Motor des Hilfsfahrzeugs weiterlaufen lassen. Ihre leere Batterie wird schon allein dadurch nachgeladen.

7 Zum Abnehmen der Starthilfekabel zuerst den Minuspol der eigenen Batterie, dann den der Fremdbatterie abklemmen. Anschließend Kabel von den Pluspolen abnehmen. Auch hier gilt:: Erst Arbeitsschritte an der vollen Batterie, dann an der Leerbatterie vollziehen.

8 Nach dem Start eine Zeitlang mit höheren Drehzahlen fahren, damit die Lichtmaschine die Batterie aufladen kann. □

Wagen anschieben oder anschleppen

Motor und Anlasser müssen in Ordnung sein. Verzichten Sie aufs Anschieben, wenn der Motor wegen einer defekten Zündanlage nicht startet. Unverbrannte Gemischanteile können nachgezündet werden und die Temperatur im Katalysator auf gefährliche Höhen treiben. **Anschieben oder Anschleppen über eine Strecke von mehr als 50 Metern ruiniert den Katalysator.** Fahrzeuge mit Automatikgetriebe können nicht angeschoben oder angeschleppt werden.

- Zündung einschalten und zweiten oder dritten Gang einlegen. In höheren Gängen wird die Lichtmaschine für kräftige Stromlieferung zu langsam durchgedreht.
- Kupplung durchtreten, Wagen anschieben lassen, bis er in Schwung ist.
- Kupplung schnell kommen lassen. Der Motor wird abrupt durchgedreht und müsste anspringen. Dann sofort Kupplung treten und Gas geben.

Wenn der Motor dabei nicht anspringt, versuchen Sie es mit Anschleppen:

- Zündung einschalten, zweiten oder dritten Gang einlegen und Kupplung treten.
- Der Zugwagen muss langsam anfahren.
- Bei etwa 15 km/h die Kupplung langsam kommen lassen. Bleiben Sie stets bremsbereit (Hand an die Handbremse!).
- Ist der Motor angesprungen, Kupplung treten und Gas geben.
- Dem Schleppfahrer ein Hupsignal geben, beide Fahrzeuge sanft abbremsen.

Lichtmaschine aus- und einbauen

Arbeitsschritte  

1 **Ausbau:** Klemmen Sie das Batterie-Masseband am Minuspol der Batterie ab.

2 Bauen Sie den Keilrippenriemen aus: Für den richtigen Wiedereinbau die Laufrichtung kennzeichnen, den Riemen durch Schwenken der Spannrolle entspannen, Riemen abnehmen (verschiedene Verläufe siehe Kapitel »Die Motoren« Seiten 52 und 53).

3 Eine Besonderheit ist der Kompaktgenerator bei den 2,5-Liter TDI-Motoren (Fünf-Zylinder-Motoren). Bei ihnen erfolgt der Antrieb der Welle über eine torsionselastische Kupplung, die auf einen Zahnflansch am Generator geschoben ist. Beim Ausbau dieses Generators muss also kein Keilrippenriemen ausgebaut werden. Allerdings dürfen Sie den Generator nicht von seinem Halter trennen. Die Lichtmaschine wird also stets komplett mit Generatorhalter aus- und eingebaut und auch ersetzt (siehe die folgende VW-Montagezeichnung).

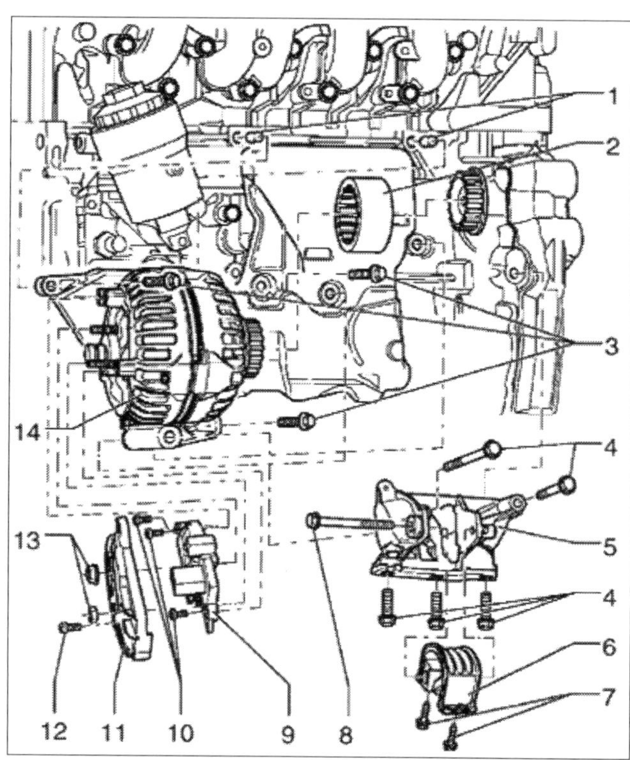

Kompaktgenerator bei Motoren AXD/AXE: *1 zwei Passhülsen, 2 torsionselastische Kupplung, 3/4/7/8/10/13 Schrauben und Muttern, 5 Drehmomentstütze vorn mit 6 Stützlager, 9 Spannungsregler, 11 Schutzkappe, 14 Drehstromgenerator.*

4 Nach dem Abklemmen der Batterie schrauben Sie am Generator die Leitung B+ ab. Bei den Vierzylinder-Otto- und Dieselmotoren ist das sofort möglich. Bei den Fünf- und Sechszylindermotoren sind Vorarbeiten nötig: Geräuschdämpfung ausbauen, Schlossträger in Servicestellung bringen (Kapitel »Die Karossierie«), Luftfilter (beim 6-Zylinder) oder Stützlager für Drehmomentstütze (beim 5-Zylinder) ausbauen.

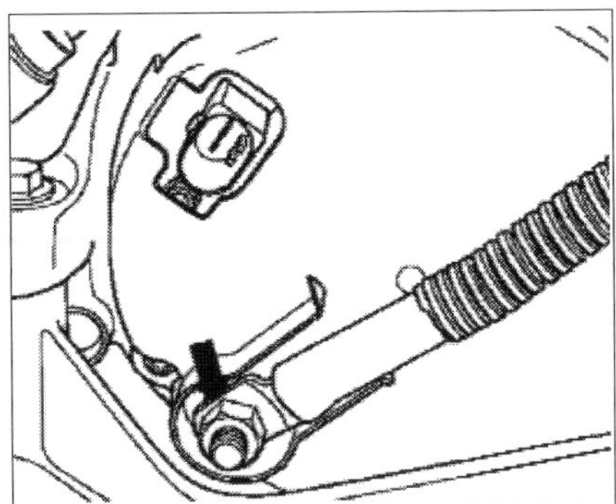

Der Pfeil weist auf die Befestigung der B+-Leitung am Generator.

5 Bauen Sie die Befestigungsschrauben des Generators (beim Fünfzylinder die Befestigungsschrauben des Generatorhalters) heraus und nehmen Sie den Generator (oder Generator mit Halter) nach oben heraus.

6 Der **Einbau** erfolgt sinngemäß in umgekehrter Reihenfolge. Klopfen Sie die Gewindebuchsen für die Befestigungsschrauben am Generator vor dem Einbau etwa 4mm nach hinten aus dem Gehäuse heraus. Ziehen Sie die Befestigungsmutter für die Leitung B+ (B1+; Klemme 30) am Generator mit 15 Nm fest. Geschieht das nicht mit dem vorgeschriebenen Anzugsdrehmoment, könnte die Batterie nicht vollständig geladen werden, die Fahrzeugelektrik/-elektronik komplett ausfallen (Liegenbleiber), Funkenbildung zu Bränden führen und durch Überspannungen könnten Schäden an elektronischen Bauteilen und Steuergeräten entstehen. □

Spannungsregler prüfen

1 Multimeter zwischen Plus-Klemme der Lichtmaschine und Masse schalten.

2 Motor zwei Minuten mit 3.000 bis 4.000 U/min drehen lassen, damit die Lichtmaschine betriebswarm wird (ca. 80 °C). Beim Start darf die Spannung bis 8 Volt absinken.

3 Schalten Sie Standlicht, Radio oder Frischluftgebläse ein. Die Regulierspannung muss jetzt zwischen 13,5 und 14,8 Volt liegen, dann arbeiten Generator und Regler korrekt.

4 Schalten Sie das Fernlicht ein und wiederholen Sie die Messung bei 3.000 U/min. Die Spannung darf nicht mehr als 0,4 V über dem zuvor gemessenen Wert liegen.

Fahren mit defekter Lichtmaschine

Wenn Lichtmaschine oder Regler unterwegs streiken, können Sie trotzdem weiterfahren. Die Batterie übernimmt dann die Stromversorgung. Je nach Ladezustand und Kapazität reicht die Energie für etwa fünf Stunden, wenn Sie bei der Fahrt keine überflüssigen Verbraucher einschalten.

- Mehrfachstecker an der Lichtmaschine abziehen, damit sich die Batterie nicht über den defekten Generator oder Spannungsregler entladen kann.
- Die Fahrt nicht unnötig unterbrechen, denn der Anlasser braucht besonders viel Strom. Wenn möglich, den Wagen anrollen lassen.
- Heckscheiben-Beheizung, Gebläse und Radio nicht einschalten.
- Scheibenwischer und Scheibenwaschanlage nur bei unumgänglichem Bedarf in Betrieb nehmen.
- Bei Dunkelheit möglichst ohne Fernlicht und Nebelscheinwerfer fahren.

5 Messen Sie höhere Spannungen, ist der Regler defekt und muss ausgetauscht werden. Den **Spannungsregler ausbauen:** Schrauben Sie die zwei Sechskant-Muttern 1 ab. Befestigungsschraube 2 der Schutzkappe 3 herausdrehen. Kappe abnehmen. Darunter befinden sich die drei Kreuzschlitzschrauben, mit denen der Spannungsregler befestigt ist. Schrauben herausdrehen und Regler (Abb. S. 160) abnehmen. **Spannungsregler einbauen:** Sinngemäß umgekehrt.

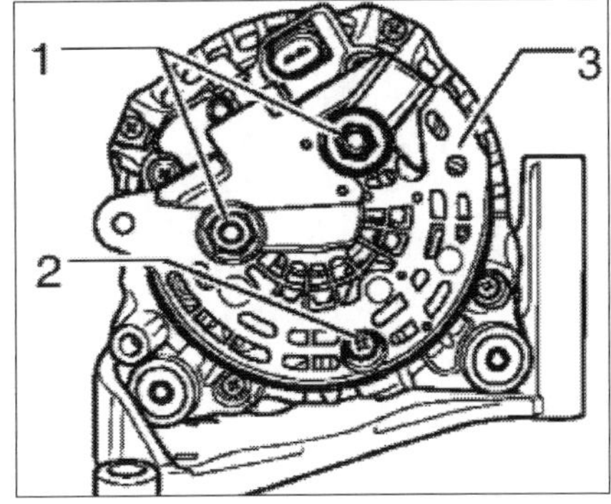

Spannungsregler am Kompaktgenerator: *1 Muttern, 2 Befestigungsschraube, 3 Schutzkappe.*

6 Ist die Spannung zu niedrig, deutet das auf abgenutzte Schleifkohlen hin. Die Länge der Kohlebürsten beträgt neu 12 mm, die Verschleißgrenze liegt bei 5 mm. Die Längenabweichung der beiden Schleifkohlen zueinander darf maximal 1 mm betragen. Werden die Toleranzen nicht eingehalten, sollten Sie die Lichtmaschine ausbauen und zum Überholen in die Autoelektrik-Werkstatt bringen. □

Anlasser

Störungs-beistand

Störung	Ursache	Abhilfe
A Beim Drehen des Zündschlüssels in Startstellung dreht der Anlasser zu langsam oder gar nicht.	**1** Kontrolllampen brennen schwach oder verlöschen: a) Batterie entladen, b) Kabelanschlüsse lose oder oxidiert, c) Anlasser hat Masseschluss.	 Starthilfekabel, anschleppen. Befestigen, Anschlüsse säubern. Anlasser überholen lassen oder austauschen.
	2 Kontrolllampen brennen hell, Klicken vom Anlasser: Auf den Magnetschalter klopfen. Anlasser dreht noch nicht: a) Kohlebürsten oder Anschlüss gelöst, b) Magnetschalter-Kontakte verschmort, c) Anlasserwicklung schadhaft.	 Anlasser überholen lassen. Anlasser überholen lassen oder austauschen. Anlasser überholen lassen oder austauschen.
	3 Kontrolllämpchen brennen hell, keinerlei Anlassergeräusche: a) Anschluss Klemme 50 lose. b) Klemme-50-Leitung vom Zündschloss zum Magnetschalter unterbrochen.	 Anschluss überprüfen. Leitung mit Prüflampe kontrollieren.
B Anlasser läuft, ohne den Motor durchzudrehen.	**1** Ritzel verschmutzt.	Ritzel reinigen.
	2 Einrückvorrichtung klemmt.	Anlasser überholen lassen.
	3 Verzahnung des Ritzels oder der Motorschwungscheibe beschädigt.	Wagen vorschieben. Erneut starten. Beschädigte Teile ersetzen lassen.
C Magnetschalter schaltet ein und aus, Anlasser läuft nicht an.	Batterie stark entladen. Beim Einschalten des Magnetschalters fällt Spannung ab und er schaltet wieder aus.	Batterie laden.
D Anlasser läuft weiter, obwohl der Zündschlüssel losgelassen wurde.	**1** Magnetschalter hängt oder schaltet nicht ab.	Zündung sofort abschalten, notfalls Batterie abklemmen. Magnetschalter reparieren oder Anlasser austauschen.
	2 Zünd-/Anlassschalter defekt.	Schalter ersetzen.
E Ritzel spurt nach Anspringen nicht aus.	**1** Rückstellfeder des Einrückhebels lahm oder gebrochen.	Zündung abschalten, Anlasser austauschen.

Anlasser aus- und einbauen

1 **Ausbau:** Batterie abklemmen, die beiden Befestigungsschrauben 1 des Kühlmittelausgleichsbehälters herausdrehen und den Behälter zur Seite drücken (Bild rechts). Geräuschdämpfung ausbauen (Kapitel »Die Karosserie«).

2 Schutzkappe 2 der Plus-Leitungs-Befestigung vom Magnetschalter abhebeln. Die Befestigungsmutter 3 der Plus-Leitung (Klemme 30) vom Magnetschalter abschrauben. Die Steckverbindung 1 (Klemme 50) am Magnetschalter trennen.

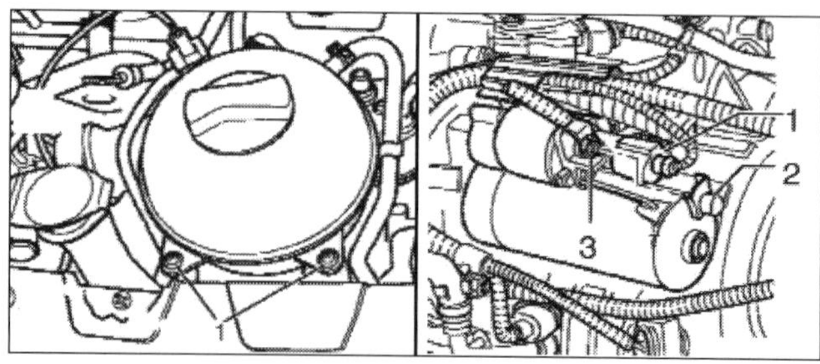

Ausbau des Anlassers mit Magnetschalter:
Bild links: *Kühlmittelausgleichsbehälter mit 1 Befestigungsschrauben.*
Bild rechts: *Anlasser mit 1 Steckverbindung (Klemme 50) am Magnetschalter, 2 Schutzkappe der Plus-Leitungs-Befestigung, 3 Befestigungsmutter der Plus-Leitung.*

4 Bei allen Motoren außer BDL die Befestigungsmutter 1 des Leitungshalters 2 herausschrauben und die Leitungen zur Seite drücken. Dann die obere Befestigungsschraube 3 des Anlassers herausschrauben (Bild rechts). Bei Motoren BDL (6-Zylinder Otto) die Befestigungsmuttern der beiden Leitungshalter herausschrauben, Leitungen zur Seite drücken und die beiden Befestigungsschrauben des Anlassers herausdrehen.

5 Die Befestigungsmutter der Minusleitung (Klemme 31) vom Anlasser abschrauben und die Leitung zur Seite drücken. Jetzt kann der Anlasser herausgenommen werden.

6 **Einbau:** Erfolgt sinngemäß in umgekehrter Reihenfolge. Die Befestigungsschrauben M12 mit 75 Nm, die Befestigungsmuttern M8 der Plus-Leitung, der Minus-Leitung und des Leitungshalters mit 20 Nm festziehen.

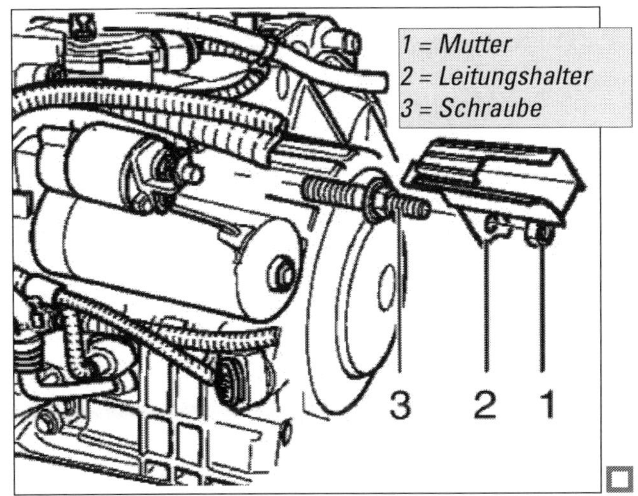

Scheibenwischer

Störungsbeistand

Störung	Ursache	Abhilfe
A Front- oder Heckscheibenwischer läuft nicht.	**1** Sicherung und/oder Motor defekt.	Austauschen.
	2 Intervallmodul defekt.	Motor austauschen.
	3 Wischerantriebskurbel lose.	Festziehen.
	4 Kabel zum Schalter oder Motor unterbrochen.	Stecker und Leitungen überprüfen.
B Scheibenwischer laufen nicht in Stufe I und/oder Stufe II.	**1** Klemme am Wischermotor defekt.	Motor austauschen.
	2 Kontaktwege im Wischerschalter unterbrochen.	Schalter austauschen.
	3 Leitung vom Wischerschalter zum Motor (grün/gelb) unterbrochen.	Leitung überprüfen.
C Keine Wischerrückstellung.	**1** Leitung zwischen Wischerschalter und Motor (schwarz/grau) unterbrochen.	Leitung kontrollieren.
	2 Wischermotor defekt.	Mit Prüflampe kontrollieren. Ggf. Motor austauschen.
D Scheibenwischer laufen nicht im Intervallbetrieb (oder Intervallbetrieb lässt sich nicht ausschalten) oder ...	**1** Wisch-/Waschrelais defekt.	Austauschen.
	2 Leitungen zwischen Wischerschalter und Relais oder Steuergerät unterbrochen.	Leitung überprüfen.
	3 Kontakt im Wischerschalter defekt.	Schalter austauschen.
E ...sie bleiben nach Abschalten nicht oder nur kurz in Parkstellung.	Mangelhafter Kontakt am Schleifkontakt im Wischermotor.	Wischermotor zerlegen, Kontakte blankschleifen. Ggf. Motor austauschen.

Wischerblätter

Störungs-beistand

Störung	Ursache	Abhilfe
A Wasser und Schmutz werden gleichmäßig über das Wischfeld verteilt oder im Wischfeld bleiben feine Wasserstreifen stehen.	**1** Scheibe durch Lackpflegemittel, ölhaltige Rückstände oder Insektenreste verschmutzt.	Auf der Scheibe ein Putzmittel auftragen, einwirken lassen, dann mit einem sauberen Lappen abreiben.
	2 Wischergummi teilweise oder ganz verschlissen.	Mit »Riefen-Killer« Abhilfe schaffen, sonst austauschen.
	3 Wischerarm am Anlenkpunkt des Wischerblattes verdreht.	Wischerarmende nachbiegen (in sich verdrehen).
B Im Wischfeld bleiben feine Wassertropfen zurück.	Neigungswinkel des Wischergummis zur Windschutzscheibe zu flach.	Anstellwinkel ggf. korrigieren lassen, sonst Wischergummi austauschen.
C Im Wischfeld bleibt ein breiter Wasserfilm zurück.	Ungleiche Druckverteilung durch verbogene oder defekte Anpressfeder im Wischergummi.	Wischerblatt austauschen.
D Im Wischfeld bleiben einige Wasserfelder zurück.	**1** Anpressdruck des Wischerarms ist zu gering.	Anpressdruck überprüfen. Feder leicht einölen, ggf. Wischerarm ersetzen.
	2 Scheibenwischerantrieb verschlissen.	Kontrollieren, defekte Teile ersetzen.
	3 Wischerarm lose oder verbogen.	Festschrauben oder nachbiegen.
	4 Wischerblatt verbogen.	Austauschen.
E Wischerblatt rattert.	**1** Zuviel Spiel in Verbindungen.	Wischerblatt oder -arm auswechseln.
	2 Wischerarm in sich verdreht.	Wischerarm zurecht biegen.

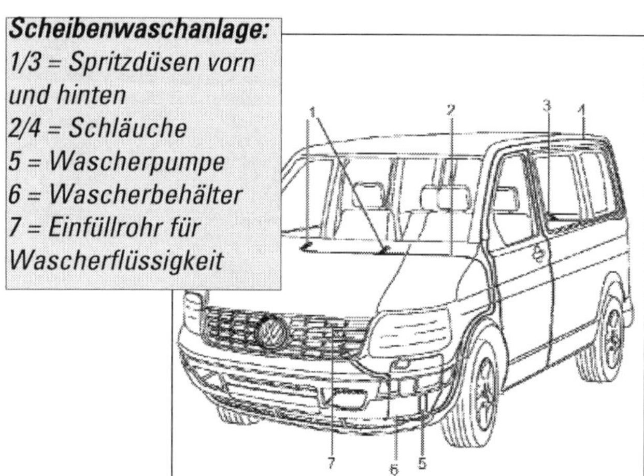

Scheibenwaschanlage: 1/3 = Spritzdüsen vorn und hinten 2/4 = Schläuche 5 = Wascherpumpe 6 = Wascherbehälter 7 = Einfüllrohr für Wascherflüssigkeit

Wischerblätter und Wischerarme wechseln

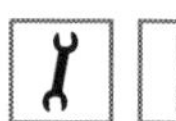

1 **Ausbauen Blätter vorn:** Scheibenwischerarm hochklappen und Wischerblatt waagerecht stellen.

2 Sicherungsfeder drücken. Gleichzeitig das Wischerblatt vorsichtig, um die Scheibe nicht zu beschädigen, in Richtung der Frontscheibe drücken.

3 **Ausbauen Blätter hinten:** Wischerarm von der Scheibe abklappen.

4 Wischerarm mit einer Hand im oberen Teil halten. Mit der anderen Hand das Wischerblatt mittig greifen und abziehen.

5 **Ausbauen Aero-Scheibenwischerblätter vorn:** Fahrer- und Beifahrerwischerblatt dürfen bei der Montage nicht vertauscht werden. Klappen Sie den Wischerarm hoch. Dabei das Wischerblatt nur im Bereich seiner Befestigung am Wischerarm anfassen, um ein Verbiegen von Arm und Blatt des sehr flexiblen Aerowischers zu vermeiden.

6 Wischerblatt auf dem Wischerarm nach hinten bis zum Anschlag drehen. Dann das Blatt von der Achse des Wischerarms abziehen.

7 **Ausbauen Arme vorn:** Abdeckkappe an der Wischerarmwelle mit einem Schraubendreher abhebeln. Die darunter befindliche Sechskantmutter lösen, aber nicht ganz abschrauben. Den Wischerarm leicht bewegen, bis er sich löst. .

8 Die Sechskantmutter ganz abschrauben und den Wischerarm von der Wischerarmwelle abziehen. Beide Arme auf die gleiche Weise ausbauen.

9 **Ausbauen Arme hinten:** Wischer in Endablage laufen lassen und die Abdeckkappe nach außen abclipsen. Darunter befindliche Sechskantmutter lösen, aber nicht ganz abschrauben. Wischerarm hochklappen und durch seitliche Bewegungen im Konus lösen. Die Sechskantmutter ganz abschrauben und den Wischerarm von der Wischerarmwelle abziehen.

10 **Einbauen:** Gehen Sie sinngemäß umgekehrt vor:

Die **Wischerarme** der Fahrer- und Beifahrerseite sowie des Heckwischers auf ihre Wellen aufsetzen. Vorn eine Mutter nur auf die Wischerarmwelle der Fahrerseite ebenso wie hinten die Befestigungsmutter nur locker aufschrauben und dann die Endablage der Arme einstellen.

Bei der **Endablage** ist das zu berücksichtigende Maß 25 mm. Vorn gilt dieses Maß zwischen Wischergummi und Wasserkastenabdeckung, hinten im Fall der Heckklappe zwischen Wischergummi und Scheibenunterkante sowie im Fall der Flügeltüren (Arme stehen senkrecht) zwischen Wischergummi und Scheibenseitenkante.

Nach Einstellen der Endablage die Befestigungsmuttern der Arme auf den Wellen vorn mit 20 Nm, hinten in beiden Fällen mit 12 Nm festziehen. Die Abdeckkappen aufsetzen.

Die **Wischerblätter** müssen beim Einbau hörbar in die Scheibenwischerarme einrasten. Das **Aero-Wischerblatt** auf die Achse des Wischerarms aufschieben. Das Blatt auf der Achse bis zum Anschlag drehen und dann den Arm vorsichtig auf die Windschutzscheibe zurückklappen. □

Wischerrahmen mit Gestänge und Motor aus-/einbauen

Arbeitsschritte  

1 **Ausbau**: Die Scheibenwischerarme vorn wie oben beschrieben ausbauen. Die Wasserkastenabdeckung abbauen: Dichtung abziehen, Abdeckung seitlich anheben, bis sich die Clips an der Führungsschiene lösen. Abdeckung vorsichtig nach oben heraus clipsen.

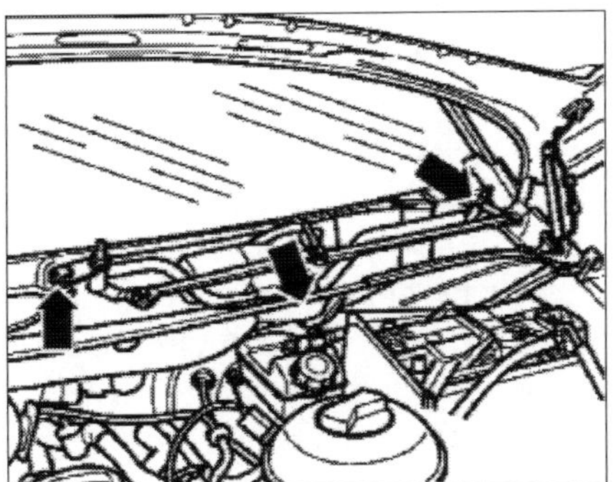

Wischerrahmen ausbauen: *Die Pfeile weisen auf die Befestigungsschrauben.*

2 Drehen Sie die drei Befestigungsschrauben (Pfeile im Bild links unten) heraus

3 Ziehen Sie den Stecker am Wischermotor ab und nehmen Sie den Wischerrahmen komplett heraus.

4 **Einbau:** In sinngemäß umgekehrter Reihenfolge. Die Befestigungsschrauben mit 5 Nm festziehen. □

Scheibenwischermotor aus-/einbauen

Arbeitsschritte  

1 **Ausbau:** Den kompletten Wischerrahmen wie oben beschrieben ausbauen. Die Antriebsstangen der Wischerarme mit dem Abdrückhebel 80-200 von der Kurbel des Wischermotors abdrücken.

2 Den Wischermotor durch Lösen der vier Schrauben vom Wischerrahmen trennen und entnehmen.

3 Beim **Einbau** eines neuen Scheibenwischermotors berücksichtigen, dass sich die Wischerkurbel in Einbaustellung befindet. Den Motor also nicht vor Einbau der kompletten Wischereinheit elektrisch betätigen.

4 Am neuen Motor die vier Befestigungsschrauben aus den vorgeschnittenen Gewindegängen der Halterung herausdrehen. Dichtungen einfetten (Fett im Reparatursatz).

5 Wischergestänge 2 in die Halterung des Wischermotors W legen und entsprechend der Verrastung im Halteroberteil 1 ausrichten. Halteroberteil auflegen und die selbstschneidenden Befestigungsschrauben 3 ansetzen. Die Schrauben nicht verkanten, das Gestänge einwandfrei verrasten.

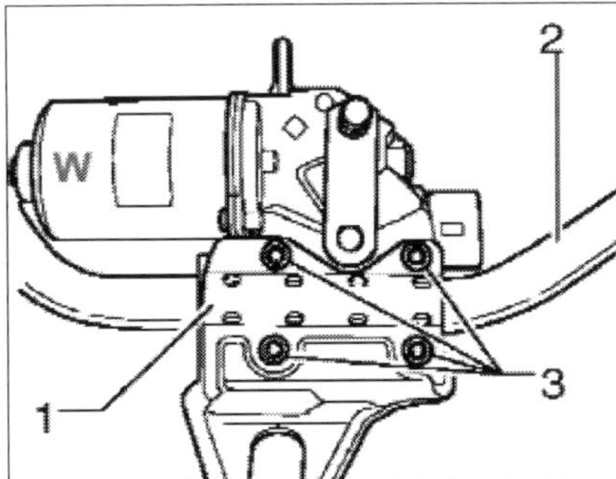

Wischermotor einbauen: *1 Halteroberteil, 2 Wischergestänge, 3 Befestigungsschrauben.* ***W*** *= Wischermotor.*

6 Die Befestigungsschrauben mit einem Anzugsdrehmoment von 8 Nm festziehen. Drücken Sie die kleinere der beiden eingefetteten Dichtungen über den Kugelkopf der Kurbel des Wischermotors. Die Dichtung muss konisch nach unten verlaufen. Drücken Sie dann die Gelenkstange für den rechten Wischer über den Kugelkopf des Motors und drücken Sie die

(größere) eingefettete Dichtung auf die Gelenkstange. Auch diese Dichtung muss konisch nach unten verlaufen.

7 Die Gelenkstange der linken Seite auf den Kugelkopf drücken. Wischerrahmen mit Gestänge und Motor einbauen. Die Steckverbindung am Wischermotor aufstecken, die Batterie anklemmen. Um die Endposition des Motors zu erhalten, für ca. 3 Sekunden den Scheibenwischer auf Stufe 1 einschalten.

8 Die Zündung ausschalten, die Wischerarme wie bereits beschrieben einbauen. □

Heckwischermotor aus-/einbauen

Arbeits-schritte  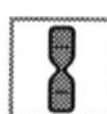

1 **Ausbau** : Bauen Sie den Wischerarm wie oben beschrieben ab und die untere Verkleidung der Klappe hinten (Kapitel »Der Innenraum«) aus.

2 Ziehen Sie den Stecker 1 am Wischermotor und das Schlauchanschlussstück 2 für Scheibenwaschanlage ab. Schrauben Sie die drei Sechskantmuttern 3 ab und entnehmen Sie den Wischermotor 4.

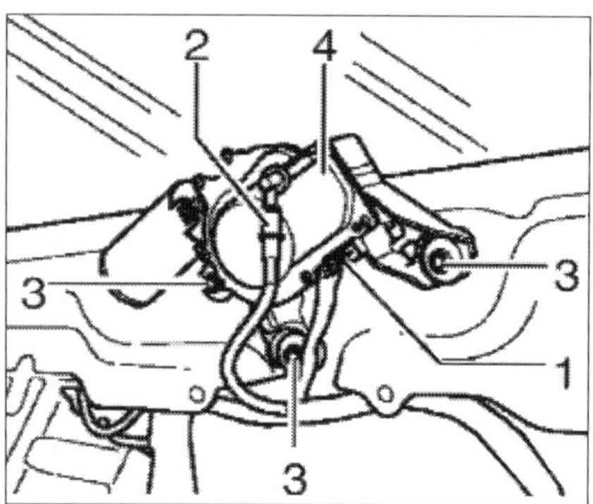

Heckwischermotor ausbauen: *Situation im Falle der Heckklappe.*

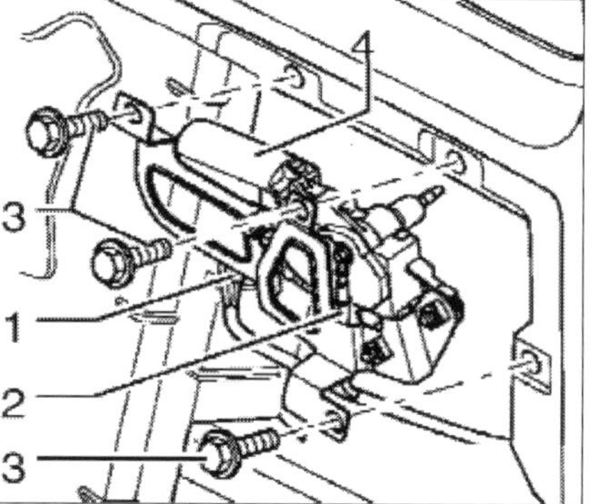

Heckwischermotor ausbauen: *Situation im Falle der Flügeltüren.*

5 Beim **Einbau** in sinngemäß umgekehrter Reihenfolge die Sechskantmuttern für den Motor mit 8 Nm festziehen. Endablage einstellen, Klappenverkleidung einbauen. □

Die Beleuchtung

Die Fahrzeugbeleuchtung ist das zentrale aktive Sicherheitselement im nächtlichen Straßenverkehr und bei schlechten Sichtverhältnissen am Tage. Wegen der weiter wachsenden Verkehrsdichte wird das Fahren mit Licht am Tag immer aktueller. Nach Untersuchungen könnte mit Tagfahrlicht die Zahl der Unfälle beträchtlich reduziert werden. Deshalb sind die von Markenherstellern angebotenen kompakten und energiesparenden Leuchten zum Nachrüsten nicht uninteressant. Sie brauchen vergleichsweise wenig Energie (12 Watt) und werden wie Zusatzscheinwerfer an der Fahrzeugfront montiert. Schaltet man das normale Fahrlicht ein, verlöschen sie automatisch.

In Zukunft Licht nach Maß

Weltweit ist man dabei, die Lichttechnik in den Daten- und Kommunikationsverbund des Fahrzeugs zu integrieren. Funktionen werden vernetzt, um neue Systeme realisieren zu können. Bewegliche Scheinwerfer und durch Software veränderbare Leuchten werden geschaffen. Beim Durchfahren von Kurven ermöglicht das Schwenken von Fern- oder Abblendlicht eine optimale Nutzung des Lichtstroms. Die Bordnetze werden auf vorausschauend agierende Scheinwerfer, intelligente Heckleuchten und adaptives Innenlichtkonzept ausgerichtet.
Die Lichtverteilung wird an wechselnde Umfeldsituationen wie Straßenverlauf und -typ, Witterungsbedingungen und Fahrerwunsch angepasst. Durch zeitlich veränderbare Lichtverteilung erhält der Fahrer bestmögliche Sichtbedingungen, ohne dabei den Gegenverkehr zu blenden. Unterschiedliche Hell-Dunkel-Verläufe können definiert werden: Stadtlicht mit breiter Ausleuchtung, schwenkbares Landstraßenlicht und Autobahnlicht mit höherer Sichtweite. Eine Notbremsanzeige soll Verzögerungssignale der ABS- und ESP-Steuerung auswerten und durch automatisches Warnblinken die Gefahrensituation signalisieren.
Ein weiteres Entwicklungsfeld ist eine in die Leuchte integrierte Schmutz- und Sichtweitesensorik. Sie soll Nebel, Gischt, Regen, Schnee und Verschmutzungen erkennen, damit das Licht entsprechend angepasst werden kann. Die Beleuchtung im Innenraum soll optimale Orientierung im Fahrzeug erlauben und dadurch die Fahrsicherheit erhöhen. Sie soll bei Dunkelheit eine Wohlfühlatmosphäre erzeugen. Leuchtdioden in allen

Farben und blendfreie Elektrolumineszenzfolien sind die neuen Lichtquellen.

Zeitgemäße Klarglas-Optik

Die Hauptscheinwerfer sollen den Gegenverkehr möglichst nicht blenden, auch bei höheren Geschwindigkeiten die Fahrbahn gut ausleuchten und dem Fahrzeug ein unverwechselbares Gesicht geben. Ihre wesentlichen Teile sind Lichtquelle, Reflektor und Streuscheibe. Für das Abblendlicht ist vom Gesetz eine spezielle Lichtverteilung mit asymmetrischer Hell-Dunkel-Grenze vorgeschrieben, bei der sich das Lichtmaximum auf der rechten Seite der Fahrbahn konzentriert. Dazu diente bislang die Streuscheibe mit Zylinderlinsen, Prismen und Parallelflächen.
Moderne Scheinwerfer wie der Ihres Transporters kommen ohne Streuscheibe aus. Der aktuelle Trend heißt Klarglasoptik: Die Scheibe vor den Scheinwerfern ist nur noch Schutz- und keine Streuscheibe mehr. Sie besteht aus Kunststoff, der gegen Steinschlag widerstandsfähiger ist als Glas. Der Scheinwerfer ist dadurch auch leichter als wäre er mit einer Glasscheibe. ausgestattet. Eine harte Decklackschicht schützt das Polykarbonatglas vor Kratzern. Die Blinkleuchten sind integriert und haben orangegelb eingefärbte Lampen. Die Heckleuchten werden dem Trend zum Klarglas übrigens zunehmend angepasst.

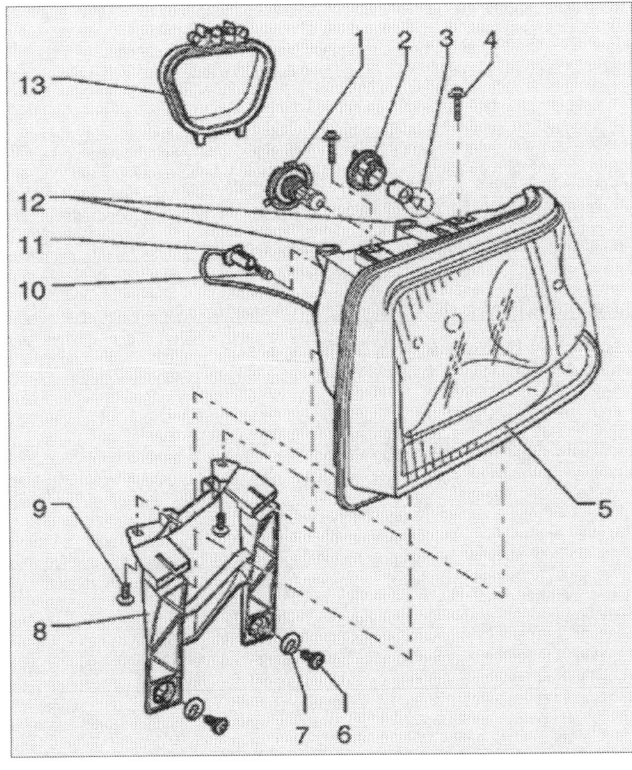

T5-Hauptscheinwerfer mit Doppelfadenlampe: *1 Lampe H4 für Abblend- und Fernlichtscheinwerfer, 2 Fassung für Blinklichtlampe, 3 Lampe PY für Blinklicht, 4/6/9 Schrauben, 5 Scheinwerfer, 7 Einstellscheibe zum Ausrichten des Scheinwerfergehäuses, 8 Halter für Scheinwerfer, 10 Lampe LL für Standlicht, 11 Fassung für Standlichtlampe, 12 Einstellbuchsen zum Korrigieren der Einbaulage des Scheinwerfers.*

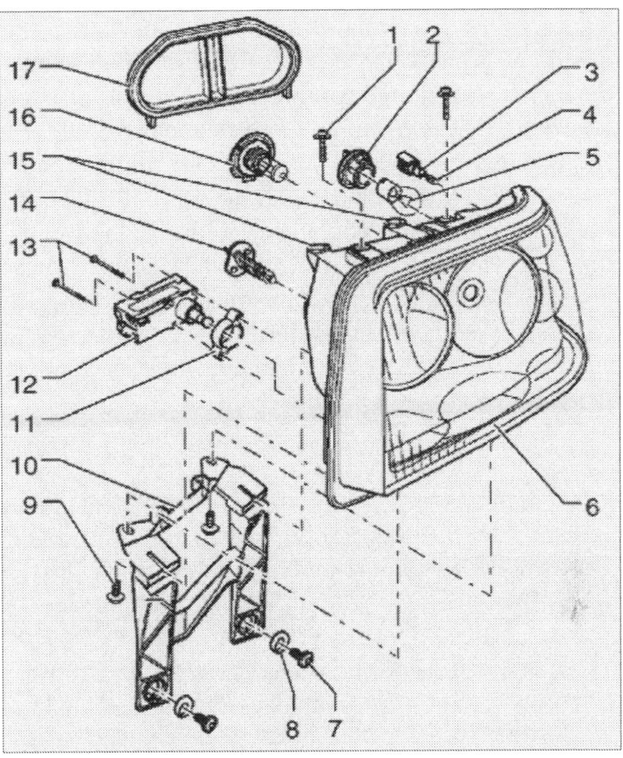

T5-Hauptscheinwerfer mit Doppelreflektor und getrennten Lampen: *1/7/9/13 Schrauben, 2 Fassung für Blinklichtlampe, 3 Fassung für Standlichtlampe, 4 Lampe LL für Standlicht, 5 Lampe PY für Blinklicht, 6 Scheinwerfer, 8 Einstellscheibe zum Ausrichten des Scheinwerfergehäuses, 10 Halter für Scheinwerfer, 11 Haltering, 12 Stellmotor für Leuchtweitenregelung, 14 Lampe für Fernlichtscheinwerfer, 15 Einstcllbuchsen.*

Einfach- und Doppelreflektor

Um einen definierten Lichtkegel auch ohne Linsen und Prismen zu erzeugen, hat der Reflektor Freiformflächen, die mit einem dünnen Aluminiumbelag plus Spezialschicht präpariert sind. Die optimale Form ist per Computer berechnet. Einzelne Segmente im Reflektor sind bestimmten Bereichen auf der Straße zugeordnet. Wegen der kleineren Brennweiten können im Bauraum früherer parabolischer Reflektoren mehrere getrennte Reflektoren untergebracht werden. Die Lichtausbeute wird erhöht. Der Transporter-Scheinwerfer wird in den beiden Bauformen mit einfachem Reflektor und Doppelfadenlampe H4 sowie mit Doppelreflektor und getrennten Lampen H1 (Abblendlicht) und H7 (Fernlicht) eingebaut. Im Hauptscheinwerfer werden Halogenlampen eingesetzt.

Kontrolle ist nötig

Lassen Sie in angemessenen Abständen die Einstellung der Scheinwerfer an Ihrem Fahrzeug prüfen (Aktionen von ADAC, TÜV und DEKRA). Außerdem müssen Sie die Beleuchtung regelmäßig kontrollieren. Vom Gesetzgeber ist das vor jedem Fahrtantritt vorgeschrieben. Sie sollten mindestens einmal wöchentlich überprüfen: Zündung einschalten und dann nacheinander Standlicht, Abblendlicht, Fernlicht und Nebelscheinwerfer. Am Heck müssen Rücklichter, Kennzeichenleuchten, Rückfahrscheinwerfer und Nebelschlussleuchte einwandfrei funktionieren. Überprüfen Sie Blinkleuchten und Einstiegswarnleuchten

Legen Sie sich für unterwegs einen Vorrat mit den wichtigsten Lampen an (VW-Betriebe, Autoteile-Handel, Tankstellen). Die Lampenbezeichnung steht auf dem Sockel oder auf dem Glaskörper. Die Tabelle links unten enthält die im Transporter eingesetzten Lampen. Beachten Sie dazu im konkreten Fall aber stets die Betriebsanleitung Ihres Fahrzeugs.

Vorsicht beim Lampenwechsel

Fassen Sie intakte Glühlampen niemals mit bloßen Fingern am Glaskolben an! Selbst geringe Spuren von Handschweiß verdampfen auf der brennenden Lampe, trüben den Glaskolben und können im Extremfall das Lampenglas zerstören. Verwenden Sie deshalb beim Einsetzen einer Lampe Handschuhe oder ein sauberes Tuch.

Der Wechsel einer Lampe fürs Standlicht verändert die Justierung des Scheinwerfers nicht. Bei allen anderen Lampen sollten Sie nach einem Tausch die Einstellung des betreffenden Scheinwerfers prüfen (lassen).

Ersatzlampen (alle für 12 V)

Glühlampe für:	Typ	Leistung
Fernlicht	H7	55 W
Zweifaden Fernlicht / Abblendlicht.	H4	55 W / 55 W
Abblendlicht	H1	55 W
Standlicht	Lampe LL	5 W
Blinklicht	PY Bajonett (orange)	21 W
Bremslicht	P Bajonett	21 W
Rückfahrlicht	P Bajonett	21 W
Nebelschlussleuchte (Pritsche, nur Fahrerseite)	L20	21 W
Zweifaden Schluss- und Nebelschlussleuchte	P Bajonett	4 W / 21 W
Schlusslicht	P Bajonett	5 W
Kennzeichenleuchte		
Transporter/Multivan	Soffitte	5 W
Pritsche	P. Bajonett	10 W
Handschuhfachleuchte		
Kofferraumleuchte	Soffitte	10 W
Innenleuchte mit	Soffitte	10 W
Leseleuchte	Glassockellampen	5 W
Seitliche Blinkleuchte	Stecksockellampe	5 W

Umstellung auf Linksverkehr

Zur Anpassung des Scheinwerferlichts an Länder mit Linksverkehr werden lichtundurchlässige Klebestreifen auf einen Abschnitt des Scheinwerferglases geklebt. Damit wird die Fahrbahnausleuchtung abgeblendet und eine Blendung des Gegenverkehrs vermieden. Diese Maßnahme ist für den vorübergehenden Betrieb eines Linkslenkerfahrzeugs in Ländern mit Linksverkehr (Rechtslenkerfahrzeug bei Rechtsverkehr) gedacht. Beachten Sie die unterschiedlichen Ersatzteilnummern für die Umrüstung von Fahrzeugen von Rechts- auf Linksverkehr und von Links- auf Rechtsverkehr. Die Umrüstung der Hauptscheinwerfer von Rechts- auf Linksverkehr erfolgt in gleicher Weise wie von Links- auf Rechtsverkehr .

Die Leuchtweiten-regelung

In Deutschland ist die Leuchtweitenregelung gesetzlich vorgeschrieben. Sie soll verhindern, dass der Gegenverkehr bei beladenem Fahrzeug geblendet wird. Bei elektrischer Regelung befindet sich in jedem Scheinwerfer ein Stellmotor, der bei Betätigen des Reglers von Hand oder auch automatisch angesteuert wird. Der Motor lässt sich in den meisten Fällen aus dem Scheinwerfer ausbauen und ähnlich wie eine Glühlampe wechseln. Bei Scheinwerfern mit Gasentladungslampen erfolgt die Regelung automatisch. Dazu verfügt das Fahrzeug über ein Steuergerät und über Niveaugeber an der Hinterachse.

Scheinwerfer einstellen

Zur exakten Einstellung der Scheinwerfer benutzt die Fachwerkstatt ein spezielles Gerät. Überlassen Sie die knifflige Einstellarbeit also der Werkstatt, die auch die genauen Sollwerte kennt.
Sie können die Scheinwerfer aber provisorisch prüfen und einstellen, wenn Sie zum Beispiel am Wochenende eine Glühlampe oder einen kompletten Scheinwerfer ausgetauscht haben. Für jede solche Prüfung und Einstellung muss der Reifenfülldruck stimmen, dürfen die Lichtaustrittsscheiben weder beschädigt noch verschmutzt sein, dürfen keinerlei Schäden an Reflektoren und Glühlampen vorliegen und muss die Fahrzeugbelastung hergestellt sein.
Richtig belastet bedeutet, dass der Tank zu mindestens 90% gefüllt ist, alle im normalen Fahrzeugbetrieb mitgeführten Ausrüstungsteile vom Reserverad bis zum Werkzeug an Bord und eine Person oder 75 kg Gewicht auf dem Fahrersitz platziert sind.
Wenn der Tank nicht ausreichend gefüllt ist, müssen Zusatzgewichte (mit Wasser gefüllte Kraftstoffkanister) in den Kofferraum: Bei ¼ Tankfüllung müssen 30 kg, bei ½ Tankfüllung 20 kg, bei ¾ Tankfüllung 10 kg Gewicht eingebracht werden.
Wir beschreiben im Folgenden die provisorische Einstellung. Sie kann jedoch nur eine Notlösung sein. Lassen Sie den Scheinwerfer bei der nächsten Gelegenheit vom Fachmann einstellen.

Haupt- und Nebelscheinwerfer (provisorisch) einstellen

Arbeitsschritte  

1 Stellen Sie Ihr Fahrzeug gegenüber der Einstellwand auf ebener Fläche ab. Der Abstand zwischen Front und Wand muss exakt fünf Meter betragen.

2 Drücken Sie das Fahrzeug vorn und hinten mehrmals kräftig durch, damit sich die Federn setzen.

3 Die Einstellung erfolgt bei Abblendlicht. Damit werden gleichzeitig der Fernscheinwerfer und im Falle eines integrierten Nebelscheinwerfers auch dieser eingestellt. Das vorgeschriebene Neigungsmaß beträgt zehn Zentimeter auf zehn Meter Entfernung (Projektionsabstand). Das Neigungsverhältnis in Prozent (bei 10 m / 10 cm ist es 1%) ist oben auf dem Scheinwerfergehäuse eingeprägt. Auf dieses Maß müssen die Scheinwerfer eingestellt werden.

4 Messen Sie den Abstand zwischen Boden und Mittelpunkt der beiden Scheinwerfer. Markieren Sie das Maß an der Wand und verbinden Sie die Punkte durch eine Linie (S 1).

5 Zeichnen Sie fünf Zentimeter darunter eine parallele Linie E an der Wand an. Das ist die Neigung des Abblendlichts auf fünf Meter Entfernung.

6 Durch das Heckfenster nach vorn peilen, von einem Helfer in Fahrzeugmitte die senkrechte Linie M einzeichnen lassen.

7 Abstand zwischen Fahrzeugmitte und Mittelpunkt des Scheinwerfers (rechts und links) messen. Diese Werte sind auf die Hilfslinie S1 (rechts und links vom Schnittpunkt der Linien M und S1) zu übertragen und mit einem Einstellkreuz (S2) zu markieren.

8 Fünf Zentimeter unter diesen Kreuzen müssen die Abknickpunkte des Abblendlichts auf der Einstelllinie E justiert werden.

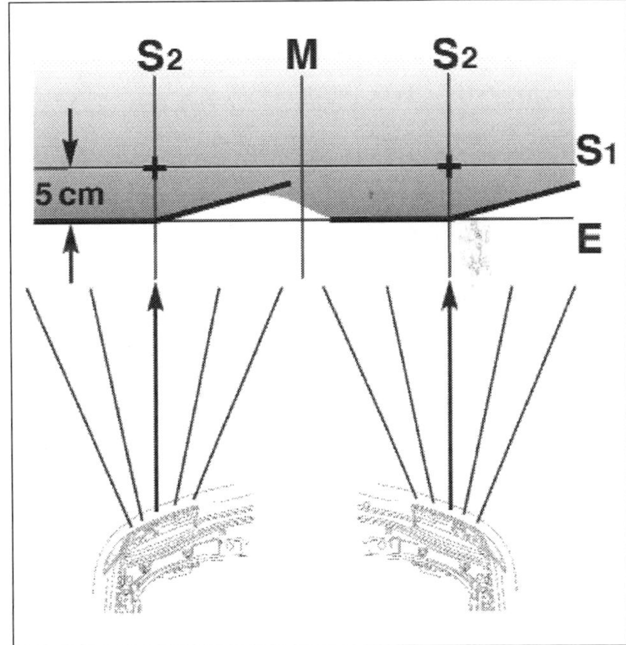

Hilfslinien und Einstellkreuze an einer Wand zur provisorischen Einstellung der Scheinwerfer.

9 Verstellen Sie die Scheinwerfer an ihren zwei Einstellschrauben:

Scheinwerfer H4 und H1/H7: Die Einstellschrauben 1 zur Höhenverstellung und 2 zur Höhen-/ Seitenverstellung sind im Falle einer Ausstattung mit Gasentladungsscheinwerfern an den gleichen Punkten zu finden, wie sie die folgende Abbildung für die Halogenscheinwerfer illustriert:

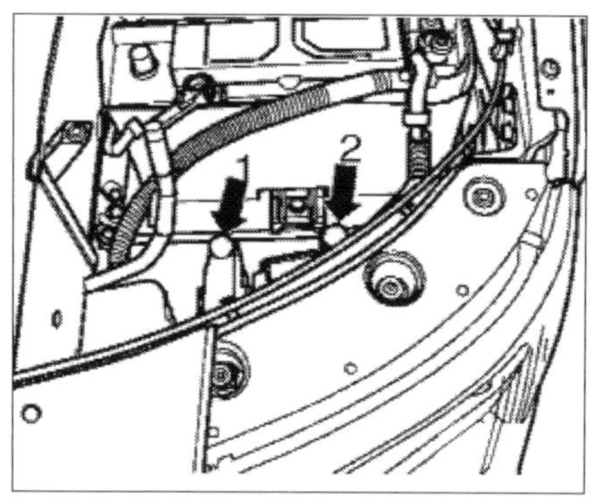

Hauptscheinwerfer: *1 Einstellschraube zur Höhenverstellung 2 Einstellschraube zur Höhen-/Seitenverstellung.*

10 Zündung und Abblendlicht einschalten. Zur Höhenverstellung an den beiden Einstellschrauben 1 und 2 jeweils genau so lange drehen, bis die waagerechte Hell-Dunkel-Grenze des Abblendlichtstrahls mit der Einstelllinie E übereinstimmt.

11 Seiteneinstellung nur mit der Einstellschraube 2 so ausrichten, dass der Abknickpunkt im Abblend-Lichtbild genau auf das Einstellkreuz ausgerichtet ist. Dabei darf ein Streuanteil von 15 Prozent über der Linie liegen.

12 Abschließend überprüfen, ob beide Scheinwerfer bei Betätigung der Leuchtweitenregulierung gleichmäßig arbeiten.

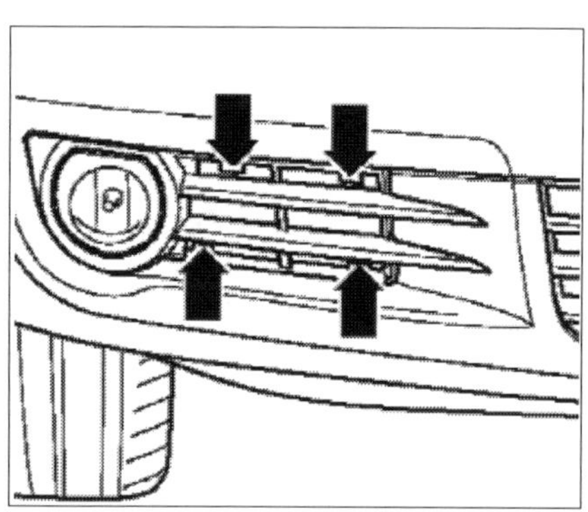

Nebelscheinwerfer: *Haltenasen (Pfeile) an der Abdeckung.*

13 (**Nebelscheinwerfer im Stoßfänger:** Das Neigungsmaß dieser Scheinwerfer beträgt 20 cm. Clipsen Sie die Haltenasen (Pfeile) aus und ziehen Sie die Abdeckung im unteren Teil des Stoßfängers ab.

14 Drehen Sie zum Verstellen der Leuchtweite die Einstellschraube (Pfeil). Seitenverstellung ist nicht vorgesehen.

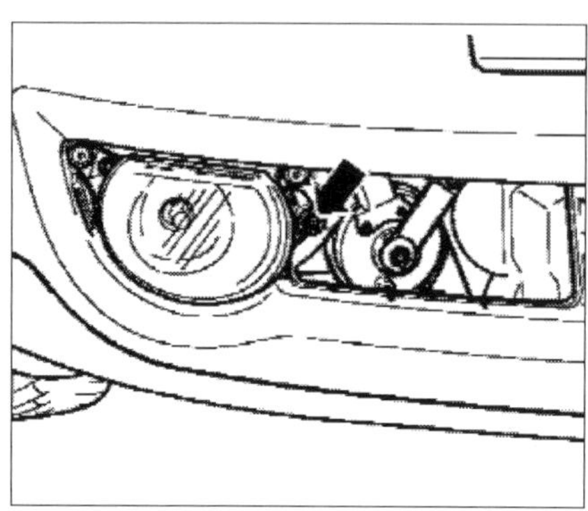

Nebelscheinwerfer: *Einstellschraube (Pfeil) zum Verstellen der Leuchtweite.*

Lampen im Scheinwerfer H4 wechseln

Arbeitsschritte  

1 Schalten Sie für den Wechsel jeglicher Glühlampe die Zündung und alle elektrischen Verbraucher aus und ziehen Sie den Zündschlüssel ab. Beim Einbau Lampen nicht mit bloßen Fingern am Glaskolben berühren, um Glastrübungen zu vermeiden. Nach Lampenwechsel Abdeckkappen wieder aufsetzen, Zündung einschalten, Funktionsprüfung des Scheinwerfers vornehmen, ggf. Scheinwerfer einstellen.

Bei diesem Scheinwerfertyp kann der Stellmotor für Leuchtweitenregelung nicht extra gewechselt werden. Wenn er schadhaft ist, müssen Sie den gesamten Scheinwerfer austauschen.

2 **Zweifadenlampe für Abblendlicht: und Fernlicht:** Rastnase in der Mitte oben an der Rückseite entriegeln und den Verschlussdeckel abnehmen. Steckverbindung abziehen, Federrastbügel über Rastnasen nach außen drücken und entriegeln. Lampe vorsichtig aus dem Reflektor herausziehen.

Neue Lampe H4 (55 W/55 W) so einsetzen, dass die Rastnasen in der Aussparung am Reflektor liegen.

3 **Glühlampe für Standlicht:** Rastnase verriegeln und Verschlussdeckel abnehmen. Die Fassung mit der Lampe aus dem Reflektor entnehmen und die Glühlampe vorsichtig aus der Fassung herausziehen.

Neue Lampe LL (5 W) einsetzen und Abdeckkappe fest aufstecken, da Wassereintritt den Scheinwerfer zerstört.

4 **Lampe für Blinklicht:** Drehen Sie die Fassung der Blinklichtlampe in Pfeilrichtung (Bild unten). Die Fassung nach dem Ausrasten aus dem Reflektor entnehmen. Die Lampe in die Fassung drücken und nach links drehen, dann aus der Fassung entnehmen.

Neue Lampe PY (21 W) in die Fassung einsetzen und unter Druck nach rechts drehen. Fassung mit Lampe in den Reflektor durch Rechtsdrehen einsetzen.

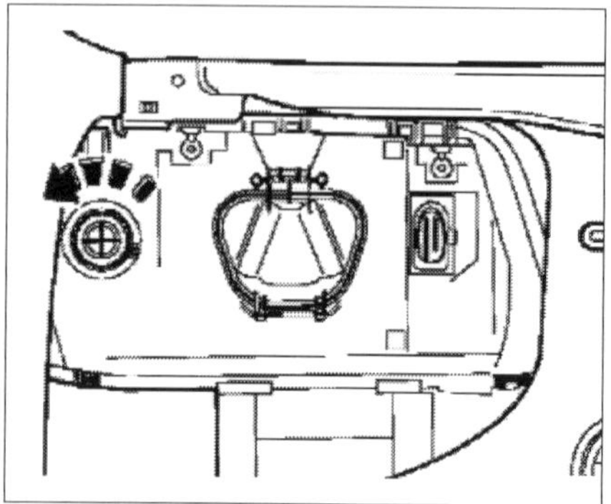

Blinklicht im ScheinwerferH4: *Die Fassung nach links drehen (Pfeil).*

Lampen und Stellmotor im Scheinwerfer H1/H7 wechseln

Arbeitsschritte  

1 Lampe für Abblendlicht: Zündung und alle elektrischen Verbraucher ausschalten, Zündschlüssel abziehen. Den Drahtbügel an der Scheinwerferrückseite nach oben ziehen und Abdeckkappe abnehmen. Den Stecker an der Lampe mit dem senkrecht stehenden Federdrahtbügel abziehen. Den Drahtbügel drücken und entriegeln. Die Lampe vorsichtig herausziehen.

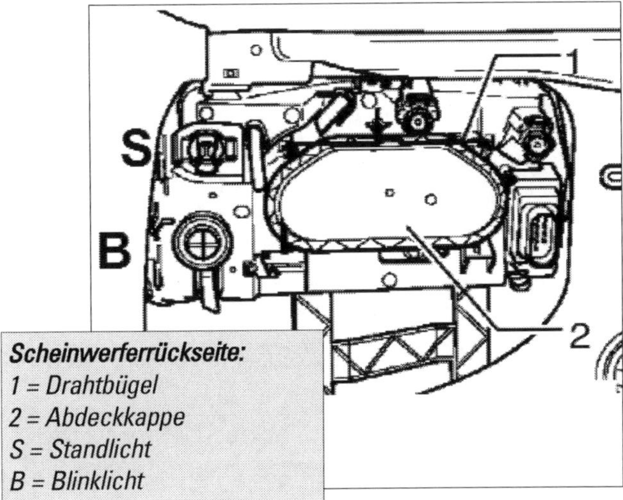

Scheinwerferrückseite:
1 = Drahtbügel
2 = Abdeckkappe
S = Standlicht
B = Blinklicht

Neue Lampe H1 (55 W) einsetzen. Die Rastnasen müssen in der Aussparung am Reflektor liegen.

2 Lampe für Fernlicht: Wie beim Abblendlicht, nun aber den Stecker an der Lampe mit dem waagerecht aufgesetzten Federdrahtbügel abziehen. Den Bügel drücken und entriegeln, Lampe vorsichtig herausziehen.

Neue Lampe H7 (55 W) einsetzen. Die Rastnasen müssen in der Aussparung am Reflektor liegen.

3 Lampe für Standlicht: Zündung und alle elektrischen Verbraucher ausschalten, Zündschlüssel abziehen. Standlicht und Blinklicht liegen übereinander an der Außenseite des Scheinwerfers. Sie sind leicht zugänglich, da sie sich nicht unter der Abdeckkappe befinden. Das Standlicht ist die obere Lampe (im Bild oben S). Drehen Sie sie nach links und nehmen Sie die Fassung mit Lampe aus dem Reflektor. Lampe vorsichtig herausziehen

Neue Lampe LL (5 W) einsetzen, Fassung einbauen. Auf richtigen Sitz achten, damit später kein Wasser in den Scheinwerfer eindringen kann.

4 Lampe für Blinklicht: Wie beim Standlicht, nun aber die untere Lampenfassung an der Scheinwerferaußenseite nach links drehen. Fassung mit Lampe aus dem Reflektor nehmen, Lampe in die Fassung drücken und nach links drehen. Dann die Blinklichtlampe aus der Fassung ziehen.

Neue Lampe für Blinklicht PY (21 W) einsetzen, Fassung einbauen. Auf richtigen Sitz achten.

5 Stellmotor für Leuchtweitenregelung: Wenn Stellmotore aus- und eingebaut wurden, muss anschließend immer die Scheinwerfereinstellung geprüft und der Scheinwerfer ggf. eingestellt werden.

Zündung und alle elektrischen Verbraucher ausschalten, Zündschlüssel abziehen. Drahtbügel an der Abdeckkappe nach oben ziehen und Kappe abnehmen. Die Befestigungsschrauben 1 und 2 herausschrauben.

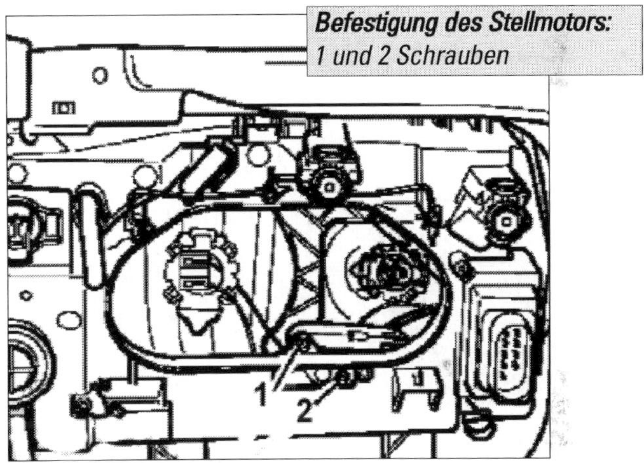

Befestigung des Stellmotors:
1 und 2 Schrauben

Den Motor S nach oben drücken, um den Kugelkopf der Stellachse aus der Kugelkopfaufnahme am Reflektor heraus zu ziehen. Den Stecker rechts unten am Motor abziehen. Motor mit Haltering aus dem Scheinwerfergehäuse nehmen. Zum **Einbau** Die Stellachse 1 vorsichtig in die Kugelkopfführung (Pfeil) einsetzen. Scheinwerfereinstellung prüfen.

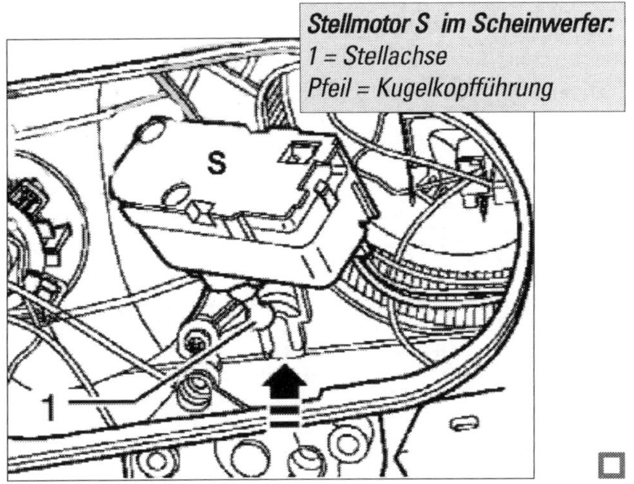

Stellmotor S im Scheinwerfer:
1 = Stellachse
Pfeil = Kugelkopfführung

Nebelscheinwerfer ausbauen und Lampen wechseln

Arbeitsschritte  

1 Wenn die Lampen im Nebelscheinwerfer im vorderen Stoßfänger gewechselt werden sollen, muss der Scheinwerfer ausgebaut werden.

Ausbau: Zündung und elektrische Verbraucher ausschalten und Zündschlüssel abziehen. Rastnasen an der Stoßfängerblende entriegeln und Blende abnehmen.

Schrauben Sie die drei Befestigungen des Nebelscheinwerfers ab und ziehen Sie anschließend das Gehäuse aus dem Stoßfänger heraus.

2 Die Steckverbindung (Pfeil) entriegeln und den Stecker abziehen.

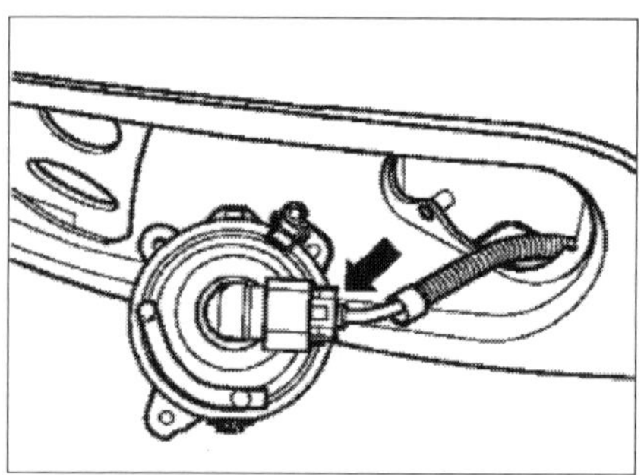

Ausgebauter Nebelscheinwerfer: *Der Pfeil weist auf die Steckverbindung.*

3 Die Lampenfassung in Pfeilrichtung drehen und aus dem Nebelscheinwerfer entnehmen. Die Lampe für den Nebelscheinwerfer H11 (12V/55W) ist mit der Lampenfassung fest verbunden und nicht einzeln (ohne Fassung) zu ersetzen.

4 Der **Einbau** erfolgt sinngemäß in umgekehrter Reihenfolge. Berühren Sie den Glaskolben der Lampe nicht mit bloßen Fingern. Fettspuren auf dem Glaskolben verdampfen beim Einschalten der Glühlampe und trüben ihn. Nach Lampenwechsel die Scheinwerfereinstellung prüfen und den Nebelscheinwerfer ggf. wie beschrieben einstellen.

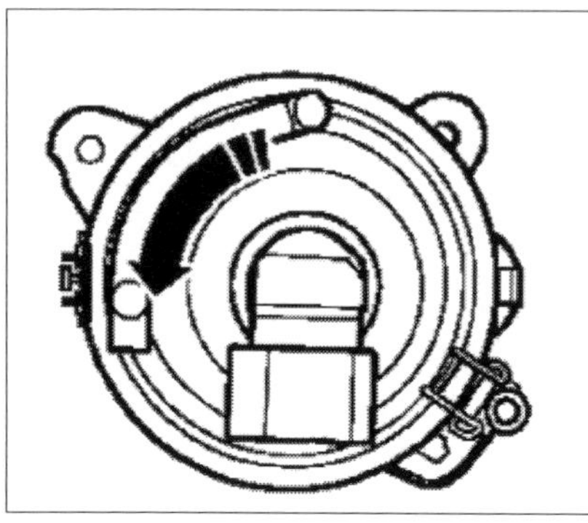

Vom Kabel getrennter Nebelscheinwerfer: *Lampenfassung in Pfeilrichtung drehen.*

□

Lampe in seitlicher Blinkleuchte wechseln

Arbeitsschritte  

1 **Ausbau:** Schalten Sie die Zündung und alle elektrischen Verbraucher aus und ziehen Sie den Zündschlüssel ab.

Blinkleuchte mit geeignetem Werkzeug auf der Seite der Lagerstelle 1 vorsichtig in Pfeilrichtung gegen die Kraft der Federklammer 2 auf der anderen Seite der Blinkleuchte drücken und herausnehmen (ggf. den Lack vorher mit Klebeband abkleben).

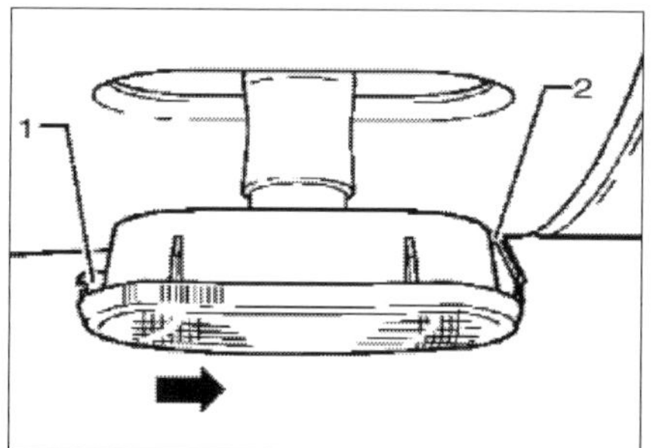

Seitliche Blinkleuchte: *Zum Ausbau in Pfeilrichtung drücken.*

2 Gummifassung mit Stecksockellampe auf das Lampengehäuse aufstecken.

3 Stecksockellampe (12V/5W) aus der Fassung herausziehen (nicht drehen).

4 **Einbau:** Gummifassung mit Stecksockellampe auf das Gehäuse aufstecken, Blinkleuchte in Kotflügel einsetzen. □

Lampe in Kennzeichenleuchten wechseln

Arbeitsschritte  

1 **Ausbau:** Auch zum Wechsel dieser Lampe muss die Leuchte ausgebaut werden. Es gibt zwei Bauformen: Bei Fahrzeugen mit Heckklappe sind zwei flache Kennzeichenleuchten ins Blech der Klappe hinten eingelassen und mit je zwei Schrauben befestigt. Bei Pritschenfahrzeugen sind zwei Kennzeichenleuchten aufgeschraubt.

Zum Lampenwechsel müssen bei der Heckklappe die Leuchten ausgeschraubt, ein Kontaktblech zur Seite gedrückt und die Soffitte (12V/5W) entnommen werden. Bei der Pritsche wird die von einer Schraube gehaltene Abdeckkappe mit Streuglasschraube abgebaut und die Stecksockellampe P (12 V/10W) aus der Fassung gezogen.

2 **Einbau:** Jeweilige Lampe eindrücken oder einstecken, Leuchte ein- oder Abdeckkappe aufschrauben. □

Schlussleuchte und Lampen aus- und einbauen

Arbeitsschritte  

1 **Ausbau Transporter/Multivan:** Zum Lampenwechsel muss die Leuchte ausgebaut werden. Zündung und elektrische Verbraucher ausschalten und Zündschlüssel abziehen. Orientieren Sie sich an der folgenden Montagezeichnung!

2 Die beiden Schrauben 8 herausdrehen und die Leuchte abnehmen. Steckverbindung entriegeln und abziehen.

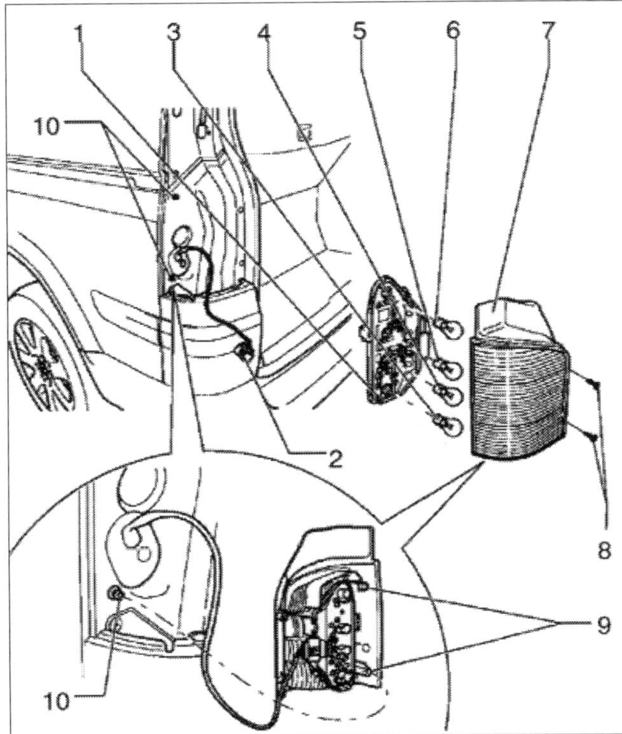

Schlussleuchte Transporter/Multivan: *1 Lampenträger, 2 Steckverbindung, 3/4/5/6 Lampen für Bremslicht, Rückfahrlicht, Blinklicht und Schlusslicht/Nebelschlussleuchte, 7 Gehäuse, 8 Schrauben, 9 Arretierung, 10 Kugelkopf.*

3 Zum **Lampenwechsel** den Lampenträger der ausgebauten Leuchte durch Entriegeln der beiden Haltelaschen herausnehmen. Alle vier Lampen haben Bajonettverschluss, sie werden in die Fassung gedrückt, nach links gedreht und dann herausgenommen.

Die Lampen für Bremslicht 3 und Rückfahrlicht 4 sind Typ P (12V/21W), die Lampe für Blinklicht 5 ist Typ PY (12V/21W). Und die Lampe für Schlusslicht/Nebelschlusslicht 6 ist Typ P (12V/4W/21W).

4 **Einbau:** Nach dem Einsetzen der neuen Lampen wird die Schlussleuchte wieder eingebaut. Steckverbindung anschließen und die Leuchte so in den Karosserieausschnitt einsetzen, dass die Arretierungen 9 in die Kugelköpfe 10 einrasten. Leuchte in der Karosserie ausrichten und mit den Schrauben 8 anschrauben.

5 **Ausbau Pritsche:** Zündung und elektrische Verbraucher ausschalten und Zündschlüssel abziehen. Die Befestigungsschrauben 1 der Streuscheibe 2 herausdrehen. Den Lampenträger 3 herausnehmen und die Steckverbindungen abziehen.

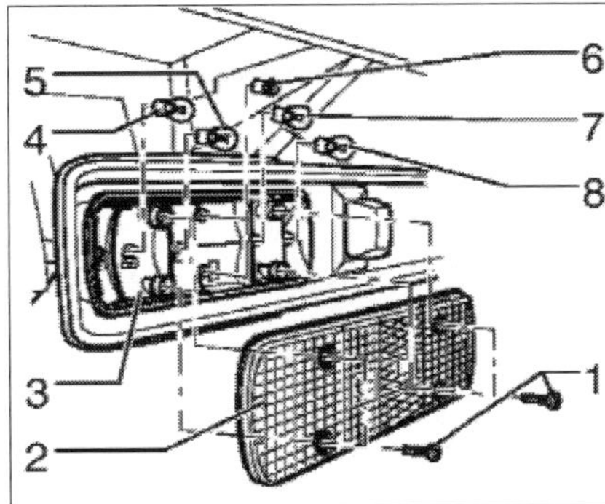

Schlussleuchte Pritsche: *1 Schrauben, 2 Streuscheibe, 3 Lampenträger 4 - 8 Lampen*

6 Die Befestigungsmuttern 1 abdrehen und die Abdeckkappe 2 herunternehmen. Dann die Muttern 3 herausschrauben und die Schlussleuchte 4 abnehmen.

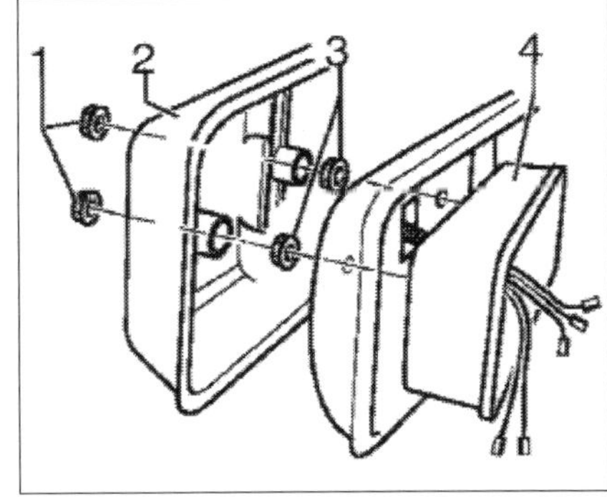

Lampenträger: *1/3 Befestigungsmuttern 2 Abdeckkappe 4 Schlussleuchte.*

7 Beim **Lampenwechsel** nicht den Glaskolben berühren! Die Lampen (Bild ganz oben) für Blinklicht 4, für Bremslicht 5, für Rückfahrlicht 7 und für Nebelschlussleuchte (nur Fahrerseite) 8 sind Typ P (12V/ 21W), die Lampe für Schlusslicht 6 ist Typ P (12V/5W).

8 **Einbau:** Nach dem Einsetzen der neuen Lampen wird die Schlussleuchte wieder eingebaut. Die Befestigungsschrauben der Streuglasscheibe werden mit 0,75 Nm angezogen. Das Anzugsdrehmoment für die Befestigungsmuttern von Abdeckkappe und Schlussleuchte beträgt 6 Nm.

Das Dichtgummi der Streuglasscheibe muss bei der Montage in den unteren Leuchtenecken als Wasserablauföffnung nach innen verlegt werden. □

Praxistipp: Glühlampen rechtzeitig wechseln

Eine schwach leuchtende Glühlampe deutet darauf hin, dass der Kolben schon stark geschwärzt ist. Das ist zum Beispiel öfter bei der Kennzeichenbeleuchtung der Fall. Dann die Lampe rechtzeitig wechseln.

Fällt eine Lampe nach längerer Betriebszeit aus, sollten Sie auch die intakte Lampe auf der anderen Seite des Fahrzeugs wechseln. Erfahrungsgemäß versagt sie nämlich kurze Zeit später ebenfalls.

Scheinwerfer aus- und einbauen

Arbeits-schritte  

1 Zum **Ausbau** der Scheinwerfer (bei beiden Bauformen gleich) muss das Masseband der Batterie nicht abgeklemmt werden.

Schalten Sie die Zündung und alle elektrischen Verbraucher aus und ziehen Sie den Zündschlüssel ab.

2 Lösen Sie die drei Drehverschlüsse an der Batterieabdeckung und nehmen Sie die Abdeckung ab. Ziehen Sie den Anschlussstecker vom Scheinwerfer ab.

3 Trennen Sie den Schlauchanschluss von der Pumpe für die Scheinwerferreinigungsanlage. Fangen Sie die auslaufende Flüssigkeit auf.

4 Bauen Sie die Stoßfängerabdeckung vorn ab (Kapitel »Die Karosserie«).

5 Markieren Sie die Lage der Einstellscheiben an der unteren Verschraubung der Scheinwerfer und schrauben Sie die beiden Befestigungsschrauben unten ab.

6 Schrauben Sie die beiden oberen Befestigungsschrauben ab und nehmen Sie den Scheinwerfer nach vorn heraus.

7 Der **Einbau** erfolgt in umgekehrter Reihenfolge. Setzen Sie den Scheinwerfer in die Halterung ein und achten Sie dabei auf den korrekten Sitz der seitlichen Führung.

Setzen Sie alle Schrauben an und richten Sie die Einstellscheiben nach den Markierungen und den Scheinwerfer nach dem Kotflügel aus. Ziehen Sie alle Schrauben fest.

8 Prüfen Sie nach abgeschlossenem Einbau die Funktion des Scheinwerfers. Überprüfen Sie die Scheinwerfereinstellung und korrigieren Sie sie, wenn erforderlich. □

Steckdosen aus-/einbauen

Arbeits-schritte  

1 **Ausbau:** Kleben Sie, wie beim Aus- und Einbau von allen Bauteilen im Sichtbereich, alle Bereiche mit Klebeband ab, an denen Hebelwerkzeuge wie Kunststoffkeil oder Schraubendreher angesetzt werden müssen. Die Art der Steckdosen in Ihrem Fahrzeug richtet sich nach der Ausstattungsvariante.

Die **Steckdosen U18 und U19** werden gleich ausgebaut. Zündung und elektrische Verbraucher abschalten, Zündschlüssel abziehen.

2 Bauen Sie (entsprechend Anleitungen im Kapitel »Der Innenraum«) Getränkehalter oder Ablagefach aus (und/oder die Seitenwandverkleidung hinten). Ziehen Sie die Steckverbindungen ab. Drücken Sie den Steckdoseneinsatz 2 aus dem Steckdosenhalter 1 im Getränkehalter 3 heraus.

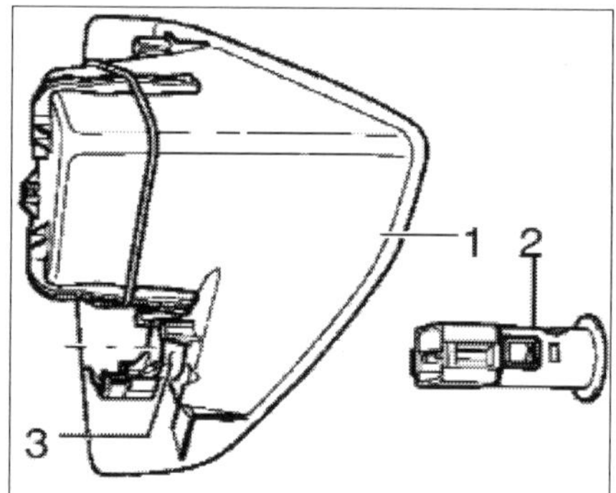

12V-Steckdose: *1 Getränkehalter, 2 Steckdoseneinsatz, 3 Steckdosenhalter.*

3 Die Rasthaken am Steckdosenhalter nach innen drücken und den Halter herausnehmen.

4 Der **Einbau** erfolgt in umgekehrter Reihenfolge. Beachten Sie dabei die vorgegebene Einbauposition (Nut) des Steckdosenhalters.

5 **Ausbau der Steckdose U20:** Zündung und elektrische Verbraucher abschalten, Zündschlüssel abziehen. Entsprechend Anleitung im Kapitel »Der Innenraum« die Seitenwandverkleidung hinten rechts ausbauen Ziehen Sie die Steckverbindungen ab. Drehen Sie die Befestigungsmutter von der Steckdose und ziehen Sie die Dose aus der Seitenwand heraus.

6 Der **Einbau** erfolgt in umgekehrter Reihenfolge. Beachten Sie dabei die vorgegebene Einbauposition (Nut des Steckdosenhalters.

7 **Ausbau der Steckdose U5:** Diese 12V-Steckdose ist bei der Sonderausstattung »Kühlbox« am Sitz vorn rechts eingebaut.

Zündung und elektrische Verbraucher abschalten, Zündschlüssel abziehen. Die rechte Seitenverkleidung am rechten Vordersitz ausbauen (Kapitel »Der Innenraum«) und die

Steckverbindung der Adapterleitung abziehen. Den Steckdoseneinsatz 1 aus dem Steckdosenhalter 2 in der Sitzverkleidung 3 heraus drücken.

8 Die Rasthaken nach innen drücken (Pfeile) und den Steckdosenhalter heraus nehmen.

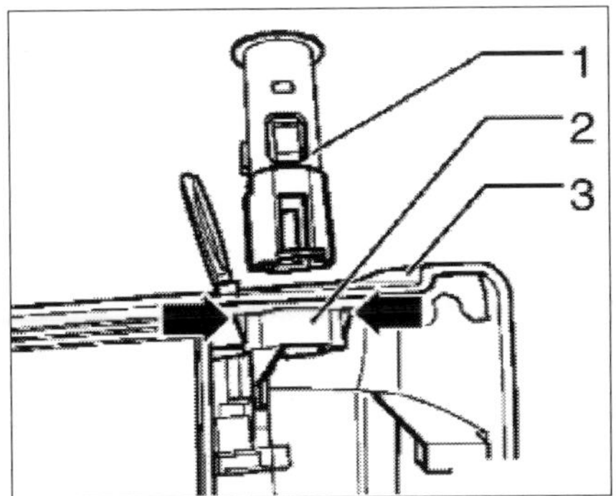

12V-Steckdose: *1 Steckdoseneinsatz, 2 Steckdosenhalter, 3 Sitzverkleidung. Pfeile: Rasthaken nach innen drücken.*

9 Der **Einbau** erfolgt in umgekehrter Reihenfolge. Beachten Sie dabei die vorgegebene Einbauposition (Nut) des Steckdosenhalters.

10 lMit dem folgenden Bild möchten wir noch über die Anschlussbelegung bei einer ganz speziellen Steckdose informieren. Die U10 ist die Mehrkontakt-Steckdose für Anhängerbetrieb.

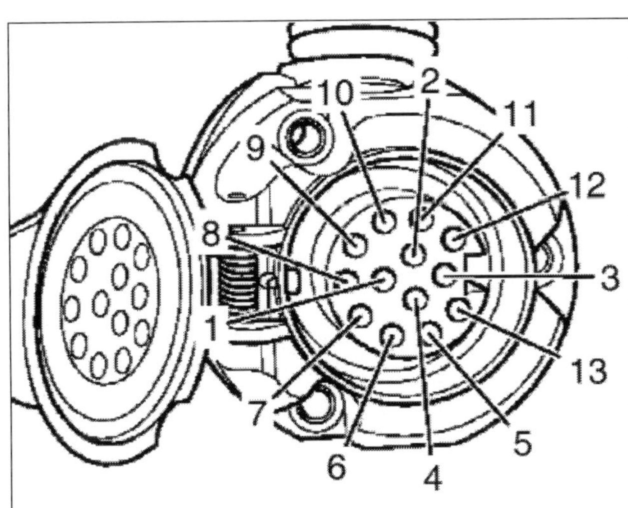

Steckdose U10 für Anhänger: *1 Blinker links, 2 Nebelschlussleuchte, 3 Klemme 31 (Masse), 4 Blinker rechts, 5 Schlusslicht rechts, 6 Bremslicht, 7 Schlusslicht links, 8 Rückfahrlicht, 9 Batterieplus, 10/11/12 nicht belegt.*

11 Der **Zigarrenanzünder U1** ist anders als der ausbaubare Halter für die Steckdose U19 Bestandteil des Getränkehalters. Wenn er defekt ist und ausgetauscht werden soll, muss der komplette Getränkehalter ersetzt werden. Der Ausbau wird im Kapitel »Der Innenraum« beschrieben. □

Leuchten und Schalter in der Schalttafel aus-/einbauen Lampen wechseln

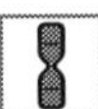

Ausbau: Kleben Sie, wie beim Aus- und Einbau von allen Bauteilen im Sichtbereich, alle Bereiche mit Klebeband ab, an denen Hebelwerkzeuge wie Kunststoffkeil oder Schraubendreher angesetzt werden müssen. Die Art der Steckdosen in Ihrem Fahrzeug richtet sich nach der Ausstattungsvariante.

Zündung und elektrische Verbraucher ausschalten, Zündschlüssel abziehen.

1 **Handschuhfachleuchte:** Hebeln Sie die Leuchte vorsichtig mit dem Schraubendreher heraus. Entriegeln Sie die Steckverbindung und ziehen Sie sie ab. Rastnasen an der Wärmeschutzabdeckung entriegeln und die Abdeckung vom Streuglas der Leuchte abnehmen.

Hebeln Sie die Glühlampe vorsichtig aus der Fassung. Setzen Sie eine neue Glassockellampe (12V/6W) ein.

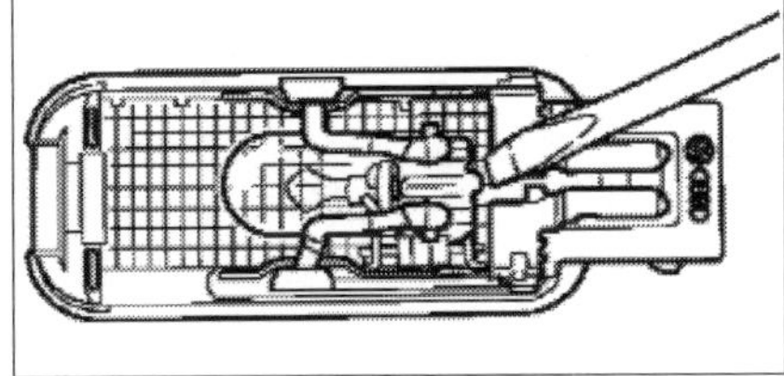

Lampenträger und Lampenfassung für Handschuhfach- und Einstiegsleuchten.

Leuchtenkörper und Lampenfassung haben die gleiche Bauweise wie bei den Einstiegsleuchten vorn und hinten, links und rechts beim Transporter. Allerdings hat die Abdeckung über den Lampenträgern ein anderes Aussehen. Bei den Abdeckungen der Einstiegsleuchten an den Türen müssen vier Rastnasen entriegelt werden, um sie abnehmen zu können.

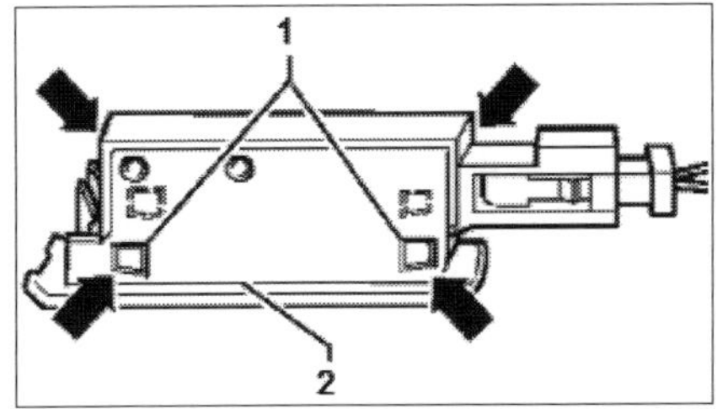

1 Rastnasen, 2 Abdeckung. Pfeile: Die vier Rastnasen.

Die vier Einstiegsleuchten beim Multivan haben eine andere Bauform. Aber auch diese Leuchten werden durch Aushebeln mit dem Schraubendreher und Trennen der Steckverbindung ausgebaut. Diese schmaleren Leuchten enthalten vier Glassockelglühlampen (12V/1,2W) in einer Reihe.

2 **Lichtschalter:** Drehen Sie den Griff dieses runden Hauptlichtschalters in die Stellung »0«. Den Drehgriff hineindrücken und etwas nach rechts drehen. Halten Sie den Griff in dieser Stellung und ziehen Sie den Schalter am Drehgriff aus der Schalttafel heraus. Entriegeln Sie die Steckverbindung und ziehen Sie diese ab.

3 **Einsteller für Leuchtweitenregelung:** Die Blende um den runden (Haupt-) Lichtschalter vorsichtig mit einem Kunststoffteil heraus hebeln. Die Steckverbindung entriegeln und abziehen. Drücken Sie die seitlichen Haltelaschen am Einsteller so zusammen, dass die Rastnasen entriegeln und drücken Sie den Leuchtweiteneinsteller aus dem Einbaurahmen heraus.

4 **Schalter in der Schalttafelmitte (Transporter):** Diese Schalter bestehen aus dem Gehäuse und einer Blende mit dem jeweiligen Bediensymbol. Die Blende ist auf das Schaltergehäuse aufgeclipst. Der jeweilige Schalter muss zusammen mit der angeschlossenen Leitung aus der Schalttafel herausgezogen werden, um die Steckverbindung abziehen zu können. Dabei kann es erforderlich sein, auch den Schalter neben dem eigentlich auszubauenden herauszunehmen, damit die Zuleitung weit genug herausgezogen werden kann.

Es kann vorkommen, dass sich beim Ausbauen statt des Schaltergehäuses zunächst nur die Blende löst. Dann muss die Schalterblende nach Abschluss der Arbeiten wieder auf das Gehäuse aufgeclipst werden .

5 **Schalter in der Schalttafelmitte (Multivan):** Dieser Komplex enthält den Einsteller für Sitzheizung, den Warnlichtschalter, den Schalter für Heckscheibenbeheizung, den Schalter für ASR, die Kontrolllampe für die Airbagausschaltung Beifahrerseite und Schalter für weitere Mehrausstattungen. Zu deren Ausbau müssen Sie den Ausströmer in der Mitte der Instrumententafel mit einem Kunststoffteil vorsichtig heraushebeln. Dann können Sie den jeweils gewünschten Schalter von hinten aus dem Einbaurahmen herausdrücken und die Steckverbindung entriegeln und abziehen.

6 **Einsteller für Sitzheizung:** Einsteller (an der linken Seite der Schalttafelmitte) mit einem flachen Schraubendreher vorsichtig lösen und herausziehen. Steckverbindung entriegeln und abziehen.

7 **Schalter und Taster links:** Im Komplex mit dem Einsteller für Sitzheizung (Fahrersitz, Beifahrersitz) sind je nach Ausstattung der Schalter für Heckscheibenbeheizung, der Taster für ASR/ESP und andere Schaltelemente eingebaut. Sie werden alle auf gleiche Weise herausgenommen, lassen sich aber wegen höherer Federkräfte im Verrastungsmechanismus nicht mit einem Schraubendreher ausbauen. Sie benötigen für den Ausbau einen Montagehaken (VW: Montagewerkzeug T10034). Mit der Spitze dieses Werkzeuges wird hinter die Schalter oder Taster gefasst, das jeweilige Element gelöst und herausgezogen. Dann die Steckverbindung entriegeln und abziehen.

8 **Taster für Schiebetür und für Schiebetürabschaltung :** Zuerst den Ausschalter für die Schiebetür mit einem flachen Schraubendreher vorsichtig lösen und herausziehen. Dieser Taster ist der untere der beiden in dem Komplex auf der rechten Seite der Schalttafelmitte. Steckverbindung entriegeln und abziehen. Dann mit der Spitze des Werkzeuges T 10034 durch die Öffnung für den herausgezogenen Taster fassen und den Taster für die Schiebetürbetätigung herausdrücken.

9 **Warnlichtschalter (Transporter):** Beim Transporter ist der Warnlichtschalter anders platziert und muss anders ausgebaut werden als wie bereits beschrieben beim Multivan. Die Schalttafelblende in der Mitte ausbauen, die Schraube rechts unten herausdrehen und das darunter befindliche Ablagefach mit dem Warnlichtschalter herausziehen. Steckverbindung entriegeln und abziehen, Rastnasen entriegeln und den Schalter nach hinten aus dem Ablagefach drücken.

10 **Schalter für Handschuhfachleuchte:** Den Handschuhkasten ausbauen wie in Kapitel »Der Innenraum« beschrieben. Dann die beiden Rastnasen entriegeln und den Schalter vom Kasten abnehmen.

Der **Einbau** erfolgt in allen Fällen im Prinzip in sinngemäß umgekehrter Reihenfolge. Es ist darauf zu achten, dass die Schalter und Leuchten sicher in ihren jeweiligen Verrastungen sitzen. Stets die Steckverbindungen wieder aufstecken und verriegeln. Immer die Funktion prüfen. □

Schalter in der Türverkleidung aus-/einbauen

Arbeitsschritte  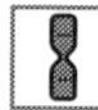

Ausbau: Kleben Sie, wie beim Aus- und Einbau von allen Bauteilen im Sichtbereich, alle Bereiche mit Klebeband ab, an denen Hebelwerkzeuge wie Kunststoffkeil oder Schraubendreher angesetzt werden müssen. Die Art der Steckdosen in Ihrem Fahrzeug richtet sich nach der Ausstattungsvariante.

Zündung und elektrische Verbraucher ausschalten, Zündschlüssel abziehen.

1 **Zentralschalter für Fensterheber:** Dieser Schalter befindet sich zusammen mit anderen Schaltern in einem Einbaurahmen in der Fahrertür. Bauen Sie die obere Türverkleidung aus und entriegeln Sie die drei Steckverbindungen an den Schaltern im Einbaurahmen. Ziehen Sie die Steckverbindungen ab, entriegeln Sie die Rastnase rechts am Einbaurahmen und nehmen Sie diesen mit allen Schaltern aus der oberen Türverkleidung heraus. Entriegeln Sie die vier Rastnasen am Zentralschalter für Fensterheber und nehmen Sie ihn aus dem Einbaurahmen heraus.

2 **Fensterheberschalter in der Beifahrertür:** Obere Türver-

kleidung ausbauen, Steckverbindung entriegeln und abziehen, Rastnase rechts entriegeln und den Schalter mit Einbaurahmen aus der Türverkleidung herausnehmen. Nach Entriegeln der vier Rastnasen am Schalterelement lässt sich dieses aus dem Rahmen herausnehmen.

3 **Schalter für Spiegelverstellung:** Dieser Schalter befindet sich in dem Einbaurahmen in der oberen Verkleidung der Fahrertür. Diese ausbauen, die drei Steckverbindungen entriegeln und abziehen und den Einbaurahmen aus der Türverkleidung entnehmen (Rastnase entriegeln). Die Rastnasen am Spiegelschalter entriegeln und diesen aus dem Einbaurahmen herausnehmen.

4 **Taster für Innenverriegelung:** Dieser Taster befindet sich auf der Fahrerseite als mittleres Schalterelement zwischen Zentralverriegelungs- und Spiegelverstellungsschalter im Einbaurahmen. Obere Türverkleidung ausbauen, Steckverbindungen ausbauen und abziehen, Rastnase entriegeln und Einbaurahmen aus der Türverkleidung nehmen. Die vier Rastnasen am Taster entriegeln und den Taster aus dem Einbaurahmen entnehmen.

Der **Einbau** erfolgt in allen Fällen im Prinzip in sinngemäß umgekehrter Reihenfolge. Es ist darauf zu achten, dass die Schalter sicher in ihren jeweiligen Verrastungen sitzen. Stets die Steckverbindungen wieder aufstecken und verriegeln. □

Leuchten und Schalter im Kofferraum aus-/einbauen und Lampen wechseln

Arbeitsschritte  

1 **Ausbau:** Die beiden Leuchten im Kofferraum werden auf die gleiche Weise aus- und eingebaut.

Zündung und elektrische Verbraucher ausschalten, Zündschlüssel abziehen. Hebeln Sie die Leuchte vorsichtig mit dem Schraubendreher heraus.

2 Steckverbindung entriegeln und abziehen.

3 **Glühlampe ersetzen:** Drücken Sie das Kontaktblech nach rechts und nehmen Sie die Soffittenlampe (12V/10W) aus der Klemmfassung. Neue Lampe einsetzen.

4 Der **Einbau** erfolgt sinngemäß in umgekehrter Reihenfolge.

Auch die hinteren Innenleuchten (Laderraumleuchten), die als Wippschalter ausgeführt sind, enthalten Soffitten (12V/10W). Leuchten mit dem Schraubendreher ausgehebeln, Streuglas abnehmen (Rastnasen), Lampe wechseln. □

Innenleuchten aus-/einbauen und Lampen wechseln

Arbeitsschritte  

Ausbau: Im Transporter sind eine große Innenleuchte vorn sowie zwei kleinere Leuchten in der Wagenmitte und hinten eingebaut. Die Leuchten von Transporter und Multivan unterscheiden sich in der Bauform.

Zündung und elektrische Verbraucher ausschalten, Zündschlüssel abziehen.

1 **Innenleuchte vorn Multivan:** Die kombinierte Innen-/Leseleuchte vorsichtig aus dem Rahmen in der Dachverkleidung heraushebeln. Steckverbindung entriegeln und abziehen. Zum Wechseln der Glühlampe das Streuglas vom Reflektor abziehen und das Kontaktblech der Soffitte nach vorn drücken. Alte Lampe entnehmen, neue Soffitte (12V/10W) einsetzen.

2 **Innenleuchte vorn Transporter:** Aus- und Einbau der Leuchte und der Lampenwechsel erfolgen trotz der anderen Bauform ebenso wie im Multivan. Die Leuchte ist ebenfalls mit einer Soffitte (12V/10W) ausgestattet.

3 **Innenleuchten Mitte und hinten (Transporter):** Die beiden Leuchten werden auf die gleiche Weise ausgebaut. Die Streuglasscheiben links und rechts vom Drehschalter vorsichtig mit dem Schraubendreher heraushebeln. In den Lampenkammern links und rechts, in denen ebenfalls Soffitten (12V/!0W) stecken, befinden sich jeweils zwei Rastnasen. Entriegeln Sie diese nacheinander vorsichtig mit dem Schraubendreher und ziehen Sie die komplette Innenleuchte nach unten heraus. Nach Trennen der Steckverbindung können Sie die Leuchte entnehmen. Zum Glühlampenwechsel muss die Leuchte nicht ausgebaut werden. Nach Abheben der Streuglasscheibe kann die Soffitte entnommen und ersetzt werden.

4 **Innen- und Leseleuchten Mitte und hinten (Multivan):** Die Leuchten werden mit einem Demontagekeil (VW: 3409) heraus gehebelt. Dann die Steckverbindung entriegeln und abziehen. Zum Austausch der Glühlampen müssen die Leuchten auf diese Weise ausgebaut werden. Rastnasen entriegeln und Streuglas vom Lampenträger abnehmen.

Zur Innenbeleuchtung dienen Soffitten (12V/10W), die Leseleuchten sind mit Glassockellampen (12V/5W) bestückt. Zum Soffittenwechsel drücken Sie das Kontaktblech von der Lampe weg und nehmen sie heraus. Neue Soffitte einsetzen. Die Glassockellampen vorsichtig aus der Fassung ziehen und neue Lampe einsetzen.

Einbau: In sinngemäß umgekehrter Reihenfolge. Achten Sie auf feste Verriegelungen der Steckanschlüsse und der Rastnasen an den Lampenträgern. □

Die Signaleinrichtungen

Die Signaleinrichtungen Ihres Fahrzeugs sind ein wichtiges Instrument, um andere Verkehrsteilnehmer zuverlässig über Ihre Fahrabsichten zu informieren. Wenn Sie die Fahrtrichtung ändern wollen, betätigen Sie den Blinker, beim Tritt aufs Bremspedal warnen die Bremslichter den Hintermann, bevor Sie außerhalb einer geschlossenen Ortschaft ein Fahrzeug überholen, betätigen Sie kurz die Lichthupe. Wenn es einmal gar nicht anders geht, benutzen Sie das Signalhorn. Einige Warnsignale sind eher für den Fahrer gedacht: Die Diebstahlwarnanlage mit Signalhorn zum Beispiel und die Einparkhilfe mit Warnsummer.

Hupe und Warnblinker sind Pflicht

Jedes Kraftfahrzeug muss zum Abgeben von Warnzeichen mit einer Hupe ausgestattet sein. Die Transporter sind mit einem Doppeltonhorn ausgestattet (Bild rechts oben). Diese Hupe befindet sich vorn unten am Fahrzeug. Sie ist an einem Halter angeschraubt und

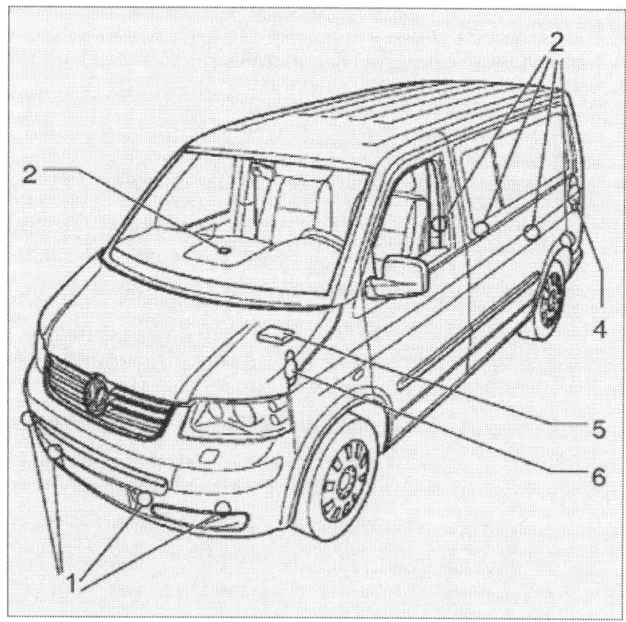

Einparkhilfe beim Multivan: *1 vordere Geber (nur Fahrzeuge mit Einparkhilfe vorn/hinten), 2 Taster für Einparkhilfe mit Schalterbeleuchtung und Kontrolllampe, 3 hintere Geber, 4 Warnsummer für Einparkhilfe hinten, 5 Steuergerät für Einparkhilfe, 6 Warnsummer für Einparkhilfe vorn (nur Fahrzeuge mit Einparkhilfe vorn/hinten).*

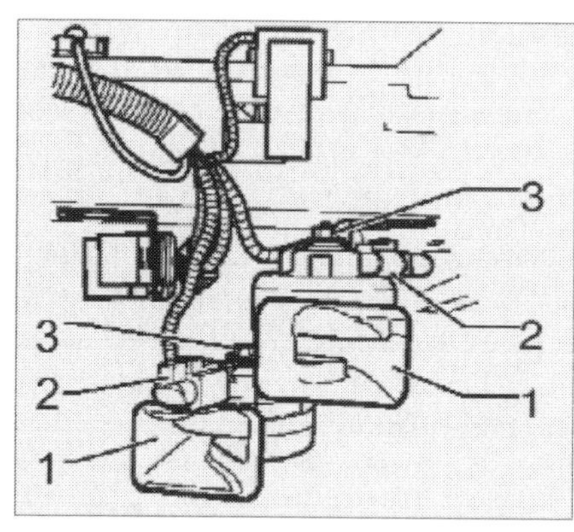

Doppeltonhorn: *1 Signalhorn, 2 Steckverbindung, 3 Befestigungsmutter. (Beim einfachen Signalhorn wird nur die im Bild rechte Einheit verbaut.)*

kann nur im aufgebockten Zustand des Fahrzeugs aus- und eingebaut werden.
Außerdem muss eine funktionstüchtige Warnblinkanlage vorhanden sein, damit im Notfall das haltende oder liegen gebliebene Fahrzeug gesichert werden kann. Da die Warnblinkanlage auch bei ausgeschalteter Zündung arbeiten soll, wird der Schalter direkt von Batterieplus versorgt. Die Richtungsblinker erhalten dagegen nur bei eingeschalteter Zündung Strom.

Die Einparkhilfe

Sie besteht aus dem Steuergerät (J446) links unter dem Schalttafeleinsatz, den acht (bei Einparkhilfe vorn und hinten) Ultraschall-Gebern G252 bis G255 im Stoßfänger vorn und G203 bis G206 im Stoßfänger hinten sowie den beiden Warnsummern H15 und H22 in der linken D-Säule bzw. links unter dem Schalttafeleinsatz. Bei Fahrzeugen mit Einparkhilfe lediglich hinten sind nur die Geber im hinteren Stoßfänger und der Summer in der D-Säule eingebaut.
Die Geber (Ultraschallwandler) senden und empfangen. Das System misst nach dem Echolotprinzip beim Rückwärtsfahren den Abstand des Fahrzeughecks zu einem Hindernis. Nach dem Einschalten der Zündung findet für 1 Sekunde ein Selbsttest statt. Wird ein Fehler erkannt, ertönt für 3 Sekunden ein Dauerton.
Das Steuergerät ist bei eingeschalteter Zündung permanent in Betrieb, die Abstandserfassung wird aber erst mit dem Einlegen des Rückwärtsganges aktiviert. Wenn die Einparkhilfe bereit ist, ertönt ein kurzer Signalton.
Die akustische Warnung durch regelmäßige Signaltöne beginnt beim Rückwärtsfahren ab etwa 1,60 m Entfernung zu einem Hindernis. Mit kleiner werdendem Abstand wird die Pausenzeit zwischen zwei Warntönen immer kürzer. Ab nur noch 30 cm Abstand geht der Intervallton in einen Dauerton über.

Warnblink- und Blinkanlage

Störungsbeistand

Störung	Ursache	Abhilfe
A Kontrolllampe leuchtet in falschen Intervallen.	LED defekt oder ohne Kontakt.	Schalttafeleinsatz auswechseln.
B Blink- und Kontrollleuchte brennen dauernd oder gar nicht.	Fehler in Relais oder Steuergerät.	Überprüfen lassen.
C Richtungsblinken funktioniert, aber kein Warnblinken.	1 Kabel am Warnblinkerschalter unterbrochen.	Durchgang kontrollieren, reparieren.
	2 Sicherung, Warnblinkschalter defekt.	Auswechseln.
D Warnblinken funktioniert, aber kein Richtungsblinken.	1 Kabel vom Blinkerschalter unterbrochen.	Durchgang kontrollieren, reparieren.
	2 Sicherung oder Blinkerschalter defekt.	Auswechseln.

Bremslicht

Störungsbeistand

Störung	Ursache	Abhilfe
A Eine Bremsleuchte brennt nicht.	1 Glühlampe durchgebrannt.	Austauschen.
	2 Masseverbindung oder Zuleitung unterbrochen. Brennen alle übrigen Lampen in derselben Heckleuchte?	Kabel kontrollieren.
B Beide bzw. alle drei Bremslichter brennen nicht.	1 Sicherung defekt.	Ersetzen.
	2 Bremslichtschalter oder Zuleitungskabel defekt.	Überprüfen, ggf. ersetzen.
C Bremslicht brennt dauernd.	Kabel zum Bremslichtschalter haben (evtl. im Schalter) direkten Kontakt.	Kabel kontrollieren.

Hupe

Störungsbeistand

Störung	Ursache	Abhilfe
A Hupe tönt nicht.	1 Sicherung oder Hupe defekt.	Pürfen, ggf. ersetzen.
	2 Kabel vom Druckschalter im Lenkrad zur Hupe unterbrochen.	Kabelverlauf kontrollieren, Steckkontakte der Hupe blank kratzen.
	3 Fehler in Relais oder Steuergerät.	Prüfen, reparieren, ggf. ersetzen.
B Hupe tönt dauernd.	1 Hupenkontakt im Lenkrad defekt. Kabel vom Hupenkontakt zur Hupe hat Dauerstrom.	Kabel von der Hupe abziehen. Hupt es jetzt nicht mehr, Kontakt bzw. Kabel reparieren.
	2 Hupe hat inneren Masseschluss.	Hupe ersetzen. (Sofort Kabel abziehen)

Signaleinrichtungen überprüfen

Arbeits-schritte  

1 **Warnblinkanlage:** Drücken Sie bei ausgeschalteter Zündung auf den Druckschalter (Symbol rot umrandetes Dreieck) der Warnblinkanlage. Alle vier Blinklampen und die Kontrollleuchte im Druckschalter sollten im gleichen Rhythmus aufleuchten.

2 **Richtungsblinker:** Zündung einschalten, Blinkerhebel drücken. Die beiden Blinker auf der Fahrzeugseite müssen im gleichen Rhythmus blinken, ebenso die Blinkerkontrolle im Kombiinstrument.

3 **Bremsleuchten:** Fahrzeug mit dem Heck zu einer (Garagen-)Wand stellen, Bremspedal drücken. Die Wand muss dann rot aufleuchten. Sie können aber auch während der Fahrt in einer Kolonne prüfen, ob Ihr Bremslicht funktioniert. Kontrollieren Sie durch einen Blick in den Rückspiegel, ob sich Ihre Bremsleuchten in den Scheinwerfern oder in der Lackierung des folgenden Fahrzeugs spiegeln. Funktionieren beide Bremsleuchten nicht, kontrollieren Sie die Sicherung und den Bremslichtschalter.

4 **Lichthupe:** Wenn Sie bei eingeschalteter Zündung den Blinkerhebel zum Lenkrad hin ziehen, müssen Fernlicht und Fernlichtkontrolle stets aufleuchten. Funktioniert die Lichthupe nicht, obwohl die Scheinwerfer bei eingeschalteter Beleuchtung brennen, sollten Sie zuerst prüfen, ob an den beiden roten Klemme-30-Kabeln zum Lenkstockschalter Spannung anliegt. Ist dies der Fall, dürfte der Lichtumschalter im Hebelschalter defekt sein.

5 **Signalhorn:** Betätigen Sie die Druckplatte auf dem Lenkrad. Die Hupe muss ertönen. □

Einparkhilfe: Steuergerät, Geber und Warnsummer montieren

Ausbau: Zündung und alle elektrischen Verbraucher ausschalten, Zündschlüssel abziehen.

2 **Steuergerät:** Das Gerät J446 ist unter der Schalttafel links eingebaut. Abdeckung im Fußraum, Schalttafelabdeckung seitlich links, die Lichtschalterblende und die linke Schalttafelverkleidung ausbauen (»Der Innenraum«). Die elektrischen Steckverbindungen trennen.

Die beiden Befestigungsschrauben am Steuergerät herausdrehen und das Gerät aus dem Halterahmen nehmen.

2 **Hintere und vordere Geber:** Die Geber sind im hinteren bzw. vorderen Stoßfänger eingebaut. Sie können nicht ohne Ausbau der Stoßfängerabdeckung aus- oder eingebaut werden. Die Geberhalter sind in die Stoßfängerabdeckungen eingeklebt.

Bauen Sie die Abdeckungen aus und trennen Sie die Steckverbindungen an allen Gebern. Vor Ausbau der vorderen Stoßfängerabdeckung den Schlauchanschluss von der Pumpe für Scheinwerfer-Reinigungsanlage trennen (auslaufende Flüssigkeit auffangen).

Zum Geber-Ausbau beide Rastnasen am Halter 2 zur Seite drücken (Pfeile links und rechts) und den jeweiligen Geber für Einparkhilfe 1 von außen nach innen drücken (Pfeil unten).

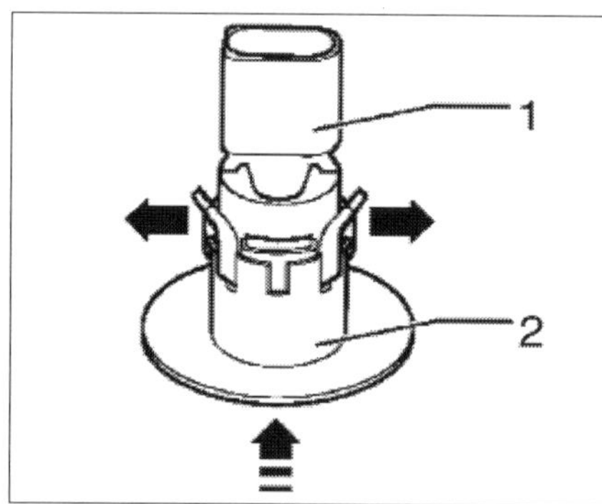

Geber für Einparkhilfe: *1 Geber, 2 Halter mit Rastnasen. Pfeile seitlich: Rastnasen drücken, Pfeil unten: Geber nach innen drücken.*

4 **Warnsummer:** Für die Einparkhilfe nur hinten wird der Summer hinter der Seitenwandverkleidung hinten links eingebaut. Fahrzeuge mit Einparkhilfe vorn und hinten haben zusätzlich einen Summer unter der Schalttafel links.

Zum Ausbau des **hinteren** Summers Seitenwandverkleidung hinten links aus bauen, Steckverbindungen von den Lautsprechern abziehen, Befestigungsclips der Leitungen herausziehen. Die Kunststoffschrauben aus den 8 Spreiznieten rund um die Lautsprecherhalteplatte hinten links herausdrehen, die Spreizniete herausziehen und die Lautsprecherhalteplatte abnehmen. Die Steckverbindung vom Warnsummer abziehen, die beiden Befestigungsmuttern vom Summer abschrauben und den Warnsummer herausnehmen.

Zum Ausbau des **vorderen** Summers die Abdeckung im Fußraum, die Schalttafelabdeckung seitlich links, die Lichtschalterblende und die linke Schalttafelverkleidung ausbauen (»Der Innenraum«). Die elektrische Steckverbindung zum Warnsummer trennen. Die beiden Halteschrauben herausdrehen und den Summer abnehmen.

Der **Einbau** erfolgt in umgekehrter Reihenfolge. Die Geberoberfläche bei der Montage nicht beschädigen. Kein Werkzeug verwenden! Geber nur am Steckeranschluss ziehen oder mit den Fingern vorsichtig aus dem Halter drücken. □

Praxistipp

So werden Geber und Halter eingebaut

Die Stoßfängerabdeckung kann für den Reparaturfall mit eingebauten Haltern als Ersatzteil gekauft werden. Die Halter sind aber auch einzeln erhältlich. Halter und Geber werden dann unlackiert geliefert

Die Halter der Geber für Einparkhilfe sind vor dem Lackieren der Stoßfängerabdeckung einzukleben. Die Geber hingegen sind vor der Montage zu lackieren. Dabei müssen Sie beachten, dass die Geber nur einmal mit einer Lackschichtdicke von 100 Mikrometern lackiert werden dürfen und dass der hintere Geberteil (Steckverbindung) zum Lackieren abgeklebt werden muss. Die Geber für Einparkhilfe dürfen nicht mechanisch oder chemisch beschädigt werden.

Die Geberhalter sind mit Beschriftungen versehen, die den Einbauort vorgeben. Sie dürfen nur an diesen Stellen eingeklebt werden. Vor dem Einkleben der Halter muss die Stoßfängerabdeckung an den Klebeflächen von innen leicht aufgeraut werden. Bei der vorderen Stoßfängerabdeckung müssen die in der Mitte einzuklebenden Halter mit ihren geraden Kanten parallel am Kühlergrill und die äußeren Halter mit ihren geraden Kanten parallel zum Kunststoffabsatz der Abdeckung anliegen. Bei der hinteren Stoßfängerabdeckung müssen die Beschriftungen auf den Haltern (HLI, HRI, HLA, HRA) parallel zur oberen Kante der Stoßfängerabdeckung ausgerichtet werden.

Signalhörner aus-/einbauen

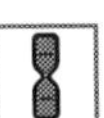

1 **Ausbau:** Zündung und alle elektrischen Verbraucher ausschalten, Zündschlüssel abziehen.

2 **Signalhorn/Doppeltonhorn:** Radhausschale vorn rechts ausbauen (Kapitel »Die Karosserie«). Die elektrische Steckverbindung trennen. Die Befestigungsmutter (Position 3 im Bild Seite 184) von dem zu wechselnden Signalhorn abschrauben. Horn von der Halterung abnehmen. Beim Einbau Mutter mit 9 Nm festziehen.

3 **Signalhorn für Diebstahlwarnanlage:** Wasserkastenabdeckung ausbauen (Kapitel »Die Karosserie«). Die elektrische Steckverbindung am Horn trennen. Die Befestigungsschraube herausdrehen und das Warnhorn vom Halter abnehmen. Beim Einbau die Schraube mit 5 Nm festziehen.

4 Der **Einbau** erfolgt in umgekehrter Reihenfolge. □

Schalterfunktion prüfen

Arbeitsschritte

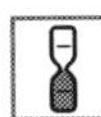

1 Besorgen Sie sich den zutreffenden Stromlaufplan (siehe Hinweise zu Bezug und Bestellung von Schaltplänen am Schluss dieses Kapitels).

2 Stellen Sie zunächst fest, welche Kabel Spannung führen. Dazu mit der Nadel der Prüflampe die Isolierung der Kabel durchstechen.

3 Prüfen Sie, ob am Schalter überhaupt Spannung anliegt. Dazu müssen Sie in der Regel Zündung oder Beleuchtung einschalten.

4 Den Schalter einschalten. Dann kontrollieren, ob der Schalter die Spannung weiterleitet. □

Fahrtenschreiber aus- und einbauen

Der optionale Fahrtschreiber (Bauteil-Bezeichnung G24) des Transporters wird in ein Einschubfach in der Mittelkonsole eingebaut. Er befindet sich also im Fahrzeug in ähnlicher Weise wie Radio oder/und Navigationsgerät.

Zum Ausbau wird das Entriegelungswerkzeug T10104 (zwei gleiche Werkzeuge) ähnlich wie beim Radioausbau eingesetzt. Nach Ausschalten der Zündung und aller elektrischen Verbraucher Zündschlüssel abziehen. Entriegelungswerkzeuge in die dafür vorgesehenen seitlichen Entriegelungsschlitze am Fahrtschreiber stecken und dabei nach unten drücken, bis sie einrasten. Den Fahrtschreiber an den Grifflösen der Werkzeuge aus der Schalttafel herausziehen. Die Werkzeuge T10104 müssen dabei vorsichtig und gleichmäßig nach unten gedrückt und dürfen nicht zur Seite gedrückt oder verkantet werden. Zum Abziehen der Werkzeuge nach erfolgtem Ausbau müssen die Grifflösen nach oben gedrückt werden. Gleichzeitig beide Griffe herausziehen.

Der Einbau erfolgt in umgekehrter Reihenfolge. Dabei muss der Fahrtschreiber gleichmäßig und ohne zu Verkanten in den Einbaurahmen geschoben werden, bis er dort hörbar einrastet. Der Schreiber muss sich leicht einschieben lassen, damit nicht etwa der Leitungsstrang abknickt.

Beachten Sie aber beim Selbsteinbau, dass die Plombierung und Aktivierung nur in dafür autorisierten Fachwerkstätten erfolgen dürfen. Sie haben in diesem Fall strikt den Paragraphen 57b der Straßenverkehrs-Zulassungsordnung StVZO zu befolgen!

Funktionsanzeigen, Schalter und Schalttafeleinsatz

Die meisten Messstellen im Inneren Ihres Transporters werden elektronisch kontrolliert. Steuergeräte nehmen Ihnen lästige Routinetätigkeiten ab und erleichtern viele Handgriffe. Die alles umfassende Elektronik spart Ihnen jede Menge Arbeit. Allerdings müssen Sie dazu auch sorgfältig alle Anzeigen und Kontrolllämpchen auf den Instrumenten (Schalttafeleinsatz) beachten. Diese sollten Sie stets im Blick haben und eventuelle Fehleranzeigen in jedem Fall ernst nehmen: Leuchtet während der Fahrt plötzlich eine Kontrollleuchte auf, ist dies grundsätzlich ein Alarmzeichen.

Kontrollen vor der Fahrt

Schon bevor Sie losfahren, sollten Sie unbedingt einen Blick auf das Armaturenbrett werfen. Die Anzahl der Anzeigen hängt zwar von der jeweiligen Ausstattung Ihres Transporters ab, bestimmte Funktionen und Signale werden jedoch immer realisiert. Diese sollten Sie kontrollieren:

- Funktioniert die Uhr im Instrumenteneinsatz?
- Wenn Sie die Zündung einschalten, müssen Ladekontrolle und Öldruckwarnleuchte, die Kontrollleuchten für Kühlflüssigkeitstemperatur, Katalysator, Airbagsystem, Bremsanlage und Handbremse (bei angezogenem Hebel), für Wegfahrsperre, ABS und Servolenkung leuchten.
- Betätigen Sie die Schalter für Warnblinker, Heckscheibenbeheizung, Nebelscheinwerfer und Nebelschlussleuchte. Reagieren auch die Kontrollleuchten?

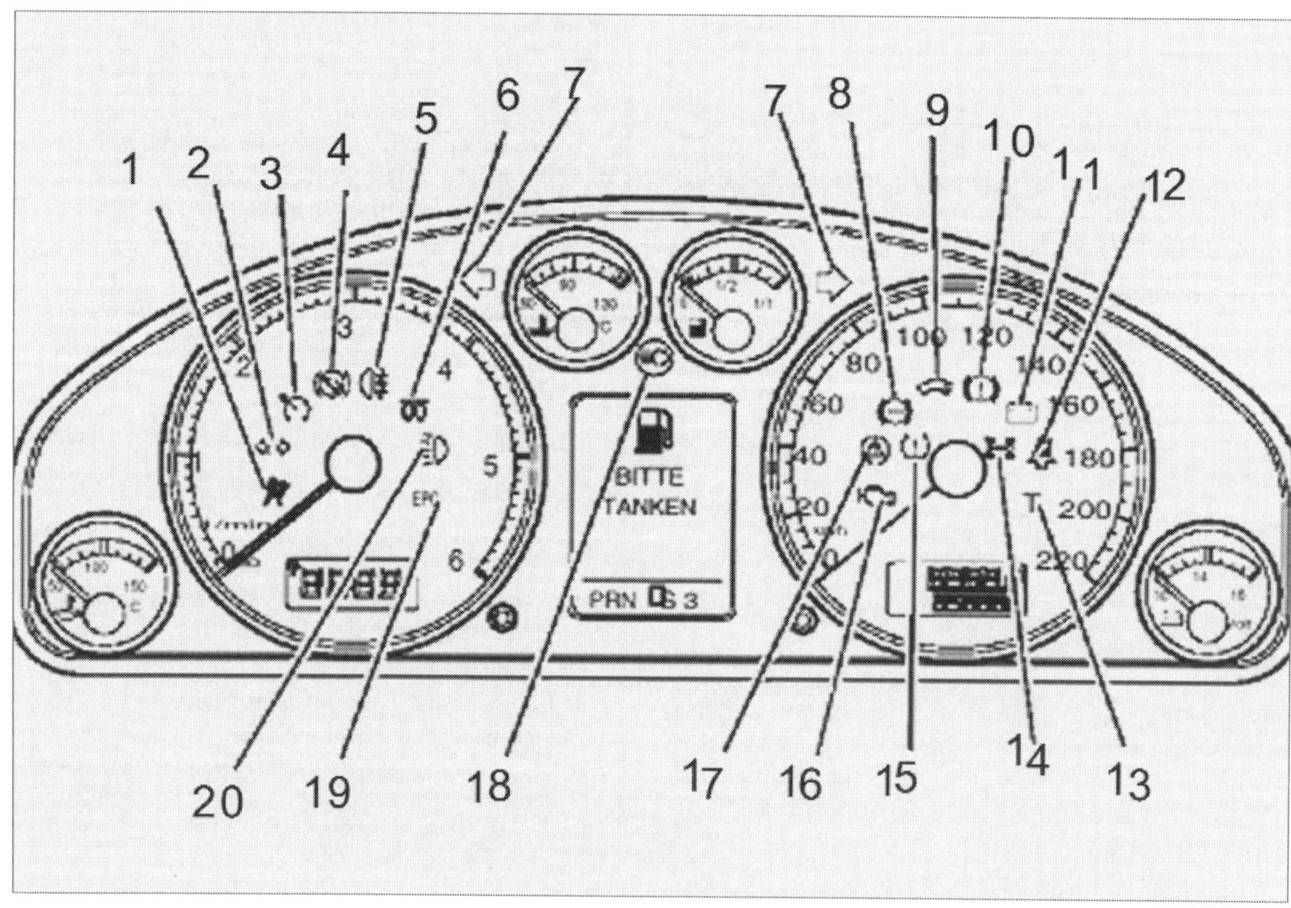

Kontrolllampen mit ihren Symbolen im Schalttafeleinsatz: *1 Airbag- oder Gurtstraffersystem, 2 Anhängerblinkanlage, Geschwindigkeitsregelanlage (GRA), 4 Schaltsperre (Shift Lock), 5 Nebelschlussleuchte, 6 Vorglühanlage, 7 Blinkanlage, 8 Anti-Blockier-System (ABS), 9 Wegfahrsperre, 10 Bremsanlage / angezogene Handbremse, 11 Generator, 12 Gurtwarnleuchte, 13 Fahrtschreiber, 14 Differenzialsperre, 15 Reifendruckkontrolle, 16 Abgaswarnleuchte, 17 Elektronisches Stabilitäts-Programm (ESP), 18 Fernlicht, 19 Motorsteuerung (Benzinmotor), 20 Tagfahrlicht.*

■ Brennen bei eingeschaltetem Licht die Leuchten für Instrumente und Schalter sowie für Abblendlicht und Fernlicht? Funktioniert der Warnsummer für nicht ausgeschaltetes Licht und/oder Radio?

■ Betätigen Sie den linken Hebel am Lenkstockschalter. Leuchten die Blinkerkontrolle und die Fernlichtkontrolle? Funktioniert die Lichthupe?

■ Betätigen Sie den rechten Hebel am Lenkstockschalter. Funktioniert die Scheibenwisch- und -waschanlage?

■ Starten Sie den Motor. Die Lade- und die Öldruckkontrollleuchte müssen verlöschen, dann auch die anderen Kontrollleuchten.

■ Prüfen Sie während der Fahrt die Funktion des Tachometers.

Selbsthilfe bei Anzeigenausfall

In einigen Fällen können Sie sich relativ einfach selbst helfen, wenn Anzeigen nicht einwandfrei funktionieren. Leuchtet z. B. nach dem Start die Öldruck-Kontrolle nicht, schalten Sie die Zündung ein, ziehen das Kabel am Öldruckschalter ab und halten es an blankes Metall. Brennt das Warnlicht jetzt, ist der Öldruckschalter defekt und muss ausgetauscht werden. Leuchtet die Kontrolle nicht, ist entweder die Zuleitung, die Leiterfolie des Kombi-Instruments oder die Warnlampe defekt.
Müssen Sie feststellen, dass die Tankanzeige ausbleibt, sind Anzeigeinstrument oder Tankgeber defekt (Schwimmer klemmt). Eventuell ist auch die Stromzufuhr unterbrochen. Wenn die Kühlmittel-Warnleuchte nicht brennt, kann es am Temperaturgeber liegen. Er sitzt im Kühlmittelrohr hinter dem Zylinderkopf. Messen Sie mit einem Multimeter den Innenwiderstand des Gebers.
Können Sie sich nicht behelfen oder leuchten Kontroll- und Warnlampen permanent in gelb oder gar rot, muss die Werkstatt aufgesucht werden. Sie riskieren sonst schwere Schäden an Motor und Fahrzeug.

Schalter für viele Zwecke

Manchmal ist nur ein defekter Schalter die Ursache für eine Störung im elektrischen System. Schalter verschiedener Typen setzen direkt oder über Relais die einzelnen Stromverbraucher in Betrieb. Zur Kontrolle ihrer elektrischen Funktion verwenden Sie am besten eine Prüflampe mit Nadelkontakt. Wenn Sie feststellen, dass ein Schalter defekt ist, müssen Sie ihn auswechseln. Vor dem Ausbau stets Zündung und elektrische Verbraucher ausschalten, Zündschlüssel abziehen.
Wesentliche Schaltfunktionen sind an Lenkstock und Zündschloss konzentriert. Beide Schalter lassen sich im nötigen Reparaturfall ausbauen und wechseln, aber dazu ist jeweils der Ausbau der Airbag-Einheit Fahrerseite und des Lenkrades nötig. Das können wir nicht empfehlen, daher sind wir auch bei den Arbeitsanleitungen zum Aus-/Einbau von Schaltern und Leuchten darauf nicht eingegangen. Wir möchten aber doch die Belegung der diversen Schalter-Kontakte angeben, damit Sie auf der Suche nach Fehlerursachen wissen, wo Sie prüfen oder messen sollten.

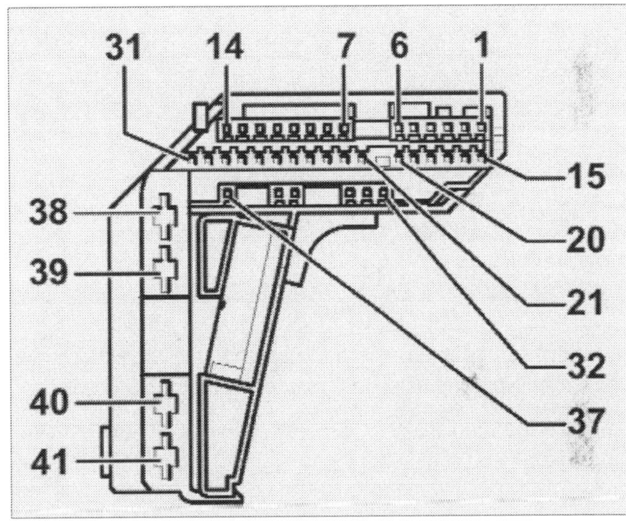

Steckverbindung T41 am Lenkstockschalter: *1-6 Lenkwinkelsensor, 7/8 Airbag, 9/10 Horn, 11 MFL, 12/13/14/25 nicht belegt, 15/16/17/21 Scheibenwischer, 18/23/24 Multifunktionsanzeige, 19/20/22 Klemmen 31/53c/15, 26-31 Geschwindigkeitsregelanlage GRA, 32-34 Blinker, 35-37 Parklicht, 38 Lichthupe Klemme 30, 39 Fernlicht Klemme 56a, 40 Abblendlicht Klemme 56b, 41 Abblendlicht/Fernlicht Kl. 56.*

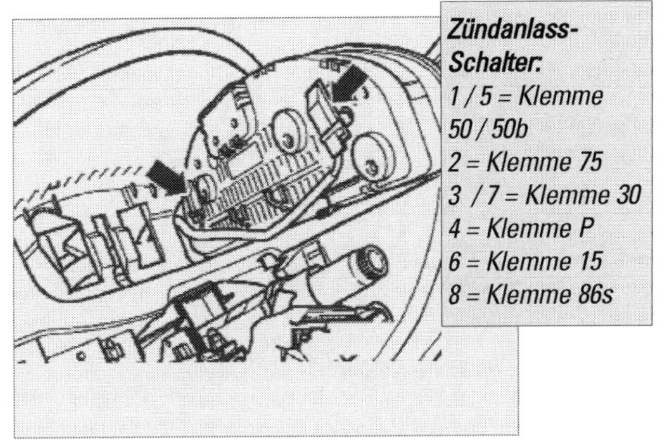

Zündanlass-Schalter:
1 / 5 = Klemme 50 / 50b
2 = Klemme 75
3 / 7 = Klemme 30
4 = Klemme P
6 = Klemme 15
8 = Klemme 86s

Der Schalttafeleinsatz

Der auch als Kombi-Instrument bezeichnete Schalttafeleinsatz lässt sich beim Transporter, anders als bei den meisten Pkw, ohne Ausbau des Lenkrades und damit des Airbagsystems Fahrerseite demontieren und einbauen. Reparieren oder zerlegen lässt sich an der Multifunktionsanzeige nichts. Im Falle von Defekten wird man den Schalttafeleinsatz komplett austauschen müssen.
Wir geben Ihnen im Anschluss die an VW-Material orientierte Anleitung zum Aus- und Einbau. Ähnlich wie beim Lenkstock- und beim Zündanlass-Schalter informieren wir ferner über die Belegung der Mehrfach-Steckanschlüsse des Schalttafeleinsatzes. Damit haben Sie weitere Anhaltspunkte für eine eventuelle Fehlersuche in der Elektrik.

Schalttafeleinsatz aus-/einbauen

1 **Ausbau:** Lenkrad mit mechanischer oder elektrischer Verstelleinrichtung ganz heraus und nach unten fahren.

In den folgenden Bildern zur Illustration des Schalttafel-Aus- und Einbaus ist das Lenkrad ausgebaut dargestellt. Das geschieht aber nur wegen der besseren Übersichtlichkeit; der Lenkrad-Ausbau ist nicht erforderlich

2 Zündung und alle elektrischen Verbraucher ausschalten und Zündschlüssel abziehen. Die Schalttafelabdeckungen unterhalb des Lenkrads ausbauen (Kapitel »Der Innenraum«).

3 Drehen Sie die Befestigungsschrauben (Pfeile) für den Schalttafeleinsatz heraus.

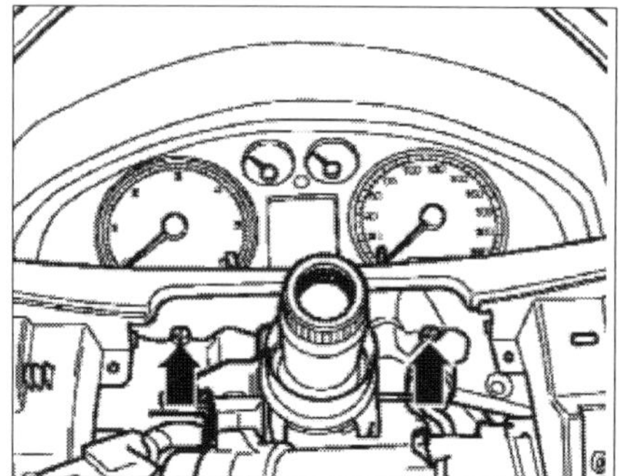

Schalttafeleinsatz: *Die Pfeile weisen auf die Befestigungsschrauben.*

4 Nehmen Sie den kompletten Schalttafeleinsatz in Pfeilrichtung heraus (oberes der beiden folgenden Bilder). Die Steckverbindungen auf der Rückseite trennen (Bild darunter).

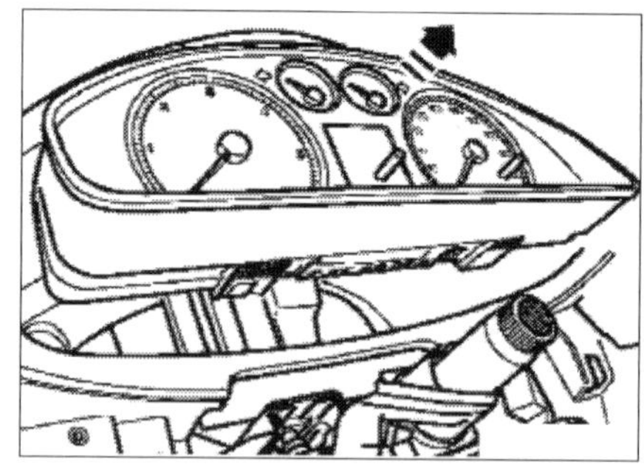

Schalttafeleinsatz in Pfeilrichtung heraus nehmen.

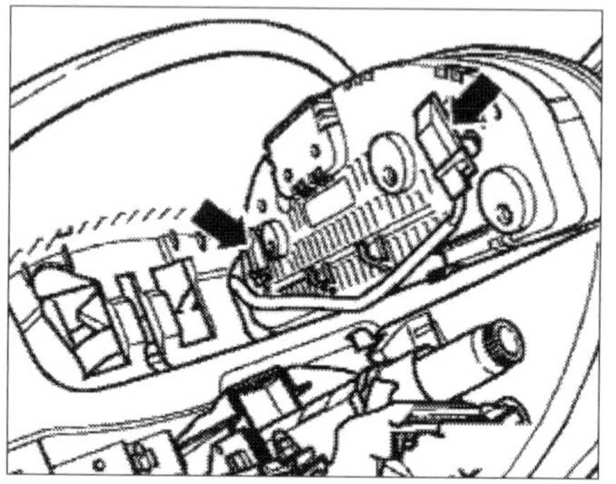

Steckverbindungen (Pfeile) an der Rückseite trennen.

5 **Einbau:** Der Einbau erfolgt in umgekehrter Reihenfolge. Schließen Sie zunächst die Steckverbindungen an und setzen Sie den Schalttafeleinsatz in den Ausschnitt der Schalttafel ein. Schrauben Sie die Befestigungsschrauben fest.

Prüfen Sie nach dem Einbau die Funktionen des Schalttafeleinsatzes.

Da die verschiedenen Baugruppen (Steuergeräte) abgefragt und der Fehlerspeicher gelöscht werden müssen, setzt die Werkstatt dazu das System VAS 5051 ein. □

Anschlüsse am Schalttafeleinsatz prüfen

1 Zur Kontrolle einzelner Funktionen trennen Sie die beiden 32-fachen Steckanschlüsse vom Schalttafeleinsatz. Der von der Rückseite her linke Anschluss 1 ist grün, der rechte Anschluss 2 ist blau markiert.

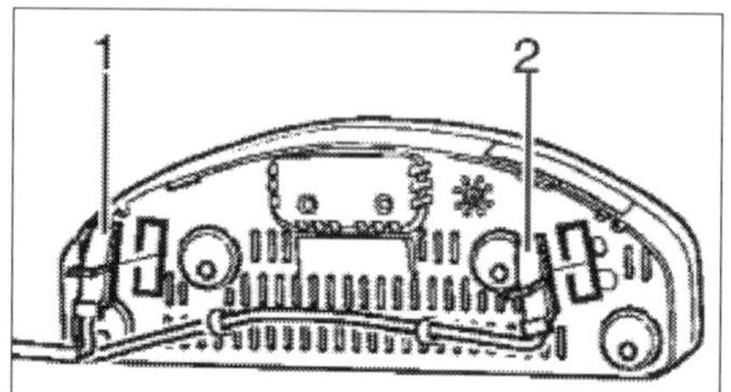

32-fach-Steckanschluss: *1 grün, 2 blau.*

2 Die Belegung der Steckanschlüsse am Schalttafeleinsatz ist abhängig von der Ausstattung sowie von der Länder- und Motorvariante des jeweiligen Fahrzeugs. Grundsätzlich können Sie sich an folgendem Belegungsschema orientieren:

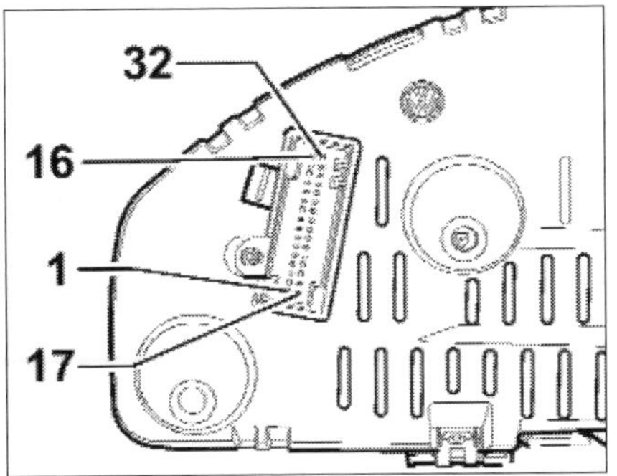

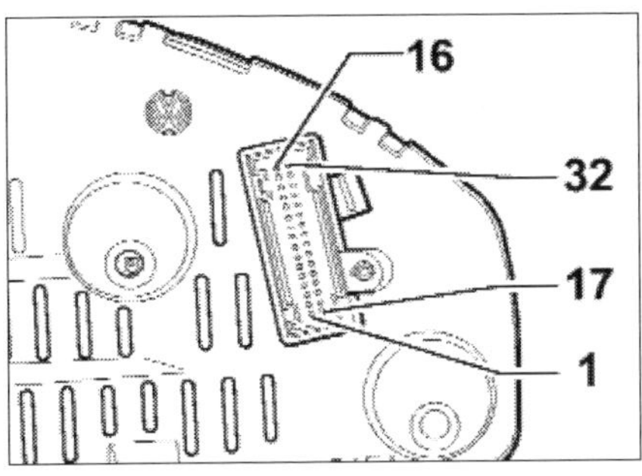

Schalttafeleinsatz Rückseite: *Das obere Bild zeigt die Nummerierung der Kontakte am grünen Steckanschluss, das untere Bild die Nummerierung der Kontakte am blauen Steckanschluss.*

Grüner Steckanschluss:

1 Funkuhrempfänger / +5V, 2 Lesespule für Wegfahrsicherung, 3 Funkuhrempfänger / Geberleitung, 4 CAN, 5/11/12/14/21/22 und 29-32 nicht belegt, 6 Kontrolllampe für Waschwassermangel, 7 Kontrolllampe für Bremsbelagverschleiß, 8 CAN - Komfort High, 9 CAN - Komfort Low, 10 Funkuhrempfänger Masse, 13 Kontrolllampe für Handbremse, 15 CAN - Info High.

(In den Schaltplänen wird der einzelne Kontaktpunkt am Mehrfachsteckanschluss mit dem Stecker T32a (für grün) und seiner Kontaktnummer ausgewiesen: Beispiel T32a/6 = Kontrolllampe für Waschwassermangel)

Blauer Steckanschluss:

1 Klemme 15 / Plus, 2/4/8/11-13/15/16/18-21/32 nicht belegt, 3 Geschwindigkeitssignal - Ausgang, 5 Geber für Kraftstoffvorratsanzeige, 6 Kontrolllampe für Tagfahrlicht, 9 Klemme 31 - Gebermasse, 10 Öldruckschalter, 14 Kontrolllampe für Nebelschlusslicht, 17 Kontrolllampe für Fernlicht, 22 Kontrolllampe für Kühlmittelmangelanzeige, 23 Klemme 30 / Plus, 24 Klemme 31 / Masse, 25 Eigendiagnose K-Leitung, 26 Parklicht rechts / Eingangssignal, 27 Parklicht links Eingangssignal, 28 Geschwindigkeitssignal / Eingang, 29 Warnlampe für Bremse allgemein, 30 S-Kontakt, 31 Warnlampe Gurtschalter.

(Anmerkung: Schaltplan-Kennzeichnung wie bei grün) □

Die Steuergeräte

Neben dem Steuergerät mit Anzeigeeinheit im Schalttafeleinsatz und dem Motorsteuergerät gibt es im Transporter noch eine größere Zahl weiterer Steuergeräte. Die präzise Zahl richtet sich nach der konkreten Ausstattung des jeweiligen Fahrzeugs. Sie liegt aber auf jeden Fall zwischen 12 und 18 Geräten. Das Übersichtsbild zeigt die Einbaulage der einzelnen Geräte:

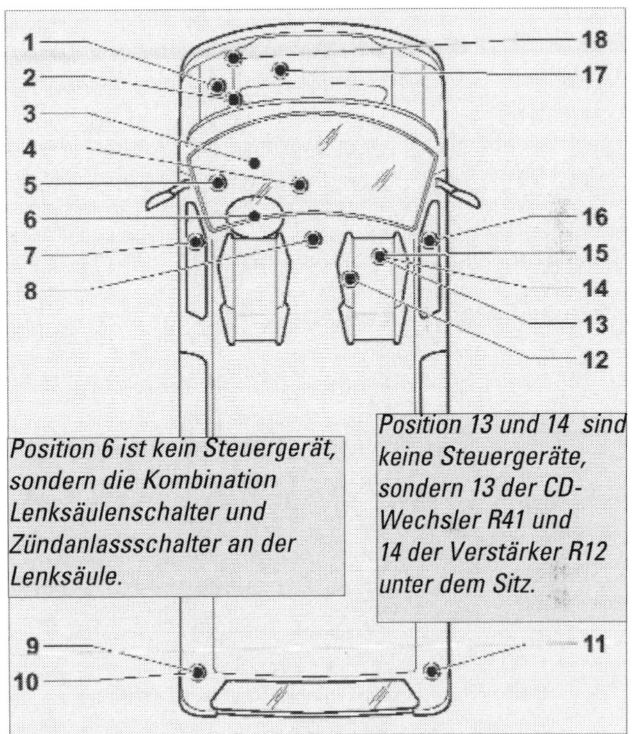

Position 6 ist kein Steuergerät, sondern die Kombination Lenksäulenschalter und Zündanlassschalter an der Lenksäule.

Position 13 und 14 sind keine Steuergeräte, sondern 13 der CD-Wechsler R41 und 14 der Verstärker R12 unter dem Sitz.

Lage und Anschlussbelegung der Steuergeräte:
1 Motorsteuergerät im Motorraum;
2 Steuergerät für ABS mit EDS (J104) im Motorraum;
3 Steuergerät/Anzeigeeinheit (J285) und Steuergerät für Wegfahrsicherung (J362) in der Schalttafel;
4 Steuergerät für Bordnetz (J519) unter der Schalttafel;
5 Steuergerät für Einparkhilfe (J446) unter der Schalttafel;
7 Türsteuergerät Fahrerseite (J386) in der Tür vorn links;
8 Steuergerät für Airbag (J234);
9 Steuergerät für Schiebetür (J558), D-Säule links;
10 Steuergerät für Heckklappe (J605), D-Säule links,
11 Steuergerät für Schiebetür (J731), D-Säule rechts,
12 Zentralsteuergerät für Komfortsystem (J393) unter Sitz,
15 Steuergerät für Navigation mit CD (J401) unter dem Sitz;
16 Türsteuergerät Beifahrerseite (J387), Tür vorn rechts;
17 Steuergerät für automatisches Getriebe (J217) im Motorraum;
18 Steuergerät für Kühlmittellüfter (J293) im Motorraum.

Kabel und Leitungen, Stecker und Kupplungen

Die verwirrende Elektrik in Ihrem Transporter wird anschaulich durch die Stromlaufpläne. Bei ihrer Benutzung geht man am sinnvollsten so vor, dass man in der Legende zunächst das betreffende Bauteil sucht, um das es sich dreht. Die wichtigsten Bauteile haben Kennbuchstaben, die zur Konkretisierung mit Zahlen kombiniert werden. In durchweg allen Stromlaufplänen werden für gleiche Bauteile die folgenden gleichen Teile-Bezeichnungen verwendet.

Kennzeichnung der Bauteile

Kennbuchstabe	Bauteil
A	Batterie
B	Anlasser
C	Drehstromgenerator
D	Zündanlassschalter
E	Schalter für Handbedienung
F	Mechanische Schalter
G	Geber, Kontrollgeräte
H	Hupe (Signalhorn, Doppeltonhorn o. Ä.)
J	Relais, Steuergerät
K,L,M,W,X	Kontrolllampen, Lampen, Leuchten
N	Elektro- (Magnet-) Ventile, Widerstände, Schaltgeräte
O	Zündverteiler
P,Q	Zündkerzenstecker, Zündkerzen; Glühkerzen
R	Radio
S	Sicherungen
T	Steckverbindungen
V	Elektromotoren

Farben und Kennzahlen

In Ihrem Fahrzeug gibt es jede Menge Kabel, die allerdings sehr gut geordnet sind. Die Kabelfarben weisen den Weg, und die meisten Anschlüsse an den Mehrfachsteckern wie an den Relais sind nummeriert.
Die Kabelfarben sind seit langem genormt. Sie weisen auf folgende Funktionen hin:

- **Rot (ro).** Erhält dauernd Strom vom Pluspol der Batterie bzw. bei laufendem Motor von der Lichtmaschine. Das kann bei unvorsichtigem Umgang mit Werkzeug zu Kurzschlüssen und Funkenregen führen, wenn das Minuskabel der Batterie (»Masseband«) nicht abgenommen wurde.
- **Schwarz (sw).** Erhält nur bei eingeschalteter Zündung Strom ab Zündschloss. Außer der Zünd- und Einspritzanlage werden jene Stromverbraucher mit Strom versorgt, die nur bei Betrieb des Wagens Strom erhalten sollen.
- **Braun (br).** Ist für direkte Masse-Verbindungen reserviert. Mit einem schwarzen (nicht braunen) Kabel muss ein Stromverbraucher zur Fahrzeugmasse verbunden sein, damit der Stromkreis geschlossen ist.
- **Grau (gr).** Gilt in Ihrem Fahrzeug für die Stromkreise der Begrenzungs-, Schluss- und Kennzeichenleuchten und für das Standlicht.

Weitere Kabelfarben sind blau (bl), gelb (ge), grün (gn), lila (li), orange (or) und weiß (ws). Einige Kabel haben noch zusätzliche Farbstreifen.
Den Kabelfarben zugeordnete Ziffern geben im Stromlaufplan an, welchen Querschnitt die Leitung hat. Sind Leitungen mit Steckverbindungen (T) verbunden, geben Ziffernkombinationen die Zahl der Kontakte und den jeweiligen Kontaktpunkt an. So bedeutet z. B. die Kennzeichnung T32/27, dass es sich um Kontaktpunkt 27 an einer 32-fach-Steckverbindung handelt.
Auch bei der Nummerierung folgt man geltenden Normen. Auf weißen Kabeln finden Sie zur Identifizierung zusätzliche Nummern.
Die Bezeichnung der Klemmen ist ebenfalls genormt. Einige der wichtigsten Klemmen sind:

- **Klemme 30** = Hier liegt immer die Batteriespannung an. Die Kabel sind meist rot oder rot mit Farbstreifen.
- **Klemme 31** = Führt zur Masse, meist über braune Kabel.
- **Klemme 15** = Sie wird über das Zündschloss gespeist. Die Leitungen führen nur bei eingeschalteter Zündung Strom. Die Kabel sind meist grün oder grün mit farbigen Streifen.
- **Klemme X** = Über diese Klemme werden alle größeren Stromaufnehmer gespeist, zum Beispiel das Fernlicht. Die Klemme führt bei eingeschalteter Zündung Strom. Dieser wird aber unterbrochen, wenn Sie den Anlasser betätigen. Dadurch steht der Zündanlage während des Startens die volle Batterieleistung zur Verfügung.

Hinweise und Regeln

Praxistipp

Hier noch einmal die grundlegende Regel für alle Arbeiten an der Elektrik: Das Batterie-Masseband (Minus-Leitung) abklemmen! Das Abklemmen der Plusleitung hingegen ist nur beim Ausbau der Batterie erforderlich. Wenn es in den Arbeitsanleitungen so angegeben ist, reichen auch das Ausschalten von Zündung und elektrischen Verbrauchern sowie das Abziehen des Zündschlüssels.

- Bevor mit einer Reparatur an beschädigten Leitungssträngen begonnen wird, muss zunächst die Ursache des Schadens ermittelt werden. Achten Sie auf scharfkantige Karosserieteile, defekte Verbraucher und Korrosion.
- Beachten Sie die Aufkleber am Fahrzeug, die auf Bauteile mit erhöhter Spannung hinweisen. Bei Reparaturarbeiten muss dort die Restspannung abgebaut werden.
- Reparaturen an Leitungen müssen gekennzeichnet sein. Achten Sie darauf beim Sichten der Kabel und beachten Sie es selbst nach Kabelreparaturen: Alle Eingriffe werden durch gelbe Leitungen und mit gelbem Klebeband umwickelte Reparaturstellen kenntlich gemacht.
- Bei Reparaturen am Bordnetz darf nicht gelötet werden. Schweißverbinder grundsätzlich nicht reparieren, sondern nötigenfalls eine Leitung parallel zur defekten legen.
- Antennenleitungen dürfen nur nach VW-Konzept repariert werden. Im Reparaturfall sind die als Original-Ersatzteil angebotenen Verbindungs- und Adapterleitungen zu verwenden. Der Austausch einzelner Antennenstecker ist nicht vorgesehen.

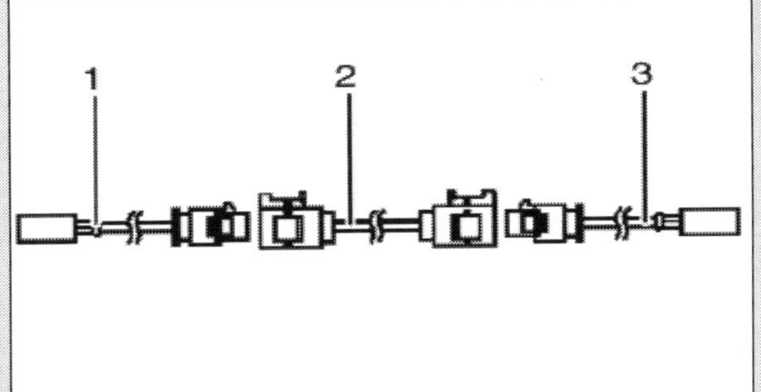

Neues VW-Konzept für Antennenleitungs-Reparatur: *1 Adapterleitung ans Radio (ca. 30 cm), 2 Verbindungsleitung (unterschiedlichster Länge), 3 Adapterleitung an die Antenne (ca. 30 cm).*

- Die Ersatzteile für die Antennenleitungs-Reparatur sind im Elektronischen Teilekatalog ETKA von Volkswagen zu finden.
- Abgeschirmte Leitungen dürfen nicht repariert werden. Sie sind im Schadensfall komplett zu ersetzen.
- Leitungsstrang- und Steckerreparaturen am Bordnetz dürfen nach VW-Vorschrift nur mit dem Reparatur-Set VAS 1978 vorgenommen und an dessen Bedienungsanleitung orientiert werden. In der Bedienungsanleitung ist die Vorgehensweise bei Reparaturen ausführlich beschrieben.

Mehrfachstecker und Kupplungsstationen

Trotz der Fülle von Kabelverbindungen müssen Arbeiten an allen Bauteilen möglich sein. Um an Teile heranzukommen oder um sie auszubauen, ist häufig die Unterbrechung von Kabelbündeln erforderlich. Auch Messen, Prüfen und Ersetzen von Teilen und Baugruppen der Elektrik und des Motormanagements erfordern die Trennung von Kabelsträngen.

Aus diesem Grunde gibt es sehr viele abziehbare Verbindungen mit Kupplung und Stecker, als Bauteil mit T gekennzeichnet und nummeriert.

Manche dieser Steckverbinder sind mit einem Haltebügel an der Karosserie oder an einem Bauteil befestigt, oder die Steckverbindung ist durch Haltelaschen, Clips usw. gesichert. Zum Lösen der Verbindung müssen dann das Gegenstück am Stecker so aufgebogen oder die Sicherungselemente so gedrückt werden, dass der Stecker vom Haltebügel oder von seinem Gegenstück abgenommen werden kann.

In Ihrem Transporter sind zahlreiche einzelne Bauteile von Lampen bis zu Sensoren (Gebern), Einspritzventilen oder Pumpen über Mehrfachstecker an das Bordnetz angeschlossen. Vielfachsteckverbindungen sind ferner an den Kupplungsstationen zu finden. Die wichtigsten Einbauorte für solche Mehrfachsteckverbindungen sind der Schalttafeleinsatz sowie die Kupplungsstationen unter beiden Vordersitzen und in den A- und den B-Säulen links und rechts.

Die Kupplungsstationen unter den Vordersitzen können herausgenommen werden, nachdem die Sitze komplett ausgebaut wurden (Kapitel »Der Innenraum«). Es sind dann lediglich jeweils zwei Befestigungsschrauben heraus zu drehen und die Kupplungsstation mit angeschlossenen Leitungen zu entnehmen.

CAN-Bus-Leitungen reparieren

Arbeits-schritte  

1 Fehlerhafte Leitung aufspüren. CAN-Bus-Leitungen sind ungeschirmte Zweidrahtleitungen mit einem Querschnitt von 0,35 oder 0,5 mm².

2 Die Leitungen sind nach Funktion farbcodiert. Orientieren Sie sich entsprechend: CAN-High-Leitung/Antrieb = orange/schwarz, CAN-High-Leitung / Komfort = orange/grün, CAN-High-Leitung / Infotainment = orange/violett, CAN-Low-Leitung / alle = orange/braun. Wenn Sie reparieren müssen, dann nur mit gelben Leitungen. Reparaturstellen mit gelbem Klebeband kennzeichnen.

3 Bei Reparaturen müssen beide Bus-Leitungen die gleiche Länge haben. Beim Verdrillen der Leitungen 1 und 2 muss eine Schlaglänge von A = 20 mm eingehalten werden. Kein Leitungsstück z. B. im Bereich von Schweißverbindern (Pfeil) darf ohne Verdrillung mehr als B = 50 mm lang sein.

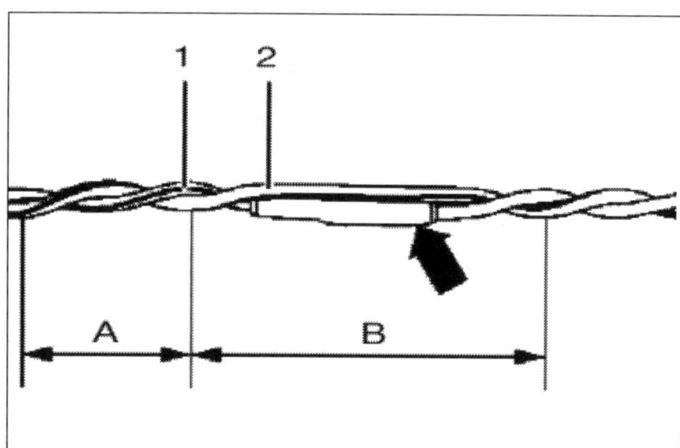

CAN-Bus-Leitung: *Ungeschirmte Zweidrahtleitung verdrillt mit Schlag A = 20 mm und unverdrillter Höchstlänge von B = 50 mm.* □

Antennen-Leitungen nach VW-Konzept verlegen

Arbeits-schritte  

1 Das neue VW Konzept mit Adapter- und Verbindungsleitungen ist universell. Die entsprechenden neuen Ersatzteile sind rückwirkend für alle VW-Modelle und für jegliche verbaute Antennenleitungsquerschnitte zu verwenden. Alle Adapter und Verbindungsleitungen sind für sämtliche Sende- und Empfangssignale geeignet. Das Reparaturkonzept kann auch als Prüf- oder Nachrüstlösung verwendet werden. Beachten Sie beim Einbau einer neuen Antennenleitung, dass je nach Fahrzeugausstattung die Gesamtstrecke einer Antennenleitung durch Steuergeräte für Antennenauswahl, Steuergeräte für Verkehrsfunk oder Antennenverstärker in Teilstrecken unterteilt sein kann. Es ist dann immer nur die defekte Teilstrecke zu ersetzen.

Ziehen Sie die Steckverbindungen der defekten Antennenleitung von den Geräten ab.

2 Ermitteln Sie den Verlauf der defekten Antennenleitung im Fahrzeug und messen Sie die Gesamtlänge der zu ersetzenden Antennenleitung aus.

3 Die Gesamtlänge der Antennenverbindung ergibt sich aus der Länge der benötigten Adapterleitungen 1 und 3 sowie der Verbindungsleitung 2 (siehe Abbildung im »Praxistipp« auf Seite 193).

4 Rechnen Sie von der gemessenen Gesamtlänge der Antennenverbindung 60 cm ab, um die benötigte Länge der zu beschaffenden Verbindungsleitung zu erhalten.

5 Beschaffen Sie die benötigten Adapterleitungen und die Verbindungsleitung mit der berechneten Länge als Originalersatzteil gemäß dem Teilekatalog.

6 Schneiden Sie die Steckverbindungen der defekten Antennenleitung ab und lassen Sie den Rest der defekten Antennenleitung im Fahrzeug.

7 Schließen Sie die Adapterleitungen an die Geräte im Fahrzeug an.

8 Verlegen und befestigen Sie die Verbindungsleitung parallel zu der alten Antennenleitung.

9 Achten Sie darauf, die Antennenleitung beim verlegen nicht abzuknicken oder übermäßig zu verbiegen. Der Biegeradius darf 50 mm nicht unterschreiten!

10 Verbinden Sie die von Ihnen neu verlegte Verbindungsleitung mit den bereits eingebauten Adapterleitungen.

11 Nehmen Sie abschließend eine Funktionsprüfung vor.

12 Relevante Sicherungen für die Endgeräte, die von einer Antennenleitungs-Neuverlegung betroffen sein können, sind auf dem Sicherungshalter in der Schalttafel die SB19 und die SB33.. Die SB19 sichert die Stromkreise für Steuergerät mit Anzeige im Schalttafeleinsatz, für Steuergerät mit Anzeigeeinheit für Radio und Navigation, für Bordnetz-Steuergerät und für Radio ab. Die SB33 sichert Stromkreise mit dem Steuergerät mit Anzeigeeinheit für Radio und Navigation, mit dem Steuergerät für Verkehrsfunk und mit dem Radio ab.

14 Die SB19 hat eine Stärke von 5 A, die SB33 eine Stärke von 15 A. Eine weitere das Steuergerät mit Anzeigeeinheit Radio/Navigation betreffende 5 A-Sicherung: SC16. □

Relais und Sicherungen

Der Relaisträger

In Ihrem Fahrzeug gibt es eine Reihe von Verbrauchern, die im Vergleich zu anderen einen hohen Strom aufnehmen. Diese werden nicht direkt durch Schalter, sondern durch Schaltrelais in Betrieb genommen. Das bedeutet: Wenn Sie einen Schalter betätigen, aktivieren Sie dadurch zunächst nur einen geringen Schaltstrom. Erst über das Schließen des Schaltstromkreises wird der Stromkreis für den Arbeitsstrom hergestellt. Der Arbeitsstrom wird zur Vermeidung von Spannungsabfall auf kurzem Weg direkt an das Relais herangeführt und von dort bei geschlossenen Schalterkontakten zum Stromverbraucher geleitet. Die Schalterkontakte werden dadurch nicht durch hohen Stromfluss beansprucht. Außerdem vermeidet man Spannungsverluste, die bei langen Kabelwegen zwischen Schalter und Verbraucher entstehen würden.

Die Relaisträger des Transporters befinden sich in der E-Box im Motorraum, im Cockpit (Schalttafelmitte) und unter dem Fahrersitz (Sitzkiste). In der E-Box ist ein 9-fach-Relaisträger, im Cockpit sind zwei und in der Sitzkiste ein 8-fach-Relaisträger eingebaut. Belegung:

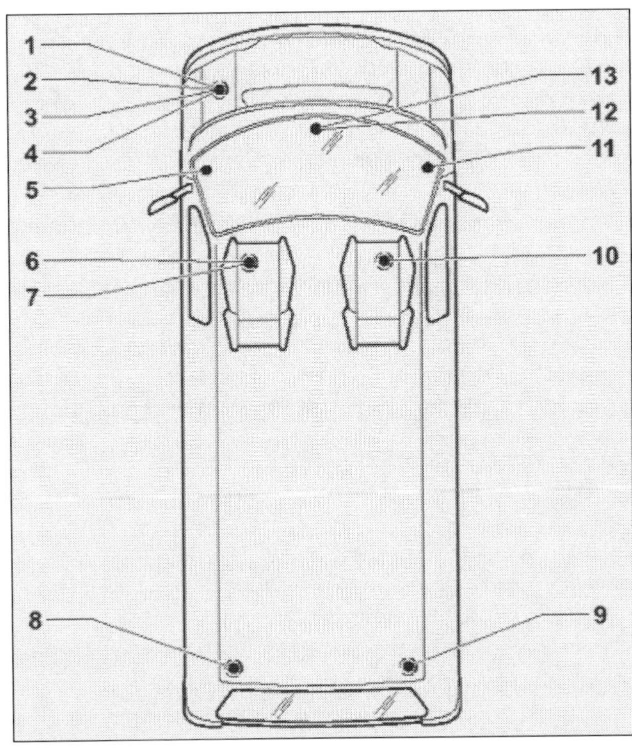

***Transporter-Einbauorte für Relais, Sicherungen und Kupplungsstationen:** 1 Sicherungshalter für Sicherungen SA, 2 Sicherungshalter für Sicherungen SD, 3 Neunfach-Relaisträger in der E-Box, 4 Kupplungsstation (15-fach) in der E-Box (Positionen 1-4 E-Box unter der Batterie im Motorraum); 5 Kupplungsstation (10-fach) A-Säule links, 6 Achtfach-Relaisträger Sitzkiste links, 7 Kupplungsstation (10-fach) Sitzkiste links, 8 Kupplungsstation (10-fach) D-Säule links, 9 Kupplungsstation (10-fach) D-Säule rechts, 10 Kupplungsstation (10-fach) Sitzkiste rechts, 11 Kupplungsstation (3-fach) A-Säule rechts, 12 Achtfach-Relaisträger im Cockpit, 13 Sicherungshalter für Sicherungen SB und SC im Cockpit.*

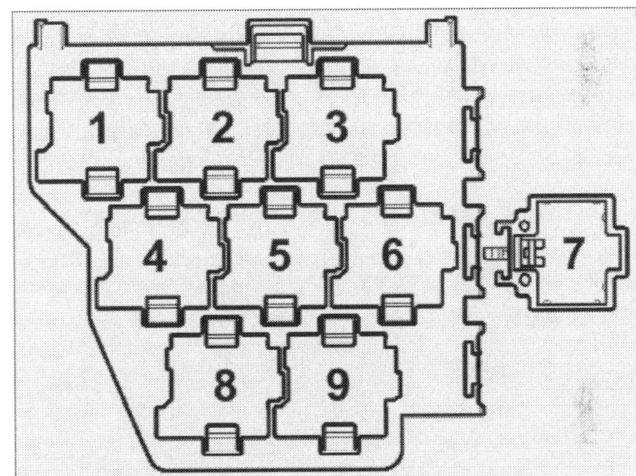

***8-fach-Relaisträger in der E-Box Motorraum:** Bei den verschiedenen Motorisierungen abweichend belegt.*
***Beim 1,9 Liter Dieselmotor (AXB/AXC):** 1 Steuergerät für Klimaanlage, 2 Kraftstoffpumpenrelais, 3 Relais für Glühkerzen, 4 Relais für Spannungsversorgung Klemme 30, 5 nicht belegt, 6 Abschaltrelais Magnetkupplung für Klimaanlage, 7 Relais für automatisches Getriebe, 8 Steuergerät für Lenkhilfe, 9 Relais für Kühlmittelzusatzpumpe.*
***Beim 2,5 Liter Dieselmotor (AXD/AXE):** 2 bis 5 und 7 bis 9 wie 1,9 Liter Diesel. 1 frei, 6 Relais für Anlasssperre.*
***Beim 2,0 Liter Benzinmotor (AXA):** 1 und 2, 4 und 6 bis 8 wie 1,9 Liter Diesel. 3 Relais für Sekundärluftpumpe, 5 Relais für elektrische Kraftstoffpumpe II oder 5 Relais für Kühlmittelzusatzpumpe, 9 frei.*
***Beim 3,2 Liter Benzinmotor (BDL/BDM):** 1 Steuergerät für Klimaanlage, 2 Relais für Spannungsversorgung Klemme 30, 3 Relais für Sekundärluftpumpe, 4 Kraftstoffpumpenrelais, 5 Relais für elektrische Kraftstoffpumpe II oder Relais für Kühlmittelzusatzpumpe, 6 Abschaltrelais Magnetkupplung für Klimaanlage, 7 Relais für automatisches Getriebe, 8 Steuergerät für Lenkhilfe, 9 Relais für Anlasssperre.*

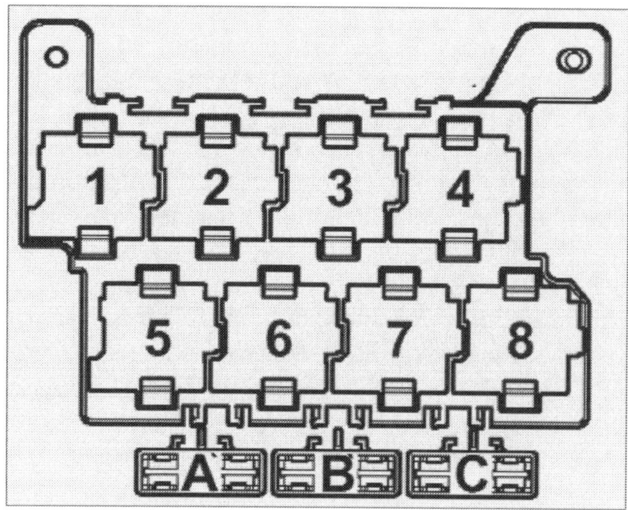

8-fach-Relaisträger 1 im Cockpit unter der Schalttafel Mitte: *1 frei, 2 Relais für Zusatzwasserheizung, 3 Trennrelais für Frischluftgebläse, 4 Entlastungsrelais für X-Kontakt, 5 bis Mai 2003 frei, danach Relais für Rundumscheinwerfer, 6 Zusatzrelais für Bremslicht, 7 Relais für Scheinwerfer-Reinigungsanlage, 8 Relais für Standheizung oder Relais für Restwärme.*
Zusatzsicherungen: A bis Mai 2003 frei, danach Sicherung für Sonderfahrzeuge, B Einzelsicherung für Fensterheber, C Einzelsicherung für Beheizung der Heckscheibe.

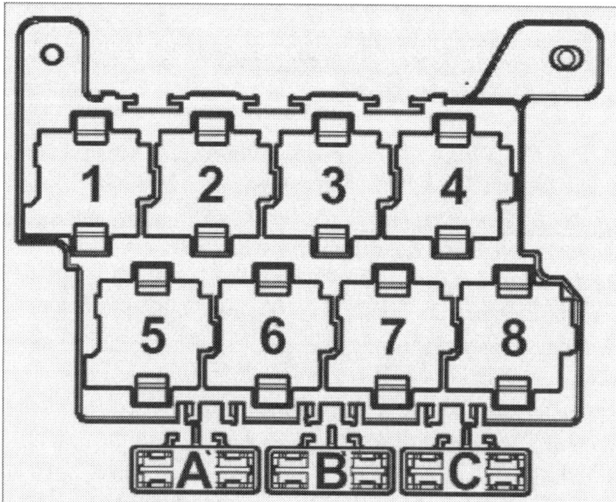

8-fach-Relaisträger 2 im Cockpit unter der Schalttafel Mitte: *1 Relais für Frischluftgebläse hinten, 2 und 3 Steuergerät für Multifunktionslenkrad, 4 Umschaltrelais I für Dachlüfter, 5 Steuergerät für Differenzialsperre, 6 bis Mai 2003 frei, danach Doppelinverterrelais, 7 Sicherungen S49/S106/S149, 8 ab Mai 2003 Sonderfahrzeuge.*
Zusatzsicherungen: A und B bis Mai 2003 frei, danach Sicherung 1 und 2 (S204 und S205), C Schmelzsicherung 1 (S131).

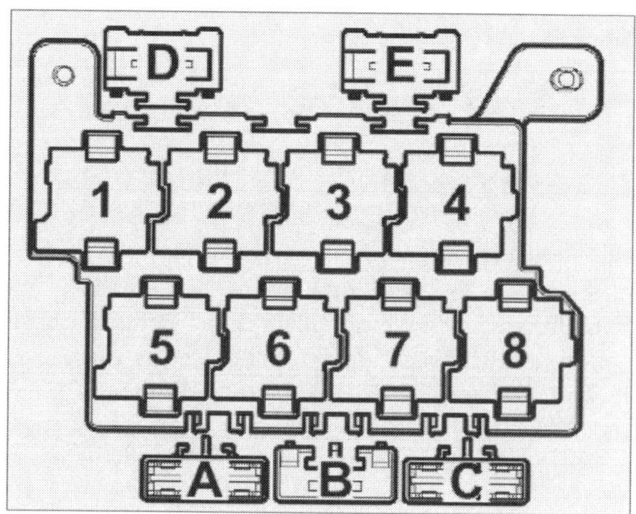

8-fach-Relaisträger in der Sitzkiste links: *1 bis Mai 2003 Batterie-Trennrelais, danach frei, 2 und 5 frei, 3 bis Mai 2003 frei, danach Batterie-Trennrelais, 4, 6 und 8 bis Mai 2003 frei, danach Sonderfahrzeuge, 7 seit Mai 2003 Sicherungen S51, S62 (für Standheizung) und S140 (für Climatronic vorn).*
Zusatzsicherungen: A, B und C seit Mai 2003 nicht belegt, D bis Mai 2003 Sicherung S51, danach Sicherung 2 (S205), E ausstattungsabhängig Sicherung S171 für Batterie-Trennrelais oder S65 für Zweitbatterie.

Relaisträger aus-/einbauen

Arbeitsschritte  

Ausbau: Klemmen Sie die Batterie im Motorraum ab und bauen Sie sie aus; im Fall der Relaisträger im Innenraum klemmen Sie die Batterie(n) (Minus) ab.

1 **Relaisträger E-Box:** Batterieabschottung ausbauen, Befestigungsschraube herausdrehen und Batteriekonsole heraus nehmen. Sicherungsdorn an der E-Box öffnen und nach Entriegeln den Sicherungseinschub herausnehmen. Den Sicherungsträger verschieben und nach unten drücken. Neun Befestigungsschrauben herausdrehen und E-Box-Oberteil abnehmen. Stecker vom Motorsteuergerät abziehen. Leitung PIN10 abschrauben und beiseite legen, acht Befestigungsschrauben am E-Box-Mittelteil abschrauben und dieses herausnehmen. Verriegelung am Relaisträger drücken und diesen nach oben ziehen.

2 **Relaisträger im Cockpit:** Seitliche Abdeckung für Schalttafel vorsichtig abhebeln. Schalttafelverkleidungen Mitte ausbauen (Kapitel »Der Innenraum«). Befestigungsschrauben herausdrehen und Relaisträger abnehmen.

3 **Relaisträger unter linkem Vordersitz:** Den Fahrersitz aus-

bauen (Kapitel »Der Innenraum«). Die beiden Befestigungsschrauben oben und unten am Relaisträger heraus drehen und den Relaisträger mit angeschlossenen Leitungen abnehmen.

Einbau: In allen drei Fällen sinngemäß umgekehrt. □

Die Sicherungshalter

Zahlreiche Schmelzsicherungen sorgen für den Schutz der elektrischen Systeme ihres Fahrzeugs. Die Sicherung als Teil eines Stromkreises tritt in Aktion, wenn bei einem Kurzschluss (defekter Verbraucher, beschädigtes Kabel) oder bei Anschluss zusätzlicher Verbraucher an einen bereits voll ausgelasteten Stromkreis der Strom plötzlich stark ansteigt. Das Innenleben der Sicherung wird zerstört, der Stromfluss unterbrochen, eine Überlastung des Stromkreises verhindert.
Damit Ihr Wagen bei einem elektrischen Defekt nicht ohne Strom dasteht, sind die Sicherungen auf verschiedene Stromkreise verteilt. Die Einspritzanlage und die meisten elektrischen Aggregate haben eine eigene Absicherung.

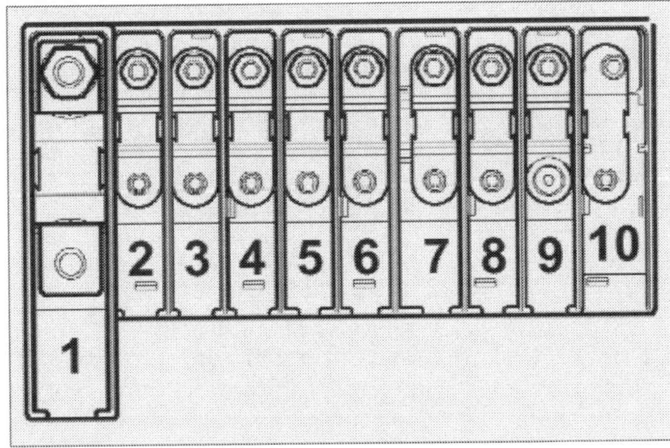

***Hauptsicherungen in der E-Box Motorraum links:** 1 Sicherung SA1 (150, 175 oder 200 A) für Drehstromgenerator; 2 Sicherung SA2 (125 A) für Entlastungsrelais X-Kontakt, für Fensterheber und Heckscheibenheizung sowie Plusverbindungen 2 bis 10 (Klemme 30) im Hauptleitungsstrang; 3 Sicherung SA3 (100 A) für Batterie-Trennrelais und Laderelais Zweitbatterie; 4 Sicherung SA4 (125 A) Plusverbindung im Leitungsstrang; 5 Sicherung SA5 (50 A) für Steuergerät Bordnetz; 6 Sicherung SA6 (60 A) für Glühkerzen- und Sekundärluftpumpen-Relais; 7 Sicherung SA7 (60 A/70 A) für Steuergerät des Lüfters für Kühlmittel; 8 Sicherung SA8 (30 A/40 A/50 A) für Steuergeräte 1 und 2 für Kühlmittellüfter; 9 SA9 (100 A) für Zündanlassschalter.*

Sicherungshalter befinden sich in der E-Box vorn links im Motorraum unter der Batterie mit den (Haupt-)Sicherungen SA und SD sowie im Innenraum in der oberen Sicherungsbox Schalttafel Mitte mit den Sicherungen SB und SC. Die elektrischen Anschlüsse der Sicherungen sind aus den einzelnen Stromlaufplänen ersichtlich. Eine Aufstellung in der Betriebsanleitung informiert über die genaue Sicherungsbelegung für Ihr Fahrzeug, die von Modellversion, Baujahr und Ausstattungsgrad abhängt. Wir geben Ihnen auf der Basis von VW-Material Belegungslisten an, die auf die meisten Fälle zutreffen.

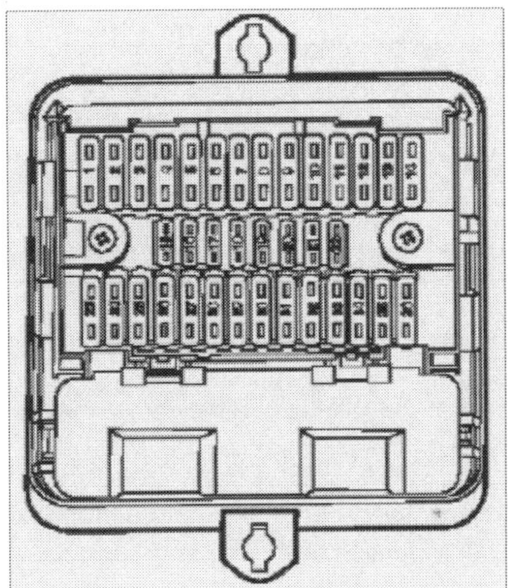

***Haltermodul:** Auf solchen Sicherungshaltern stecken die Sicherungen SB und SC in der Sicherungsbox Schalttafel Mitte.*

Sicherungsbox mit Haltern aus-/einbauen

Arbeitsschritte  

1 **Ausbau:** Klemmen Sie die Batterie (Minus) ab. Die Box mit den für die meisten Reparaturfälle relevanten Sicherungen befindet sich mittig unterhalb der Schalttafel im Cockpit. Hebeln Sie die seitliche Schalttafel-Abdeckung vorsichtig ab.

2 Bauen Sie die Schalttafelverkleidungen Mitte entsprechend der Anleitung im Kapitel »Der Innenraum« aus.

3 Drehen Sie die jeweils zwei Befestigungsschrauben für den oberen Sicherungsträger (Sicherungen SB) und für den unteren Sicherungsträger (Sicherungen SC) heraus.

4 Nehmen Sie die beiden Sicherungsträger mit angeschlossenen Leitungen ab. Die Träger enthalten jeweils zwei Sicherungshalter der Bauweise im Bild oben.

5 **Einbau:** Erfolgt in sinngemäß umgekehrter Reihenfolge. Die Befestigungsschrauben mit 2 Nm anziehen. □

Die Sicherungen

Im Sicherungshalter des Transporters stecken so genannte Flachsteck-Sicherungen. In ein durchscheinendes Kunststoffteil sind zwei flache Stecker eingebettet, die durch einen Schmelzdraht verbunden sind. Eine durchgebrannte Sicherung erkennen Sie am unterbrochenen Schmelzdraht. Oft ist auch der Rücken der Plastikumhüllung heraus gebrochen oder geschmolzen. Beschriftung und Farbe geben die Stärke der Sicherung an:

Lila	3 Ampere
Hellbraun/Orange	5 Ampere
Dunkelbraun	7,5 Ampere
Rot	10 Ampere
Blau	15 Ampere
Gelb	20 Ampere
Weiß	25 Ampere
Grün	30 Ampere

Sicherungen wechseln

1 **Ausbau**: Vor dem Auswechseln einer Sicherung immer die Zündung und den betreffenden Verbraucher ausschalten.

2 Dem Schaltplan oder der Sicherungstabelle entnehmen, auf welchem Steckplatz die Sicherung für den ausgefallenen Verbraucher sitzt. Mit den Fingerspitzen oder einer kleinen Kunststoffpinzette die defekte Sicherung aus dem Steckplatz ziehen. Wenn der Metallstreifen durchgeschmolzen ist, muss die Sicherung ausgewechselt werden.

3 **Einbau:** Neue Sicherung mit gleicher Amperestärke in den Steckplatz eindrücken. Auf korrekten Sitz achten.

4 Brennt die neue Sicherung sofort wieder durch, haben Sie eventuell eine zu schwache Sicherung eingesetzt oder der Verbraucher ist defekt. In diesem Fall sollten Sie dem Problem schnellsten auf den Grund gehen. Der Verbraucher könnte beschädigt werden, im schlimmsten Fall sogar ein Kabelbrand entstehen. Lassen Sie die elektrische Anlage von einem Fachbetrieb prüfen.

Versuchen Sie auf keinen Fall, Sicherungen zu reparieren (Drahtbrücken etc.). Dadurch können Folgeschäden an anderer Stelle der elektrischen Anlage auftreten.

5 Abdeckung wieder auf den Sicherungskasten setzen: Zuerst in die Instrumententafel einschieben, dann seitlich andrücken und Führungsnasen in den Öffnungen der Instrumententafel verrasten. □

Sicherungsbelegung SB:

SI-Nr.	Nennwert	Funktion
SB1	30 A	Relais X-Kontakt / Trennrelais für Frischluftgebläse
SB2	5 A	Geber für Lenkwinkel
SB3	10 A	Bordnetz-Steuergerät Klemme 30
SB5	15 A	Zweifaden-Scheinwerferlampe l.
SB6	15A	Zweifaden-Scheinwerferlampe l.
SB7	15 A	Bordnetz-Steuergerät Innenlicht
SB8	5 A	16-fach Diagnosesteckanschluss
SB9	15 A	Bremslichtschalter
SB10	5 A	Scheibenwischerschalter
SB11	5 A	Regler für Schalterbeleuchtung
SB12	15 A	Zigarrenanzünder
SB13	5 A	Zusatzrelais für Bremslicht
SB14	30 A	Schalter für Gebläse und Klimaanlage, Relaiszusatzheizung, Motorgebläseregelung (Bitron)
SB15	7,5 A	Schalter, Steuergerät und Regelventil für Klimaanlage Climatronic
SB16	5 A	Bordnetz-Steuergerät Klemme 15
SB17	5 A	Schalter, Kontrolllampe und Lampe für Nebelschlussleuchte, Steckdose für Anhängerbetrieb
SB18	5 A	Steuergerät mit Anzeigeeinheit im Schalttafeleinsatz
SB19	5 A	wie SB 18 plus Bordnetz-Steuergerät Klemme 86s und Radio
SB20	5 A	Lampen für Standlicht, Brems- und Schlusslicht links
SB21	5 A	Lampen für Standlicht, Brems- und Schlusslicht rechts
SB22	10 A	Steuergerät mit Anzeigeeinheit im Schalttafeleinsatz, Kontrolllampe für Differenzialsperre vorn, 16-fach Diagnosesteckanschluss
SB23	25 A	Steckdose für Anhängerbetrieb
SB 24	5 A	Geber für Lenkwinkel
SB 25	5 A	Schalter für Klimaanlage und Steuergerät für Climatronic
SB 26	5 A	Schalter und Steuergerät für Differzialsperre, Motor für Quersperre
SB27	15 A	Zweifaden-Scheinwerferlampe r.
SB28	15 A	Zweifaden-Scheinwerferlampe r.
SB29	---	nicht belegt
SB30	10 A	Motoren für Heckscheibenwischer oder Scheibenwischer

		an den Flügeltüren links und rechts, Heizwiderstände für die Spritzdüsen links und rechts
SB31	30 A	Bordnetz-Steuergerät (Signalhorn)
SB32	25 A	Bordnetz-Steuergerät (Scheibenwischermotor)
SB33	15 A	Steuergeräte mit Anzeigeeinheit für Radio und Navigation sowie für Verkehrsfunk; Radio
SB34	25 A	Geber für Geschwindigkeits messer, Luftmassenmesser, Relais für automatisches Getriebe und Motorsteuergerät
SB35	5 A	Instrumentenbeleuchtung
SB36	25 A	Bordnetz-Steuergerät (Blinklicht)

Sicherungsbelegung SC (Auswahl):

SI-Nr.	Nennwert	Funktion
SC1	15 A	12 V-Steckdose 2 Klemme 30
SC4	15 A	12 V-Steckdose 3 Klemme 30
SC5	15 A	Kühlbox
SC7	10 A	Umschaltrelais 1 für Dachlüfter
SC8	5A	Steuergerät für Einparkhilfe.
SC9	5 A	Steuergerät für Multifunktions-lenkrad
SC14	5 A	Steuergerät für Bedienelektronik Handy
SC15	5 A	Steuergerät für Schaltanzeige
SC19	5 A	Automatisch abblendbarer Innenspiegel
SC22	5 A	Hochdruckgeber und Sensor für Luftgüte
SC24	5 A	Camper
SC26	10 A	Fahrtschreiber Klemme 30
SC28	5 A	Taster für Heizung des Außen-spiegels
SC30	5 A	Vorwahluhr mit Temperatur-regelung
SC33	5 A	Fahrtschreiber Klemme 15
SC 34	20 A	Unterdruckpumpe für Bremse
SC 36	15 A	12 V-Steckdose 4

Die Schaltpläne

Die verschiedenen Stromlaufpläne Ihres Fahrzeugs füllen in gedruckter Form einen Ordner mit einigen hundert Seiten im DIN A4-Format. Sie sind in einzelne Pakete gepackt, die je nach Komplexität der Baugruppe zwischen einer einzigen und zwei Dutzend Seiten umfassen und bei allen Weiterentwicklungen am Fahrzeugmodell überarbeitet und verändert werden.

Struktur der Stromlaufpläne

Jeder Stromlaufplan beginnt mit einem Deckblatt, das den entsprechenden Plan benennt, durch eine laufende Zahl kennzeichnet und Sicherungshalter sowie Relaisplätze abbildet. Auf den nummerierten Schaltplanseiten kennzeichnet ein graues Feld oben die plusseitigen Anschlüsse, meist Relaisplatte oder ein Steuergerät. Die Grundlinie stellt Masse (minus) dar, eine Zahl im Kreis kennzeichnet den Einbauort des jeweiligen Massepunktes (Bildbeispiel S. 200).
Hat das obere graue Feld eine Pfeilspitze nach links, geht dem Blatt eine Planseite voran. Hat das graue Feld eine Pfeilspitze nach rechts, folgen weitere Seiten. Gibt es keinerlei Pfeilverweise, besteht der Plan nur aus der einen Seite. Alle Schalter und Kontakte sind in mechanischer Ruhestellung gezeichnet.
Bauteil-Kennungen an offenen Leitungen verweisen auf Weiterführung der Leitung zu diesem Bauteil. Die Bauteile sind wie weiter oben aufgelistet kenntlich gemacht. Eine rechteckig umrahmte Zahl am offenen Ende einer Leitung zeigt, in welchem Strompfad die Leitung weitergeführt wird. Eine Legende im Schaltplanblatt informiert stets erneut, wie ein Bauteil heißt. S und Zusatzbuchstabe mit Angabe der Stärke in Ampere sind Sicherungen, T sind Steckverbindungen. Über die Schaltzeichen der rund 50 Bauteile vom Anlasser und Generator bis zur Schraubverbindung am Bauteil informieren den Schaltplänen voran gestellte Legenden. In den gezeichneten Leitungen geben klein gedruckte Zahlen den Querschnitt in mm^2, klein gedruckte Buchstaben die Kabelfarbe an.

Stromlaufpläne bei Volkswagen bestellen

Wegen ihres beträchtlichen Umfanges würde heute schon allein die früher übliche Wiedergabe der Basisschaltpläne in diesem Ratgeber den Rahmen des Buches total sprengen. Wenn Sie der Arbeit an einer Bau-

gruppe den jeweiligen Schaltplan zugrunde legen möchten, müssen Sie ihn direkt bestellen.
Die Stromlaufpläne liegen zusammen mit Hinweisen zur Fehlersuche Elektro und Angaben zu den Einbauorten von Baugruppen, Relais und Sicherungen digitalisiert vor und können auf Computer-Monitoren als PDF-Dateien angezeigt werden. Diese Material-Pakete sind aus dem Internet, als CD-ROM-Satz oder als DVD (ab Januar 2005 nur noch als DVD) unter dem Markennamen erWin zu erwerben. erWin ist die **e**lektronische **R**eparatur- und **W**erkstatt-**In**formation der Volkswagen AG für freie Werkstätten, Fuhrparks und alle anderen Unternehmen, die professionell Volkswagen reparieren und instand halten. erWin steht auch allen Privatpersonen zur Verfügung, die ihren Volkswagen selber reparieren möchten (s. a. unseren entsprechenden Hinweis im Kapitel »Die Fahrzeugreparatur«).
Natürlich haben solche detaillierten und stets auf dem aktuellen Stand gehaltenen Datensammlungen ihren angemessenen Kaufpreis. (Stromlaufpläne, Fehlersuche Elektro, Einbauorte = 107,40 Euro). Jedem dieser Leitfäden wird der Hinweis voran gestellt, dass Reparaturen nur von geschultem Fachpersonal mit den jeweils angegebenen Spezialwerkzeugen durchgeführt werden dürfen. Bestellen können Sie per E-Mail:

VWBestell@bertelsmann.de

und per Post oder Fax bei

Volkswagen Distributions-Service
arvato logistics services
Friedrich-Menzefricke-Str. 16-18
33775 Versmold
Fax 05423/42820

Aus dem Internet können Sie erWin über eine bei arvato logistics services zu erfragende Netzadresse herunterladen und erwerben. Der Kauf vollzieht sich so, dass Sie zu gewünschten Dateien aus dem Internet, vom CD-Set oder von der DVD (ab 1. 1. 2005 nur noch DVD) Freischaltcodes erwerben, die Ihnen die Anzeige der gewünschten, vor dem Kauf gesperrten Dokumente über Ihren Computer erlauben.

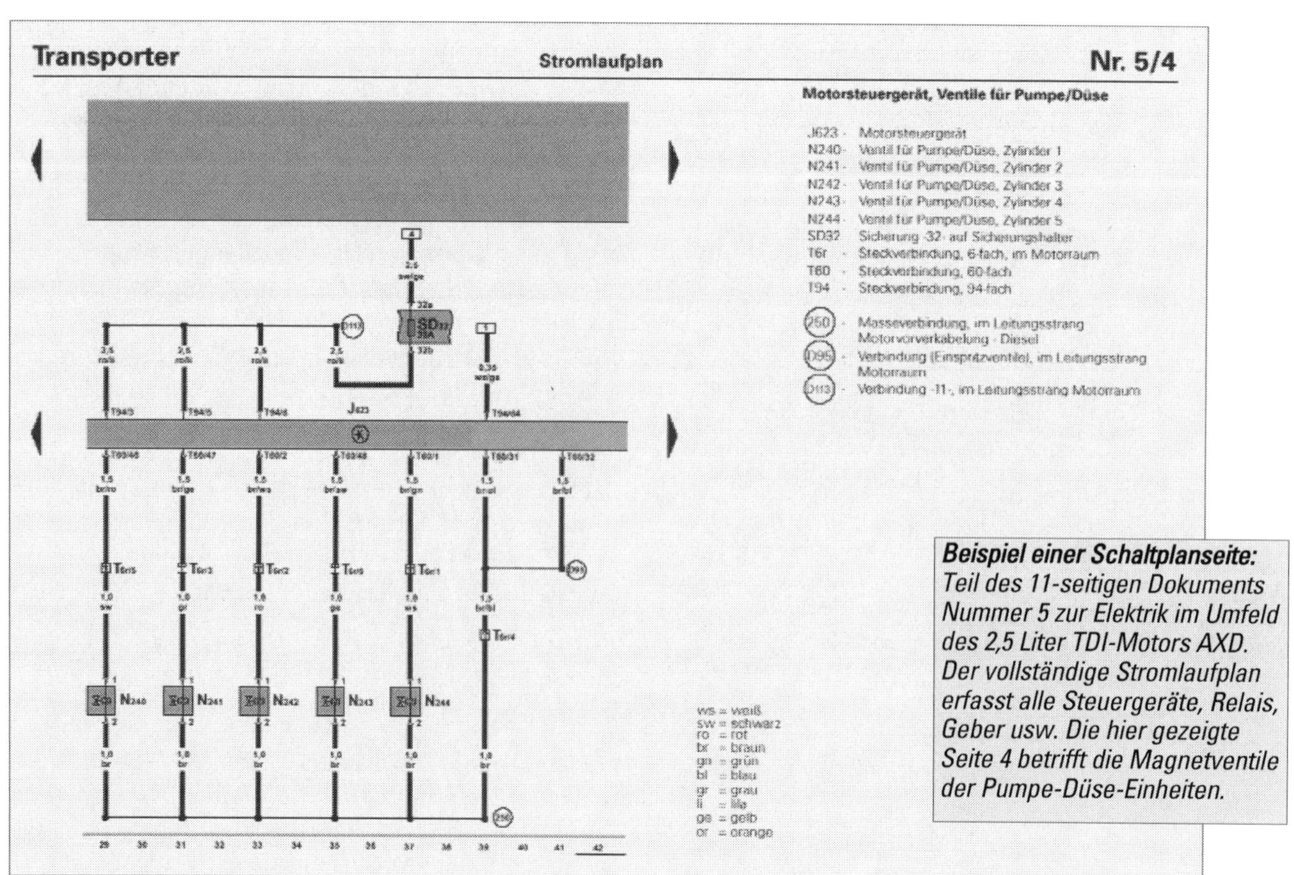

Beispiel einer Schaltplanseite: *Teil des 11-seitigen Dokuments Nummer 5 zur Elektrik im Umfeld des 2,5 Liter TDI-Motors AXD. Der vollständige Stromlaufplan erfasst alle Steuergeräte, Relais, Geber usw. Die hier gezeigte Seite 4 betrifft die Magnetventile der Pumpe-Düse-Einheiten.*

DER INNENRAUM

Übersichtlich, funktionell und doch auch elegant wirkt der Multivan. Vom Klapptisch am Fenster oder Tischmodul in der Wagenmitte bis zu komfortablen Schlafmöglichkeiten oder edlen Ledersitzen ist alles machbar.

Wartung

Reparatur

Der neue Transporter präsentiert sich vor allem mit verbesserter Ergonomie. Dazu zählen das in Neigung und Höhe verstellbare Lenkrad und die Joystick-Schaltung auf der Mittelkonsole. Letztere eröffnet bei zwei Frontsitzplätzen und fehlender Laderaumtrennwand einen freien Durchstieg in den Frachtraum. Außerdem bietet die Schaltung mit kurzen und definierten Wegen ein hohes Maß an Fahrfreude.

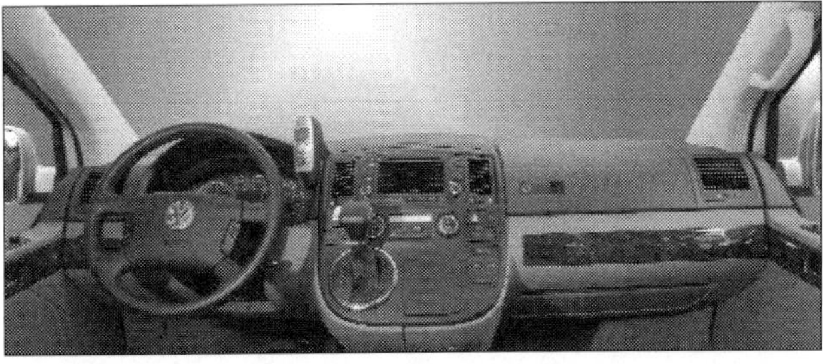

Gleichfalls in der Mittelkonsole befindet sich ein kompaktes Bedienfeld mit zentralem Doppel-DIN-Schacht für das Radio oder Navigationssystem und mit Reglern für Heizung und Lüftung. Unterhalb dieser Einheit sind ein Schub mit zwei Cupholdern und integriertem Aschenbecher sowie der Sicherungskasten zu finden. Zahlreich sind die Fächer vom geschlossenen Handschuhfach auf der Beifahrerseite bis zur Unterlage mit Zettelklemme und Handyfach in Armaturenbrettmitte. Der optionale Fahrtenschreiber wird in einem gesonderten Gehäuse auf der Mittelkonsole eingebaut. Die Türverkleidungen sind großzügig dimensioniert, im Beifahrer-Knieraum gibt es ein breites Gepäcknetz, und die optionale Handy-Halterung mit Freisprechanlage liegt in einer Flucht mit dem Lenkradkranz.

Alle Modelle haben eine klar aufgeteilte Instrumententafel mit gut lesbaren Rundinstrumenten oder halbkreisförmigen Skalen (Bild unten). Sämtliche Schalter und Hebel sind leicht zu bedienen. In unmittelbarer Blickrichtung erhält der Fahrer die nötigen Informationen über Geschwindigkeit, Motordrehzahl, Spritmenge und Kühlwassertemperatur.

Der Kastenwagen mit Fenstern ist der Kombi. Je nach Einsatz hat er zur Personenbeförderung bis zu neun Sitzplätze, ausgestattet mit Drei-Punkt-Gurten. Alle Sitzbänke sind ohne Werkzeug ausbaubar, die hintere lässt sich »wickeln«. Außerdem können alle Banklehnen, auch die der optionalen Beifahrersitzbank, auf die Sitzpolster geklappt werden. Für diesen Fall ist ein Wärmetauscher für den Fond mit Bodenausströmern in der rechten hinteren Seitenteilverkleidung an Bord. Optional gibt es eine Klimaanlage.

Alle seitlichen Innenverkleidungen im Laderaum sowie die Innenverkleidung des Flachdachs sind aus einer grau lackierten Hartfaserplatte. Mittelhochdach und Hochdach sind unverkleidet. Der Ladeboden aller Kombis ist aus Stahlblech, wahlweise mit Gummibelag. Eine umfangreiche Ausstattungsliste ermöglicht den individuellen Ausbau zur Personenbeförderung oder zum Warentransport. VW Nutzfahrzeuge bietet den Transporter ferner mit berufsspezifischen Lösungen an: Vom Polizeifahrzeug bis zum Fahrzeug für Frischdienst oder Express-Pakete.

Neu ist der Shuttle, der auf den Kombi mit Flachdach aufbaut. Anders als der vollverglaste Transporter, verfügt der Shuttle serienmäßig über hochwertige Innenraumverkleidungen und über eine Grundausstattung zur Personenbeförderung. Dazu gehören eine stoffbezogene Zweiersitzbank in der ersten und eine gleichfalls mit Stoff bezogene Dreier-Sitzbank in der zweiten Fahrgastraumreihe. Der Shuttle hat rutschhemmenden und leicht zu reinigenden Gummiboden-Belag, Sonnenrollos an den Seitenfenstern und ISOFIX-Aufnahmen für Kindersitze auf den Fondbänken. Auf Wunsch gibt es Klimaanlage für vorn und mit zweitem Klimagerät auch für hinten.

Lüftung und Klima

Der Multivan hat als Serienausstattung eine manuell geregelte Klimaanlage. Außerdem wird gekühlte Luft in das große Handschuhfach geleitet. Für angenehme Temperaturen im Fond sorgt ein zusätzliches Heizgerät in der rechten Seitenwand mit eigenem bodennahen Ausströmer.

Die klimatisierte Luft gelangt über verschiedene Ausströmer der Instrumententafel in den Innenraum. Eine Besonderheit sind individuell einstellbare Ausströmer in den B-Säulen. Sie lenken die austretende Luft zum Defrosten an die mittleren Seitenscheiben und in den Fond. Zwei separat einstellbare Lüftergebläse (Booster) regeln dabei den klimatisierten Luftstrom. Die Bedienung des hinteren Heizgeräts und der beiden Booster erfolgt über ein zentral im Wagenhimmel angeordnetes Bedienteil.

Die optionale Fahrgastraumbelüftung (ab Comfortline) verfügt über Ausströmer in zwei Funktionsleisten mit Lese-Spots und Licht/Klima-Bedienteil unter dem Wagenhimmel (Bild unten). Mit diesen Ausströmern kann jeder Fondgast den Luftstrom entweder abschalten, gezielt auf seine Person lenken oder indirekt und zugfrei am Dachhimmel entlang ziehen lassen.

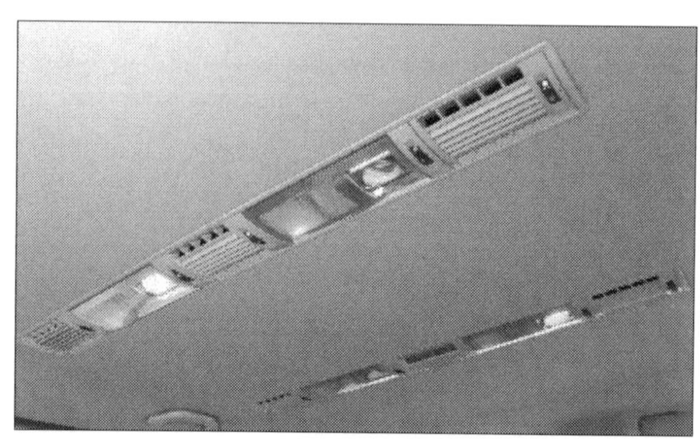

Der Multivan Highline verfügt über die elektronisch geregelte Drei-Zonen-Klimaanlage »Climatronic«. Mit ihr können sich Fahrer, Beifahrer und Fondpassagiere ihre Reisetemperatur individuell und unabhängig voneinander einstellen. Die »Climatronic« regelt unabhängig von Sonneneinstrahlung und Witterungseinflüssen die Temperatur, die Luftverteilung und die Luftmenge auf den individuell festgelegten Wert.

Arbeiten im Innenraum

Ablagen und Fächer, Blenden und Spiegel, Abdeckungen und Verkleidungen, Haltegriffe und Trittstufen, Tischmodul sowie Sitze und Bänke lassen sich aus- und einbauen. Das kann schon nötig werden, weil Mechanik, Elektrik und Elektronik hinter Ablagen und den Verkleidungen von Säulen, Türen und Klappen versteckt sind. Vorsicht beim Umgang mit Verkleidungen: Clipselemente können schnell beschädigt werden, Oberflächen sind oft kratzempfindlich.
Durch Unfall oder andere Einwirkungen kann die Halteplatte für den Fuß des Innenspiegels abfallen. Bis vor kurzem wurde dann die ganze Frontscheibe ausgewechselt. Es ist aber möglich, eine neue Halteplatte auf die Windschutzscheibe aufzukleben. Wir bieten Ihnen die Arbeitsschritte hierfür an.

Der Staub- und Pollenfilter

Lässt man die Fenster geschlossen, wird man mit sehr sauberer Frischluft versorgt: Die von vorn her einströmende Luft muss einen Staub-/Pollenfilter passieren. Die Sauberkeit dieses Filters ist von wesentlicher Bedeutung für gutes Klima im Wagen. Ist der Pollenfilter verstopft, kann das noch andere Folgen haben: Die Scheiben beschlagen von innen schneller. Höheres Laufgeräusch und geringer Luftdurchsatz an den Ausströmern zeigen an, dass das Gebläse Probleme hat, frische Luft anzusaugen. Laut DEKRA müssen die Filter jährlich oder alle 15.000 km gewechselt werden. Besorgen Sie sich einen neuen Filtereinsatz aus dem Zubehörhandel und machen Sie sich ans Werk.

Sensible Zone Vordersitze

Von Arbeiten an Komponenten, die gefährliche Sicherheitstechnik enthalten, raten wir dringend ab. Selbst in den Werkstätten darf nur speziell geschultes Personal bei Prüf-, Montage- und Instandsetzungsarbeiten an diesen Teilen tätig werden. Die Sicherheitsvorschriften, die diese Mechaniker beachten müssen, sind sehr streng. Das Risiko, bei der Reparatur verletzt zu werden, ist nur die eine Seite, ein bei Unfall nicht mehr ordnungsgemäß funktionierender Insassenschutz die weitaus schwerer wiegende andere.
Vor einer Verschrottung des Fahrzeugs etwa nach Unfall müssen die Airbageinheiten und Gurtstraffer nach bestimmten Vorschriften sicher entsorgt werden. Auf keinen Fall dürfen Sie diese Komponenten wie üblichen Abfall behandeln. Das gilt auch für gezündete Einheiten und Gurtstraffer, da nicht mit Sicherheit bestimmt werden kann, ob wirklich alle pyrotechnischen Ladungen gezündet wurden.

Gefahrenhinweis

Finger weg vom Kältemittelkreislauf!

Fast alle Bauteile des Klimasystems sowie alle Kältemittelschläuche und -leitungen dürfen nur in Service-Stützpunktwerkstätten instand gesetzt oder ersetzt werden. Denn der Kältemittelkreislauf der Klimaanlage, der mit dem Kältemittel R 134a arbeitet, darf auf keinen Fall geöffnet werden. Das Neubefüllen ist Werkstatt-Sache. Es bestehen große gesundheitliche Risiken: Erfrierungen bei Berührung, Erstickungsgefahr am Boden oder in unteren Räumen wegen der Schwere des Mittels. Das Ablassen von Kältemittel in die Umwelt ist eine strafbare Handlung.

Türen und Säulen

Für die Türverkleidungen gilt prinzipiell, dass alle Schraubverbindungen, Clips und elektrischen Steckverbindungen in logischer Reihenfolge getrennt und wieder zusammengebracht werden müssen. Aus- und Einbau der Verkleidungen an den Säulenpaaren sind ebenfalls eine Sache von Halteclipsen und Einsteckverbindungen. Vor dem Abbau der Verkleidungen sind manchmal noch andere Demontagen nötig, auf die wir in später folgenden Arbeitsanleitungen hinweisen.
Wichtig ist es, dass Sie beim Einbau den Sitz und den Zustand der Clips überprüfen. Wenn immer nötig: Ersetzen, sonst hält später die Verkleidung nicht. Nach dem Einbau muss der richtige Sitz der Dichtungen hergestellt werden. Wo der Umlenkbeschlag für Sicherheitsgurte abgeschraubt werden musste, ist beim Wiedereinbau die Funktion der Gurthöhenverstellung zu prüfen.

Sicherheitsgurte prüfen

Arbeits-schritte  

1 **Das Gurtband** der Sicherheitsgurte sollten Sie immer einmal auf Beschädigung prüfen. Es muss bei allen erkannten Schäden komplett mit Gurtschloss in der Werkstatt gegen ein neues Originalteil ausgetauscht werden. Ziehen Sie zur Prüfung das Gurtband vollständig aus dem Aufrollautomaten oder der Beckengurt-Verstellzunge heraus. Prüfen Sie auf Verschmutzung (ggf. mit Seifenwasser auswaschen), gerissene Gewebeschlingen an der Gurtkante, Schnitte, Risse und Scheuerstellen oder auf Brandflecken durch Zigaretten o. Ä.

In den folgenden Abbildungen sind die häufigsten Defekte dargestellt.

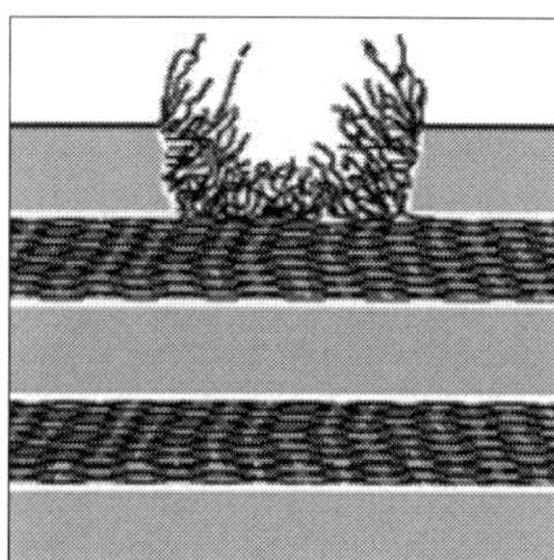

Das Gurtband ist eingeschnitten, eingerissen oder aufgescheuert.

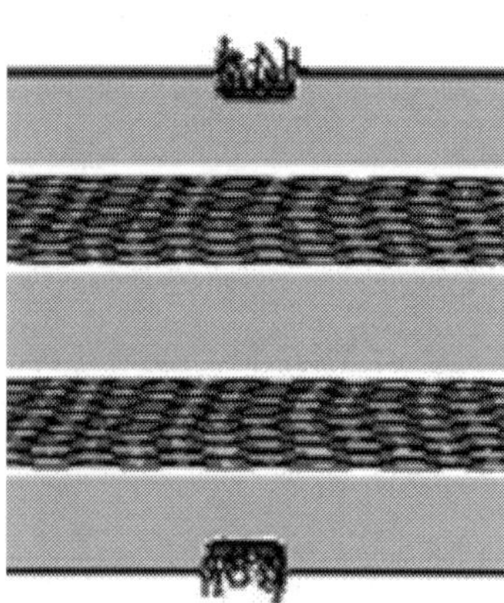

Die Gewebeschlingen an der Gurtkante sind durchgerissen.

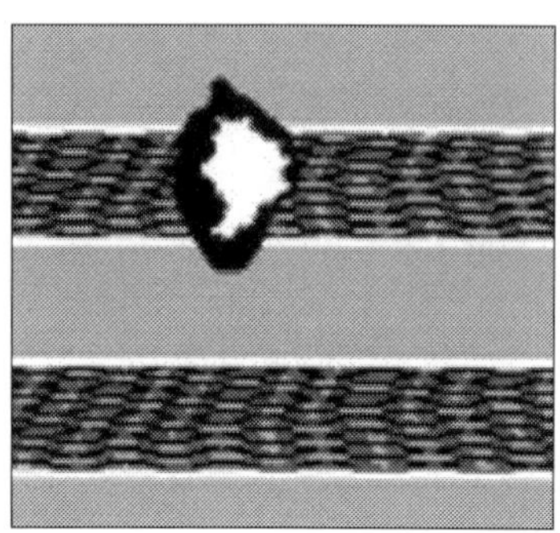

Das Gurtband hat zum Beispiel durch Zigaretten verursachte Brandflecken.

2 **Das Gurtschloss** muss per Augenschein auf Rissbildung und Abplatzungen geprüft werden. Bei Beschädigung gegen neuen Originalgurt mit Schloss austauschen.

Schieben Sie die Schlosszunge in das Gurtschloss, bis es hörbar einrastet. Prüfen Sie durch kräftiges Ziehen am Gurtband, ob der Schließmechanismus eingerastet ist. Falls die Schlosszunge bei mindestens fünf Prüfvorgängen auch nur ein einziges Mal nicht verriegelt ist, muss der Gurt mit Schloss gegen ein Neuteil ausgetauscht werden.

Prüfen Sie in ähnlicher Weise die Entriegelung: Fingerdruck auf die Taste am Gurtschloss. Bei entspanntem Gurtband muss die Schlosszunge selbstständig aus dem Gurtschloss herausspringen. Ist das bei fünf Prüfungen auch nur ein einziges Mal nicht der Fall: Austauschen! Falls Sie Geräusche oder Schwergängigkeit der Tasten feststellen: Keinesfalls Schmiermittel einsetzen!

3 **Den Aufrollautomat** prüfen Sie auf Sperrwirkung: Die **erste** Sperrfunktion wird durch rasches Herausziehen des Gurtes aus dem Aufrollautomaten ausgelöst. Ziehen Sie mit kräftigem Ruck!

- Keine Sperrwirkung: Sicherheitsgurt komplett mit Schloss austauschen.
- Bei Störungen des Gurtaus- oder -rückzuges zunächst prüfen, ob sich die Lage des Aufrollautomaten geändert hat.

Die **zweite** Sperrfunktion (fahrzeugabhängig) wird durch Änderung des Fahrzeugbewegungsablaufs ausgelöst. Beschleunigen Sie das Fahrzeug auf einer verkehrsfreien Fläche, wo Sie niemanden gefährden können, bis 20 km/h und nehmen Sie dann eine Vollbremsung mit der Fußbremse vor.

- Wird der Gurt beim Bremsvorgang nicht durch die Blockiereinrichtung gesperrt, so muss er komplett mit Schloss ausgetauscht werden.

4 **Befestigungsteile und Befestigungspunkte** überprüfen Sie auf die folgenden Beschädigungen:

- Schlosszunge verformt (gestreckt).
- Höhenversteller ohne Funktion.
- Befestigungspunkte (Sitz, Säule, Fahrzeugboden) verzogen oder Gewinde beschädigt.

Lassen Sie ggf. den Gurt austauschen (oder ein neues Originalteil einbauen). Bei Beschädigungen, die nicht als Unfallfolge auftreten, sondern beispielsweise. durch Verschleiß, ist nur das jeweils beschädigte Teil durch ein neues Originalteil zu ersetzen. □

Kindersitzverankerungen prüfen

Arbeitsschritte  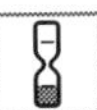

1 Nach Unfällen ist eine Prüfung der Kindersitzbefestigungspunkte (Isofix) erforderlich. Untersuchen Sie die Verankerungen auf Beschädigungen und Deformationen.

2 Wenn Ihr Fahrzeug in die Karosserie eingeschweißte Kindersitzverankerungen hat, darf daran nicht gerichtet oder repariert werden. Im Schadensfalle sind die Verankerungen nicht mehr nutzbar.

3 Wenn Sie einen Transporter/Multivan mit eingeschraubten Kindersitzverankerungen Isofix fahren, müssen diese im Falle von Beschädigung ersetzt werden. □

Staub- und Pollenfilter wechseln

Arbeitsschritte   

1 **Ausbau:** Der Filter befindet sich im Fußraum auf der Beifahrerseite unter einer Abdeckung. Bauen Sie diese Abdeckung unter dem Handschuhfach aus.

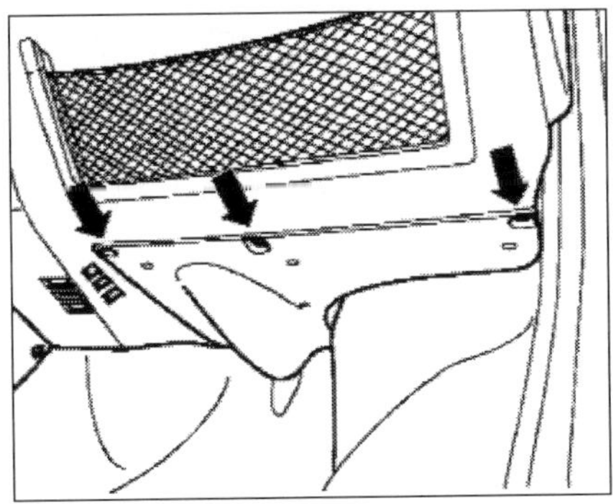

Die Pfeile weisen auf die Abdeckung unter dem Handschuhfach im Beifahrerfußraum.

2 Schrauben 1 herausdrehen. Abdeckung 2 nach unten abnehmen. Ebenfalls nach unten Filtereinsatz 3 entnehmen.

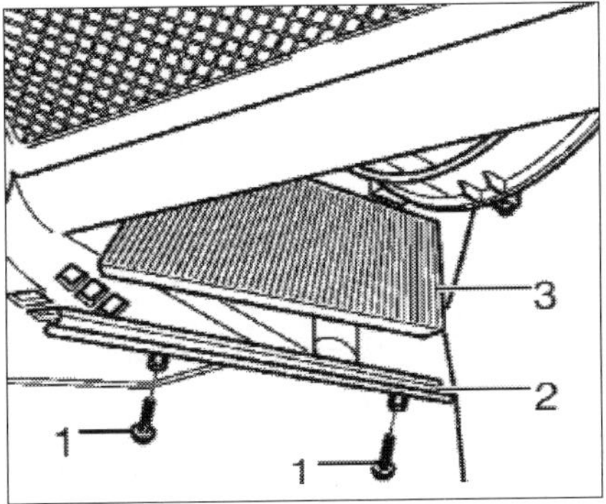

Filter ausbauen: *1 Schrauben herausdrehen, 2 Abdeckung ab- und 3 Filter herausnehmen.*

3 Setzen Sie einen neuen Filtereinsatz ein. Beachten Sie die Einbaulage!

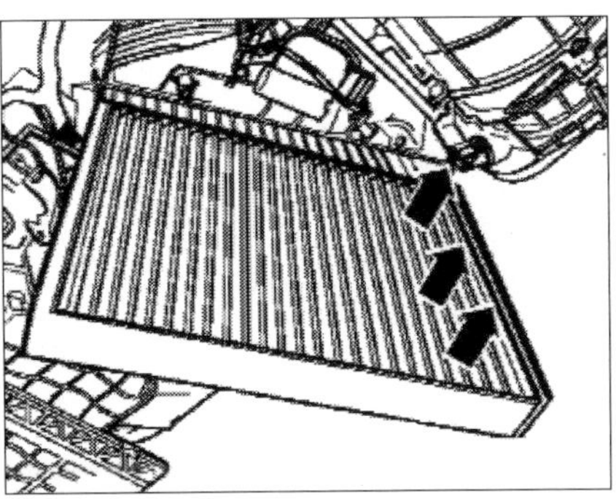

Die Pfeile zeigen die Einbaulage des Filtereinsatzes.

4 **Einbau:** Die weiteren Einbauschritte erfolgen sinngemäß in umgekehrter Reihenfolge. □

Abdeckungen aus-/einbauen

Arbeitsschritte  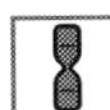

1 **Seitliche Schalttafelabdeckungen Ausbau:** Heben Sie die rechte seitliche Schalttafelabdeckung 1 (Orientieren am Montagebild unten) mit einem geeigneten Werkzeug aus den Verrastungen. VW empfiehlt als Werkzeug den Montagekeil T10039/1.

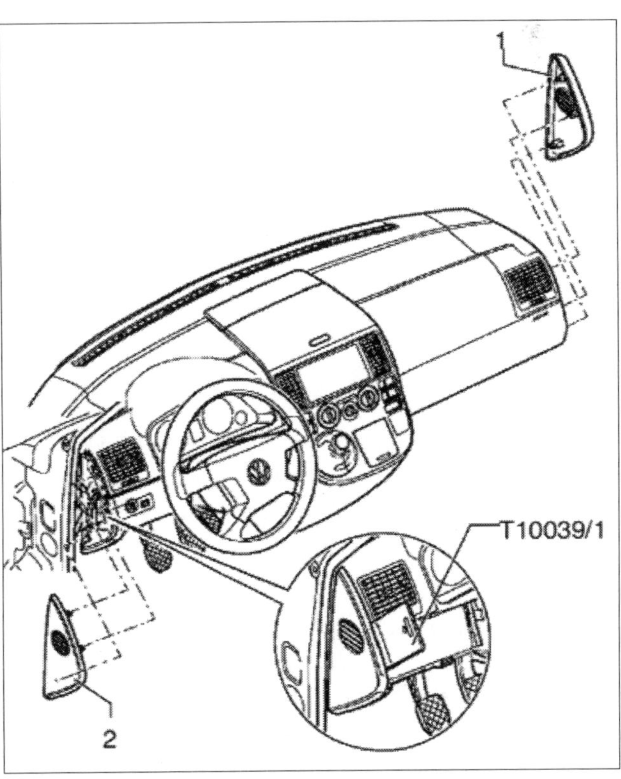

2 Heben Sie auf die gleiche Weise die linke seitliche Abdeckung 2 aus den Verrastungen.

3 Der **Einbau** erfolgt in sinngemäß umgekehrter Reihenfolge.

1 **Handschuhfach Ausbau:** Zündung ausschalten. Die zwei Schrauben 5 und die beiden in den Anschlagpuffern 4 befindlichen Schrauben 3 herausdrehen.

2 Stecker 1 entriegeln (Pfeil A) und abziehen (Pfeil B).

Den Stecker 2 am Kontaktschalter entriegeln (Pfeil C) und abziehen (Pfeil D).

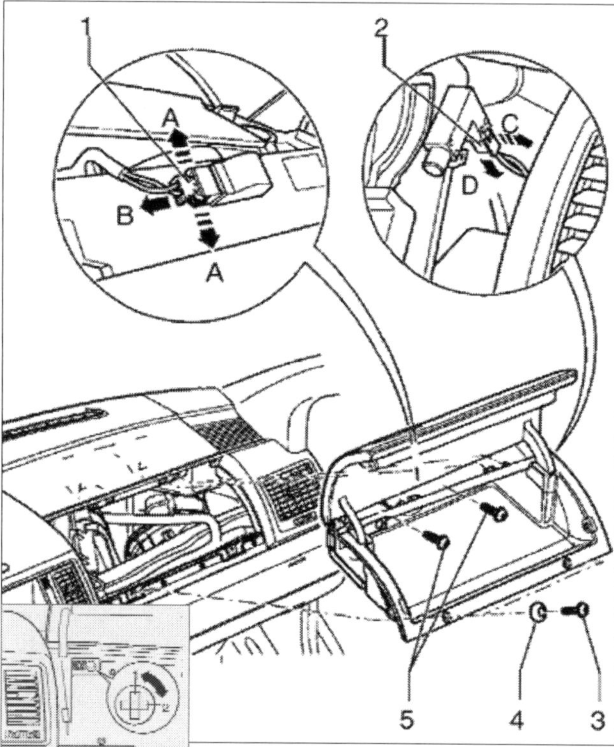

Handschuhfach: *1 Stecker für Innenbeleuchtung, 2 Stecker am Kontaktschalter, 3 zwei Schrauben (1,5 Nm), 4 Anschlagpuffer, 5 zwei Schrauben (1,5 Nm). Die Pfeile deuten Bewegungsrichtungen beim Entriegeln an.*

3 Je nach Ausstattung muss zusätzlich die Steckverbindung für den Schalter zur Aktivierung oder Deaktivierung des Beifahrerairbags (Detailbild oben) getrennt werden.

4 Ziehen Sie das Handschuhfach aus der Schalttafel heraus.

5 Der **Einbau** erfolgt in sinngemäß umgekehrter Reihenfolge.

1 **Ablagefach Schalttafel Ausbau:** Diese Ablage auf der Oberseite der Schalttafel rechts vom Fahrerplatz wird von vier Schrauben gehalten. Drehen Sie die Schrauben heraus.

Ziehen Sie das Ablagefach nach oben aus der Schalttafel heraus.

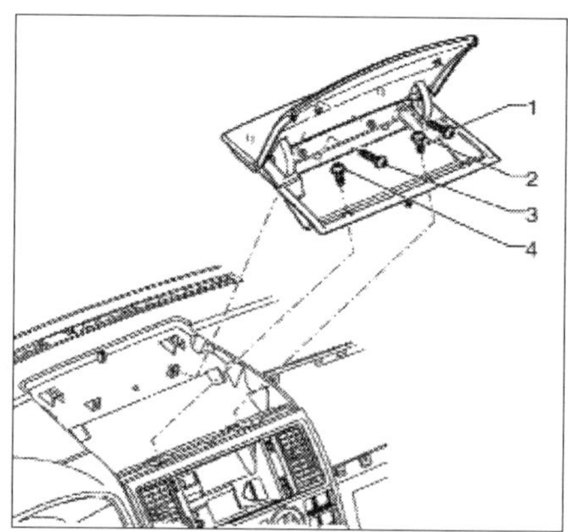

1 bis 4 Schrauben im Ablagefach.

2 Der **Einbau** erfolgt in sinngemäß umgekehrter Reihenfolge.

1 **Abdeckung Fußraum Ausbau:** Zündung ausschalten. Heben Sie die Abdeckung 1 auf der Beifahrerseite mit einem Montagekeil (VW: T10039/1) im Bereich der Klammern 2 aus den Aufnahmen. Ziehen Sie sie aus den hinteren Aufnahmen heraus.

2 Drehen Sie die Schraube 5 des Diagnosesteckers 6 heraus und hebeln Sie die Fußraumabdeckung Fahrerseite 3 im

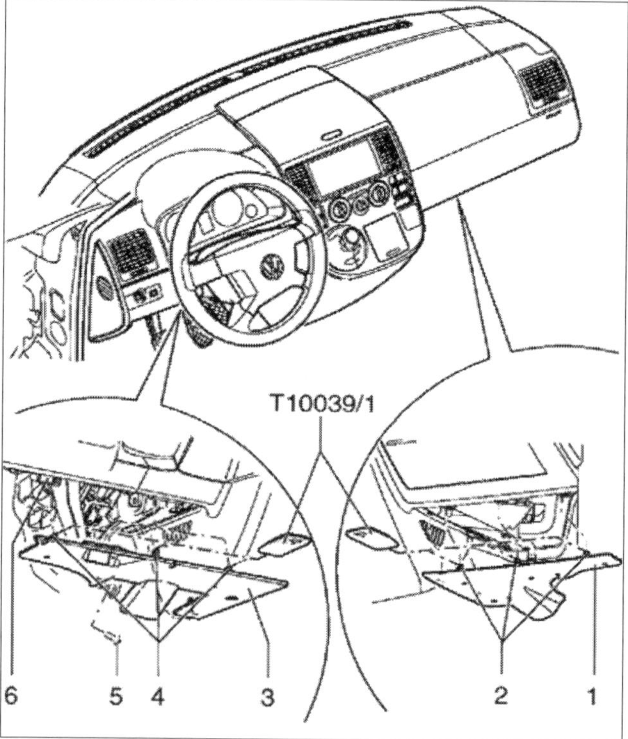

Abdeckungen Fußraum: *1 Abdeckung Beifahrerseite, 2/4 Klammern, 3 Abdeckung Fahrerseite, 5 Schraube (1,5 Nm), 6 Diagnosestecker.*

Bereich der Klammern 4 mit dem Montagekeil aus den Aufnahmen und ziehen Sie sie aus den hinteren Aufnahmen heraus.

3 Der **Einbau** erfolgt in sinngemäß umgekehrter Reihenfolge.

Sonnenblende aus-/einbauen

Arbeitsschritte  

1 **Ausbau:** Zündung ausschalten. Haken Sie die Sonnenblende 1 aus dem Aufnahmelager 6 aus. Hebeln Sie die Abdeckkappe 3 vom Blendenlager 4 ab und drehen Sie die zwei Schrauben 2 heraus.

2 Ziehen Sie das Sonnenblendenlager aus der Aufnahme heraus und trennen Sie die Steckverbindung 5.

3 Hebeln Sie die Abdeckkappe 7 aus dem Aufnahmelager heraus. Drehen Sie die beiden Schrauben 8 heraus und nehmen Sie das Aufnahmelager 6 ab.

4 Der **Einbau** erfolgt in umgekehrter Reihenfolge.

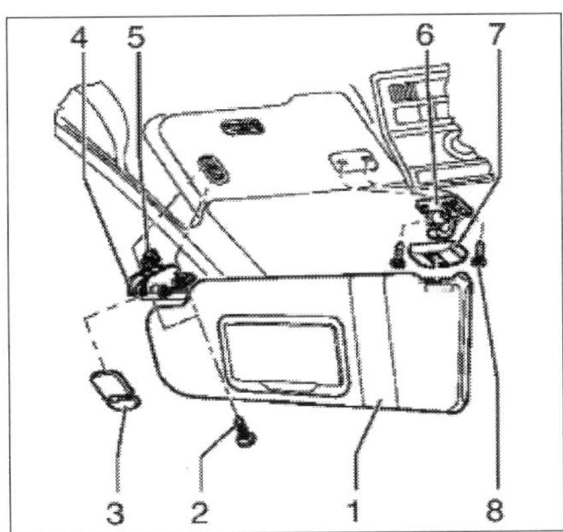

1 Sonnenblende, 2/8 Schrauben (2 Nm), 3/7 Abdeckkappen, 4 Sonnenblendenlager, 5 Steckverbindung, 6 Aufnahmelager.

Innenspiegel aus-/einbauen

1 **Automatisch abblendender Innenspiegel Ausbau:** Einige Modelle von Transporter, Shuttle und Multivan sind mit einem Innenspiegel ausgestattet, der über Fotosensoren und Elektronik stufenlos abblendet, wenn der Fahrer von hinten geblendet wird. Diese Automatik wird beim Einlegen des Rückwärtsganges ausgeschaltet.

Zündung ausschalten. Die Abdeckkappen links 1 und rechts 4 mit einem kleinen Schraubendreher auseinander drücken und abnehmen. Die Steckverbindung 5 aus dem Spiegelfuß 3 herausziehen und trennen.

2 Ziehen Sie den Spiegelfuß mit dem Spiegel 2 nach unten von der Halteplatte 6 ab.

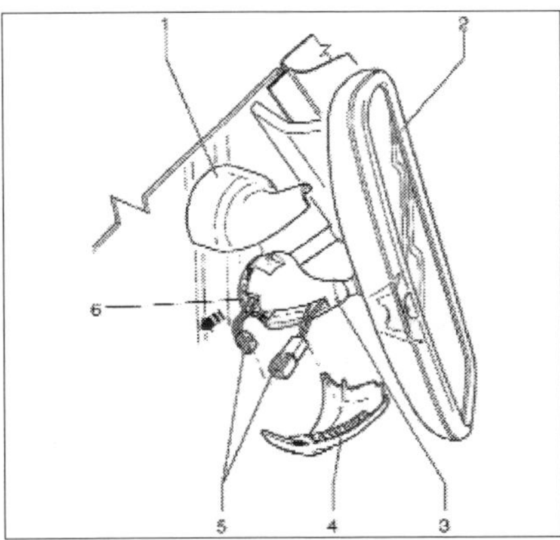

1/4 Abdeckkappen, 2 automatisch abblendender Innenspiegel, 3 Spiegelfuß, 5 Steckverbindung, 6 Halteplatte. Der Pfeil weist in Ausbaurichtung.

3 **Manuell abblendbarer Innenspiegel Ausbau:** Drehen Sie den Spiegel 1 mit dem Fuß 2 entgegen Uhrzeigerrichtung (Pfeil) um 60 bis 90 °. Innenspiegel von der Halteplatte 3 abnehmen, die Teil der Windschutzscheibe 4 ist (Bild unten).

4 Der **Einbau** erfolgt in beiden Fällen in sinngemäß umgekehrter Reihenfolge.

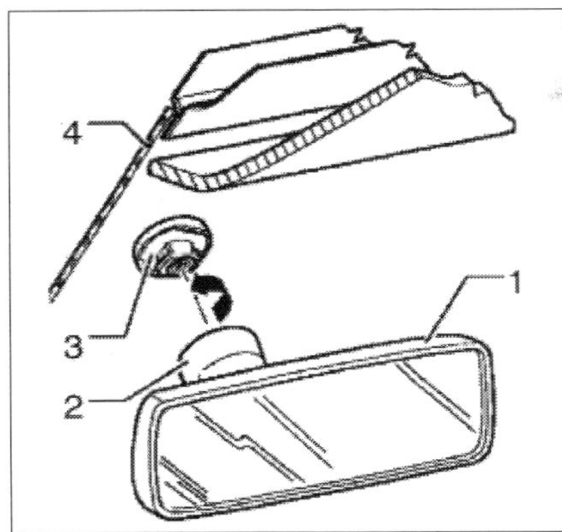

1 manuell abblendbarer Innenspiegel, 2 Spiegelfuß, 3 Halteplatte, 4 Windschutzscheibe.

Flaschenbehälter aus-/einbauen

Arbeitsschritte  

1 **Ausbau:** Öffnen Sie den Flaschenbehälter 1 und drücken Sie die beiden Entriegelungen (Pfeile in der Detailzeichnung im Kreis oben links der folgenden Abbildung).

2 Ziehen Sie den Flaschenbehälter oben von der Verkleidung Fußraum Mitte ab.

3 Nehmen Sie den Flaschenbehälter nach oben aus der unteren Verrastung 2 heraus.

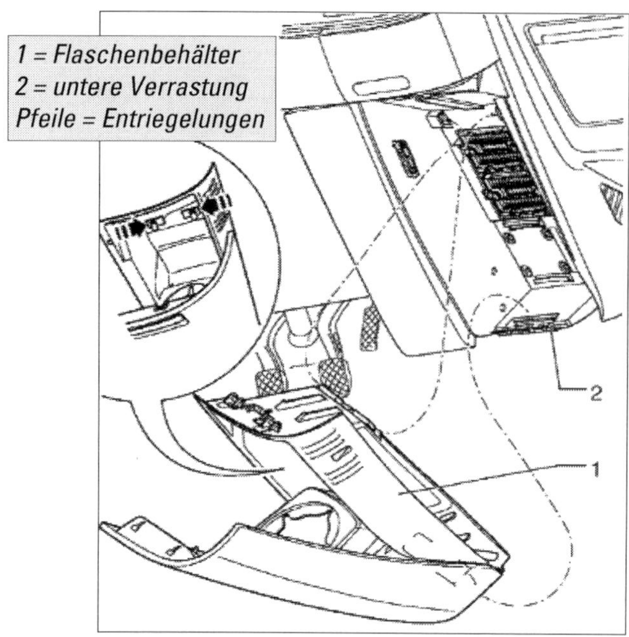

1 = Flaschenbehälter
2 = untere Verrastung
Pfeile = Entriegelungen

4 **Einbau:** In sinngemäß umgekehrter Reihenfolge. □

Getränkehalter aus-/einbauen

Arbeits-schritte  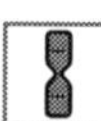

1 **Ausbau:** Bauen Sie den Flaschenbehälter wie oben beschrieben aus. Orientieren Sie sich weiter am Bild unten.

2 Kniepolster 1, von unten beginnend, mit Montagekeil (T10039/1) abclipsen.

3 Kniepolster 4, rechts beginnend, von oben mit dem Montagekeil an seinen Befestigungspunkten abhebeln.

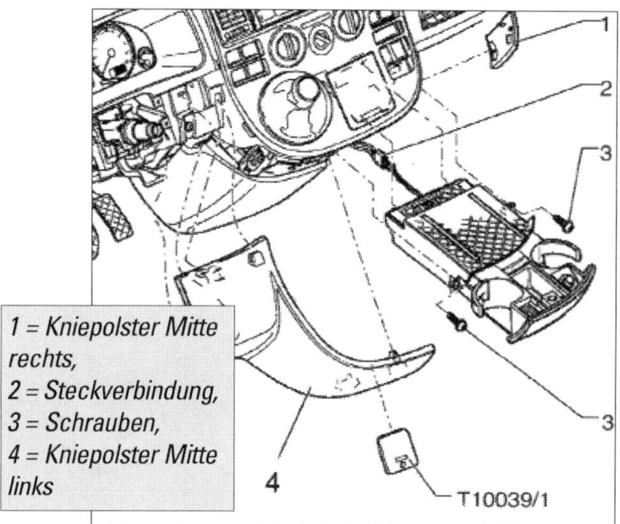

1 = Kniepolster Mitte rechts,
2 = Steckverbindung,
3 = Schrauben,
4 = Kniepolster Mitte links

4 Die beiden Schrauben 3 (1,5 Nm) herausdrehen.

5 Getränkehalter herausziehen, bis der Leitungsstrang zugänglich wird. Steckverbindung 2 trennen.

6 **Einbau:** In sinngemäß umgekehrter Reihenfolge. □

Kniepolster Mitte rechts (Multivan) aus-/einbauen

  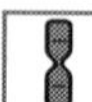

1 **Ausbau:** Bauen Sie den Flaschenbehälter wie beschrieben aus.

2 Öffnen Sie den Getränkehalter in der Schalttafel.

3 Hebeln Sie von dieser Öffnung aus das Kniepolster Mitte rechts mit dem Montagekeil ab. Beginnen Sie mit dem Abhebeln von unten.

4 **Einbau:** In sinngemäß umgekehrter Reihenfolge. □

Verkleidung Schalttafel rechts (Multivan) aus-/einbauen

Arbeits-schritte  

1 **Ausbau:** Schalten Sie die Zündung aus. Klemmen Sie die Fahrzeugbatterie ab (Kapitel »Die Fahrzeugelektrik«).

2 Wie beschrieben, Fußraumabdeckung rechts ausbauen.

3 Bauen Sie, wie ebenfalls bereits beschrieben, die seitliche Schalttafelabdeckung rechts aus.

4 Bauen Sie das Handschuhfach aus. Orientieren Sie sich an der entsprechenden vorangegangenen Arbeitsanleitung.

5 Bauen Sie, wie auch schon beschrieben, den Flaschenbehälter und das Kniepolster Mitte rechts aus.

6 Drehen Sie die zwei nach Ausbau des Handschuhfachs zugänglichen Muttern heraus und nehmen Sie das Fangband vom Beifahrerairbag ab. Beachten Sie die Sicherheitsmaßnahmen für Arbeiten am Airbag und stellen Sie sicher, dass sich keine Personen im Fahrzeug aufhalten.

7 Die 12 Befestigungsschrauben oben und unten an der Verkleidung herausdrehen. Clipsen Sie die Schalttafelverkleidung rechts unten rechts ab und ziehen Sie den Spreizniet rechts oben von der Schalttafel ab.

8 Nehmen Sie jetzt die Verkleidung der Schalttafel rechts vorsichtig ab.

9 **Einbau:** In sinngemäß umgekehrter Reihenfolge.

Verkleidung Fußraum Mitte (Multivan) aus-/einbauen

Arbeits-schritte  

1 **Ausbau:** Auch diese Demontage setzt den vorherigen Ausbau einer Reihe von Innenausstattungen voraus, wie er bereits im Einzelnen beschrieben wurde:

Die Abdeckungen im Fußraum ausbauen;

die Schalttafelabdeckung seitlich rechts ausbauen;

die Kniepolster Mitte links und Mitte rechts ausbauen;

den Getränkehalter ausbauen;

das Handschuhfach ausbauen;

die Verkleidung der Schalttafel rechts ausbauen.

2 Drehen Sie die unteren Befestigungsschrauben der Verkleidung der Schalttafel links im Übergangsbereich zur Verkleidung Fußraum Mitte heraus.

3 Drehen Sie die zehn Befestigungsschrauben der Verkleidung Fußraum Mitte heraus..

4 Ziehen Sie die Fußraumverkleidung Mitte aus ihren Aufnahmen heraus.

5 **Einbau:** In sinngemäß umgekehrter Reihenfolge. □

Schalttafelblende Mitte (Multivan) aus-/einbauen

Arbeits-schritte  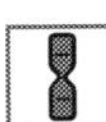

1 **Ausbau:** Es werden wiederum eine Reihe schon beschriebener Ausbauarbeiten erforderlich:

Ablagefach Schalttafel, Kniepolster Mitte links und Kniepolster Mitte rechts ausbauen.

2 Die beiden Ausströmer (Belüftung/Klima) mit dem universellen Montagekeil T10039/1 aus den Aufnahmen hebeln.

3 Hebeln Sie bei Fahrzeugen ohne Radio und ohne Navigationsanlage mit dem Montagekeil die Abdeckung Radioausschnitt aus den Aufnahmen.

4 Falls Geräte eingebaut sind, nehmen Sie Radio oder Bedienteil für die Navigation aus dem Schacht.

5 Drehen Sie die neun Schrauben an der Blende heraus. Heben Sie die Schalttafelblende Mitte so weit an, bis die Leitungsstränge der Schalter zugänglich sind. Trennen Sie die entsprechenden Leitungsstränge an den Steckverbindungen. Clipsen Sie den Rahmen der Stulpe um den Joystick-Schalthebel nach oben ab und stecken Sie ihn nach unten durch die Schalttafelblende. Jetzt können Sie die Mittelblende von der Schalttafel abnehmen.

6 **Einbau:** In sinngemäß umgekehrter Reihenfolge. □

Abdeckung für Schlossträger hinten (Multivan) aus-/einbauen

Arbeits-schritte  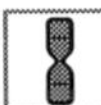

1 **Ausbau:** Schieben Sie einen Montagekeil (T10039/1) zwischen obere Abdeckung 1 und untere Abdeckung 4. Hebeln Sie mit dem Keil die obere Abdeckung an den Befestigungspunkten aus den Aufnahmen. An diesen Punkten sind die Abdeckungen durch Befestigungsclips verbunden, die beim Ausbau nicht beschädigt werden dürfen.

2 Drehen Sie die acht Befestigungsschrauben 3 heraus. Jetzt lässt sich die untere Abdeckung herausnehmen.

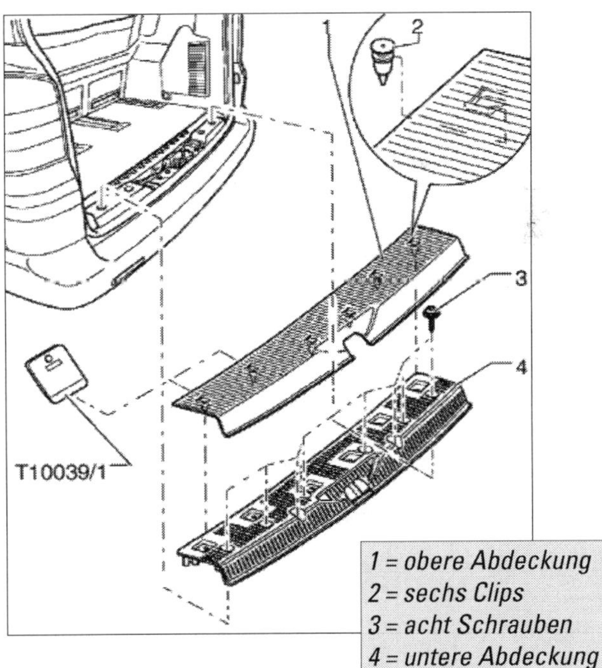

1 = obere Abdeckung
2 = sechs Clips
3 = acht Schrauben
4 = untere Abdeckung

3 Der **Einbau** erfolgt in sinngemäß umgekehrter Reihenfolge. Überprüfen Sie vor der Montage alle sechs Befestigungsclips auf Beschädigungen. Sie gewährleisten sicheren Halt nur in einwandfreiem Zustand und müssen daher bei etwaigen Schäden unbedingt ersetzt werden.

Überprüfen Sie nach der Montage ob sich die Abdeckung komplett im Keder der Heckklappendichtung befindet und korrigieren Sie den Sitz bei Bedarf. □

Lichtschalterblende aus-/einbauen

Arbeitsschritte  

1 **Ausbau:** Schalten Sie die Zündung aus

Bauen Sie die seitliche Schalttafelabdeckung links ab (vorangegangene Arbeitsanleitung).

2 Hebeln Sie mit einem Montagekeil (T10039/1) die Lichtschalterblende 1 von links beginnend ab.

3 Clipsen Sie den Einsteller für Leuchtweitenregelung 2 nach hinten heraus.

Nehmen Sie die Lichtschalterblende ab.

4 Der **Einbau** erfolgt sinngemäß in umgekehrter Reihenfolge.

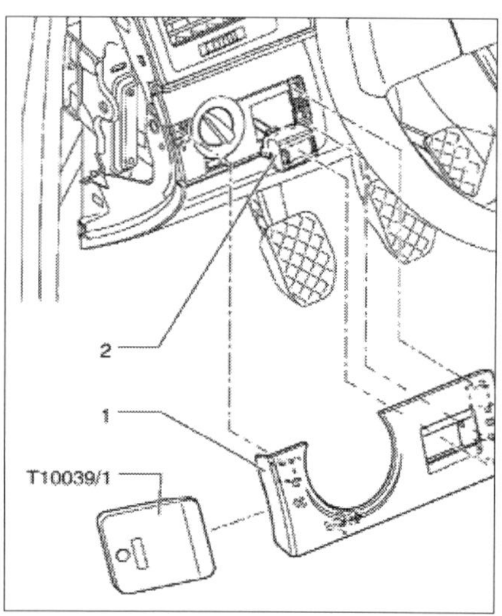

1 Blende Lichtschalter, 2 Einsteller für Leuchtweitenregelung

□

Haltegriffe an A/B-Säulen und Dach aus-/einbauen

 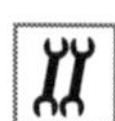 

1 **A-und B-Säule, Ausbau:** Hebeln Sie mit einem Schraubendreher das Griffoberteil 3, von unten beginnend, aus den Aufnahmen.

2 Drehen Sie die beiden Schrauben 2 links und rechts am Griff heraus und nehmen Sie das Griffunterteil 1 ab (Bild rechts oben).

3 **Dach, Ausbau:** Klappen Sie die Haltegriffe 1 nach unten und hebeln Sie die Abdeckungen an den Griffenden mit einem kleinen Schraubendreher auf. Klappen Sie dann die Abdeckungen auf und arretieren auf diese

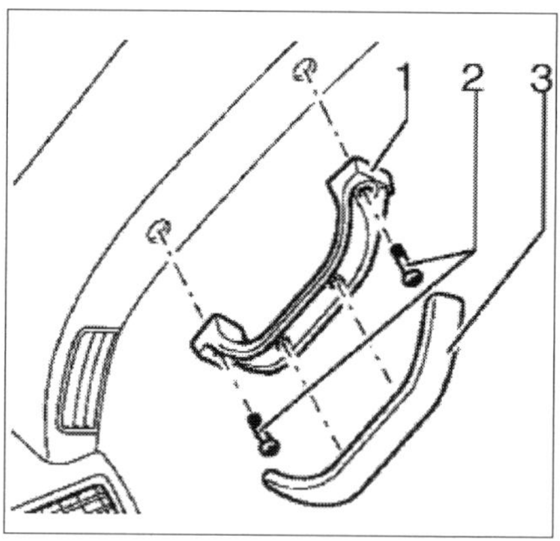

Haltegriff an der A-Säule: *1 Griffunterteil, 2 zwei Schrauben (6 Nm), 3 Griffoberteil.*

Weise die Haltegriffe. Drehen Sie die beiden Schrauben 2 heraus und nehmen Sie den Haltegriff ab (Bild unten).

Im Fahrzeug sind auf jeder Seite drei Haltegriffe am Dach und an A- und B-Säule je ein Griff eingebaut. In unserer Arbeitsleitung sind die Griffe an der rechten Fahrzeugseite dargestellt.. Die Situation an der linken Fahrzeugseite ist spiegelbildlich.

4 Der **Einbau** erfolgt in beiden in sinngemäß umgekehrter Reihenfolge.

Anmerkung: Links und rechts am Dach sind neben den Haltegriffen die Halteösen für die Netztrennwand in den Formhimmel eingebaut. Zum Aus- und Einbau dieser Ösen wird die Klappe des Ösenelementes geöffnet. Nach Herausdrehen der Befestigungsschraube kann dann die Halteöse aus dem Formhimmel herausgezogen werden.

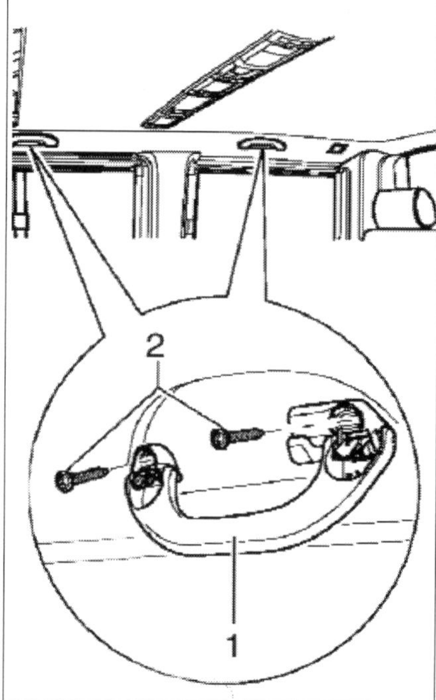

Haltegriff am Dach *1 Haltegriff, 2 Schrauben*

□

Trittstufeneinsätze (Multivan) aus-/einbauen

Arbeitsschritte  

1 **Ausbau:** Für die folgenden Arbeiten wie auch für viele andere Montagen im Innenraum sind die beiden Spezialwerkzeuge Lösehebel T10039 und Montagekeil T10039/1 erforderlich oder zumindest sehr empfehlenswert (Detailbild in der Abbildung unten).

Bauen Sie zum Ausbau des **Trittstufeneinsatzes vorn** die Einstiegsleuchte vorn links aus (Kapitel »Die Fahrzeugelektrik«).

2 Bauen Sie die Verkleidungen oben und unten an der B-Säule aus.

3 Hebeln Sie den Trittstufeneinsatz 1 mit dem Montagekeil, von vorn beginnend, aus den Aufnahmen.

4 Haken Sie den Trittstufeneinsatz auf der Innenseite nach oben ab. Der Einsatz wird von fünf Befestigungsclips 2 gehalten, die beim Ausbau nicht beschädigt werden dürfen.

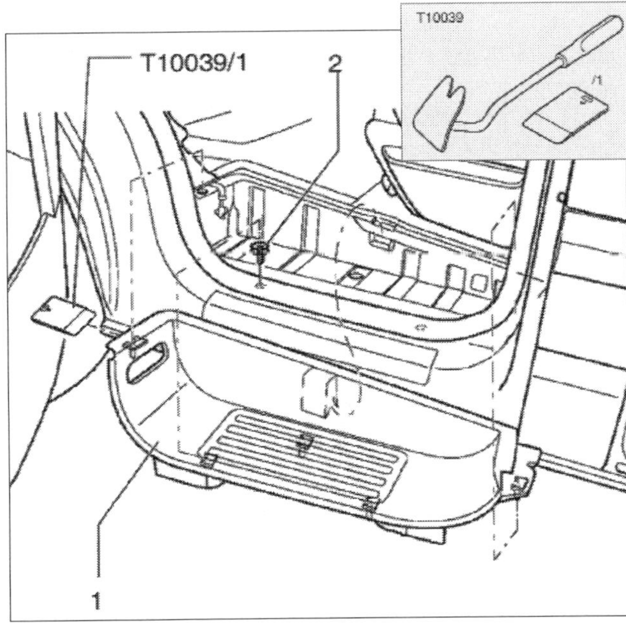

Trittstufeneinsatz vorn: *1 Trittstufeneinsatz, 2 fünf Befestigungsclips.*

5 **Ausbau Trittstufe hinten:** Der Trittstufeneinsatz hinten wird auf die gleiche Weise wie der vordere Einsatz ausgebaut: Einstiegsleuchte ausbauen, Verkleidung der B-Säule oben und unten ausbauen und Einsatz mit Montagekeil aus den Aufnahmen hebeln.

6 **Einbau** erfolgt in umgekehrter Reihenfolge. Achten Sie auf unbeschädigte Befestigungsclips. □

Dachkonsole aus-/einbauen

Arbeitsschritte  

1 **Ausbau:** Bauen Sie die Innenleuchte vorn, den Schalter für Innen-/ Leseleuchte vorn und (falls vorhanden, da von der jeweiligen Ausstattungsvariante abhängig) das Bedienteil für das Schiebedach aus (Kapitel »Die Fahrzeugelektrik«).

1 Drehen Sie die vier Schrauben 2 heraus und ziehen Sie die Konsole 1 nach unten aus dem Formhimmel.

3 Der **Einbau** erfolgt in sinngemäß umgekehrter Reihenfolge.

1 = Konsole,
2 = Schrauben

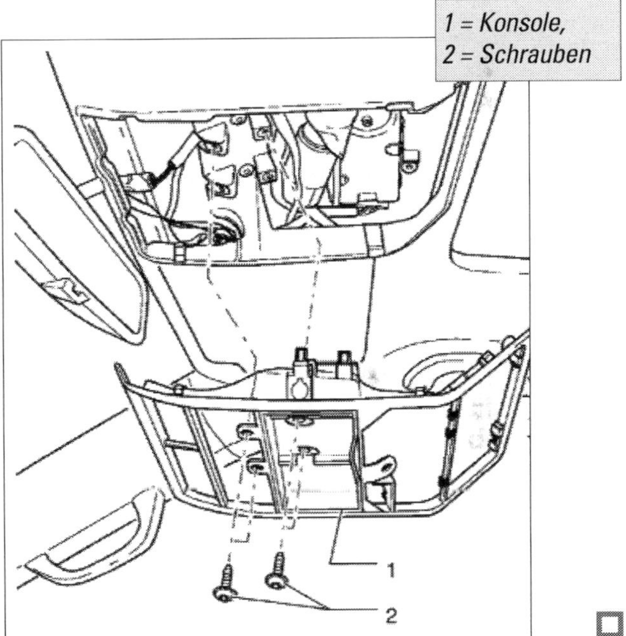

□

Tischmodul in der Sitzschiene aus-/einbauen

Arbeitsschritte  

1 **Ausbau:** Zu den Ablagen und Abdeckungen, die zum Komfort im Multivan beitragen, gehört auch ein kleiner Tisch. Wenn diese Baueinheit nicht als Platte auf Konsolen an der Seitenwand befestigt ist, kann sie als kompaktes, kofferähnliches Modul in den für die Sitze vorgesehenen Schienen im Boden verankert und in ihnen bewegt werden. Das Modul ist aufklappbar und enthält diverse kleinere Ablagen sowie auf einem Säulenbein die größere Tischplatte.

Zum Ausbau entriegeln Sie mit einem Schraubendreher die

Abschlusskappen der Sitzschienen 1. Ziehen Sie die Kappen nach oben aus den Halterungen heraus.

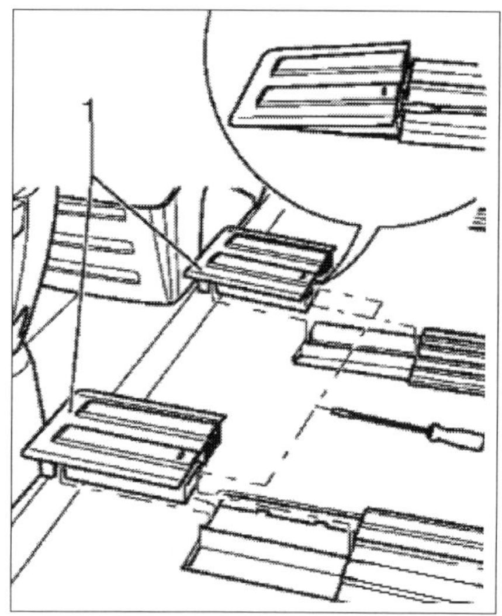

Sitzschienen im T5/Multivan: *1 die Abschlusskappen, die sich entriegeln und abnehmen lassen (Detailbild oben rechts).*

2 Entriegeln Sie das Tischmodul 1 in den Sitzschienen durch Hochklappen der Griffe (Pfeile A und B). Bringen Sie den Tisch in die vorderste Stellung (Pfeil C).

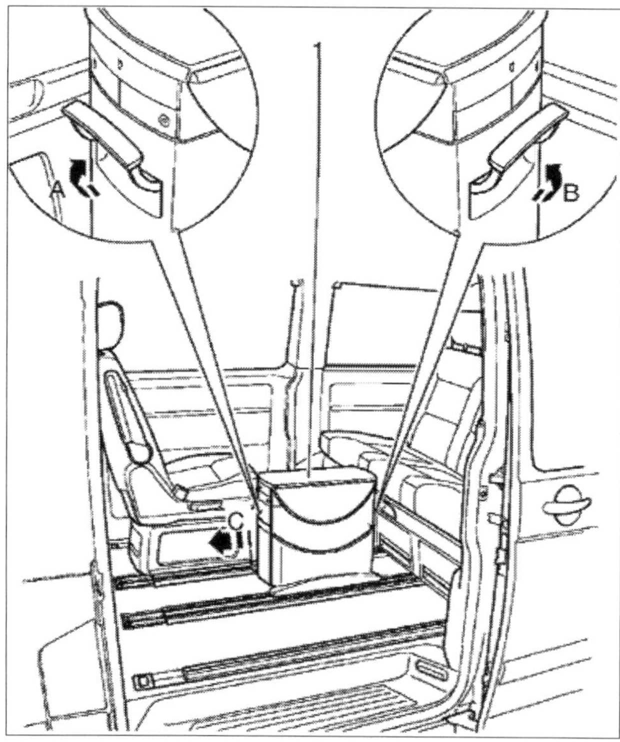

***Tisch im Multivan:** 1 Tischmodul. Pfeile A und B = Hochklappen der Griffe, Pfeil C = vorderste Stellung.*

3 Heben Sie das Tischmodul aus dem Fahrzeug heraus.

4 **Einbau:** In sinngemäß umgekehrter Reihenfolge. □

Säulenverkleidungen aus-/einbauen

Arbeitsschritte  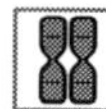

1 **Ausbau:** Verkleidungen von Säulen B bis D sowie die hintere Seitenwandverkleidung betreffen den Multivan. Zum Ausbau ist in einigen Fällen der Montagekeil T10039/1 anzuraten.

2 **Säule A:** Blende mit Montagekeil aus der hinteren Befestigung hebeln und im vorderen Bereich aus der Befestigung aushaken. Den Haltegriff von der Säule entsprechend bereits gegebener Anleitung abbauen. Die Verkleidung, von oben beginnend, von den Befestigungspunkten abclipsen. Verkleidung am unteren Ende aus der Schalttafel aushaken.

3 **Säule B oben:** Haltegriff (siehe dort) der B-Säule und den Gurtendbeschlag vom Sicherheitsgurt vorn ausbauen. Verkleidung mit Montagekeil aus der Aufnahme in der Karosserie und den Kedern der Türdichtungen heraushebeln. Die Sicherheitsgurte durch die Öffnungen in der Verkleidung ziehen und Verkleidung abnehmen.

4 **Säule B unten:** Verkleidung oben und den Schalter für die Deaktivierung der Innenraumüberwachung (wenn vorhanden) ausbauen. Verkleidung, von oben beginnend, aus den Aufnahmen und dem Keder der Türdichtung herausziehen.

5 **Säule C oben:** Verkleidung aus dem Keder der Türdichtung und aus den Aufnahmen herausziehen.

6 **Säule D oben:** Verkleidung aus den Aufnahmen in der Karosserie und dem Keder der Heckklappendichtung herausziehen.

7 **Hintere Seitenwandverkleidung:** Verkleidungen Säule C und Säule D oben ausbauen.

Die beiden Schrauben an der Verzurrösenbefestigung herausdrehen und die Öse abnehmen. Die beiden Klemmstifte herausnehmen.

Seitenwandverkleidung aus den Aufnahmen lösen.

Trennen Sie die Leitungsstränge der Steckverbindungen von der Seitenwandverkleidung. Beachten: Hier gibt es Abweichungen je nach Ausstattungsvariante.

Heben Sie die Seitenwandverkleidung vorsichtig aus dem Fahrzeug heraus.

8 **Einbau in allen Fällen:** In sinngemäß umgekehrter Reihenfolge. Prüfen Sie vor der Montage stets, ob alle Klammern und Befestigungsclips unbeschädigt sind. Kontrollieren Sie nach dem Einbau, ob die Verkleidungen (in den entsprechenden Fällen) komplett im Keder von Tür- und Heckklappendichtungen stecken. □

Verkleidungen an Schiebetüren aus-/einbauen

Arbeitsschritte  

1 **Ausbau:** Zündung ausschalten. Verkleidung der Türbetätigung mit dem Montagekeil, von oben beginnend, aus den Aufnahmen hebeln und nach oben abnehmen. Fensterrahmenverkleidung 1 von den Seiten her nach innen abziehen.

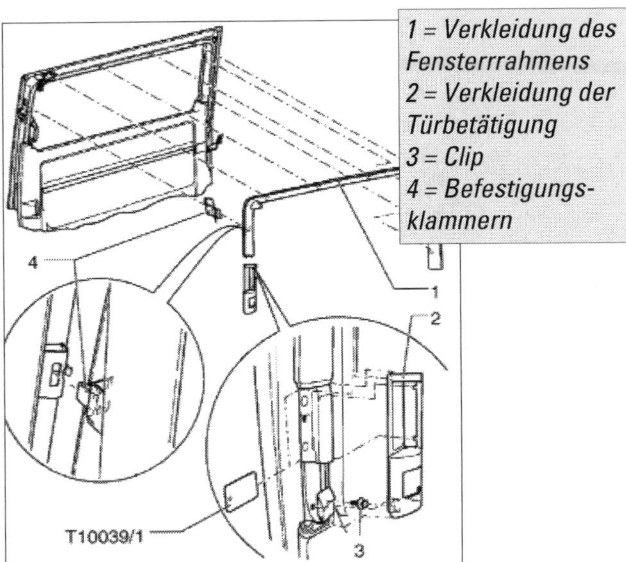

1 = Verkleidung des Fensterrahmens
2 = Verkleidung der Türbetätigung
3 = Clip
4 = Befestigungsklammern

2 Hebeln Sie dann die Türverkleidung unten 1 an den Befestigungspunkten, von unten beginnend, mit dem Keil ab. Verkleidung nach innen aus den Aufnahmen abnehmen.

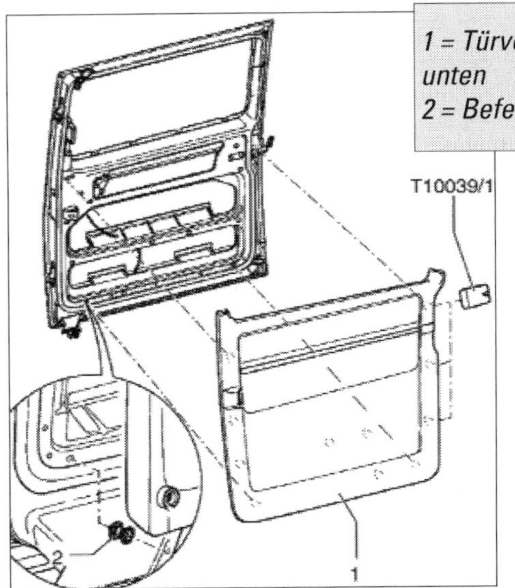

1 = Türverkleidung unten
2 = Befestigungsclip

3 **Einbau:** Sinngemäß in umgekehrter Reihenfolge. Prüfen Sie vorher Klammern und Clips auf Schäden. □

Verkleidung der Heckklappe aus-/einbauen

Arbeitsschritte  

1 **Ausbau:** Zündung ausschalten. Verkleidung Fensterrahmen 2, unten an den Seiten beginnend, vom Rahmen abziehen.

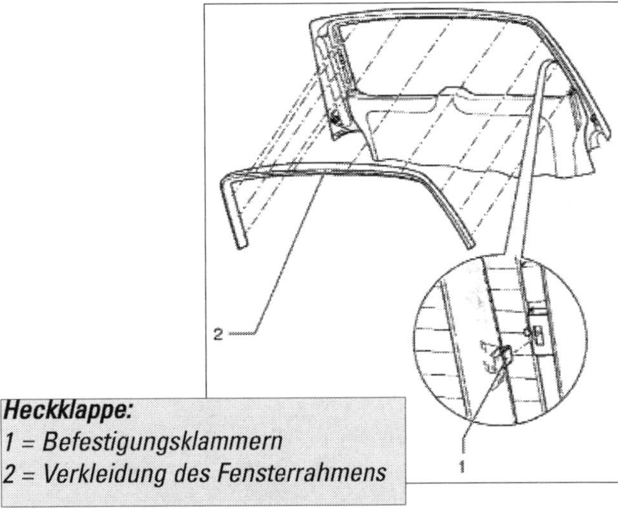

Heckklappe:
1 = Befestigungsklammern
2 = Verkleidung des Fensterrahmens

2 Drehen Sie die zwei Schrauben 3 heraus. Haken Sie die Schlaufe 4 aus dem Aufnahmeloch aus.

3 Schieben Sie den Montagekeil zwischen Verkleidung und Klappe. Hebeln Sie die Verkleidung, von unten beginnend, aus den Aufnahmen in der Klappe.

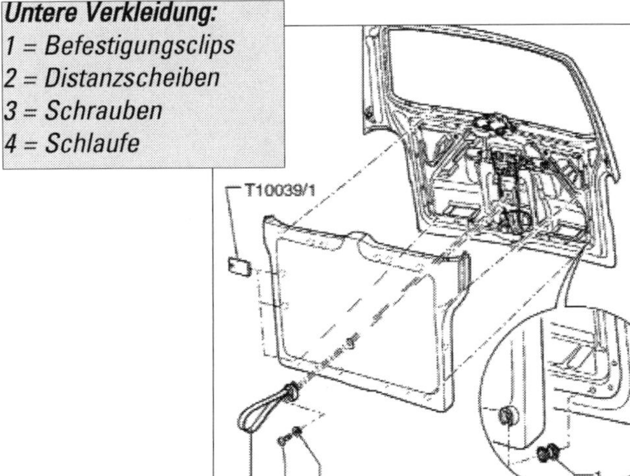

Untere Verkleidung:
1 = Befestigungsclips
2 = Distanzscheiben
3 = Schrauben
4 = Schlaufe

4 **Einbau:** Sinngemäß in umgekehrter Reihenfolge. Vor der Montage die Klammern und Clips 1 auf Beschädigungen prüfen und ggf. erneuern. Bei der Schlaufenmontage auf korrekten Sitz der Distanzscheiben achten! □

Sitze, Sitzgestelle und Bank aus- und einbauen

Arbeitsschritte  

1 **Ausbau Vordersitze**: Zündung ausschalten und Fahrzeugbatterie abklemmen. Sitz in die vorderste Position schieben.

2 Ziehen Sie die hintere Verkleidung des Sitzgestells 1 ab. Drehen Sie die beiden hinteren Befestigungsschrauben 2 aus den Sitzschienen heraus.

3 Bringen Sie den Sitz in die hinterste Position und drehen Sie die beiden vorderen Befestigungsschrauben 3 aus den Sitzschienen heraus.

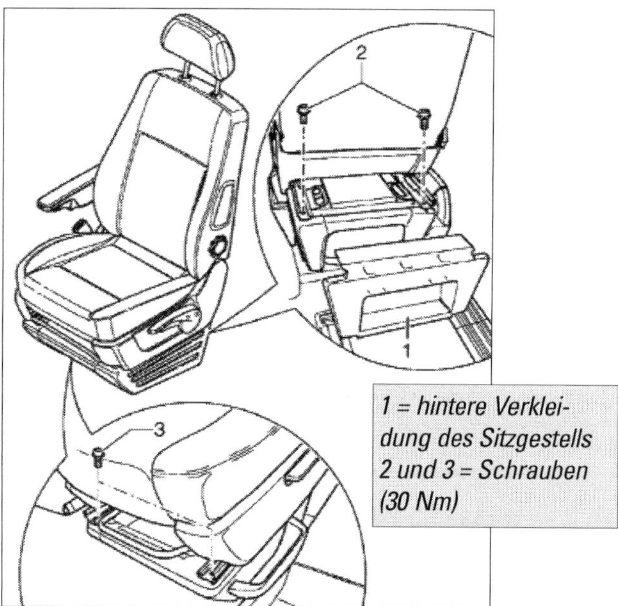

*1 = hintere Verkleidung des Sitzgestells
2 und 3 = Schrauben (30 Nm)*

4 Heben Sie den Sitz im vorderen Bereich an, bis die Leitungsstränge 2 zugänglich sind.

5 Die jetzt folgenden Schritte sind Arbeiten am Airbagsystem. Diese Tätigkeiten erfordern spezielle Kenntnisse und Erfahrungen und verlangen das strikte Einhalten von Sicherheitsregeln. Nur bei Vorhandensein dieser Voraussetzungen darf an den Vordersitzen montiert werden. Wenn Sie nicht sicher sein können, diese Bedingungen zu erfüllen, sollten Sie die Arbeiten an den Vordersitzen wie überhaupt am Rückhaltesystem der Fachwerkstatt überlassen.

6 Jetzt müssen die Leitungsstränge 2, die je nach Ausstattung variieren können, getrennt werden. Vor dem Trennen der Zünd- und Masseleitung müssen sie sich elektrostatisch entladen. Fassen Sie dazu kurzzeitig den Schließkeil für die Tür oder die Karosserie an.

7 Sie benötigen jetzt Airbagadapter (VW: VAS 5232/1). Stecken Sie diesen Adapter auf die Steckerkupplung vom Seitenairbag 1. Jetzt können Sie den Sitz aus dem Fahrzeug herausheben.

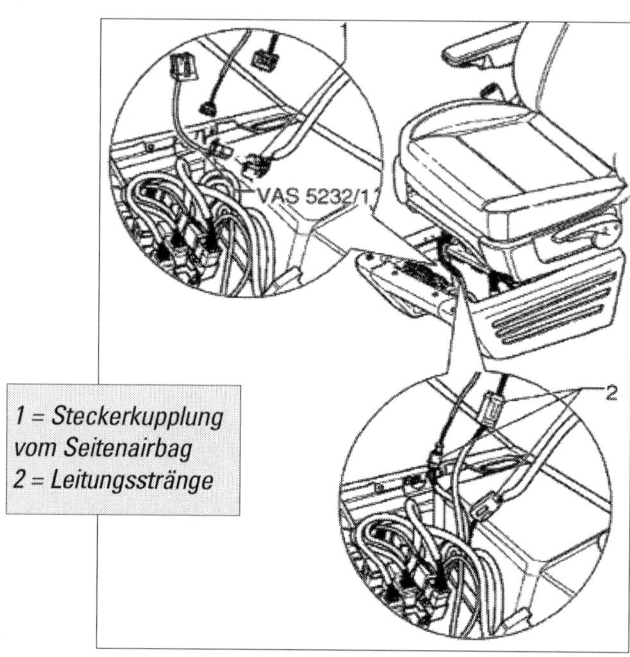

*1 = Steckerkupplung vom Seitenairbag
2 = Leitungsstränge*

8 **Ausbau des Sitzgestells:** Wenn Sie das Gestell vom Fahrersitz ausbauen wollen und sich darunter die zweite Fahrzeugbatterie befindet, müssen Sie sie abklemmen und dann ausbauen (Kapitel »Die Fahrzeugelektrik«).

9 Drehen Sie die beiden Schrauben 1 des Halters für die Koppelstation und dann die beiden Schrauben 2 des Relaisträgers heraus. Drehen Sie dann die zwei Befestigungsschrauben 3 des Halters für den Relaisträger heraus.

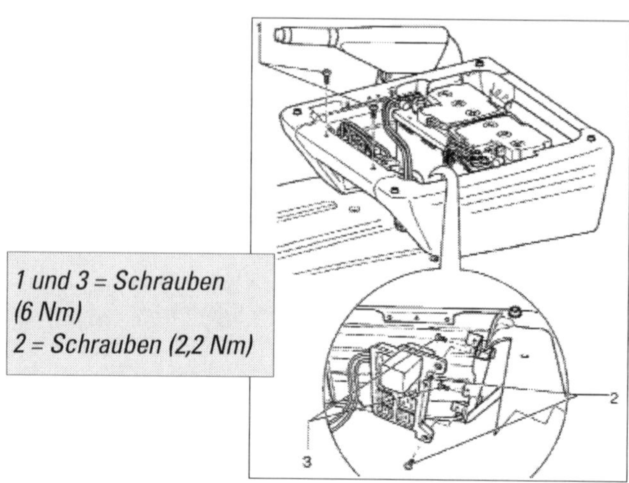

*1 und 3 = Schrauben (6 Nm)
2 = Schrauben (2,2 Nm)*

10 Entriegeln Sie mit einem kleinen Schraubendreher die obere Handbremshebelverkleidung und ziehen Sie diese gleichzeitig nach vorn ab. Clipsen Sie dann die untere Hebelverkleidung nach oben ab und nehmen Sie sie nach vorn heraus. Entriegeln Sie den Stecker am Handbremskontaktschalter und ziehen Sie ihn ab.

11 Drehen Sie beiden Muttern 2 ab und ziehen Sie den Handbremshebel von der Konsole nach oben heraus.

12 Drehen Sie die vier Befestigungsmuttern 1 ab und heben Sie das Sitzgestell aus dem Fahrzeug heraus.

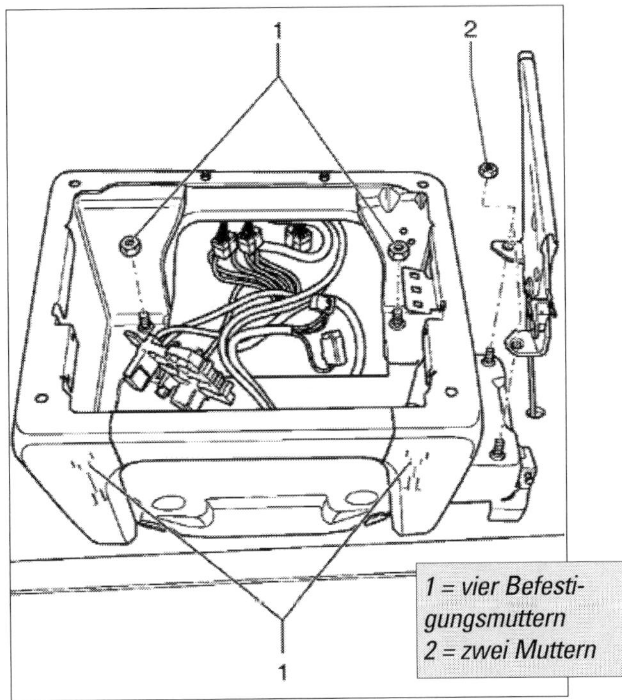

1 = vier Befestigungsmuttern
2 = zwei Muttern

13 Ausbau der Verkleidungen am Vordersitz: Die untere Verkleidung der Vordersitze lässt sich einfach ausbauen, indem sie mit den Clips aus den Aufnahmen gezogen wird. Zum Ausbau der seitlichen Verkleidungen links bzw. rechts wird der Sitz in die vorderste Position gebracht. Drehen Sie die Schraube unten links bzw. rechts am Sitz heraus und drücken Sie das Verstellrad für die Lordose mit einer Zange ab (VW: Demontagekeil 3392).

14 Drücken Sie das Verstellrad für die Lehnenneigung ebenfalls mit der Demontagezange ab und ziehen Sie die untere seitliche Verkleidung aus den Aufnahmen heraus.

15 Ausbau von Drehsitzen mit Sitzgestell, 2. Sitzreihe: Betätigen Sie die Lehnenverriegelung 1 und klappen Sie die Sitzlehne 3 nach vorn (Pfeil A).

16 Betätigen Sie den Entriegelungshebel 2, indem Sie ihn nach oben ziehen (Pfeil B) und bringen Sie den Sitz in die hinterste Stellung .

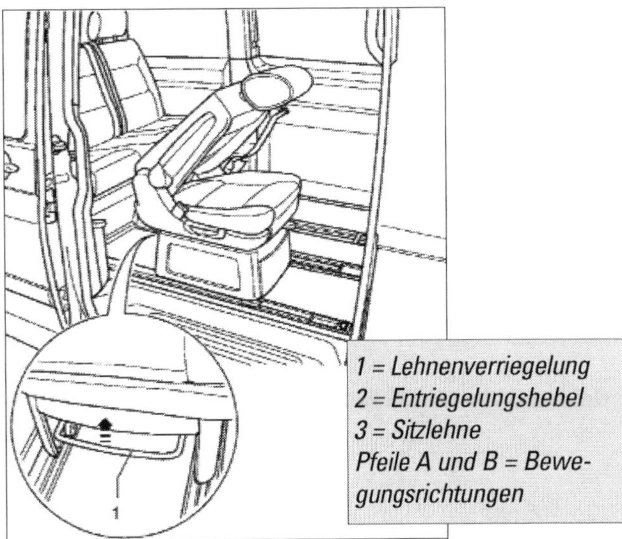

1 = Lehnenverriegelung
2 = Entriegelungshebel
3 = Sitzlehne
Pfeile A und B = Bewegungsrichtungen

17 Clipsen Sie die beiden dadurch sichtbar gewordenen Abdeckkappen 1 der Sitzmontageöffnung nach oben aus den Sitzschienen aus.

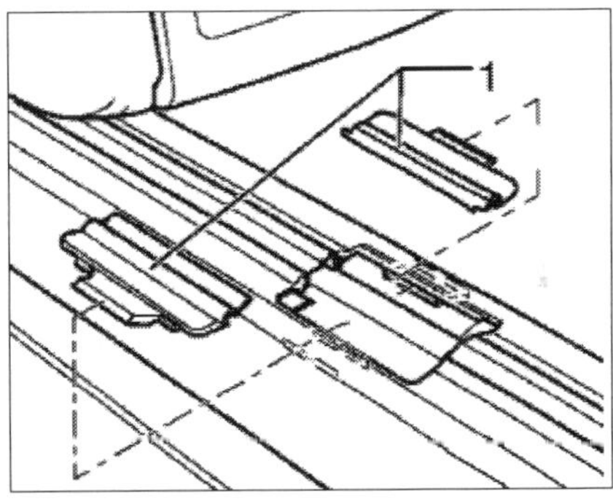

Sitzschienen:
1 Abdeckkappen der Sitzschienen.

18 Entriegeln Sie mit einem Schraubendreher die Abschlusskappe der Sitzschiene 1 (im Beispiel Schiene Mitte rechts) und ziehen Sie sie nach oben heraus.

19 Entriegeln Sie dann die Abschlusskappe der Sitzschiene 2 (im Beispiel rechts) und ziehen Sie sie ebenfalls nach oben heraus. Betätigen Sie dann den Entriegelungshebel am Sitz und bringen Sie ihn in die vorderste Stellung. Jetzt lässt sich der Sitz nach oben aus den Sitzschienen herausheben.

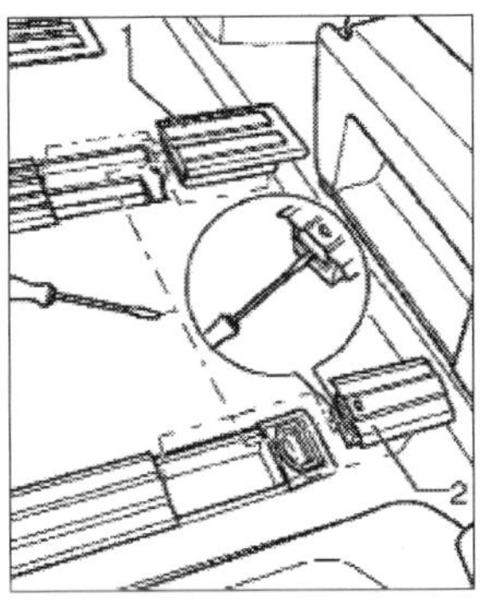

Sitzschienenabschlüsse:
1 Abschlusskappe der Sitzschiene Mitte rechts,
2 Abschlusskappe der Sitzschiene rechts.

20 Ausbau der Dreiersitzbank, 3. Sitzreihe: Bauen Sie die Sitze der 2. Sitzreihe und, sofern vorhanden, das Tischmodul aus den Sitzschienen aus.

21 Entriegeln Sie die Sitzbank (Pfeil A) und bringen Sie die Bank in die vorderste Stellung (Pfeil B). Jetzt können Sie die Bank aus den Montageöffnungen 1 herausheben.

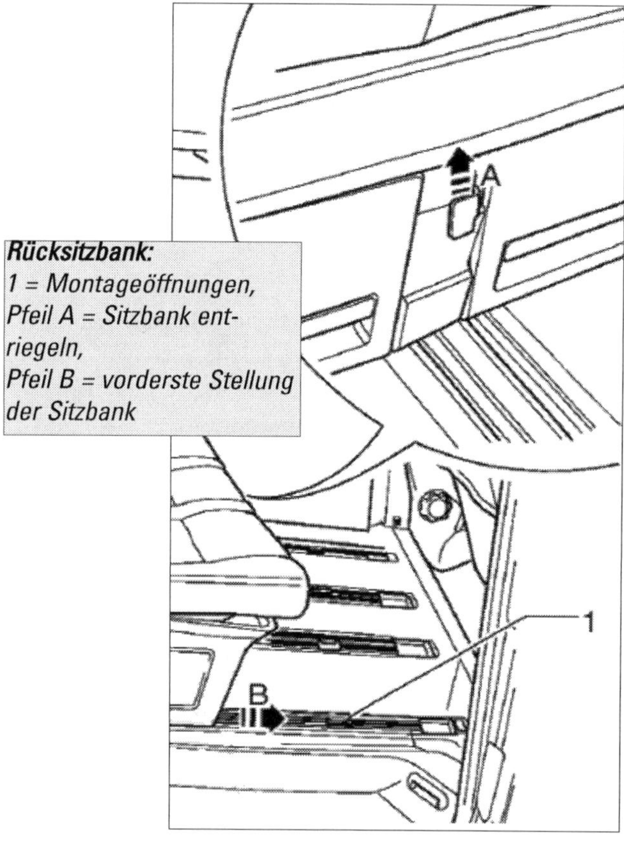

Rücksitzbank: *1 = Montageöffnungen, Pfeil A = Sitzbank entriegeln, Pfeil B = vorderste Stellung der Sitzbank*

22 Der **Einbau** aller Sitze und der Sitzgestelle erfolgt sinngemäß in umgekehrter Reihenfolge. Bauen Sie die zweite Batterie wieder ein und klemmen Sie die beiden Fahrzeugbatterien wieder an.

Formhimmel (Multivan) aus- und einbauen

1 Ausbau Formhimmel Fahrgastraum: Bauen Sie die Innenleuchten in der Mitte und hinten aus (Kapitel »Die Fahrzeugelektrik«). Bauen Sie die Haltegriffe und die oberen Verkleidungen an den B-Säulen aus (Die Gurtentbeschläge müssen demontiert werden).

2 Bauen Sie die Halteösen für die Netztrennwand, die oberen Verkleidungen der C- und D-Säulen sowie die Dachabschlussleiste aus.

3 Bauen Sie die Haltegriffe am Dach in der Mitte und hinten aus.

4 Ziehen Sie den Luftführungsschlauch vom Luftführungsrohr am Formhimmel ab, senken Sie den Formhimmel im hinteren Bereich etwas ab und ziehen Sie ihn nach hinten aus den Clipsen.

5 Ziehen Sie den Formhimmel nach hinten aus dem Fahrzeug heraus.

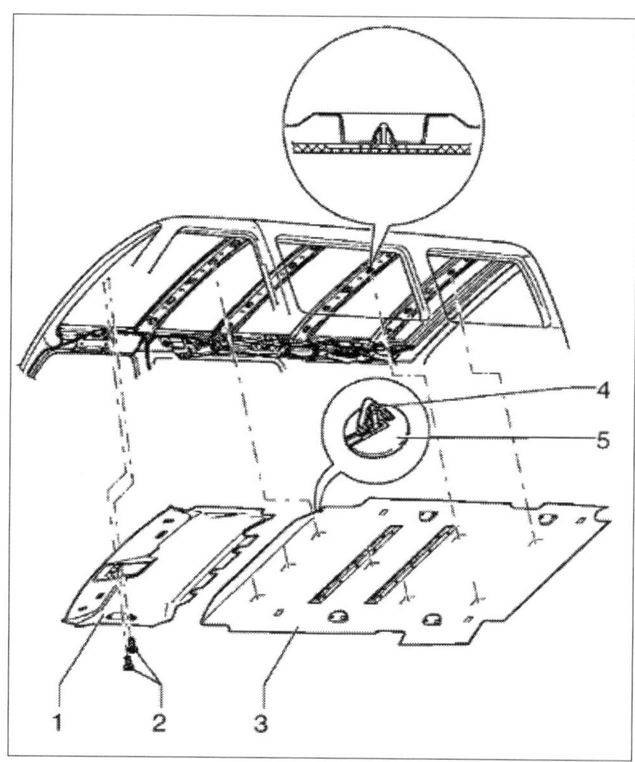

Formhimmel im Multivan: *1 Formhimmel Fahrerraum, 2 zwei Schrauben (2 Nm), 3 Formhimmel Fahrgastraum, 4 acht Befestigungsclips, 5 Cliphalter.*

6 Einbau: Nehmen Sie die acht Clipse (Position 4 im Übersichtsbild) aus den Dachspriegeln heraus und setzen Sie sie in die Cliphalter (Position 5 in der Übersicht) auf der Rückseite des Formhimmels ein. Bringen Sie den Formhimmel für den Fahrgastraum in Einbaulage und clipsen Sie ihn unter das Dach.

7 Ausbau Formhimmel Fahrerraum: Bauen Sie den Formhimmel für den Fahrgastraum und die Bedienelemente in der Dachkonsole sowie anschließend die Dachkonsole selbst aus.

8 Bauen Sie die Sonnenblenden und die Make-up-Spiegelbeleuchtung sowie die Haltegriffe und die Verkleidungen an den A-Säulen aus.

9 Bei Fahrzeugen mit Schiebe-/Ausstelldach müssen Sie dessen Rahmen vom Formhimmel trennen. Dazu den Montagekeil zwischen Dachfensterrahmen und Formhimmel Fahrerraum schieben und darauf den Lösehebel (T10039) abstützen. Mit Keil und Hebel umlaufend den Formhimmel vom Rahmen trennen.

10 Drehen Sie ganz vorn am Formhimmel die beiden nach dem Dachkonsolenausbau zugänglichen Befestigungsschrauben heraus.

11 Bauen Sie die Haltegriffe vorn am Dach aus.

12 Jetzt können Sie die Dachverkleidung (Formhimmel) Fahrerraum zur Seite aus dem Fahrzeug herausziehen.

13 Der **Einbau** erfolgt sinngemäß umgekehrt. Stellen Sie bei Fahrzeugen mit Schiebedach sicher, dass der Himmel wieder fest auf den Dachfensterrahmen aufgesetzt wird. □

Radio aus-/einbauen

Arbeitsschritte  

1 **Ausbau**: Code des Gerätes (VW baut »Alpha«, »Beta« oder »Gamma« ein) notieren. Bei Austausch muss beim Neugerät die Diebstahlsicherung aktiviert werden. Zündung und elektrische Verbraucher ausschalten, Zündschlüssel abziehen. Spezialwerkzeuge VAS 3316 in die Entriegelungsschlitze stecken, bis sie einrasten. Radio an den Grifffösen der Werkzeuge aus der Schalttafel herausziehen. Entriegelungswerkzeug nicht zur Seite drücken und nicht verkanten.

2 Entriegelungswerkzeuge abziehen, indem die seitlichen Rastnasen am Radio nach innen gedrückt werden. Antennenleitung und Steckverbindungen abziehen.

3 **Einbau:** Antennenleitung und Steckverbindungen anschließen. Radio vorsichtig in die Schalttafel einschieben, bis es hörbar im Einbaurahmen einrastet. Codierung überprüfen und evtl. neu codieren. □

Elektrische Fensterheber

Störungsbeistand

Störung	Ursache	Abhilfe
A Fensterscheibe wird nur in eine Richtung verstellt.	1 Schalter defekt.	Schalter auswechseln.
	2 Fensterscheibe schwergängig, Sicherung wegen Überlastung des Motors durchgebrannt.	Fensterscheibe in den Führungen gängig machen, Sicherung erneuern.
	3 Motor läuft nicht, obwohl die Sicherung in Ordnung ist.	Spannung direkt an die Motoranschlüsse legen. Wenn der Motor jetzt läuft, liegt der Fehler in der Zuleitung. Läuft der Motor nicht, diesen auswechseln.
B Fensterscheibe wird im oberen oder im gesamten Bereich zu langsam verstellt.	1 Fensterscheibe in den Führungen verklemmt.	Spiel der Scheibe prüfen und ggf. korrigieren.
	2 Zu starke Reibung in der gesamten Mechanik.	Mechanik ohne Scheibe auf Reibungsverluste überprüfen, ggf. erneuern (lassen).
	3 Kabelverbindungen defekt oder oxidiert.	Überprüfen, reinigen, ggf. auswechseln.

Zentralverriegelung

Störungsbeistand

Störung	Ursache	Abhilfe
A Verriegelung funktioniert gar nicht oder es wird nur ent-, aber nicht ver- bzw. ver-, aber nicht entriegelt.	1 Sicherung durchgebrannt.	Erneuern.
	2 Motor der Fahrer- oder Beifahrertür defekt. Verkabelung unterbrochen oder Mehrfachstecker an Motor oder Türkasten locker oder oxidiert.	Funktion überprüfen, ggf. auswechseln, festen Sitz kontrollieren, ggf. reinigen.
	3 Schalter im Servomotor defekt.	Durchgangsprüfung an den Motorklemmen prüfen.
B Eines der Schlösser funktioniert nicht.	1 Kabel oder Stecker am Servomotor oder im Türkasten fehlerhaft.	Überprüfen, ggf. instand setzen.
	2 Mechanische Übertragungsteile klemmen.	Teile auf Funktion überprüfen und festen Sitz kontrollieren. Ggf. Teile etwas fetten, verschlissene Teile auswechseln.

DIE KAROSSERIE

Der Transporter ist ein sicheres Fahrzeug. Seine verwindungssteife Fahrgastzelle gewährleistet formstabilen Überlebensraum. Definierte, verformungsweiche Zonen schlucken die Aufprallenergie. Formschlüssig eingebundene Scheiben erhöhen die Stabilität.

Wartung

Reparatur

Die verwindungssteife Karosserie des Transporters entspricht seinem richtungsstabilen Fahrwerk. Verstärkungsmaßnahmen im Rohbau erhöhen die Sicherheit noch weiter. Die Längsträger als Hauptlastpfade verformen sich bei einem Unfall gezielt. Erreicht wird das durch Schott- und Schließbleche, die den Längsträger zur Fahrgastzelle hin kontinuierlich versteifen. Das führt im Crashfall zum »Faltenbeulen«, das einen großen Teil der Energie absorbiert. Bei Kollisions-Geschwindigkeiten bis zu 15 km/h nehmen die zwei Deformations-Töpfe des Stoßfängers die Energie auf. Leichte Zusammenstöße lassen die dahinter liegende Karosserie unbeschädigt.

Selbsttragender Aufbau

Die vollverzinkte Karosserie ist selbsttragend. Bodengruppe, Seitenteile, Dach und die hinteren Kotflügel sind miteinander verschweißt. Motorhaube, Heckklappe, die vorderen Kotflügel und die Türen sind angeschraubt und lassen sich auswechseln. Allerdings setzen die nötigen präzisen Einstellungen und das Einhalten der richtigen Maße viel Erfahrung und Fin-

gerspitzengefühl voraus. Die vorgegebenen Maße müssen beim Einbau genau beachtet werden. Wir sehen in unseren Arbeitsanleitungen vom Aus- und Einbau der Türen ab und beschränken uns auf Griff und Schloss.
Der neue Transporter ist gegenüber dem Vorgänger gewachsen. Steilere Karosseriewände erhöhen das Ladevolumen noch weiter. Kombi und Kasten mit wahlweise zwei Radständen bieten wahlweise drei Dachhöhen. Pritsche, Tiefladepritsche, Doppelkabine (»Doka«) und Fahrgestell komplettieren die Palette der Karosserievarianten. Als leichtes Nutzfahrzeug muss der T5 vom Warentransport bis zur Personenbeförderung allen erdenklichen Einsatzzwecken dienen. Ob als Frischedienst- oder Baufahrzeug - der mobile »Arbeitsplatz« passt sich den individuellen Ansprüchen der einzelnen Sparten an. So können im Laderaum Stehhöhe oder im Fahrgastraum je nach Radstand bis zu sieben Sitzplätze verfügbar sein.

Enorme Vielfalt

Für die Kastenmodelle stehen auf den Radständen 3.000 mm und 3.400 mm zwei beziehungsweise drei unterschiedliche Dachhöhen zur Wahl. Das Flachdach aus Blech beginnt mit einer Ladehöhe von 1.394 mm. Die Laderaumlänge misst je nach Radstand 2.543 oder 2.943 mm. Die jeweils aufgesetzten Mittelhoch- und Hochraumdächer bieten Ladehöhen von 1.643 und 1.947 mm. Der Laderaum bietet ein Volumen von 5,8 bis 9,3 m³. Auf Wunsch lässt sich der Kastenwagen auch als Doppellader mit jeweils einer Schiebetür auf jeder Frachtraumseite bestellen. Laderaumtrennwände mit oder ohne Fenster, halbhoch mit oder ohne Polsterleiste stehen zur Wahl. Der Laderaumboden ist unverkleidet, lässt sich aber auf Wunsch mit einem Holz- oder Gummibelag ausstatten. Im Sockel der optionalen Doppelsitzbank vorne befindet sich eine geräumige Truhe.
Die in der Breite um 50 mm gewachsene Pritsche baut gleichfalls auf zwei Radständen auf. Der lange Radstand vergrößert dabei ausschließlich die Ladefläche. Sie wächst von zirka 4,75 m² auf ca. 5,50 m². Die Höhe der zu allen Seiten abklappbaren Aluminium-Bordwände beträgt 390 mm. Die Doppelkabine baut ausschließlich auf dem langen Radstand auf und bietet eine Ladefläche von 2.135 mm mal 1.895 mm. Neben der Sockeltruhe der optionalen Beifahrersitzbank befindet sich in der Doppelkabine ein weiterer Stauraum in der Sockeltruhe der Rückbank.

Scheiben und Fenster

Front- und Heckscheiben sind als konstruktives, dynamisch stabilisierendes Element der Karosserie formschlüssig und außenbündig mit dem Aufbau direkt verklebt. Spezialwerkzeug (Doppel-Saugheber, Trennvorrichtung, Schneidwerkzeug, Scheibenausbau-Set, Doppel-Kartuschenpistole, Kartuschen-Heizgerät) ist bei Auswechsel- und Reparaturarbeiten unumgänglich. Die Scheiben sind ein typischer Fall für die VW-Werkstatt.
Zum Vorbereiten des Klebens und für die Verklebung schreibt VW die folgenden Originalmaterialien nach Ersatzteilnummer vor:

- Klebstoffentferner D002 000 10
- Reinigungslösung D 009 401 04
- Primer (Grundierung) für Scheiben und lackierte Oberflächen D 009 200 02
- Aktivator AMV 181 801 A1
- Einkomponenten-Scheibenklebstoff (PUR) DH 009 100 03
- Schnell aushärtender Zweikomponenten-Scheibenklebstoff (PUR) DA 004 600 A2
- Schneidefaden 357 853 999 A

Auf falsche Behandlung durch Biege- oder Schlagbeanspruchung kann die Scheibe empfindlich reagieren. Sie darf keinesfalls mit einem Werkzeug abgehebelt werden, weil sie dadurch beschädigt wird und später reißen könnte.

Praxistipp

Das Einkleben von Scheiben

Vorsicht: Für das Ersetzen von geklebten Scheiben sind besondere Anforderungen einzuhalten. Dazu gehört, dass z. B. eine neu eingeklebte Windschutzscheibe nach einer vorgeschriebenen Mindestaushärtezeit die Betriebssicherheit auch im Falle eines Unfalls zu erfüllen hat.

Aushärtezeit: Beim 2K-Kleber DA 004 600 A2 beträgt die Mindestaushärtezeit, die Zeit vom Einkleben bis zum Fahrzeugeinsatz, für alle Scheiben drei Stunden. Das Fahrzeug muss bei mindestens 15 °C, besser bei Raumtemperatur, auf ebener Fläche stehen. Erst nach Ablauf der Wartezeit ist es betriebssicher.
Das Klebematerial wird mit der Doppelkartuschenpistole umlaufend auf den geprimerten Bereich oder auf die heruntergeschnittene Kleberaupe im rechten Winkel zur Scheibe aufgetragen. Die Scheibe muss innerhalb von 10 Minuten mittels Doppelsauger in den Scheibenausschnitt eingesetzt werden. Ausmitteln und eindrücken.

Schlossträger in Servicestellung bringen

Arbeitsschritte  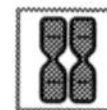

1 Bei Fahrzeugen mit Gasdruckfeder als Stütze der Klappe vorn (Motorhaube) die Feder ausbauen (siehe später folgende Arbeitsanleitung).

2 Motorhaube abstützen. Stoßfängerabdeckung vorn abbauen. Kühlmittelbehälter abbauen und zur Seite legen.

3 Die Schrauben 4 herausdrehen und je zwei Führungsstangen am rechten und linken Lenkträger einschrauben.

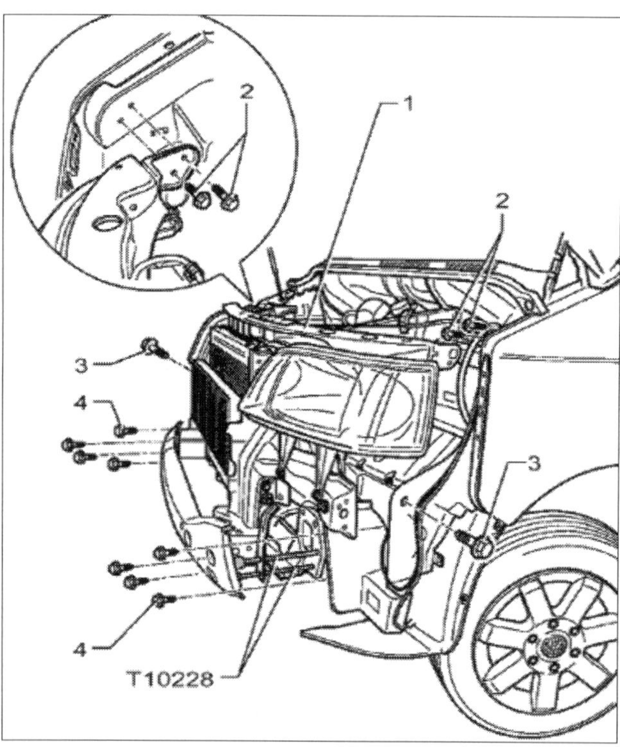

Servicestellung: *1 Schlossträger mit Anbauteilen, 2 vier Schrauben (8 Nm), 3 zwei Schrauben (20 Nm), 4 acht Schrauben (20 Nm)*

4 Die Schrauben 2 und 3 links (Bild oben) und rechts herausdrehen.

5 Bei Fahrzeugen mit Ladeluftkühler die Steckkupplung 1 entriegeln und die Druchkschläuche 2 vom Kühler in Pfeilrichtung aus der Kupplung ziehen (Bild rechts oben).

6 Der Schlossträger kann jetzt auf dem Spezialwerkzeug 1 um etwa 150 mm in Pfeilrichtung nach vorn gezogen werden (Bild rechts unten).

7 Führen Sie die Schläuche und Leitungen nach.

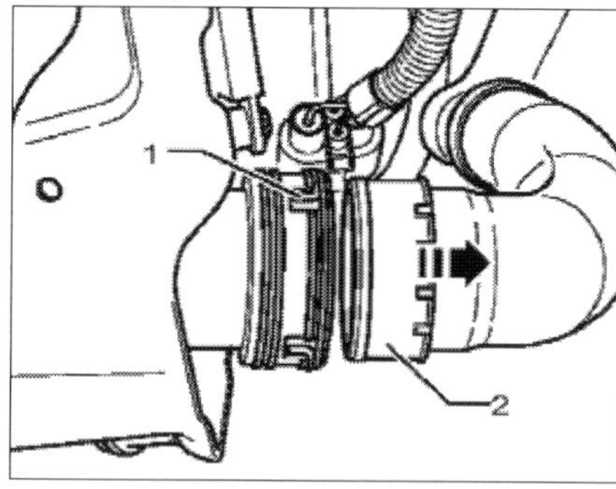

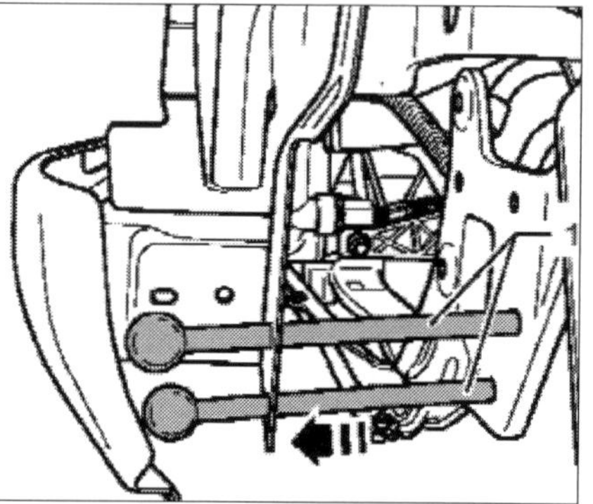

Arbeiten am Schlossträger: *Druckschläuche 2 aus Steckkupplung 1 ziehen (oben), Schlossträger auf den Führungsstangen T 10228 für Servicestellung 1 nach vorn ziehen (unten).*

8 Um den Schlossträger zurück zu setzen, muss er an den Lenkträgern und zwischen den Kotflügeln ausgemittelt werden. Dabei sind die Karassoriespaltmaße zu berücksichtigen. Dann den Einbau sinngemäß in umgekehrter Ausbaureihenfolge vornehmen. Darauf achten, dass die Druckschläuche für die Ladeluftkühler wieder richtig verrastet werden und Schläuche oder Leitungen nicht eingeklemmt sind. □

Hinweise und Regeln

Montagen. Die meisten hier vorgestellten Reparaturen können Sie mit einer Werkzeug-Grundausstattung erledigen. Für die Torx-Schrauben benötigen Sie einen entsprechenden Schlüsselsatz. Teile wie Motorhaube oder Heckklappe sind sperrig und können nur schwer gesichert werden. Arbeiten Sie mit einem Helfer!

Gasdruckstütze. Wenn alte Gasdruckfedern von Motorhaube oder Heckklappe ausgebaut und entsorgt werden sollen, müssen Sie sie entgasen: Feder an der Kolbenstangenseite auf 50 mm Länge in einen Schraubstock einspannen. Federzylinder im ersten Drittel der Gesamtlänge aufsägen (Schutzbrille). Bereich des Sägetrennschnittes mit Putzlappen abdecken.

Spaltmaße. Nach Arbeiten an der Karosserie müssen die Spaltmaße wieder stimmen (Kraftstoffverbrauch, Geräusche). Zum Kontrollieren und zum eventuellen Einstellen sollten Sie den von VW empfohlenen Fühlerblattsatz 3371 verwenden.

Unterboden: Schutz prüfen, Verkleidung aus-/einbauen

Arbeitsschritte  

1 Eine empfehlenswerte Wartungsarbeit ist die Kontrolle des Fahrzeug-Unterbodenschutzes und des Karosserielacks. Unterboden, Radhäuser und alle Unterholme sorgfältig auf etwaige Schäden an der Beschichtung untersuchen.

2 Alle Karosserieverbindungen, Rahmen der Front- und der Heckscheibe sowie die Bördel der Innenflächen der Motorhaube prüfen. Waagerechte und senkrechte lackierte Flächen sowie Dachanschluss im Heckklappenbereich ansehen.

3 Alle festgestellten Mängel müssen sofort beseitigt werden. Nehmen Sie dazu die Fachwerkstatt in Anspruch oder holen Sie sich fachmännischen Rat ein. Nur die empfohlenen chemischen Materialien und Lacke verwenden.

4 Für Lackschäden im nicht sichtbaren Bereich eignet sich zweimaliges Überstreichen (nass in nass) mit Glas-/Lackprimer (Grundierung) D 009 200 02. Die Wirkungszeit beträgt 10 Minuten. Reinigungsmittel: Klebstoffentferner D002 000 10.

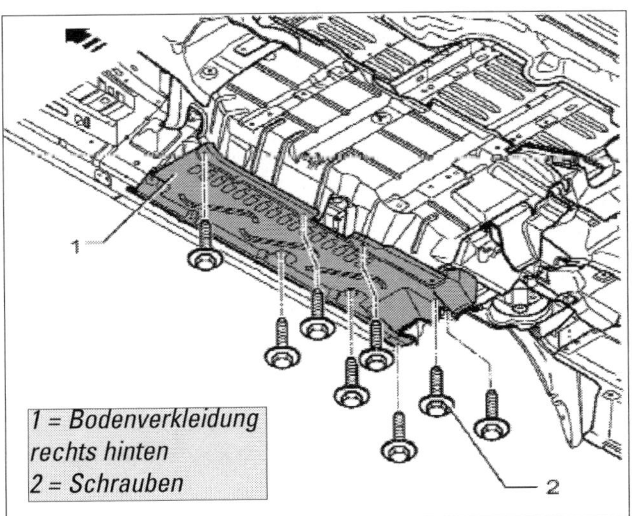

1 = Bodenverkleidung rechts hinten
2 = Schrauben

5 Bei Fahrzeugen mit Unterbodenverkleidungen können diese bei Reparaturnotwendigkeit stückweise aus- und eingebaut werden (Bild oben: 1 Bodenverkleidung rechts hinten. Der Pfeil zeigt in Fahrtrichtung). Die acht Schrauben 2 müssen herausgedreht werden. Der Einbau erfolgt mit einem Anzugsdrehmoment von 3,8 Nm.

Die übrigen elf Verkleidungen sind mit Schrauben 3,8 Nm oder/und Klemmscheiben befestigt. Hinzu kommt die Luftführung mit vier Schrauben 23 Nm. □

Batterie im Schlüssel mit Funkfernbedienung wechseln

Arbeitsschritte  

1 Zur Wartung gehört der Batteriewechsel im Fahrzeugschlüssel. Wenn die in der Draufsicht an der rechten Schlüsselseite befindliche Leuchtdiode beim Betätigen der Funkfernbedienung nicht mehr aufblinkt, ist der Batteriewechsel fällig.

2 **Ausbau:** Einen Schraubendreher in den Schlitz zwischen Schlüssel 1 und Funkcontainer 2 stecken.

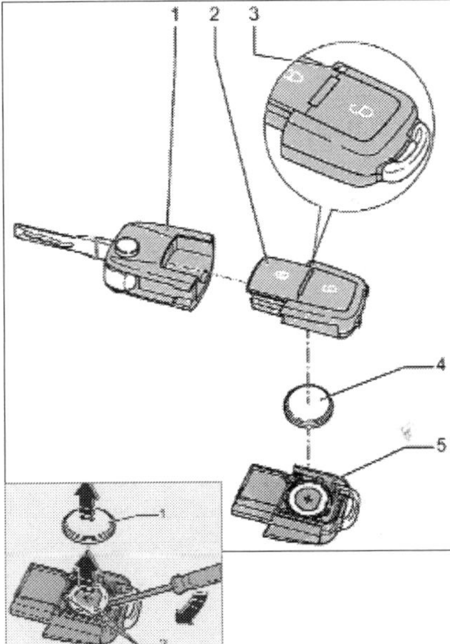

Hauptschlüssel:
1 Schlüssel mit Wechselcode-transponder,
2 Funkcontainer-Oberteil
3 Leuchtdiode,
4 Batterie,
5 Funkcontainer-Unterteil.
Der Hauptschlüssel ist klappbar.

3 Das Werkzeug leicht hin und her drehen und damit den Funkcontainer vom Schlüssel trennen.

4 Den Funkcontainer mit dem Schlüsselbart auseinander drücken und die Batterie (Knopfzelle) mit dem Schraubendreher nach oben aus den Halterungen clipsen (Detailbild).

5 **Einbau:** Beim Einbau der Batterie müssen Sie Einbaulage und Polarität beachten. Die Batterie wird mit dem Pluspol nach unten in den Funkcontainer eingelegt. Der Pluspol ist im gehäuse markiert.

6 Drücken Sie leicht auf die Batterie, um sie im Funkcontainer zu verrasten.

7 Fügen Sie nun den deckel und den Funkcontainer zusammen. Beschädigen Sie dabei keinesfalls die Dichtung!

8 Verrasten Sie abschließend den Funkcontainer mit dem Schlüssel. □

Wasserkasten Abdeckung aus-/einbauen

Arbeitsschritte  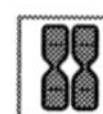

1 **Ausbau**: Bauen Sie die Scheibenwischerarme aus (siehe Kapitel »Die Fahrzeugelektrik«).

2 Ziehen Sie die Dichtung 2 auf Ihrer gesamten Länge von der Stirnwand des Wasserkastens ab.

3 Clipsen die Leitungsführung 4 aus der Wasserkastenabdeckung 1 aus.

4 Jetzt lässt sich die Abdeckung aus dem Aufnahmeschlitz an der Unterkante der Windschutzscheibe herausziehen. Beginnen Sie damit am Rand der Windschutzscheibe und ziehen Sie die Abdeckung im rechten Winkel aus dem Aufnahmeschlitz.

Benutzen Sie keinesfalls ein Werkzeug (Keil) zum Abhebeln der Wasserkastenabdeckung, weil sonst die Scheibe beschädigt werden und später reißen könnte!

5 Clipsen Sie jezt die Seitenteile 3 der Wasserkastenabdeckung links und rechts aus.

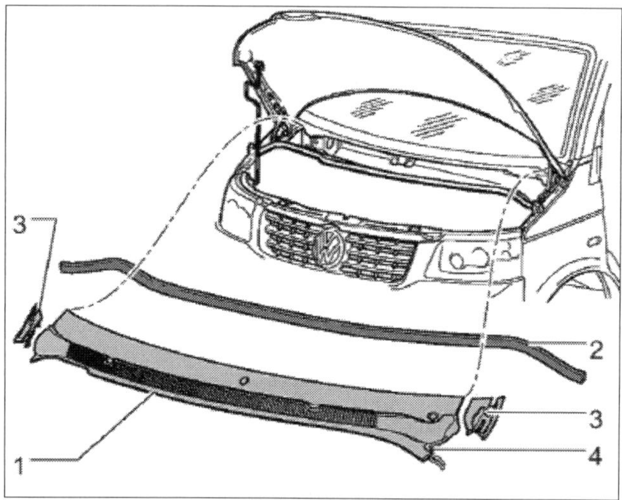

Wasserkasten: *1 Abdeckung, 2 Dichtung, 3 ausclipsbare Abdeckungsteile links und rechts, 4 Leitungsführung.*

6 **Einbau:** Clipsen Sie die Abdeckung links und rechts ein. Um die Abdeckung leichter in den Aufnahmeschlitz drücken zu können, sollte der Bereich mit Seifenlauge eingesprüht werden. Die Abdeckung nicht mit harten Schlägen einbauen, da dies zum Abriss der Windschutzscheibe führen könnte.

7 Drücken Sie von der Mitte her vorsichtig nach links und rechts außen die Abdeckung in ihre Aufnahme. Leitungsführung einclipsen, Dichtung und Wischerarme montieren. □

Wasserkasten Stirnwand aus-/einbauen

Arbeitsschritte  

1 **Ausbau**: Die Stirnwand des Wasserkastens besteht aus zwei Teilen. Zum Ausbau werden die Teile links und rechts extra demontiert.

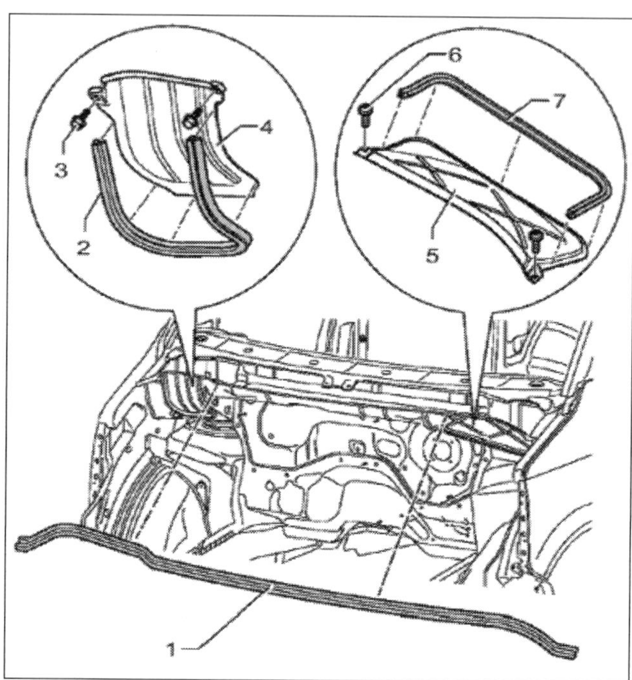

Stirnwand des Wasserkastens: *1 Wasserkastendichtung, 2 Dichtung rechts, 3/6 Schrauben (8 Nm), 4 Stirnwand rechts, 5 Stirnwand links, 7 Dichtung links.*

2 Schrauben Sie die beiden Halteschrauben der Stirnwand rechts heraus, Nehmen Sie die Dichtung ab und entnehmen Sie das Stirnwandteil rechts.

3 Schrauben Sie die beiden Halteschrauben der Stirnwand links heraus, Nehmen Sie die Dichtung ab und entnehmen Sie das Stirnwandteil links.

4 **Einbau:** Sinngemäß umgekehrt. Beim Einbau der beiden Stirnwandteile muss auf den richtigen Sitz der Dichtungen geachtet werden. □

Wasserkasten und Frontscheibe

Vorsicht mit der eingeklebten Windschutzscheibe! Harte Schläge am Wasserkasten können sie beschädigen!

Vibrationen, Zink und Schweißen

Gefahrenhinweis

Gurtstraffer: Wenn Sie an der Karosserie arbeiten, dürfen Sie nicht ohne weiteres in der Umgebung der Gurtrolle mit Schlagschrauber oder Hammer arbeiten. Die Gurtstraffer, die von elektrisch gezündeten Gasgeneratoren aktiviert werden, reagieren empfindlich auf Vibrationen und harte Schläge und können auslösen. Ziehen Sie vor allen Arbeiten unter dem Fahrzeug die Sicherung für die Gurtstraffer ab und warten Sie fünf Minuten, bis sich die Kondensatoren entladen haben.
Verzinkung: Die Karosserie ist außen elektrolytisch und innen feuerverzinkt. Bei Schweißarbeiten entsteht giftiges Zinkoxid. Sorgen Sie für gute Belüftung.
Klimaanlage: Es dürfen keine Schweiß- oder Lötarbeiten durchgeführt werden, bei denen sich Teile der Klimaanlage erwärmen können. Der Kältemittelkreislauf darf nicht geöffnet werden.
Elektrische Anlage: Werden Schweißarbeiten oder andere Funken erzeugende Arbeiten durchgeführt: Gundsätzlich die Batterie abklemmen und beide Batterieklemmen (+) und (-) sorgfältig isolieren.

Rückspiegel aus-/einbauen

1 **Ausbau des Spiegelglases:** Tragen Sie bei dieser Arbeit Schutzbrille und Schutzhandschuhe! Orientieren Sie sich an der Montageübersicht rechts.

Kleben Sie die Kante des Spiegelgehäuses 1 mit textilverstärktem Klebeband ab, um es vor Lackschäden zu schützen.

2 Drücken Sie das Spiegelglas 2 unten in das Spiegelgehäuse ein.

3 Drücken Sie mit einem geeigneten Werkzeug (flacher Kunststoffkeil; VW empfiehlt den Abdrückhebel V.A.G 80 - 200) das Spiegelglas von seinem Halter und dem Gehäuse ab.

4 Schwenken Sie das Spiegelglas zur Seite und ziehen Sie die Steckkontakte für Spiegelheizung auf der Rückseite des Spiegelglases ab.

5 **Einbau:** Stecken Sie die Steckkontakte für die Heizung am Spiegelglas auf. Drücken Sie das Glas mittig auf den Halter im Gehäuse. Das Spiegelglas muss hörbar einrasten. Überprüfen Sie die Funktion.

1 **Ausbau des Spiegelgehäuses:** Bauen Sie entsprechend der vorangegangenen Arbeitsanleitung das Spiegelglas aus.

2 Drehen Sie die beiden Schrauben 5 heraus und nehmen Sie das Montageteil 6 ab.

3 Drücken Sie die Rastnase links unten am Spiegelgrundträger 7 und ziehen Sie das Spiegelgehäuse nach oben ab.

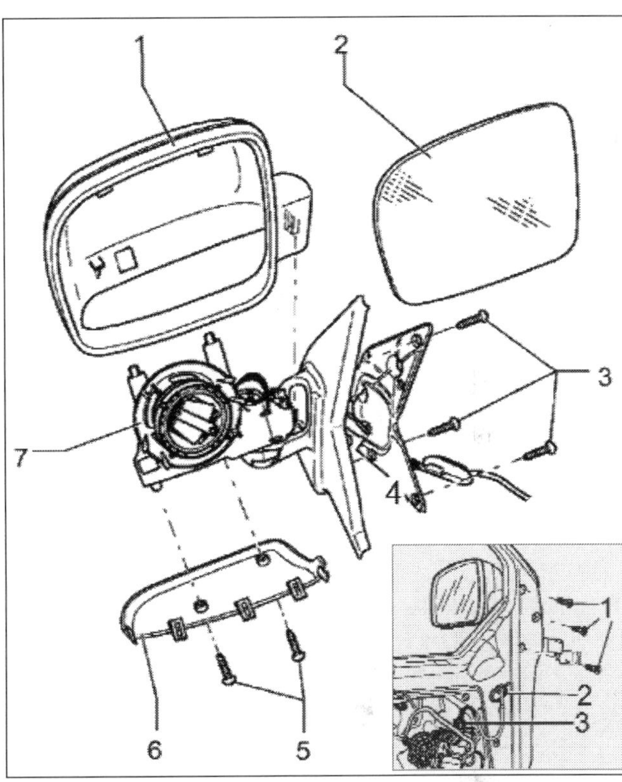

Rückblickspiegel: *1 Spiegelgehäuse, 2 Spiegelglas, 3/5 Schrauben (6 und 2 Nm), 4 Dämpfung, 6 Montageteil, 7 Spiegelgrundträger.*
Detailbild: *1 Schrauben (6 Nm), 2 Öffnung für elektrische Leitung, 3 Steckverbindungen für Außenspiegel.*

4 **Einbau:** Sinngemäß in umgekehrter Reihenfolge. Zum Abschluss Funktionsprüfung vornehmen.

1 **Ausbau des Rückblickspiegels:** Türverkleidung vorn ausbauen (Kapitel »Der Innenraum«). Orientieren Sie sich an der Detailzeichnung in der Abbildung oben.

2 Trennen Sie die Steckverbindungen 3 für den Außenspiegel. Drehen Sie die Schrauben 1 heraus und nehmen Sie den Spiegel ab.

3 Führen Sie die Leitung für den Spiegel durch die Öffnung 2 nach.

4 **Einbau:** Sinngemäß in umgekehrter Reihenfolge. Führen Sie dabei die elektrische Leitung für den Spiegel vorsichtig wieder durch die Öffnung ins Wageninnere. Nehmen Sie nach Abschluss der Montage eine Funktionsprüfung vor. □

Praxistipp: Haubenzug gerissen

Sollte der Zug am inneren Öffnungshebel gerissen sein, versuchen Sie das Zugende mit einer Flachzange (Wasserpumpenzange, Kombizange) zu erreichen und den Zug zu ziehen. Falls der Zug am Haubenschloss gerissen ist, »fangen« Sie mit einem stabilen Drahthaken den Betätigungshebel des Haubenschlosses zwischen Motorhaube und Grill ein und zweckentfremden den Haken als Zug. Den Hebel bewegen Sie leichter, wenn Sie gleichzeitig die Haube etwas »ins Schloss« drücken.

Klappe vorn aus-/einbauen und einstellen

1 **Ausbau**: Steckverbindungen der elektrischen Bauteile und Schläuche trennen. Die Schrauben 2 links und rechts lösen, aber nicht herausschrauben.

2 Beim Multivan und Shuttle die Gasdruckfeder 4 demontieren (Sicherungsbügel anheben und Feder von den Kugelzapfen abziehen). Der Transporter hat serienmäßig eine Klappenstütze, die lediglich ausgehakt wird.

3 Die Schrauben 2 ganz herausdrehen. Zusammen mit einem Helfer die Klappe aus den Scharnieren 3 herausheben und nach vorn abnehmen.

4 **Einbau:** Sinngemäß in umgekehrter Reihenfolge. Die Schrauben mit 20 Nm festziehen und die Klappe einstellen: Den Fanghaken und die Gasdruckfeder ausbauen, die Schrauben an den Scharnieren 3 lösen und die Klappe durch Verschieben der Scharniere ausmitteln. In der Höhe kann die Klappe durch Lösen der Schrauben 2 und mit dem Einstellpuffer links und rechts an der Vorderkante eingestellt werden.

Klappe vorn (Motorhaube): *1 Klappe, 2 Schrauben links und rechts, 3 Scharnier, 4 Gasdruckfeder.*

Klappe hinten aus-/einbauen (und einstellen)

1 **Ausbau**: Öffnen Sie die Klappe 1 und bauen Sie die Verkleidung aus (Kapitel »Der Innenraum«).

2 Steckverbindungen der elektrischen Bauteile und Schläuche trennen und durch die vorgesehene Öffnung führen.

3 Die jeweils zwei Schrauben an den Scharnieren 8 links und rechts lösen, aber nicht abschrauben.

4 Die beiden Gasdruckfedern 5 links und rechts abbauen, die Scharnierschrauben ganz herausdrehen und gemeinsam mit einem Helfer die Klappe abnehmen.

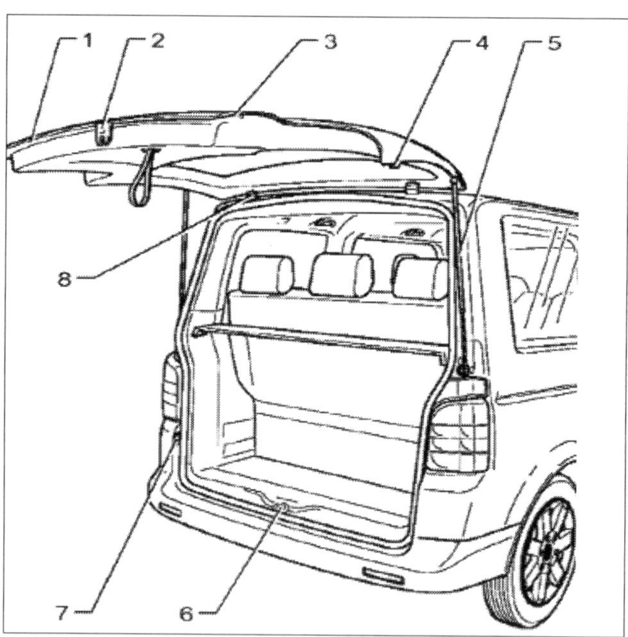

Klappe hinten (Heckklappe): *1 Klappe, 2 Klappenschloss, 3 Leuchtenträger, 4 Dämpfer, 5 Gasdruckfedern links und rechts, 6 Schließbügel, 7 Führungszapfen, 8 Scharnier.*

5 Die Gasdruckfedern werden ausgebaut indem die Sicherungsbügel mit einem Schraubendreher angehoben und die Federn von den Kugelzapfen abgezogen werden. Der Leuchtenträger 3 kann nach Ausbau der Klappenverkleidung abgenommen werden: Steckverbindung trennen und die vier Sechskantmuttern abschrauben.

6 **Einbau:** Sinngemäß in umgekehrter Reihenfolge. Die Scharnierschrauben werden mit 20 Nm angezogen.

7 **Klappe einstellen:** Kann nur über den Schließbügel 6 am Schlossquerträger erfolgen: Überall gleichmäßiges Spaltmaß, Konturen müssen fluchten.

Kotflügel aus-/einbauen

Arbeits-schritte  

1 **Ausbau**: Vordere Stoßfängerabdeckung ausbauen (folgende Arbeitsanleitung), Scheinwerfer und seitliche Blinkleuchte ausbauen (Kapitel »Die Fahrzeugelektrik«) und Radhausschale ausbauen (spätere Arbeitsanleitung).

2 Mit einem Kunststoffkeil die Abdeckkappe unten an der Säule A abhebeln. Die Schrauben 2 und 3 herausschrauben und den Kotflügel vorn 1 abnehmen. Zum Ausbau des Führungsprofils 4 die Federn 5 nach vorn herausclipsen. Den Halter 6 zur Seite klappen und das Profil in Pfeilrichtung aus dem Kotflügel klappen.

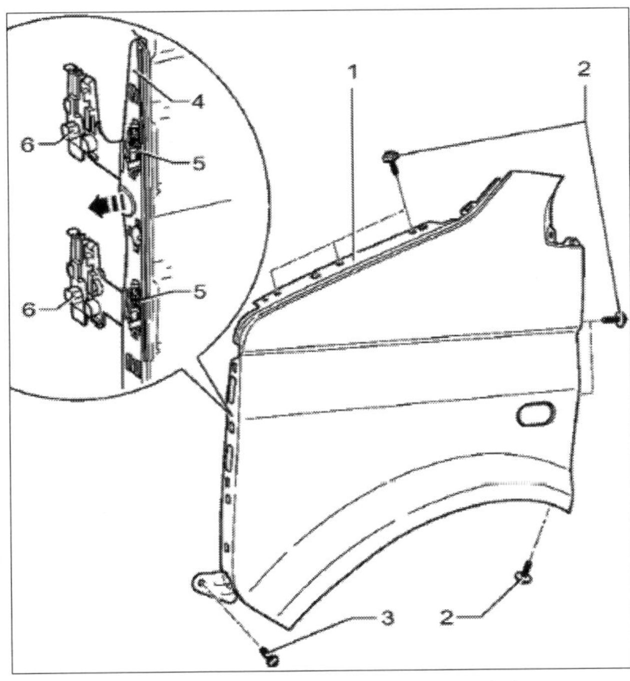

Kotflügel vorn : *1 Kotflügel, 2/3 Schrauben, 4 Führungsprofil, 5 Klammer, 6 Halter*

3 **Einbau:** Sinngemäß in umgekehrter Reihenfolge. Dabei auf Parallelität und Maße aller Fugen achten. □

Stoßfängerabdeckung vorn aus-/einbauen

Arbeits-schritte  

1 **Ausbau**: Die 6 Schrauben der unteren Abdeckung herausdrehen und die Geräuschdämpfung nach hinten abziehen. Obere Motorabdeckung und Batterieabdeckung ausbauen, Kühlergrill ausbauen (spätere Arbeitsanleitung).

2 Stoßleisten und Blenden für Nebelscheinwerfer links und rechts mit Kunststoffkeil vorsichtig aus den Verrastungen in der Stoßfängerabdeckung lösen, nach vorn herausnehmen.

3 Die Schrauben 4 im vorderen Radhausbereich herausdrehen, Radhausschale zur Seite klappen. Die nach oben gerichteten Schrauben 5 links und rechts sowie die Schrauben 6 links und rechts herausdrehen und den Halter 7 zur Seite klappen. Die Sechskantmuttern 3 links und rechts abdrehen.

4 Nachfüllbehälter für Hydrauliköl sowie Einfüllstutzen für Scheibenwaschanlage abbauen und zur Seite legen. Die Schrauben 2 oben am Schlossträger, die Schrauben 9 von unten und die Schrauben 8 von vorn herausdrehen.

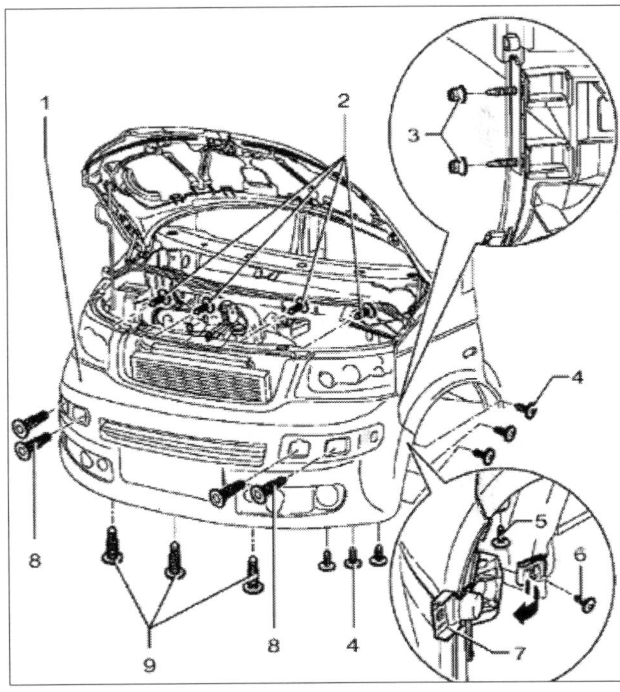

Vordere Stoßfängerabdeckung: *1 Abdeckung (PP/EPDM), 2/4/5/6/8/9 Schrauben, 3 zwei Sechskantmuttern, 7 Halter.*

5 Arbeiten Sie beim weiteren Ausbau mit einem Helfer zusammen: Steckverbindungen der elektrischen Bauteile und Schläuche lösen, die Stoßfängerabdeckung 1 abnehmen.

6 **Einbau** sinngemäß in umgekehrter Reihenfolge. Vor dem Einbau alle Befestigungsteile prüfen und ggf. erneuern. □

Wasserablauf-schläuche

Schläuche an den Säulen A vom Schiebe-Ausstelldach her, Schläuche in den Säulen D von den hinteren Radhäusern her reinigen. Etwa 2.300 mm lange Sonde aus Tachometerantriebswellen-Seele verwenden..

Stoßfängerabdeckung hinten aus-/einbauen

Arbeits-schritte  

1 **Ausbau**: Je nach Modellvariante müssen Sie beim Aus- und Einbau kleinere Abweichungen berücksichtigen.

Bauen Sie die Schlussleuchten aus (Kapitel »Die Fahrzeugelektrik«). Hebeln Sie mit einem Schraubendreher die links und rechts je vier Spreizniete 3 heraus. Nehmen Sie links und rechts den Halter 4 für das Endstück 2 nach oben heraus.

2 Hebeln Sie mit dem Schraubendreher die links und rechts je vier Spreizniete 8 heraus. Radhausschalen im hinteren Bereich lösen und vorsichtig zur Seite klappen. Die Schraube 6 links und rechts herausdrehen. Reserveradhalter zur Seite klappen. Die vier Spreizniete 10 von unten heraushebeln.

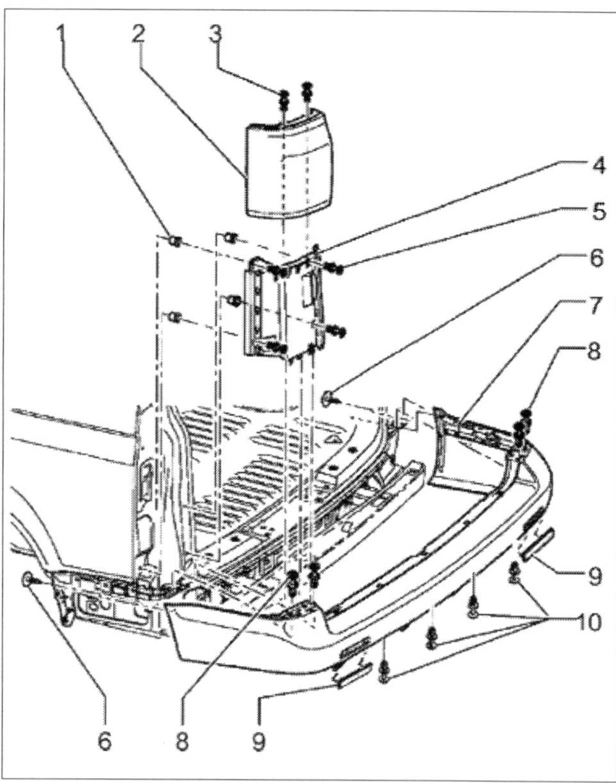

Hintere Stoßfängerabdeckung : *1 acht Tüllen, 2 Endstück mit 4 Halter, 3/5/8/10 Spreizniete, 6 zwei Schrauben (2 Nm), 7 Abdeckung mit 9 zwei eingeclipsten Rückstrahlern.*

3 Ziehen Sie gemeinsam mit einem Helfer die Abdeckung 7 (sie besteht aus Kunststoff PP/EPDM) parallel aus den Führungen heraus.

4 **Einbau:** Sinngemäß in umgekehrter Reihenfolge. Vor dem Einbau die Befestigungsteile prüfen und ggf. erneuern. □

Radhausschalen aus-/einbauen

Arbeits-schritte  

1 **Ausbau:** Bauen Sie das betreffende Rad aus. Die Arbeitsgänge sind an Vorder- und Hinterrädern gleich: Schrauben (vorn: Positionen 3 und 4, hinten: Position 2) herausdrehen und die Radhausschalen (aus Kunststoff PP/EPDM) abziehen.

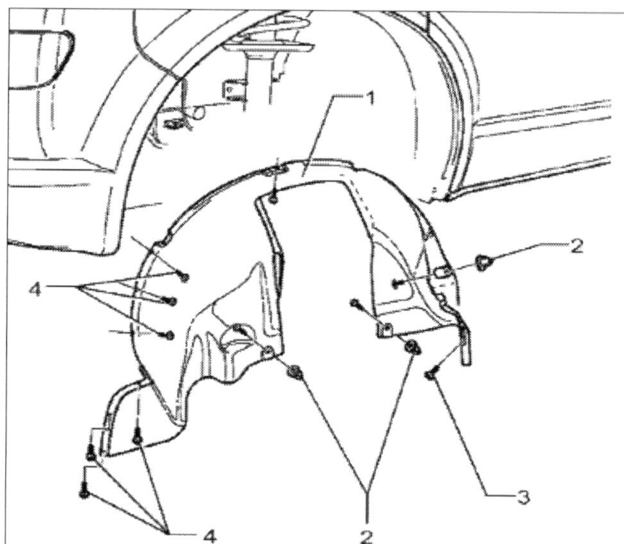

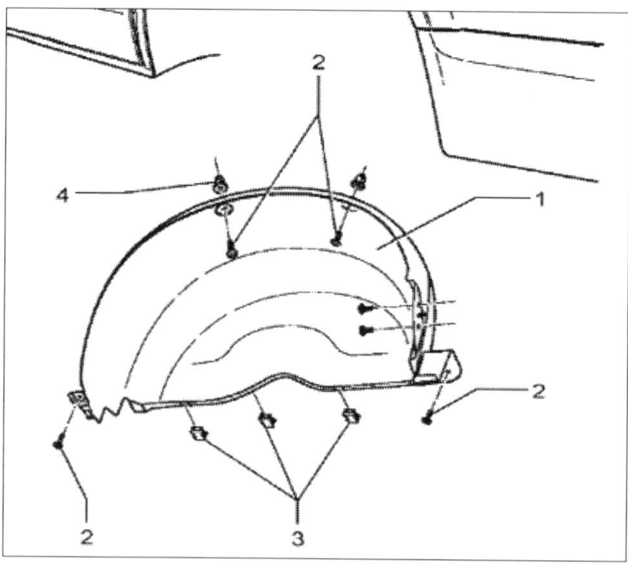

Radhausschalen vorn (Bild oben) und hinten (Bild unten): *1 Schale (PP/EPDM), 2 (oben)/4 (unten) Spreizmuttern, 3/4 (oben)/2 (unten) Schrauben, 3 (unten) Klammer.*

2 Der **Einbau** geschieht in umgekehrter Reihenfolge. Schrauben 2 und 4 mit 2 Nm, Schrauben 3 mit 3,8 Nm. □

Tankklappe aus-/einbauen

Arbeits-schritte  

1 **Ausbau:** Öffnen Sie die Tankklappe 1. Drehen Sie die Schrauben 2 heraus und nehmen Sie die Klappe ab.

2 Drehen Sie die Schraube 5 und dann den Verschlussdeckel des Kraftstoffbehälters ab.

3 Hebeln Sie die Formabdeckung 6 heraus, indem Sie einen kleinen Schraubendreher in die Aussparung oben (Pfeil) hineinstecken und leicht bewegen.

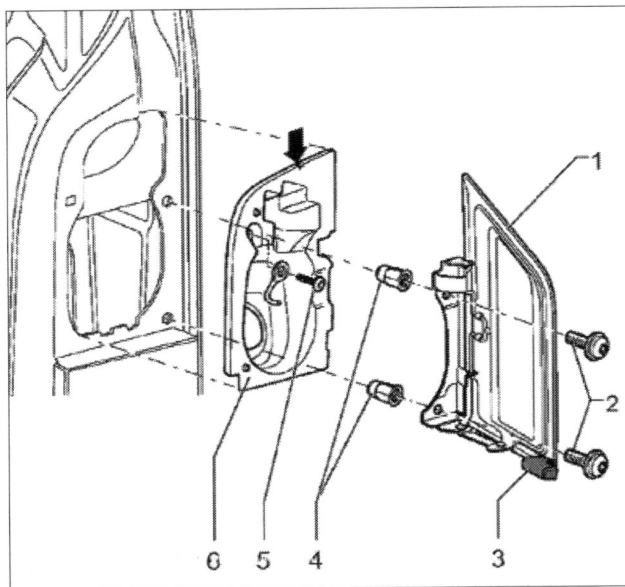

Tankklappenmontage Übersicht: *1 Tankklappe, 2 zwei Schrauben (4,5 Nm), 3 Anschlag, 4 zwei Blindnietmuttern, 5 Schraube (2 Nm), 6 Formabdeckung.*
Die Blindnietmuttern werden mit einer Hebelzange (V.A.G 1765 B) eingezogen.

4 **Einbau:** Drücken Sie die Formabdeckung in den Ausschnitt. Der weitere Einbau erfolgt in sinngemäß umgekehrter Ausbaureihenfolge. □

Schließzylinder und Türgriff aus-/einbauen

1 **Ausbau**: Da das Türschloss nur mit dem gesamten Aggregateträger ausgebaut werden kann, beschränken wir uns auf den Ausbau von Schließzylindergehäuse und Griff. Zur Orientierung hier zunächst die Montageübersicht.

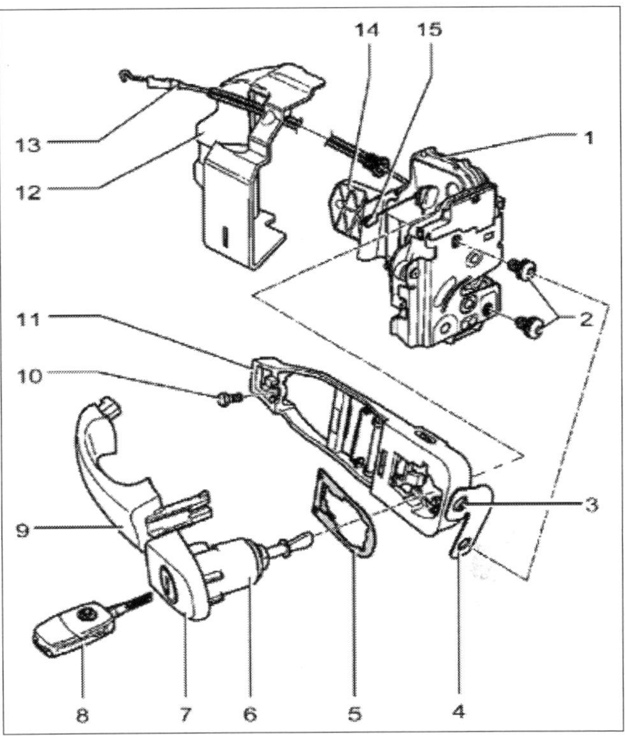

Montageübersicht Türgriff und -schloss: *1 Türschloss, 2/10 Schrauben, 3 Innenvielzahnschraube zur Entriegelung des 6 Schließzylindergehäuses (3 nicht ohne eingesetztes 6 eindrehen), 4 Halteblech, 5 Unterlage, 7 Abdeckkappe für 6 (mit Rastnasen befestigt), 8 Schlüssel, 9 Türgriff, 11 Lagerbügel, 12 Abdeckkappe, 13 Seilzug zur Türentriegelung vom Türinnengriff, 14 Haltewinkel, 15 Seilzug zur Türentriegelung vom Türgriff außen.*

2 Hebeln Sie die Abdeckung von der Öffnung, durch die die Innenvielzahnschraube zur Schließzylinderentriegelung zugänglich wird.

Den Türgriff 1 nach hinten ziehen und festhalten. Die Schraube 2 (im Bild zuvor Position 3) mit einem Steckschlüssel (VW: T10072) so weit herausdrehen, bis sich das Schließzylindergehäuse 3 herausziehen lässt. Schraube keinesfalls zu weit herausdrehen, weil sich sonst der Arretierungsring vom Lagerbügel lösen und in die Tür fallen könnte.

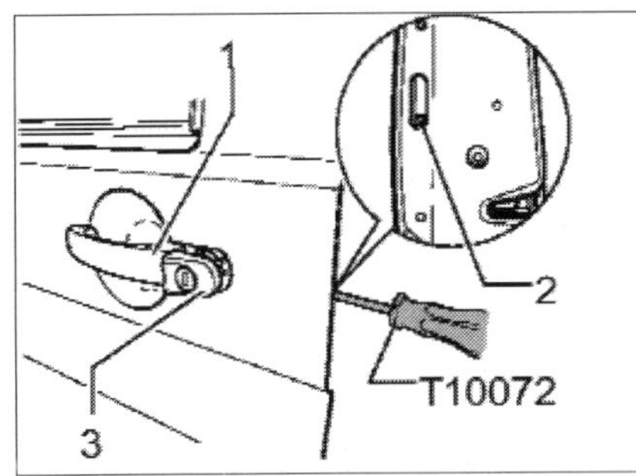

1 Türgriff, 2 Innenvielzahnschraube für Steckschlüssel, 3 Schließzylindergehäuse.

3 Schließzylindergehäuse 3 im rechten Winkel zur Tür aus dem Lagerbügel des Türgriffs herausziehen.

4 Nachdem Sie das Schließzylindergehäuse entnommen haben, können Sie den Clip 1 aus dem Türgriff 2 ausclipsen und den Türgriff aus der Tür herausschwenken.

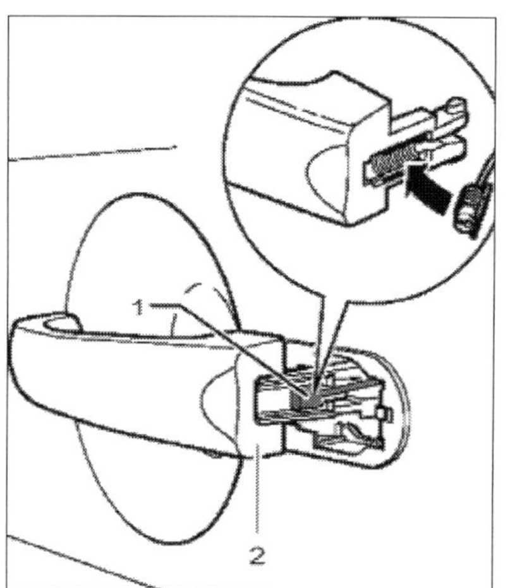

1 Clip, 2 Türgriff.

Der Pfeil deutet die Richtung beim später beschriebenen Einbau an. Zum Ausbau Griff entgegen dieser Pfeilrichtung schwenken.

5 **Einbau:** Führen Sie durch die Öffnung im Türinnenblech einen Montagehaken zur Federmontage (VW: T10118) ein siehe folgende Abbildung). Dazu das Innenteil mit einer Taschenlampe ausleuchten. Haken Sie das Werkzeug in die Feder ein (Pfeil A). Ziehen Sie den Montagehaken in Richtung Pfeil B und hängen Sie damit die Feder in das Türschloss ein: Der Auslösehebel ist arretiert. Das Arretieren des Schlosses durch Einhängen der Feder in den Betätigungshebel verhindert ein späteres falsches Einclipsen des Seilzuges am Türgriff

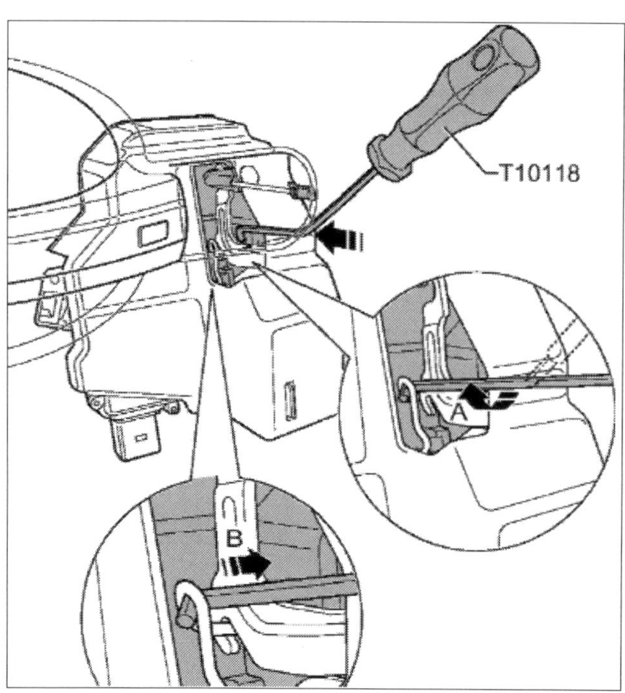

6 Schwenken Sie nun gemäß der Abbildung links im rosa Feld den Türgriff 2 in die Tür ein und verrasten Sie den Clip 1 im Türgriff. Während dieser Montage muss der Türgriff an das Türblech gedrückt werden. Der Clip muss mit hörbarem Klicken in den Griff einrasten.

7 Jetzt das Schließzylindergehäuse einbauen: Schließzylindergehäuse 3 gemäß Abbildung auf dem rosa Feld auf Seite 227 rechts unten im rechten Winkel in den Lagerbügel des Türgriffs 1 stecken. Der Griff liegt dabei nur leicht am Türblech an. Mit dem Steckschlüssel die Innenvielzahnschraube 2 in den Lagerbügel hinein drehen. Der Türgriff rastet mit gut hörbarem Klicken wieder in das Schließzylindergehäuse ein. Das Schließzylindergehäuse wird bei dieser Montage an das Türblech gedrückt, der Griff liegt nur leicht an.

8 Zum Abschluss eine Funktionsprüfung vornehmen. Diese muss bei geöffneter Tür erfolgen, weil bei nicht korrekter Einstellung und Verclipsung des Bowdenzuges die Tür nicht geöffnet werden kann. □

Elektrisch betätigte Schiebetür aus-/einbauen

Arbeitsschritte  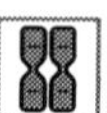

1 **Ausbau:** Orientieren Sie sich an der Montageübersicht:

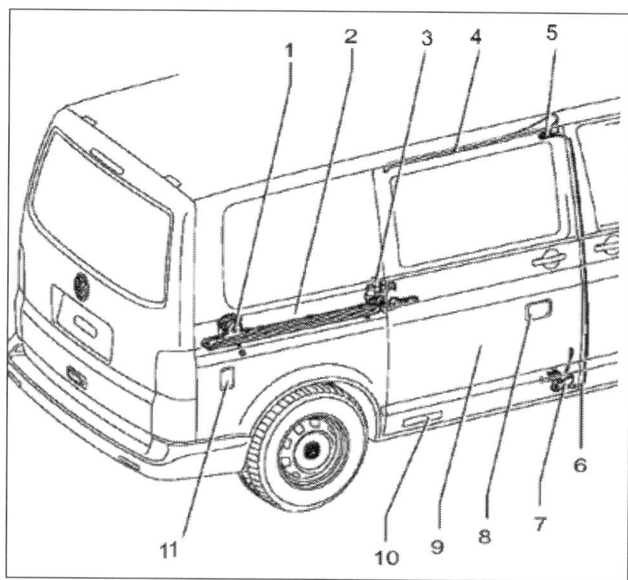

Bauteile der elektrischen Schiebetür rechts (links sinngemäß): *1 Türöffnungs-Motor, 2 Führungsschiene mit Rollenlager, 3 Schließbügel mit Zuzieh-Motor, 4 Führungsschiene mit Lesespule, 5 Rollenführung oben, 6 Einklemmschutz mit Fühler, 7 Rollenführung unten, 8 Sendeeinheit, 9 Schiebetür, 10 Türfeststeller, 11 Steuergerät in Säule D.*

2 Deaktivieren Sie die elektrische Betätigung der Schiebetür mit dem Taster 1 in der Schalttafel. Es sind verschiedene Ausführungen für diese Tastatur möglich. Bei Deaktivierung lässt sich die Schiebetür schwergängig öffnen.

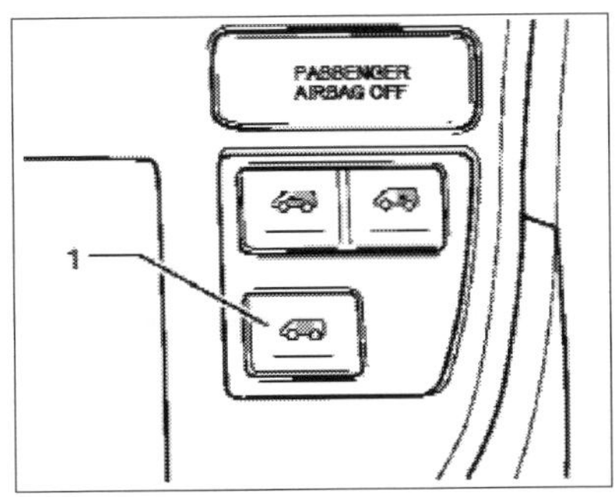

1 Taster zur Deaktivierung der elektrischen Türbetätigung

3 Bauen Sie die Schlussleuchte aus (Kapitel »Die Fahrzeugelektrik«).

4 Nehmen Sie die Abdeckung für die Schrauben am Scharnierbeschlag ab. Drehen Sie die Schrauben 1 (Anzugsdrehmoment 8 Nm) vorn und hinten aus der Abdeckung 2 heraus.

5 Schließen Sie die Schiebetür so weit (nicht vollständig), bis Sie die Abdeckung ohne Beschädigung ausclipsen können.

Clipsen Sie die Abdeckung in Pfeilrichtung aus dem Seitenteil heraus. Es sind sieben Clips zu öffnen.

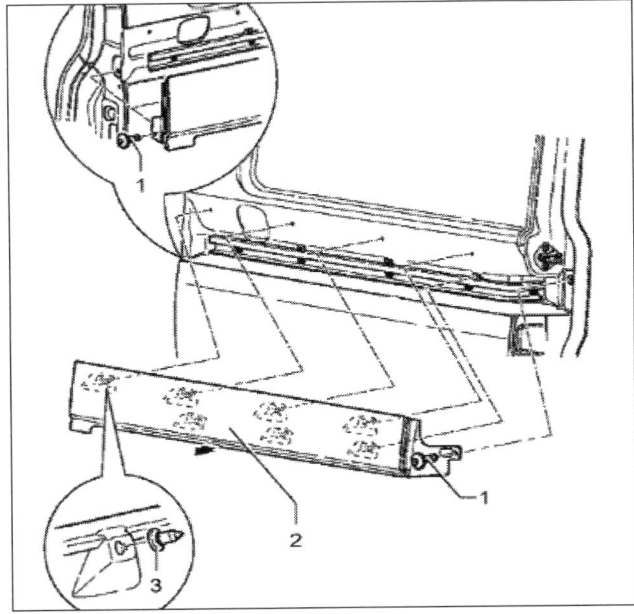

Abdeckung demontieren (zur besseren Übersicht ist in der Darstellung die Tür schon ausgebaut): *1 Schrauben, 2 Abdeckung, 3 sieben Clips.*

6 Für den weiteren Ausbau benötigen Sie einen Helfer. Drehen Sie die Schrauben 4 (Anzugsdrehmoment 65 Nm) aus der Schiebetür 1 heraus. Schieben Sie das Rollenlager 3 in der Führungsschiene 2 zurück.

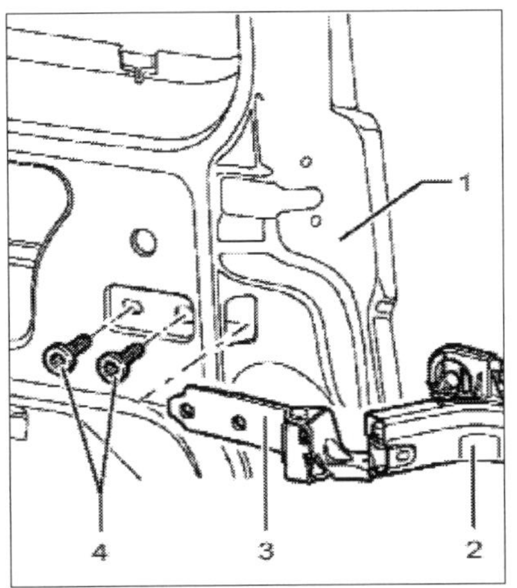

1 Schiebetür, 2 Führungsschiene, 3 Rollenlager, 4 Schrauben.

7 Markieren Sie die Einstellung (Pfeil) an der Rollenführung unten 2. Drehen Sie die Schrauben 1 (Anzugsdrehmoment: 20 Nm) heraus.

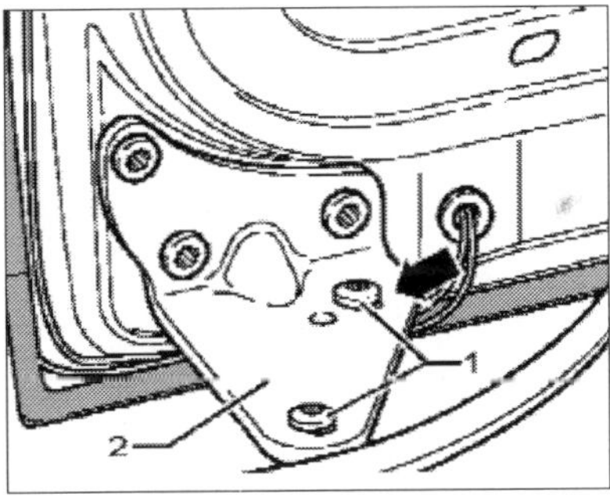

1 Schrauben, 2 Rollenführung unten. Pfeil: Markierung für die Einstellung.

8 Senken Sie die Schiebetür 2. im vorderen Bereich soweit ab, bis sich die obere Rollenführung 1 aus der Führungsschiene oben herausnehmen lässt (Pfeil).

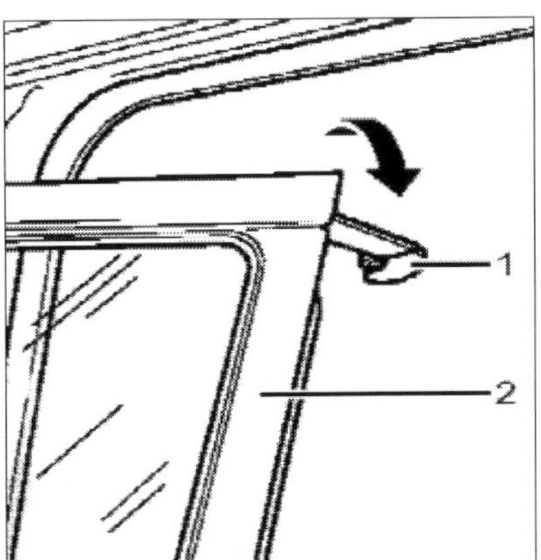

1 obere Rollenführung, 2 Schiebetür. Pfeil: Richtung des Herausnehmens.

9 **Einbau:** Sinngemäß in umgekehrter Reihenfolge. Nehmen Sie abschließend eine Funktionsprüfung vor. □

Kühlergrill aus-/einbauen

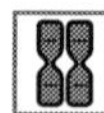

1 **Ausbau:** Die Schrauben an der Batterieabdeckung herausdrehen und Abdeckung abnehmen.

2 Schrauben an der Abdeckung über dem rechten Scheinwerfer herausdrehen und die Abdeckung abnehmen.

3 Drehen Sie die Schrauben oben am Halteelement des Kühlergrills heraus.

4 Clipsen Sie den Kühlergrill oben aus dem Schlossträger und ziehen Sie den Grill nach vorn aus der unteren Führung.

5 **Einbau:** Sinngemäß in umgekehrter Reihenfolge. Die Schrauben mit 2 Nm anziehen. □

Schutzleisten aus-/einbauen

1 **Ausbau:** Die rundumlaufende Kunststoffschutzleiste besteht aus insgesamt elf Stücken. Diese Leisten sind aufgeklebt und dürfen am Stoß einen Höhenunterschied von höchstens 1 mm haben.

Zur Demontage die Leiste mit einem Heißluftfön auf etwa 25 bis 35 °C erwärmen und abziehen.

2 Außenblech des Fahrzeugs mit Waschbenzin reinigen. Behandeln Sie die Klebestellen mit Silikonentferner nach und reiben sie sie trocken.

Schutzleisten : *Die Maße a, b, c und d müssen beim Aufkleben der Leisten eingehalten werden.*

3 **Einbau:** Ziehen Sie vor der Montage die Schutzfolie von den Leisten ab. Die Klebeflächen müssen frei von Staub, Fett und Verschmutzungen aller Art sowie völlig trocken sein.

4 Richten Sie die Schutzleisten auf gleiche Höhe mit einer Höhentoleranz von maximal 1 mm aus. Kleben Sie die Leisten mit festem Druck auf die Karosserie.

5 Beachten Sie beim Aufkleben die in der Abbildung dargestellten Maße a bis d:

Maß a = 320 mm von der Unterkante der Schutzleiste bis zur Unterkante der Tür.

Maß b = 320 mm von der Unterkante der Schutzleiste bis zur Unterkante der Blende von Säule B.

Maß c = 320 mm von der Unterkante der Schutzleiste bis zur Sicke des Seitenteils oder zur Unterkante der Schiebetür

Maß d = 140 mm von der Unterkante der Schutzleiste bis zur Unterkante des Seitenteils. □

Anhängevorrichtung aus-/einbauen

1 **Aus-/Einbau:** Der Transporter wird entweder mit einer starren Aufhängevorrichtung (Bild unten) oder mit einer Anhängevorrichtung mit abnehmbaren Kugelkopf ausgestattet. Die Montage beider Vorrichtungen ist identisch.

2 Die insgesamt sechs Schrauben 2 werden heraus oder eingedreht, um die Vorrichtung 1 abzunehmen oder einzubauen. Schrauben beim Einbau mit 100 Nm festziehen. □

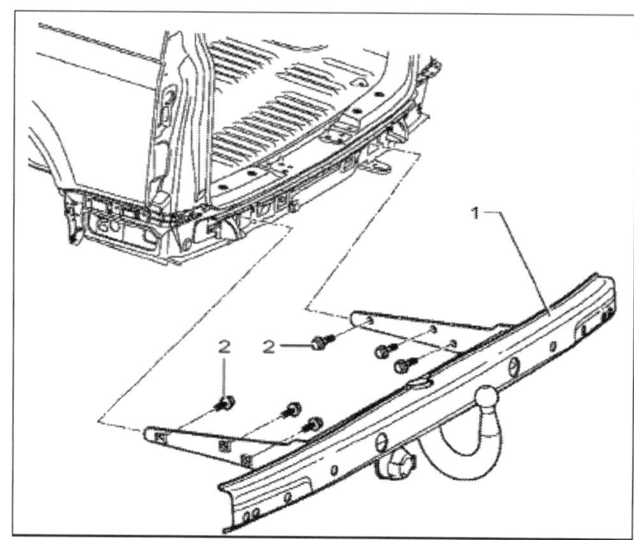

Technische Daten

Vier Motortypen in sechs verschiedenen Leistungsklassen, Fünfgang- und Sechsgang-Handschaltgetriebe, Sechsgang-Getriebeautomatik (Tiptronic), Front- oder Allradantrieb (4Motion) ergeben gut ein Dutzend grundlegender Ausstattungsvarianten des VW Transporters T5/Multivan. Für die Tabellen mit den technischen Daten haben wir die sechs gängigsten Modelle ausgewählt. An ihnen werden exemplarisch die Daten dargestellt.
Einige Daten unterscheiden sich (meist nur leicht) je nach Ausstattungsvariante. Diese Unterschiede berücksichtigen wir nicht, da dies den Rahmen dieser Übersichtstabelle sprengen würde.
Grundsätzlich haben alle Transporter-Modelle vollverzinkte Stahlkarosserien. Beide Ottomotoren arbeiten mit MPI (Multipoint-Einspritzung), die Dieselmotoren sind Direkteinspritzer mit Turboaufladung und Pumpe-Düse-Einheiten (TDI PDE). Der Tank fasst 80 Liter Kraftstoff.
Die Transporter werden mit kurzem oder langem Radstand sowie in drei Dachhöhen gebaut. Darüber hinaus gibt es acht Versionen von Pritschenwagen. Diese Unterschiede berücksichtigen wir in unserer Übersicht nur im Einzelfall.

Ausgewählte Modelle

Fahrzeug-Modell	Benziner 2,0 MPI Motor: AXA/115 PS 5-Schalt 02Z Multivan Front	Benziner 3,2 MPI Motor: BDL/235 PS Tiptron 6Gang 09K Multivan Front	Diesel 1,9 TDI PDE Motor: AXC/86PS 5-Schalt 02Z Kast/Kombi Front	Diesel 1,9 TDI PDE Motor: AXB/105 PS 5-Schalt 02Z Kast/Kombi Front	Diesel 2,5 TDI PDE Motor: AXD/130 PS 6-Schalt 0A5 Kast/Kombi Front	Diesel 2,5 TDI PDE Motor: AXE/174 PS 6-Schalt 0A5 Pritsche Front

5-Schalt = 5-Gang-Schaltgetriebe 02Z mit Einlamellentrockenkupplung
6-Schalt = 6-Gang-Schaltgetriebe 0A5 mit Einlamellentrockenkupplung
Tiptron = 6-Gang-Automatikgetriebe 09K Tiptronic, hydraul. Wandler mit Überbrückungskupplung
Multivan = Multivan / **Kast/Kombi** = Kastenwagen/Kombi / **Pritsche** = Pritschenwagen
Front = Frontantrieb

Elektrische Anlage

Fahrzeug-Modell	Benziner 2,0 MPI Motor: AXA/115 PS 5-Schalt 02Z Multivan Front	Benziner 3,2 MPI Motor: BDL/235 PS Tiptron 6Gang 09K Multivan Front	Diesel 1,9 TDI PDE Motor: AXC/86PS 5-Schalt 02Z Kast/Kombi Front	Diesel 1,9 TDI PDE Motor: AXB/105 PS 5-Schalt 02Z Kast/Kombi Front	Diesel 2,5 TDI PDE Motor: AXD/130 PS 6-Schalt 0A5 Kast/Kombi Front	Diesel 2,5 TDI PDE Motor: AXE/174 PS 6-Schalt 0A5 Pritsche Front
Bordspannung V	12	12	12	12	12	12
Batterie A/Ah	380/80	380/80	380/80	380/80	380/80	380/80
Generator A	90	90	90	90	120	120

Bremsanlage

Art der Bremsen	Diagonal-Zweikreis Flüssigkeitsbremse, Bremskraftverstärker, Bremsassistent.ABS, ASR, EDS; ESP. Scheibenbremsen mit Einkolben-Faustsattel. Rundum innenbelüftete Scheiben. Vorderbremse in zwei Größen, Hinterradbremse nur in einer Größe.
Wirkung der Handbremse	Seilzugbremse wirkt auf die Hinterräder.

Motoren

Motortyp	Benziner 2,0	Benziner 3,2	Diesel 1,9 TDI PDE	Diesel 1,9 TDI PDE	Diesel 2,5 TDI PDE	Diesel 2,5 TDI PDE
Kennbuchstabe	AXA	BDL	AXC	AXB	AXD	AXE
Hubraum in cm³	1.984	3.189	1.896	1.896	2.460	2.460
Bohrung in mm	82,5	84,0	79,5	79,5	81,0	81,0
Hub in mm	92,8	95,9	95,5	95,5	95,5	95,5
Verdichtung	10,5 : 1	11,0 : 1	18,5 : 1	18,0 : 1	18,5 : 1	18,5 : 1
Höchstleistung kW/PS	85 /115	173 /235	63 /86	77 /105	96 /130	128 /174
bei 1/min	5.200	6.200	3.500	3.500	3.500	3.500
Max. Drehmoment Nm	170	320	200	250	340	400
bei 1/min	2.400	3.200	1.600...2.400	2.000	2.000...2.300	2.000. . .2.300
Höchstgeschwindigkeit	Multivan	Multivan	Kast/Kombi	Kast/Kombi	Kast/Kombi	Pritsche
in km/h	163	205	146 / 146	159 / 159	168 / 168	188
Beschleunigung	Multivan	Multivan	Kast/Kombi	Kast/Kombi	Kast/Kombi	Pritsche
0-100 km/h in s	17,8	10,5	23,6 / 23,6	18,4 / 18,4	15,3 / 15,3	12,2
Verbrauch in Liter/100 km	Multivan	Multivan	Kast/Kombi	Kast/Kombi	Kast/Kombi	Pritsche
– städtisch:	14,0	17,1	---/ 9,3	---/ 9,3	---/ 10,3	10,3 /
– außerstädtisch:	9,2	9,6	--- / 6,5	--- /6,5	--- / 6,5	6,5 /
– insgesamt:	11,0	12,4	--- / 7,5	---/ 7,5	--- / 7,8	7,8 /
Zylinder	4	6	4	4	5	5
Ventile proZylinder	2	4	2	2	2	2

Ventilsteuerung Hydraulische Tassenstößel kontinuierliche Einlassnockenwellenverstellung; einige Modelle mit Rollenschlepphebeln

Schmiersystem Druckumlaufschmierung, Ölpumpe über Kette von der Kurbelwelle. Beim 5-Zylinder-TDI Direktantrieb.

Fahrwerk

Vorderachse	Hilfsrahmen (entkoppelter Fahrschemel) mit Querlenker und Stabilisator, McPherson-Federbeine (Schraubenfedern, Teleskop-Gasdruck-Stoßdämpfer).	
Hinterachse	Schräglenker-Achse, Gasdruck-Stoßdämpfer außerhalb der Schraubenfedern, Stabilisatoren.	
Lenkung	Wartungsfreie, direkt wirkende Zahnstangenlenkung mit hydraulischer Servounterstützung. Sicherheitslenksäule. Airbag im Lenkrad.	
Radstand in mm	kurzer Radstand: 3.000	langer Radstand: 3.400
Reifengrößen - und Reifenfülldruck	205/65 R 16	vorn: 4,0 bar, hinten: 4,4 bar
	215/65 R 16	vorn: 2,6 / 3,0 bar, hinten: 2,1 / 3,2 bar
	215/60 R 17 C, 104/102T	vorn: 3,5 / 3,7 bar, hinten: 3,5 / 3,8 bar
	235/60 R 16,	vorn: 2,8 / 2,9 bar, hinten: 2,8 / 3,0 bar
	235/65 R 16	vorn: 2,4 / 2,0 bar, hinten: 2,1 / 3,2 bar
	205/65 R 16 C, 107/105T	vorn: 4,0 bar, hinten: 4,4 bar
	215/65 R 16 C, 106/104T	vorn: 3,3 bar, hinten: 3,7 bar
	215/65 R 16 C, 106/104T (102H)	vorn: 3,3 / 3,5 bar, hinten: 3,3 / 3,6 bar
	215/60 R 17 C, 104/102 T M+S	vorn: 3,7 bar, hinten: 4,1 bar
	215/ 0 R 17 C, 108/106 T M+S	vorn: 4,0 bar, hinten: 4,4 bar
	235/55 R 17 C, 108/106 T	vorn: 3,8 / 4,0 bar, hinten: 3,8 / 4,1 bar
	235/55 R 17, 103 W/Y XL	vorn: 3,0 bar, hinten: 3,3 bar

Emissionen, Füllmengen und Kraftstoffaufbereitung

Fahrzeug-Modell:	Benziner 2,0 MPI	Benziner 3,2 MPI	Diesel 1,9 TDI PDE	Diesel 1,9 TDI PDE	Diesel 2,5 TDI PDE	Diesel 2,5 TDI PDE
	Motor:	Motor:	Motor:	Motor:	Motor:	Motor:
	AXA/115 PS	BDL/235 PS	AXC/86PS	AXB/105 PS	AXD/130 PS	AXE/174 PS
	5-Schalt	Tiptron	5-Schalt	5-Schalt	6-Schalt	6-Schalt
	02Z	6Gang 09K	02Z	02Z	0A5	0A5
	Multivan	Multivan	Kast/Kombi	Kast/Kombi	Kast/Kombi	Pritsche
	Front	Front	Front	Front	Front	Front
Emission in g/km CO_2	Multivan 264	Multivan 298	Kast/Kombi ---/203	Kast/Kombi ---/203	Kast/Kombi ---/211	Pritsche -----
Füllmenge in Litern						
Bremsflüssigkeit	1,0	1,0	1,0	1,0	1,0	1,0
Motoröl (mit Filter)	4,0	5,7	5,8	5,8	7,4	7,4
Getriebeöl	2,0	7,0	2,0	2,0	2,7	2,7
Kühlmittel	7,1	7,1	7,1	7,1	7,1	7,1

Spezifikation

Bremsflüssigkeit FMVSS 116 DOT 4 (nach US-Norm; VW-Ersatzteilnummer B 000 700A) verteilt sich auf Bremsflüssigkeitsbehälter (0,1 l) und Bremsen (jede 0,2 l = zusammen 0,8 l), insgesamt also 0,9 l, und Kupplungshydraulik (0,1 l).

Motoröl Benzinmotoren QG0, QG2 nach Norm VW 500 00, VW 501 01 oder VW 502 00. Benzinmotoren QG1 (LongLife-Service) nach Norm VW 503 00. Dieselmotoren TDI PDE QG0, QG2 nach Norm VW 505 01. Dieselmotoren TDI PDE QG1 (LongLife-Service) nach Norm VW 506 01.

Getriebeöl 5-Gang-Schaltgetriebe 02Z mit Synthetiköl G 052 178 A2 SAE 75W Dauerfüllung.
6-Gang-Schaltgetriebe 0A5 mit Synthetiköl G 052 171 A SAE 70 W-75W Dauerfüllung.
Automatikgetriebe mit ATF nach VW Ersatzteilenummer G055 025 A2 Lebensdauerfüllung.

Kraftstoffaufbereitung

- **Ottomotoren** Indirekte elektronische Einzeleinspritzung (Multipoint-Benzineinspritzung). Elektronische, kontaktlose, durch Mikroprozessor gesteuerte Zündung.
- **Dieselmotoren** Elektronische Diesel-Direkteinspritzung. Beide Motoren mit Pumpe-Düse-Einheit.

Gewichte und Maße

Fahrzeug-Modell	Benziner 2,0 MPI	Benziner 3,2 MPI	Diesel 1,9 TDI PDE	Diesel 1,9 TDI PDE	Diesel 2,5 TDI PDE	Diesel 2,5 TDI PDE
	Motor:	Motor:	Motor:	Motor:	Motor:	Motor:
	AXA/115 PS	BDL/235 PS	AXC/86PS	AXB/105 PS	AXD/130 PS	AXE/174 PS
	5-Schalt	Tiptron	5-Schalt	5-Schalt	6-Schalt	6-Schalt
	02Z	6Gang 09K	02Z	02Z	0A5	0A5
	Multivan	Multivan	Kast/Kombi	Kast/Kombi	Kast/Kombi	Pritsche
	Front	Front	Front	Front	Front	Front
Leergewicht in kg inkl. Fahrer 75 kg: (je nach Ausstattung)	2.184-2.399	2.299-2.515	1.800-2.125	1.800-2.125	1.875-2.200	1.875-2.065
Zulässiges Gesamtgewicht in kg	2.850	3.000	2.600-2.800	2.800-3.000	2.800-3.000	2.800-3.000

Zul. Anhängelast bis 12% gebremst kg:	2.000	2.500	2.200	2.200	2.500	2.500
Zul. Anhängelast bis 12% ungebr. kg:	750	750	750	750	750	750
Zul. Achslast vorn in kg:	1.500	1.575	1.400	1.480	1.575	1.575
Zul. Achslast hinten in kg:	1.500	1.500	1.400	1.550	1.625	1.680
Außenlänge mm	4.890	4.890	4.890	4.890	4.890	4.890 / 5.474
Außenbreite mm (ohne Spiegel)	1.904	1.904	1.904	1.904	1.904	1.904 / 1.994
Außenhöhe mm	1.944	1.949	1.959 / 2.160	1.959 / 2.160	1.959 / 2.160	1.935 / 1.940 / 1.946 / 1.951
Innenlänge mm	2.537	2.537	2.543	2.543	2.543	2.169 / 2.939
Innenbreite mm	1.657	1.657	1.692	1.692	1.692	1.940
Innenhöhe mm	1.317	1.317	1.410 / 1.626 1.394 / 1.610	1.410 / 1.626 1.394 / 1.610	1.410 / 1.626 1.394 / 1.610	392 / 4,2 bzw. 5,7 m²

(Die Innenmaße beziehen sich auf: Fahrgastraum, Laderaum oder Ladefläche).

Kraftübertragung

Schaltgetriebe: ■ 5- und 6-Gang-Schaltgetriebe 02Z, 0A5. Vollsynchronisiert.
Kupplung: Hydraulisch betätigte Einscheiben-Trockenkupplung mit Tellerfeder und asbestfreien Belägen.

Automatikgetriebe: ■ 6-Stufen-Getriebe 09K Tiptronic. Dynamisches Schaltprogramm.
Schieberkasten: Zuordnung über Getriebe-Kennbuchstaben.
Kupplung: Hydrodynamischer Drehmomentwandler.

Fahrzeug-Modell	**Benziner** 2,0 MPI **Motor:** AXA/115 PS **5-Schalt** 02Z **Multivan** **Front**	**Benziner** 3,2 MPI **Motor:** BDL/235 PS **Tiptron** 6Gang 09K **Multivan** **Front**	**Diesel** 1,9 TDI PDE **Motor:** AXC/86PS **5-Schalt** 02Z **Kast/Kombi** **Front**	**Diesel** 1,9 TDI PDE **Motor:** AXB/105 PS **5-Schalt** 02Z **Kast/Kombi** **Front**	**Diesel** 2,5 TDI PDE **Motor:** AXD/130 PS **6-Schalt** 0A5 **Kast/Kombi** **Front**	**Diesel** 2,5 TDI PDE **Motor:** AXE/174 PS **6-Schalt** 0A5 **Pritsche** **Front**
Getriebe-Kennbuchstaben	FJM, FJN GUA, GUB GTF, GTV	GMF GMG GMH	FJH FJJ	FJK, FJL GMS, GTW GTX, -Y, -Z	FNQ, FXV GWB GWC	FNQ, FXV GWB GWC

Übersetzungen
Die Übersetzung des Achsantriebes, die einzelnen Gangübersetzungen und der Durchmesser der Kupplungsscheibe sind dem elektronischen Teilekatalog von Volkswagen (ETKA) zu entnehmen.

Wartungsplan VW Transporter

Die Wartungsintervalle bei Ihrem Transporter hängen von den gefahrenen Kilometern und dem Zeitpunkt der letzten Inspektion ab. Seit Modelljahr 2000 kommt eine Wartungsintervall-Verlängerung bei allen Motoren zum Einsatz:

- Die Serviceintervalle der Fahrzeuge mit Ottomotoren betragen 15.000 km oder 1 Jahr bis maximal 30.000 km oder 2 Jahre. Fahrzeuge mit dem variablen (verlängerten) Wartungsintervall (QG1) müssen mit Motoröl der VW-Norm 503 00 befüllt werden.
- Die Serviceintervalle der Fahrzeuge mit Dieselmotoren TDI PDE betragen 15.000 km oder 1 Jahr bis maximal 50.000 km oder 2 Jahre für die 4 Zylinder-Motoren und maximal 35.000 km oder 2 Jahre für die 5-Zylinder-Motoren. Die Motoren mit variablem (verlängertem) Wartungsintervall brauchen LongLife-Motorenöl gemäß Norm VW 506 01.

Wenn Wartung oder/und Ölwechsel erforderlich sind, erscheint eine entsprechende Anzeige auf dem Display. Das geschieht eine Minute lang nach Einschalten der Zündung und nach dem Anlassen des Motors. Die flexible Service-Intervallanzeige berücksichtigt zur Ermittlung der Intervalle die individuellen Einsatzbedingungen, die Qualität des Motoröls und den persönlichen Fahrstil des Fahrers.

Die angegebenen maximalen Service-Abstände sind auf normale Betriebsbedingungen abgestimmt. Bei erschwerten Bedingungen müssen einige Arbeiten vor Fälligkeit des nächsten Service ausgeführt werden. Das gilt vor allem für den Wechsel des Motoröls bei dauerndem Kurzstreckenverkehr oder extrem niedrigen Temperaturen und für die Reinigung bzw. den Wechsel des Luftfiltereinsatzes bei starkem Staubanfall. Zum Ölwechselservice in der Werkstatt gehören auch die Arbeiten Kraftstofffilter entwässern (Dieselmotor, vor allem bei Betrieb mit Biodiesel) und Dicke der Scheibenbremsbeläge prüfen.

Nach jedem Service (Ölwechsel oder/und Inspektion) muss die Service-Intervall-Anzeige (SIA) wieder auf Null zurückgesetzt werden. Dazu wird das Fahrzeugdiagnose-, Mess- und Informationssystem VAS 5051 A benötigt.

Wenn Sie Wartungsarbeiten selbst erledigen, denken Sie bitte daran, in der Werkstatt die Abfrage des Fehlerspeichers der elektronischen Steuergeräte (Motor, Airbag, Wegfahrsicherung, ABS etc.) mit dem Fehlerauslesesystem vornehmen zu lassen. Die Kontrolle der Fehlerspeicher ist sinnvoll, weil manche Defekte im elektronischen System während der Fahrt nicht unbedingt auffallen. Die Steuergeräte verfügen über Notlaufprogramme, die den Betrieb auch bei Ausfall beispielsweise eines Sensors garantieren sollen. Manche dieser Programme funktionieren so gut, dass der Fahrer einen Fehler gar nicht bemerken kann. Dennoch muss natürlich die Reparatur erfolgen.

In ihren Vorgaben für die Werkstätten empfiehlt die Volkswagen AG, bei jedem Service den Kunden danach zu fragen, ob er neue Scheibenwischerblätter eingebaut haben möchte und ob er Scheibenklar G 052 164 für den Wascherbehälter wünscht. Außerdem wird darauf hingewiesen, dass die Reihenfolge der Servicepositionen erprobt und optimiert und daher einzuhalten ist. Ansonsten sind folgende Arbeiten zu den entsprechenden Zeiten vorgesehen:

Ständige Kontrollen

- Scheibenwaschwasser auffüllen
- Scheibenwischer und Waschanlage prüfen
- Motorölstand prüfen
- Kühlflüssigkeit prüfen und nachfüllen
- Reifendruck prüfen
- Bremsen prüfen
- Bremsflüssigkeit prüfen
- Standlicht, Abblend- und Fernlicht prüfen
- Rücklichter und Nebelschlussleuchten prüfen
- Bremsleuchten und Blinker prüfen
- Warnblinker prüfen
- Hupe prüfen

Wartung alle 15 000 Kilometer oder einmal im Jahr

- Motoröl wechseln, Ölfilter ersetzen
- Kraftstofffilter entwässern (Dieselmotor mit Biodiesel-Betrieb entsprechend DIN E 51 606 oder bei Betrieb mit Dieselkraftstoff, der die Norm EN 590 nicht erfüllt)
- Sichtprüfung des Motors auf Undichtigkeiten und Beschädigungen
- Abgasanlage auf Undichtigkeiten, Beschädigungen und Befestigung prüfen
- Airbag-Einheiten auf äußere Beschädigung prüfen
- Dichtigkeit des Kühlsystems kontrollieren, Frostschutz prüfen, gegebenenfalls Kühlmittel auffüllen
- Fehlerspeicher aller Systeme der Eigendiagnose auslesen (lassen)

- Service-Intervall-Anzeige (SIA) zurücksetzen
- Dicke der Bremsbeläge prüfen
- Sichtprüfung auf Undichtigkeiten und Beschädigung der Bremsanlage
- Bremsflüssigkeitsstand, abhängig vom Belagverschleiß, prüfen
- Batterie prüfen
- Staub- und Pollenfilter ersetzen
- Sichtprüfung auf Beschädigungen und Undichtigkeiten von Getriebe, Achsantrieb und Gelenkschutzhüllen
- Faltenbälge der Lenkung auf Undichtigkeiten und Beschädigungen prüfen
- Dichtungsbälge der Achsgelenke auf Undichtigkeiten und Beschädigungen prüfen
- Spiel, Befestigung und Dichtungsbälge der Spurstangenköpfe prüfen
- Profiltiefe und Laufbild der Bereifung einschließlich des Reserverades prüfen. Reifenfülldruck prüfen, gegebenenfalls berichtigen
- Türfeststeller / Befestigungsbolzen und Motorhauben-Schloss schmieren
- Funktion des Schiebedachs prüfen, Führungsschienen reinigen und mit G 000 450 02 fetten
- Funktion aller Schalter, aller Stromverbraucher, Betätigungselemente und Anzeigen prüfen
- Funktion und Einstellung der Scheibenwisch- und Waschanlage prüfen. Spritzdüsen gegebenenfalls einstellen und Flüssigkeit auffüllen
- Zustand und Ruhestellung der Wischerblätter sowie bei rubbelnden Blättern den Anstellwinkel prüfen, ggf. einstellen. Empfehlung: Scheibenwischerblätter ersetzen
- Probefahrt mit Funktionsprüfung von Fuß- und Handbremse, Schaltung und Lenkung durchführen

Zusätzlich alle 30.000 Kilometer

- Funktion der gesamten Front- und Heckbeleuchtung einschließlich Blink- und Warnblinkanlage prüfen
- Scheinwerfereinstellung prüfen
- Funktion von Signalhorn und Kontrolllampen prüfen
- Keilrippenriemen-Zustand prüfen und gegebenenfalls Keilriemen spannen
- Kraftstofffilter bei Dieselmotoren entwässern, bei Biodiesel-Betrieb ersetzen
- Sichtprüfung von Unterbodenschutz und Karosserielack
- Ölstand im Schaltgetriebe prüfen, ggf. Getriebeöl nachfüllen
- Staub- und Pollenfilter ersetzen

Zusätzlich alle 60.000 Kilometer

- Luftfiltergehäuse reinigen und Filtereinsatz wechseln
- Bei Fahrzeugen mit Dieselmotor Kraftstofffilter ersetzen
- Keilrippenriemen-Zustand und -Spannung prüfen
- Zahnriemenzustand prüfen, ggf. ersetzen
- Flüssigkeitsstand der Servolenkung prüfen und ggf. nachfüllen
- Zündkerzen ersetzen (spätestens nach 4 Jahren)
- ATF im automatischen Getriebe prüfen und ggf. nachfüllen

Zusätzlich alle 90.000 Kilometer

- Bei Fahrzeugen mit 4 Zylinder-Dieselmotor Kraftstofffilter entwässern
- Bei Fahrzeugen mit 4 Zylinder-Benzinmotor Zahnriemen für Nockenwellenantrieb prüfen; danach alle 30.000 km

Zusätzlich alle 120.000 Kilometer

- Bei Fahrzeugen mit V6-Benzinmotor Zahnriemen für Nockenwellenantrieb und ggf. Spannrolle ersetzen

Alle 24 Monate

- Bremsflüssigkeit wechseln (möglichst beim Inspektions-Service vornehmen (lassen)
- Luftfiltereinsatz ersetzen und Gehäuse reinigen (für Fahrzeuge mit weniger als 60.000 km Fahrleistung innerhalb von 2 Jahren)
- Verwendbarkeitsdauer des Verbandkastens prüfen

Erstmals nach 36 Monaten, dann alle 24 Monate

- Abgasuntersuchung

Stichwortverzeichnis

Zeitfracht Medien GmbH
Ferdinand-Jühlke-Straße 7
99095 Erfurt, Deutschland
produktsicherheit@kolibri360.de